한번에 끝내기

2025
조경기능사 실기

이윤진 저

조경기능사 시험 전 한번에 끝내기

최근 기출문제
2012년~2024년

실제 시험양식에
맞춘 모범답안

주요수목 특징
조경작업 수록

한솔아카데미 HANSOL ACADEMY

머리말

조경기능사는 급속한 산업화의 도시화에 따른 환경의 파괴로 인하여 환경 복원과 주거환경 문제에 대한 관심과 그 중요성이 급 부각됨으로써 공종별 전문인력으로 하여금 생활공간을 아름답게 꾸미고 자연환경을 보호하고자 도입 시행되었습니다.

진로 및 전망은 조경식재 및 조경시설물 설치공사업체, 공원(실내, 실외), 학교, 아파트 단지 등의 관리부서, 정원수 및 재배업체에 취업이 가능하며, 조경기능사 자격취득자에 대한 인력수요는 환경문제가 대두됨으로써 쾌적한 생활환경에 대한 욕구를 충족시키기 위해 조경에 대한 중요성이 증대되어 장기적으로 인력수요는 증가할 전망될 것 입니다.

본 수험서는 조경기능사 실기시험을 대비하는 수험생을 위한 책으로 필자의 다년간의 지필경험과 강의경험, 실무경험을 바탕으로 짧은기간내에 효율적인 학습이 될 수 있도록 하였습니다.

본 교재의 특징으로는

- 1편 조경설계

  제도를 위한 기본사항과 표현방법부터 실제 도면 작성까지 체계적으로 구성되어 있으며, 출제된 설계문제를 유형별로 접해봄으로써 시험에 쉽게 적응할 수 있게 하였습니다. 실제로 시험양식에 맞춰 작성한 모범답안은 설계답안 작성능력을 향상시켜드릴 것입니다.

- 2편 조경작업

  조경작업에 출제되었던 부분을 단원별로 정리하여 쉽게 접근할 수 있게 하였습니다.

- 3편 조경수목감별

  조경수목 감별을 위해 수목에 대한 기초적 내용부터 형태, 생리·생태적 특징을 정리, 과별로 주요수목의 특징까지 담았습니다.

따라서 수험생 여러분은 본서의 구성방식에 따라 지속적인 실기도면연습, 이해와 정리가 병행된다면 목표에 도달할 수 있을 것입니다.

앞으로 이 책이 실기시험대비를 앞둔 모든 수험생에게 필독서가 될 수 있도록 지속적으로 보완하고 다듬어 나갈 것을 약속드리겠습니다.

끝으로 출판을 위해 수고해주신 한솔아카데미 한병천 사장님, 이종권 전무님을 비롯해 여러 관계자 여러분께 깊은 감사 인사드립니다.

저자 씀

조경기능사실기

출제기준

직무분야	건설	중직무 분야	조경	자격종목	조경기능사

• 직무내용 : 자연환경과 인문환경에 대한 현장조사를 수행하여 기본구상 및 기본계획, 부분적 실시설계를 이해하고, 현장여건을 고려하여 시공을 통해 조경 결과물을 도출하고 이를 관리하는 행위를 수행하는 직무

• 수행준거

① 대상지 주변의 현황을 분석할 수 있다.

② 기본설계도를 보고 전체적인 도면의 내용을 파악하고, 도면에 따른 작업을 할 수 있다.

③ 조경용으로 사용되는 각종 식물재료의 생리적인 특성과 감별을 할 수 있다.

④ 기타 조경의 잔디시공, 원로포장, 수목의 식재, 정지와 전정, 돌쌓기, 지주목 세우기 등의 조경 시공작업과 관련된 작업을 할 수 있다.

실기검정방법	작업형	시험시간	3시간 30분 정도(3시간 43분 정도)

실기과목명	주요항목	세부항목	
조경 기초 실무	1. 조경기초설계	1. 조경디자인요소 표현하기 3. 조경인공재료 파악하기	2. 조경식물재료 파악하기 4. 전산응용도면(CAD) 작성하기
	2. 조경설계	1. 대상지 조사하기 3. 기본계획안 작성하기 5. 조경식재 설계하기 7. 조경설계도서 작성하기	2. 관련분야 설계 검토하기 4. 조경기반 설계하기 6. 조경시설 설계하기
	3. 기초 식재공사	1. 굴취하기 3. 교목 식재하기 5. 지피 초화류 식재하기	2. 수목 운반하기 4. 관목 식재하기
	4. 조경시설물공사	1. 시설물 설치 전 작업하기 3. 옥외시설물 설치하기 5. 운동시설 설치하기 7. 환경조형물 설치하기 9. 펜스 설치하기	2. 안내시설물 설치하기 4. 놀이시설 설치하기 6. 경관조명시설 설치하기 8. 데크시설 설치하기
	5. 조경포장공사	1. 조경 포장기반 조성하기 3. 친환경흙포장 공사하기 5. 조립블록 포장 공사하기 7. 조경 콘크리트포장 공사하기	2. 조경 포장경계 공사하기 4. 탄성포장 공사하기 6. 조경 투수포장 공사하기
	6. 잔디식재공사	1. 잔디 기반 조성하기 3. 잔디 파종하기	2. 잔디 식재하기
	7. 실내조경공사	1. 실내조경기반 조성하기 3. 실내조경시설 · 점경물 설치하기	2. 실내녹화기반 조성하기 4. 실내식물 식재하기
	8. 조경공사 준공전관리	1. 병해충 방제하기 3. 시비관리하기 5. 전정관리하기 7. 시설물 보수 관리하기	2. 관배수관리하기 4. 제초관리하기 6. 수목보호조치하기
	9. 일반 정지전정관리	1. 연간 정지전정 관리계획 수립하기 2. 굵은 가지치기 4. 가지 솎기 6. 가로수 가지치기 8. 화목류 정지전정하기	3. 가지 길이 줄이기 5. 생울타리 다듬기 7. 상록교목 수관 다듬기 9. 소나무류 순 자르기
	10. 관수 및 기타 조경관리	1. 관수하기 3. 멀칭 관리하기 5. 장비 유지 관리하기 7. 실내 식물 관리하기	2. 지주목 관리하기 4. 월동 관리하기 6. 청결 유지 관리하기

국가기술자격검정
실기시험(조경작업)

○○○○년도 기능사 일반시험 제○회					감독위원확인
자격종목(선택분야) 조경기능사	수험시간 3시간 43분	수험번호	성 명	형 별 A	

※ 답안지의 수험번호와 성명은 반드시 흑색 또는 청색 필기구(연필류 제외) 중 동일한 색의 필기구만을 계속 사용해야 하며, 기타의 필기구를 사용한 답항은 채점대상에서 제외한다.

1. 요구사항

※ 지급된 재료 및 시설을 사용하여 아래 작업을 완성하시오.

① 주어진 조경설계를 하시오. (내용 생략)

② 주어진 수목을 식별하여 수목명을 기재하시오. 단, 수목명칭은 국가생물표준목록상의 정식명칭 또는 학명으로만 기재하여야 합니다.

③ 주어진 재료로 조경시공작업을 하시오.(2~3가지의 조경시공작업을 랜덤으로 실시합니다.)

예) • 자연석 무너짐 쌓기 / 수목관리(수피감기, 병해충방제, 진흙 바르기)
- 블록포장, 디딤돌 놓기
- 수목식재, 지주목설치, 잔디식재

2. 수험자 유의사항

※ 다음 유의사항을 고려하여 요구사항을 완성하시오.

① 수험자는 각 문제의 제한 시간내에 작업을 완료하여야 합니다.

② 수목식별시 한번 지나친 영상 20수종은 다시 한번 반복하여 보여드리며, 감별을 종료하고 중복해서 볼 수 없습니다.

③ 지급된 재료는 재 지급되지 않으므로 재료사항에 유의하여야 합니다.

④ 다음 사항에 대해서는 채점대상에서 제외하니 특히 유의하시기 바랍니다.

- 기 권 : 수험자 본인이 수험 도중 시험에 대한 포기 의사를 표기하는 경우
  수험자가 전 과정(조경설계, 수목감별, 조경시공작업)을 응시하지 않은 경우
- 실 격 : 성명과 수목명은 반드시 흑색필기구(연필류 제외)를 사용하여야 하나 그 외의 필기구 사용
  조경설계 사항은 제도용 연필류(샤프 등)만을 사용(제외; 로터링펜, 볼펜류 등)
- 미완성 : 지급된 용지 2매인 시설물+시재설계평면도 1매, 단면도 1매가 모두 완성되어야 채점대상이 되며, 1매라도 설계가 미완성인 것
- 오 작 : 주어진 문제의 요구조건에 위배되는 설계도면 작성

⑤ 답안지의 수검번호 및 성명의 기재는 반드시 인쇄된 곳에 기록하여야 합니다.

⑥ 수험자는 수검시간 중 타인과의 대화를 금합니다.

⑦ 답안지 정정은 여러 번 정정할 수 있고, 정정한 부분은 반드시 두줄로 그어 표시하고, 줄을 긋지 아니한 답안은 수정하지 않은 것으로 채점합니다.

⑧ 수험자는 도면 작성시 성명을 작성하는 곳 외에 범례표(표제란)에 성명을 작성하지 않습니다.

⑨ 답안지의 수검번호 및 성명의 기재는 반드시 인쇄된 곳에 기록하여야 합니다.

⑩ 수험자는 작업시 복장상태, 재료 및 공구 등의 정리정돈과 안전수칙 준수 등도 시험 중에 채점하므로 철저히 해야 합니다.

조경기능사실기

차 례

PART 1 조경설계

PART 2 조경작업

PART 3 조경수목감별

조경설계

제도의 기본사항

1 Chapter

학습포인트 2차 시험을 치르기 위한 준비도구는 제도용구와 작업용구로 구분되며, 이 도구들은 시험장에도 갖춰가야 한다. 준비도구가 준비되면 글씨연습과 용도별로 그려야하는 선을 굵기와 종류를 구분해서 선 연습을 해야 한다.

1 준비도구

지참준비물목록(한국산업인력공단 홈페이지 참고)

번 호	재료명	규 격	단 위	수 량	비 고
1	T자	제도용	EA	1	
2	기타 조경작업에 필요한 도구	보통용	EA	1	
3	망치	목공용	EA	1	못(길이75mm) 박기용
4	볼펜	흑색	EA	1	
5	삼각스케일	300mm	EA	1	
6	삼각자	300mm	EA	1	
7	손자	1m	EA	1	손안에 들어가는 줄자 사용가능 1m 이상
8	연필	제도용(2H 이상)	EA	1	
9	자	30cm	EA	1	
10	작업에 필요한 안전복장 및 장비		EA	1	반드시 지참
11	장갑	작업용(면류)	EA	1	
12	전정가위	보통용	EA	1	
13	지우개	제도용	EA	1	
14	칼	연필깎기용	EA	1	
15	콤파스	제도용	EA	1	
16	탬플레이트	제도용	조	1	
17	테이프	폭 19㎜	M	1	

1. 설계도구

① T자 : 제도판에 평행자가 없는 경우 T자 형으로 만들어진 자로 설계도면에 수평선을 삼각자와 조합하여 수직선과 사선을 긋는다.

② 삼각자 : 직각삼각자는 45°와 60°(30°)가 한조로 구성되어 있다.

③ 삼각스케일 : 단면이 삼각형모양으로 300mm 되는 길이면 적당하다. 1/100~1/600까지의 축척이 표시되어 있으며 도면을 확대하거나 축소할 때 사용이 된다.

④ 제도용샤프와 샤프심 : 설계시 모든 도면내용은 흑색 필기구로 작성되며 연필보다는 제도용샤프가 많이 사용되고 있다. 일반적으로 0.5mm 샤프로 사용하며, 선을 구분하는 편리함을 위해 0.7mm의 샤프를 구비하는 것도 유용하다. 적당한 샤프심의 연도는 0.5mm 샤프에는 단단한 H심이 0.7mm는 좀 부드럽고 무른 HB심이 적합하다.

⑤ 템플릿 : 플라스틱 모형자로 원형템플릿은 주로 평면상태의 수목을 표현할 때 사용되며, 사각형과 삼각형, 육각형 등의 다각형 템플릿은 파고라나 벤치, 음수전 등의 시설물을 표현하는데 이용하면 편리하다.

⑥ 그 밖의 갖추어야할 용구 : 지우개와 지우개판 (특정부분을 지울 때 사용), 도면의 청결함을 위해 제도용 빗자루

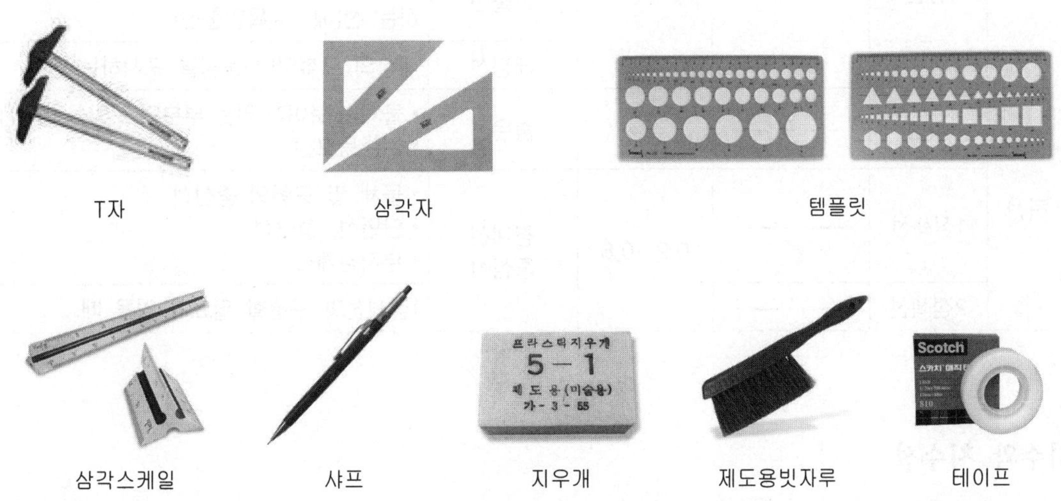

T자　삼각자　템플릿

삼각스케일　샤프　지우개　제도용빗자루　테이프

2. 작업용 도구

① 작업복, 안전화, 장갑(면)　② 목공용망치

③ 전정가위　④ 줄자

2 도면종류 및 선의 구분

1. 도면의 종류

구분	내용
배치도(SitePlan)	시설물과 부지, 대지의 고저, 방위 등을 전부 나타내는 도면으로 계획의 전반적인 사항을 한눈에 알 수 있다.
평면도(Plan)	평면도는 계획의 기본이 되는 도면으로 바닥에서 1.2~1.8m 부분을 절단하여 위에서 내려다 본 그림이다. 건축에서 여러 층일 경우 각 층의 평면도가 필요하지만 조경에서는 그렇지 않으며 배치도와 평면도가 일치하는 경우가 많다.
입면도(Elevation)	계획 내용의 이해를 위해 외형을 각 면에 나타낸 것으로 평면과 입면을 관련시켜 작성한다.
단면도(Section)	공간이나 시설물을 수직으로 절단하여 수평방향에서 본 그림으로 평면도상에 절단선의 위치를 나타낸다.
상세도(Detail)	실제 시공을 위해 구조의 상세를 표현하는 도면으로 재료, 치수, 공법 등을 자세히 표현한다. 스케일은 평면도나 단면도보다 확대된 스케일을 사용한다(1/10~1/50).

2. 선의 구분

구분		선의 표현	선 굵기	선의 명칭	선의 용도
종류					
실선	굵은 실선	━━━━	0.8mm	외형선 단면선 입면선	부지외곽선, 단면의 외형선
	중간선	────	0.5mm		• 시설물 및 수목의 표현 • 보도포장의 패턴 • 계획등고선
		────	0.3mm		
	가는 실선	────	0.2mm	치수선	치수를 기입하기 위한 선
				치수보조선	치수선을 이끌어내기 위하여 끌어낸 선
				인출선	그림 자체에 기재할 수 없는 경우 인출하여 사용하는 선(예 : 수목인출선)
				해칭선	대상의 요철이나 음영을 표시하는 선
허선	파선	- - - - - -		숨은선	• 물체의 보이지 않는 부분의 모양을 나타내는 선 • 기존등고선
	1점쇄선	—·—·	0.2~0.8	경계선 중심선	• 물체 및 도형의 중심선 • 단면선, 절단선 • 부지경계선
	2점쇄선	—··—·			1점쇄선과 구분할 필요가 있을 때

3. 치수와 치수선

치수의 단위는 mm로 하며 기호는 붙이지 않는다. mm 단위 이외의 단위를 사용할 경우는 반드시 단위를 표시한다.

① 치수선 : 가는 실선으로 치수보조선에 직각으로 긋는다.

② 치수보조선 : 치수선을 긋기 위해 도형 밖으로 인출한 선으로 실선을 사용한다.

③ 치수표시

㉮ 보기 쉽고 이해가 편하도록 해야 하며 치수선 중앙위치에 기입한다.

㉯ 치수기입은 치수선에 평행으로 도면의 왼쪽으로부터 오른쪽으로 아래에서 위로 읽을 수 있도록 기입한다.

㉰ 협소한 간격이 연속할 때에는 인출선을 써서 치수를 쓴다.

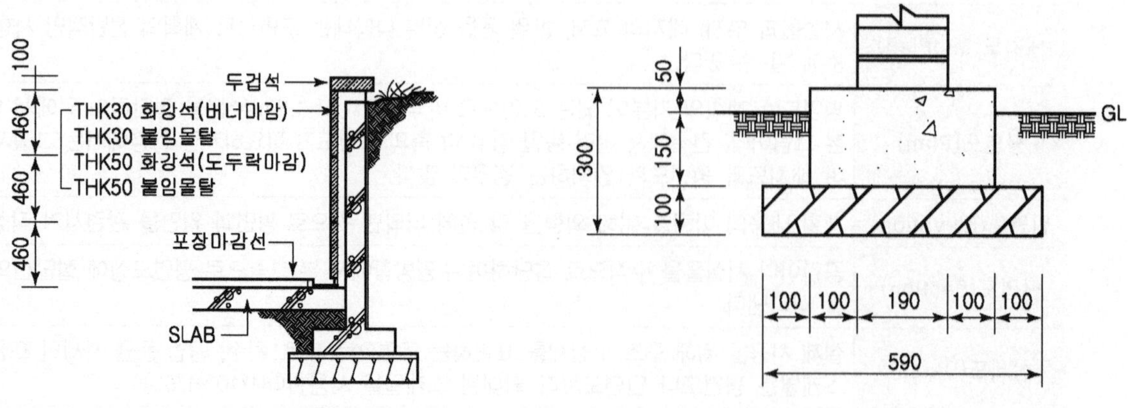

4. 인출선

그림 자체에 기재할 수 없는 경우 인출하여 사용하는 선을 말하고 주로 수목의 규격, 수종명 등을 기입하기 위해 사용한다.

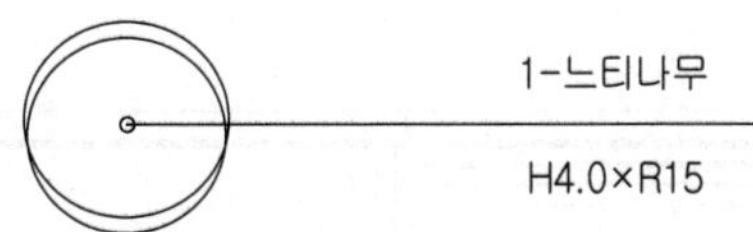

3 선긋기 연습

1. 선긋기 방법

① 수평선은 T자(또는 평행자)로, 수직선은 T자와 삼각자를 직각으로 놓고 그린다.
② 보통 수평선은 보통 좌 → 우, 수직선은 아래 → 윗방향으로 그린다.
③ 선이 교차할 때는 한쪽이 길어지거나 모자라지 않게 하고 정확히 모서리부분이 만날 수 있게 한다. 다만 교차부분의 선이 약간씩 겹쳐지는 것은 가능하다.

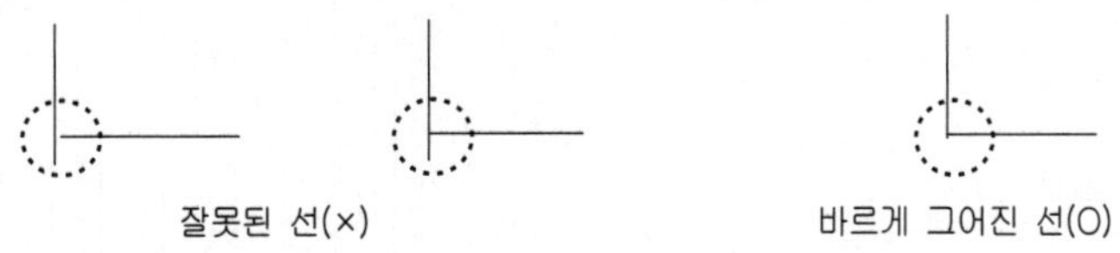

2. 선은 일정한 굵기와 선명도를 위한 방법

① 선을 그릴 때는 샤프나 연필의 아래쪽으로 약간의 힘을 준다.
② 지면과 샤프는 60° 정도의 경사를 준다(굵은 선은 수직(90°)으로 세워 반복해서 그린다.).
③ 목적으로 하는 선은 일정한 굵기와 선명도를 위해 샤프를 한번정도(시계방향) 돌려준다.

선긋기 연습예제 1

- 트레싱지를 붙이고 1cm씩 여유폭을 주고 굵은선을 그린다.
- 여유 폭을 제외한 나머지공간에 중심점을 잡아 4등분을 한다.
- 1~4 면에서 간격 3mm 씩 0.5mm, 0.3mm, 0.2mm의 수평선, 수직선, 사선, 1점쇄선, 파선 등을 연습한다.

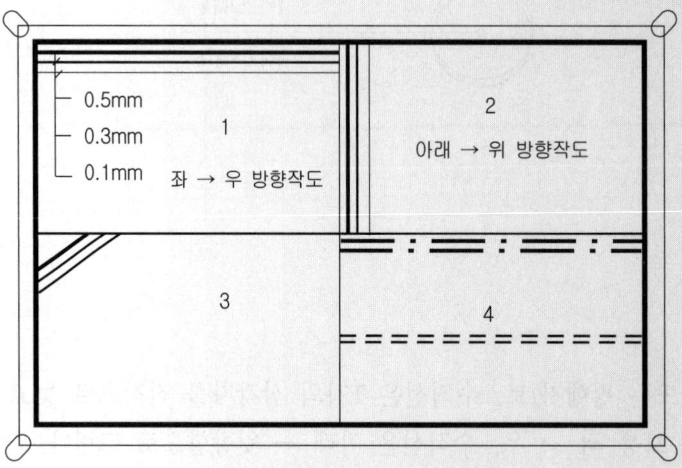

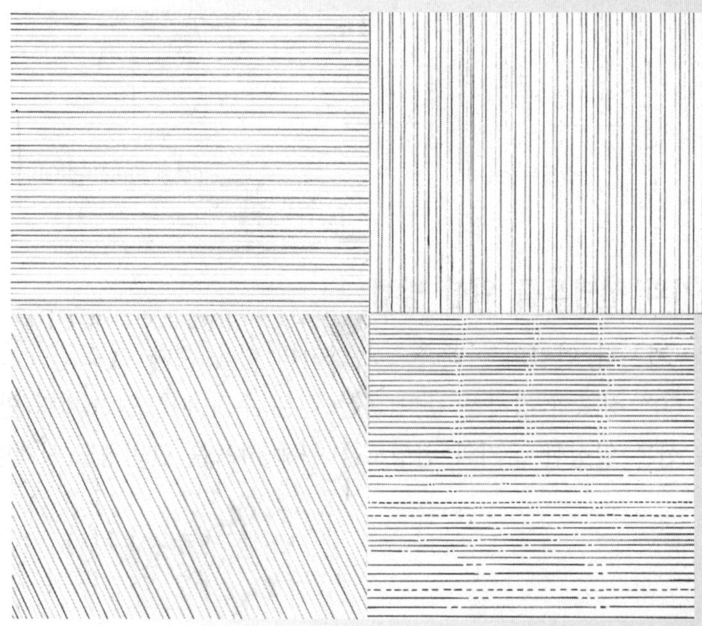

선긋기 연습예제 2

- 위와 방법을 동일하게 4등분을 한다.
- 먼저 가로, 세로 1cm로 모눈종이처럼 그리드(격자)를 보조선(0.2mm)로 작성하며 그 위에 중간선(0.3mm)으로 다시 굵은선(0.5mm)으로 마무리한다.

[도안 1]

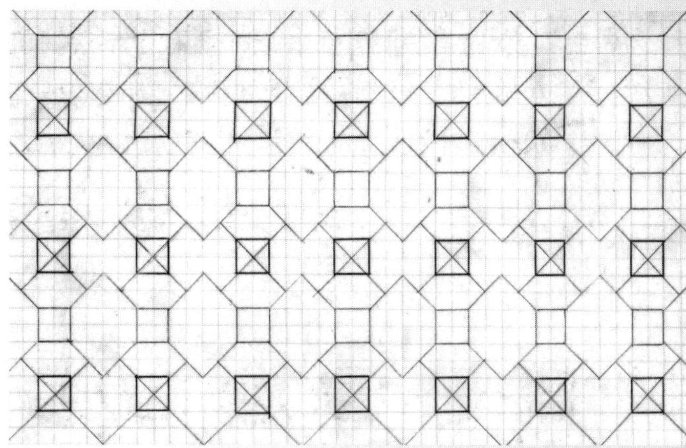

[도안 2]

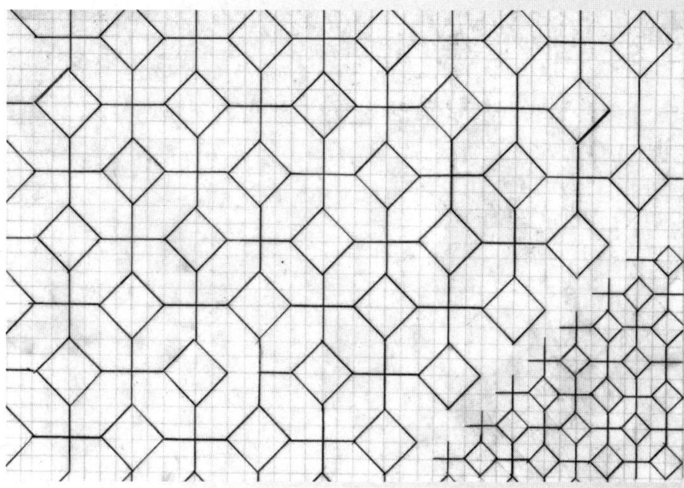

[도안 3]

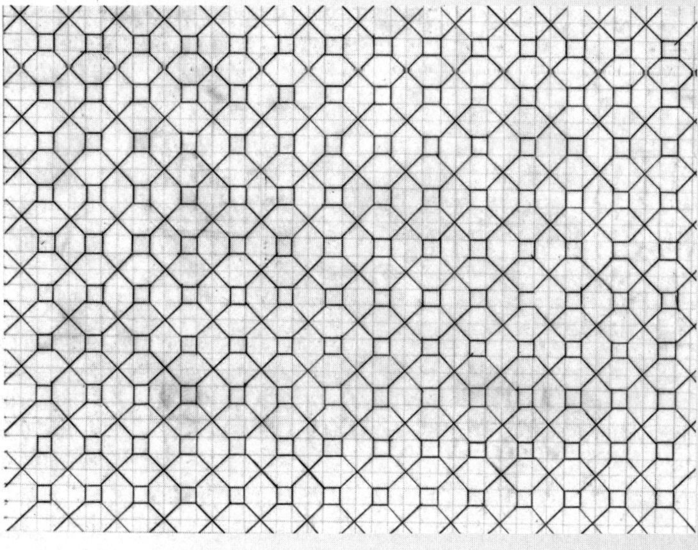

4 제도글씨(Lettering)

제도에서의 글씨는 그림으로 표현할 수 없는 내용(표제나 치수 등)을 나타내는 중요한 요소이다. 글씨는 그림을 보다 효과적으로 뒷받침해주기도 하고 그림의 완성도를 떨어뜨리기도 하는 요소이므로 충분한 연습이 필요하다.

제도용 글자는 크게 2가지로 구분하는데 첫 번째가 도면명이며, 두 번째가 도면글씨이다.
도면명의 선의 굵기는 0.7mm, 비례는 1 : 1.5로 글씨의 처음과 끝부분을 동일한 굵기로 쓴다. 도면글씨는 도면명 보다 작게 쓰며 선의 굵기는 0.5mm 정도가 적합하다.

1. 일반사항

① 글자는 고딕체로 명백히 쓴다.
② 문장은 왼쪽에서부터 가로쓰기를 원칙으로 한다. 다만, 가로쓰기가 곤란할 때에는 세로쓰기도 무방하다.
③ 숫자는 아리비아 숫자를 원칙으로 한다.
④ 글자체는 고딕체로 하고 수직 또는 15° 경사로 쓰는 것을 원칙으로 한다.

2. 좋은 글씨와 좋지 않은 글씨의 차이점

글씨를 잘 쓰지 못하는 사람들의 공통점은 글씨체가 좋지 않기 때문이라고 생각하는데 좋은 글씨체란 정해져 있는 것은 아니다. 위의 주의 사항과 같이 고딕체로 일정한 기울기로 쓰는 것을 우선으로 하지만 가장 좋은 글씨는 도면과 어울릴 수 있는 것이다.
따라서 좋은 글씨란 도면의 크기에 따라 효과적으로 배치하며 너무 한곳에 집중적으로 쓰지 않도록 하는 것이 중요하다.

3. 제도글씨 연습 예시

1 2 3 4 5 6 7 8 9 9 12 2 3 3 3 4 5 6 7 8 9 0 1 2 3 4 5 5 6 6 6 6 9 1 2 3 4 0 0 7 8 4,000
1 2 3 4 5 5 6 7 8 9 0 1 2 3 4 5 6 7 8 9 5 SCALE SCALE 2 000 Sc 1 2 3 4 5 5 5 6 7 8 9 0
메타세쿼이아 고광나무 가중나무 모과나무 꽝꽝나무 동백나무 소나무 리기다소나무 느티나무
단풍나무 박태기나무 목련 목련 잣나무 잣나무 섬잣나무 리기다소나무 은행나무 산수유 산수유 배롱나
답안지 은행나무 소나무 철쭉 해송 철쭉 명자나무 플라타너스 플라타너스 향나무 무궁화
단면도 답안지 시설물배치도 섬잣나무 리기다소나무 산딸나무 딸 명자나무
모과나무 꽝꽝나무 해송 해송 은행나무 명자나무 벚 플라타너스 향나무 장미 무궁화 딸 산딸나무
고광나무 독일가문비나무 배롱나무 1 2 3 4 5 6 7 8 9 10 1 2 3 4 5 6 7 8 9 10 철쭉 은행나무
답안지 도면 철쭉 산수유 소나무 배롱나무 맥문동 벚나무 은행나
시설물 배치도 수목 수종명 수종명 배치도 단면도 배롱나무 배롱나무 박태기나무
독일가문비 모과나무 모과나무 목련 독일가문비 고광나무 해송 배롱나무 산딸나무 해바라기
모 모과나무 철쭉 배롱나무 가문비나무 향나무 향나무 해송 맥문동 철쭉 아왜나무 연산홍
목련 향나무 진달래 섬잣나무 벚나무 산수유 라일락 감나무 가중나무 배롱나무 아왜나무
히말라 히말라야시다 가이즈까향나무 가이즈까향나무 장미 동나무 눈향나무 계수나무 튤립나무
평면도 입면도 단면도 스케치 투시도 투시도 상세도 정면도 배식도 하수구 빗물받이 어린이놀
조명등 조명등 파고라 파고라 음수대 음수대 농구장 주차장 주차장 주차장 주차장
현사시나무 은행나무 모 모과나무 은행나무 산수 수유 산수유 주차장 빗물받이 플라타너스
광나무 히말라야시다 은행나무 산수유 주차장 섬잣나무 눈향나무 눈향나무 해바라기 박태기나무
동나무 라일락 산수유 동백나무 주차장 해송 리기다소나무 눈향나무 동백나무 철쭉 영산홍 현황
가이즈까향나무 꽝꽝나무 메타쿼세이아 은행나무 박태기나무 배롱나무 휴지통 계수나무 계수나무
꽝꽝나무 동나무 음수대 파고라 어린이놀이터 시설물 배치도 집수정 맹암거 배롱나무 시설물 배치
사철나무 휴지통 산수유 철쭉 모과나무 장미 독일가문비나무 눈향나무 박 박태기나무 잣나무 향나무

Chapter 2

조경설계의 표현기법

학습포인트 설계도면 작성에 있어 적절한 위치선정이 중요하며 잘못된 위치선정은 도면을 순간적으로 볼 때 도면의 내용, 완성여부와 관계없이 그 도면에 대해 거부감과 내용에 대한 의심이 생기는 심리가 발생할 수 있다. 또한 도면의 각장에 필히 바스케일과 방위를 표시해야하므로 이를 미리 숙지함으로써 작성에 실수가 없도록 하자.

1 도면배분

① 트레싱지는 길이 방향을 좌우 방향으로 놓은 위치로 모서리를 테이프로 고정한다.

② 테두리선은 왼쪽을 철할 때는 왼쪽은 25mm, 나머지는 10mm 정도의 여백을 주며 선의 굵기는 설계 내용보다 굵게 친다.

③ 표제란 : 보통은 10~12cm 정도로 오른쪽 여백에 위치한다. 작품명, 도면명, 수량표가 작성되며 우측하단부에는 방위와 바스케일을 나타낸다.

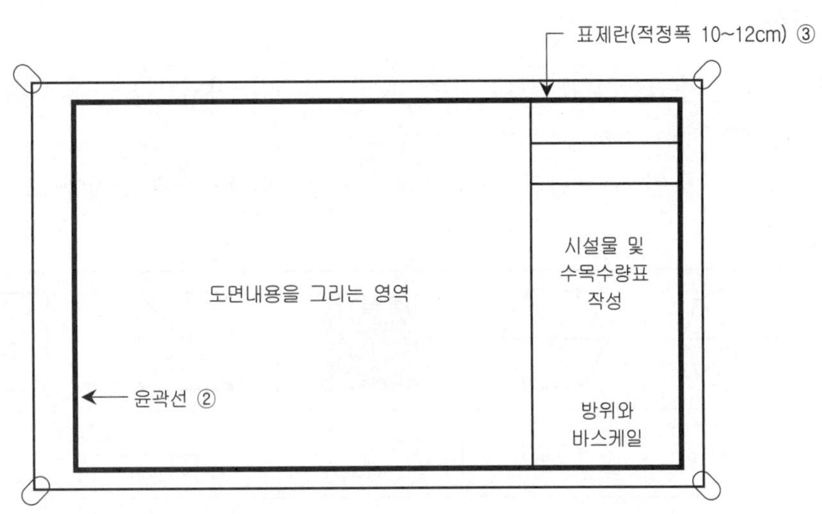

④ 도면 내용의 배치 : 표제란을 설정하였으면 도면내용이 들어갈 수 있는 영역에서 중심선을 찾아 보조선(0.2mm)을 그려놓는다.

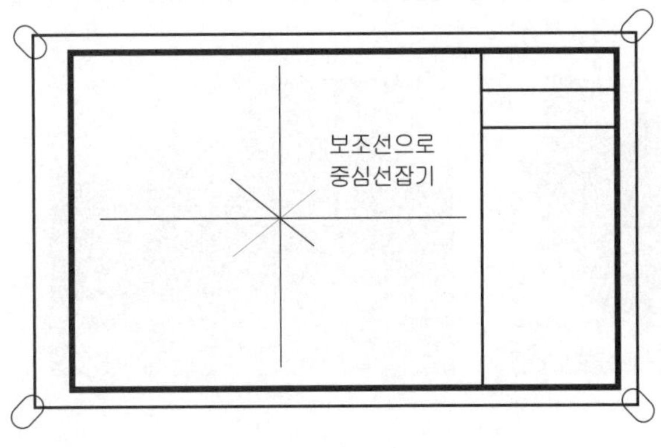

다음으로 그리고자 하는 도면의 스케일을 확인하고 계획부지가 도면내용영역 중앙에 균형감 있게 배치되도록 한다. 계획부지는 보통 1점, 2점 쇄선의 굵은선으로 그린다.

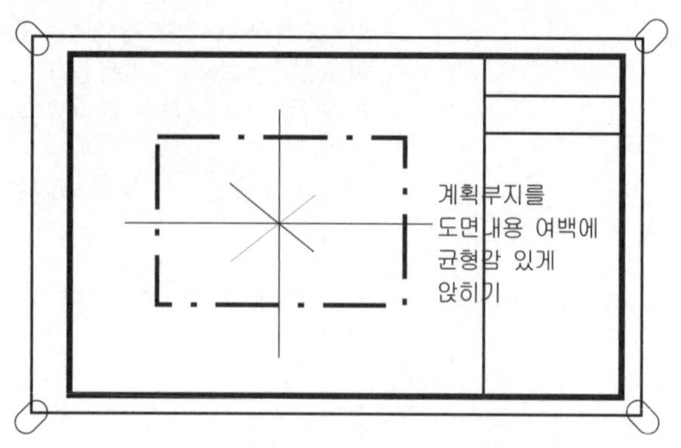

2 조경시설물 설치기준 및 표시법

평면도상에 시설물을 표현할 때는 위에서 내려다본 형태를 그린다. 실제 형태를 단순화시켜 규격에 맞춰 표현하도록 한다.

1. 휴게시설

① 정의 : 파고라(그늘시렁), 쉘터, 정자, 의자, 앉음벽, 야외탁자 등 휴게를 목적으로 설치하는 시설을 말한다.

② 적용범위 : 공원, 주택단지 등 설계대상공간의 휴게공간에 설계에 도입한다.

③ 제도기호

팔각정자	육각정자	파고라			
		3,000×3,000	4,500×4,500	3,600×3,600	10,000×5,000
평벤치		등벤치	야외탁자	쉘터	
1,800×700	1,800×500	1,800×700	2,400×1,400		

정자

파고라

야외탁자

2. 관리시설

① 정의 : 설계대상공간의 기능을 원활히 유지하기 위한 관리목적으로 설치하는 시설로 관리사무소, 공중화장실, 안내판, 조명등, 쓰레기통, 음수대, 플랜터, 시계탑, 울타리 등을 말한다.

② 제도기호

조명등	휴지통		수목보호용 틀	관리사무소	화장실
음수전			안내판	볼라드	시계탑

공원진입광장의 볼라드(단주)

3. 놀이시설

① 정의 : 미끄럼틀, 시소 등 어린이의 놀이를 목적으로 설치하는 시설을 말한다.

② 적용범위 : 공원, 주택단지 등의 설계대상공간에 놀이공간에 적용한다.

③ 시설규격 및 주의사항

㉮ 그네

- 배치 : 북향 또는 동향(햇빛을 마주하지 않도록 한다.)
- 규격 : 2인용기준 높이 2.3~2.5m, 길이 3.0~3.5m, 폭 4.5~5.0m
- 안장과 모래밭의 높이 35~45cm가 되게 한다.(단, 유아용일 경우 25cm 이내, 그네줄의 길이 150cm 이내)
- 충돌을 방지하기 위하여 60cm 내외의 그네보호책을 설치하여야 한다.
- 회전으로 인하여 그네와 그네가 충돌하지 않도록 회전반경을 감안하여 설치하여야 한다.

㉯ 미끄럼틀

- 배치 : 북향 또는 동향
- 규격 : 미끄럼판의 높이 1.2m(유아용)~2.2m(어린이용), 폭은 40~50cm, 기울기는 30~35°
- 유아와 어린이의 놀이시설 이용은 부모의 감시가 이루어져야 하므로 휴게공간과 같이 설치하여야 한다.
- 미끄럼틀위에서의 조망에 의한 인근세대의 사생활침해가 발생되지 않도록 위치선정 등을 감안 하여야 한다.

㉰ 미끄럼틀·그네 등 동적인 시설 주위로는 3.0m 이상, 흔들말·시소 등 정적인 시설 주위로는 2.0m 이상의 이용공간의 확보한다.

㉱ 모래밭은 유아들의 소꿉놀이를 위하여 $30m^2$를 기준으로 한다.

㉲ 배수는 맹암거 등 심토층 배수시설을 평균 5m 간격으로 배치한다.

㉳ 도섭지

- 지자체의 관리가 가능한 지구에 한하여 근린공원 내 설치하되 수면의 깊이는 30cm 이내로 한다.
- 물을 이용하는 연못, 실개울 등의 시설과 연계하여 설치할 수 있다.

④ 제도기호

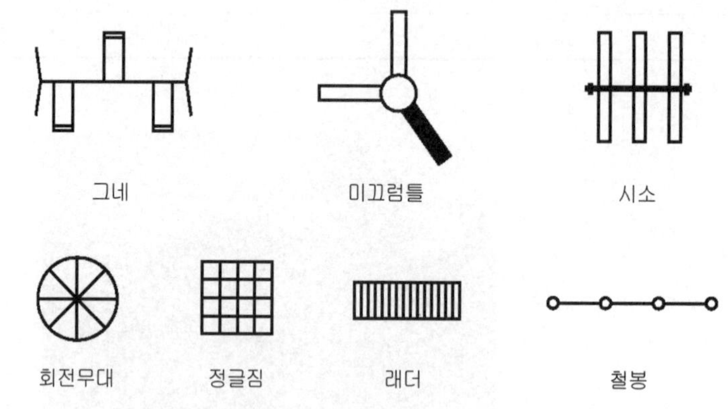

놀이공간

4. 수경시설

① 정의 : 물을 이용하여 설계대상공간의 경관을 연출하기 위한 시설로 물의 흐르는 형태에 따라, 폭포·벽천·낙천수(흘러내림), 실개울(흐름), 연못(고임), 분수(솟구침) 등으로 나눈다.

② 적용범위 : 건축물주변, 공원, 광장, 주택단지 등 설계대상공간에 수경시설에 적용한다.

③ 제도기호

㉮ 수경공간은 빛의 반사에 따른 시각적인 반영이나 흔들림 물결 등을 표현 한다.

㉯ 도섭지는 놀이시설에 포함되며 다른 수경공간과 연계하여 배치한다.

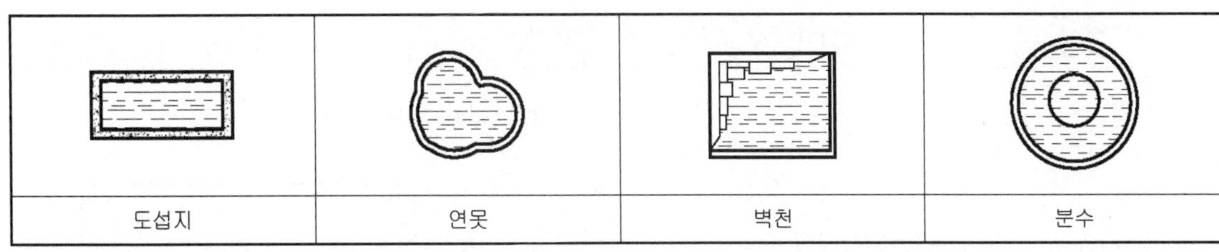

벽천 연못 도섭지

5. 운동시설

① 정의 : 이용자들의 신체 단련 및 운동을 위하여 설치하는 운동장·체력단련장·경기장 등의 공간을 말한다.

② 적용범위 : 건축물주변, 주택단지, 공원 등 설계대상공간의 운동공간에 운동시설을 적용한다.

③ 종류

㉮ 단체운동 : 축구장, 농구장, 배구장, 배드민턴장, 소프트볼장, 씨름장, 게이트볼장 등

㉯ 개인운동 : 철봉, 평행봉, 평균대, 윗몸일으키기, 팔굽혀펴기 등

④ 운동시설의 배치와 선정

㉮ 공원의 배치현황, 이용권을 감안하여 집중, 중복되지 않도록 한다.

㉯ 주거생활에 피해를 주지 않도록 주거지와 인접하여 배치하지 않도록 한다.

㉰ 운동공간의 확보는 공원면적에 여유가 있는 경우 정규 규격으로 하고 유사이용이 가능한 시설은 다목적으로 이용토록 면적을 확보한다.

㉱ 정규규격 외에 여유폭을 확보하여 운동에 지장이 없도록 한다.

6. 주요 운동시설 규격

구 분	배치 및 포장	규 격
축구장	• 장축을 남북방향 • 포장 : 잔디	• 길이 90~120m, 폭 90~45m (국제경기장 길이 100~110m, 폭 75~64m) 코너 프리킥 하프 웨이 라인 R=0.91m 골라인 45~90m 골 페널티에어리어 페널티 킥 마크 골 에어리어 센터 서클 9.15m 11m 5.5m 7.32m 16.5m 5.5m 16.5m 9.15m 코너 에어리어 터치라인 90~120m

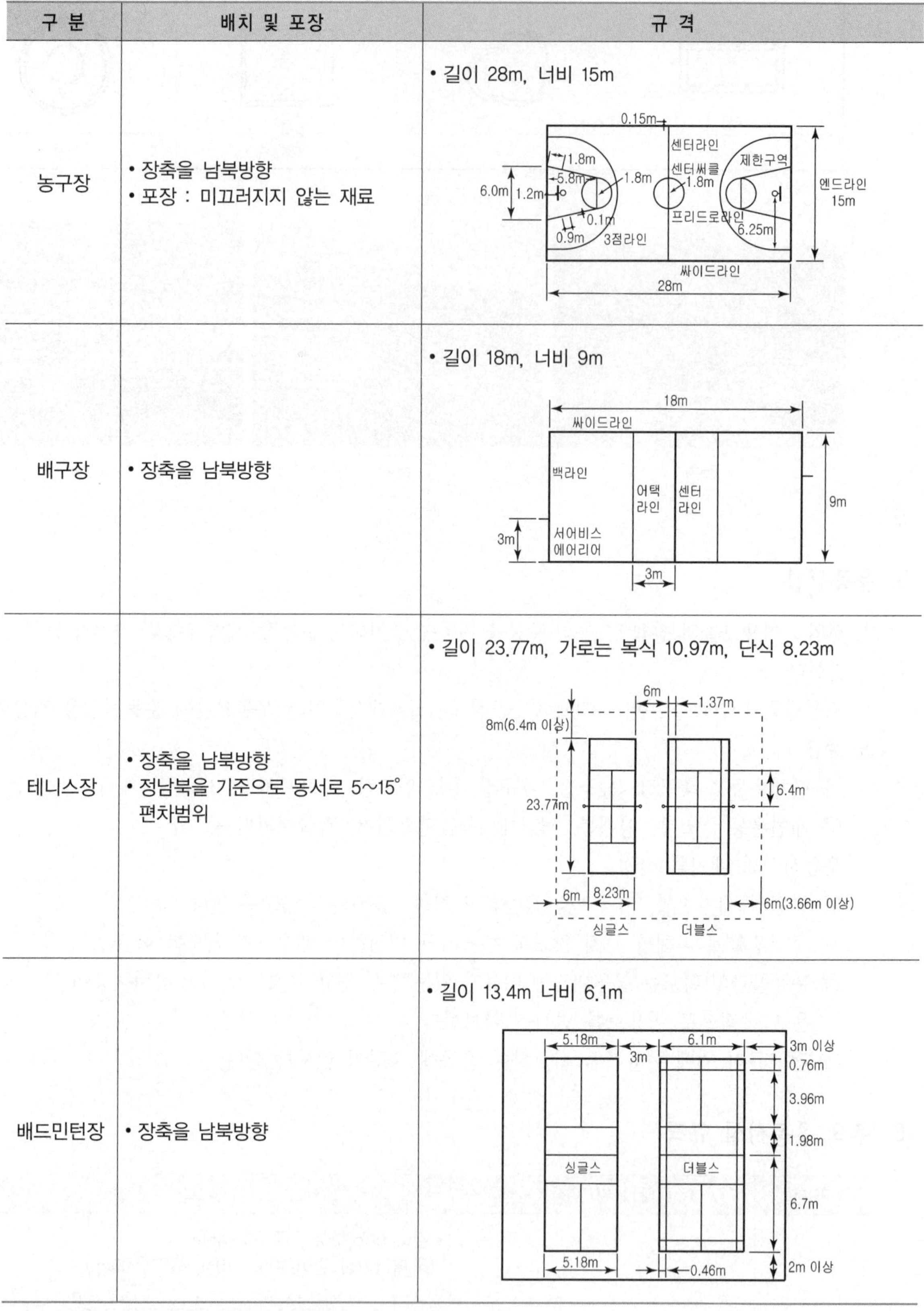

구 분	배치 및 포장	규 격
농구장	• 장축을 남북방향 • 포장 : 미끄러지지 않는 재료	• 길이 28m, 너비 15m
배구장	• 장축을 남북방향	• 길이 18m, 너비 9m
테니스장	• 장축을 남북방향 • 정남북을 기준으로 동서로 5~15° 편차범위	• 길이 23.77m, 가로는 복식 10.97m, 단식 8.23m
배드민턴장	• 장축을 남북방향	• 길이 13.4m 너비 6.1m

7. 포 장

① 정의 : 보행자와 자전거·차량통행과 공간의 원활한 기능유지를 목적으로 설치하는 포장을 말한다.

② 포장재료 및 유의사항

㉮ 특징있는 경관조성을 위해 소형고압블럭(I.L.P), 투수성 콘크리트, 투수성 아스팔트, 콘크리트, 아스콘, 콘크리트, 화강석재, 석재타일, 흙다짐포장벽돌 등으로 한다.

㉯ 놀이공간의 바닥 특히, 추락위험이 있는 그네, 사다리 등의 놀이시설 주변 바닥에는 충격을 흡수·완화할 수 있는 모래, 마사토, 고무재료, 인조잔디 등 완충재료를 사용하여 충격을 흡수할 수 있는 깊이로 설계하여야 한다.

㉰ 광장의 포장경사는 3% 이내, 운동장의 포장경사는 1% 이내로 한다.

㉱ 광장, 보행동선 등은 목적에 알맞도록 포장 패턴이 방향과 인식성을 갖도록 설계한다.

㉲ 운동공간은 마사토다짐(T20cm)을 원칙으로 하나 마사토의 수급 및 현장여건을 감안하여 혼합토(모래 : 흙=7 : 3)다짐을 사용할 수 있으며 배수층은 따로 두어야 한다.

㉳ 콘크리트 조립 블럭 사용시 보도용은 두께 6cm, 차도용은 두께 8cm로 한다.

③ 포장표현

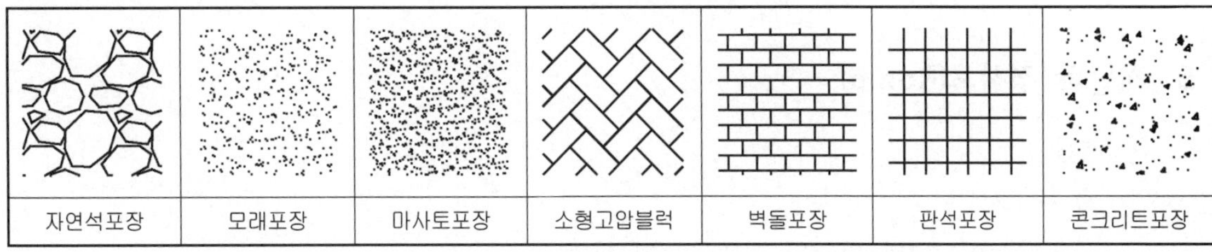

8. 주차장

① 설계시 고려사항

㉮ 법규와 설계기준을 준수하여 이용자들이게 안전하고 편리하며, 경관이나 환경에도 잘 어울리도록 해야 한다.

㉯ 예상되는 주차장 부지의 폭과 길이, 진입로를 고려하여 적합한 주차 배치 방법을 결정한다.

② 주차장설계

㉮ 주차면적

- 소형차(승용차) : 3(2.5m)×5m
- 대형차(버스) : 5×10m

㉯ 주차장은 90° 주차가 60°, 45°, 평행주차가 있으며, 동일면적에 많은 주차대수를 설계하는 방법은 90°이다.

㉰ 표현방법

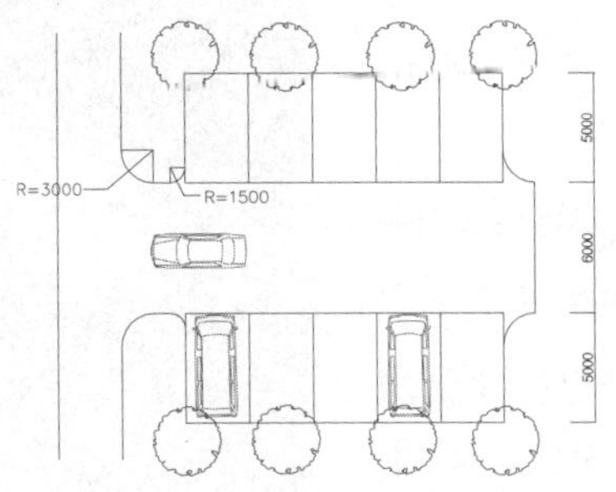

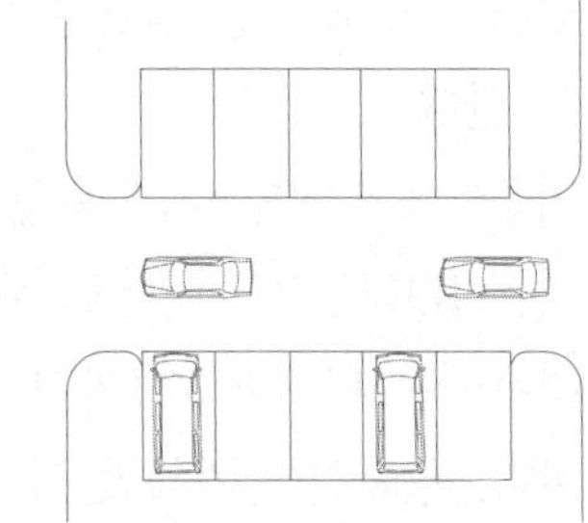

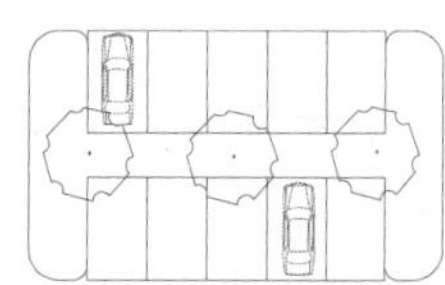

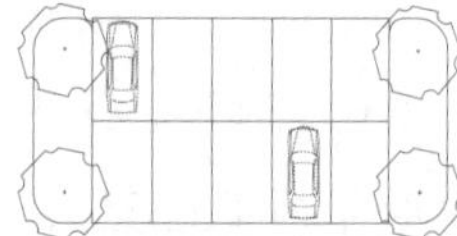

녹음 식재된 주차장

9. 계단과 경사로(Ramp)

① 계단

㉮ 구조

- 단높이(R)와 디딤면 너비(T)의 관계

  $2R+T$=60~65cm가 표준

  단높이를 18cm 이하, 디딤면의 너비는 26cm 이상

  단높이가 높으면 반대로 답면은 좁아야 함
- 계단참 : 높이 2m를 넘는 계단에는 2m 이내마다 계단의 유효폭 이상의 폭으로 너비 120cm 이상의 참을 둠
- 계단의 단수는 최소 2단 이상(이하일 경우 실족의 우려)
- 계단 바닥은 미끄러움을 방지할 수 있는 구조로 설계

㉯ 설치

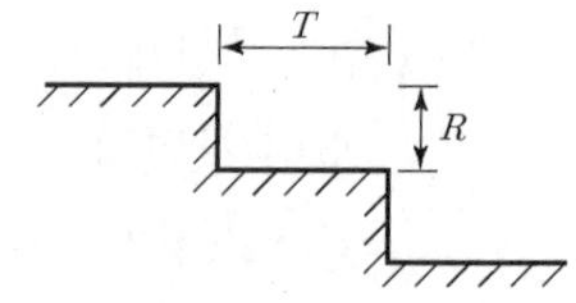

- 실제높이를 단높이(R)로 나누어 설치할 계단수를 계산한다.
- 단수에 디딤면 너비(T)를 곱하여 길이를 구한다.

② 경사로(Ramp)

㉮ 배치 : 평지가 아닌 곳에 보행로를 설치할 경우 장애인·노인 임산부 편의 증진에 관한 법률 등의 관련법규에 적합한 경사로를 설계

㉯ 구조 및 규격

- 유효폭 및 활동공간 : 휠체어 사용자가 통행할 수 있도록 보도 또는 접근로의 유효폭은 120~ 200cm로 한다.
- 기울기 : 장애인 등의 통행이 가능한 경사로의 기울기는 1/18(5.5%) 이하로 하며, 다만 지형상 곤란한 경우에는 1/12(8.3%)까지 완화하여 수평거리를 정한다. 일반인이 가능한 경사도는 10% 정도로 한다.
- 재질과 마감 : 바닥표면은 장애인 등이 넘어지지 않도록 조면처리 한다.

경사로

3 조경식물 표시법

조경설계에 조경식물 소재의 표현하는 방법은 설계자에 따라 약간씩 다르며 매우 다양하다. 다만 정해진 시간 내에 도면을 완성하기 위해서는 세밀한 표현방법보다는 기호화하여 간략하게 나타내도록 한다. 평면도, 입면도, 단면도에서 수목의 표현법을 숙지하도록 한다.

1. 평면도 수목 표시법

일반적으로 수목을 위에서 내려다 본 상태로 나타내며 상록교목, 낙엽교목, 관목, 지피식물 등으로 구분하여 표시한다. 평면상 간단한 원에서부터 수목의 질감을 표현하기도 하며 그림자를 표현하여 세련된 형태를 만들 수도 있다. 평면 설계시 표시하는 방법은 다음과 같다.

① 낙엽·상록 교목

㉮ 외형선 표시

- 간단하고 명확한 표현법이다.
- 낙엽교목 : 수목의 테두리 외곽선은 둥근 템플렛을 이용하여 두껍고 진한 선으로 표현한다.

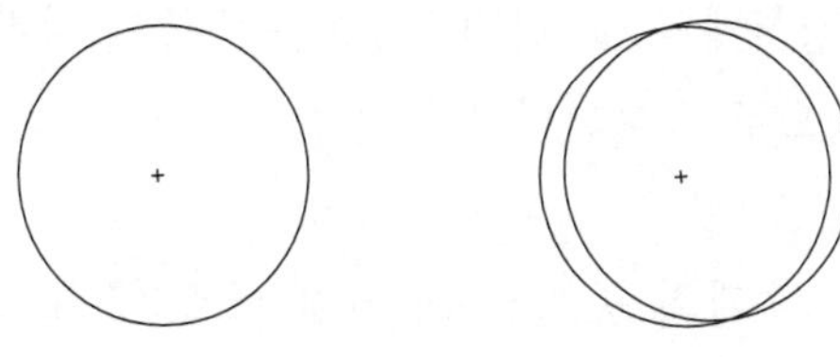

- 상록교목 : 수목의 테두리 외곽선은 둥근 템플렛을 이용하여 가는선으로 표현하고 외곽선을 따라 프리핸드로 진한선으로 그려나간다.

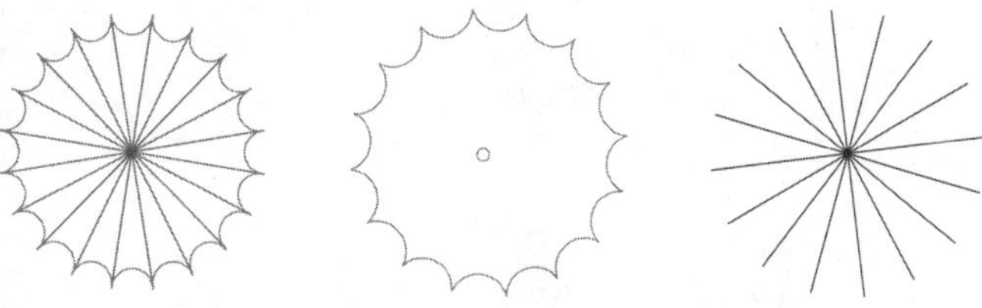

㉯ 질감, 가지, 그림자 표시

- 수목의 형태를 세밀하게 나타내어 생동감과 세련된 형태를 나타낸다.
- 둥근 템플렛을 이용하되 가는선으로 표시하고 그 위에 질감과 가지를 표현하며 이때 원 테두리를 벗어나지 않게 한다.

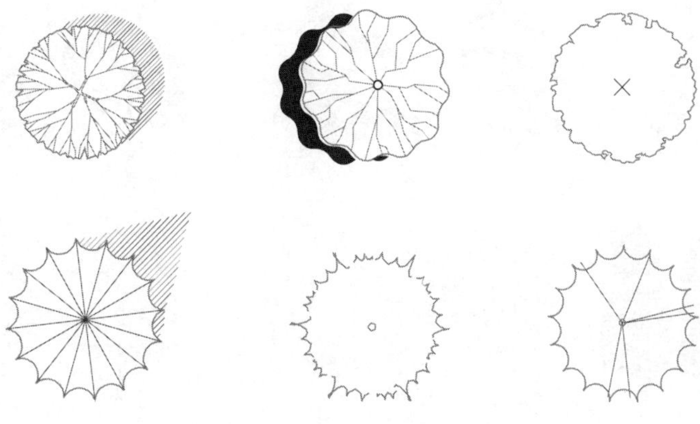

② 관목 : 관목의 표현은 교목과 같으며 다만 교목처럼 단식보다는 그룹별로 군식 또는 열식의 방법으로 식재한다. 관목의 질감을 나타낼 때는 동일 수종은 일관된 표현이 되도록 해야 한다.

2. 입·단면도 수목 표시법

① 수목의 입면표현 : 조경설계의 입·단면도에서는 수종에 따라 가지의 형태뿐만 아니라 질감, 계절감까지 고려해 사실적으로 표현한다.

② 표현방법

㉮ 나무의 형태(수형, 수관의 중심선)를 정해 보조선으로 그려놓는다.

㉯ 그려놓은 보조선위로 질감 표시를 한다.

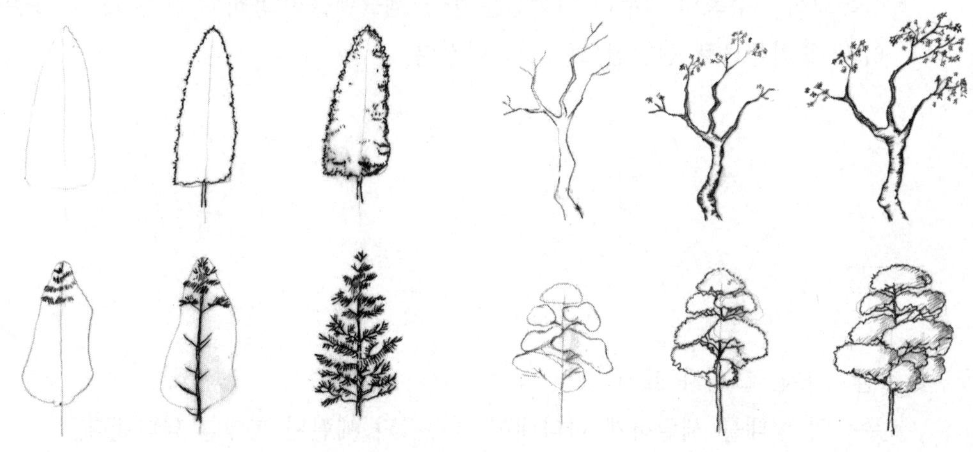

③ 수목 입면표현의 예시

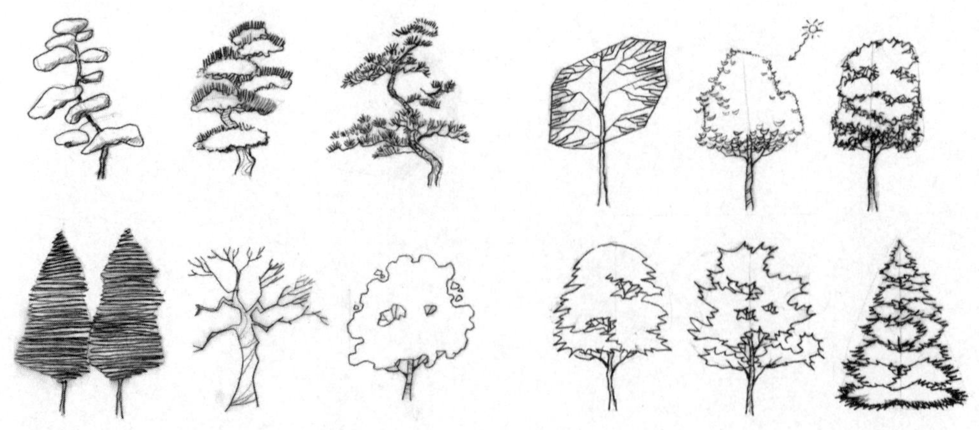

4 바 스케일(Bar Scale)과 방위

도면은 실제 크기에 대한 일한 크기의 비율로 나타내는데 이를 축척이라고 한다. 도면의 각장은 필히 축척과 방위를 기입하며 도면이 축척에 맞지 않으면 Non scale(N.S)로 표시한다.

1. 바 스케일

도면에 확대되거나 축소되었을 때 도면상 대략적인 크기를 나타내려 표현한다.

① 숫자 표기 : 1/5,000, 1/10,000

② 그래프표기 : 아래참조

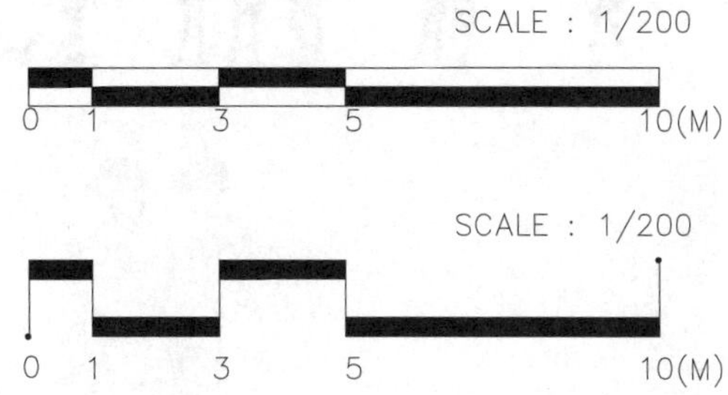

② 방위 : 방향표시에서는 북쪽을 나타내는 N을 표시하고 표시방법의 아래와 같다. 이중 적당한 것을 선택하여 바스케일과 같이 표시한다.

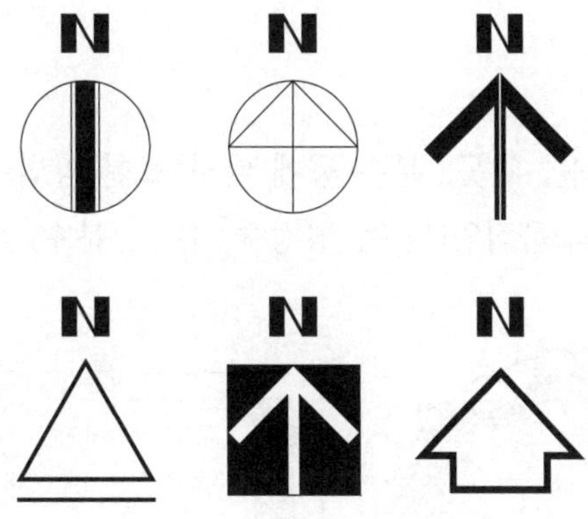

5 그 밖의 조경소재표시법

평면도, 입·단면도에서 도면에 활기를 줄 수 있는 요소로 수목과 사람, 차량의 표현은 공간의 용도와 스케일 감을 주는 중요한 역할을 한다. 아래 표현방법을 숙지하여 도면에 활용하도록 한다.

1. 인간척도(human scale)

① 목적 : 입·단면도 작성시 스케일에 맞는 사람을 표현하여 설계에 스케일과 공간감을 준다. 표현방법은 사실묘사에서부터 추상적 묘사까지 있으며 설계내용에 사실감을 더해준다.

② 표현예시

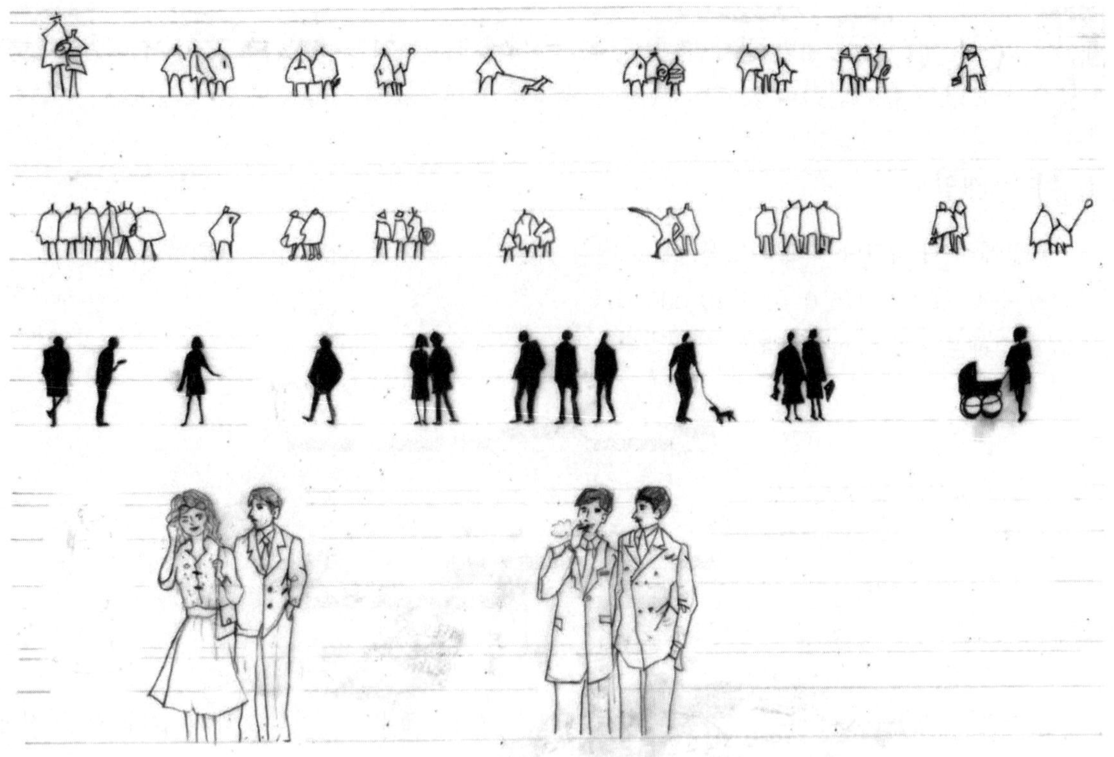

2. 물

① 목적 : 물은 벽천, 실개울, 연못, 분수 등에 따라 표현 방법이 다르며, 표현은 방법은 물의 빛에 의한 시각적 성질과 물의 움직임(낙수, 평정수, 유수, 분수)을 이해하고 있어야 표현이 가능하다.

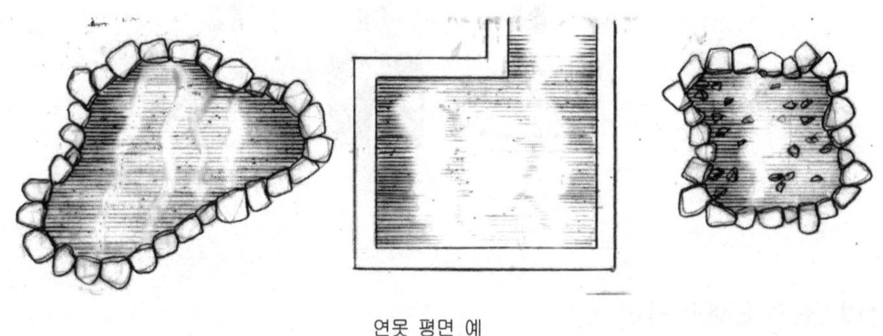

연못 평면 예

② 표현예시

벽천 입면 예

③ 단면도 작성의 예 : 수목, 사람 등의 표현은 설계에 스케일감을 얻을 수 있다.

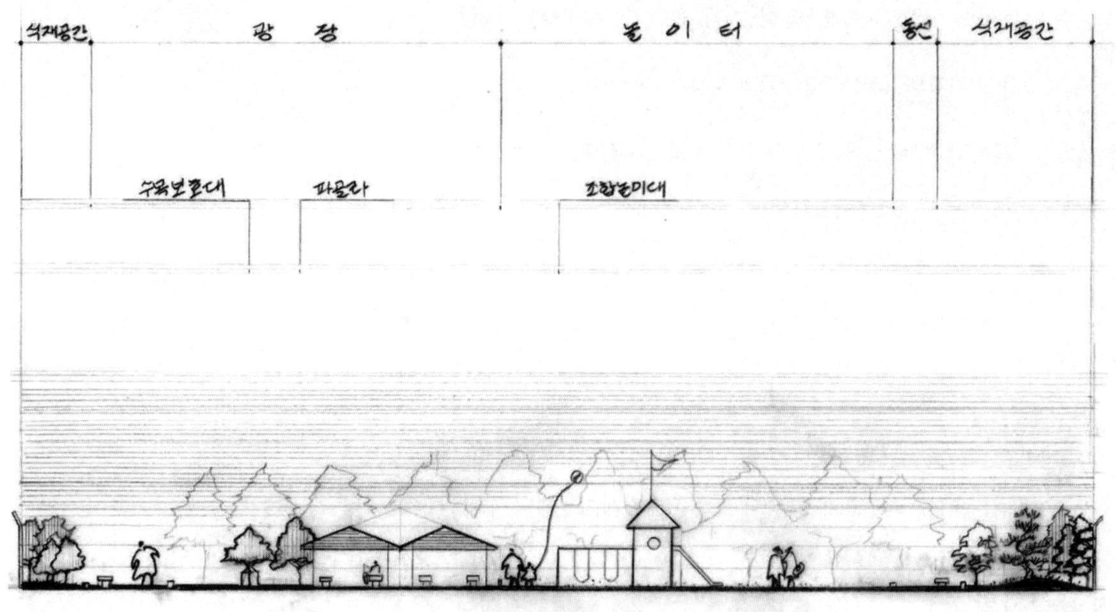

실기시험 출제문제 분석

3 Chapter

학습포인트 실기시험을 보기 위해서는 아래의 실습시간, 요구사항, 수험자 유의사항을 숙지한다.

- 시간엄수, 설계 미완성시 채점대상에서 제외 등의 사항
- 시험의 전과정 응시
- 수험자의 작업시 복장상태, 재료 및 공구의 정리·정돈 등도 채점대상이 됨

■ 실습시간

3시간 30분(제1과제 : 2시간 30분, 제2과제 : 1시간)

■ 요구사항

주어진 과제별 별지의 문제에 따라 작업을 행한다.

- 제1과제 : 조경설계작업(50점)
- 제2과제 : 수목감별 및 조경시공작업(50점)

■ 수험자 유의사항

① 수험자는 각 문제의 제한 시간 내에 작업을 완료하여야 한다.

② 수목식별시 한번 지나친 표본이나 실물은 다시 중복해서 볼 수 없다.

③ 지급된 재료는 재 지급되지 않으므로 재료사항에 유의하여야 한다.

④ 답안지의 수험자 성명과 수목명은 반드시 흑색필기구(연필 제외)로 하며, 그 외의 필기구를 사용할 때는 채점대상에서 제외한다.

⑤ 조경설계사항은 제도용 연필만을 사용해서 작성하여야하며, 다른 필기구를 사용할 때는 채점대상에서 제외한다.

⑥ 주어진 문제의 요구조건에 위배되는 설계도면 및 지급된 용지 2매인 시설물배치도+식재설계평면도(수목배치도) 1매, 단면도 1매가 모두 작성되어야 채점대상이 되며, 1매라도 설계가 미완성인 것은 미완성으로 채점대상에서 제외한다.

⑦ 수험자가 전과정 조경설계, 수목감별, 조경시공작업을 응시치 않으면 채점대상에서 제외한다.

⑧ 답안지의 수검번호 및 성명의 기재는 반드시 인쇄된 곳에 기록하여야 한다.

⑨ 수험자는 수검시간 중 타인과의 대화를 금한다.

⑩ 답안지 정정은 여러 번 정정할 수 있고, 정정한 부분은 반드시 두 줄로 그어 표시하고 줄을 긋지 아니한 답안은 수정하지 않은 것으로 채점한다.

⑪ 수험자는 도면 작성시 성명을 작성하는 곳을 제외하고 범례표(표제란)에 성명을 작성하지 않는다.

⑫ 수험자는 작업시 복장상태, 재료 및 공구 등의 정리정돈과 안전수칙 준수 등도 시험 중에 채점하므로 철저히 해야 한다.

1 조경설계도 작성의 예

설계 문제 : 휴게 공간 조경 설계

우리나라 중부 지역의 어느 도시에 있는 아파트 단지 진입로 부근에 위치한 휴게공간에 대한 조경설계를 하고자 한다. 주어진 현황도와 요구조건에 따라 도면을 작성하시오.

■ 현황도

주어진 도면을 참조하여 요구사항 및 조건들에 합당한 조경계획도 및 단면도를 작성하시오.

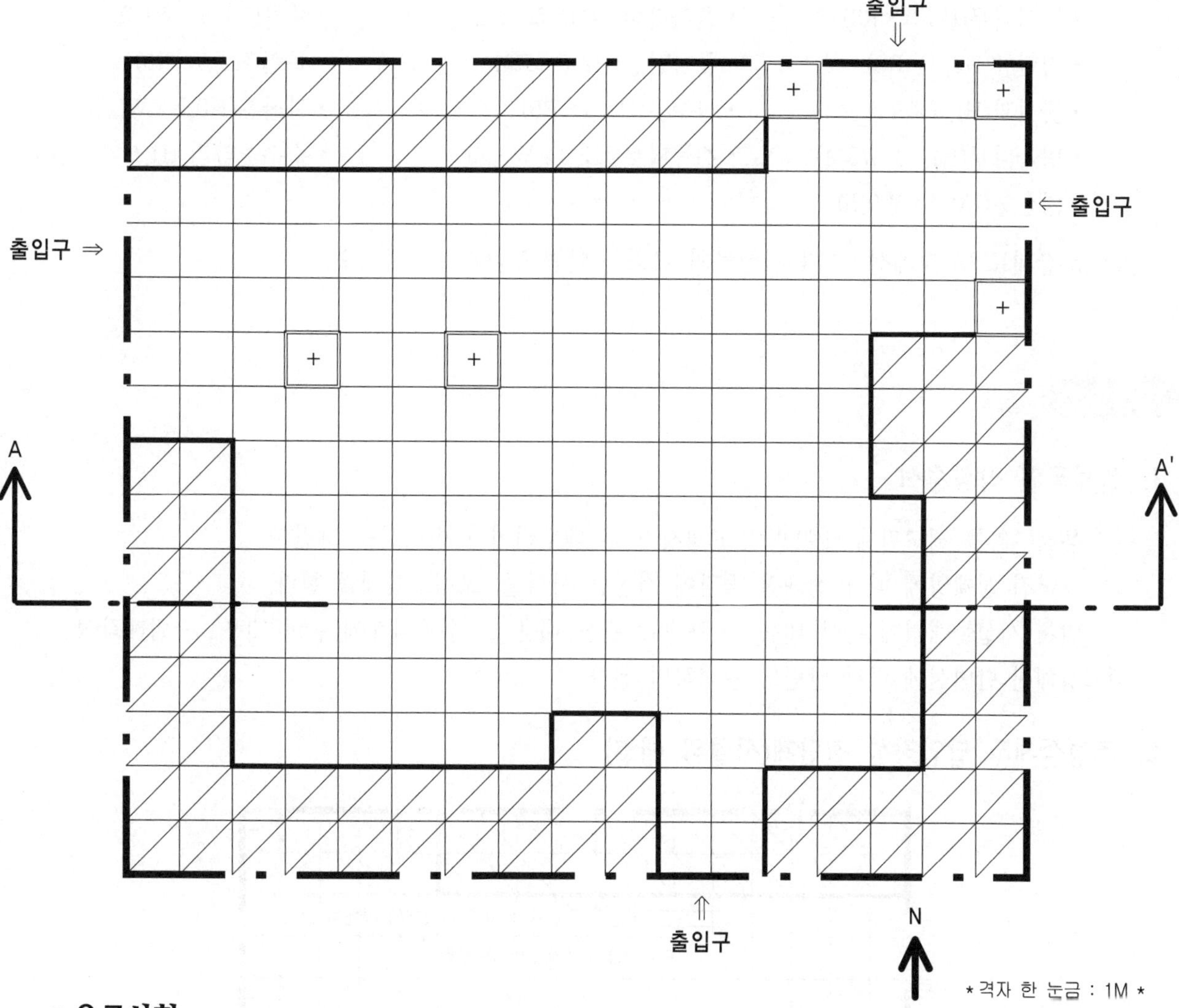

■ 요구사항

① 식재 평면도를 위주로 한 조경계획도를 축척 1/100로 작성하시오.

② 표제란에 수목수량표를 작성하되 수목의 성상별로 상록교목, 낙엽교목, 관목류로 구분하여 작성하시오.

③ A–A′ 단면도를 축척 1/100로 작성하시오.

■ 요구조건

① 수목보호대(1m×1m)가 있는 곳에 녹음수를 식재한다.

② 휴게공간은 전체적으로 볼거리가 있도록 관상식재 한다.

③ 적당한 곳에 등받이가 없는 평벤치(1.6m×0.4m)를 2군데, 평상형 쉘터(3m×3m) 1군데, 모래사장(6m×6m) 1군데를 설치한다.

④ 바닥 포장은 성질이 다른 2종의 포장재를 이용하여 해당 포장이 조화 될 수 있도록 서로 다른 표현으로 디자인하고, 해당 재료명을 명기하시오.
⑤ 시설물은 동선의 흐름 및 방향을 방해하지 않도록 설치한다.
⑥ 도면 내 특이사항이나 특정한 표현이 필요시에는 인출선을 이용하여 나타내도록 한다.
⑦ 수목은 아래에 주어진 수종 중에서 9가지를 선정하여 사용하고 인출선을 이용하여 수종명, 수량, 규격을 표기하시오.

- 섬잣나무(H2.5×W1.2)
- 스트로브잣나무(H2.0×W1.0)
- 향나무(H3.0×W1.2)
- 독일가문비(H1.5×W0.8)
- 아왜나무(H2.0×W1.0)
- 동백나무(H2.0×W1.0)
- 느티나무(H3.5×R8)
- 플라타너스(H3.5×B10)
- 주목(H1.5×W1.0)
- 청단풍(H2.5×R8)
- 중국단풍(H2.5×R5)
- 목련(H2.0×R5)
- 꽃사과(H1.5×R4)
- 산수유(H1.5×R5)
- 자산홍(H0.3×W0.3)
- 병꽃나무(H1.0×W0.4)
- 쥐똥나무(H1.0×W0.3)
- 수수꽃다리(H1.5×W0.8)
- 영산홍(H0.4×W0.5)

⑧ 포장재료 및 경계선, 기타 시설물의 기초를 단면도상에 표시하시오.

작성과정

1. 설계도면 작성순서

① 용지(A3)를 제도판에 테이프로 고정시킨 후 테두리선과 범례선을 그린다.
② 주어진 설계명에 따라 정해진 공간에 적절한 시설물, 포장, 식재를 한다.
③ 먼저 시설물배치에 관한 내용 → 포장에 관한 내용 → 수목식재에 관한 내용 → 범례작성
④ 정해진 단면선에 따라 단면도 완성하면 된다.

2. 조경설계도 답안작성 전단계(시설의 배열)

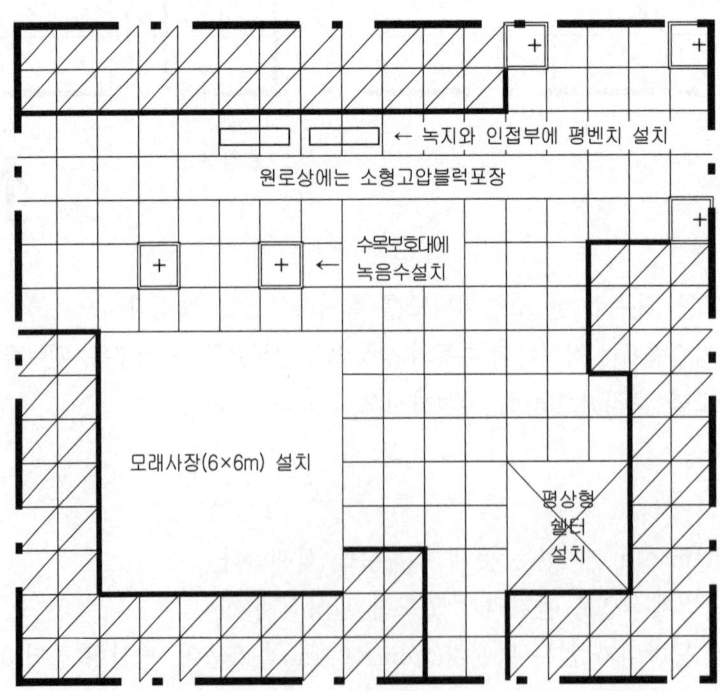

3. 수목 선정 시 고려사항

① 중부지방의 조경공간으로 중부지방에 적합한 수종을 선정

② 식재가능수종 : 섬잣나무, 스트로브잣나무, 향나무, 독일가문비, 느티나무, 플라타너스, 주목, 청단풍, 중국단풍, 목련, 꽃사과, 산수유, 자산홍, 병꽃나무, 쥐똥나무, 수수꽃다리

③ 식재불가수종 : 아왜나무, 동백나무, 영산홍

성 상	수목명	내 용
상록교목	섬잣나무	경계로 이용
낙엽교목	느티나무	파고라 주변 식재시 사용
	플라타너스	녹음용 수종으로 선정
	청단풍	
	중국단풍	
	목련	
관목	자산홍	
	쥐똥나무	
	수수꽃다리	

4. 단면도 작성과정

① 용지(A3)를 테이프로 고정시킨 후 테두리선, 범례선을 그린다.

② 제시된 단면선의 방향대로 공간의 위치, 시설, 수목, 포장 등을 파악한다.

③ 먼저 공간의 위치를 파악하고 시설물이 지나고 있는지를 확인하여 그린다.

④ 수목의 입면표현을 그려 넣는다.

⑤ 포장부분의 상세도를 작성한다.

※ 포장종류별 상세단면도는 PART 3 ; Chapter 5 포장공사의 내용을 바탕으로 작성한다.

5. 실제 답안지 작성사례

휴게공간설계

기본설계도

▨ 시설물수량표

기호	시설명	규격	단위	수량
⊠	쉘터	3000×3000	개소	1
□	평벤치	1600×400	〃	2
◫	수목보호대	1000×1000	〃	5

▨ 수목수량표

성상	수목명	규격	단위	수량
상록	섬잣나무	H2.5×W1.2	주	10
낙엽	느티나무	H3.5×R8	〃	3
〃	플라타너스	H3.5×B10	〃	5
〃	청단풍	H2.5×R8	〃	3
〃	중국단풍	H2.5×R5	〃	4
〃	목련	H2.0×R5	〃	3
관목	자산홍	H0.3×W0.3	〃	40
〃	쥐똥나무	H1.0×W0.3	〃	40
〃	수수꽃다리	H1.5×W0.8	〃	8

2 단면도작성

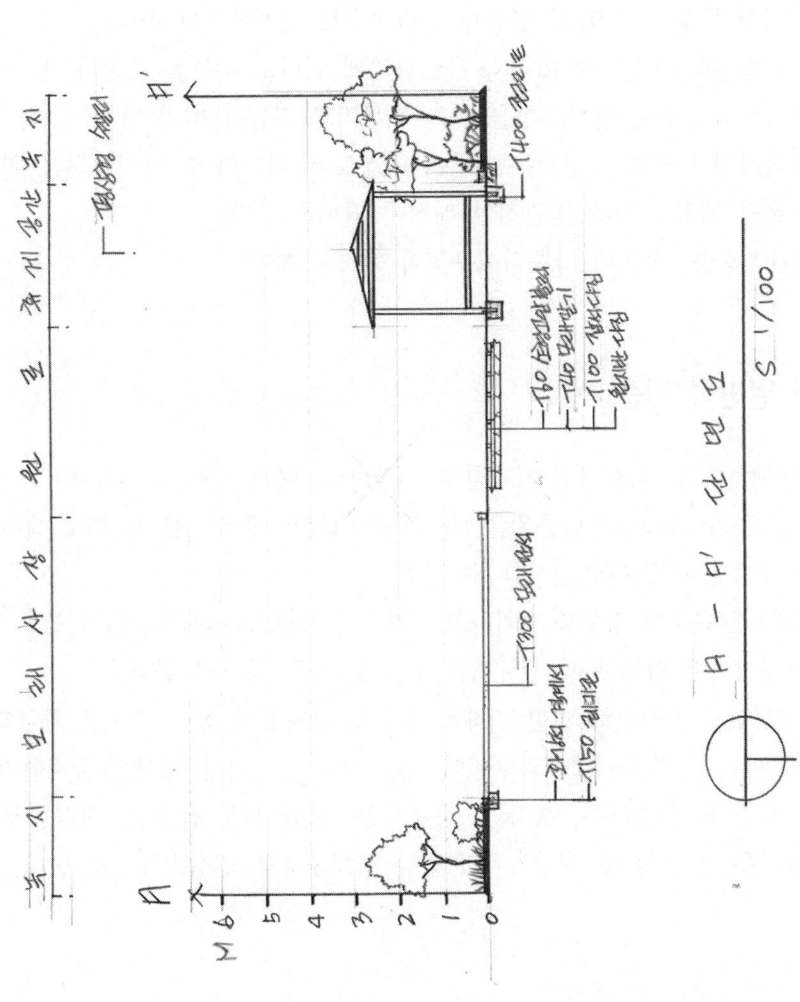

식재계획에 대한 세부내용

4 Chapter

학습포인트 생태적인 측면과 더불어 기능적측면도 고려하여 수종선택이 이루어져야 한다. 또한 계절감을 느낄 수 있는 화목류를 선택하며 독립수인 경우는 수형을 고려하여 장소에 맞는 수종을 선택한다.

- 시험에는 대부분 15~20개의 〈보기수종〉을 주로 지역적인 분포를 고려하는 중부수종과 남부수종을 구별하여 식재설계시 도입한다.
- 수종마다 규격이 표시되어 나오며 성상별로 구분하여 적합한 용도로 사용한다.
- 본장의 내용은 배식설계시 일반적 적용사항으로 참고하면 되는 부분이다.

1 배식설계의 일반원칙

① 공간별, 기능별에 따른 수목의 기능적, 생태적, 경관적 측면을 고려하고 친환경적 설계를 위한 수목의 생태적 특성 및 생태적 연관성을 바탕으로 설계하여야 한다.

② 향토수종을 반영하여야 하며 이식과 유지관리에 어려운 수종을 피한다.

③ 상록은 공간분할, 차폐, 경관조성을 위하여 목적과 기능에 따라 단식, 군식, 열식 한다.

④ 사람이 휴식하거나 모이는 장소는 녹음을 제공토록 배식하되, 낙엽교목을 원칙으로 한다.

⑤ 공원의 마운딩 계획과 함께 경관적인 배식이 되도록 한다.

⑥ 배식은 상층, 중층, 하층의 다층식재구성이 되도록 한다.

2 수종선정의 일반적 기준

① 수목의 생리적 특성, 식재지의 자연환경, 구입가능 여부 등을 고려한다.

② 어린이 공원은 10~20종, 근린공원은 20~30종 내외가 될 수 있도록 하고 특수효과를 위해 단일 또는 소수 수종을 선정하여 밀식할 수 있다.

③ 유실수의 도입은 특수한 경우를 제외하고는 가급적 억제토록 하되 관리가 쉽고 열매로부터 피해가 적으며, 관상가치가 있는 모과나무, 감나무, 대추나무 등으로 한다.

④ 병충해 및 생리적 특성으로 인한 피해가 심하고 하자율이 높은 수목은 가급적 배제한다.

⑤ 인근지역에 배나무, 사과나무, 과수원이 있는 경우는 향나무 배식은 금지한다.

⑥ 이팝나무, 느릅나무, 팽나무, 복자기, 층층나무, 산딸나무, 산수유, 화살나무, 산사나무, 팥배나무, 때죽나무, 무궁화 등 개발가치가 높은 향토수종을 권장수종으로 한다.

3 식재의 기능 및 적용수종

1. 녹음식재

목 적	• 여름철에 수목을 이용하여 태양의 광선을 차단·조절하여 그늘을 제공하며 경관조성 효과를 겸한다. • 광장, 휴게공간, 원로 등에 적용한다.
적용수종의 특성	• 수관이 크고 지하고가 높은 낙엽활엽교목 • 병충해와 악취 및 가시가 없는 수종
적용수종	느티나무, 플라타너스, 가중나무, 은행나무, 칠엽수, 오동나무, 회화나무, 팽나무 등

벤치주변 녹음식재

플랜터겸 벤치주변

2. 차폐식재

목 적	외관상 시각 불량지, 소음발생지 또는 사생활보호가 요구되는 지역에 시계를 차단하는 식재로 수목을 열식하거나 생울타리를 조성한다.
적용수종의 특성	일반적으로 상록수가 적당하며, 수관이 크고 지엽이 밀생한 수종
적용수종	가이즈까향나무, 화백, 측백, 주목, 잣나무, 독일가문비/가시나무, 감탕나무, 금목서, 녹나무, 아왜나무, 후피향나무/쥐똥나무 등

환풍구주변 차폐식재

3. 경관식재

목 적	좋은 경관을 위해 주요 결절점이나 이용이 집중되는 부분에 도입한다.
적용수종의 특성	수형이 단정하고 아름다운 수종으로 꽃, 열매, 단풍 등 관상가치가 있는 수종
적용수종	소나무, 주목, 구상나무/은행나무, 회화나무, 칠엽수, 자귀나무, 홍단풍/수수꽃다리, 황매화조릿대 등

경관식재

4. 요점식재, 지표식재

목 적	• 진입부 또는 주요 결절점에 상징적인 의미가 있거나 식별성이 높은 수목을 단식 또는 군식하여 지표물(landmark)의 기능을 한다. • 지표식재와 요점식재는 동일한 특성이나 요점식재는 강조(accent)로 무리심기보다는 단식의 의미가 강하다.
적용수종의 특성	• 높은 식별성이 있는 수종 • 수형이 단정하고 아름다운 수종으로 꽃, 열매, 단풍 등 관상가치가 있는 수종
적용수종	소나무, 주목, 구상나무, 금송, 독일가문비/회화나무, 계수나무 등

요점식재(느티나무)

요점식재(소나무)

5. 경계식재

목 적	• 설계대상 부지의 경계를 구분지어 부지내 공간의 특성을 강하게 한다. • 방풍, 방음, 차폐 등의 환경조절 기능을 동시에 한다.
적용수종의 특성	• 상록수가 적합하며 지엽이 치밀하고 전정에 강한 수종이 적합하다. • 생장이 빠르고 유지가 용이한 수종
적용수종	잣나무, 측백, 화백, 스트로브잣나무, 독일가문비/무궁화, 박태기나무/사철나무, 호랑가시나무, 피라칸사스 등

공원주변 경계식재

6. 유도식재

목 적	• 의도하는 방향으로 동선을 유도하도록 하는 식재로 공간의 점진적 이해를 도모한다. • 산책로, 보행로 변에 적용한다.
적용수종의 특성	• 정돈된 수형, 치밀한 지엽을 가진 수종 • 소교목, 관목으로 형태나 질감이 좋은 수종
적용수종	산수유, 철쭉류, 박태기나무, 말발도리/사철나무, 광나무 등

동선유도와 지표식재

보행 동선유도

7. 완충식재

목 적	• 공해와 각종 사고 등의 방지를 위하여 설치하는 녹지 • 공장주변, 사업장주변, 철도, 고속도로 주변에 설치
적용수종의 특성	• 불량한 환경에 잘 자라는 수종 • 이식이 용이하며, 생장속도가 빠르고 잘 자라는 수종
적용수종	은행나무, 튤립나무, 프라타너스, 무궁화/잣나무, 향나무, 화백/태산목, 후피향나무/돈나무/아왜나무/가시나무/호랑가시나무/돈나무 등

완충녹지

4 공간별 배식설계(참고사항)

진출입 공간	• 식별성을 강조하며 대형수목으로 지표식재(B12, R15 이상), 열식, 군식한다. • 진입 후 시각유도 식재 또는 동선유도(가로막기) 식재로 화목류, 지피군식, 교목열식 한다.
휴식시설주변 (파고라, 벤치)	• 낙엽교목을 주목으로 하고 인근에 화목류를 분산 배식한다. • 주위의 적정한 위요감, 밀폐감이 있도록 밀도를 조정한다. • 태양고도에 따른 수관 그늘은 정오를 중심으로 가려지게 고려한다.
공원경계부	• 지나친 밀식은 배제하며 소·밀 부분이 있도록 변화를 준다. • 교호열식을 원칙으로 한다. • 완충기능을 갖도록 전체적으로 2열 이상의 배식이 되도록 한다. • 낙엽교목을 주목으로 하되 상록수종을 반드시 포함시켜야 한다. • 구조물 울타리에는 생울타리(개나리, 광나무, 쥐똥나무, 줄장미 등)를 함께 조성할 수 있다. • 공원경계구간이 기존산림과 접할 경우는 기존수목, 수관(canopy)을 고려하여 연계될 수 있도록 고려한다.
산책로	• 녹음을 제공하는 낙엽교목을 배식한다. • 계절감을 느낄 수 있는 수종을 변화있게 선정한다. • 특히 긴 산책로의 형태에 따라 리듬감을 줄 수 있도록 배식한다. 직선형 산책로는 녹음 터널(shade tunnel) 조성 · 곡선형 산책로는 지그재그형 배식한다.
광 장	• 광장과 주변공간이 적절히 시각적으로 개방, 혹은 밀폐되도록 시각 분석에 따라 배식한다. • 진입광장인 경우 지나친 밀폐로 방향성을 잃지 않도록 한다. • 사람이 밀집하는 장소는 녹음수를 부분적으로 도입한다. • 광장에서 바라보는 주요지점이 식재로 차폐되지 않도록 한다.
주차장	• 여름철 정오에 그늘이 제공될 수 있도록 향을 정하고 낙엽교목으로 배식한다. • 주차장과 공원은 다소 시각적으로 차폐되어야 한다. • 진출입구는 운전자의 시계를 가리지 않도록 한다. • 주차장 주변의 배식은 단순한 기능이 될 수 있도록 수종은 최소화 한다.
공원내 식수대	• 식수대의 설치목적과 그 기능(초점경관, 공간분할, 공간위요, 시야차단, 동선유도 등)에 부합되도록 식재하여야 한다. • 시각적으로 돌출된 공간이므로 식재를 다른 녹지보다 강화하여 기능을 강조한다. • 초화류(비비추, 맥문동, 후록스, 국화 등 다년생 숙근초), 화목류 등으로 초점을 줄 수 있도록 한다. • 의자겸 식수대는 관목을 테두리에 심어 시각적으로 안정을 주도록 한다.
마운딩과 식재	• 마운딩 상단에는 식재할 경우에는 교·관목을 함께 식재한다. • 마운딩의 뒷면 식재를 우선으로 하고, 앞면은 관목위주로 배식한다. • 급격한 마운딩 사면 식재는 배제하고 하단에 관목을 군식한다. • 수목의 수고를 달리하여 자연스러운 경관이 형성되도록 한다.

5 조경양식에 의한 식재유형

① 식재형태는 정형식과 자연풍경식으로 나뉘어지며 두 가지 형태는 장소별로 적절히 배합되어 나타난다. 따라서 정형식, 자연풍경식 식재의 기본유형을 익혀 식재에 이용하도록 한다.

② 정형식형태는 건물 주변 혹은 기념성이 높은 장소에 이용되며, 자연에 가까이 접하는 부분은 자연풍경식 형태가 이용된다.

1. 정형식 식재 기본유형

단 식	중요한 자리에 단독식재
대 식	축을 좌우로 상대적으로 동형·동수종의 나무를 식재한다.
열 식	동형, 동수종의 나무를 일정한 간격으로 직선상으로 식재한다.
교호식재	같은 간격으로 서로 어긋나게 식재한다.
집단식재	군식, 다수의 수목을 규칙적으로 일정지역을 덮어버림으로서 하나의 질량감을 느낄 수 있게 한다.

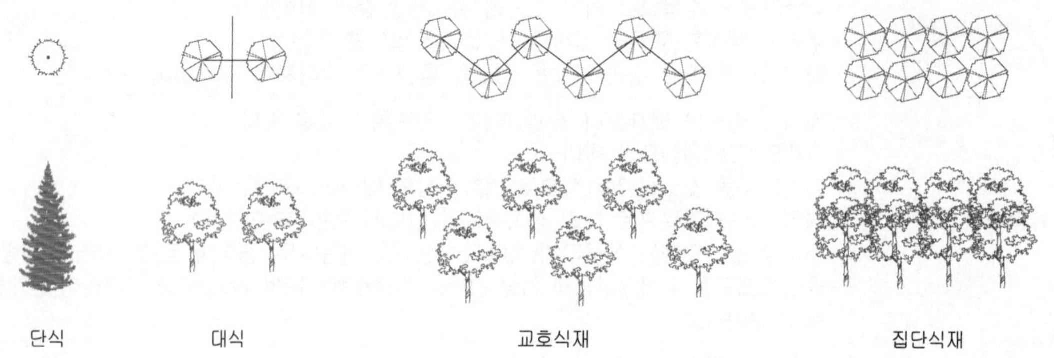

2. 자연풍경식 식재 기본 유형

부등변삼각형식재	크고 작은 세 그루의 수목을 서로 다른 간격을 달리하고 또한 한 직선위에 서지 않도록 하는 식재 수법
임의식재 (random planting)	부등변 삼각형 식재를 순차적으로 확대해 가는 수법으로 불규칙한 스카이라인이 형성되어 자연스러운 식재가 된다.
모아심기	3, 5, 7 그루 등 홀수의 수목식재를 기본으로 한다.

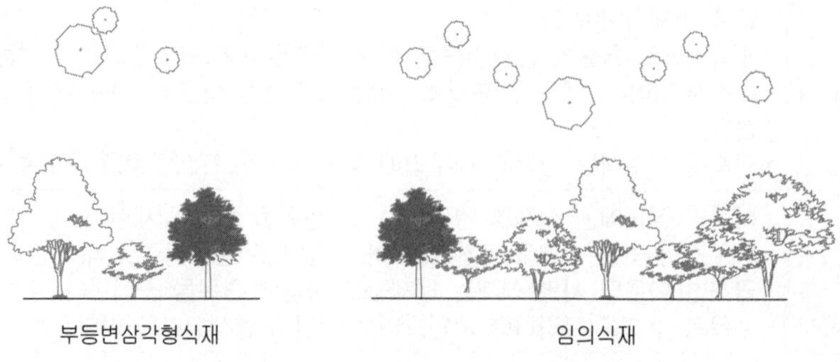

3. 식재 예시

① 3점식재, 5점식재, 7점식재

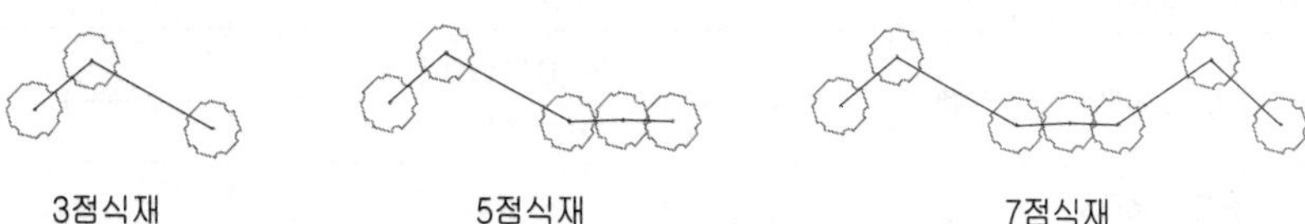

② 수목보호겸벤치와 플랜터식재

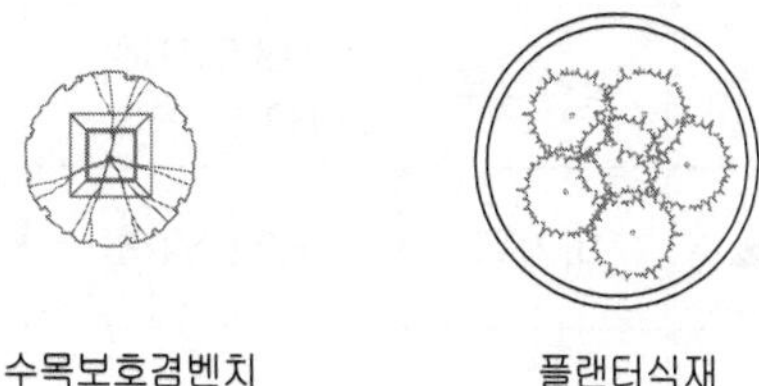

③ 공원 외곽부 식재

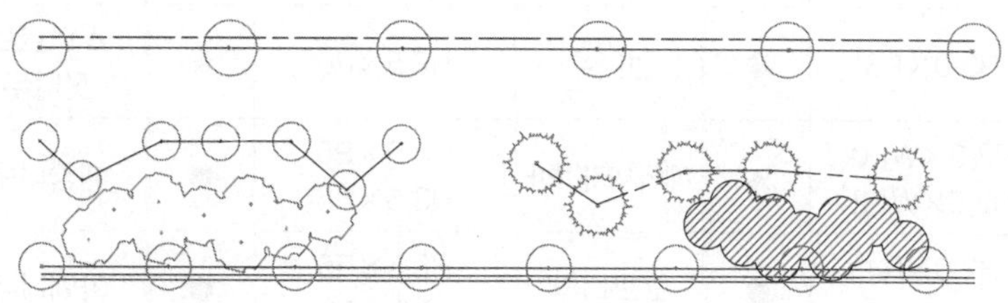

6 조경수목규격

상록침엽교목 ▲, 상록침엽관목 △, 낙엽침엽교목 ■, 낙엽활엽교목 ●, 낙엽활엽관목 ○, 상록활엽교목 ★, 상록활엽관목 ☆, 만경류 ◎

수종명	규 격	성 상	수종명	규 격	성 상	수종명	규 격	성 상
가시나무	H3.5×R4 H4.0×R8	★	느티나무	H3.5×R10 H4.0×R12	●	백철쭉	H0.5×W0.5	○
가이즈까 향나무	H2.0×W0.8 H2.5×W1.0	▲	능소화	L2.0×R2	◎	버즘나무 (프라타너스)	H3.0×B6 H3.5×B8	●
가중나무	H3.5×B6 H4.0×B10	●	다정큼나무	H1.2×W0.8	☆	벽오동	H3.0×B6 H3.5×B8	●
갈참나무	H3.0×R10 H3.5×R12	●	담쟁이덩굴	2~3년 L0.4	◎	병꽃나무	H1.0×W0.4	○
감나무	H2.5×R8 H3.5×R12	●	대나무	H3.5×R3		복자기	H2.5×R6 H3.0×R8	●
개나리	H1.2×3가지 H1.2×5가지	○	대왕참나무 (핀오크)	H2.5×R4 H3.0×R6	●	사철나무	H1.0×W0.3	☆
개쉬땅나무	H1.0×W0.3	○	대추나무	H3.0×R8 H3.5×R10	●	산딸나무	H3.0×R8 H3.5×R10	●
개잎갈나무 (히말라야시다)	H3.5×W1.5×B6	■	덩굴장미	H1.0×3가지	○	산벚나무	H3.0×R8 H3.5×B10	●

수종명	규 격	성 상	수종명	규 격	성 상	수종명	규 격	성 상
겹벚나무	H2.5×R6 H3.0×R8	●	독일가문비	H2.5×W1.2 H3.0×W1.5	▲	산수국	H0.3×W0.4	○
계수나무	H3.0×R6	●	돈나무	H1.0×W0.8 H1.5×W1.2	☆	산수유	H2.0×W0.9×R5	●
고로쇠나무	H3.0×R6 H3.5×R8	●	동백나무	H2.0×W1.0 H2.5×W1.2×R8	★	살구나무	H3.0×R8 H3.5×B10	●
곰솔(해송)	H3.5×W1.5×R12 H4.0×W2.0×R15	▲	등나무	L2.0×R2 L2.5×4	◎	상수리나무	H3.0×R6 H3.5×R8	●
광나무	H1.0×W0.3	☆	떡갈나무	H3.0×R8 H3.5×R12	●	서양측백	H2.5×W0.8 H3.0×W1.0	▲
구상나무	H2.0×W0.8 H2.5×W1.0	▲	마가목	H2.5×R6	●	섬잣나무	H2.5×W1.5	▲
굴거리나무	H2.5×W1.0 H3.0×W1.2	★	말발도리	H1.2×W0.4	○	소나무	H3.5×W1.5×R12 H4.0×W2.0×R15	▲
굴참나무	H3.0×R10 H3.5×R12	●	매화나무	H2.5×R6	●	수수꽃다리	H1.5×W0.6 H2.0×W1.0	○
귀룽나무	H3.0×R8	●	먼나무	H2.5×R6	★	스트로브 잣나무	H3.0×W1.5 H3.5×W1.8	▲
금송	H2.0×W1.0 H2.5×W1.2	▲	메타세콰이아	H3.0×B5 H3.5×B6	■	생강나무	H2.0×R3	○
꽃사과	H2.0×R4 H2.5×R6	●	모과나무	H2.5×R6 H3.0×R10	●	아왜나무	H3.0×W1.5 H3.5×W2.0	★
쥐똥나무	H1.5×W0.4	○	왕벚나무	H3.0×B6 H3.5×B10	●	원추리	2·3분얼	
청단풍	H2.5×R8 H3.0×R10	●	은행나무	H3.5×B8 H4.0×B10	●	유카	H1.0×W0.4	
모란	H0.6×5가지	○	이팝나무	H3.5×R10	●	패랭이꽃	3치포트	
꽝꽝나무	H0.5×W0.8	☆	목련	H2.5×R8 H3.0×R10	●	일본목련	H3.0×B4 H3.5×R6	●
낙우송	H3.0×R6 H3.5×R8	■	목서	H2.0×W1.0	☆	감국	3치포트	
남천	H1.0×3가지 H1.2×5가지	☆	무궁화	H1.5×W0.4	○	구철초	3치포트	
노각나무	H2.5×R6 H3.5×R8	●	박태기나무	H1.5×W0.6	○	기린초	3치포트	
눈향나무	H0.3×W0.6 ×L1.0	△	배롱나무	H2.5×R8 H3.0×R10	●	꽃범의꼬리	4치포트	
느릅나무	H3.0×R6 H3.5×R10	●	호랑가시나무	H1.5×W0.6	☆	꽃창포	2·3분얼	
자귀나무	H2.5×R6 H3.0×R8	●	홍단풍	H2.5×R8 H3.0×R10	●	매발톱꽃	4치포트	
자산홍	H0.5×W0.5	○	화백	H3.0×W1.2	▲	맥문동	3·5분얼	
자작나무	H3.0×B6 H3.5×B8	●	화살나무	H1.0×W0.6 H1.2×W0.8	○	물싸리	4치포트	
잔디	0.3×0.3×0.03		황매화	H1.0×W0.6	○	백리향	4치포트	

수종명	규 격	성 상	수종명	규 격	성 상	수종명	규 격	성 상
잣나무	H3.0×W1.5 H3.5×W1.8	▲	회양목	H0.4×W0.5	△	벌개미취	3치포트	
장미	3년생, 2가지	○	회화나무	H3.5×R8 H4.0×R10	●	부들	1분열	
전나무	H2.5×W1.2 H3.0×W1.5	▲	후박나무	H3.0×R8 H3.5×R10	★	부처꽃	3치포트	
조릿대	H0.4×5가지		후피향나무	H1.8×W0.8	☆	붓꽃	4·5분얼	
조팝나무	H1.0×W0.5	○	흰말채나무	H1.2×W0.6	○	비비추	2·3분얼	
좀작살나무	H1.2×W0.4	○	영산홍	H0.5×W0.6	☆	수선화		
주목	H2.5×W1.5 (선형) H0.5×W0.5 (둥근형)	▲ △	옥향	H0.5×W0.6	△	옥잠화	2·3분얼	
측백나무	H2.0×W0.6 H2.5×W0.8	▲	후록스	2·3분얼				
층층나무	H3.0×R6	●						
치자나무	H0.6×W0.4	☆						
칠엽수	H3.0×R10	●						
태산목	H2.0×W1.0	★						
튤립나무	H3.0×R5 H3.5×R8	●						
팔손이나무	H0.8×W0.6	☆						
팥배나무	H3.0×R6 H3.5×R8	●						
피라칸사스	H1.5×W0.5	☆						
해당화	H1.0×3가지	☆						
향나무	H3.0×W1.0 (선형) H0.6×W1.2 (둥근형)	▲						
협죽도	H1.0×W0.4	☆						

설계 기출문제풀이 5 Chapter

학습포인트 2차 시험을 치르기 위한 준비도구는 제도용구와 작업용구로 구분되며, 이 도구들은 시험장에도 갖춰가야 한다. 준비도구가 준비되면 글씨연습과 용도별로 그려야하는 선을 굵기와 종류를 구분해서 선 연습을 해야 한다.

1 어린이 공원 설계

설계 문제

다음은 중부지방의 어린이 공원(23m×15m)의 설계를 위한 배치도이다. 주어진 요구조건을 참고하여 답안지(A3)에 설계도를 작성하시오.

• 범례 가. 놀이공간 나. 휴게공간 다. 운동공간
라. 녹지공간 마. 원로

1. 현황도

주어진 도면을 참조하여 요구사항 및 조건들에 적합한 조경계획도 및 단면도를 작성하시오.

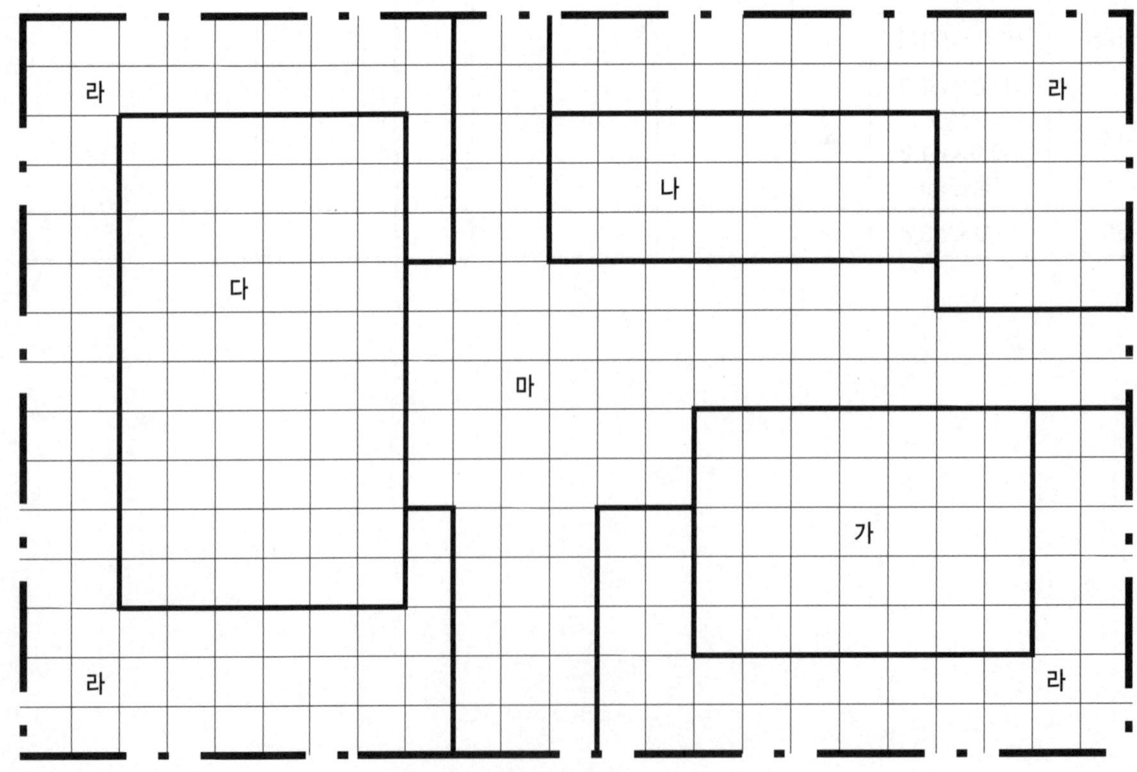

2. 설계조건

① 위에 주어진 어린이 공원 배치도를 1/100로 답안지에 확대 제도하시오. 답안지의 긴변을 가로로 놓고 하며, 도면의 윤곽선을 설정하고, 표제란을 여백에 작성하되 수검자번호, 비번호와 이름을 기재하지 말 것

② 휴게공간에 평벤치(규격 450×1,000) 6개를 설치하시오.

③ 원로에 콘크리트, 고압블록, 마사토, 아스콘, 벽돌 등의 포장재료 중에서 한 가지를 선택하여 도면상에 표현하고 재료명을 표시하시오.

④ 녹지공간에 배식설계를 하되, 주어진 선택식물 중에서 6종의 수종 이상을 선택하여 열식 또는 배식하시오.

- 스트로브잣나무(H2.5×W1.2)
- 측백나무(H2.0×W1.0)
- 느티나무(H3.5×R8)
- 자귀나무(H2.5×R6)
- 산수유(H2.5×R7)
- 수수꽃다리(H1.5×W0.6)
- 쥐똥나무(H1.0×W0.3)
- 산철쭉(H0.3×W0.4)
- 왕벚나무(H3.5×B10)
- 버즘나무(H3.5×B8)
- 청단풍(H2.5×R8)
- 산딸나무(H2.0×R5)
- 꽃사과(H2.5×R5)
- 병꽃나무(H1.0×W0.4)
- 명자나무(H0.6×W0.4)
- 자산홍(H0.3×W0.3)

⑤ 놀이시설, 휴게공간, 운동공간 주변의 녹지에 폭원 1m 이내의 쥐똥나무 생울타리를 조성하시오.

⑥ 배식 설계시는 인출선을 사용하여 수종, 수량, 규격을 표기하고, 설계도면의 여백에 수목 수량표, 시설물 범례, 방위 막대축척(바 스케일)을 작성하시오.

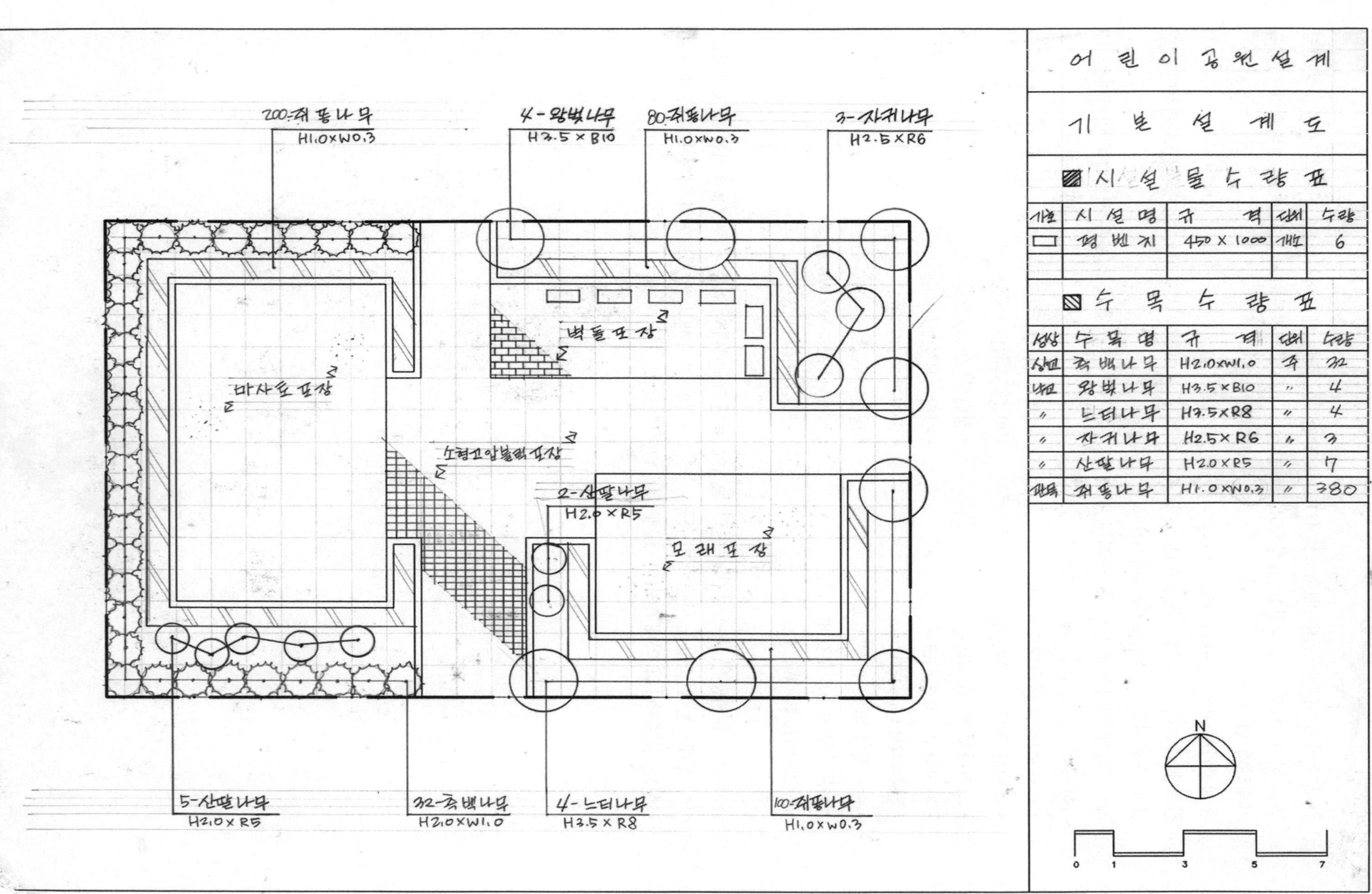
어린이공원설계
기본설계도
시설물수량표
기호 | 시설명 | 규격 | 단위 | 수량
평벤치 | 450 X 1000 | 개소 | 6
수목수량표
성상 | 수목명 | 규격 | 단위 | 수량
상록 | 측백나무 | H2.0xW1.0 | 주 | 32
낙엽 | 왕벚나무 | H3.5xB10 | 〃 | 4
〃 | 느티나무 | H3.5xR8 | 〃 | 4
〃 | 자귀나무 | H2.5xR6 | 〃 | 3
〃 | 산딸나무 | H2.0xR5 | 〃 | 7
관목 | 쥐똥나무 | H1.0xW0.3 | 〃 | 380
200-쥐똥나무 H1.0xW0.3
4-왕벚나무 H3.5×B10
80-쥐똥나무 H1.0xW0.3
3-자귀나무 H2.5×R6
벽돌포장
마사토포장
소형고압블럭포장
2-산딸나무 H2.0×R5
모래포장
5-산딸나무 H2.0×R5
32-측백나무 H2.0xW1.0
4-느티나무 H3.5×R8
100-쥐똥나무 H1.0xW0.3
N
0 1 3 5 7

2-1 휴게 공간 조경 설계

설계 문제

우리나라 중북부 지역의 어느 도시에 있는 아파트 단지 진입로 부근에 위치한 휴게공간에 대한 조경설계를 하고자 한다. 주어진 현황도와 요구조건에 따라 도면을 작성하시오.

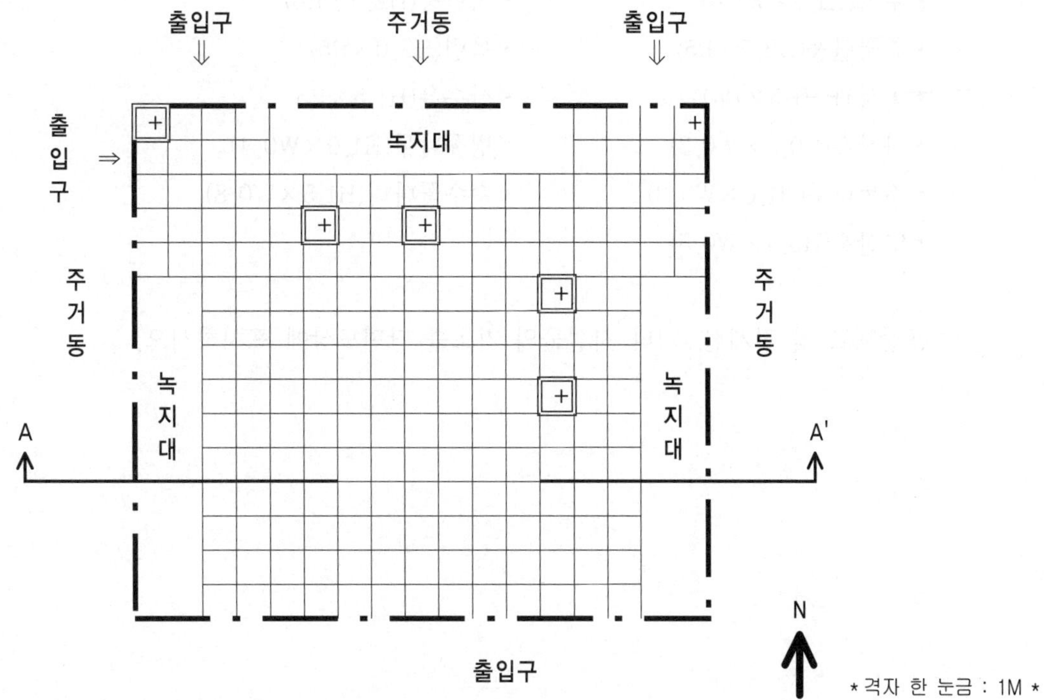

1. 요구사항

① 식재 평면도를 위주로 한 조경계획도를 축척 1/100로 작성하시오.

② 표제란에 수목수량표를 작성하되 수목의 성상별로 상록교목, 낙엽교목, 관목류로 구분하여 작성하시오.

③ A-A′ 단면도를 축척 1/100로 작성하시오

2. 요구조건

① 수목보호대(1m×1m)가 있는 곳에 녹음수를 식재한다.

② 휴게공간은 전체적으로 볼거리가 있도록 관상식재한다.

③ 적당한 곳에 등받이가 없는 평벤치(1.6m×0.4m)를 2군데, 평상형 쉘터(3m×3m) 1군데를 설치한다.

④ 바닥 포장은 성질이 다른 2종의 포장재를 이용하여 해당 포장이 조화될 수 있도록 서로 다른 표현으로 디자인하고, 해당 재료명을 명기하시오.

⑤ 시설물은 동선의 흐름 및 방향을 방해하지 않도록 설치한다.

⑥ 도면 내 특이사항이나 특정한 표현이 필요시에는 인출선을 이용하여 나타내도록 한다.

⑦ 수목은 아래에 주어진 수종 중에서 9가지를 선정하여 사용하고 인출선을 이용하여 수종명, 수량, 규격을 표기하시오.

- 섬잣나무(H2.5×W1.2)
- 스트로브잣나무(H2.0×W1.0)
- 향나무(H3.0×W1.2)
- 독일가문비(H1.5×W0.8)
- 아왜나무(H2.0×W1.0)
- 동백나무(H2.0×W1.0)
- 느티나무(H3.5×R8)
- 플라타너스(H3.5×B10)
- 주목(H1.5×W1.0)
- 청단풍(H2.5×R8)
- 중국단풍(H2.5×R5)
- 목련(H2.0×R5)
- 꽃사과(H1.5×R4)
- 산수유(H1.5×R5)
- 자산홍(H0.3×W0.3)
- 병꽃나무(H1.0×W0.4)
- 쥐똥나무(H1.0×W0.3)
- 수수꽃다리(H1.5×W0.8)
- 영산홍(H0.4×W0.5)

⑧ 포장재료 및 경계선, 기타 시설물의 기초를 단면도상에 표시하시오.

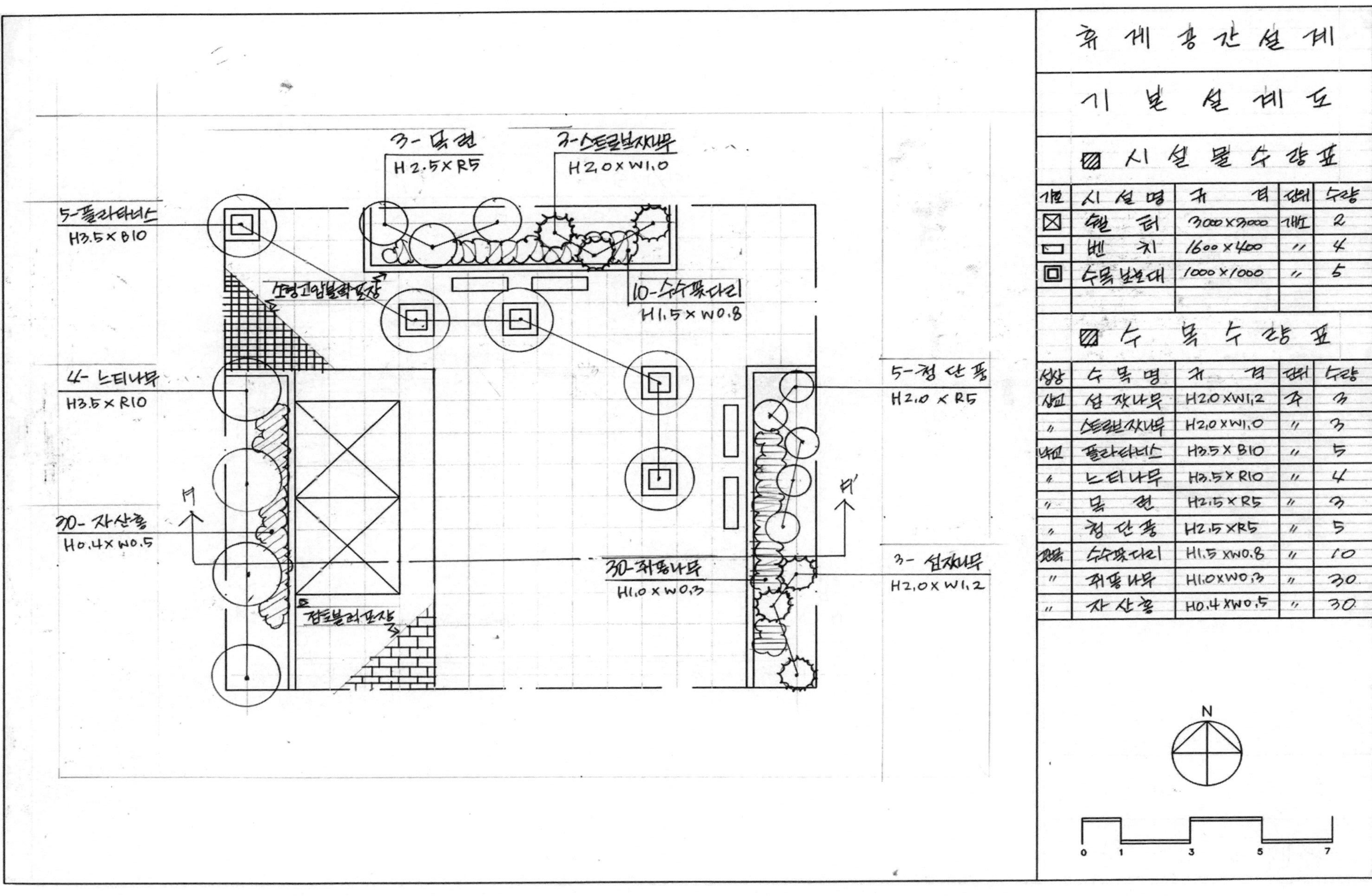
휴게공간설계
기본설계도
시설물수량표
기호 | 시설명 | 규격 | 단위 | 수량
쉘터 | 3000X3000 | 개 | 2
벤치 | 1600X400 | 〃 | 4
수목보호대 | 1000X1000 | 〃 | 5
수목수량표
성상 | 수목명 | 규격 | 단위 | 수량
상록 | 섬잣나무 | H2.0XW1.2 | 주 | 3
〃 | 스트로브잣나무 | H2.0XW1.0 | 〃 | 3
낙엽 | 플라타너스 | H3.5XB10 | 〃 | 5
〃 | 느티나무 | H3.5XR10 | 〃 | 4
〃 | 목련 | H2.5XR5 | 〃 | 3
〃 | 청단풍 | H2.5XR5 | 〃 | 5
관목 | 수수꽃다리 | H1.5XW0.8 | 〃 | 10
〃 | 쥐똥나무 | H1.0XW0.3 | 〃 | 30
〃 | 자산홍 | H0.4XW0.5 | 〃 | 30
N
0 1 3 5 7
3-목련 H2.5XR5
3-스트로브잣나무 H2.0XW1.0
5-플라타너스 H3.5XB10
소형고압블럭포장
10-수수꽃다리 H1.5XW0.8
4-느티나무 H3.5XR10
5-청단풍 H2.0XR5
30-자산홍 H0.4XW0.5
30-쥐똥나무 H1.0XW0.3
3-섬잣나무 H2.0XW1.2
점토블럭포장
A
A'

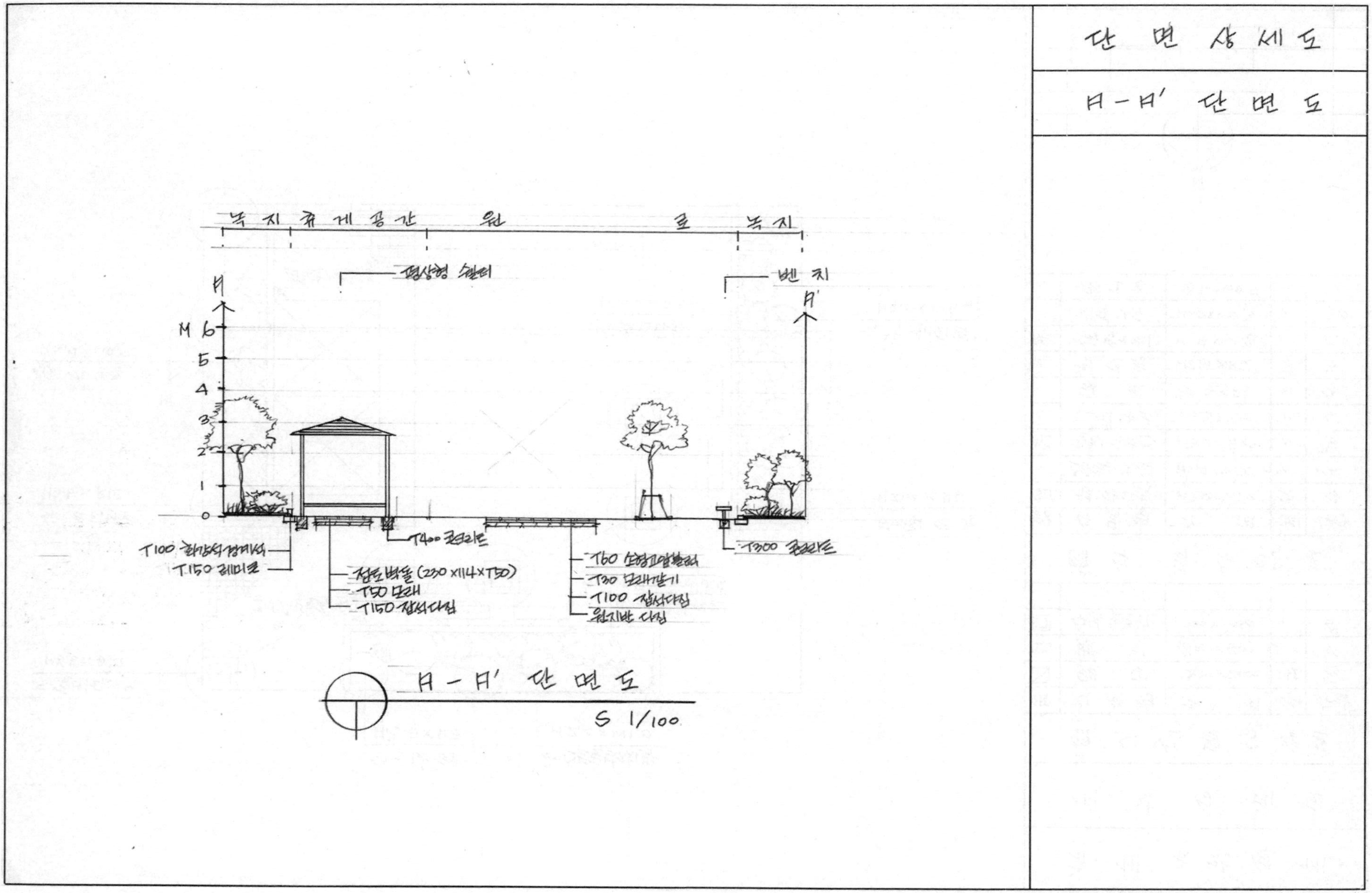

단면상세도
A-A' 단면도

A-A' 단면도

S 1/100

2-2 휴게 공간 조경 설계

설계 문제

우리나라 중북부 지역의 어느 도시에 있는 아파트 단지 진입로 부근에 위치한 휴게공간에 대한 조경설계를 하고자 한다. 주어진 현황도와 요구조건에 따라 도면을 작성하시오.

1. 현황도

주어진 도면을 참조하여 요구사항 및 조건들에 합당한 조경계획도 및 단면도를 작성하시오.

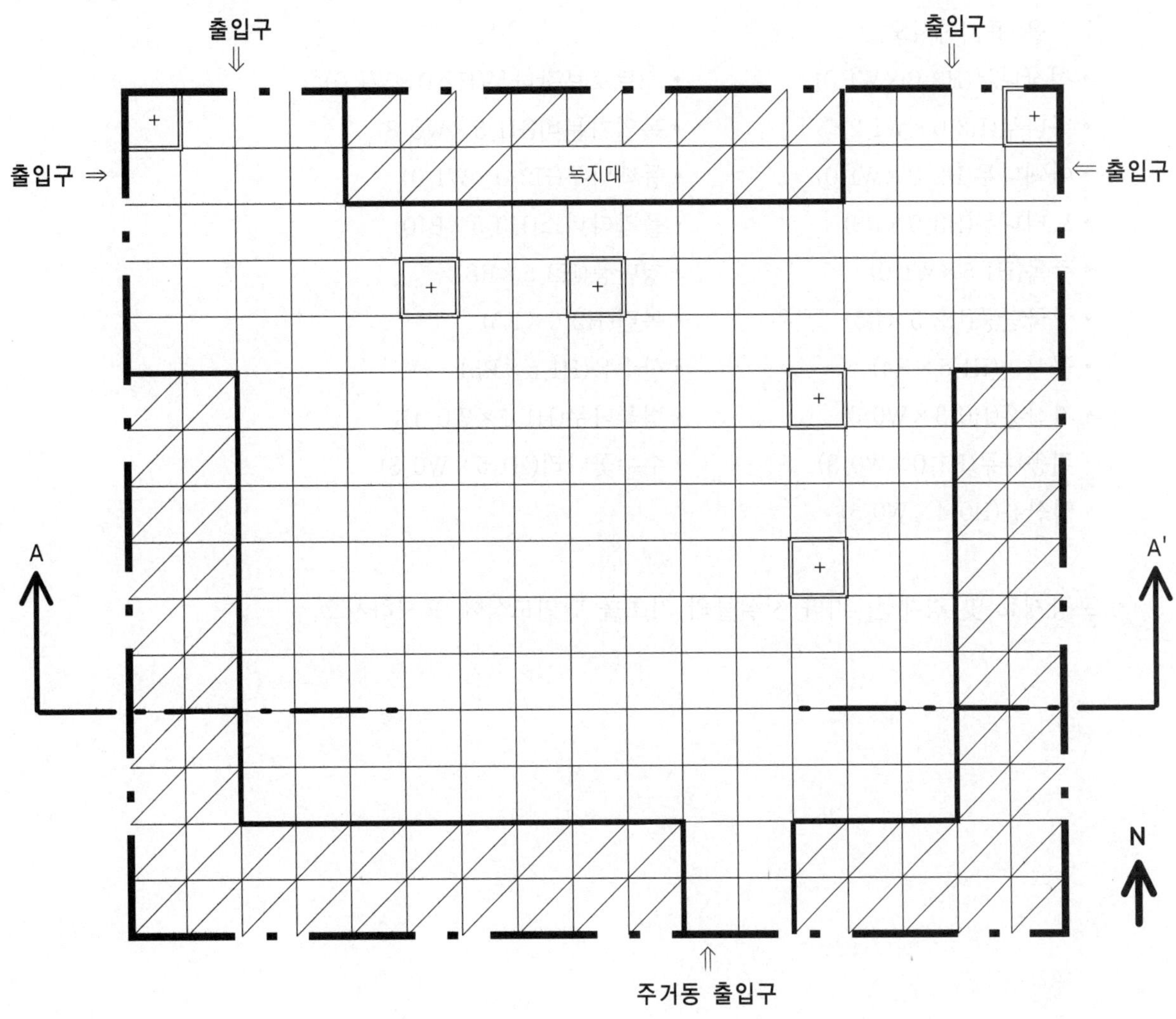

* 격자 한 눈금 : 1M *

2. 요구사항

① 식재 평면도를 위주로 한 조경계획도를 축척 1/100로 작성하시오.

② 표제란에 수목수량표를 작성하되 수목의 성상별로 상록교목, 낙엽교목, 관목류로 구분하여 작성하시오.

③ A–A′ 단면도를 축척 1/100로 작성하시오.

3. 요구조건

① 수목보호대(1m×1m)가 있는 곳에 녹음수를 식재한다.

② 휴게공간은 전체적으로 볼거리가 있도록 관상식재 한다.

③ 적당한 곳에 등받이가 없는 평벤치(1.6m×0.4m)를 2군데, 평상형 쉘터(3m×3m) 1군데, 모래사장(6m×6m) 1군데를 설치한다.

④ 바닥 포장은 성질이 다른 2종의 포장재를 이용하여 해당 포장이 조화될 수 있도록 서로 다른 표현으로 디자인하고, 해당 재료명을 명기하시오.

⑤ 시설물은 동선의 흐름 및 방향을 방해하지 않도록 설치한다.

⑥ 도면 내 특이사항이나 특정한 표현이 필요시에는 인출선을 이용하여 나타내도록 한다.

⑦ 수목은 아래에 주어진 수종 중에서 9가지를 선정하여 사용하고 인출선을 이용하여 수종명, 수량, 규격을 표기하시오.

- 섬잣나무(H2.0×W1.0)
- 스트로브잣나무(H2.0×W1.0)
- 향나무(H3.0×W1.2)
- 독일가문비(H1.5×W0.8)
- 아왜나무(H2.0×W1.0)
- 동백나무(H2.0×W1.0)
- 느티나무(H3.5×R8)
- 플라타너스(H3.5×B10)
- 주목(H1.5×W1.0)
- 청단풍(H2.5×R8)
- 중국단풍(H2.5×R5)
- 목련(H2.0×R5)
- 꽃사과(H1.5×R4)
- 산수유(H1.5×R5)
- 자산홍(H0.3×W0.3)
- 병꽃나무(H1.0×W0.4)
- 쥐똥나무(H1.0×W0.3)
- 수수꽃다리(H1.5×W0.8)
- 영산홍(H0.4×W0.5)

⑧ 포장재료 및 경계선, 기타 시설물의 기초를 단면도상에 표시하시오.

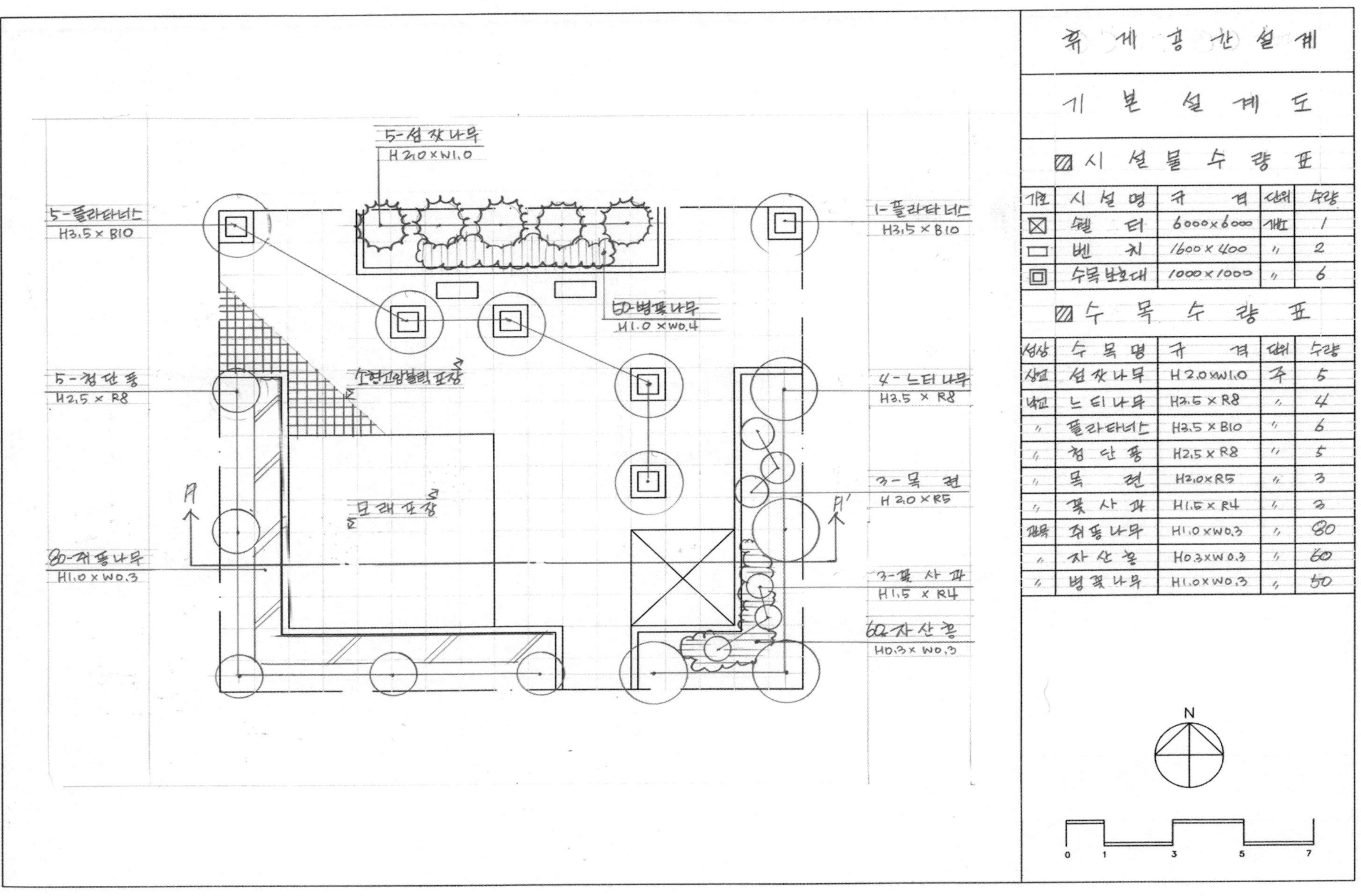
휴게공간설계
기본설계도
시설물수량표
기호 | 시설명 | 규격 | 단위 | 수량
쉘터 | 6000×6000 | 개소 | 1
벤치 | 1600×400 | 〃 | 2
수목보호대 | 1000×1000 | 〃 | 6
수목수량표
성상 | 수목명 | 규격 | 단위 | 수량
상교 | 섬잣나무 | H2.0×W1.0 | 주 | 5
낙교 | 느티나무 | H3.5×R8 | 〃 | 4
〃 | 플라타너스 | H3.5×B10 | 〃 | 6
〃 | 청단풍 | H2.5×R8 | 〃 | 5
〃 | 목련 | H2.0×R5 | 〃 | 3
〃 | 꽃사과 | H1.5×R4 | 〃 | 3
관목 | 쥐똥나무 | H1.0×W0.3 | 〃 | 80
〃 | 자산홍 | H0.3×W0.3 | 〃 | 60
〃 | 병꽃나무 | H1.0×W0.3 | 〃 | 50
5-섬잣나무
H2.0×W1.0
5-플라타너스
H3.5×B10
1-플라타너스
H3.5×B10
50-병꽃나무
H1.0×W0.4
5-청단풍
H2.5×R8
소형고압블럭포장
4-느티나무
H3.5×R8
3-목련
H2.0×R5
모래포장
A
A'
80-쥐똥나무
H1.0×W0.3
3-꽃사과
H1.5×R4
60-자산홍
H0.3×W0.3
N
0
1
3
5
7

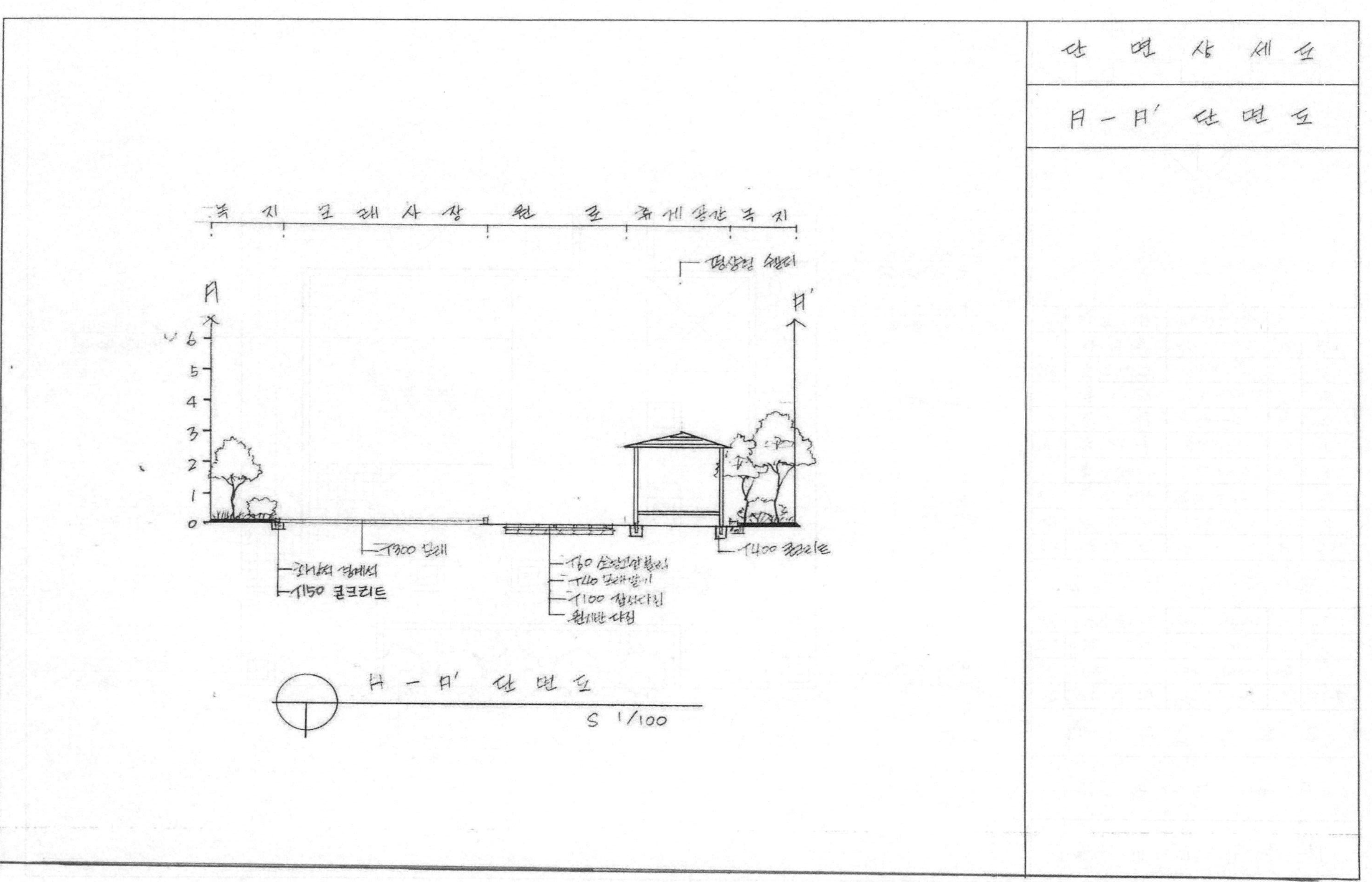
단면상세도
H - H' 단면도
녹지 모래사장 원로 휴게공간 녹지
평상형 쉘터
T300 모래
화강석 경계석
T150 콘크리트
T60 소형고압블럭
T40 모래깔기
T100 잡석다짐
원지반 다짐
T400 콘크리트
H - H' 단면도
S 1/100

2-3 휴게 공간 조경 설계

설계 문제

우리나라 중북부 지역의 어느 도시에 있는 아파트 단지 진입로 부근에 위치한 휴게공간에 대한 조경설계를 하고자 한다. 주어진 현황도와 요구조건에 따라 도면을 작성하시오.

1. 현황도

주어진 도면을 참조하여 요구사항 및 조건들에 합당한 조경계획도 및 단면도를 작성하시오.

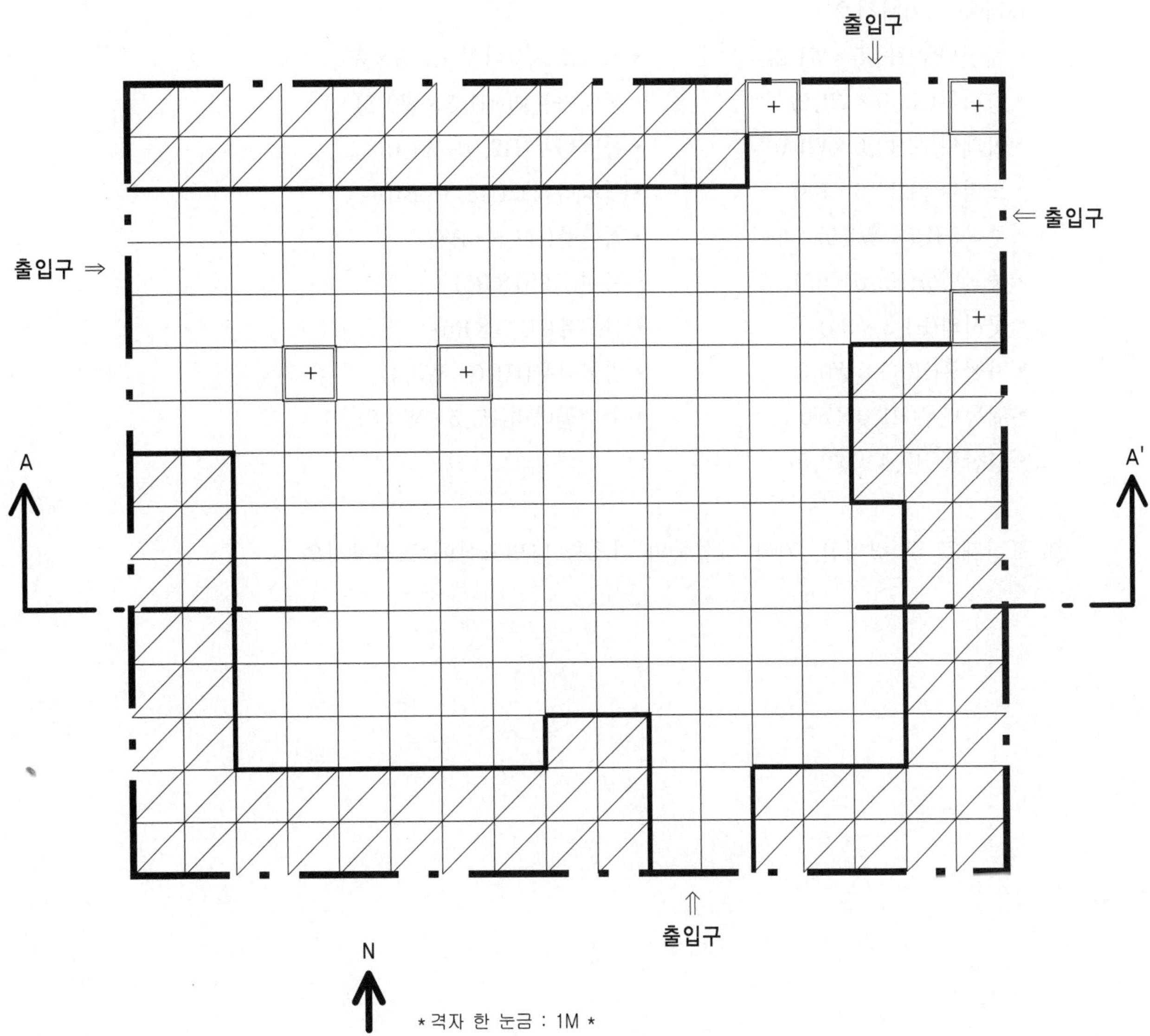

2. 요구사항

① 식재 평면도를 위주로 한 조경계획도를 축척 1/100로 작성하시오.

② 표제란에 수목수량표를 작성하되 수목의 성상별로 상록교목, 낙엽교목, 관목류로 구분하여 작성하시오.

③ A-A′ 단면도를 축척 1/100로 작성하시오.

3. 요구조건

① 수목보호대(1m×1m)가 있는 곳에 녹음수를 식재한다.

② 휴게공간은 전체적으로 볼거리가 있도록 관상식재 한다.

③ 적당한 곳에 등받이가 없는 평벤치(1.6m×0.4m)를 2군데, 평상형 쉘터(3m×3m) 1군데, 모래사장(6m×6m) 1군데를 설치한다.

④ 바닥 포장은 성질이 다른 2종의 포장재를 이용하여 해당 포장이 조화 될 수 있도록 서로 다른 표현으로 디자인하고, 해당 재료명을 명기하시오.

⑤ 시설물은 동선의 흐름 및 방향을 방해하지 않도록 설치한다.

⑥ 도면 내 특이사항이나 특정한 표현이 필요시에는 인출선을 이용하여 나타내도록 한다.

⑦ 수목은 아래에 주어진 수종 중에서 9가지를 선정하여 사용하고 인출선을 이용하여 수종명, 수량, 규격을 표기하시오.

- 섬잣나무(H2.5×W1.2)
- 향나무(H3.0×W1.2)
- 아왜나무(H2.0×W1.0)
- 느티나무(H3.5×R8)
- 주목(H1.5×W1.0)
- 중국단풍(H2.5×R5)
- 꽃사과(H1.5×R4)
- 자산홍(H0.3×W0.3)
- 쥐똥나무(H1.0×W0.3)
- 영산홍(H0.4×W0.5)
- 스트로브잣나무(H2.0×W1.0)
- 독일가문비(H1.5×W0.8)
- 동백나무(H2.0×W1.0)
- 플라타너스(H3.5×B10)
- 청단풍(H2.5×R8)
- 목련(H2.0×R5)
- 산수유(H1.5×R5)
- 병꽃나무(H1.0×W0.4)
- 수수꽃다리(H1.5×W0.8),

⑧ 포장재료 및 경계선, 기타 시설물의 기초를 단면도상에 표시하시오.

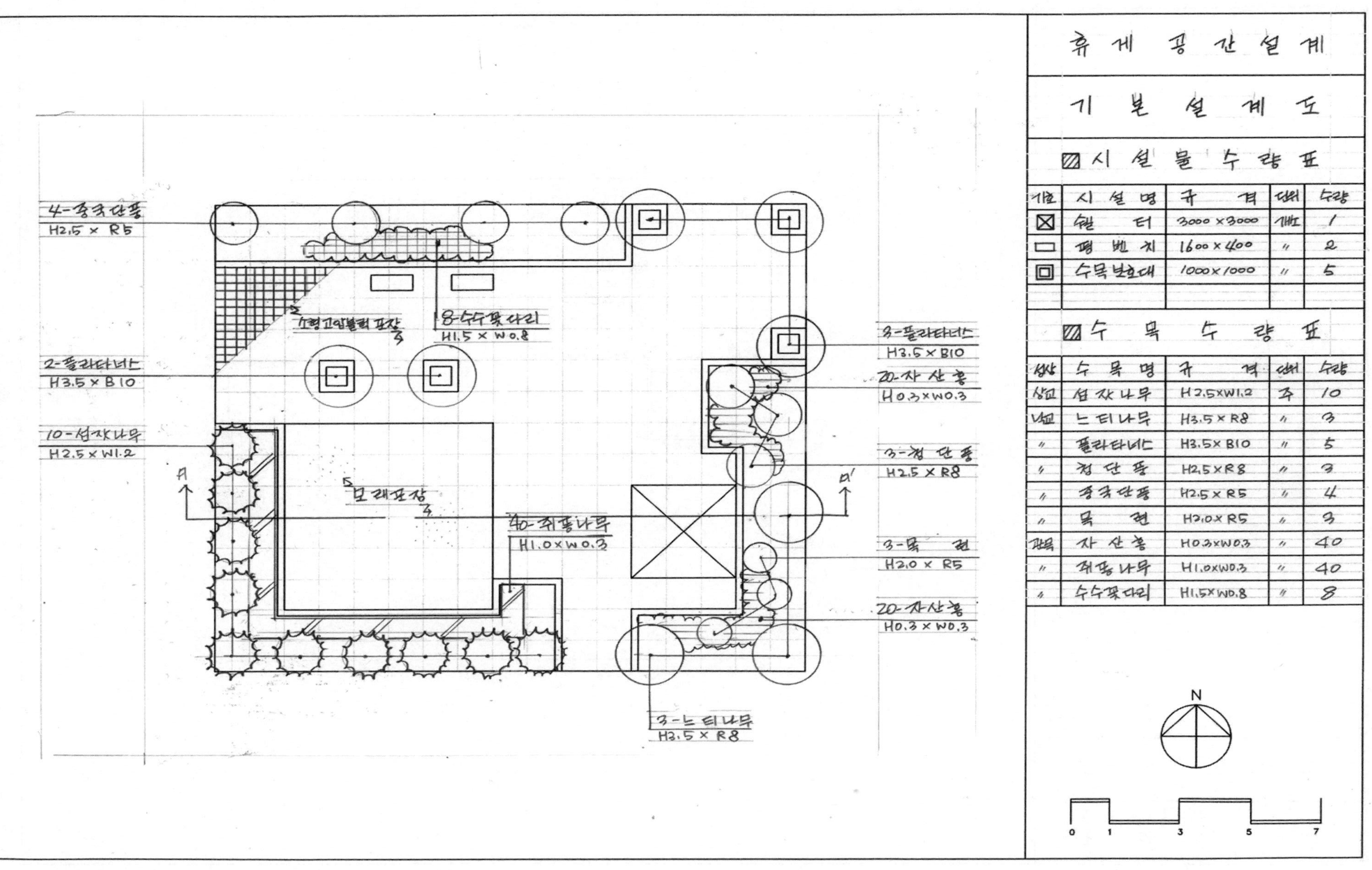
휴게공간설계
기본설계도
시설물 수량표
기호 시설명 규격 단위 수량
쉘터 3000×3000 개소 1
평벤치 1600×400 〃 2
수목보호대 1000×1000 〃 5
수목 수량표
성상 수목명 규격 단위 수량
상교 섬잣나무 H2.5×W1.2 주 10
낙교 느티나무 H3.5×R8 〃 3
〃 플라타너스 H3.5×B10 〃 5
〃 청단풍 H2.5×R8 〃 3
〃 중국단풍 H2.5×R5 〃 4
〃 모과 H2.0×R5 〃 3
관목 자산홍 H0.3×W0.3 〃 40
〃 쥐똥나무 H1.0×W0.3 〃 40
〃 수수꽃다리 H1.5×W0.8 〃 8
N
0 1 3 5 7
4-중국단풍
H2.5 × R5
2-플라타너스
H3.5×B10
10-섬잣나무
H2.5×W1.2
소형고압블럭포장
8-수수꽃다리
H1.5 × W0.8
모래포장
40-쥐똥나무
H1.0×W0.3
3-플라타너스
H3.5×B10
20-자산홍
H0.3×W0.3
3-청단풍
H2.5×R8
3-모과
H2.0 × R5
20-자산홍
H0.3 × W0.3
3-느티나무
H3.5 × R8
A
A'

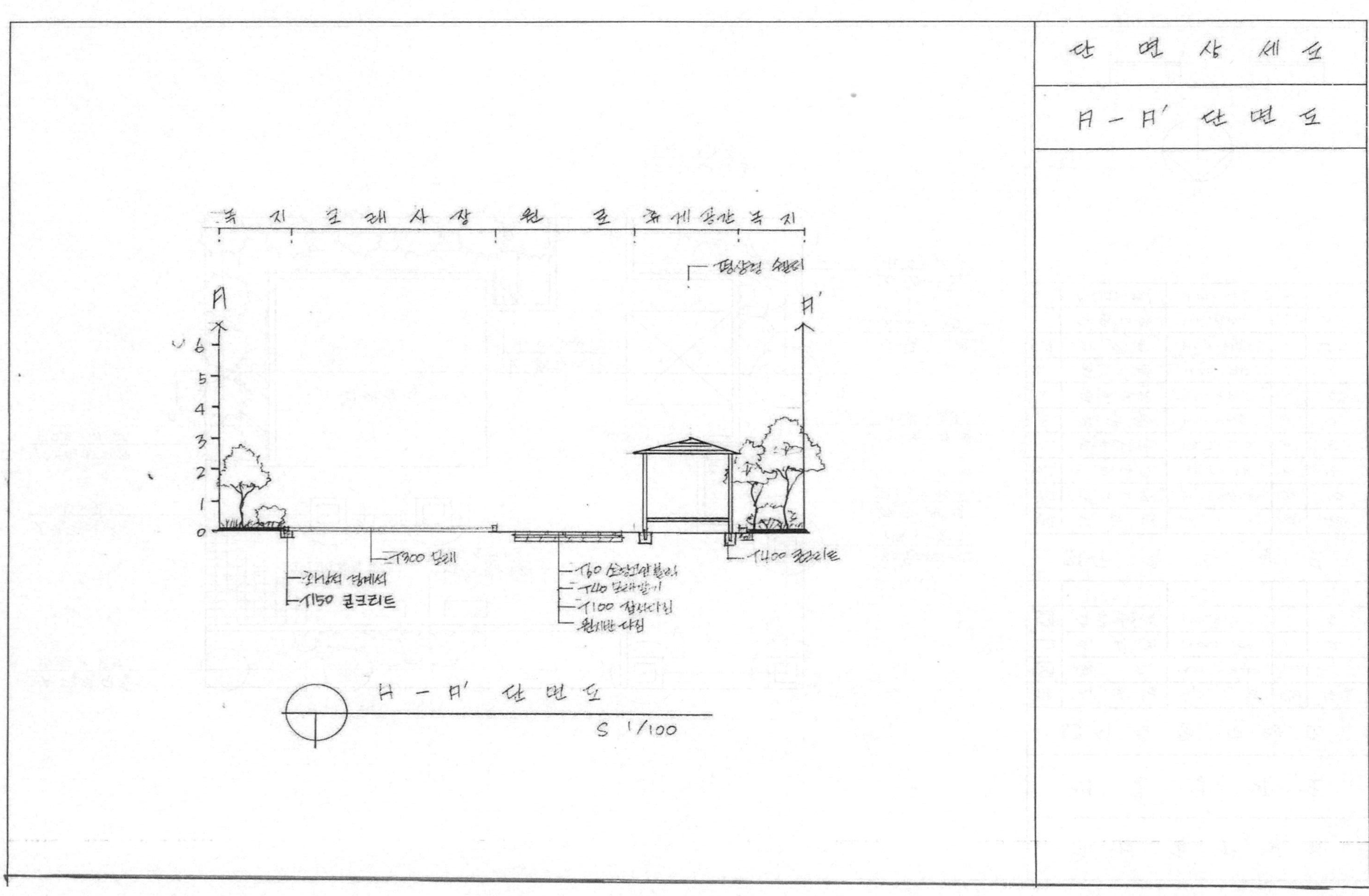
단면상세도
A-A' 단면도
녹지 모래사장 원로 휴게공간 녹지
평상형 쉘터
A
A'
0
1
2
3
4
5
6
T300 모래
화강석 경계석
T150 콘크리트
T60 소형고압블럭
T40 모래깔기
T100 잡석다짐
원지반 다짐
T400 콘크리트
A-A' 단면도
S 1/100

2-4 휴게 공간 조경 설계

설계 문제

우리나라 중북부지역의 근린공원 내에 설치된 광장 일부분의 휴게공간이다. 주어진 현황도와 설계조건을 참조하여 요구사항에 따라 주어진 내용을 도면 위에 작성하시오.

1. 현황도

주어진 도면을 참조하여 요구사항 및 조건들에 적합한 조경계획도 및 단면도를 작성하시오(일점쇄선 안 부분이 설계대상지임).

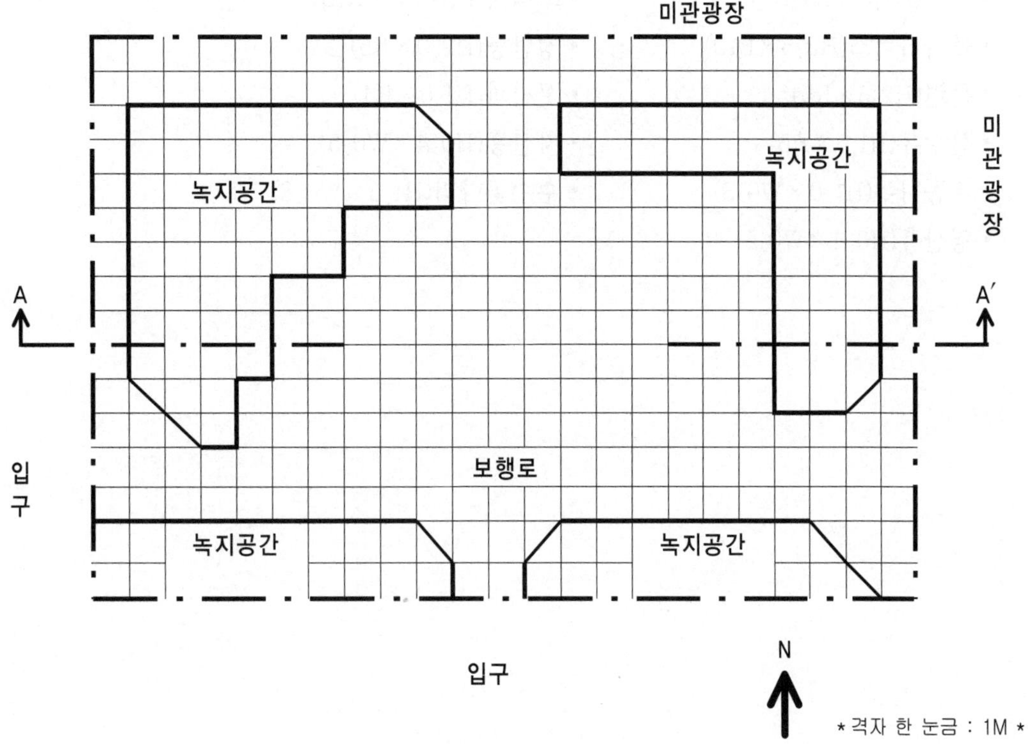

2. 요구사항

① 식재 평면도를 위주로 한 조경계획도를 축척 1/100로 작성하시오.

② 표제란에 수목 수량표를 작성하되 수목의 성상별로 상록교목, 낙엽교목, 관목류로 구분하여 작성하시오.

③ A-A′ 단면도를 축척 1/100로 작성하시오(단, 포장재료, 경계석, 시설물의 입면 및 기초단면을 단면도상에 표시하시오.).

3. 요구조건

① 시설물은 플랜터(1m×1m) 2개소, 평상형 쉘터(2m×2m) 1개, 등받이형 벤치(0.4m×1.6m)4개, 음수대 1개, 쓰레기통 1개, 유아 놀이공간(4m×4m) 1개소를 적당한 곳에 배치한다.

② 휴식 및 기다림을 위한 안락한 휴게공간으로 꾸민다.

③ 플랜터는 녹음수를 식재하며 동선의 흐름을 방해하지 않도록 설치한다.

④ 평상형 쉘터와 유아 놀이공간은 두 시설이 서로 마주 볼 수 있는 곳에 설치한다.
⑤ 유아 놀이공간은 모래사장으로 조성한다.
⑥ 벤치 주위에는 녹음수를 식재한다.
⑦ 포장은 보행자용 소형고압블록 재료만을 사용한다.
⑧ 수목은 아래에 주어진 수종 중에서 7가지 이상을 선정하여 사용하고, 인출선을 이용하여 수종명, 수량, 규격을 표시하시오.

- 섬잣나무(H2.0×W1.2)
- 향나무(H3.0×W1.2)
- 독일가문비(H1.5×W0.8)
- 동백나무(H1.5×W0.8)
- 회양목(H0.3×W0.3)
- 주목(H1.5×W1.0)
- 플라타너스(H3.5×B10)
- 목련(H2.5×R5)
- 산수유(H1.5×R5)
- 쥐똥나무(H1.0×W0.3)
- 영산홍(H0.4×W0.5)
- 스트로브잣나무(H2.0×W1.0)
- 향나무(H1.2×W0.3)
- 아왜나무(H2.0×W1.0)
- 주목(H0.5×W0.4)
- 광나무(H0.4×W0.5)
- 느티나무(H3.5×R10)
- 청단풍(H2.0×R5)
- 꽃사과(H1.5×R4)
- 자산홍(H0.4×W0.5)
- 수수꽃다리(H1.5×W0.8)

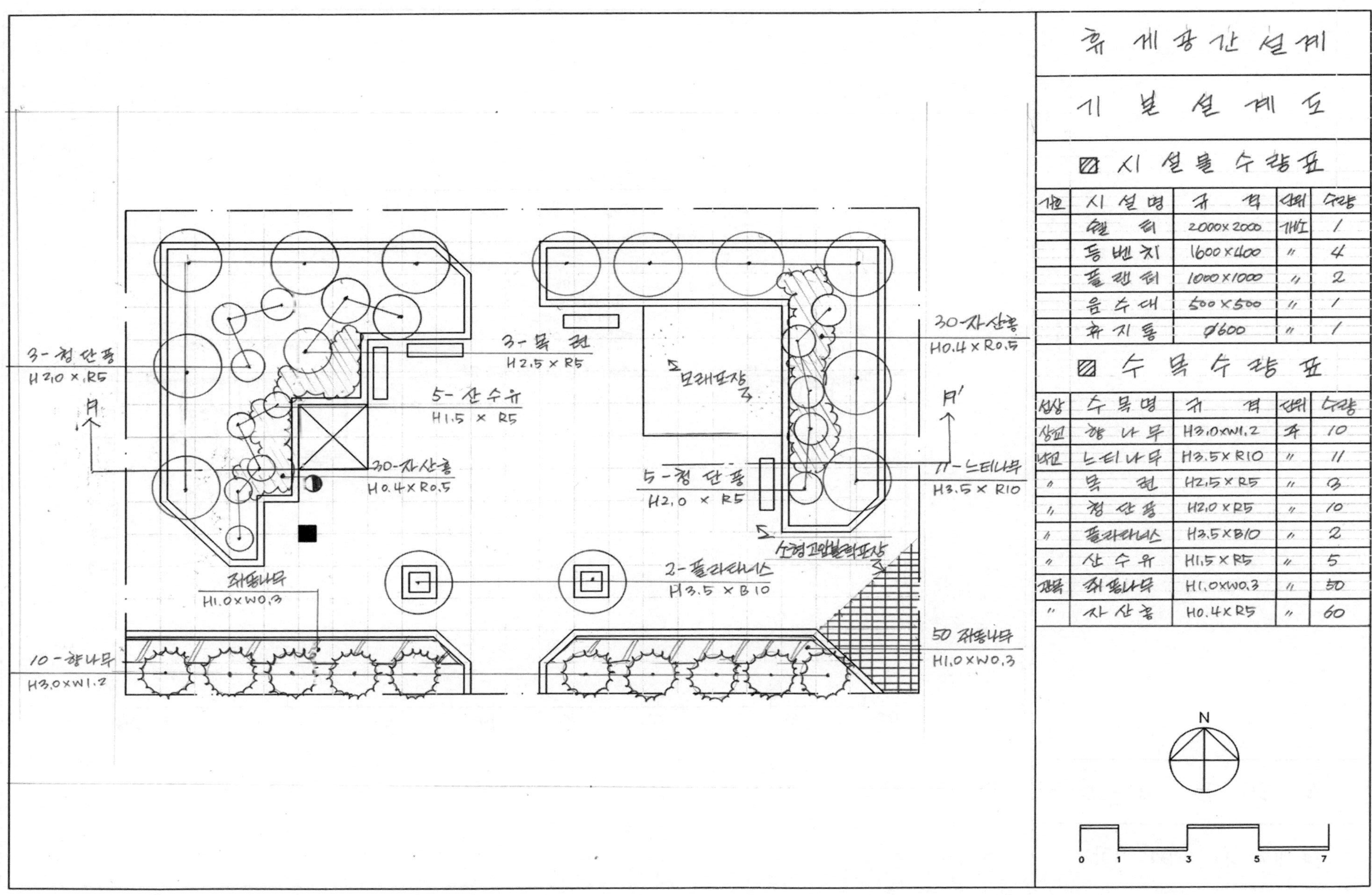
휴게공간설계
기본설계도
시설물수량표
기호 | 시설명 | 규격 | 단위 | 수량
쉘터 | 2000×2000 | 개소 | 1
등벤치 | 1600×400 | 〃 | 4
플랜터 | 1000×1000 | 〃 | 2
음수대 | 500×500 | 〃 | 1
휴지통 | ø600 | 〃 | 1
수목수량표
성상 | 수목명 | 규격 | 단위 | 수량
상교 | 향나무 | H3.0×W1.2 | 주 | 10
낙교 | 느티나무 | H3.5×R10 | 〃 | 11
〃 | 목련 | H2.5×R5 | 〃 | 3
〃 | 청단풍 | H2.0×R5 | 〃 | 10
〃 | 플라타너스 | H3.5×B10 | 〃 | 2
〃 | 산수유 | H1.5×R5 | 〃 | 5
관목 | 쥐똥나무 | H1.0×W0.3 | 〃 | 50
〃 | 자산홍 | H0.4×R5 | 〃 | 60
N
0 1 3 5 7
3-청단풍
H2.0×R5
3-목련
H2.5×R5
5-산수유
H1.5×R5
30-자산홍
H0.4×R0.5
모래포장
30-자산홍
H0.4×R0.5
A
A'
5-청단풍
H2.0×R5
11-느티나무
H3.5×R10
소형고압블럭포장
쥐똥나무
H1.0×W0.3
2-플라타너스
H3.5×B10
10-향나무
H3.0×W1.2
50 쥐똥나무
H1.0×W0.3

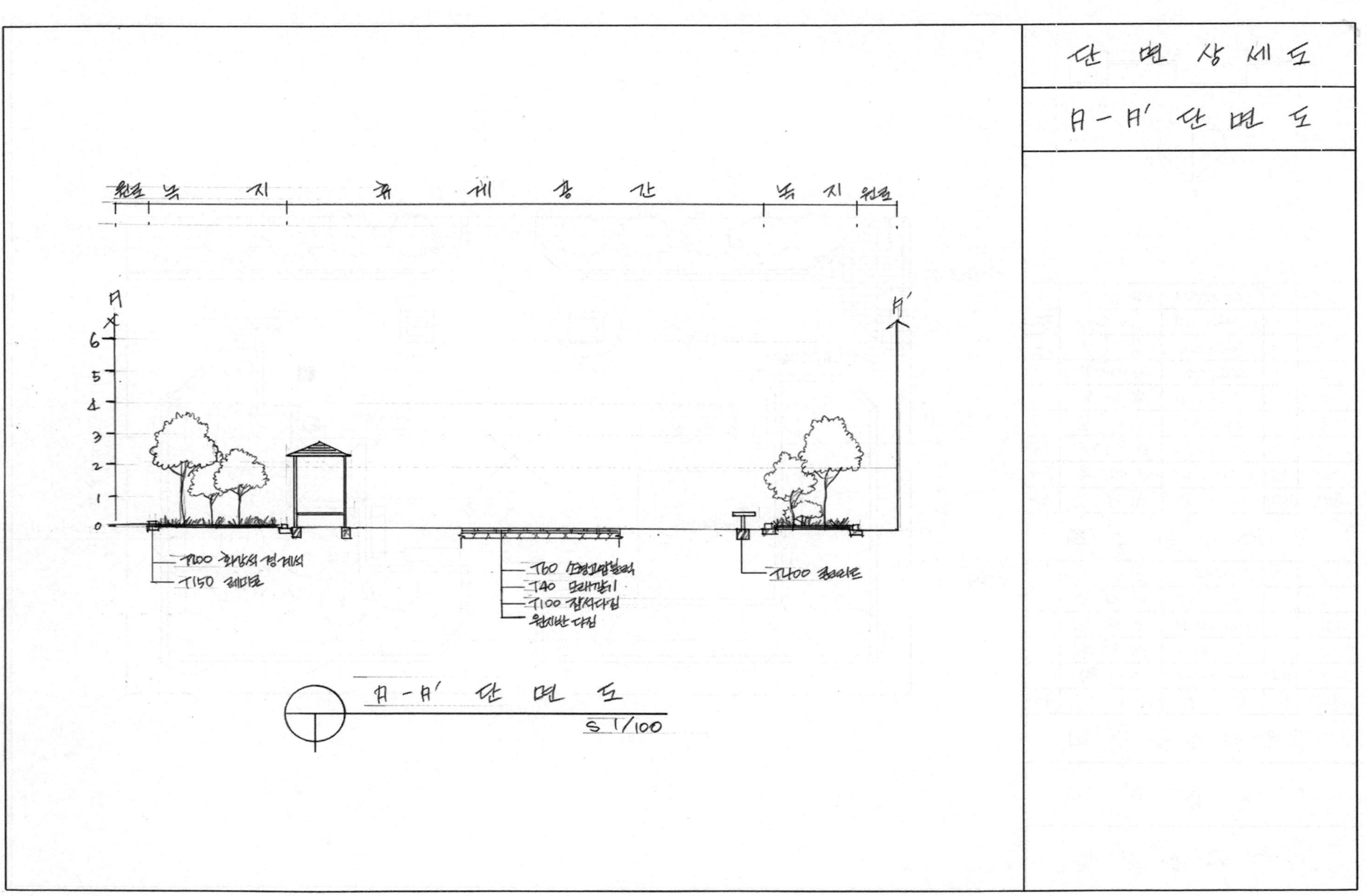
단면상세도
A-A' 단면도
원로
녹지
휴게공간
녹지
원로
A
A'
6
5
4
3
2
1
0
T60 소형고압블럭
T40 모래깔기
T100 잡석다짐
원지반 다짐
A-A' 단면도
S 1/100

2-5 휴게 공간 조경 설계

설계 문제

우리나라 중부지역 지방도로에 있는 아파트 단지의 빈 공간에 대한 조경설계를 하고자 한다. 주어진 현황도를 참조하여 요구조건에 따라 조경계획도를 작성하시오.

1. 현황도

아파트 단지 내에 존재하는 설계가 부실한 부분이다(일점쇄선 안 부분이 조경설계 대상지임).

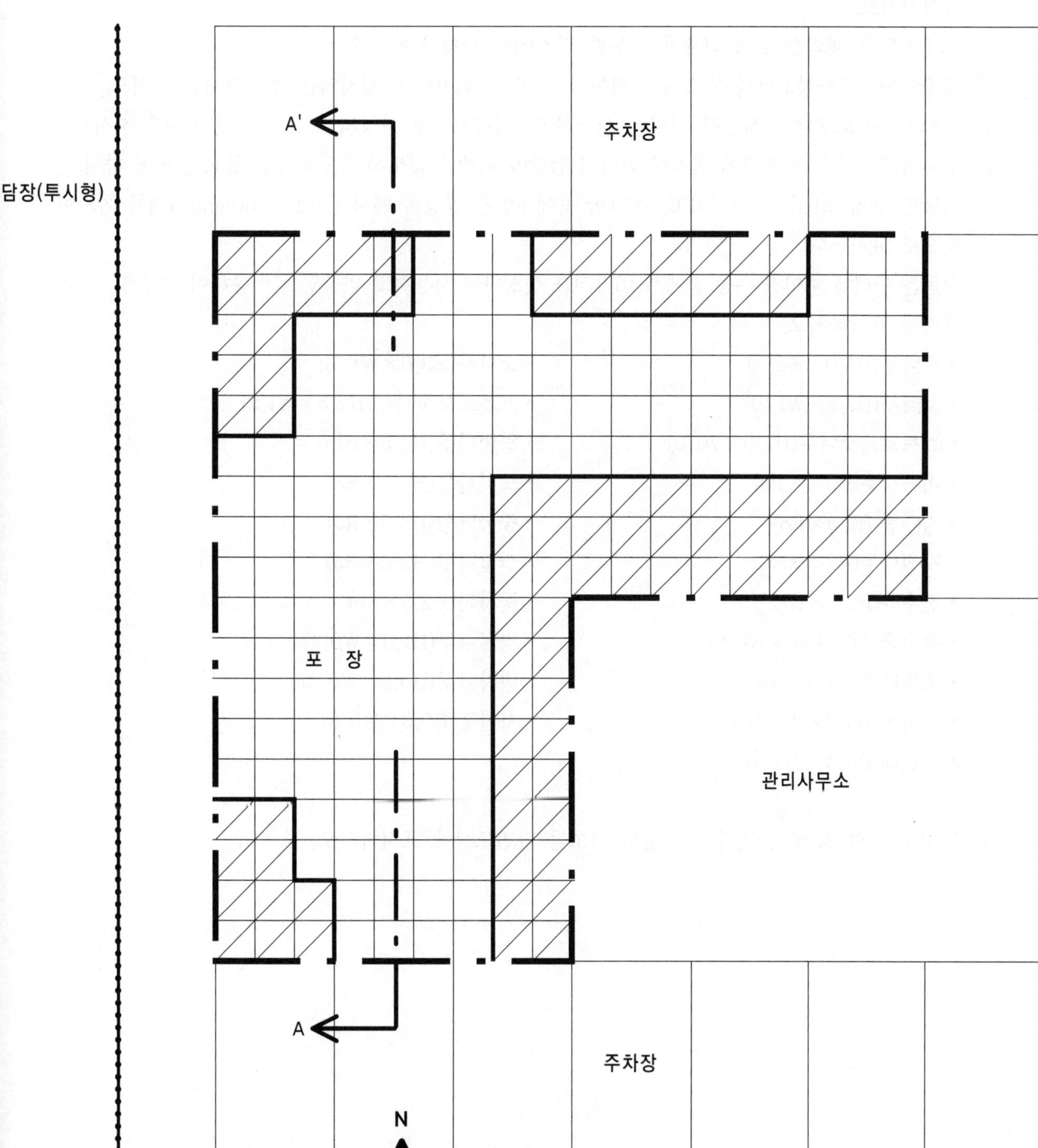

＊격자 한 눈금 : 1M＊

2. 요구사항

① 식재 평면도를 위주로 한 조경계획도를 축척 1/100로 작성하시오(지급용지 1).
② 도면 오른쪽 위에 작업명칭을 "○○지역 ○○아파트"라고 작성하시오.
③ 도면 오른쪽 위에는 "수목수량표"와 오른쪽 아래에 "방위와 막대축척"을 그려 넣으시오.
④ 도면의 전체적인 안정감을 위하여 "테두리선"을 넣으시오.
⑤ A–A′ 단면도를 축척 1/100로 작성하시오(지급용지 2).

3. 요구조건

① 해당 지역이 아파트 단지 관리사무소 주변 휴게장소임을 주지하고, 그 특징에 맞는 조경계획도를 작성하시오.
② 포장지역을 제외한 곳에 식재가 가능한 장소에는 식재를 하시오.
③ 포장지역은 "소형고압블록"으로 표시하고, 담장이 위치한 식재지역은 경계식재를 하시오.
④ 3개의 수목보호대를 적당한 위치에 설치하고, 지하고 2m 이상의 녹음수를 단식(單式)하시오.
⑤ 주민의 통행으로 모서리에 위치한 화단이 답압에 피해가 없도록 유도식재를 필요한 곳에 하시오.
⑥ 적당한 곳에 소나무로 군식하고, 적당한 곳에 2인용 평상형 벤치(1,200×500mm) 4개를 설치한 것으로 표시한다.
⑦ 수목은 아래에 주어진 수종 중에서 10가지를 선정하여 사용하고 인출선을 이용하여 수종명, 수량, 규격을 표기하시오.

- 소나무(H4.0×W2.0)
- 소나무(H3.0×W1.5)
- 소나무(H2.5×W1.2)
- 스트로브잣나무(H2.5×W1.2)
- 스트로브잣나무(H2.0×W1.0)
- 왕벚나무(H4.5×B15)
- 버즘나무(H3.5×B8)
- 느티나무(H3.5×R8)
- 청단풍(H2.5×R8)
- 중국단풍(H2.5×R5)
- 자귀나무(H2.5×R6)
- 산딸나무(H2.0×R5)
- 산수유(H2.5×R7)
- 꽃사과(H2.5×R5)
- 수수꽃다리(H1.5×W0.6)
- 병꽃나무(H1.0×W0.4)
- 쥐똥나무(H1.0×W0.3)
- 명자나무(H0.6×W0.4)
- 산철쭉(H0.3×W0.4)
- 자산홍(H0.3×W0.3)
- 조릿대(H0.6×7가지)

⑧ 포장재료 및 경계선, 기타 시설물의 기초를 단면도상에 표시하시오.

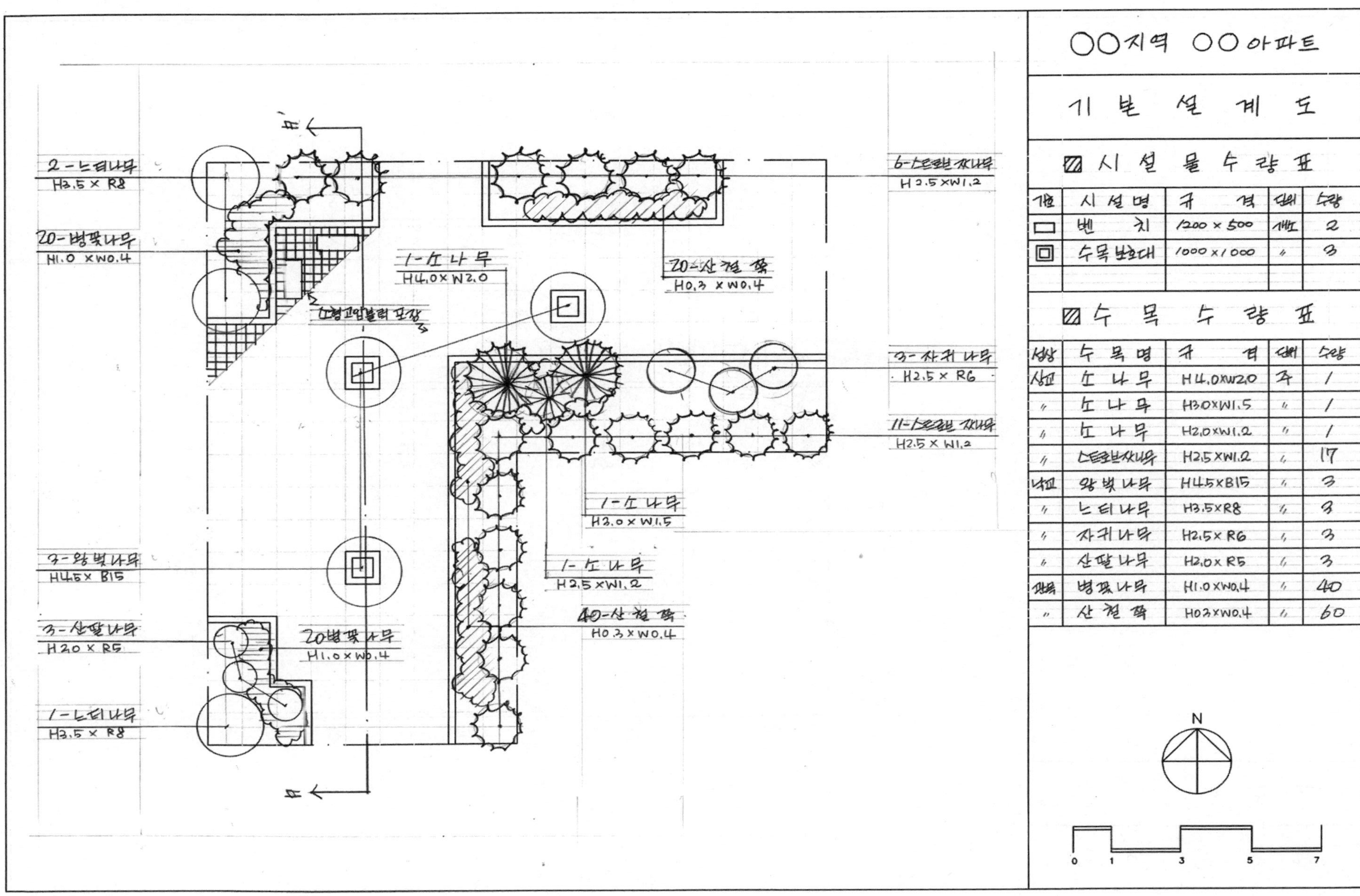
○○지역 ○○아파트
기본설계도
시설물수량표
기호 | 시설명 | 규격 | 단위 | 수량
벤치 | 1200 × 500 | 개소 | 2
수목보호대 | 1000 × 1000 | 〃 | 3
수목수량표
성상 | 수목명 | 규격 | 단위 | 수량
상록 | 소나무 | H4.0×W2.0 | 주 | 1
〃 | 소나무 | H3.0×W1.5 | 〃 | 1
〃 | 소나무 | H2.0×W1.2 | 〃 | 1
〃 | 스트로브잣나무 | H2.5×W1.2 | 〃 | 17
낙엽 | 왕벚나무 | H4.5×B15 | 〃 | 3
〃 | 느티나무 | H3.5×R8 | 〃 | 3
〃 | 자귀나무 | H2.5×R6 | 〃 | 3
〃 | 산딸나무 | H2.0×R5 | 〃 | 3
관목 | 병꽃나무 | H1.0×W0.4 | 〃 | 40
〃 | 산철쭉 | H0.3×W0.4 | 〃 | 60
N
0 1 3 5 7
2-느티나무 H3.5×R8
20-병꽃나무 H1.0×W0.4
1-소나무 H4.0×W2.0
소형고압블럭 포장
20-산철쭉 H0.3×W0.4
6-스트로브잣나무 H2.5×W1.2
3-자귀나무 H2.5×R6
11-스트로브잣나무 H2.5×W1.2
1-소나무 H3.0×W1.5
1-소나무 H2.5×W1.2
40-산철쭉 H0.3×W0.4
3-왕벚나무 H4.5×B15
3-산딸나무 H2.0×R5
20병꽃나무 H1.0×W0.4
1-느티나무 H3.5×R8

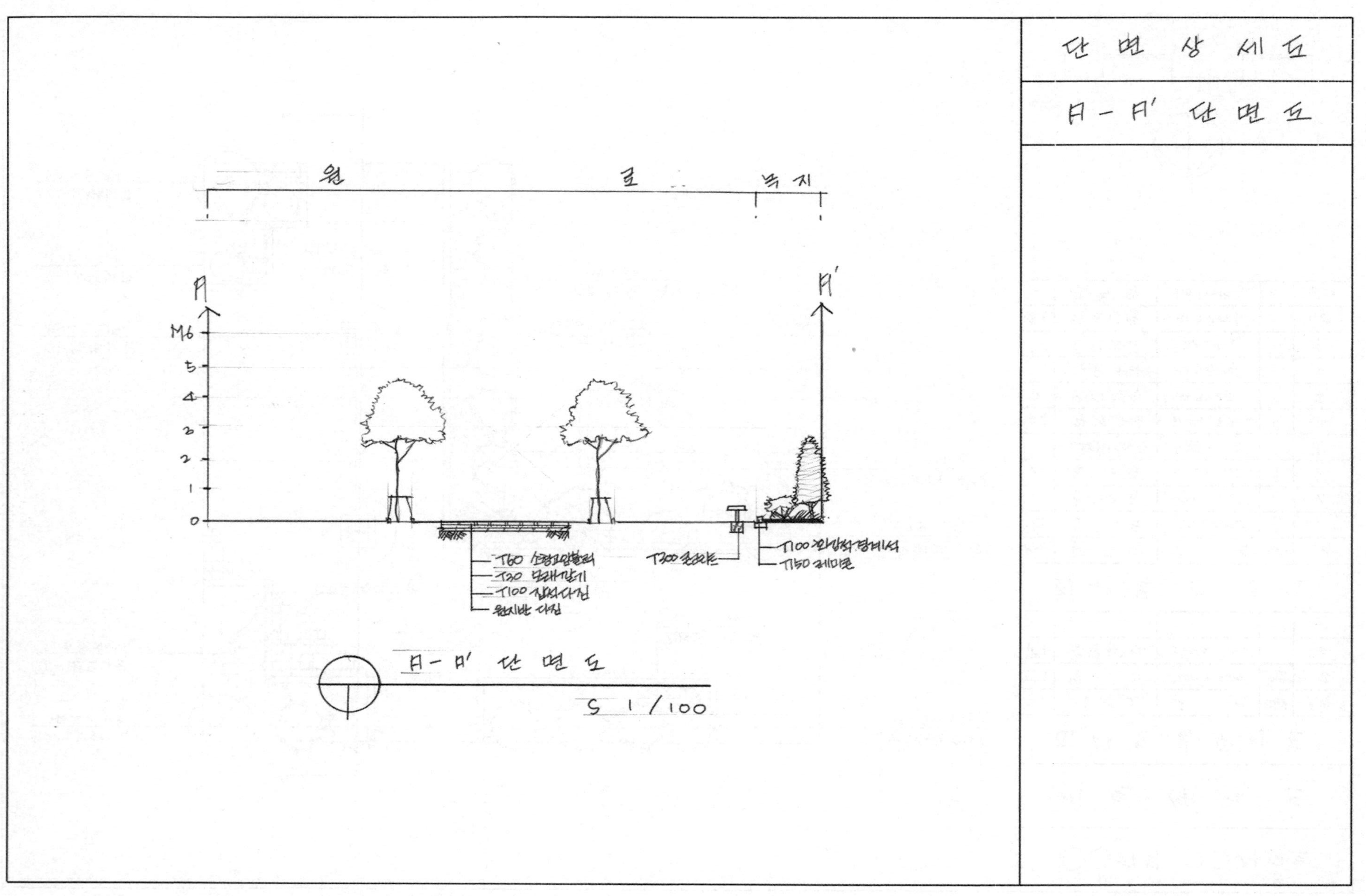
단면상세도
A-A' 단면도
원
로
녹지
A
A'
M6
5
4
3
2
1
0
T60 소형고압블럭
T30 모래깔기
T100 잡석다짐
원지반 다짐
T300 콘크리트
T100 화강석 경계석
T150 레미콘
A-A' 단면도
S 1/100

3-1 아파트단지 내 체육시설 설치장소 조경설계

설계 문제

우리나라 중부지역 지방도로에 있는 아파트 단지의 빈 공간에 대한 조경설계를 하고자 한다. 주어진 현황도를 참조하여 요구조건에 따라 조경계획도를 작성하시오.

1. 현황도

아파트 단지 내에 존재하는 설계가 부실한 부분이다(일점쇄선 안부분이 조경설계대상지임).

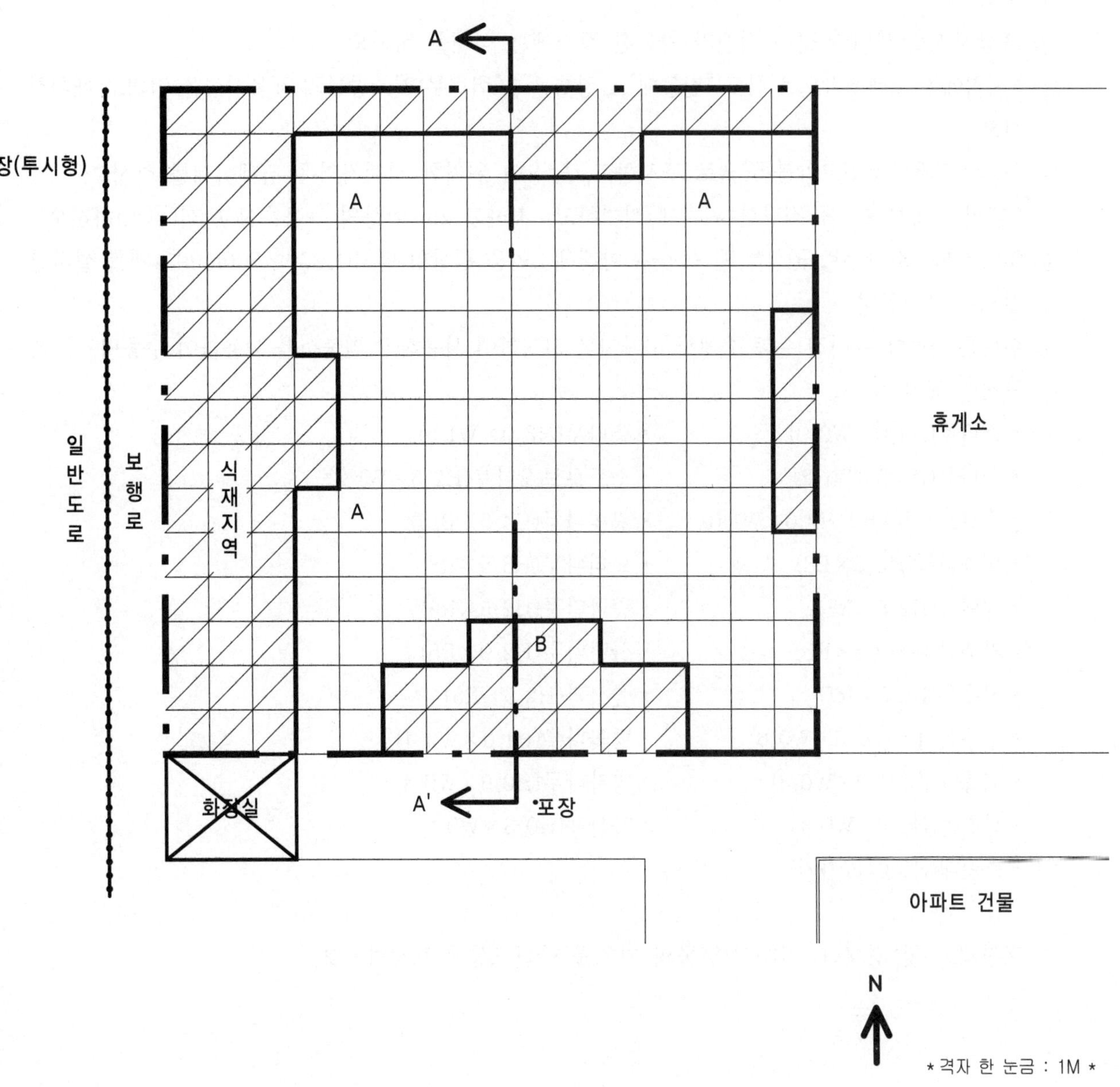

2. 요구사항

① 식재 평면도를 위주로 한 조경계획도를 축척 1/100로 작성하시오(지급용지 1).

② 도면 오른쪽 위에 작업명칭을 "○○지역 ○○아파트"라고 작성하시오.

③ 도면 오른쪽 위에는 "수목수량표"와 오른쪽 아래에 "방위와 막대축척"을 그려 넣으시오.

④ 도면의 전체적인 안정감을 위하여 "테두리선"을 넣으시오.

⑤ A–A′ 단면도를 축척 1/100로 작성하시오(지급용지 2).

3. 요구조건

① 해당 지역이 아파트 단지 내의 체육시설 설치 장소임을 주지하고, 그 특성에 조경계획도를 작성하시오.

② 포장지역을 제외한 곳에 식재가 가능한 장소에는 식재를 하시오.

③ A지역에는 모래포장으로 하고 "철봉대", "평행봉", "회전무대" 3종류의 체육시설을 임의로 배치하시오.

④ 포장지역은 "소형고압블록"으로 표시하고, 담장이 위치한 식재지역은 경계식재를 하시오.

⑤ 3개의 수목보호대를 적당한 위치에 설치하고, 지하고 2m 이상의 녹음수를 단식(單式)하시오.

⑥ B지역에는 소나무로 군식하고, 녹음수 아래에 2인용 평상형 벤치(1,200×500mm) 4개를 설치한 것으로 표시한다.

⑦ 수목은 아래에 주어진 수종 중에서 10가지를 선정하여 사용하고 인출선을 이용하여 수종명, 수량, 규격을 표기하시오.

- 소나무(H4.0×W2.0)
- 소나무(H3.0×W1.5)
- 소나무(H2.5×W1.2)
- 스트로브잣나무(H2.5×W1.2)
- 스트로브잣나무(H2.0×W1.0)
- 왕벚나무(H4.5×B15)
- 버즘나무(H3.5×B8)
- 느티나무(H3.5×R8)
- 청단풍(H2.5×R8)
- 중국단풍(H2.5×R5)
- 자귀나무(H2.5×R6)
- 산딸나무(H2.0×R5)
- 산수유(H2.5×R7)
- 꽃사과(H2.5×R5)
- 수수꽃다리(H1.5×W0.6)
- 병꽃나무(H1.0×W0.4)
- 쥐똥나무(H1.0×W0.3)
- 명자나무(H0.6×W0.4)
- 산철쭉(H0.3×W0.4)
- 자산홍(H0.3×W0.3)
- 조릿대(H0.6×7가지)

⑧ 포장재료 및 경계선, 기타 시설물의 기초를 단면도상에 표시하시오.

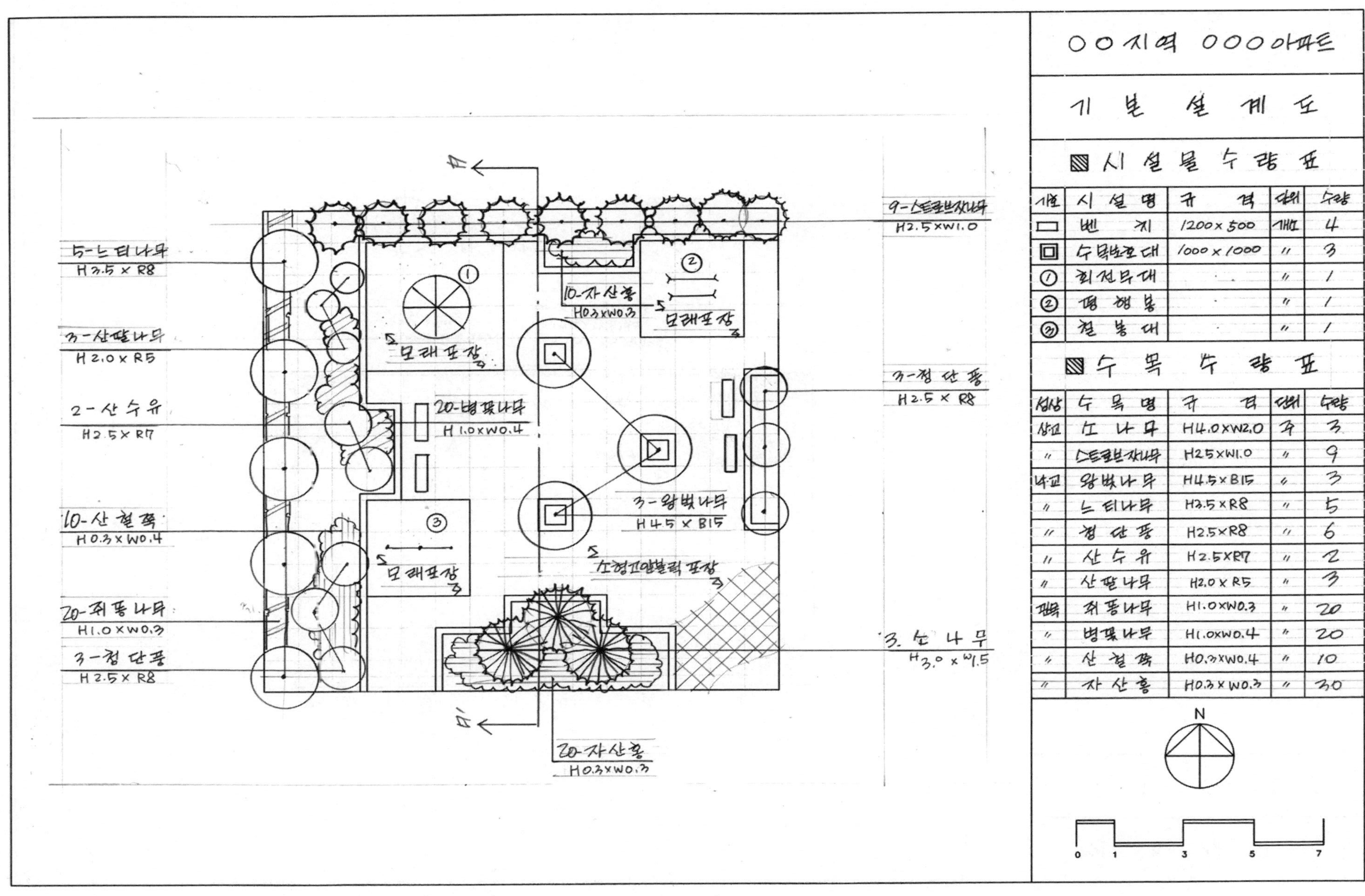
○○지역 ○○○아파트
기본설계도
시설물 수량표
기호 | 시설명 | 규격 | 단위 | 수량
벤치 | 1200×500 | 개소 | 4
수목보호대 | 1000×1000 | 〃 | 3
① | 회전무대 | 〃 | 1
② | 평행봉 | 〃 | 1
③ | 철봉대 | 〃 | 1
수목 수량표
성상 | 수목명 | 규격 | 단위 | 수량
상교 | 소나무 | H4.0×W2.0 | 주 | 3
〃 | 스트로브잣나무 | H2.5×W1.0 | 〃 | 9
낙교 | 왕벚나무 | H4.5×B15 | 〃 | 3
〃 | 느티나무 | H3.5×R8 | 〃 | 5
〃 | 청단풍 | H2.5×R8 | 〃 | 6
〃 | 산수유 | H2.5×R7 | 〃 | 2
〃 | 산딸나무 | H2.0×R5 | 〃 | 3
관목 | 쥐똥나무 | H1.0×W0.3 | 〃 | 20
〃 | 병꽃나무 | H1.0×W0.4 | 〃 | 20
〃 | 산철쭉 | H0.3×W0.4 | 〃 | 10
〃 | 자산홍 | H0.3×W0.3 | 〃 | 30
N
0 1 3 5 7
5-느티나무 H3.5×R8
3-산딸나무 H2.0×R5
2-산수유 H2.5×R7
10-산철쭉 H0.3×W0.4
20-쥐똥나무 H1.0×W0.3
3-청단풍 H2.5×R8
9-스트로브잣나무 H2.5×W1.0
3-청단풍 H2.5×R8
3.소나무 H3.0×W1.5
20-자산홍 H0.3×W0.3
10-자산홍 H0.3×W0.3
20-병꽃나무 H1.0×W0.4
3-왕벚나무 H4.5×B15
모래포장
소형고압블럭포장
A
A'

단면상세도
A-A' 단면도

A-A' 단면도

S 1/100

3-2 아파트단지 내 체육시설 설치장소 조경설계

설계 문제

우리나라 중부지역 지방도로에 있는 아파트 단지의 빈 공간에 대한 조경설계를 하고자 한다. 주어진 현황도를 참조하여 요구조건에 따라 조경계획도를 작성하시오.

1. 현황도

아파트 단지 내에 존재하는 설계가 부실한 부분이다(일점쇄선 안부분이 조경설계대상지임).

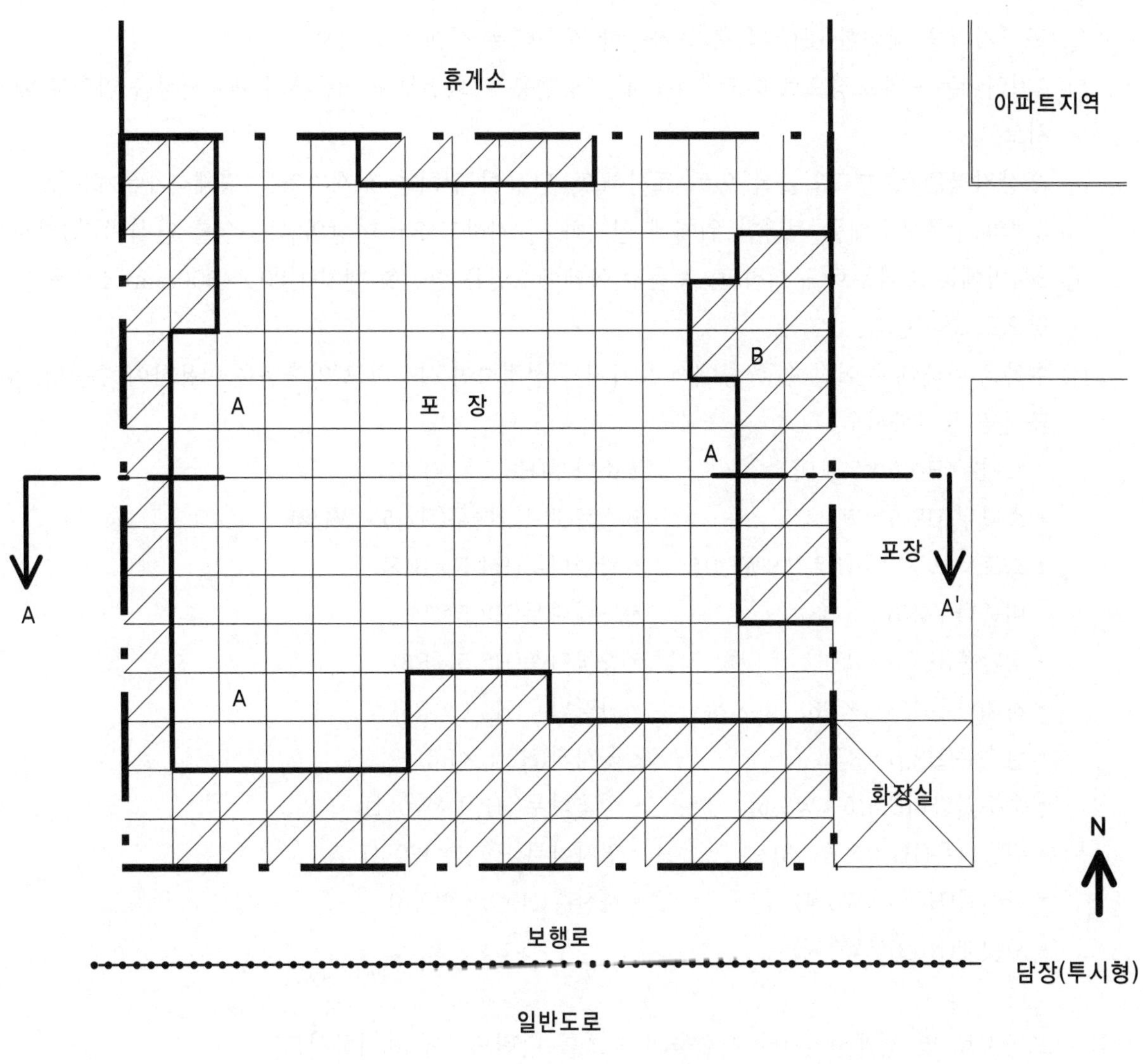

* 격자 한 눈금 : 1M *

2. 요구사항

① 식재 평면도를 위주로 한 조경계획도를 축척 1/100로 작성하시오(지급용지 1).
② 도면 오른쪽 위에 작업명칭을 "○○지역 ○○아파트"라고 작성하시오.
③ 도면 오른쪽 위에는 "수목수량표"와 오른쪽 아래에 "방위와 막대축척"을 그려 넣으시오.
④ 도면의 전체적인 안정감을 위하여 "테두리선"을 넣으시오.
⑤ A-A′ 단면도를 축척 1/100로 작성하시오(지급용지 2).

3. 요구조건

① 해당 지역이 아파트 단지 내의 체육시설 설치 장소임을 주지하고, 그 특성에 조경계획도를 작성하시오.
② 포장지역을 제외한 곳에 식재가 가능한 장소에는 식재를 하시오.
③ A지역에는 모래포장으로 하고 "철봉대", "평행봉", "회전무대" 3종류의 체육시설을 임의로 배치하시오.
④ 포장지역은 "소형고압블록"으로 표시하고, 담장이 위치한 식재지역은 경계식재를 하시오.
⑤ 3개의 수목보호대를 적당한 위치에 설치하고, 지하고 2m 이상의 녹음수를 단식(單式)하시오.
⑥ B지역에는 소나무로 군식하고, 녹음수 아래에 2인용 평상형 벤치(1,200×500mm) 4개를 설치한 것으로 표시한다.
⑦ 수목은 아래에 주어진 수종 중에서 10가지를 선정하여 사용하고 인출선을 이용하여 수종명, 수량, 규격을 표기하시오.

- 소나무(H4.0×W2.0)
- 소나무(H3.0×W1.5)
- 소나무(H2.5×W1.2)
- 스트로브잣나무(H2.5×W1.2)
- 스트로브잣나무(H2.0×W1.0)
- 왕벚나무(H4.5×B15)
- 버즘나무(H3.5×B8)
- 느티나무(H3.5×R8)
- 청단풍(H2.5×R8)
- 중국단풍(H2.5×R5)
- 자귀나무(H2.5×R6)
- 산딸나무(H2.0×R5)
- 산수유(H2.5×R7)
- 꽃사과(H2.5×R5)
- 수수꽃다리(H1.5×W0.6)
- 병꽃나무(H1.0×W0.4),
- 쥐똥나무(H1.0×W0.3)
- 명자나무(H0.6×W0.4)
- 산철쭉(H0.3×W0.4)
- 자산홍(H0.3×W0.3)
- 조릿대(H0.6×7가지)

⑧ 포장재료 및 경계선, 기타 시설물의 기초를 단면도상에 표시하시오.

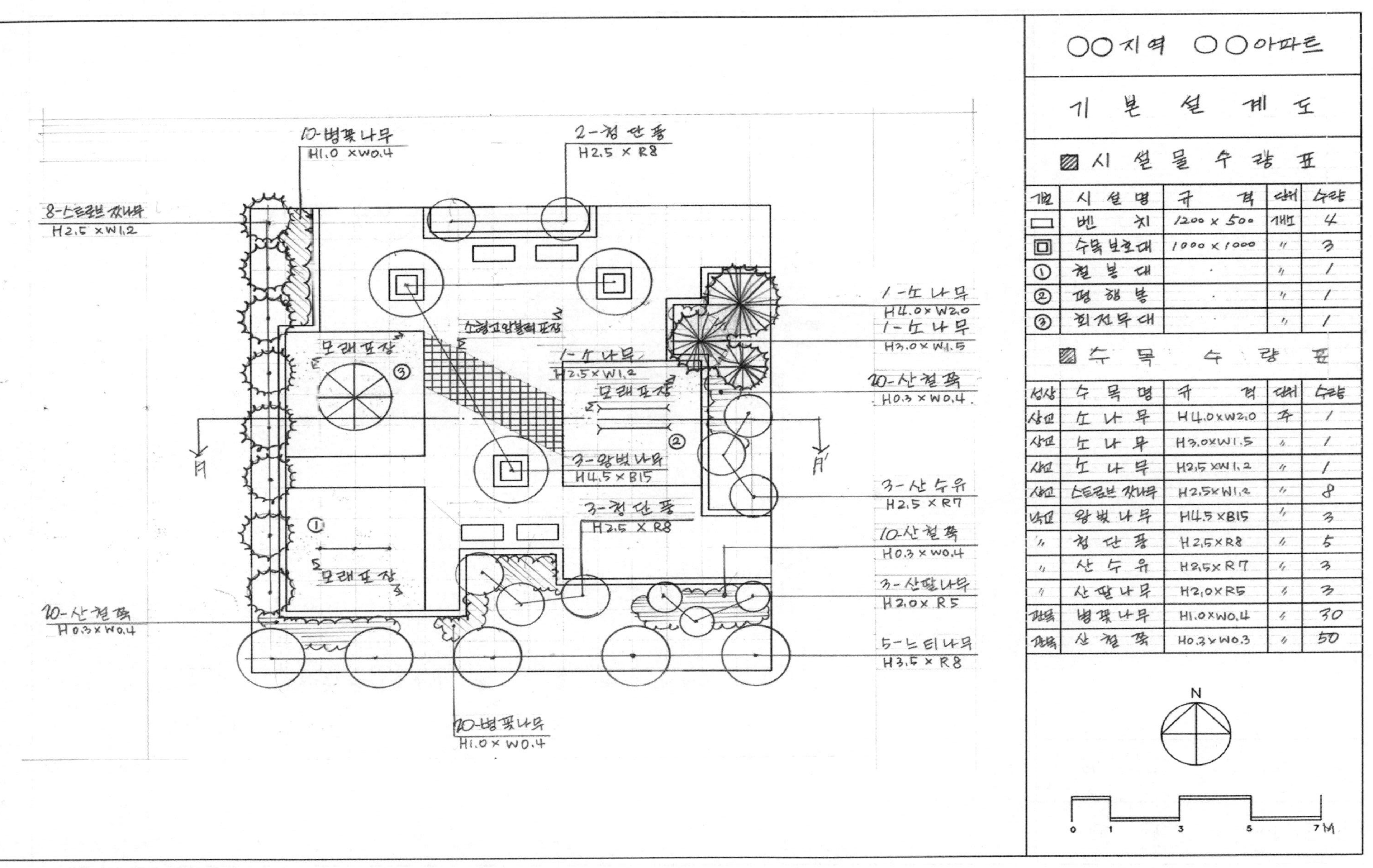

기호	시설명	규격	단위	수량
▭	벤치	1200 × 500	개소	4
▣	수목보호대	1000 × 1000	〃	3
①	철봉대	·	〃	1
②	평행봉	·	〃	1
③	회전무대	·	〃	1

성상	수목명	규격	단위	수량
상교	소나무	H4.0×W2.0	주	1
상교	소나무	H3.0×W1.5	〃	1
상교	소나무	H2.5×W1.2	〃	1
상교	스트로브 잣나무	H2.5×W1.2	〃	8
낙교	왕벚나무	H4.5×B15	〃	3
〃	청단풍	H2.5×R8	〃	5
〃	산수유	H2.5×R7	〃	3
〃	산딸나무	H2.0×R5	〃	3
관목	병꽃나무	H1.0×W0.4	〃	30
관목	산철쭉	H0.3×W0.3	〃	50

단 면 상 세 도

A − A' 단 면 도

A − A' 단 면 도

S 1/100

4 아파트 주동 건물 통로 조경설계

설계 문제

우리나라 중부지역 지방도로에 있는 아파트 단지의 빈 공간에 대한 조경설계를 하고자 한다. 주어진 현황도를 참조하여 요구조건에 따라 조경계획도를 작성하시오.

1. 현황도

아파트 단지 내에 존재하는 설계가 부실한 부분이다(일점쇄선 안 부분이 조경설계 대상지임).

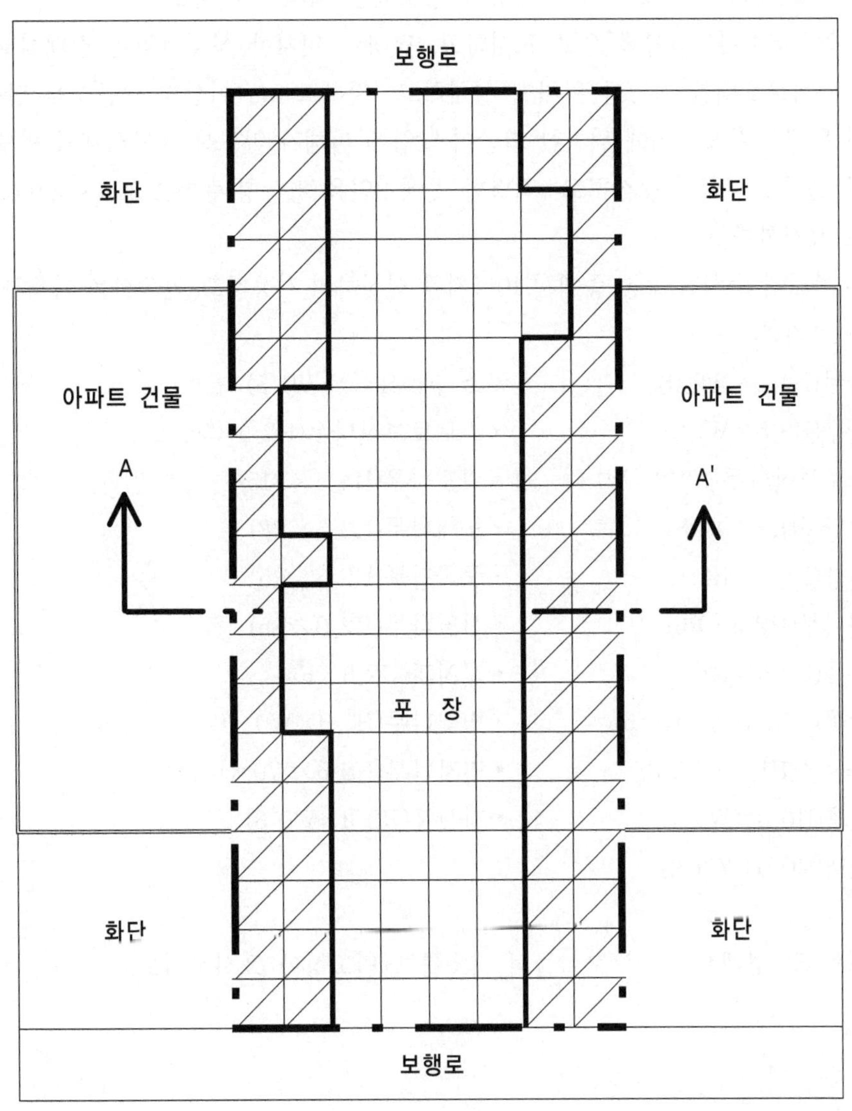

* 격자 한 눈금 : 1M *

2. 요구사항

① 식재 평면도를 위주로 한 조경계획도를 축척 1/100로 작성하시오(지급용지 1).
② 도면 오른쪽 위에 작업명칭을 "○○지역 ○○아파트"라고 작성하시오.
③ 도면 오른쪽 위에는 "수목수량표"와 오른쪽 아래에 "방위와 막대축척"을 그려 넣으시오.
④ 도면의 전체적인 안정감을 위하여 "테두리선"을 넣으시오.
⑤ A-A′ 단면도를 축척 1/100로 작성하시오(지급용지 2).

3. 요구조건

① 해당 지역이 아파트 단지 관리사무소 주변 휴게장소임을 주지하고, 그 특징에 맞는 조경계획도를 작성하시오.
② 포장지역을 제외한 곳에 식재가 가능한 장소에는 식재를 하시오.
③ 포장지역은 "소형고압블록"으로 표시하고, 담장이 위치한 식재지역은 경계식재를 하시오.
④ 3개의 수목보호대를 적당한 위치에 설치하고, 지하고 2m 이상의 녹음수를 단식(單式)하시오.
⑤ 주민의 통행으로 모서리에 위치한 화단이 답압에 피해가 없도록 유도식재를 필요한 곳에 하시오.
⑥ 적당한 곳에 소나무로 군식하고, 적당한 곳에 2인용 평상형 벤치(1,200×500mm) 4개를 설치한 것으로 표시한다.
⑦ 수목은 아래에 주어진 수종 중에서 10가지를 선정하여 사용하고 인출선을 이용하여 수종명, 수량, 규격을 표기하시오.

- 소나무(H4.0×W2.0)
- 소나무(H3.0×W1.5)
- 소나무(H2.5×W1.2)
- 스트로브잣나무(H2.5×W1.2)
- 스트로브잣나무(H2.0×W1.0)
- 왕벚나무(H4.5×B15)
- 버즘나무(H3.5×B8)
- 느티나무(H3.5×R8)
- 청단풍(H2.5×R8)
- 중국단풍(H2.5×R5)
- 자귀나무(H2.5×R6)
- 산딸나무(H2.0×R5)
- 산수유(H2.5×R7)
- 꽃사과(H2.5×R5)
- 수수꽃다리(H1.5×W0.6)
- 병꽃나무(H1.0×W0.4)
- 쥐똥나무(H1.0×W0.3)
- 명자나무(H0.6×W0.4)
- 산철쭉(H0.3×W0.4)
- 자산홍(H0.3×W0.3)
- 조릿대(H0.6×7가지)

⑧ 포장재료 및 경계선, 기타 시설물의 기초를 단면도상에 표시하시오.

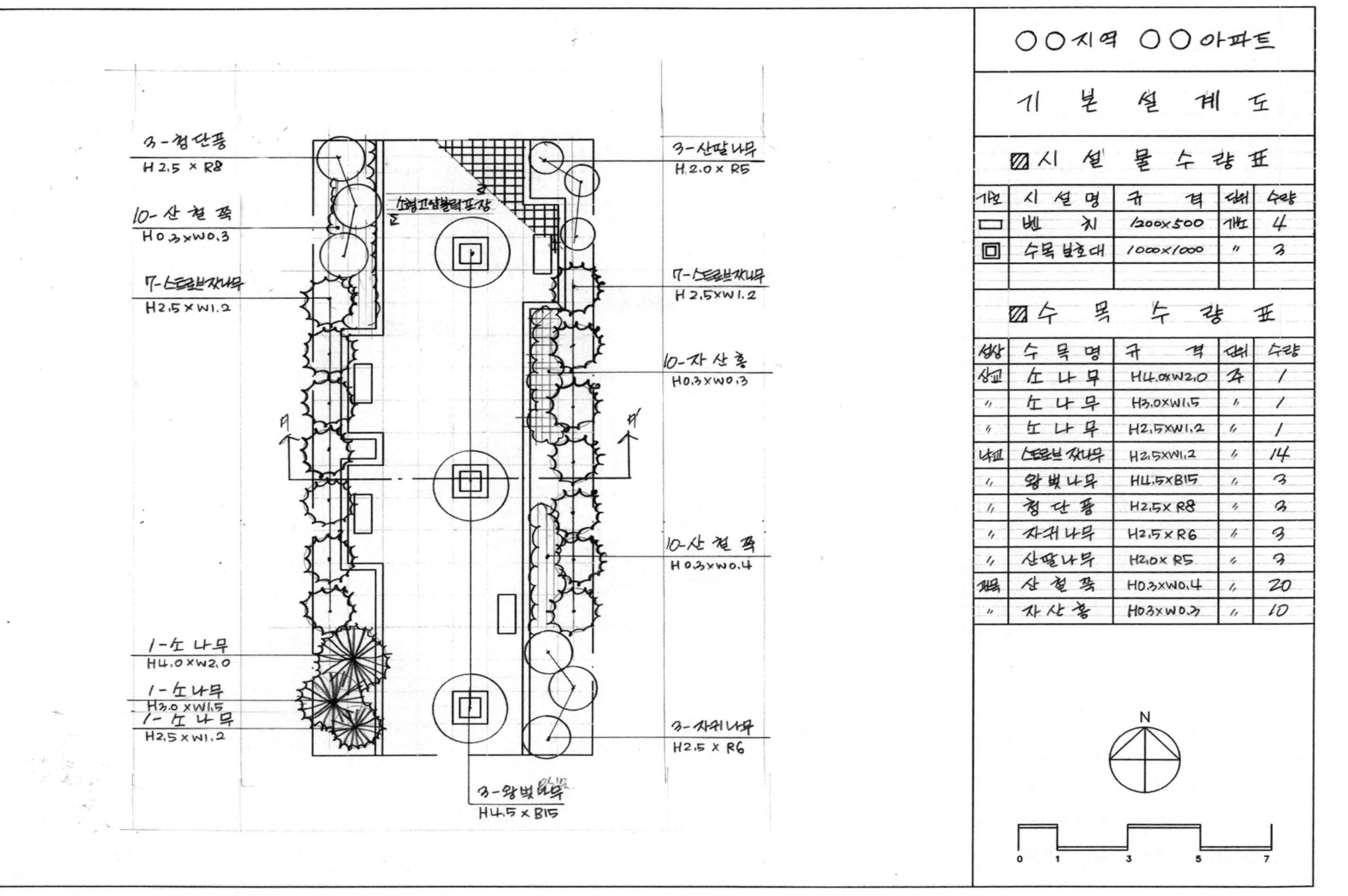
3-청단풍
H2.5 x R8
10-산철쭉
H0.3xW0.3
7-스트로브잣나무
H2.5xW1.2
1-소나무
H4.0xW2.0
1-소나무
H3.0xW1.5
1-소나무
H2.5xW1.2
소형고압블럭포장
가
가'
3-산딸나무
H2.0 x R5
7-스트로브잣나무
H2.5xW1.2
10-자산홍
H0.3xW0.3
10-산철쭉
H0.3xW0.4
3-자귀나무
H2.5 x R6
3-왕벚나무
H4.5 x B15
○○지역 ○○아파트
기본설계도
시설물수량표
기호 | 시설명 | 규격 | 단위 | 수량
□ | 벤치 | 1200x500 | 개소 | 4
⊡ | 수목보호대 | 1000x1000 | " | 3
수목수량표
성상 | 수목명 | 규격 | 단위 | 수량
상교 | 소나무 | H4.0xW2.0 | 주 | 1
" | 소나무 | H3.0xW1.5 | " | 1
" | 소나무 | H2.5xW1.2 | " | 1
낙교 | 스트로브잣나무 | H2.5xW1.2 | " | 14
" | 왕벚나무 | H4.5xB15 | " | 3
" | 청단풍 | H2.5xR8 | " | 3
" | 자귀나무 | H2.5xR6 | " | 3
" | 산딸나무 | H2.0xR5 | " | 3
관목 | 산철쭉 | H0.3xW0.4 | " | 20
" | 자산홍 | H0.3xW0.3 | " | 10
N
0 1 3 5 7

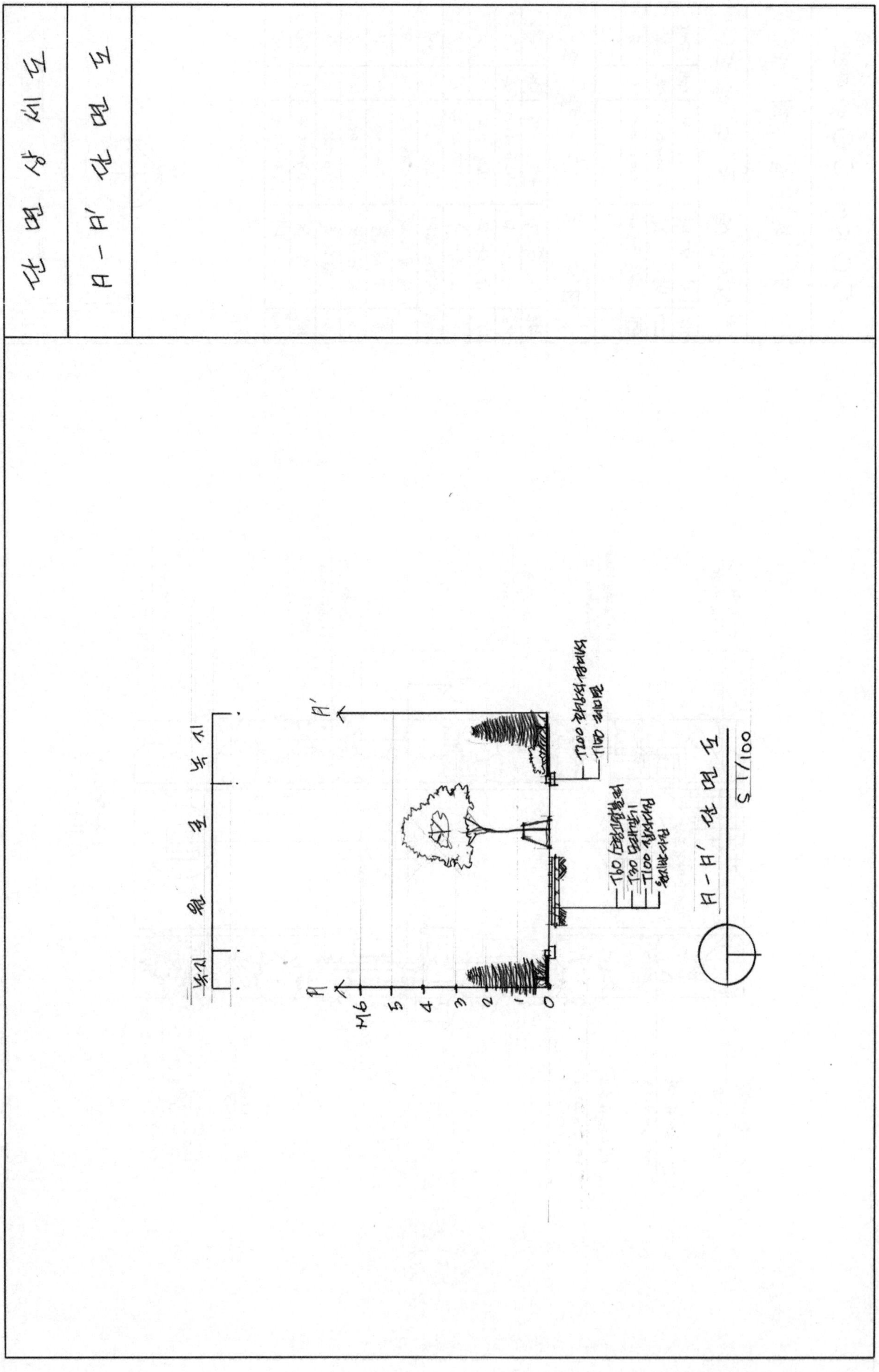

단 면 상 세 도

A - A' 단 면 도

녹지 원로 녹지

A A'

M6 5 4 3 2 1 0

T200 화강석 경계석
T150 레미콘

T60 소형고압블럭
T30 모래깔기
T100 잡석다짐
원지반다짐

A - A' 단 면 도
S 1/100

5-1 도심 휴식 공간

설계 문제

우리나라 중부지역 도심주변의 빈 공간에 대한 조경설계를 하고자 한다. 주어진 현황도를 참조하여 요구조건에 따라 조경계획도를 작성하시오(일점쇄선 안 부분이 조경설계 대상지임).

1. 현황도

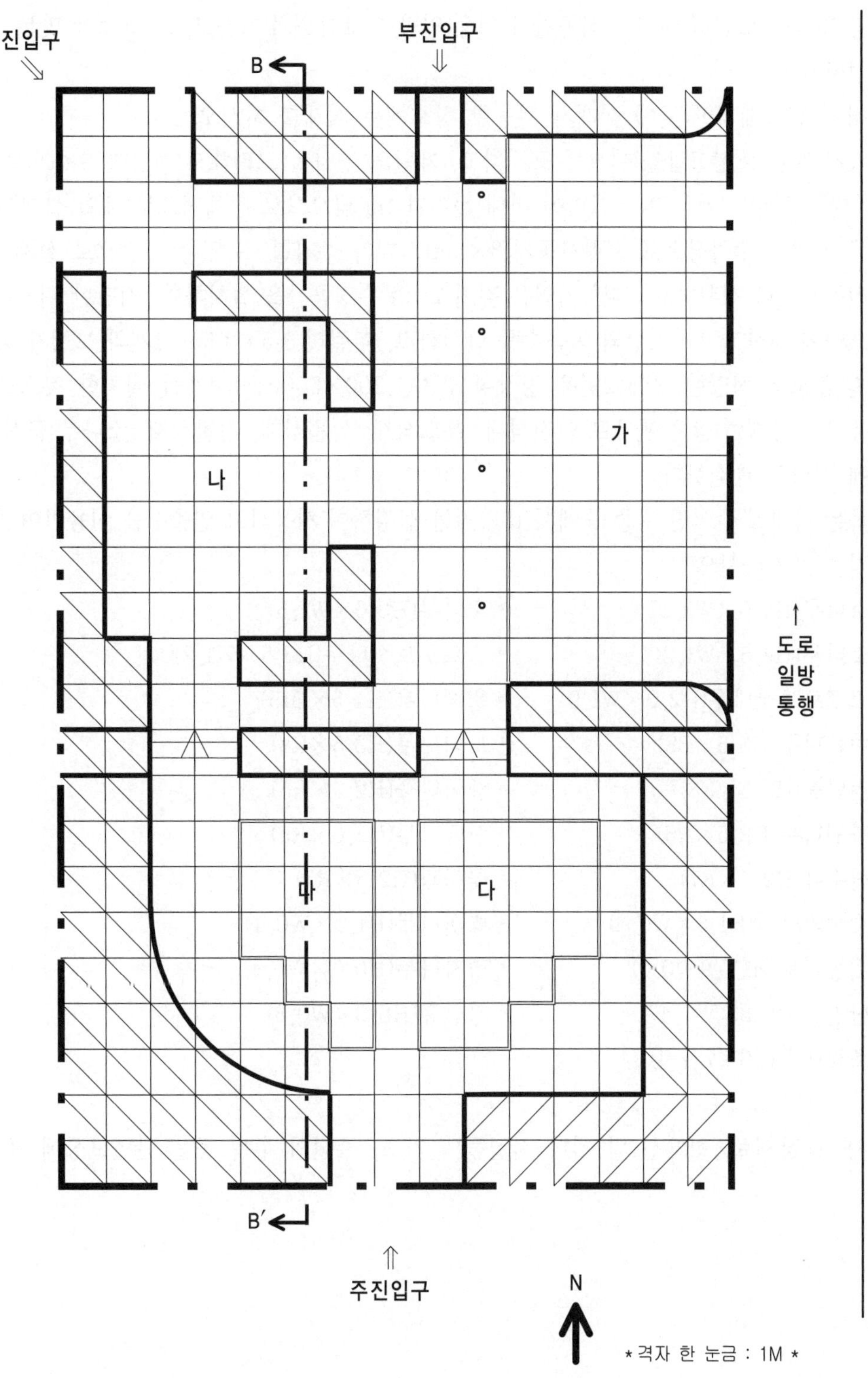

2. 요구사항

① 식재 평면도를 위주로 한 조경계획도를 축척 1/100로 작성하시오(지급용지 1).

② 도면 오른쪽 위에 작업명칭을 "도심 휴식 공간"이라고 작성하시오.

③ 도면 오른쪽 위에는 "수목수량표"와 오른쪽 아래에 "방위와 막대축척"을 그려 넣으시오.

④ 도면의 전체적인 안정감을 위하여 "테두리선"을 넣으시오.

⑤ B-B′ 단면도를 축척 1/100로 작성하시오(지급용지 2).

3. 요구조건

① 해당 지역이 도심지 내의 휴식공간과 전용(일방)도로임을 주지하고, 그 특성에 맞는 조경계획도를 작성하시오.

② 포장지역을 제외한 곳에 식재가 가능한 장소에는 식재를 하시오.

③ 포장지역은 "소형고압블록"으로 표시하고, 계단의 경사를 고려해서 적당한 수종으로 식재를 하시오("다" 지역은 "가", "나" 지역에 비해 높이가 1m 낮으므로 전체적으로 계획 설계시 고려한다.).

④ "가" 지역은 주차장으로 소형자동차(3×5m) 4대가 주차할 수 있는 공간으로 설계, "나" 지역은 휴식공간으로 계획하고, "다" 지역은 깊이 1m의 수경공간을 설치하며, 적당한 위치에 3개에 수목보호대에 지하고 2m 이상의 녹음수를 단식하고, 퍼걸러(3.5×3.5m) 1개와 보행자 통행에 지장을 주지 않도록 적당한 곳에 2인용 평상형 벤치(1,200×500mm) 4개를 설치한 것으로 표시한다.

⑤ 이용자의 통행이 많은 관계로 안전식재, 유도식재, 녹음식재, 경관식재, 소나무 군식 등을 필요한 곳에 적당히 배식한다.

⑥ 수목은 아래에 주어진 수종 중에서 10가지를 선정하여 사용하고 인출선을 이용하여 수종명, 수량, 규격을 표기하시오.

- 소나무(H4.0×W2.0)
- 소나무(H3.0×W1.5)
- 소나무(H2.5×W1.2)
- 스트로브잣나무(H2.5×W1.2)
- 스트로브잣나무(H2.0×W1.0)
- 왕벚나무(H4.5×B15)
- 버즘나무(H3.5×B8)
- 느티나무(H3.5×R8)
- 청단풍(H2.5×R8)
- 중국단풍(H2.5×R5)
- 자귀나무(H2.5×R6)
- 산딸나무(H2.0×R5)
- 산수유(H2.5×R7)
- 꽃사과(H2.5×R5)
- 수수꽃다리(H1.5×W0.6)
- 병꽃나무(H1.0×W0.4)
- 쥐똥나무(H1.0×W0.3)
- 명자나무(H0.6×W0.4)
- 산철쭉(H0.3×W0.4)
- 자산홍(H0.3×W0.3)
- 조릿대(H0.6×7가지)

⑦ 경사, 포장재료, 경계선 및 기타 시설물의 기초, 주변의 수목 등을 단면도상에 표시하시오.

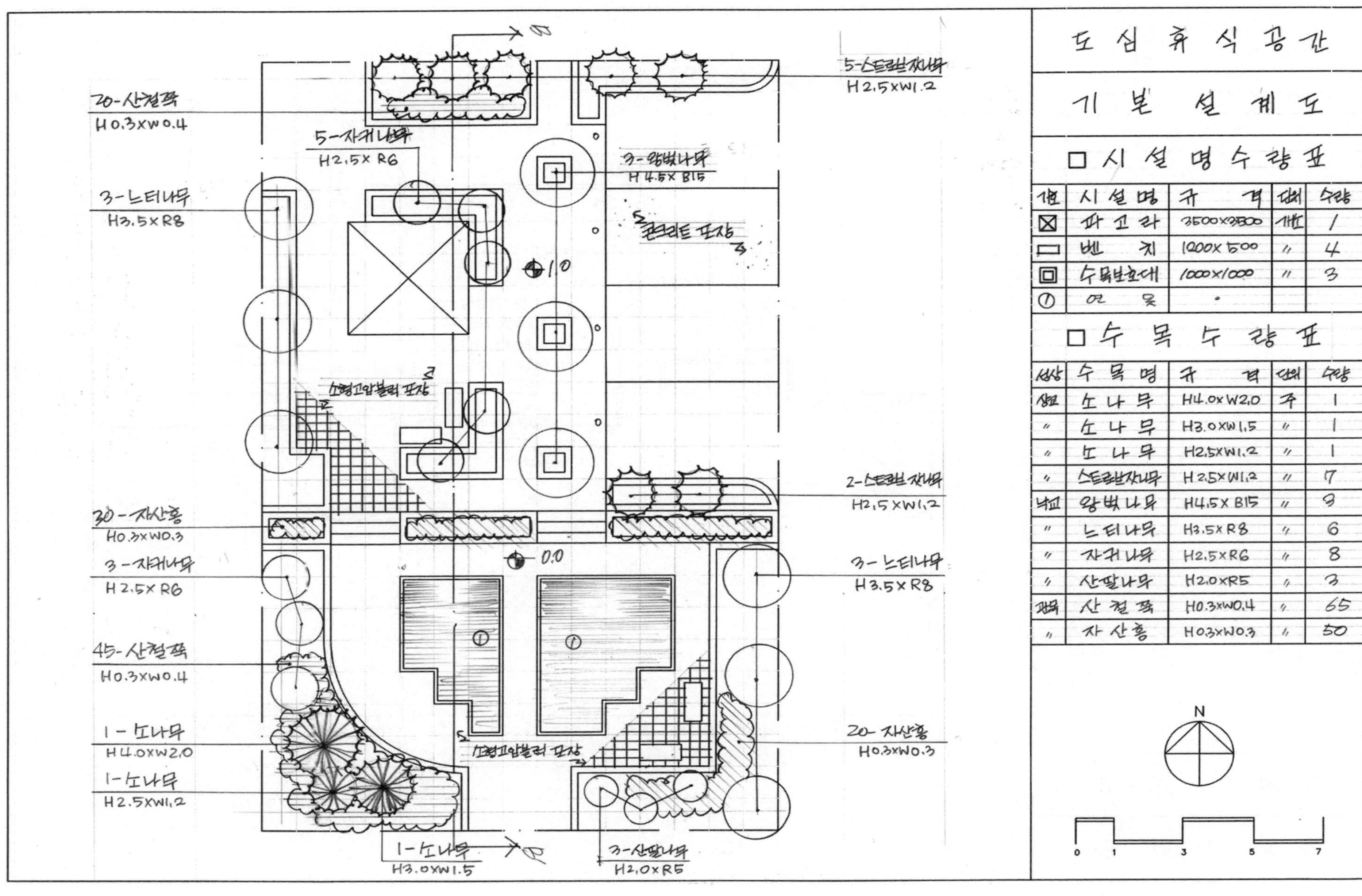
도심휴식공간
기본설계도
□ 시설명수량표
기호 | 시설명 | 규격 | 단위 | 수량
파고라 | 3500X3500 | 개소 | 1
벤치 | 1200X500 | 〃 | 4
수목보호대 | 1000X1000 | 〃 | 3
① | 연못 | •
□ 수목수량표
성상 | 수목명 | 규격 | 단위 | 수량
상록 | 소나무 | H4.0XW2.0 | 주 | 1
〃 | 소나무 | H3.0XW1.5 | 〃 | 1
〃 | 소나무 | H2.5XW1.2 | 〃 | 1
〃 | 스트로브잣나무 | H2.5XW1.2 | 〃 | 7
낙엽 | 양버즘나무 | H4.5XB15 | 〃 | 3
〃 | 느티나무 | H3.5XR8 | 〃 | 6
〃 | 자귀나무 | H2.5XR6 | 〃 | 8
〃 | 산딸나무 | H2.0XR5 | 〃 | 3
관목 | 산철쭉 | H0.3XW0.4 | 〃 | 65
〃 | 자산홍 | H0.3XW0.3 | 〃 | 50
N
0 1 3 5 7
20-산철쭉 H0.3XW0.4
5-자귀나무 H2.5XR6
3-느티나무 H3.5XR8
3-양버즘나무 H4.5XB15
콘크리트 포장
5-스트로브잣나무 H2.5XW1.2
1.0
소형고압블럭 포장
2-스트로브잣나무 H2.5XW1.2
30-자산홍 H0.3XW0.3
0.0
3-자귀나무 H2.5XR6
3-느티나무 H3.5XR8
45-산철쭉 H0.3XW0.4
1-소나무 H4.0XW2.0
소형고압블럭 포장
20-자산홍 H0.3XW0.3
1-소나무 H2.5XW1.2
1-소나무 H3.0XW1.5
3-산딸나무 H2.0XR5

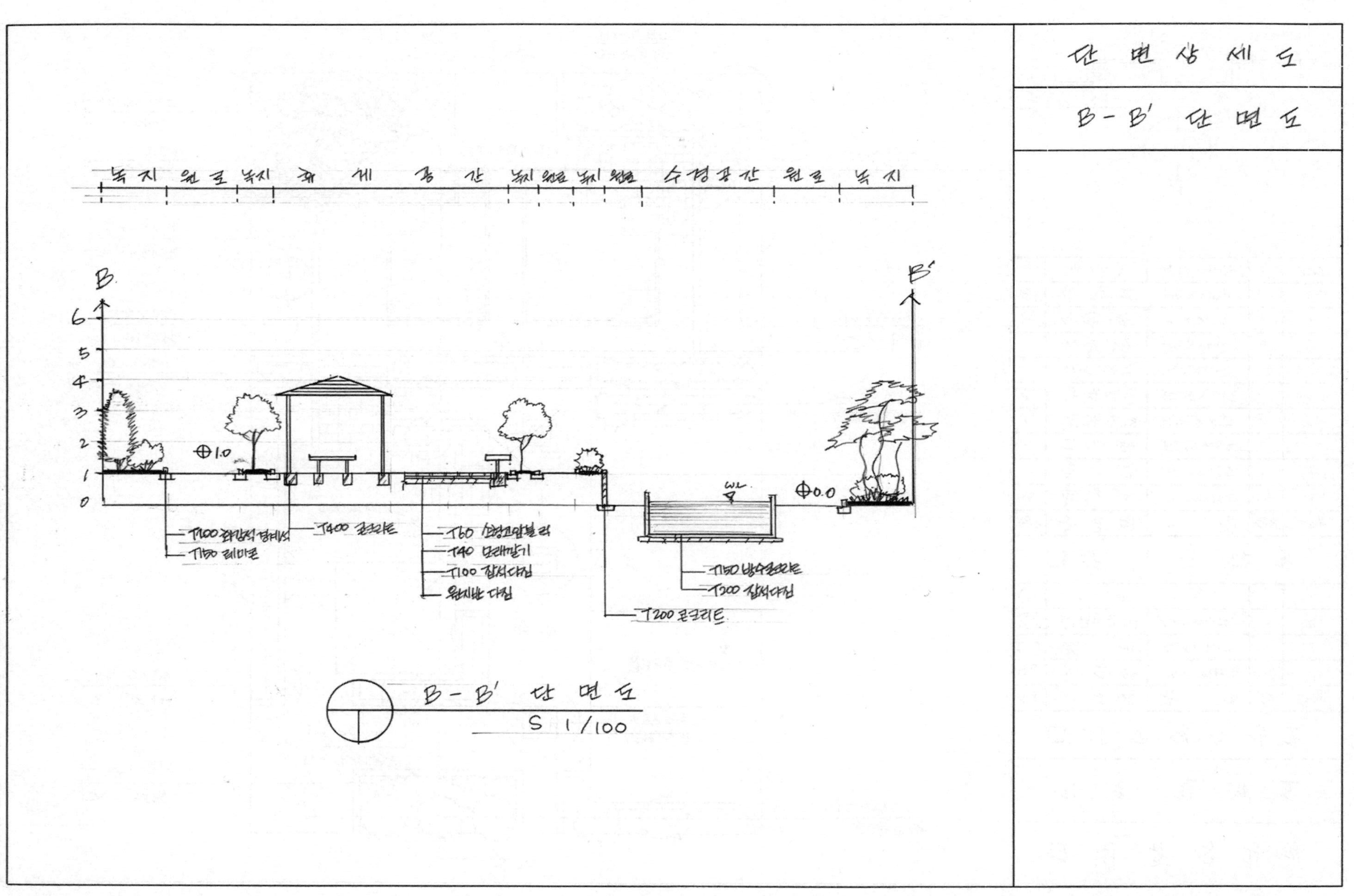
단면상세도
B-B' 단면도
녹지 원로 녹지 휴게공간 녹지 원로 녹지 원로 수경공간 원로 녹지
B
B'
6
5
4
3
2
1
0
⊕1.0
⊕0.0
WL
T100 화강석 경계석
T150 레미콘
T400 콘크리트
T60 소형고압블럭
T40 모래깔기
T100 잡석다짐
원지반 다짐
T200 콘크리트
T150 방수콘크리트
T200 잡석다짐
B-B' 단면도
S 1/100

5-2 도심 휴식 공간

설계 문제

우리나라 중부지역 관공서 주변의 빈 공간에 대한 조경설계를 하고자 한다. 주어진 현황도를 참조하여 요구조건에 따라 조경계획도를 작성하시오(일점쇄선 안 부분이 조경설계 대상지임).

1. 현황도

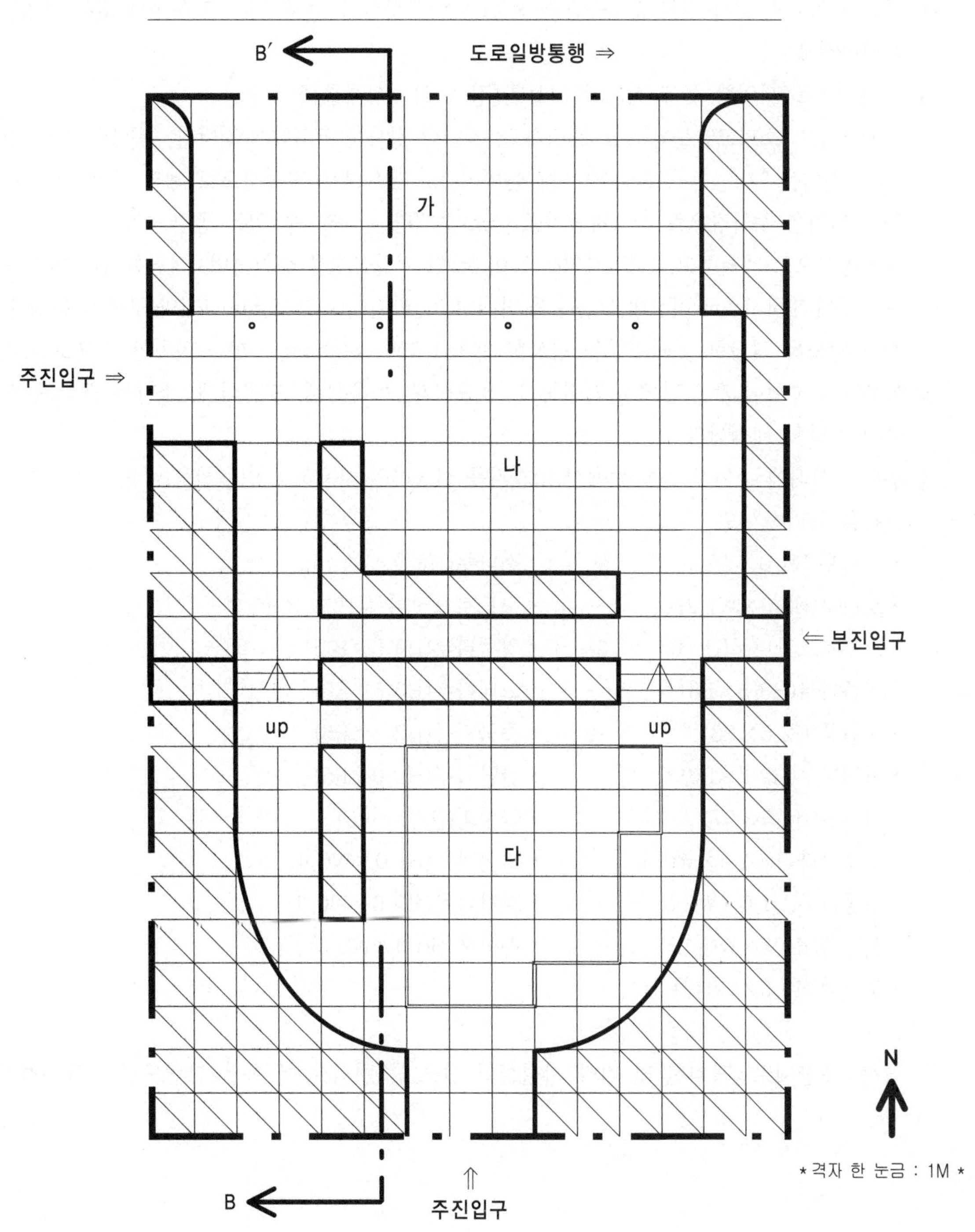

2. 요구사항

① 식재 평면도를 위주로 한 조경계획도를 축척 1/100로 작성하시오(지급용지 1).
② 도면 오른쪽 위에 작업명칭을 "도심 휴식 공간"이라고 작성하시오.
③ 도면 오른쪽 위에는 "수목수량표"와 오른쪽 아래에 "방위와 막대축척"을 그려 넣으시오.
④ 도면의 전체적인 안정감을 위하여 "테두리선"을 넣으시오.
⑤ B-B′ 단면도를 축척 1/100로 작성하시오(지급용지 2).

3. 요구조건

① 해당 지역이 도심지 내의 휴식공간과 전용(일방)도로임을 주지하고, 그 특성에 맞는 조경계획도를 작성하시오.
② 포장지역을 제외한 곳에 식재가 가능한 장소에는 식재를 하시오.
③ 포장지역은 "소형고압블록"으로 표시하고, 계단의 경사를 고려해서 적당한 수종으로 식재를 하시오("다" 지역은 "가", "나" 지역에 비해 높이가 1m 낮으므로 전체적으로 계획 설계 시 고려한다.).
④ "가" 지역은 주차장으로 소형자동차(3×5m) 4대가 주차할 수 있는 공간으로 설계, "나" 지역은 휴식공간으로 계획하고, "다" 지역은 깊이 1m의 수경공간을 설치하며, 적당한 위치에 3개에 수목보호대에 지하고 2m 이상의 녹음수를 단식하고, 퍼걸러(3.5×3.5m) 1개와 보행자 통행에 지장을 주지 않도록 적당한 곳에 2인용 평상형 벤치(1,200×500mm) 4개를 설치한 것으로 표시한다.
⑤ 이용자의 통행이 많은 관계로 안전식재, 유도식재, 녹음식재, 경관식재, 소나무 군식 등을 필요한 곳에 적당히 배식한다.
⑥ 수목은 아래에 주어진 수종 중에서 10가지를 선정하여 사용하고 인출선을 이용하여 수종명, 수량, 규격을 표기하시오.

- 소나무(H4.0×W2.0)
- 소나무(H3.0×W1.5)
- 소나무(H2.5×W1.2)
- 스트로브잣나무(H2.5×W1.2)
- 스트로브잣나무(H2.0×W1.0)
- 왕벚나무(H4.5×B15)
- 버즘나무(H3.5×B8)
- 느티나무(H3.5×R8)
- 청단풍(H2.5×R8)
- 중국단풍(H2.5×R5)
- 자귀나무(H2.5×R6)
- 산딸나무(H2.0×R5)
- 산수유(H2.5×R7)
- 꽃사과(H2.5×R5)
- 수수꽃다리(H1.5×W0.6)
- 병꽃나무(H1.0×W0.4)
- 쥐똥나무(H1.0×W0.3)
- 명자나무(H0.6×W0.4)
- 산철쭉(H0.3×W0.4)
- 자산홍(H0.3×W0.3)
- 조릿대(H0.6×7가지)

⑦ 경사, 포장재료, 경계선 및 기타 시설물의 기초, 주변의 수목 등을 단면도상에 표시하시오.

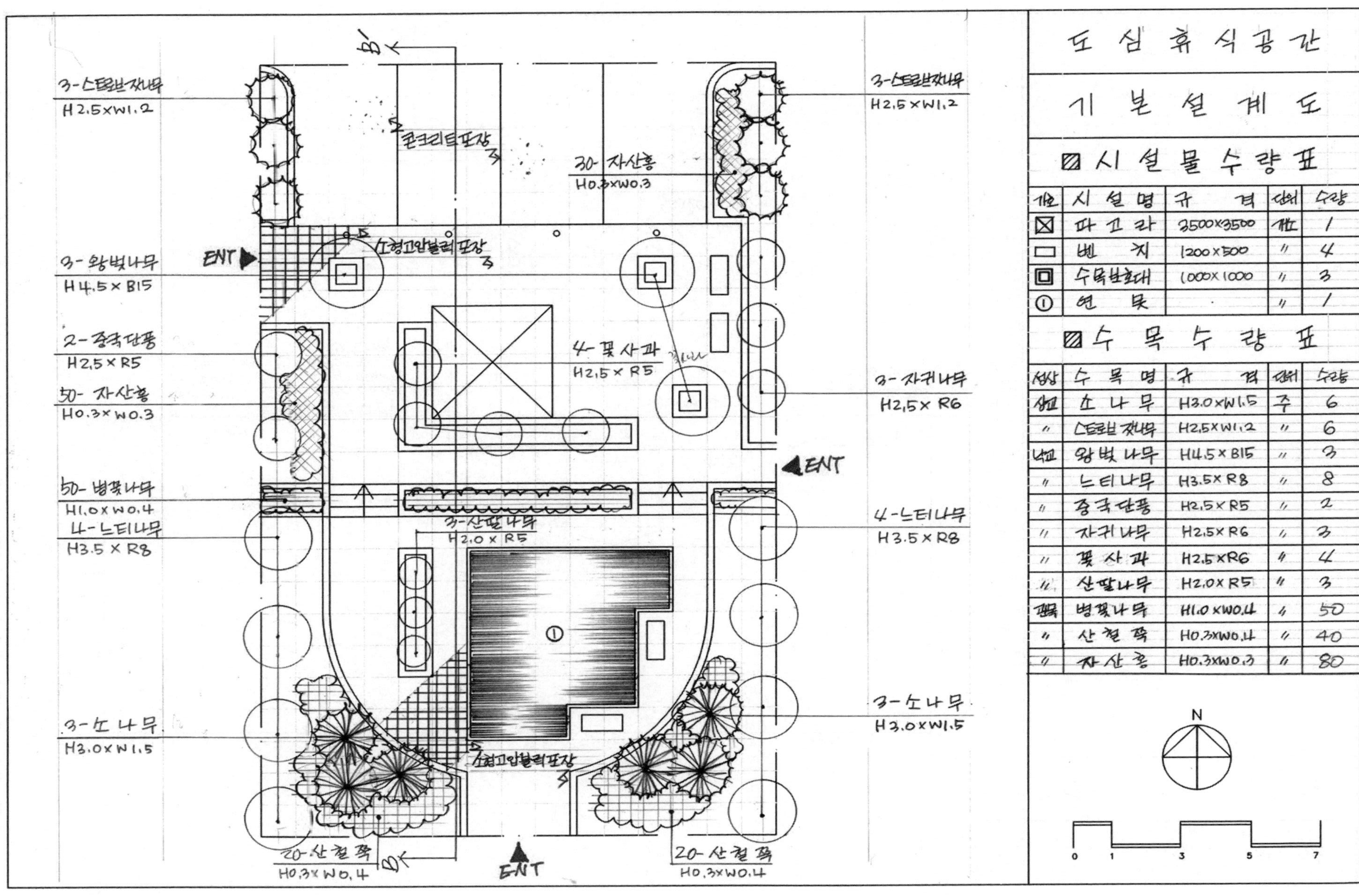
도심휴식공간
기본설계도
시설물수량표
기호 | 시설명 | 규격 | 단위 | 수량
파고라 | 3500x3500 | 개소 | 1
벤치 | 1200x500 | " | 4
수목보호대 | 1000x1000 | " | 3
연못 | | " | 1
수목수량표
성상 | 수목명 | 규격 | 단위 | 수량
상교 | 소나무 | H3.0xW1.5 | 주 | 6
" | 스트로브잣나무 | H2.5xW1.2 | " | 6
낙교 | 왕벚나무 | H4.5xB15 | " | 3
" | 느티나무 | H3.5xR8 | " | 8
" | 중국단풍 | H2.5xR5 | " | 2
" | 자귀나무 | H2.5xR6 | " | 3
" | 꽃사과 | H2.5xR6 | " | 4
" | 산딸나무 | H2.0xR5 | " | 3
관목 | 병꽃나무 | H1.0xW0.4 | " | 50
" | 산철쭉 | H0.3xW0.4 | " | 40
" | 자산홍 | H0.3xW0.3 | " | 80
3-스트로브잣나무 H2.5xW1.2
3-왕벚나무 H4.5xB15
2-중국단풍 H2.5xR5
50-자산홍 H0.3xW0.3
50-병꽃나무 H1.0xW0.4
4-느티나무 H3.5xR8
3-소나무 H3.0xW1.5
30-자산홍 H0.3xW0.3
4-꽃사과 H2.5xR5
3-산딸나무 H2.0xR5
3-자귀나무 H2.5xR6
20-산철쭉 H0.3xW0.4
콘크리트포장
소형고압블럭포장
ENT
N
0 1 3 5 7

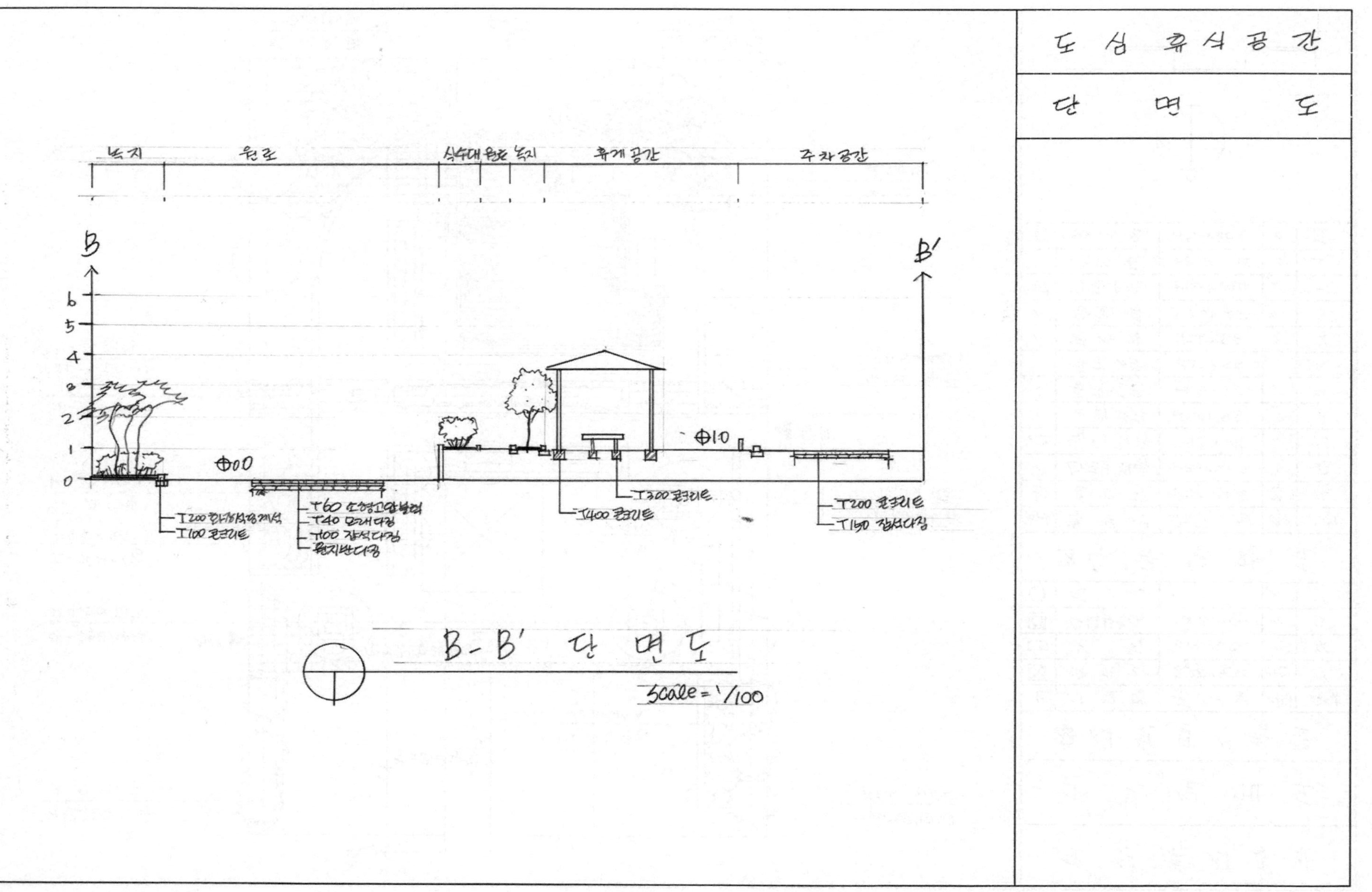
도심 휴식공간
단면도
녹지
원로
휴게공간
주차공간
B
B'
⊕00
⊕10
T100 콘크리트
T60 소형고압블럭
T40 모래다짐
T300 콘크리트
T400 콘크리트
T200 콘크리트
B-B' 단면도
SCALE = 1/100

5-3 도심 휴식 공간

설계 문제

우리나라 중부지역에 위치한 도로변의 빈 공간에 대한 조경설계를 하고자 한다. 주어진 현황도 및 아래 사항을 참조하여 요구조건에 따라 조경계획도를 작성하시오(일점쇄선 안 부분이 조경설계 대상지임).

1. 현황도

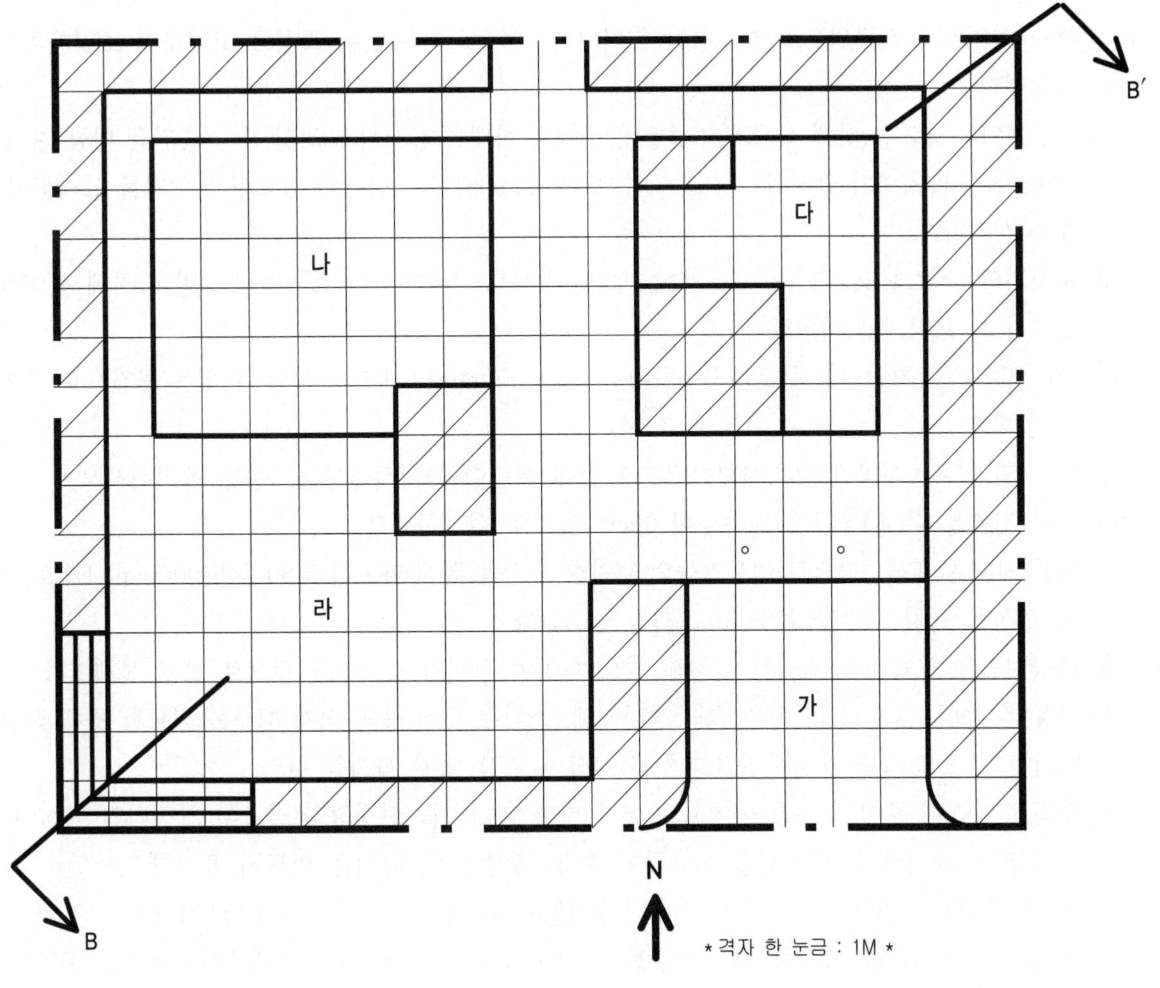

2. 요구사항

① 식재 평면도를 위주로 한 조경계획도를 축척 1/100로 작성하시오(지급용지 1).

② 도면 오른쪽 위에 작업명칭 작성하시오.

③ 도면 오른쪽 위에는 "중요 시설물수량표와 수목(식재)수량표"를 작성하고, 수량표 아래쪽에 "방위와 막대축척"을 그려 넣으시오(단, 전체 대상지의 길이를 고려하여 범례표를 조정할 수 있다.).

④ 도면의 전체적인 안정감을 위하여 "테두리선"을 넣으시오.

⑤ B-B′ 단면도를 축척 1/100로 작성하시오(지급용지 2).

3. 요구조건

① 해당 지역은 휴식공원으로 휴식공간과 어린이들이 즐길 수 있는 특성을 고려하여 조경계획도를 작성한다.

② 포장지역을 제외한 곳에 식재가 가능한 장소에는 식재를 실시하시오(단, 녹지공간은 빗금 친 부분이며, 경사의 차이가 발생하는 곳은 식수대(plant box)로 처리되어 있으며 분위기를 고려하여 식재를 실시하시오.).

③ 포장지역은 "소형고압블록, 콘크리트, 모래, 마사토, 투수콘크리트" 등 적당한 위치에 선택하여 표시하고, 포장명을 기입한다.

④ "가" 지역은 주차공간으로 소형자동차(2,500×5,000mm) 2대가 주차할 수 있는 공간으로 계획하고 설계하시오.

⑤ "나" 지역은 놀이공간으로 계획하고, 그 안에 어린이 놀이시설물을 3종류 배치하시오.

⑥ "다" 지역은 수(水)공간으로 수심이 60cm 깊이로 설계하시오.

⑦ "라" 지역은 휴식공간으로 이용자들의 편안한 휴식을 위해 파고라(3,500×5,000mm) 1개소, 2인용 평상형 벤치(1,200×500mm) 2개를 설치한다.

⑧ 대상지역은 진입구에 계단이 위치해 있으며 높이 차이가 1m 높은 것으로 보고 설계한다.

⑨ 대상지 내에는 유도식재, 녹음식재, 경관식재, 소나무 군식 등의 식재 패턴을 필요한 곳에 적당히 배식하고, 필요한 곳에 수목보호대를 설치하여 포장 내에 식재를 한다.

⑩ 수목은 아래에 주어진 수종 중에서 종류가 다른 10가지를 선정하여 골고루 안정적인 배식이 될 수 있도록 계획하며, 인출선을 이용하여 수량, 수종명칭, 규격을 반드시 표기한다.

- 소나무(H4.0×W2.0)
- 소나무(H3.0×W1.5)
- 소나무(H2.5×W1.2)
- 스트로브잣나무(H2.5×W1.2)
- 스트로브잣나무(H2.0×W1.0)
- 왕벚나무(H4.5×B15)
- 버즘나무(H3.5×B8)
- 느티나무(H3.5×R8)
- 청단풍(H2.5×R8)
- 다정큼나무(H1.0×W0.6)
- 중국단풍(H2.5×R5)
- 굴거리나무(H2.5×W0.6)
- 자귀나무(H2.5×R6)
- 태산목(H1.5×W0.5)
- 먼나무(H2.0×R5)
- 산딸나무(H2.0×R5)
- 산수유(H2.5×R7)
- 꽃사과(H2.5×R5)
- 수수꽃다리(H1.5×W0.6)
- 병꽃나무(H1.0×W0.4)
- 쥐똥나무(H1.0×W0.3)
- 명자나무(H0.6×W0.4)
- 산철쭉(H0.3×W0.4)
- 자산홍(H0.3×W0.3)
- 조릿대(H0.6×7가지)

⑪ 경사, 포장재료, 경계선 및 기타 시설물의 기초, 주변의 수목 등을 단면도상에 표시하시오.

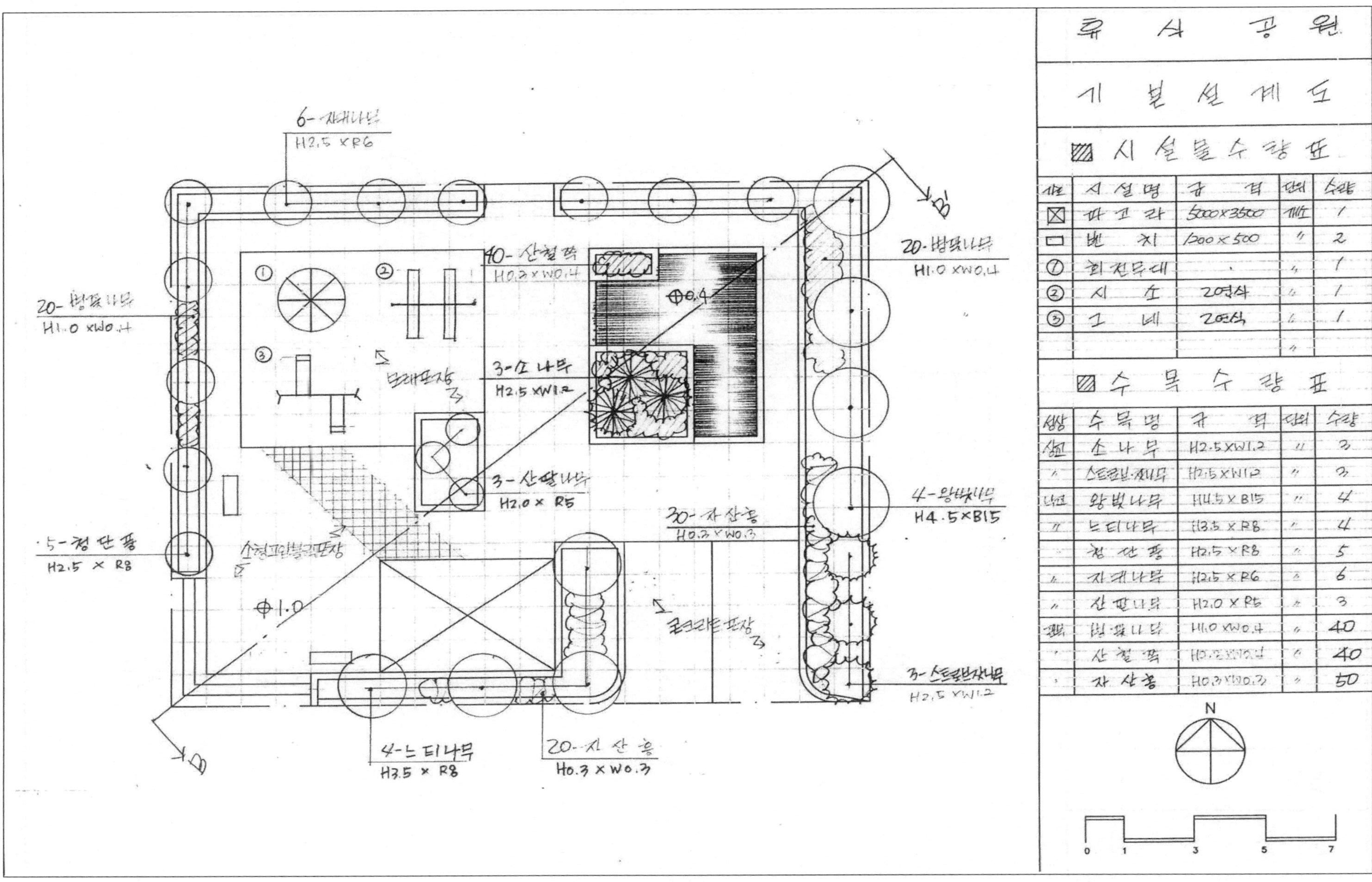
유 아 공 원
기 본 설 계 도
시 설 물 수 량 표
기호 | 시설명 | 규격 | 단위 | 수량
파고라 | 5000×3500 | 개소 | 1
벤치 | 1200×500 | 〃 | 2
① 회전무대 | | 〃 | 1
② 시소 | 2연식 | 〃 | 1
③ 그네 | 2연식 | 〃 | 1
수 목 수 량 표
성상 | 수목명 | 규격 | 단위 | 수량
상교 | 소나무 | H2.5×W1.2 | 〃 | 3
〃 | 스트로브잣나무 | H2.5×W1.2 | 〃 | 3
낙교 | 왕벚나무 | H4.5×B15 | 〃 | 4
〃 | 느티나무 | H3.5×R8 | 〃 | 4
〃 | 청단풍 | H2.5×R8 | 〃 | 5
〃 | 자귀나무 | H2.5×R6 | 〃 | 6
〃 | 산딸나무 | H2.0×R5 | 〃 | 3
관목 | 병꽃나무 | H1.0×W0.4 | 〃 | 40
〃 | 산철쭉 | H0.3×W0.4 | 〃 | 40
〃 | 자산홍 | H0.3×W0.3 | 〃 | 50
N
0 1 3 5 7
6-자귀나무 H2.5×R6
20-병꽃나무 H1.0×W0.4
40-산철쭉 H0.3×W0.4
3-소나무 H2.5×W1.2
3-산딸나무 H2.0×R5
5-청단풍 H2.5×R8
30-자산홍 H0.3×W0.3
4-왕벚나무 H4.5×B15
3-스트로브잣나무 H2.5×W1.2
4-느티나무 H3.5×R8
20-자산홍 H0.3×W0.3
모래포장
소형고압블럭포장
콘크리트포장
⊕0.4
⊕1.0

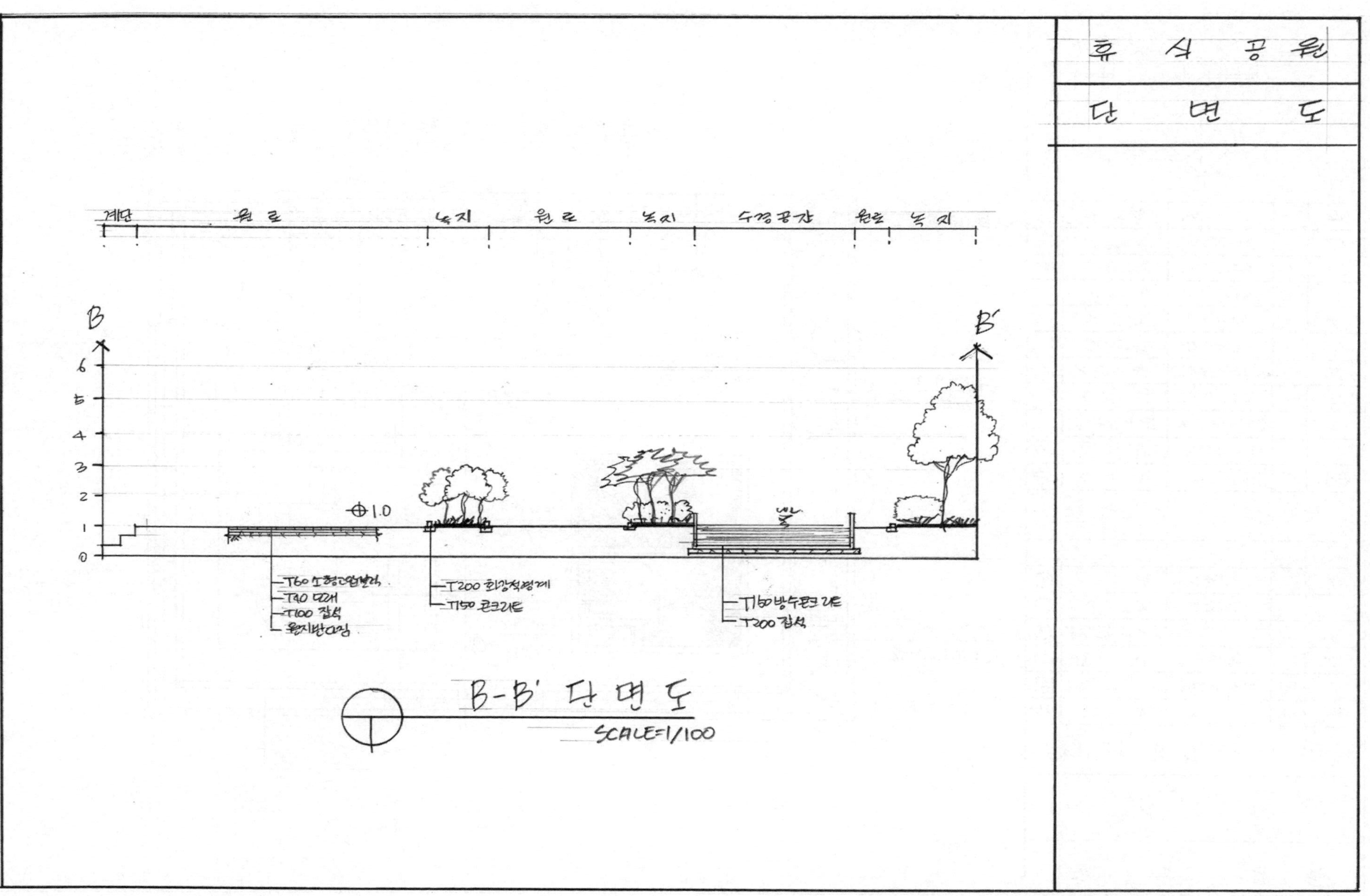
휴식공원
단면도
계단
원로
녹지
원로
녹지
수경공간
원로
녹지
B
B'
⊕1.0
T60 소형고압블럭
T40 모래
T100 잡석
원지반다짐
T200 화강석경계
T150 콘크리트
T150 방수콘크리트
T200 잡석
B-B' 단면도
SCALE=1/100

5-4 도심 휴식 공간

설계 문제

우리나라 중부지역에 위치한 도로변의 빈 공간에 대한 조경설계를 하고자 한다. 주어진 현황도 및 아래 사항을 참조하여 요구조건에 따라 조경계획도를 작성하시오(일점쇄선 안 부분이 조경설계 대상지임).

1. 현황도

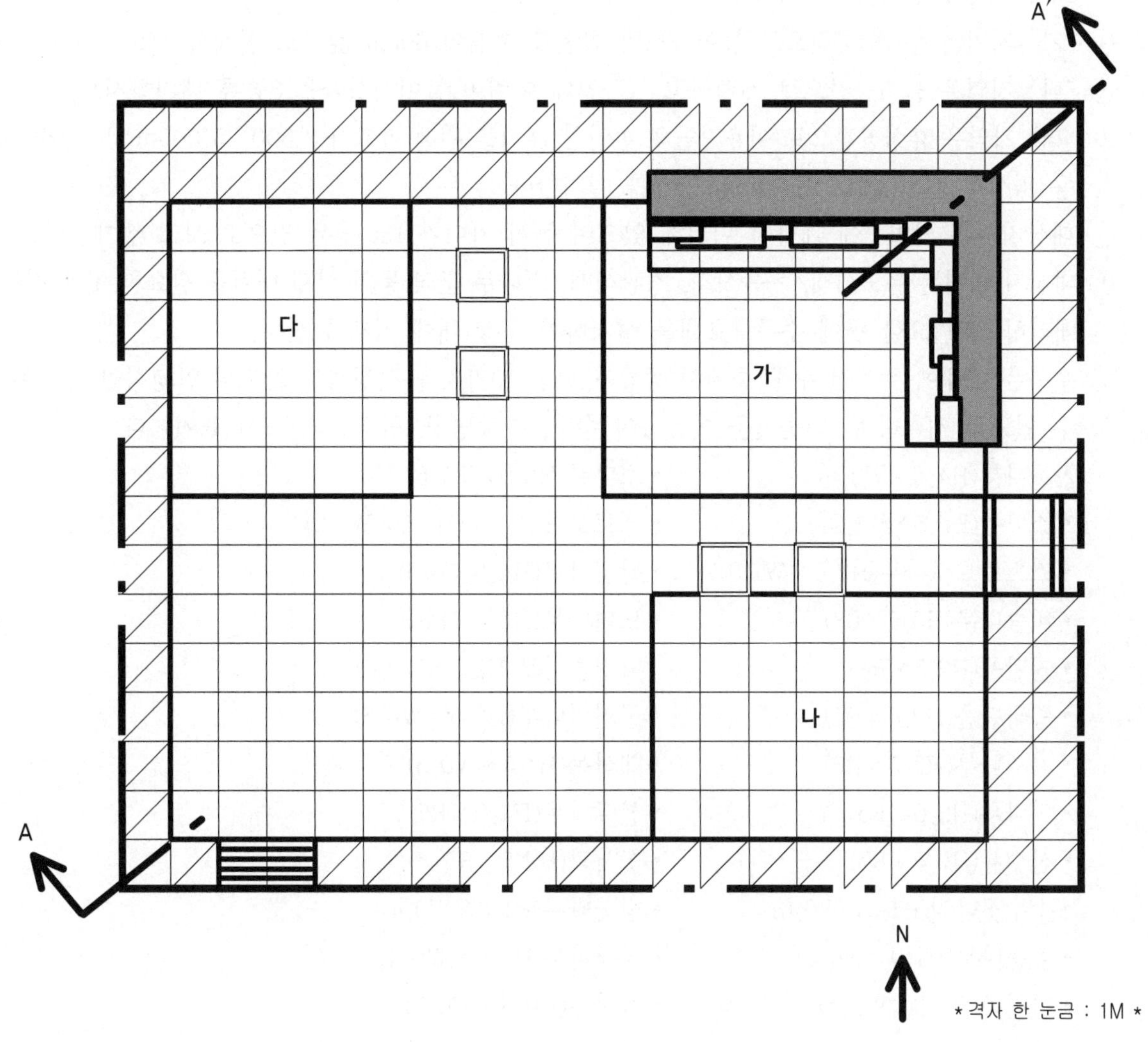

2. 요구사항

① 식재 평면도를 위주로 한 조경계획도를 축척 1/100로 작성하시오(지급용지 1).

② 도면 오른쪽 위에 작업명칭 작성하시오.

③ 도면 오른쪽 위에는 “중요 시설물수량표와 수목(식재)수량표”를 작성하고, 수량표 아래쪽에 “방위와 막대축척”을 그려 넣으시오(단, 전체 대상지의 길이를 고려하여 범례표를 조정할 수 있다.).

④ 도면의 전체적인 안정감을 위하여 “테두리선”을 넣으시오.

⑤ A-A′ 단면도를 축척 1/100로 작성하시오(지급용지 2).

3. 요구조건

① 해당 지역은 휴식공원으로 휴식공간과 어린이들이 즐길 수 있는 특성을 고려하여 조경계획도를 작성한다.

② 포장지역을 제외한 곳에 식재가 가능한 장소에는 식재를 실시하시오(단, 녹지공간은 빗금 친 부분이며, 경사의 차이가 발생하는 곳은 식수대(plant box)로 처리되어 있으며 분위기를 고려하여 식재를 실시하시오.).

③ 포장지역은 "소형고압블록, 콘크리트, 모래, 마사토, 투수콘크리트" 등 적당한 위치에 선택하여 표시하고, 포장명을 기입한다.

④ "가" 지역은 수(水)공간으로 높이 2m의 벽천과 수심이 60cm 깊이로 설계하시오.

⑤ "나" 지역은 놀이공간으로 계획하고, 그 안에 어린이 놀이시설물을 3종류 배치하시오.

⑥ "다" 지역은 휴식공간으로 이용자들의 편안한 휴식을 위해 파고라(3,500×5,000mm) 1개소, 2인용 평상형 벤치(1,200×500mm) 2개를 설치한다.

⑦ 대상지역은 진입구에 계단이 위치해 있으며 높이 차이가 1m 높은 것으로 보고 설계한다.

⑧ 대상지 내에는 유도식재, 녹음식재, 경관식재, 소나무 군식 등의 식재 패턴을 필요한 곳에 적당히 배식하고, 필요한 곳에 수목보호대를 설치하여 포장 내에 식재를 한다.

⑨ 수목은 아래에 주어진 수종 중에서 종류가 다른 10가지를 선정하여 골고루 안정적인 배식이 될 수 있도록 계획하며, 인출선을 이용하여 수량, 수종명칭, 규격을 반드시 표기한다.

- 소나무(H4.0×W2.0)
- 소나무(H3.0×W1.5)
- 소나무(H2.5×W1.2)
- 스트로브잣나무(H2.5×W1.2)
- 스트로브잣나무(H2.0×W1.0)
- 왕벚나무(H4.5×B15)
- 버즘나무(H3.5×B8)
- 느티나무(H3.5×R8)
- 청단풍(H2.5×R8)
- 다정큼나무(H1.0×W0.6)
- 중국단풍(H2.5×R5)
- 굴거리나무(H2.5×W0.6)
- 자귀나무(H2.5×R6)
- 태산목(H1.5×W0.5)
- 먼나무(H2.0×R5)
- 산딸나무(H2.0×R5)
- 산수유(H2.5×R7)
- 꽃사과(H2.5×R5)
- 수수꽃다리(H1.5×W0.6)
- 병꽃나무(H1.0×W0.4)
- 쥐똥나무(H1.0×W0.3)
- 명자나무(H0.6×W0.4)
- 산철쭉(H0.3×W0.4)
- 자산홍(H0.3×W0.3)
- 조릿대(H0.6×7가지)

⑩ 경사, 포장재료, 경계선 및 기타 시설물의 기초, 주변의 수목 등을 단면도상에 표시하시오.

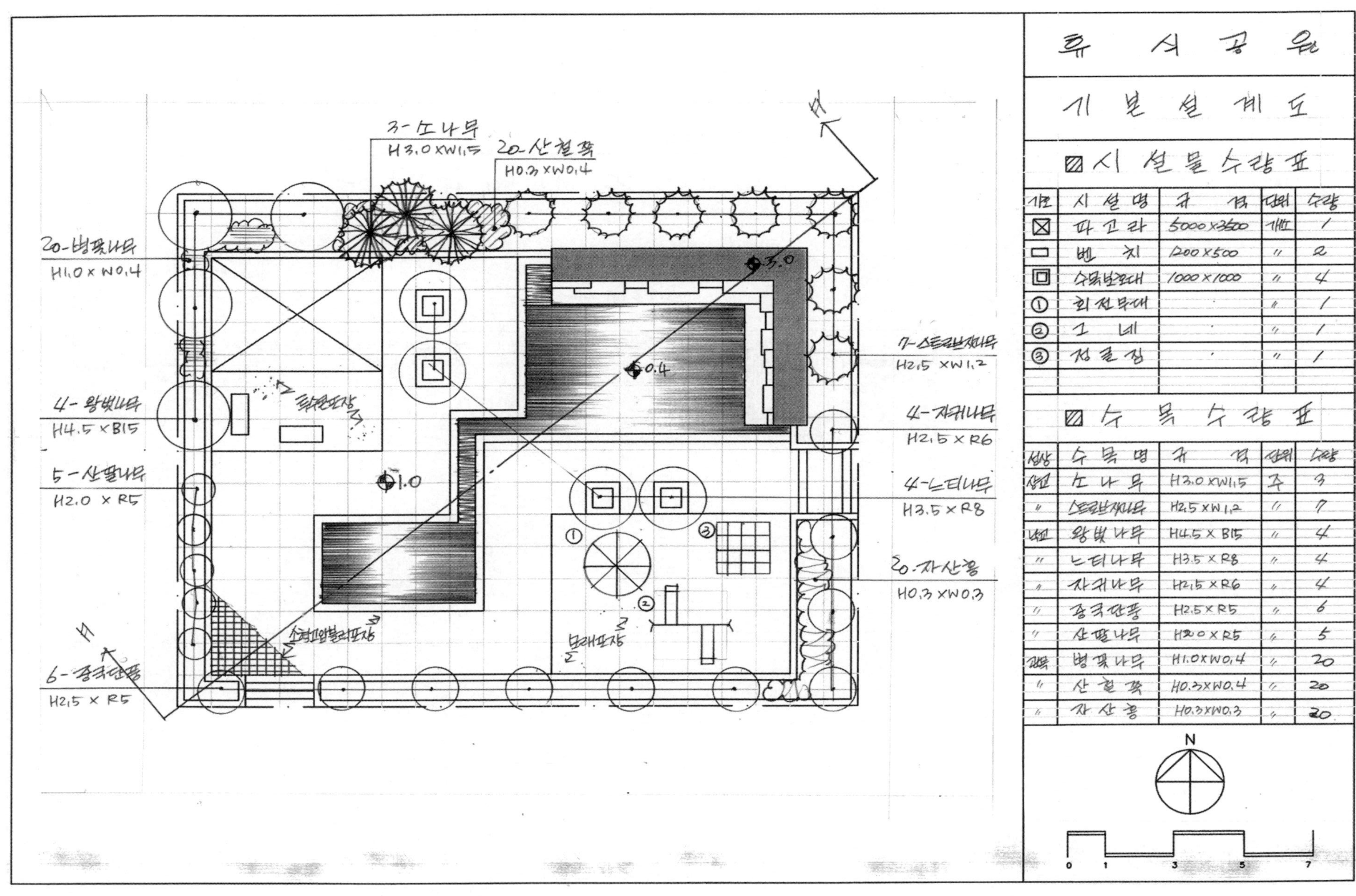
휴 식 공 원
기 본 설 계 도
시 설 물 수 량 표
기호 | 시 설 명 | 규 격 | 단위 | 수량
파 고 라 | 5000×3500 | 개소 | 1
벤 치 | 1200×500 | 〃 | 2
수목보호대 | 1000×1000 | 〃 | 4
① 회전무대 | 〃 | 1
② 그 네 | 〃 | 1
③ 정 글 짐 | 〃 | 1
수 목 수 량 표
성상 | 수 목 명 | 규 격 | 단위 | 수량
상교 | 소 나 무 | H3.0×W1.5 | 주 | 3
〃 | 스트로브잣나무 | H2.5×W1.2 | 〃 | 7
낙교 | 왕 벚 나 무 | H4.5×B15 | 〃 | 4
〃 | 느 티 나 무 | H3.5×R8 | 〃 | 4
〃 | 자귀나무 | H2.5×R6 | 〃 | 4
〃 | 중국단풍 | H2.5×R5 | 〃 | 6
〃 | 산딸나무 | H2.0×R5 | 〃 | 5
관목 | 병꽃나무 | H1.0×W0.4 | 〃 | 20
〃 | 산 철 쭉 | H0.3×W0.4 | 〃 | 20
〃 | 자 산 홍 | H0.3×W0.3 | 〃 | 20
N
0 1 3 5 7
3-소나무 H3.0×W1.5
20-산철쭉 H0.3×W0.4
20-병꽃나무 H1.0×W0.4
4-왕벚나무 H4.5×B15
5-산딸나무 H2.0×R5
6-중국단풍 H2.5×R5
7-스트로브잣나무 H2.5×W1.2
4-자귀나무 H2.5×R6
4-느티나무 H3.5×R8
20-자산홍 H0.3×W0.3
3.0
0.4
1.0
모래포장
소형고압블럭포장

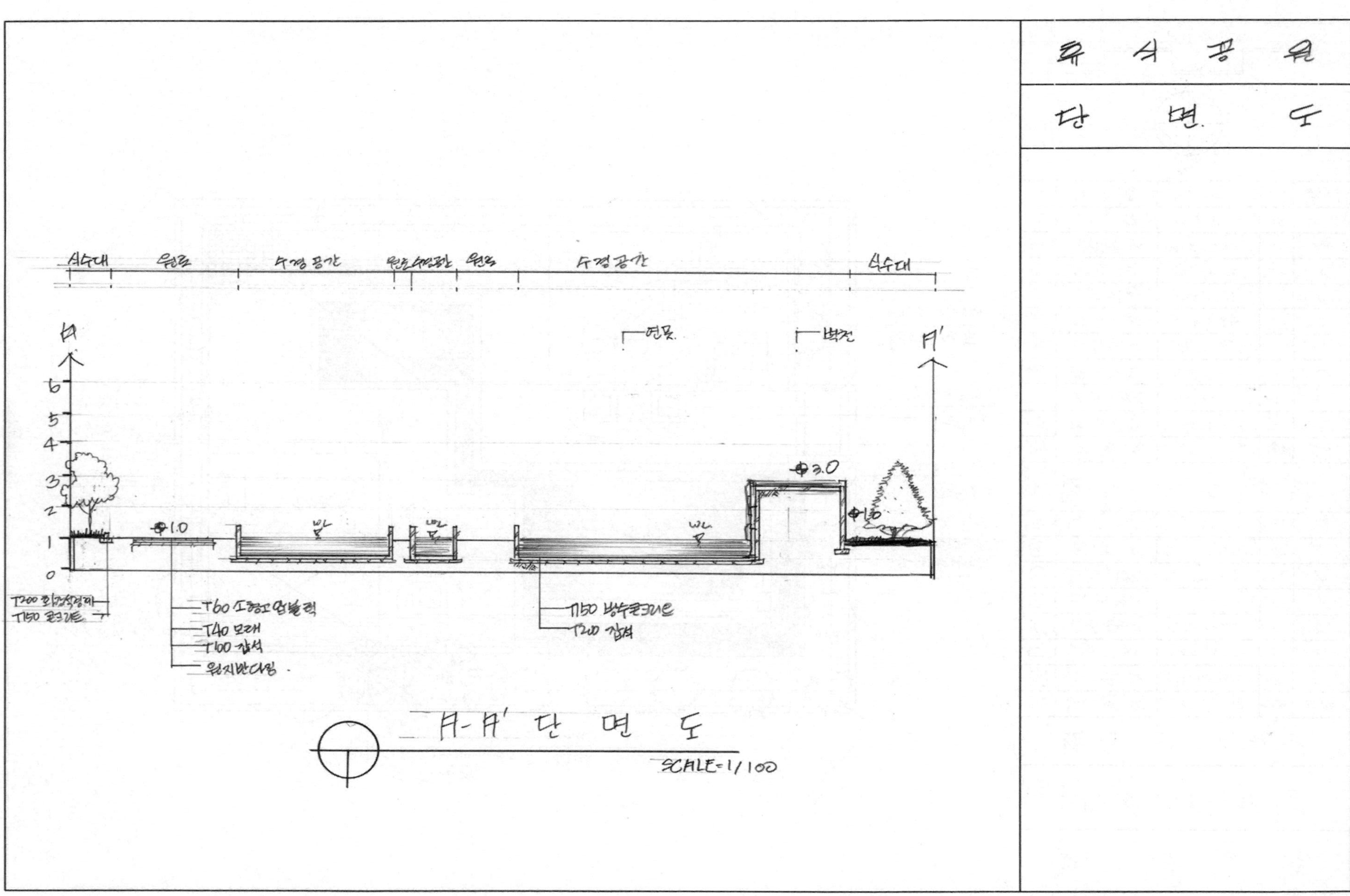
휴 식 공 원
단 면 도
식수대
수경 공간
식수대
A
A'
6
5
4
3
2
1
0
⊕1.0
⊕3.0
T150 방수콘크리트
T200 잡석
A-A' 단 면 도
SCALE=1/100

5-5 도심 휴식 공간

설계 문제

우리나라 중부지역에 위치한 도로변의 빈 공간에 대한 조경설계를 하고자 한다. 주어진 현황도 및 아래 사항을 참조하여 요구조건에 따라 조경계획도를 작성하시오(일점쇄선 안 부분이 조경설계 대상지임).

1. 현황도

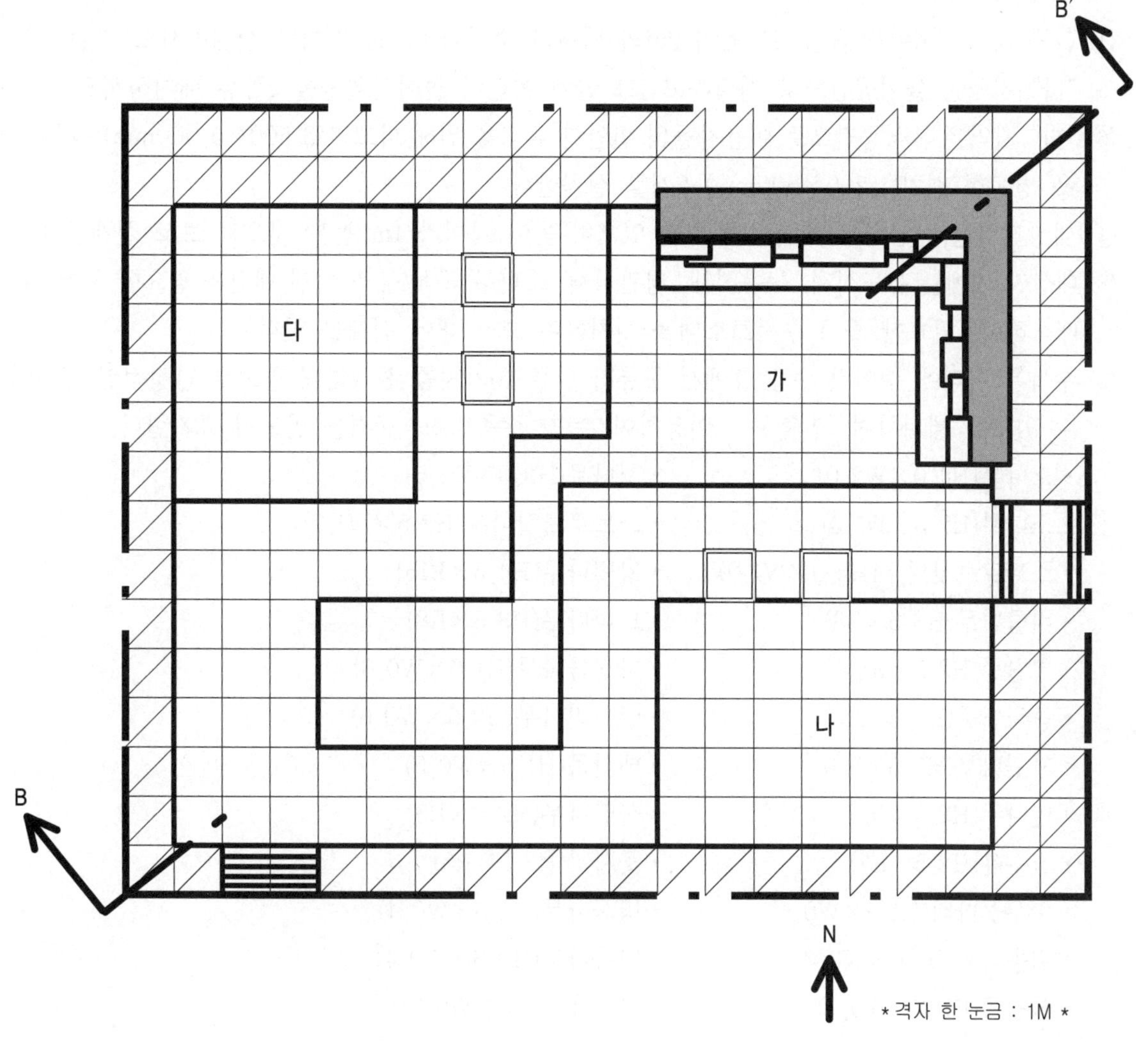

2. 요구사항

① 식재 평면도를 위주로 한 조경계획도를 축척 1/100로 작성하시오(지급용지 1).

② 도면 오른쪽 위에 작업명칭 작성하시오.

③ 도면 오른쪽 위에는 “중요 시설물수량표와 수목(식재)수량표”를 작성하고, 수량표 아래쪽에 “방위와 막대축척”을 그려 넣으시오(단, 전체 대상지의 길이를 고려하여 범례표를 조정할 수 있다.).

④ 도면의 전체적인 안정감을 위하여 “테두리선”을 넣으시오.

⑤ B-B′ 단면도를 축척 1/100로 작성하시오(지급용지 2).

3. 요구조건

① 해당 지역은 휴식공원으로 휴식공간과 어린이들이 즐길 수 있는 특성을 고려하여 조경계획도를 작성한다.

② 포장지역을 제외한 곳에 식재가 가능한 장소에는 식재를 실시하시오(단, 녹지공간은 빗금 친 부분이며, 경사의 차이가 발생하는 곳은 식수대(plant box)로 처리되어 있으며 분위기를 고려하여 식재를 실시하시오.).

③ 포장지역은 "소형고압블록, 콘크리트, 모래, 마사토, 투수콘크리트" 등 적당한 위치에 선택하여 표시하고, 포장명을 기입한다.

④ "가" 지역은 수(水)공간으로 높이 2m의 벽천과 수심이 60cm 깊이로 설계하시오.

⑤ "나" 지역은 놀이공간으로 계획하고, 그 안에 어린이 놀이시설물을 3종류 배치하시오.

⑥ "다" 지역은 휴식공간으로 이용자들의 편안한 휴식을 위해 파고라(3,500×5,000mm) 1개소, 2인용 평상형 벤치(1,200×500mm) 2개를 설치한다.

⑦ 대상지역은 진입구에 계단이 위치해 있으며 높이 차이가 1m 높은 것으로 보고 설계한다.

⑧ 대상지 내에는 유도식재, 녹음식재, 경관식재, 소나무 군식 등의 식재 패턴을 필요한 곳에 적당히 배식하고, 필요한 곳에 수목보호대를 설치하여 포장 내에 식재를 한다.

⑨ 수목은 아래에 주어진 수종 중에서 종류가 다른 10가지를 선정하여 골고루 안정적인 배식이 될 수 있도록 계획하며, 인출선을 이용하여 수량, 수종명칭, 규격을 반드시 표기한다.

- 소나무(H4.0×W2.0)
- 소나무(H3.0×W1.5)
- 소나무(H2.5×W1.2)
- 스트로브잣나무(H2.5×W1.2)
- 스트로브잣나무(H2.0×W1.0)
- 왕벚나무(H4.5×B15)
- 버즘나무(H3.5×B8)
- 느티나무(H3.5×R8)
- 청단풍(H2.5×R8)
- 다정큼나무(H1.0×W0.6)
- 중국단풍(H2.5×R5)
- 굴거리나무(H2.5×W0.6)
- 자귀나무(H2.5×R6)
- 태산목(H1.5×W0.5)
- 먼나무(H2.0×R5)
- 산딸나무(H2.0×R5)
- 산수유(H2.5×R7)
- 꽃사과(H2.5×R5)
- 수수꽃다리(H1.5×W0.6)
- 병꽃나무(H1.0×W0.4)
- 쥐똥나무(H1.0×W0.3)
- 명자나무(H0.6×W0.4)
- 산철쭉(H0.3×W0.4)
- 자산홍(H0.3×W0.3)
- 조릿대(H0.6×7가지)

⑩ 경사, 포장재료, 경계선 및 기타 시설물의 기초, 주변의 수목 등을 단면도상에 표시하시오.

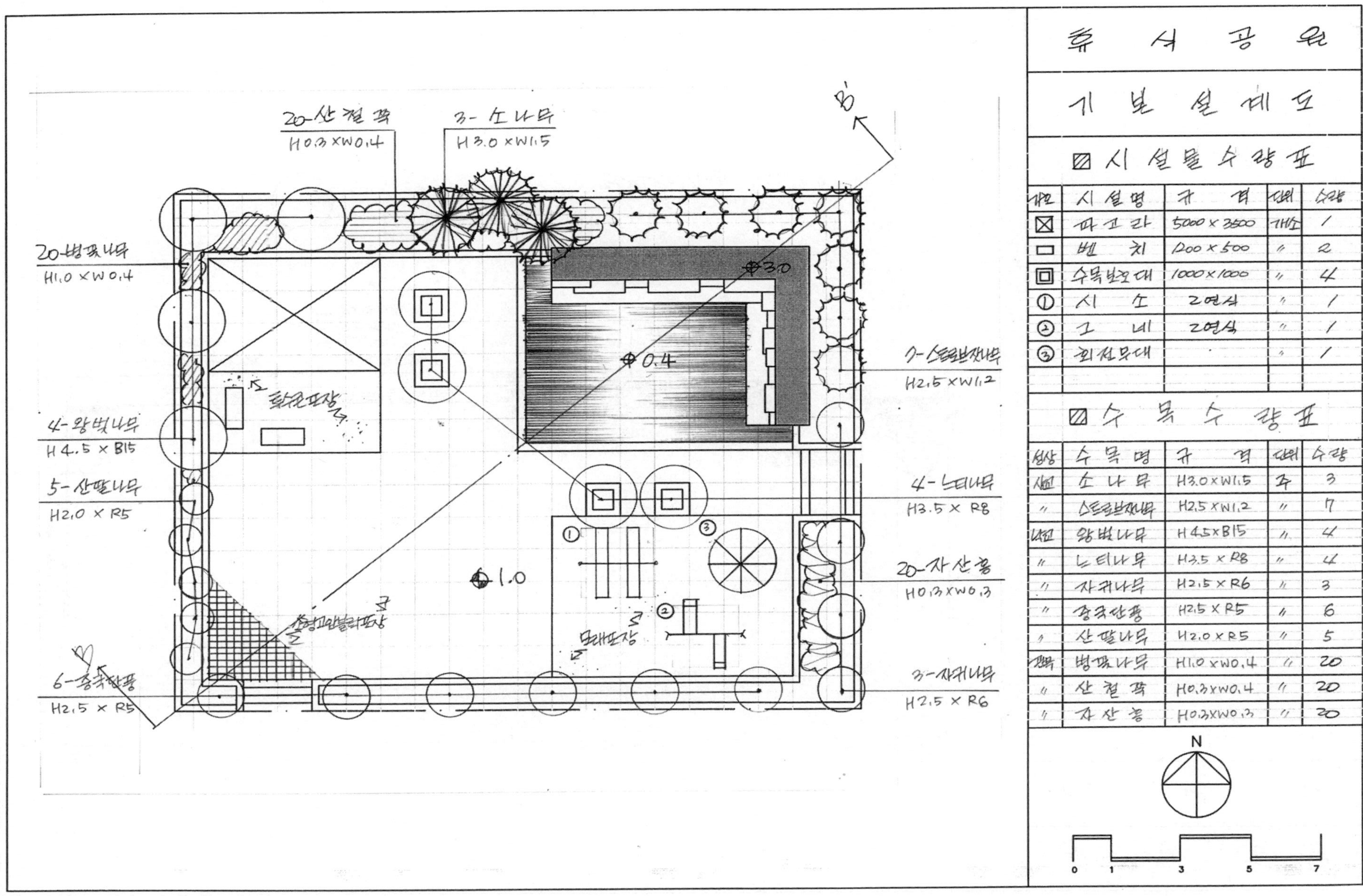
휴 식 공 원
기 본 설 계 도
시설물수량표
기호 시설명 규격 단위 수량
파고라 5000×3500 개소 1
벤치 200×500 〃 2
수목보호대 1000×1000 〃 4
시소 2연식 〃 1
그네 2연식 〃 1
회전무대 〃 1
수목수량표
성상 수목명 규격 단위 수량
소나무 H3.0×W1.5 주 3
스트로브잣나무 H2.5×W1.2 〃 7
왕벚나무 H4.5×B15 〃 4
느티나무 H3.5×R8 〃 4
자귀나무 H2.5×R6 〃 3
중국단풍 H2.5×R5 〃 6
산딸나무 H2.0×R5 〃 5
병꽃나무 H1.0×W0.4 〃 20
산철쭉 H0.3×W0.4 〃 20
자산홍 H0.3×W0.3 〃 20
N
0 1 3 5 7
20-산철쭉 H0.3×W0.4
3-소나무 H3.0×W1.5
20-병꽃나무 H1.0×W0.4
4-왕벚나무 H4.5×B15
5-산딸나무 H2.0×R5
6-중국단풍 H2.5×R5
7-스트로브잣나무 H2.5×W1.2
4-느티나무 H3.5×R8
20-자산홍 H0.3×W0.3
3-자귀나무 H2.5×R6
투수콘포장
소형고압블럭포장
모래포장
±3.0
±0.4
±1.0

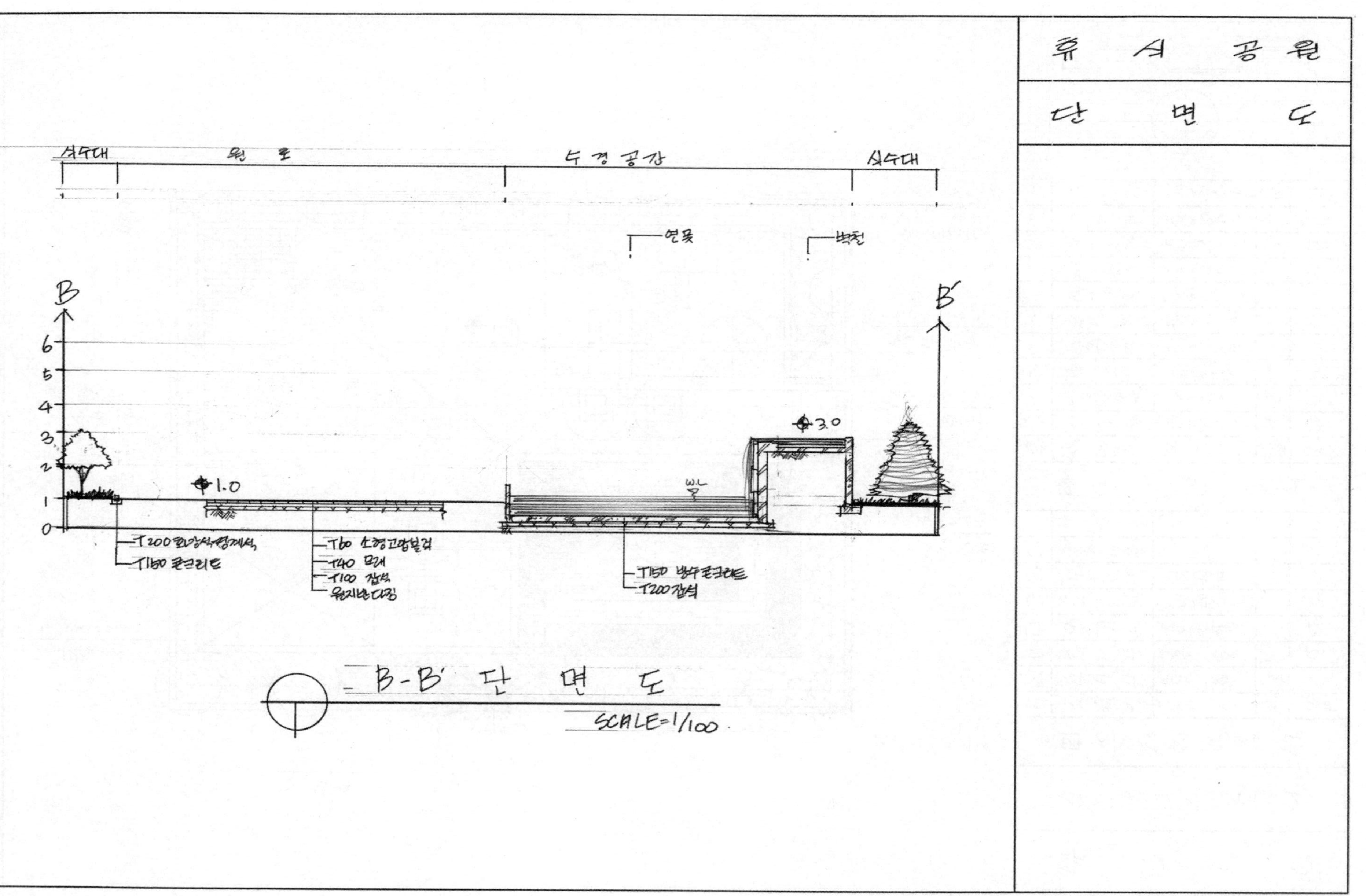
휴 식 공 원
단 면 도
식수대
원로
수경공간
식수대
연못
벽천
B
B'
6
5
4
3
2
1
0
1.0
3.0
W.L
T200 화강석판석깔기
T150 콘크리트
T60 소형고압블럭
T40 모래
T100 잡석
원지반다짐
T150 방수콘크리트
T200 잡석
B-B' 단면도
SCALE=1/100

6 관공서 주변 휴식공간

설계 문제

우리나라 중부지역 관공서 주변의 빈 공간에 대한 조경설계를 하고자 한다. 주어진 현황도를 참조하여 요구조건에 따라 조경계획도를 작성하시오(일점쇄선 안 부분이 조경설계 대상지임).

1. 현황도

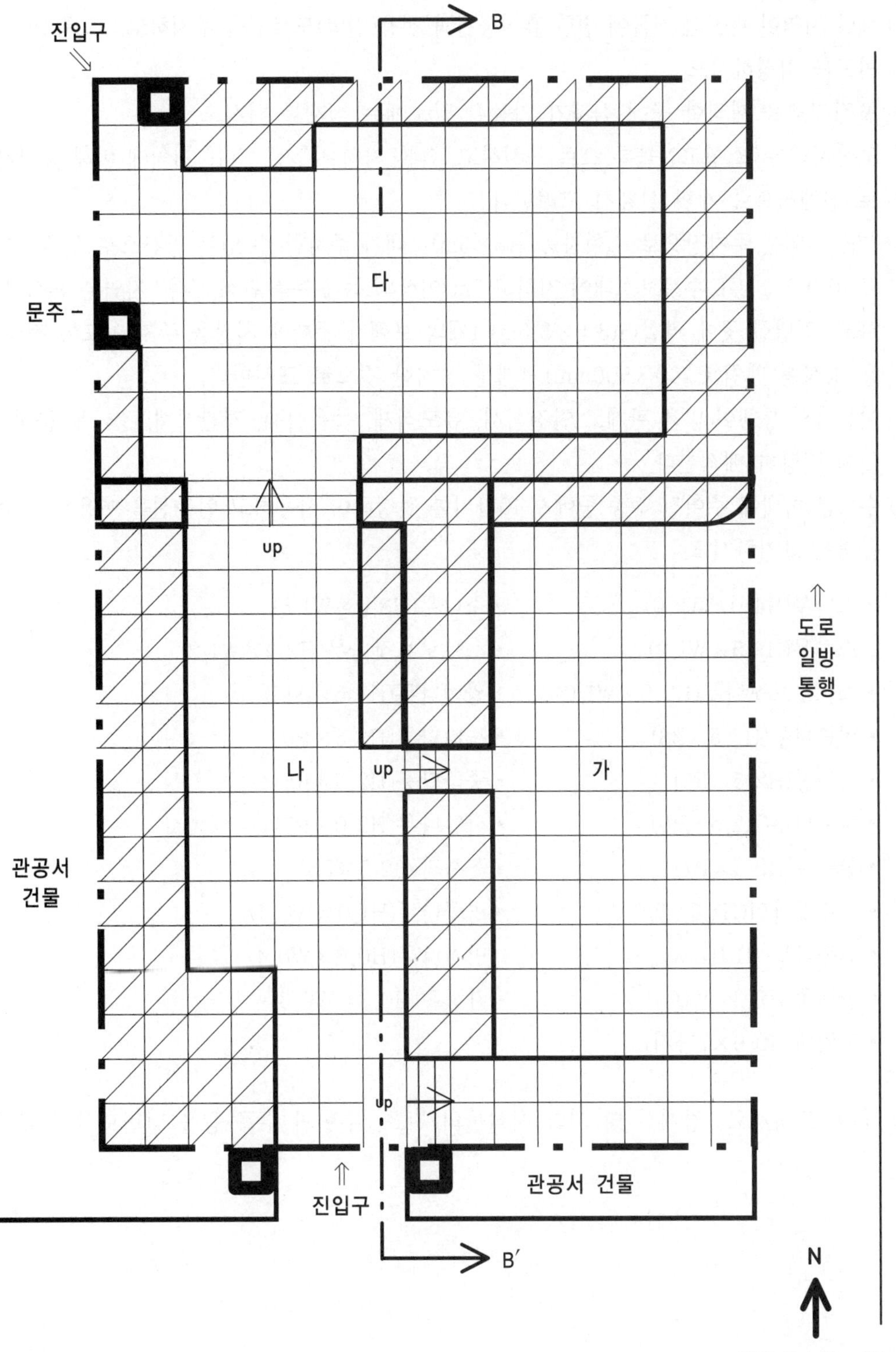

2. 요구사항

① 식재 평면도를 위주로 한 조경계획도를 축척 1/100로 작성하시오(지급용지 1).
② 도면 오른쪽 위에 작업명칭을 "관공서 주변 휴식공간"이라고 작성하시오.
③ 도면 오른쪽 위에는 "수목수량표"와 오른쪽 아래에 "방위와 막대축척"을 그려 넣으시오.
④ 도면의 전체적인 안정감을 위하여 "테두리선"을 넣으시오.
⑤ B-B′ 단면도를 축척 1/100로 작성하시오(지급용지 2).

3. 요구조건

① 해당 지역이 관공서 건물에 접한 휴식공간과 전용(일방)도로임을 주지하고, 그 특성에 맞는 조경계획도를 작성하시오.
② 포장지역을 제외한 곳에 식재가 가능한 장소에는 식재를 하시오.
③ 포장지역은 "소형고압블록"으로 표시하고, "나" 지역은 "가", "다" 지역에 비해 높이가 1m 낮으므로 전체적으로 계획 설계시 고려한다.
④ "가" 지역은 주차장으로 소형자동차(3×5m) 4대가 주차할 수 있는 공간으로 설계, "나" 지역은가로 공간으로 3개 수목보호대에 지하고 2m 이상의 녹음수를 단식, "다" 지역은 휴식공간으로 계획하고, 적당한 곳에 퍼걸러(3.5×3.5m) 1개와 보행자 통행에 지장을 주지 않도록 적당한 곳에 2인용 평상형 벤치(1,200×500mm) 4개를 설치한 것으로 표시한다.
⑤ 이용자의 통행이 많은 관계로 안전식재, 유도식재, 녹음식재, 경관식재, 소나무 군식 등을 필요한 곳에 적당히 배식한다.
⑥ 수목은 아래에 주어진 수종 중에서 10가지를 선정하여 사용하고 인출선을 이용하여 수종명, 수량, 규격을 표기하시오.

- 소나무(H4.0×W2.0)
- 소나무(H3.0×W1.5)
- 소나무(H2.5×W1.2)
- 스트로브잣나무(H2.5×W1.2)
- 스트로브잣나무(H2.0×W1.0)
- 왕벚나무(H4.5×B15)
- 버즘나무(H3.5×B8)
- 느티나무(H3.5×R8)
- 청단풍(H2.5×R8)
- 중국단풍(H2.5×R5)
- 자귀나무(H2.5×R6)
- 산딸나무(H2.0×R5)
- 산수유(H2.5×R7)
- 꽃사과(H2.5×R5)
- 수수꽃다리(H1.5×W0.6)
- 병꽃나무(H1.0×W0.4)
- 쥐똥나무(H1.0×W0.3)
- 명자나무(H0.6×W0.4)
- 산철쭉(H0.3×W0.4)
- 자산홍(H0.3×W0.3)
- 조릿대(H0.6×7가지)

⑦ 경사, 포장재료, 경계선 및 기타 시설물의 기초, 주변의 수목 등을 단면도상에 표시하시오.

관공서 주변 휴식공간

기 본 설 계 도

▨ 시 설 물 수 량 표

기호	시 설 명	규 격	단위	수량
⊠	파고라	3500×3500	개소	1
□	벤 치	1200×500	〃	4
▣	수목보호대	1000×1000	〃	3

▨ 수 목 수 량 표

성상	수 목 명	규 격	단위	수량
상교	소 나 무	H4.0×W2.0	주	1
〃	소 나 무	H3.0×W1.5	〃	1
〃	소 나 무	H2.0×W1.2	〃	1
〃	스트로브잣나무	H2.5×W1.2	〃	5
낙교	왕 벚 나 무	H4.5×B15	〃	3
〃	느 티 나 무	H3.5×R8	〃	7
〃	자귀나무	H2.5×R6	〃	6
〃	산딸나무	H2.0×R5	〃	3
관목	산 철 쭉	H0.3×W0.4	〃	150
〃	자 산 홍	H0.3×W0.3	〃	260

6-느티나무
H3.5×R8

1-느티나무
H3.5×R8

100-자산홍
H0.3×W0.3

5-스트로브잣나무
H2.5×W1.2

50-산철쭉
H0.3×W0.4

1-소나무
H4.0×W2.0

1-소나무
H2.5×W1.2

1-소나무
H3.0×W1.5

3-왕벚나무
H4.5×B15

6-자귀나무
H2.5×R6

80-자산홍
H0.3×W0.3

3-산딸나무
H2.0×R5

50-산철쭉
H0.3×W0.4

80-자산홍
H0.3×W0.3

소형고압블럭 포장

소형고압블럭 포장

콘크리트 포장

⊕1.0

⊕0.0

⊕1.0

N

0 1 3 5 7

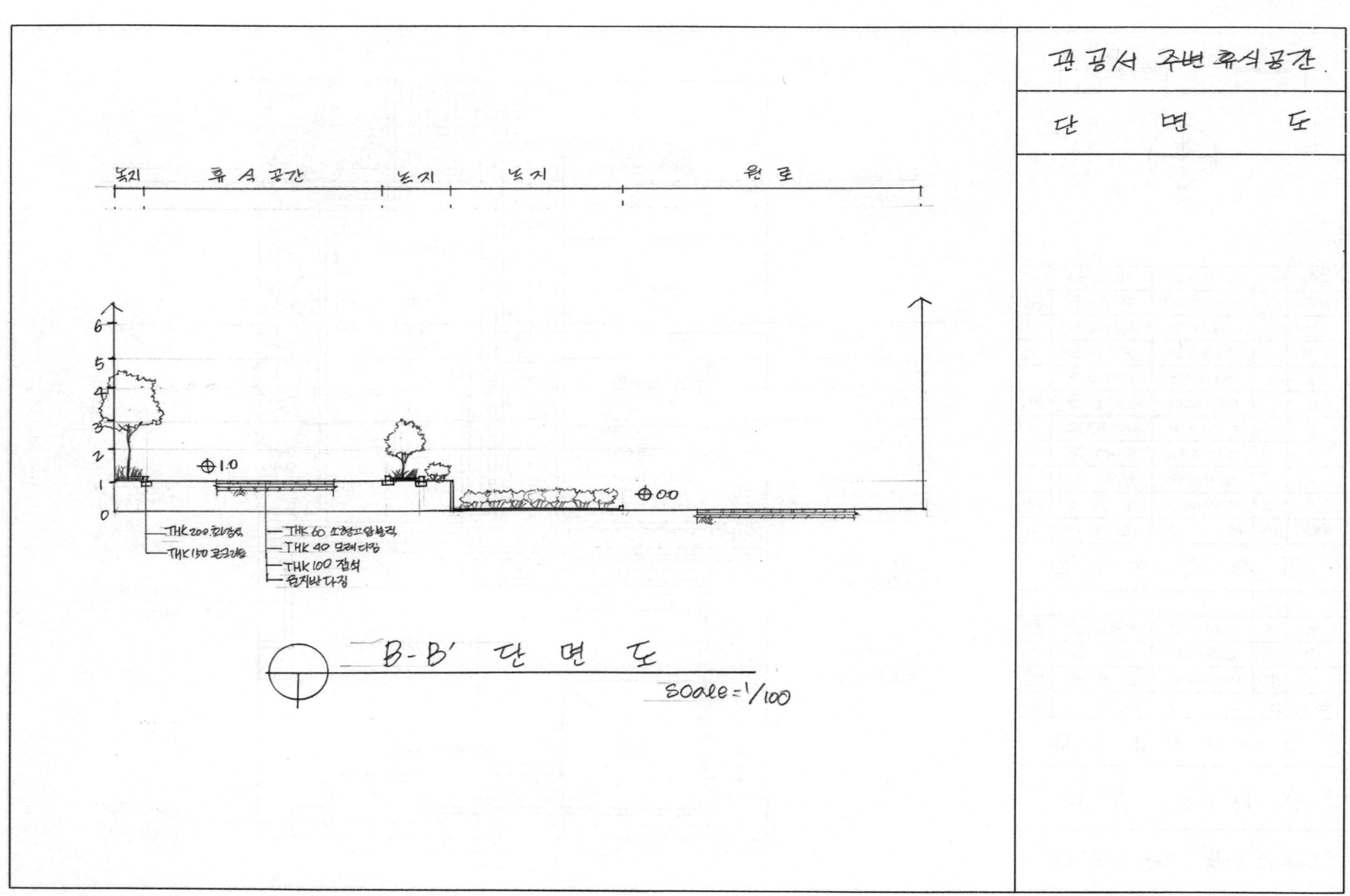
관공서 주변 휴식공간
단면도
녹지
휴식공간
녹지
녹지
원로
6
5
4
3
2
1
0
⊕1.0
⊕0.0
THK200 호박돌
THK150 콘크리트
THK 60 소형고압블럭
THK 40 모래다짐
THK 100 잡석
원지반다짐
B-B' 단면도
scale=1/100

7-1 도로변 소공원

설계 문제

우리나라 중부지역에 위치한 도로변의 소공원 공간에 대한 조경설계를 하고자 한다. 주어진 현황도를 참조하여 요구조건에 따라 조경계획도를 작성하시오(일점쇄선 안 부분이 조경설계 대상지임).

1. 현황도

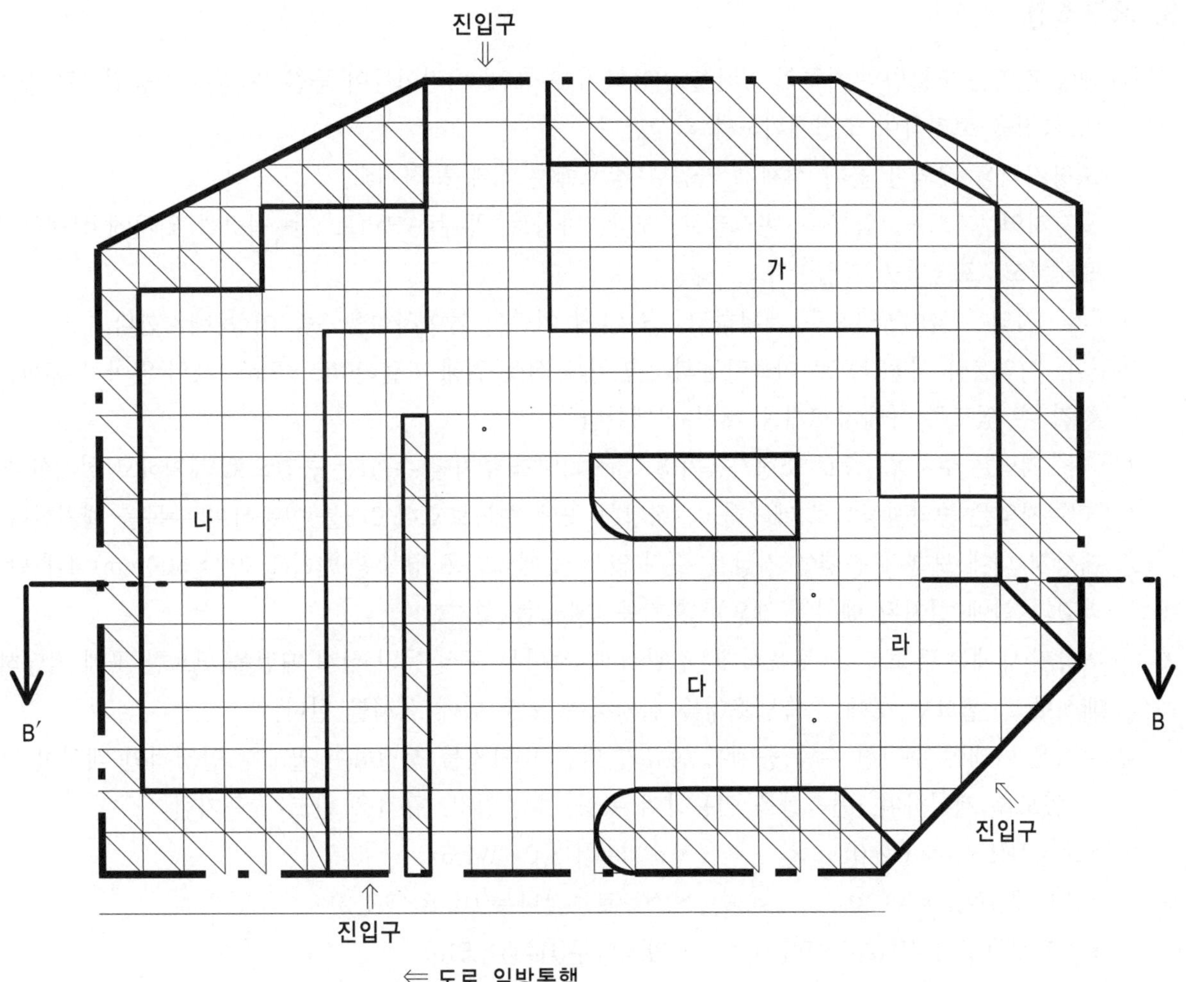

2. 요구사항

① 식재 평면도를 위주로 한 조경계획도를 축척 1/100로 작성하시오(지급용지 1).

② 도면 오른쪽 위에 작업명칭 작성하시오.

③ 도면 오른쪽 위에는 "중요 시설물수량표와 수목(식재)수량표"를 작성하고, 수량표 아래쪽에 "방위와 막대축척"을 그려 넣으시오(단, 전체 대상지의 길이를 고려하여 범례표를 조정할 수 있다.).

④ 도면의 전체적인 안정감을 위하여 "테두리선"을 넣으시오.

⑤ B-B′ 단면도를 축척 1/100로 작성하시오(지급용지 2).

3. 요구조건

① 해당 지역은 도로변의 자투리 공간을 이용하여 휴식 및 어린이들이 즐길 수 있는 소공원으로 공원의 특징을 고려하여 조경계획도를 작성한다.

② 포장지역을 제외한 곳에 식재가 가능한 장소에는 식재를 하시오.

③ 포장지역은 "소형고압블록, 콘크리트, 모래, 마사토, 투수콘크리트" 등 적당한 위치에 선택하여 표시하고, 포장명을 기입한다.

④ "가" 지역은 놀이공간으로 계획하고, 그 안에 어린이 놀이시설을 3종 이상 배치한다.

⑤ "나" 지역은 휴식공간으로 이용자들의 편안한 휴식을 위해 퍼걸러(3.5×7m) 1개와 앉아서 휴식을 즐길 수 있도록 등벤치 3개를 계획 설계한다.

⑥ "다" 지역은 주차공간으로 소형자동차(3×5m) 2대가 주차할 수 있는 공간으로 계획하고 설계한다.

⑦ "라" 지역은 중앙광장으로 계획하고, 적당한 곳에 수목보호대 6개를 이용하여 수목을 배치한다.

⑧ 대상지 내에 보행자 통행에 지장을 주지 않는 곳에 2인용 평상형 벤치(1,200×500mm) 4개(단, 파갈라 안에 설치된 벤치는 제외), 휴지통 3개소를 설치한다.

⑨ 대상지 내에는 유도식재, 녹음식재, 경관식재, 소나무 군식 등의 식재 패턴을 필요한 곳에 적당히 배식하고, 필요한 곳에 수목보호대를 설치하여 포장 내에 식재를 한다.

⑩ 수목은 아래에 주어진 수종 중에서 종류가 다른 10가지를 선정하여 골고루 안정적인 배식이 될 수 있도록 계획하며, 인출선을 이용하여 수량, 수종명칭, 규격을 반드시 표기한다.

- 소나무(H4.0×W2.0)
- 소나무(H3.0×W1.5)
- 소나무(H2.5×W1.2)
- 스트로브잣나무(H2.5×W1.2)
- 스트로브잣나무(H2.0×W1.0)
- 왕벚나무(H4.5×B15)
- 버즘나무(H3.5×B8)
- 느티나무(H3.5×R8)
- 청단풍(H2.5×R8)
- 중국단풍(H2.5×R5)
- 자귀나무(H2.5×R6)
- 산딸나무(H2.0×R5)
- 산수유(H2.5×R7)
- 꽃사과(H2.5×R5)
- 수수꽃다리(H1.5×W0.6)
- 병꽃나무(H1.0×W0.4)
- 쥐똥나무(H1.0×W0.3)
- 명자나무(H0.6×W0.4)
- 산철쭉(H0.3×W0.4)
- 자산홍(H0.3×W0.3)
- 조릿대(H0.6×7가지)

⑪ 경사, 포장재료, 경계선 및 기타 시설물의 기초, 주변의 수목 등을 단면도상에 표시하시오.

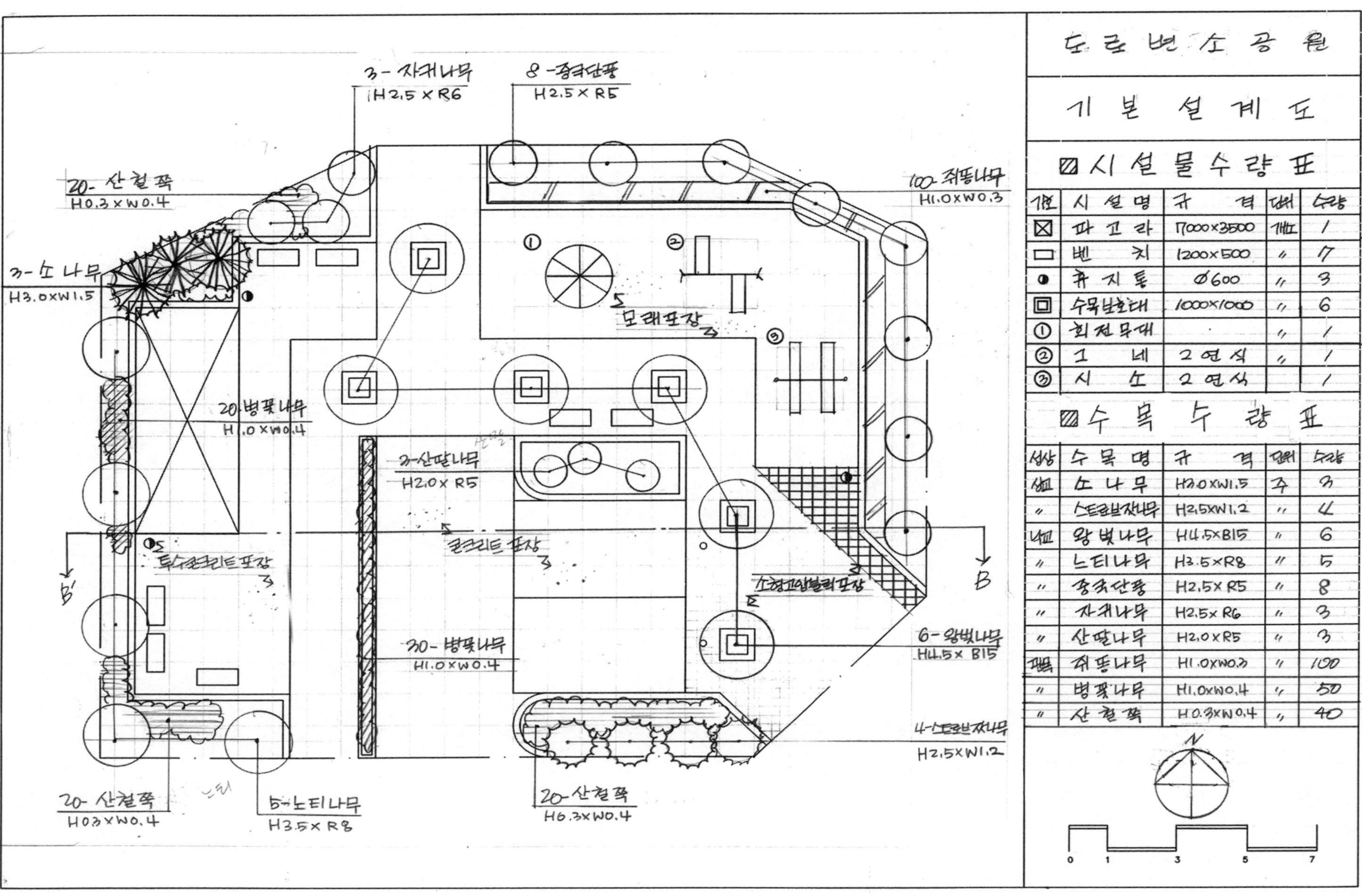
도로변 소공원
기본설계도
시설물수량표
기호 시설명 규격 단위 수량
파고라 7000×3500 개소 1
벤치 1200×500 〃 7
휴지통 Ø600 〃 3
수목보호대 1000×1000 〃 6
① 회전무대 〃 1
② 그네 2연식 〃 1
③ 시소 2연식 〃 1
수목수량표
성상 수목명 규격 단위 수량
상교 소나무 H3.0×W1.5 주 3
〃 스트로브잣나무 H2.5×W1.2 〃 4
낙교 왕벚나무 H4.5×B15 〃 6
〃 느티나무 H3.5×R8 〃 5
〃 중국단풍 H2.5×R5 〃 8
〃 자귀나무 H2.5×R6 〃 3
〃 산딸나무 H2.0×R5 〃 3
관목 쥐똥나무 H1.0×W0.3 〃 100
〃 병꽃나무 H1.0×W0.4 〃 50
〃 산철쭉 H0.3×W0.4 〃 40
N
0 1 3 5 7
3-자귀나무 H2.5×R6
8-중국단풍 H2.5×R5
100-쥐똥나무 H1.0×W0.3
20-산철쭉 H0.3×W0.4
3-소나무 H3.0×W1.5
20-병꽃나무 H1.0×W0.4
2-산딸나무 H2.0×R5
모래포장
콘크리트 포장
투수콘크리트포장
소형고압블럭포장
30-병꽃나무 H1.0×W0.4
6-왕벚나무 H4.5×B15
4-스트로브잣나무 H2.5×W1.2
20-산철쭉 H0.3×W0.4
5-느티나무 H3.5×R8
20-산철쭉 H0.3×W0.4
B
B'

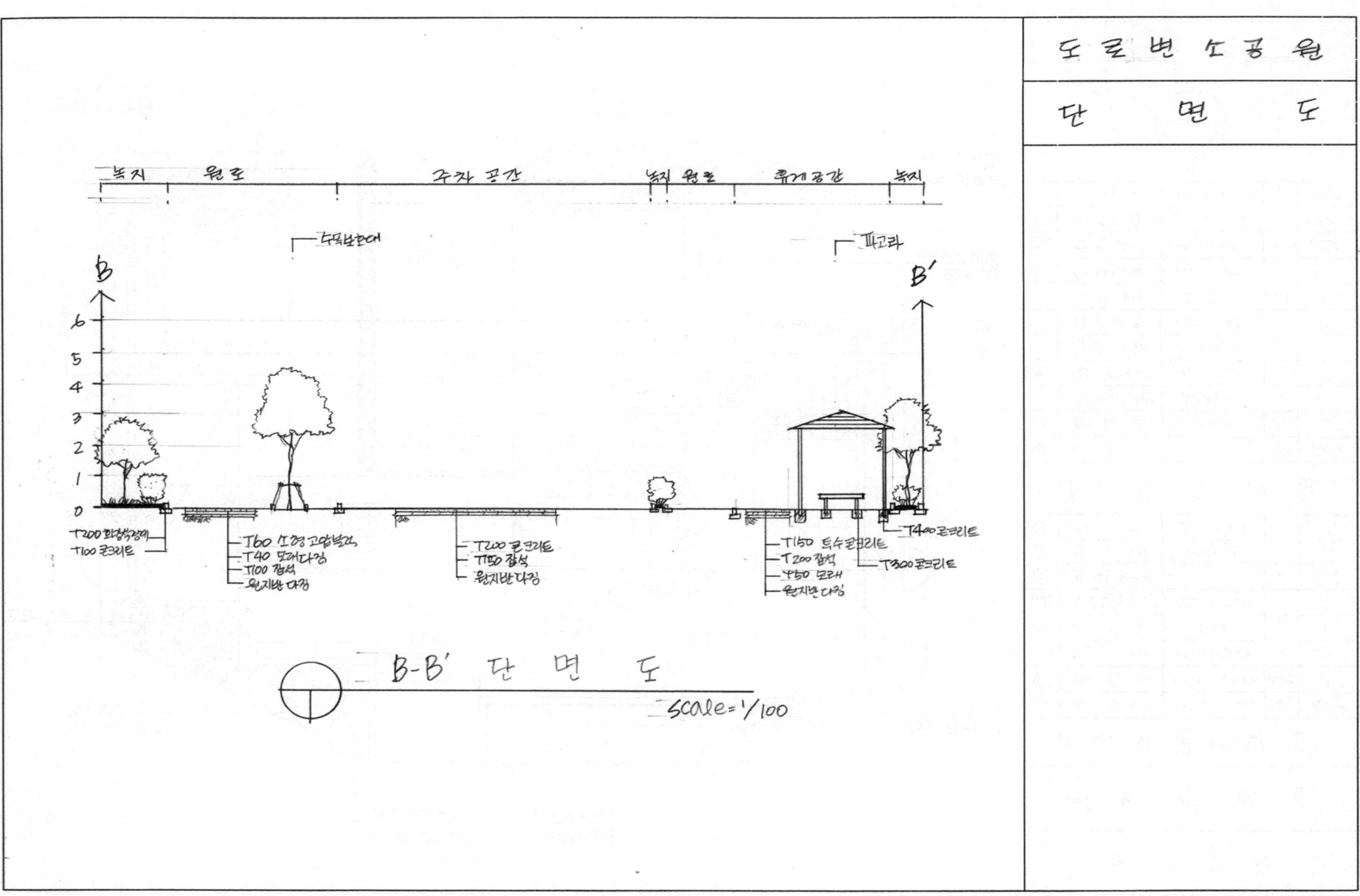
도로변소공원
단면도
녹지
원로
주차 공간
녹지
원로
휴게공간
녹지
수목보호대
파고라
B
B'
T200 화강석경계
T100 콘크리트
T60 소형고압블럭
T40 모래다짐
T100 잡석
원지반 다짐
T200 콘크리트
T150 잡석
원지반 다짐
T150 투수콘크리트
T200 잡석
T50 모래
원지반 다짐
T400 콘크리트
T300 콘크리트
B-B' 단면도
scale=1/100

7-2 도로변 소공원

설계 문제

우리나라 중부지역에 위치한 기념공원의 빈 공간에 대한 조경설계를 하고자 한다. 주어진 현황도 및 아래 사항을 참조하여 요구조건에 따라 조경계획도를 작성하시오(일점쇄선 안 부분이 조경설계 대상지임).

1. 현황도

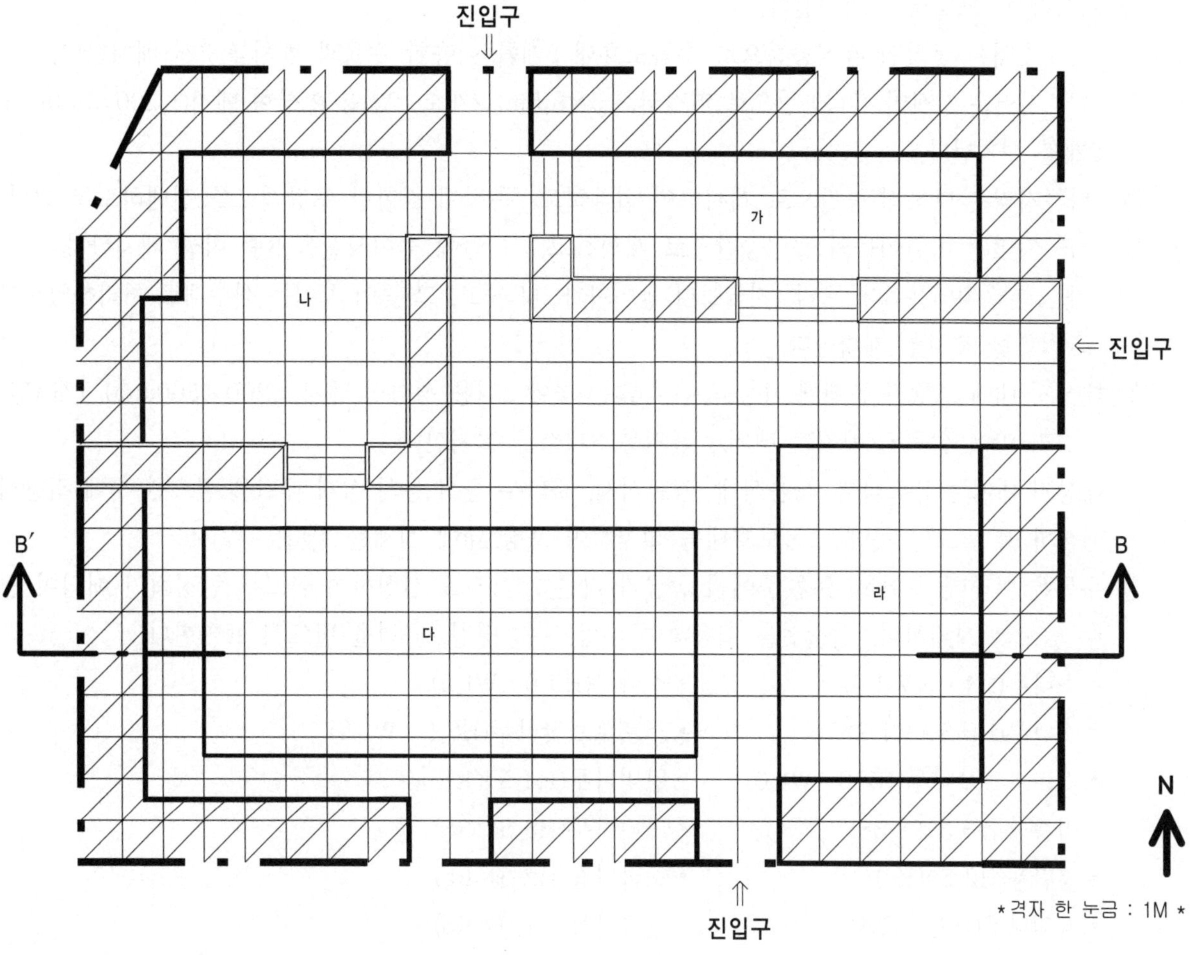

2. 요구사항

① 식재 평면도를 위주로 한 조경계획도를 축척 1/100로 작성하시오(지급용지 1).

② 도면 오른쪽 위에 작업명칭 작성하시오.

③ 도면 오른쪽 위에는 "중요 시설물수량표와 수목(식재)수량표"를 작성하고, 수량표 아래쪽에 "방위와 막대축척"을 그려 넣으시오(단, 전체 대상지의 길이를 고려하여 범례표를 조정할 수 있다.).

④ 도면의 전체적인 안정감을 위하여 “테두리선”을 넣으시오.

⑤ B-B′ 단면도를 축척 1/100로 작성하시오(지급용지 2).

3. 요구조건

① 해당 지역은 도로변의 자투리 공간을 이용하여 휴식 및 어린이들이 즐길 수 있는 소공원으로 공원의 특징을 고려하여 조경계획도를 작성한다.

② 포장지역을 제외한 곳에 식재가 가능한 장소에는 식재를 하시오.

③ 포장지역은 “소형고압블록, 콘크리트, 모래, 마사토, 투수콘크리트” 등 적당한 위치에 선택하여 표시하고, 포장명을 기입한다.

④ “가” 지역은 동적인 휴식공간으로 수목보호대 2개를 이용한 수목과 벤치를 2개 배치한다.

⑤ “나” 지역은 정적인 휴식공간으로 퍼걸러(3.5×3.5m) 2개소, 2인용 평상형 벤치(1,200×500mm) 2개를 설치한다.

⑥ “다” 지역은 다목적 공간으로 계획하여 설계하고, 목적에 적합한 포장재료를 선택하도록 한다.

⑦ “라” 지역은 어린이들의 놀이공간으로 계획하고, 그 안에 놀이시설을 3종 이상 배치한다.

⑧ “가”, “나” 지역은 “다”, “라” 지역보다 높이차가 1M 높고, 그 높이 차이를 식수대로 처리하였으므로 적합한 조치를 계획한다.

⑨ 대상지 내에 보행자 통행에 지장을 주지 않는 곳에 2인용 평상형 벤치(1,200×500mm) 4개 (단, 퍼걸러 안에 설치된 벤치는 제외), 휴지통 3개소를 설치한다.

⑩ 대상지 내에는 유도식재, 녹음식재, 경관식재, 소나무 군식 등의 식재 패턴을 필요한 곳에 적당히 배식하고, 필요한 곳에 수목보호대를 설치하여 포장 내에 식재를 한다.

⑪ 수목은 아래에 주어진 수종 중에서 종류가 다른 10가지를 선정하여 골고루 안정적인 배식이 될 수 있도록 계획하며, 인출선을 이용하여 수량, 수종명칭, 규격을 반드시 표기한다.

- 소나무(H4.0×W2.0)
- 소나무(H3.0×W1.5)
- 소나무(H2.5×W1.2)
- 스트로브잣나무(H2.5×W1.2)
- 스트로브잣나무(H2.0×W1.0)
- 왕벚나무(H4.5×R15)
- 버즘나무(H3.5×B8)
- 느티나무(H3.5×R8)
- 청단풍(H2.5×R8)
- 중국단풍(H2.5×R5)
- 자귀나무(H2.5×R6)
- 산딸나무(H2.0×R5)
- 산수유(H2.5×R7)
- 꽃사과(H2.5×R5)
- 수수꽃다리(H1.5×W0.6)
- 병꽃나무(H1.0×W0.4)
- 쥐똥나무(H1.0×W0.3)
- 명자나무(H0.6×W0.4)
- 산철쭉(H0.3×W0.4)
- 자산홍(H0.3×W0.3)
- 조릿대(H0.6×7가지)

⑫ 경사, 포장재료, 경계선 및 기타 시설물의 기초, 주변의 수목 등을 단면도상에 표시하시오.

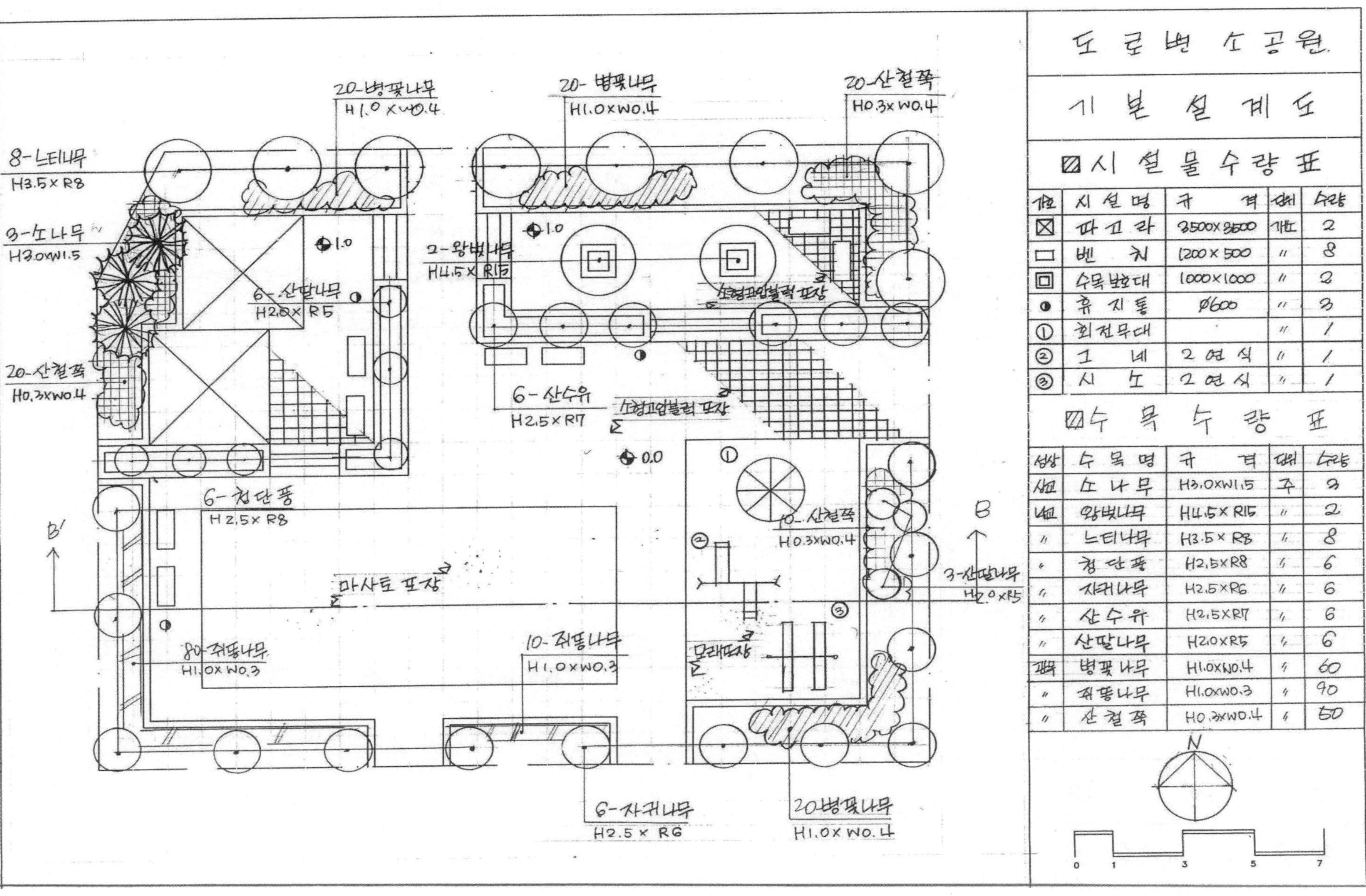
도로변 소공원
기본설계도
시설물 수량표
기호 | 시설명 | 규격 | 단위 | 수량
⊠ | 파고라 | 3500×3500 | 개소 | 2
□ | 벤치 | 1200×500 | 〃 | 8
▣ | 수목보호대 | 1000×1000 | 〃 | 2
◑ | 휴지통 | ∅600 | 〃 | 3
① | 회전무대 | | 〃 | 1
② | 그네 | 2연식 | 〃 | 1
③ | 시소 | 2연식 | 〃 | 1
수목 수량표
성상 | 수목명 | 규격 | 단위 | 수량
상교 | 소나무 | H3.0×W1.5 | 주 | 3
낙교 | 왕벚나무 | H4.5×R15 | 〃 | 2
〃 | 느티나무 | H3.5×R8 | 〃 | 8
〃 | 청단풍 | H2.5×R8 | 〃 | 6
〃 | 자귀나무 | H2.5×R6 | 〃 | 6
〃 | 산수유 | H2.5×R7 | 〃 | 6
〃 | 산딸나무 | H2.0×R5 | 〃 | 6
관목 | 병꽃나무 | H1.0×W0.4 | 〃 | 60
〃 | 쥐똥나무 | H1.0×W0.3 | 〃 | 90
〃 | 산철쭉 | H0.3×W0.4 | 〃 | 50
N
0 1 3 5 7
8-느티나무
H3.5×R8
3-소나무
H3.0×W1.5
20-산철쭉
H0.3×W0.4
20-병꽃나무
H1.0×W0.4
20-병꽃나무
H1.0×W0.4
20-산철쭉
H0.3×W0.4
2-왕벚나무
H4.5×R15
6-산딸나무
H2.0×R5
6-산수유
H2.5×R7
소형고압블럭 포장
소형고압블럭 포장
6-청단풍
H2.5×R8
마사토 포장
80-쥐똥나무
H1.0×W0.3
10-쥐똥나무
H1.0×W0.3
10-산철쭉
H0.3×W0.4
모래포장
3-산딸나무
H2.0×R5
6-자귀나무
H2.5×R6
20-병꽃나무
H1.0×W0.4
B
B'
1.0
1.0
0.0

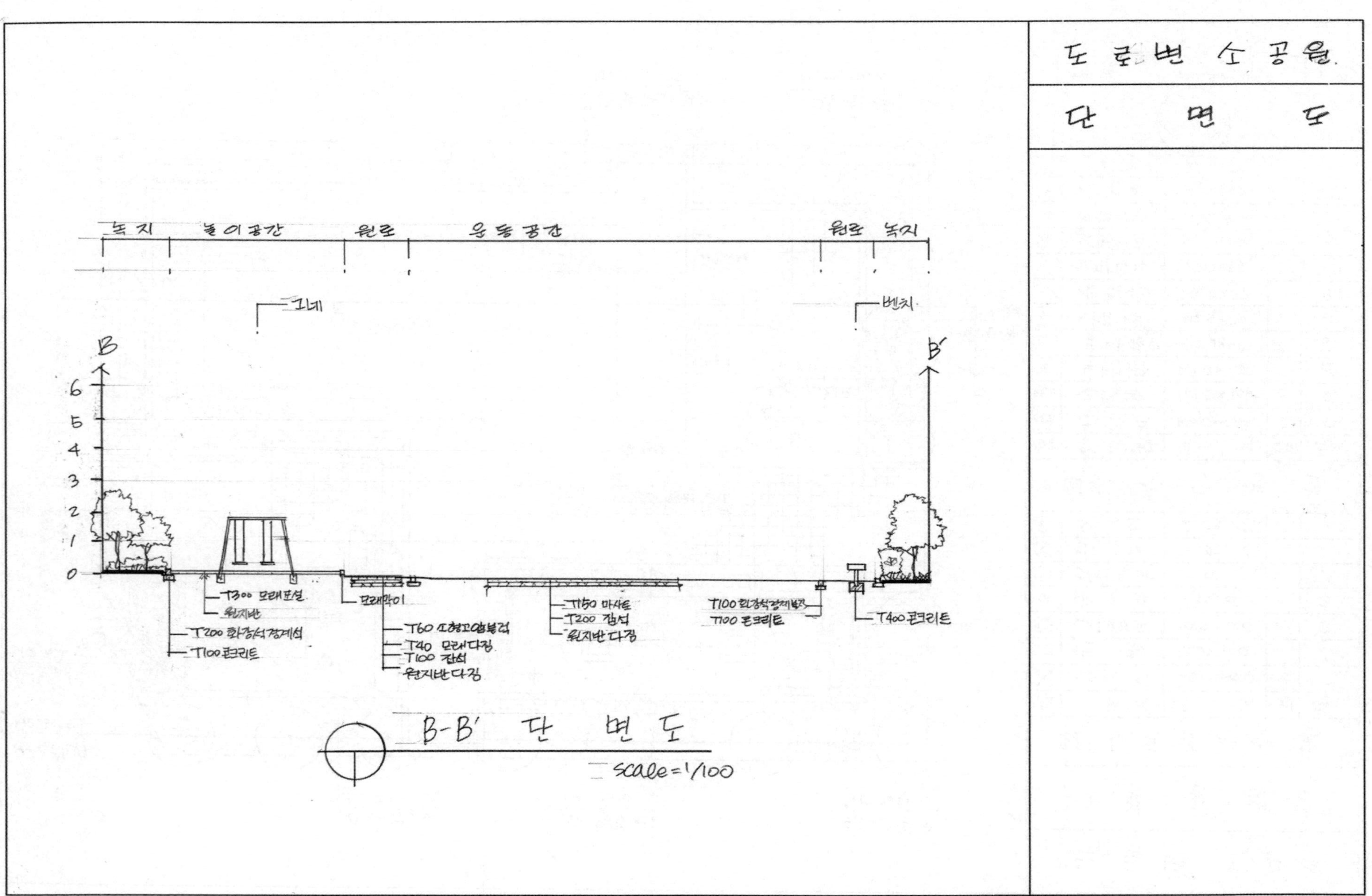
도로변 소공원
단 면 도
녹지
놀이공간
원로
운동공간
원로
녹지
그네
벤치
B
B'
6
5
4
3
2
1
0
T300 모래포설
원지반
T200 화강석경계석
T100 콘크리트
모래막이
T60 소형고압블럭
T40 모래다짐
T100 잡석
원지반 다짐
T150 마사토
T200 잡석
원지반 다짐
T100 화강석경계석
T100 콘크리트
T400 콘크리트
B-B' 단 면 도
scale=1/100

7-3 도로변 소공원

설계 문제

우리나라 중부지역에 위치한 기념공원의 빈 공간에 대한 조경설계를 하고자 한다. 주어진 현황도 및 아래 사항을 참조하여 요구조건에 따라 조경계획도를 작성하시오(일점쇄선 안 부분이 조경설계 대상지임).

1. 현황도

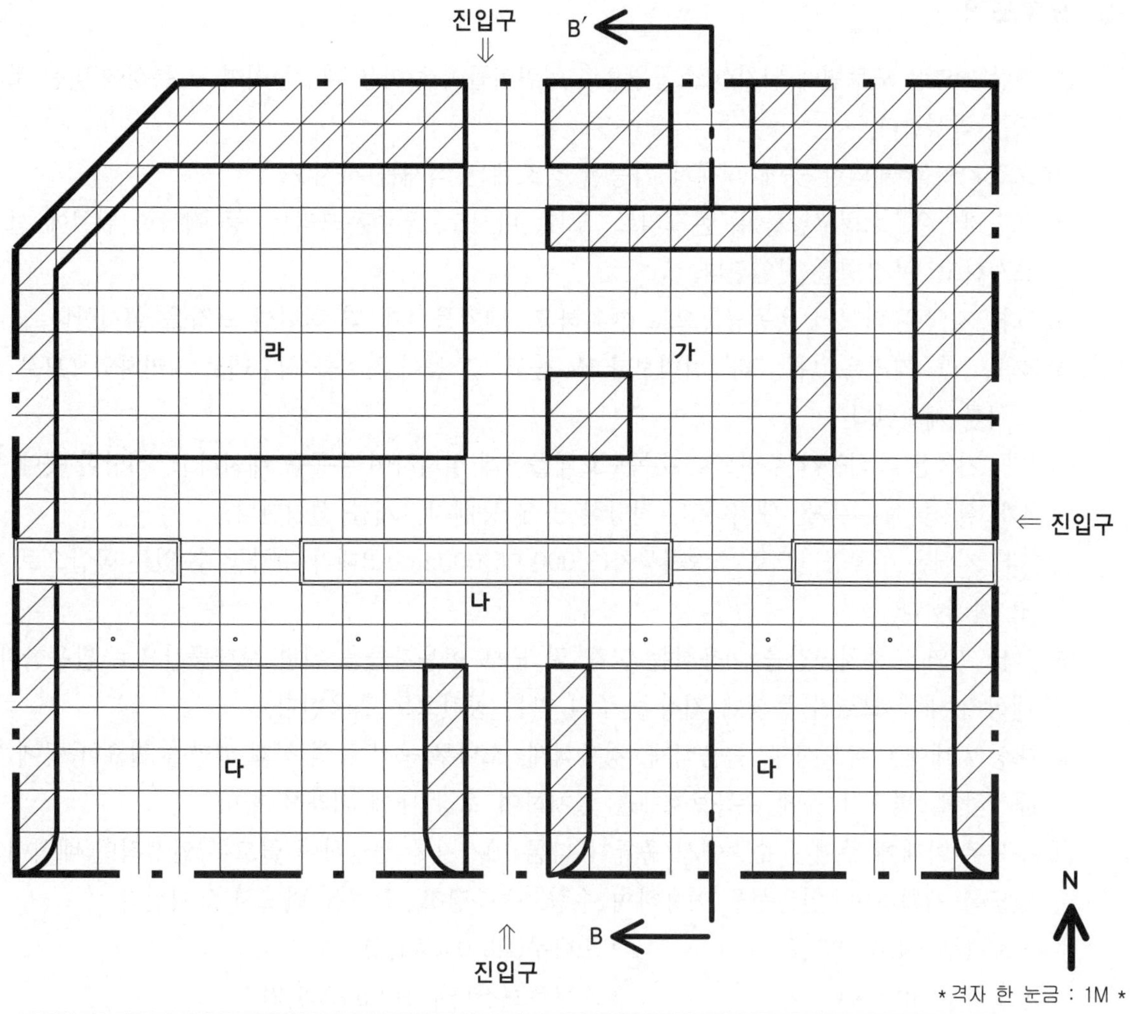

2. 요구사항

① 식재 평면도를 위주로 한 조경계획도를 축척 1/100로 작성하시오(지급용지 1).

② 도면 오른쪽 위에 작업명칭을 작성한다.

③ 도면 오른쪽에는 "중요 시설물 수량표와 수목(식재)수량표"를 작성하고, 수량표 아래쪽 "방위표시와 막대축척"을 그려 넣으시오(단, 전체 대상지의 길이를 고려하여 범례표를 조정할 수 있다.).

④ 도면의 전체적인 안정감을 위하여 "테두리선"을 넣으시오.

⑤ B−B′ 단면도를 축척 1/100로 작성하시오(지급용지 2).

3. 요구조건

① 해당 지역은 도로변에 위치한 소공원으로 어린이들이 주이용 대상들이며 그 특성에 맞는 조경계획도를 작성한다.

② 포장지역을 제외한 곳에 식재가 가능한 장소에는 식재를 하시오.

③ 포장지역은 "소형고압블록, 콘크리트, 모래, 마사토, 투수콘크리트" 등 적당한 위치에 선택하여 표시하고, 포장명을 기입한다.

④ "라" 지역은 다목적 운동공간으로 계획하고, 벤치를 4개 및 적합한 포장을 실시한다.

⑤ "가", "라" 지역은 "나", "다" 지역보다 1M 높고, 그 높이 차이를 식수대로 처리하였으므로 적합한 조치를 계획한다.

⑥ "가" 지역은 휴식공간 주변으로 수목보호대를 4개 설치하여 수목을 배치하고, 적당한 곳에 등벤치 4개 설치하여 수목을 배치하고, 적당한 곳에 등벤치 4개를 설치한다.

⑦ "다" 지역은 주차공간으로 소형자동차(3,000×5,000mm) 3대가 주차할 수 있는 공간으로 계획하고 설계한다.

⑧ "나" 지역은 주차공간을 이용하는 고객 및 도보 이용자들을 위한 보행공간으로 활용한다.

⑨ 대상지 내에 보행자 통행에 지장을 주지 않는 공간으로 활용한다.

⑩ 대상지 내에는 유도식재, 녹음식재, 경관식재, 소나무 군식 등의 식재 패턴을 필요한 곳에 적당히 배식하고, 필요한 곳에 수목보호대를 설치하여 포장 내에 식재를 한다.

⑪ 수목은 아래에 주어진 수종에서 종류가 다른 10가지를 선정하여 골고루 안정적인 배식이 될 수 있도록 계획하며, 인출선을 이용하여 수량, 수종명칭, 규격을 반드시 표기한다.

- 소나무(H4.0×W2.0)
- 소나무(H3.0×W1.5)
- 소나무(H2.5×W1.2)
- 스트로브잣나무(H2.5×W1.2)
- 스트로브잣나무(H2.0×W1.0)
- 왕벚나무(H4.5×B15)
- 버즘나무(H3.5×B8)
- 느티나무(H3.5×R8)
- 청단풍(H2.5×R8)
- 중국단풍(H2.5×R5)
- 자귀나무(H2.5×R6)
- 산딸나무(H2.0×R5)
- 산수유(H2.5×R7)
- 꽃사과(H2.5×R5)
- 수수꽃다리(H1.5×W0.6)
- 병꽃나무(H1.0×W0.4)
- 쥐똥나무(H1.0×W0.3)
- 명자나무(H0.6×W0.4)
- 산철쭉(H0.3×W0.4)
- 자산홍(H0.3×W0.3)
- 조릿대(H0.6×7가지)

⑫ 경사, 포장재료, 경계선 및 기타 시설물의 기초, 주변의 수목 등을 단면도상에 표시하시오.

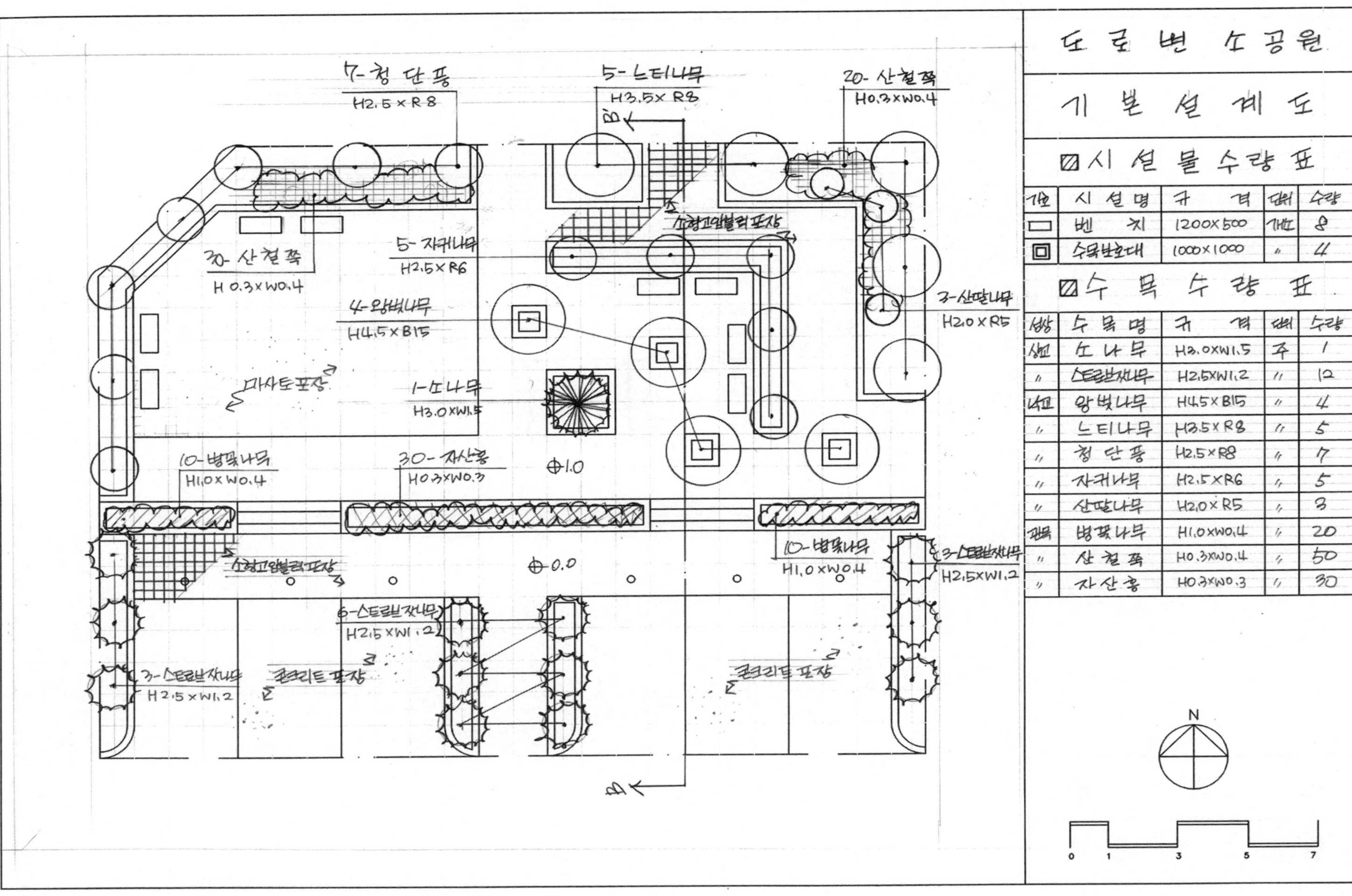

시설물수량표

기호	시설명	규격	단위	수량
▭	벤치	1200X500	개소	8
▣	수목보호대	1000X1000	〃	4

수목수량표

성상	수목명	규격	단위	수량
상교	소나무	H3.0XW1.5	주	1
〃	스트로브잣나무	H2.5XW1.2	〃	12
낙교	왕벚나무	H4.5XB15	〃	4
〃	느티나무	H3.5XR8	〃	5
〃	청단풍	H2.5XR8	〃	7
〃	자귀나무	H2.5XR6	〃	5
〃	산딸나무	H2.0XR5	〃	3
관목	병꽃나무	H1.0XW0.4	〃	20
〃	산철쭉	H0.3XW0.4	〃	50
〃	자산홍	H0.3XW0.3	〃	30

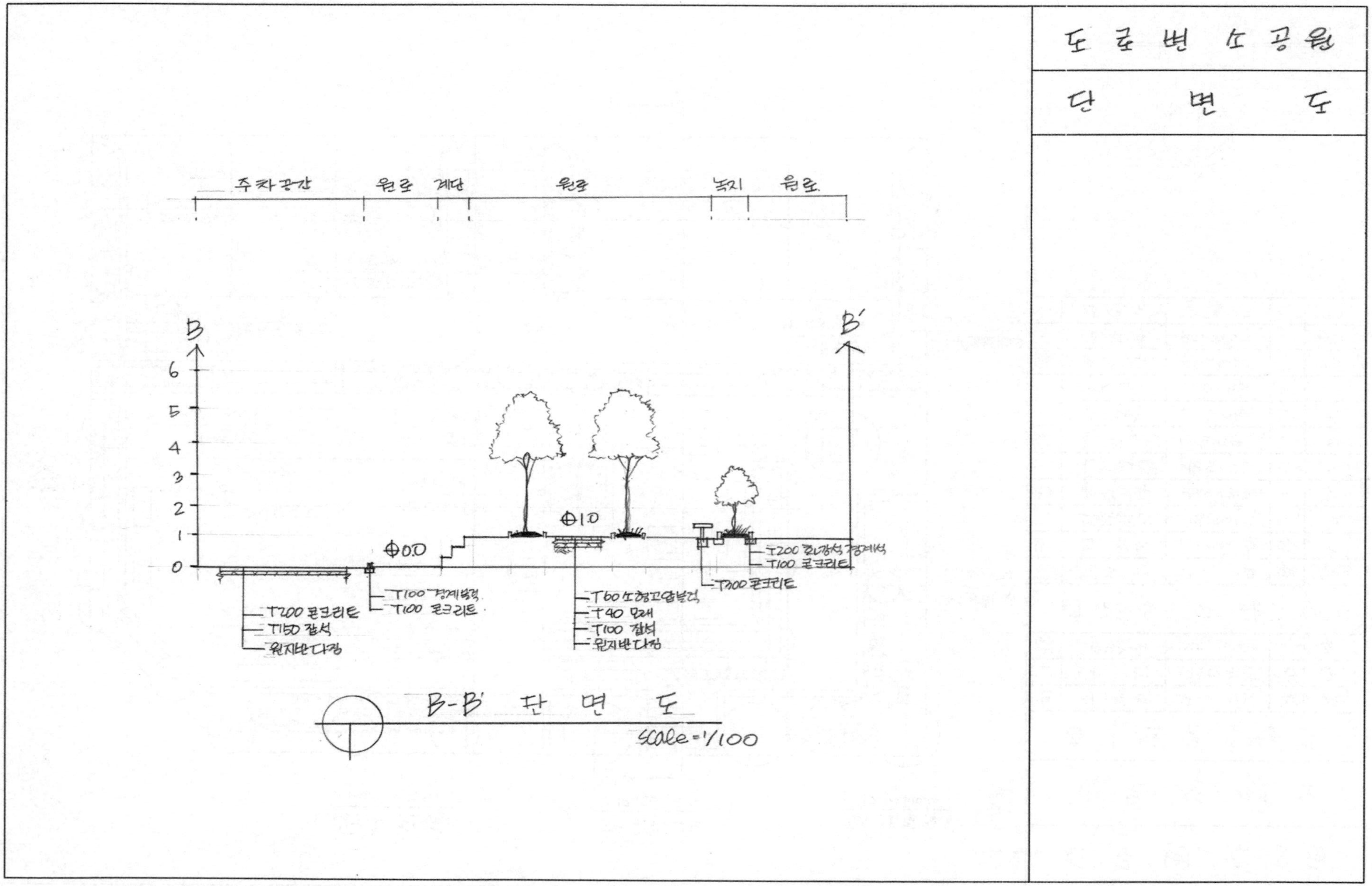

도로변 소공원

단 면 도

주차공간 원로 계단 원로 녹지 원로

B B'

6 5 4 3 2 1 0

⊕0.0 ⊕1.0

T200 콘크리트
T150 잡석
원지반다짐

T100 경계블럭
T100 콘크리트

T60 소형고압블럭
T40 모래
T100 잡석
원지반다짐

T200 콘크리트

T200 화강석 경계석
T100 콘크리트

B-B' 단 면 도

scale=1/100

7-4 도로변 소공원

설계 문제

우리나라 중부지역에 위치한 도로변의 빈 공간에 대한 조경설계를 하고자 한다. 주어진 현황도 및 아래 사항을 참조하여 요구조건에 따라 조경계획도를 작성하시오(일점쇄선 안 부분이 조경설계 대상지임).

1. 현황도

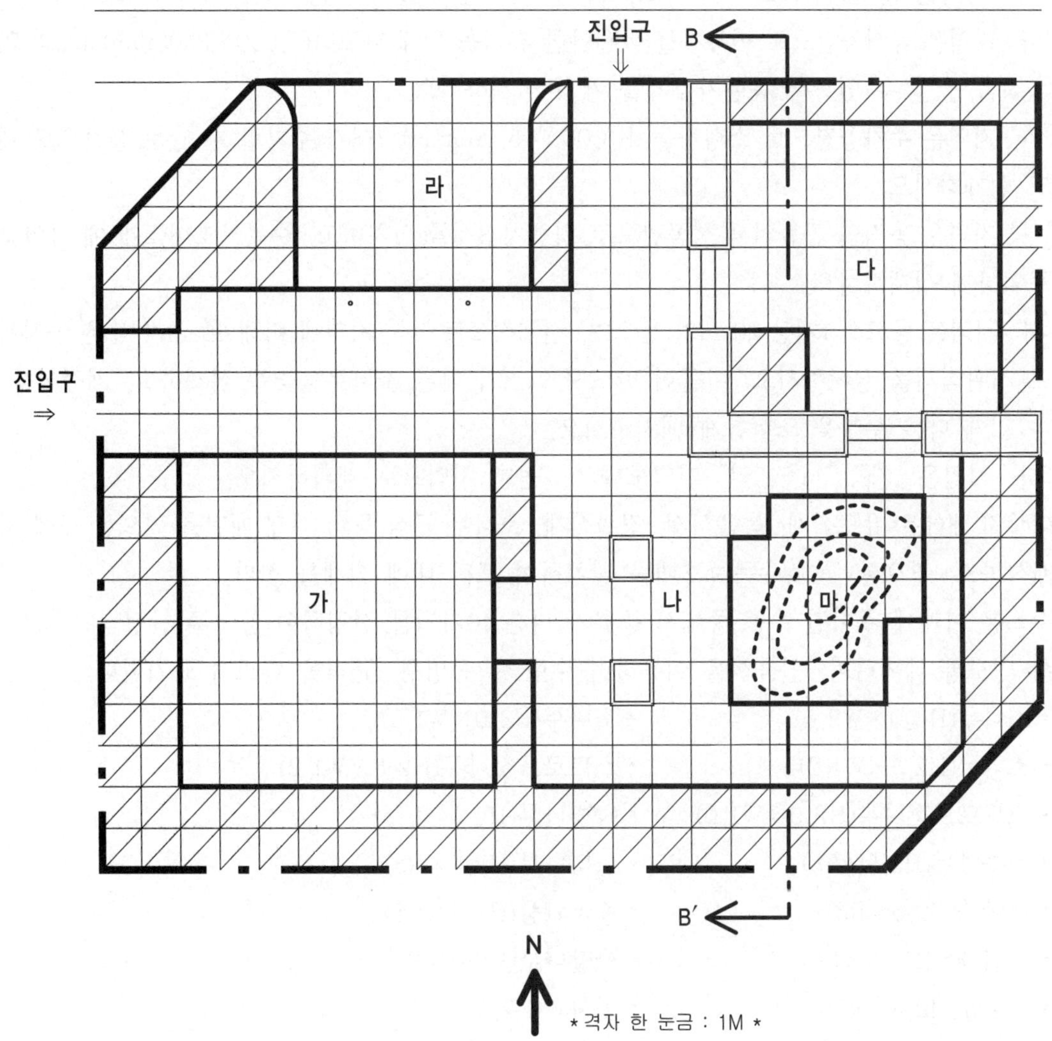

2. 요구사항

① 식재 평면도를 위주로 한 조경계획도를 축척 1/100로 작성하시오(지급용지 1).

② 도면 오른쪽 위에 작업명칭을 작성한다.

③ 도면 오른쪽에는 "중요 시설물 수량표와 수목(식재)수량표"를 작성하고, 수량표 아래쪽 "방위표시와 막대축척"을 그려 넣으시오(단, 전체 대상지의 길이를 고려하여 범례표를 조정할 수 있다.).

④ 도면의 전체적인 안정감을 위하여 “테두리선”을 넣으시오.

⑤ B-B′ 단면도를 축척 1/100로 작성하시오(지급용지 2).

3. 요구조건

① 해당 지역은 도로변에 위치한 소공원으로 어린이들이 주이용 대상들이며 그 특성에 맞는 조경계획도를 작성한다.

② 포장지역을 제외한 곳에 식재가 가능한 장소에는 식재를 실시하시오(단, 녹지공간은 빗금 친 부분이며, 경사의 차이가 발생하는 곳은 식수대(plant box)로 처리되어 있으며 분위기를 고려하여 식재를 실시하시오.).

③ 포장지역은 “소형고압블록, 콘크리트, 모래, 마사토, 투수콘크리트” 등 적당한 위치에 선택하여 표시하고, 포장명을 기입한다.

④ “가” 지역은 놀이공간으로 계획하고, 그 안에 어린이 놀이시설을 3종 배치하시오.

⑤ “다” 지역은 휴식공간으로 이용자들의 편안한 휴식을 위해 파고라(3,500×3500mm) 1개와 앉아서 휴식을 즐길 수 있도록 등벤치 3개를 계획 설계하시오.

⑥ “라” 지역은 주차공간으로 소형자동차(3,000×5,000mm) 2대가 주차할 수 있는 공간으로 계획하고 설계하시오.

⑦ “나” 지역은 동적인 공간의 휴식공간으로 평벤치 3개를 설치하고, 수목보호대(2개)에 낙엽교목을 동일하게 식재하시오.

⑧ “마” 지역은 등고선 1개당 20cm가 높으며, 전체적으로 “나” 지역에 비해 60cm가 높은 녹지지역으로 경관식재를 실시하시오. 아울러 반드시 크기가 다른 소나무를 3종 식재하고, 계절성을 느낄 수 있게 다른 수목을 조화롭게 배치하시오.

⑨ “다” 지역은 “가”, “나”, “라” 지역보다 1m 높은 지역으로 계획하시오.

⑩ 대상지 내에는 유도식재, 녹음식재, 경관식재, 소나무 군식 등의 식재 패턴을 필요한 곳에 적당히 배식하고, 필요한 곳에 수목보호대를 설치하여 포장 내에 식재를 한다.

⑪ 수목은 아래에 주어진 수종 중에서 종류가 다른 10가지를 선정하여 골고루 안정적인 배식이 될 수 있도록 계획하며, 인출선을 이용하여 수량, 수종명칭, 규격을 반드시 표기한다.

- 소나무(H4.0×W2.0)
- 소나무(H3.0×W1.5)
- 소나무(H2.5×W1.2)
- 스트로브잣나무(H2.5×W1.2)
- 스트로브잣나무(H2.0×W1.0)
- 왕벚나무(H4.5×B15)
- 버즘나무(H3.5×B8)
- 느티나무(H3.5×R8)
- 청단풍(H2.5×R8)
- 중국단풍(H2.5×R5)
- 자귀나무(H2.5×R6)
- 산딸나무(H2.0×R5)
- 산수유(H2.5×R7)
- 꽃사과(H2.5×R5)
- 수수꽃다리(H1.5×W0.6)
- 병꽃나무(H1.0×W0.4)
- 쥐똥나무(H1.0×W0.3)
- 명자나무(H0.6×W0.4)
- 산철쭉(H0.3×W0.4)
- 자산홍(H0.3×W0.3)
- 조릿대(H0.6×7가지)

⑫ 경사, 포장재료, 경계선 및 기타 시설물의 기초, 주변의 수목 등을 단면도상에 표시하시오.

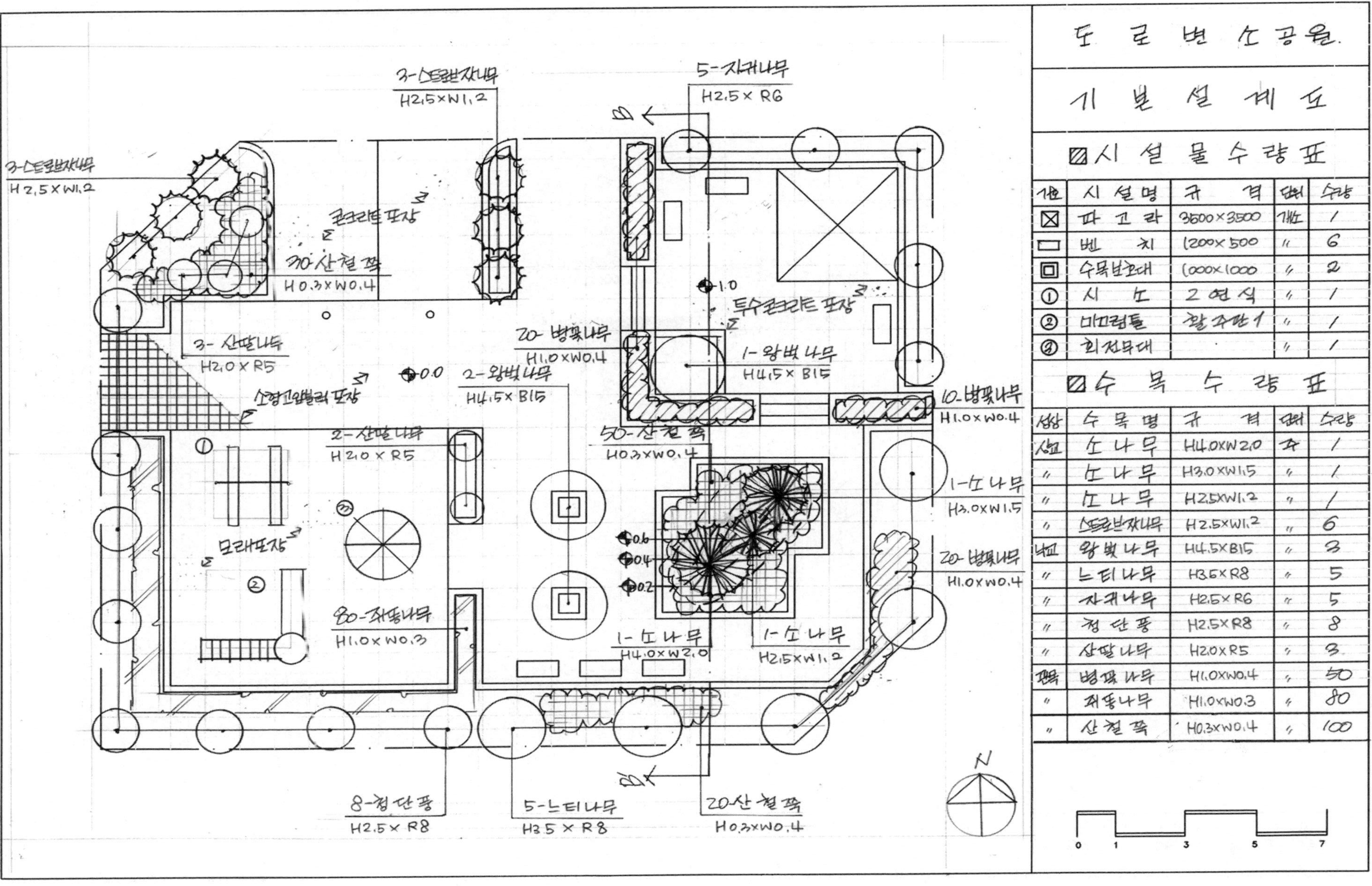

▨ 시설물수량표

기호	시설명	규격	단위	수량
⊠	파고라	3600×3500	개소	1
▭	벤치	1200×500	〃	6
▣	수목보호대	1000×1000	〃	2
①	시소	2연식	〃	1
②	미끄럼틀	활주판 1	〃	1
③	회전무대		〃	1

▨ 수목수량표

성상	수목명	규격	단위	수량
상교	소나무	H4.0×W2.0	本	1
〃	소나무	H3.0×W1.5	〃	1
〃	소나무	H2.5×W1.2	〃	1
〃	스트로브잣나무	H2.5×W1.2	〃	6
낙교	왕벚나무	H4.5×B15	〃	3
〃	느티나무	H3.5×R8	〃	5
〃	자귀나무	H2.5×R6	〃	5
〃	청단풍	H2.5×R8	〃	8
〃	산딸나무	H2.0×R5	〃	3
관목	병꽃나무	H1.0×W0.4	〃	50
〃	쥐똥나무	H1.0×W0.3	〃	80
〃	산철쭉	H0.3×W0.4	〃	100

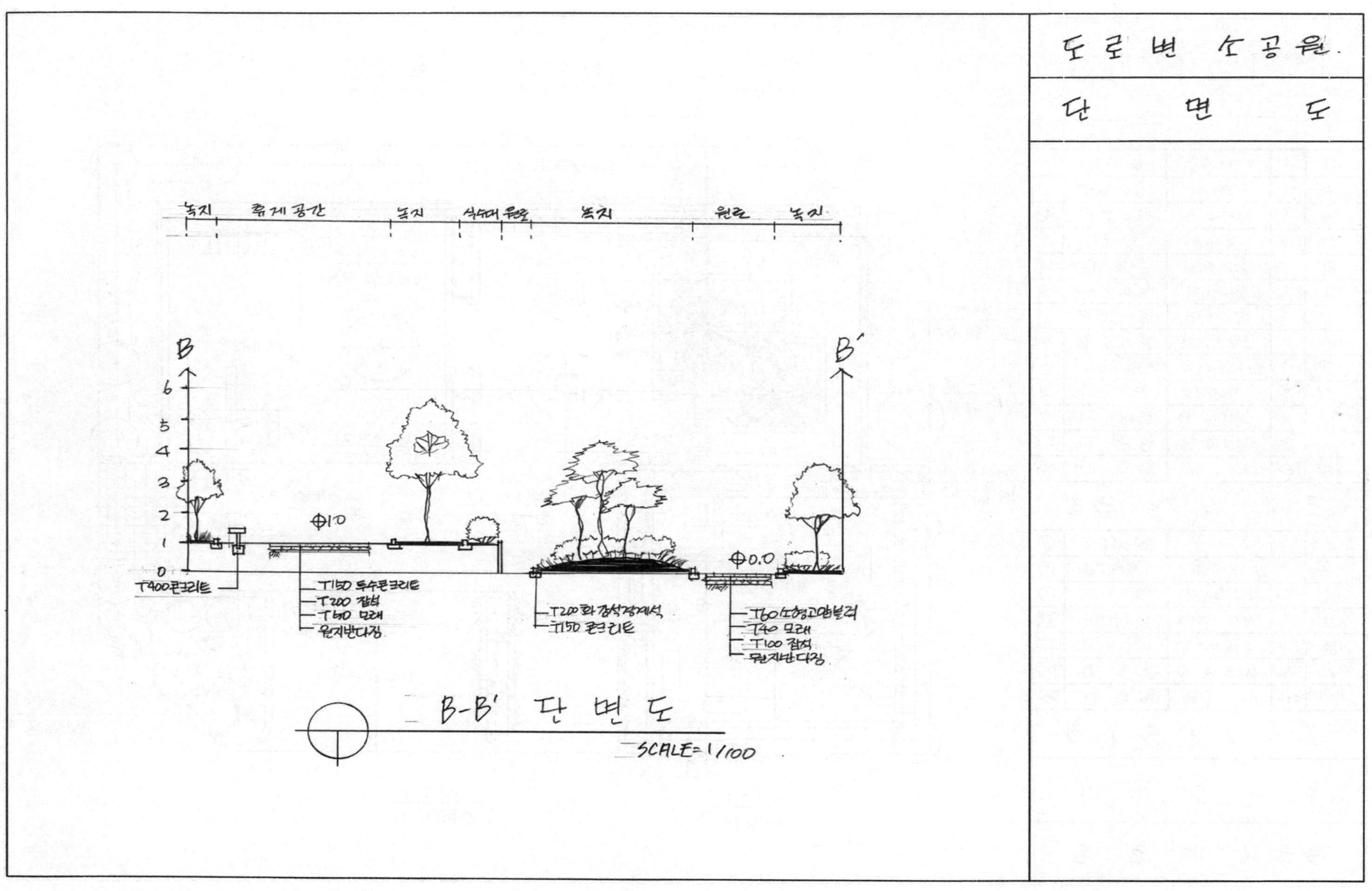
도로변 소공원
단면도
녹지
휴게공간
녹지
식수대
원로
녹지
원로
녹지
B
B'
Φ1.0
Φ0.0
T400콘크리트
T150 투수콘크리트
T200 잡석
T60 모래
원지반다짐
T200 화강석경계석
T150 콘크리트
T60소형고압블럭
T40 모래
T100 잡석
원지반다짐
B-B' 단면도
SCALE=1/100

7-5 도로변 소공원

설계 문제

우리나라 중부지역에 위치한 도로변의 빈 공간에 대한 조경설계를 하고자 한다. 주어진 현황도 및 아래 사항을 참조하여 요구조건에 따라 조경계획도를 작성하시오(일점쇄선 안 부분이 조경설계 대상지임).

1. 현황도

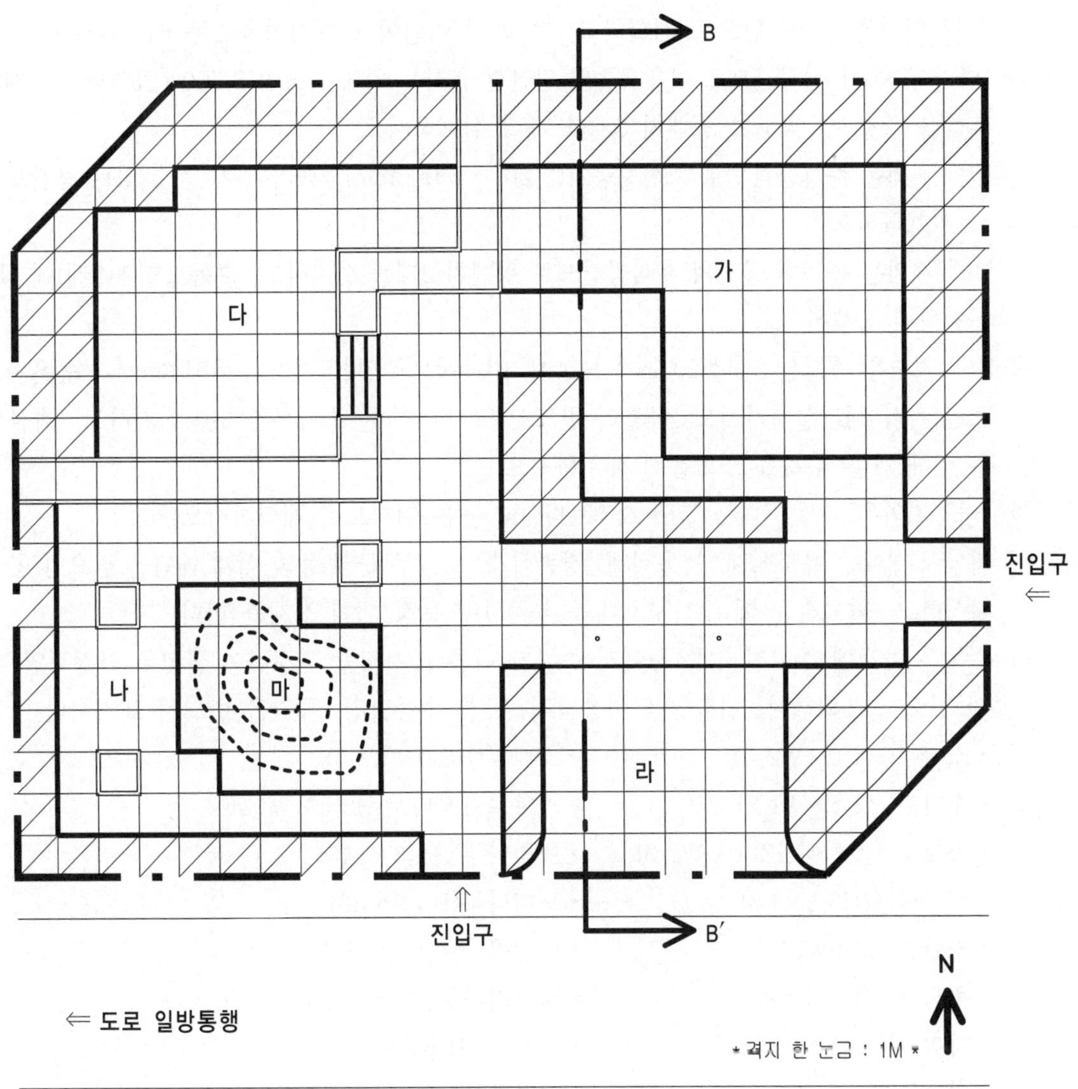

2. 요구사항

① 식재 평면도를 위주로 한 조경계획도를 축척 1/100로 작성하시오(지급용지 1).

② 도면 오른쪽 위에 작업명칭을 "도심 휴식 공간"이라고 작성하시오.

③ 도면 오른쪽 위에는 "수목수량표"와 오른쪽 아래에 "방위와 막대축척"을 그려 넣으시오.

④ 도면의 전체적인 안정감을 위하여 "테두리선"을 넣으시오.

⑤ B–B′ 단면도를 축척 1/100로 작성하시오(지급용지 2).

3. 요구조건

① 해당 지역은 도로변에 위치한 소공원으로 어린이들이 주이용 대상들이며 그 특성에 맞는 조경계획도를 작성한다.

② 포장지역을 제외한 곳에 식재가 가능한 장소에는 식재를 실시하시오(단, 녹지공간은 빗금 친 부분이며, 경사의 차이가 발생하는 곳은 식수대(plant box)로 처리되어 있으며 분위기를 고려하여 식재를 실시하시오.).

③ 포장지역은 "소형고압블록, 콘크리트, 모래, 마사토, 투수콘크리트" 등 적당한 위치에 선택하여 표시하고, 포장명을 기입한다.

④ "가" 지역은 놀이공간으로 계획하고, 그 안에 어린이 놀이시설을 3종 배치하시오.

⑤ "다" 지역은 휴식공간으로 이용자들의 편안한 휴식을 위해 파고라(3,500×3500mm) 1개와 앉아서 휴식을 즐길 수 있도록 등벤치 3개를 계획 설계하시오.

⑥ "라" 지역은 주차공간으로 소형자동차(3,000×5,000mm) 2대가 주차할 수 있는 공간으로 계획하고 설계하시오.

⑦ "나" 지역은 동적인 공간의 휴식공간으로 평벤치 3개를 설치하고, 수목보호대(2개)에 낙엽교목을 동일하게 식재하시오.

⑧ "마" 지역은 등고선 1개당 20cm가 높으며, 전체적으로 "나" 지역에 비해 60cm가 높은 녹지지역으로 경관식재를 실시하시오. 아울러 반드시 크기가 다른 소나무를 3종 식재하고, 계절성을 느낄 수 있게 다른 수목을 조화롭게 배치하시오.

⑨ "다" 지역은 "가", "나", "라" 지역보다 1m 높은 지역으로 계획하시오.

⑩ 대상지 내에는 유도식재, 녹음식재, 경관식재, 소나무 군식 등의 식재 패턴을 필요한 곳에 적당히 배식하고, 필요한 곳에 수목보호대를 설치하여 포장 내에 식재를 한다.

⑪ 수목은 아래에 주어진 수종 중에서 종류가 다른 10가지를 선정하여 골고루 안정적인 배식이 될 수 있도록 계획하며, 인출선을 이용하여 수량, 수종명칭, 규격을 반드시 표기한다.

- 소나무(H4.0×W2.0)
- 소나무(H3.0×W1.5)
- 소나무(H2.5×W1.2)
- 스트로브잣나무(H2.5×W1.2)
- 스트로브잣나무(H2.0×W1.0)
- 왕벚나무(H4.5×B15)
- 버즘나무(H3.5×B8)
- 느티나무(H3.5×R8)
- 청단풍(H2.5×R8)
- 다정큼나무(H1.0×W0.6)
- 중국단풍(H2.5×R5)
- 굴거리나무(H2.5×W0.6)
- 자귀나무(H2.5×R6)
- 태산목(H1.5×W0.5)
- 먼나무(H2.0×R5)
- 산딸나무(H2.0×R5)
- 산수유(H2.5×R7)
- 꽃사과(H2.5×R5)
- 수수꽃다리(H1.5×W0.6)
- 병꽃나무(H1.0×W0.4)
- 쥐똥나무(H1.0×W0.3)
- 명자나무(H0.6×W0.4)
- 산철쭉(H0.3×W0.4)
- 자산홍(H0.3×W0.3)
- 조릿대(H0.6×7가지)

⑫ 경사, 포장재료, 경계선 및 기타 시설물의 기초, 주변의 수목 등을 단면도상에 표시하시오.

도로변 소공원

기본설계도

▨ 시설물수량표

기호	시설명	규격	단위	수량
⊠	파고라	3500×3500	개소	1
▭	벤치	1200×500	〃	3
▣	수목보호대	1000×1000	〃	3
①	회전무대	· ·	〃	1
②	그네	2연식	〃	1
③	미끄럼틀	활주로1	〃	1

▨ 수목수량표

성상	수목명	규격	단위	수량
상교	소나무	H4.0xW2.0	주	1
〃	소나무	H3.0xW1.5	〃	1
〃	소나무	H2.5xW1.2	〃	1
〃	스트로브잣나무	H2.5xW1.2	〃	8
낙교	왕벚나무	H4.0xB15	〃	3
〃	느티나무	H3.5xR8	〃	5
〃	청단풍	H2.5xR8	〃	7
〃	자귀나무	H2.5xR6	〃	6
〃	꽃사과	H2.5xR5	〃	5
관목	병꽃나무	H1.0xW0.4	〃	40
〃	쥐똥나무	H1.0xW0.3	〃	100
〃	산철쭉	H0.3xW0.4	〃	30

5-느티나무 H3.5×R8
17-청단풍 H2.5×R8
100-쥐똥나무 H1.0×W0.3
30-산철쭉 H0.3×W0.4
10-병꽃나무 H1.0×W0.4
10-병꽃나무 H1.0×W0.4
6-자귀나무 H2.5×R6
3-왕벚나무 H4.5×B15
5-꽃사과 H2.5×R5
20-병꽃나무 H1.0×W0.4
5-스트로브잣나무 H2.5×W1.2
1-소나무 H4.0×W2.0
1-소나무 H2.5×W1.2
1-소나무 H3.0×W1.5
3-스트로브잣나무 H2.5×W1.2

모래포장
투수콘크리트포장
소형고압블럭포장
콘크리트포장

B B′ N
0 1 3 5 7

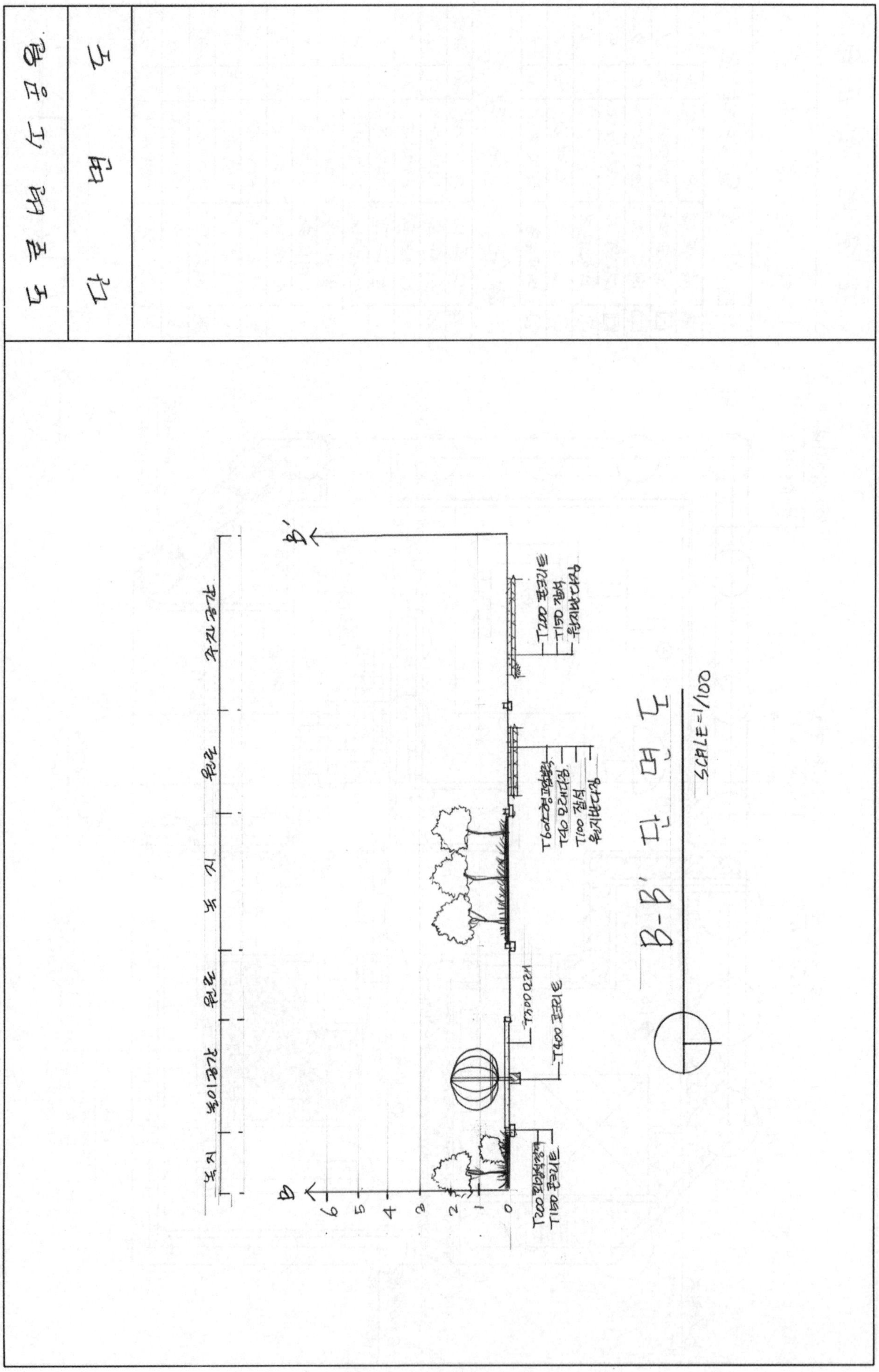

도로변 소공원
단 면 도

녹지 | 놀이공간 | 원로 | 녹 지 | 원로 | 주차공간

B — B'

6
5
4
3
2
1
0

T200 화강석경계
T150 콘크리트

T400 콘크리트

T300 모래

T60소형고압블럭
T40 모래다짐
T100 잡석
원지반다짐

T200 콘크리트
T150 잡석
원지반다짐

B-B' 단 면 도

SCALE=1/100

7-6 도로변 소공원

설계 문제

우리나라 중부지역에 위치한 도로변의 빈 공간에 대한 조경설계를 하고자 한다. 주어진 현황도 및 아래 사항을 참조하여 요구조건에 따라 조경계획도를 작성하시오(일점쇄선 안 부분이 조경설계 대상지임).

1. 현황도

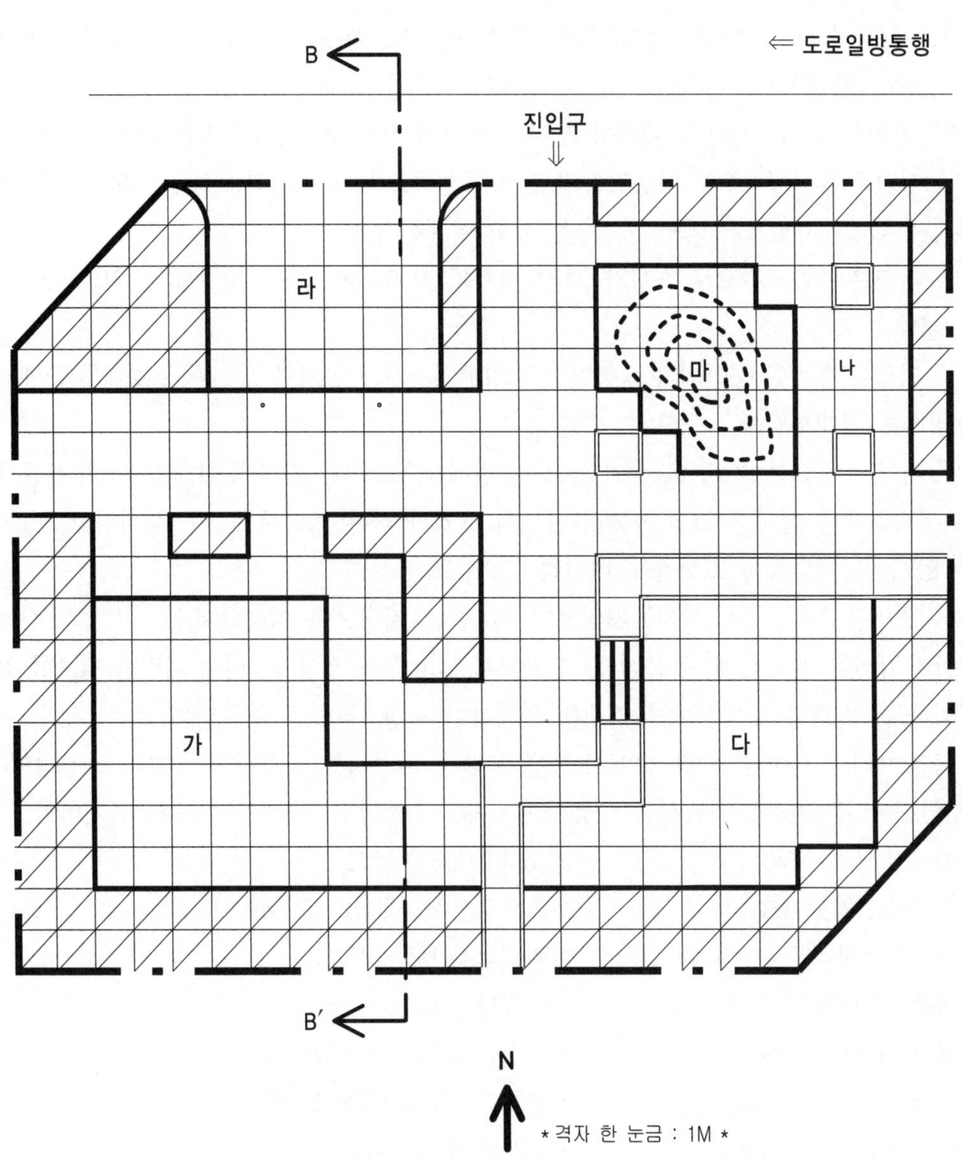

2. 요구사항

① 식재 평면도를 위주로 한 조경계획도를 축척 1/100로 작성하시오(지급용지 1).

② 도면 오른쪽 위에 작업명칭을 작성한다.

③ 도면 오른쪽에는 "중요 시설물 수량표와 수목(식재)수량표"를 작성하고, 수량표 아래쪽 "방위표시와 막대축척"을 그려 넣으시오(단, 전체 대상지의 길이를 고려하여 범례표를 조정할 수 있다.).

④ 도면의 전체적인 안정감을 위하여 "테두리선"을 넣으시오.

⑤ B-B′ 단면도를 축척 1/100로 작성하시오(지급용지 2).

3. 요구조건

① 해당 지역은 도로변에 위치한 소공원으로 어린이들이 주이용 대상들이며 그 특성에 맞는 조경계획도를 작성한다.

② 포장지역을 제외한 곳에 식재가 가능한 장소에는 식재를 실시하시오(단, 녹지공간은 빗금 친 부분이며, 경사의 차이가 발생하는 곳은 식수대(plant box)로 처리되어 있으며 분위기를 고려하여 식재를 실시하시오.).

③ 포장지역은 "소형고압블록, 콘크리트, 모래, 마사토, 투수콘크리트" 등 적당한 위치에 선택하여 표시하고, 포장명을 기입한다.

④ "가" 지역은 놀이공간으로 계획하고, 그 안에 어린이 놀이시설을 3종 배치하시오.

⑤ "다" 지역은 휴식공간으로 이용자들의 편안한 휴식을 위해 파고라(3,500×3500mm) 1개와 앉아서 휴식을 즐길 수 있도록 등벤치 3개를 계획 설계하시오.

⑥ "라" 지역은 주차공간으로 소형자동차(3,000×5,000mm) 2대가 주차할 수 있는 공간으로 계획하고 설계하시오.

⑦ "나" 지역은 동적인 공간의 휴식공간으로 평벤치 3개를 설치하고, 수목보호대(3개)에 낙엽교목을 동일하게 식재하시오.

⑧ "마" 지역은 등고선 1개당 20cm가 높으며, 전체적으로 "나" 지역에 비해 60cm가 높은 녹지지역으로 경관식재를 실시하시오. 아울러 반드시 크기가 다른 소나무를 3종 식재하고, 계절성을 느낄 수 있게 다른 수목을 조화롭게 배치하시오.

⑨ "다" 지역은 "가", "나", "라" 지역보다 1m 높은 지역으로 계획하시오.

⑩ 대상지 내에는 유도식재, 녹음식재, 경관식재, 소나무 군식 등의 식재 패턴을 필요한 곳에 적당히 배식하고, 필요한 곳에 수목보호대를 설치하여 포장 내에 식재를 한다.

⑪ 수목은 아래에 주어진 수종 중에서 종류가 다른 10가지를 선정하여 골고루 안정적인 배식이 될 수 있도록 계획하며, 인출선을 이용하여 수량, 수종명칭, 규격을 반드시 표기한다.

- 소나무(H4.0×W2.0)
- 소나무(H3.0×W1.5)
- 소나무(H2.5×W1.2)
- 스트로브잣나무(H2.5×W1.2)
- 스트로브잣나무(H2.0×W1.0)
- 왕벚나무(H4.5×B15)
- 버즘나무(H3.5×B8)
- 느티나무(H3.5×R8)
- 청단풍(H2.5×R8)
- 다정큼나무(H1.0×W0.6)
- 중국단풍(H2.5×R5)
- 굴거리나무(H2.5×W0.6)
- 자귀나무(H2.5×R6)
- 태산목(H1.5×W0.5)
- 먼나무(H2.0×R5)
- 산딸나무(H2.0×R5)
- 산수유(H2.5×R7)
- 꽃사과(H2.5×R5)
- 수수꽃다리(H1.5×W0.6)
- 병꽃나무(H1.0×W0.4)
- 쥐똥나무(H1.0×W0.3)
- 명자나무(H0.6×W0.4)
- 산철쭉(H0.3×W0.4)
- 자산홍(H0.3×W0.3)
- 조릿대(H0.6×7가지)

⑫ 경사, 포장재료, 경계선 및 기타 시설물의 기초, 주변의 수목 등을 단면도상에 표시하시오.

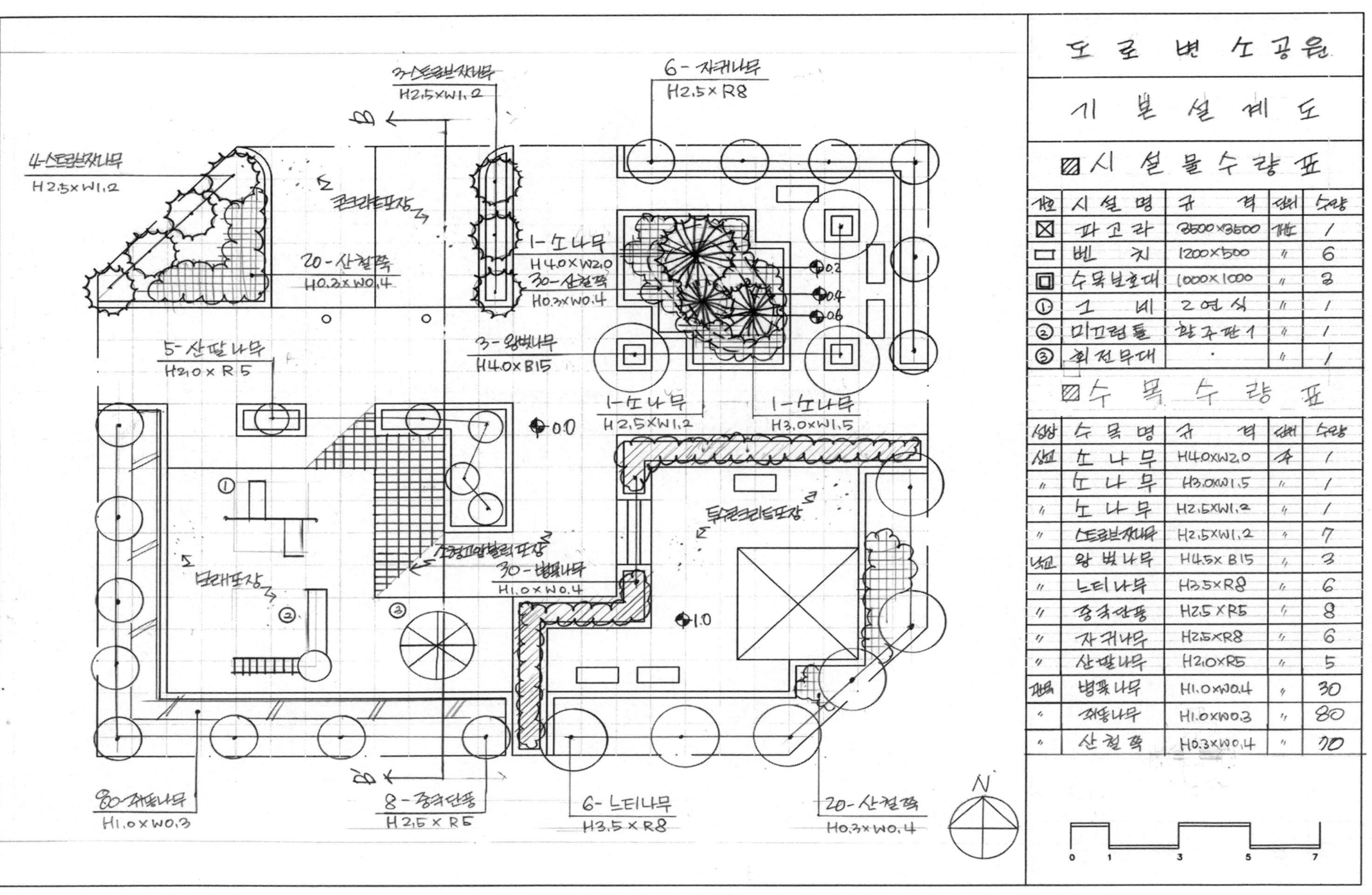
도로변 소공원
기본설계도
시설물수량표
기호 | 시설명 | 규격 | 단위 | 수량
파고라 | 3500×3500 | 개소 | 1
벤치 | 1200×500 | 〃 | 6
수목보호대 | 1000×1000 | 〃 | 3
① 그네 | 2연식 | 〃 | 1
② 미끄럼틀 | 활주판 1 | 〃 | 1
③ 회전무대 | | 〃 | 1
수목수량표
성상 | 수목명 | 규격 | 단위 | 수량
상교 | 소나무 | H4.0xW2.0 | 주 | 1
〃 | 소나무 | H3.0xW1.5 | 〃 | 1
〃 | 소나무 | H2.5xW1.2 | 〃 | 1
〃 | 스트로브잣나무 | H2.5xW1.2 | 〃 | 7
낙교 | 왕벚나무 | H4.5xB15 | 〃 | 3
〃 | 느티나무 | H3.5xR8 | 〃 | 6
〃 | 중국단풍 | H2.5xR5 | 〃 | 8
〃 | 자귀나무 | H2.5xR8 | 〃 | 6
〃 | 산딸나무 | H2.0xR5 | 〃 | 5
관목 | 병꽃나무 | H1.0xW0.4 | 〃 | 30
〃 | 쥐똥나무 | H1.0xW0.3 | 〃 | 80
〃 | 산철쭉 | H0.3xW0.4 | 〃 | 70
4-스트로브잣나무 H2.5xW1.2
3-스트로브잣나무 H2.5xW1.2
6-자귀나무 H2.5xR8
콘크리트포장
20-산철쭉 H0.3xW0.4
1-소나무 H4.0xW2.0
30-산철쭉 H0.3xW0.4
5-산딸나무 H2.0xR5
3-왕벚나무 H4.0xB15
1-소나무 H2.5xW1.2
1-소나무 H3.0xW1.5
투수콘크리트포장
조경고압블럭포장
30-병꽃나무 H1.0xW0.4
모래포장
80-쥐똥나무 H1.0xW0.3
8-중국단풍 H2.5xR5
6-느티나무 H3.5xR8
20-산철쭉 H0.3xW0.4
N
0 1 3 5 7

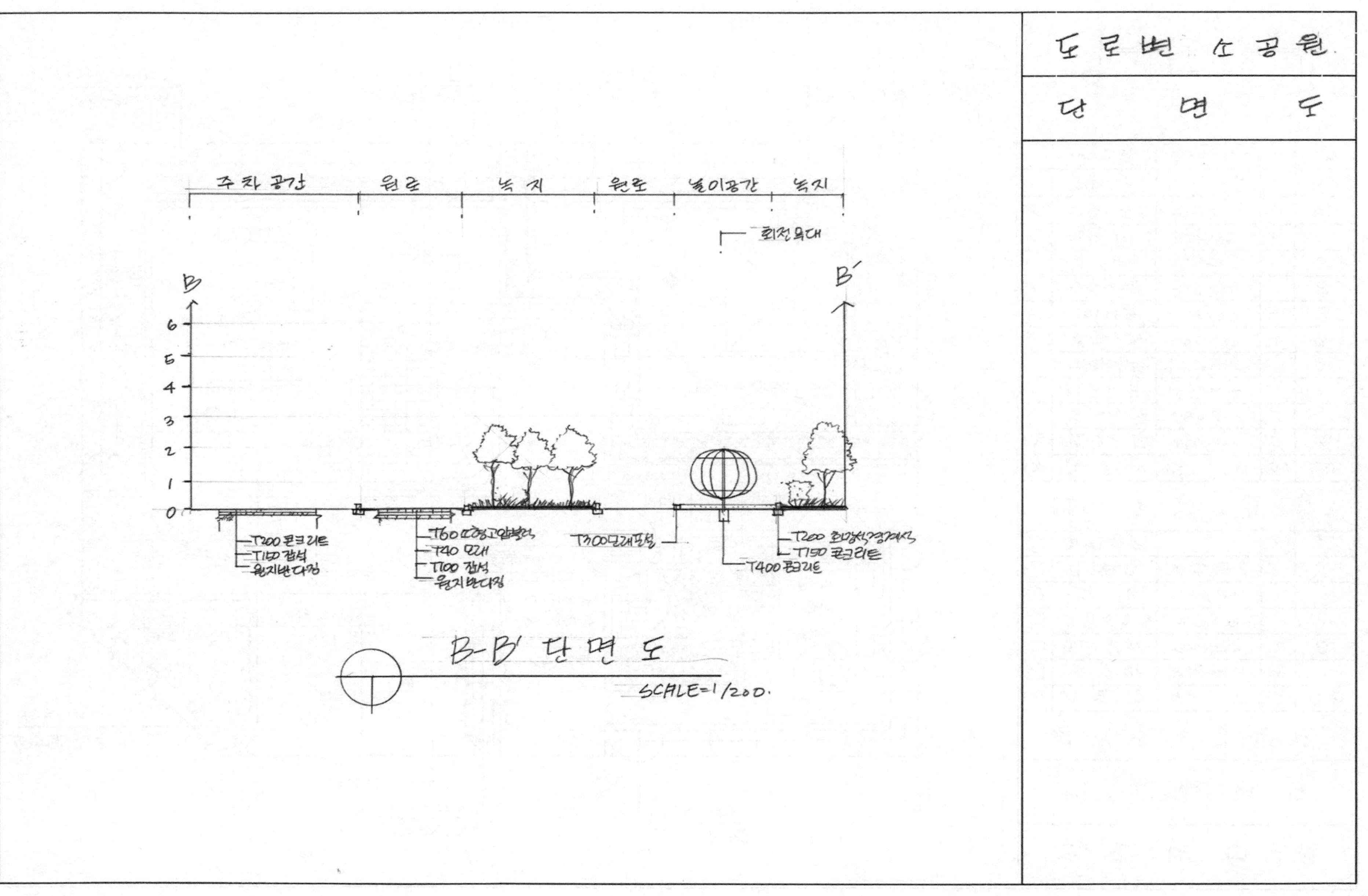
도로변 소공원
단면도
주차공간
원로
녹지
원로
놀이공간
녹지
회전무대
B
B'
6
5
4
3
2
1
0
T200 콘크리트
T150 잡석
원지반다짐
T60 소형고압블럭
T40 모래
T100 잡석
원지반다짐
T300모래포설
T400 콘크리트
T200 조립식경계석
T150 콘크리트
B-B' 단면도
SCALE=1/200.

7-7 도로변 소공원

설계 문제

우리나라 중부지역에 위치한 도로변의 빈 공간에 대한 조경설계를 하고자 한다. 주어진 현황도 및 아래 사항을 참조하여 요구조건에 따라 조경계획도를 작성하시오(일점쇄선 안 부분이 조경설계 대상지임).

1. 현황도

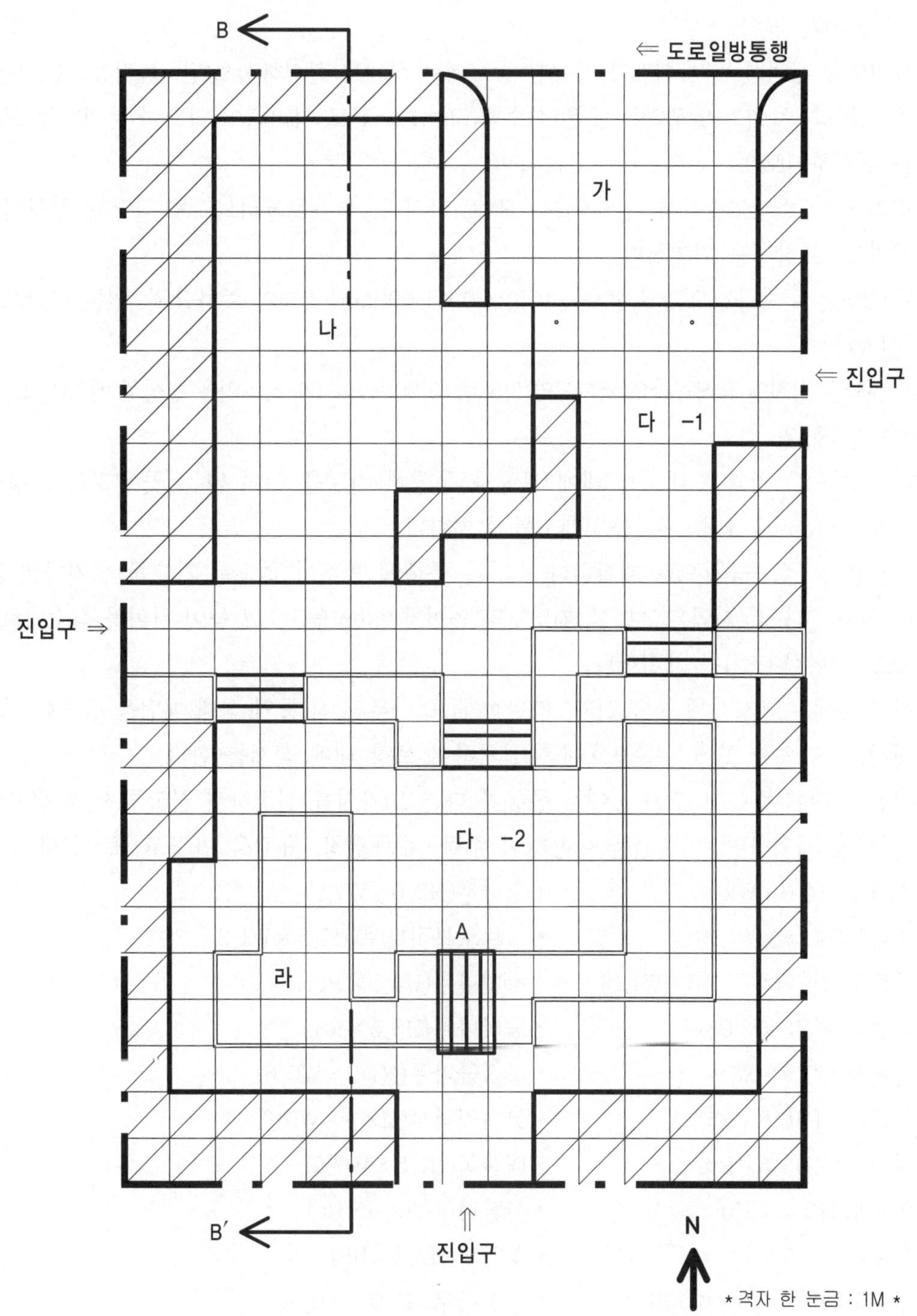

2. 요구사항

① 식재 평면도를 위주로 한 조경계획도를 축척 1/100로 작성하시오(지급용지 1).

② 도면 오른쪽 위에 작업명칭을 작성한다.

③ 도면 오른쪽에는 "중요 시설물 수량표와 수목(식재)수량표"를 작성하고, 수량표 아래쪽 "방위표시와 막대축척"을 그려 넣으시오(단, 전체 대상지의 길이를 고려하여 범례표를 조정할 수 있다.).
④ 도면의 전체적인 안정감을 위하여 "테두리선"을 넣으시오.
⑤ B-B′ 단면도를 축척 1/100로 작성하시오(지급용지 2).

3. 요구조건

① 해당 지역은 도로변소공원으로 휴식공간과 어린이들이 즐길 수 있는 특성을 고려하여 조경계획도를 작성한다.
② 포장지역을 제외한 곳에 식재가 가능한 장소에는 식재를 실시하시오(단, 녹지공간은 빗금 친 부분이며, 경사의 차이가 발생하는 곳은 식수대(plant box)로 처리되어 있으며 분위기를 고려하여 식재를 실시하시오.).
③ 포장지역은 "소형고압블록, 콘크리트, 모래, 마사토, 투수콘크리트" 등 적당한 위치에 선택하여 표시하고, 포장명을 기입한다.
④ "가" 지역은 주차공간으로 소형자동차(3,000×5,000mm) 2대가 주차할 수 있는 공간으로 계획하고 설계하시오.
⑤ "나" 지역은 정적인 휴식공간으로 파고라(3,500×5,000mm) 1개소, 2인용 평상형 벤치(1,200×500mm) 2개를 설치한다.
⑥ "다-1, 다-2" 지역은 대상지 내에 보행자 통행에 지장을 주지 않는 곳에 2인용 평상형 벤치(1,200×500mm) 4개, 휴지통 3개소를 설치한다.
⑦ "라" 지역은 수경공간으로 계획한다. "A"는 통행에 불편이 없도록 가교를 설치하였다.
⑧ "가", "나", "다-1" 지역은 "다-2" 지역보다 높이차가 1m 높고, 그 높이 차이를 식수대로 처리하였으므로 적합한 조치를 계획한다.
⑨ 대상지 내에는 유도식재, 녹음식재, 경관식재, 소나무 군식 등의 식재 패턴을 필요한 곳에 적당히 배식하고, 필요한 곳에 수목보호대를 설치하여 포장 내에 식재를 한다.
⑩ 수목은 아래에 주어진 수종 중에서 종류가 다른 10가지를 선정하여 골고루 안정적인 배식이 될 수 있도록 계획하며, 인출선을 이용하여 수량, 수종명칭, 규격을 반드시 표기한다.

- 소나무(H4.0×W2.0)
- 소나무(H3.0×W1.5)
- 소나무(H2.5×W1.2)
- 스트로브잣나무(H2.5×W1.2)
- 스트로브잣나무(H2.0×W1.0)
- 왕벚나무(H4.5×B15)
- 버즘나무(H3.5×B8)
- 느티나무(H3.5×R8)
- 청단풍(H2.5×R8)
- 다정큼나무(H1.0×W0.6)
- 중국단풍(H2.5×R5)
- 굴거리나무(H2.5×W0.6)
- 자귀나무(H2.5×R6)
- 태산목(H1.5×W0.5)
- 먼나무(H2.0×R5)
- 산딸나무(H2.0×R5)
- 산수유(H2.5×R7)
- 꽃사과(H2.5×R5)
- 수수꽃다리(H1.5×W0.6)
- 병꽃나무(H1.0×W0.4)
- 쥐똥나무(H1.0×W0.3)
- 명자나무(H0.6×W0.4)
- 산철쭉(H0.3×W0.4)
- 자산홍(H0.3×W0.3)
- 조릿대(H0.6×7가지)

⑫ 경사, 포장재료, 경계선 및 기타 시설물의 기초, 주변의 수목 등을 단면도상에 표시하시오.

도로변 소공원

기본 설계도

▨ 시설명 수량표

기호	시설명	규격	단위	수량
☒	파고라	5000×3500	개소	1
▭	벤치	1200×500	″	6
◘	수목보호대	1000×1000	″	2
◑	휴지통	Ø600	″	3
①	연못	·	″	1

▨ 수목 수량표

성상	수목명	규격	단위	수량
상교	소나무	H3.0×W1.5	주	6
″	스트로브잣나무	H2.5×W1.2	″	6
낙교	왕벚나무	H4.5×B15	″	2
″	느티나무	H3.5×R8	″	6
″	자귀나무	H2.5×R6	″	8
″	산딸나무	H2.0×R5	″	4
″	꽃사과	H2.5×R5	″	3
관목	수수꽃다리	H1.5×W0.6	″	9
″	산철쭉	H0.3×W0.4	″	30
″	병꽃나무	H1.0×W0.4	″	40

20-자산홍
H0.3×W0.3

6-느티나무
H3.5×R8

4-자귀나무
H2.5×R6
20-산철쭉
H0.3×W0.4

6.스트로브잣나무
H2.5×W1.2

2-왕벚나무
H4.5×B15

3-소나무
H3.0×W1.5

9-수수꽃다리
H1.5×W0.6

10-자산홍
H0.3×W0.3

4-자귀나무
H2.5×R6
20-산철쭉
H0.3×W0.4

6-소나무
H3.0×W1.5

콘크리트포장

투수콘크리트포장

4-산딸나무
H2.0×R5

3-꽃사과
H2.5×R5

1.0

소형고압블럭포장

자산홍
H0.3×W0.3

0.0

소형고압블럭포장

B

N

0 1 3 5 7

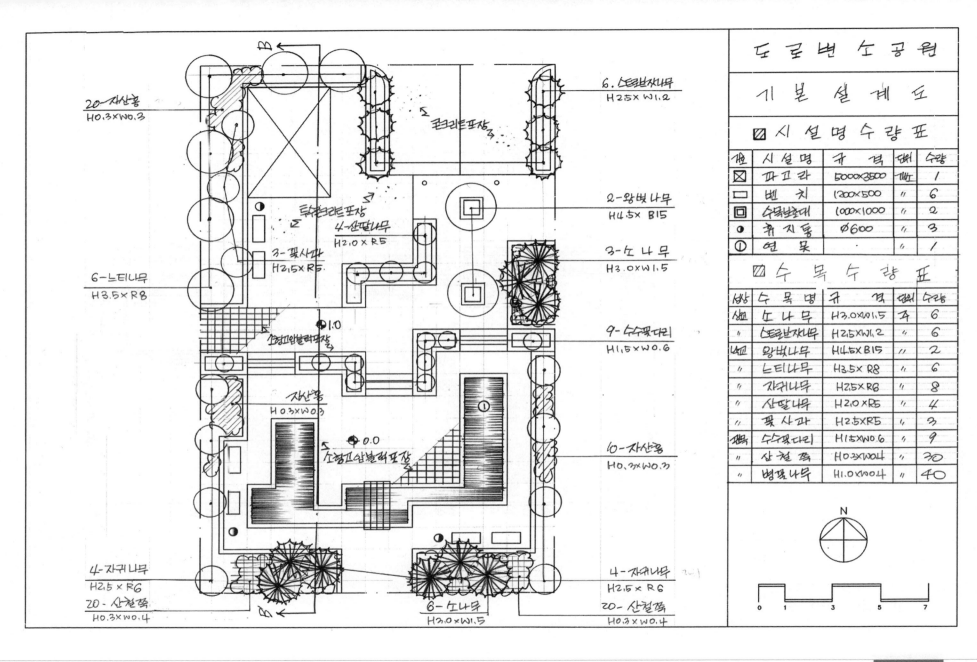

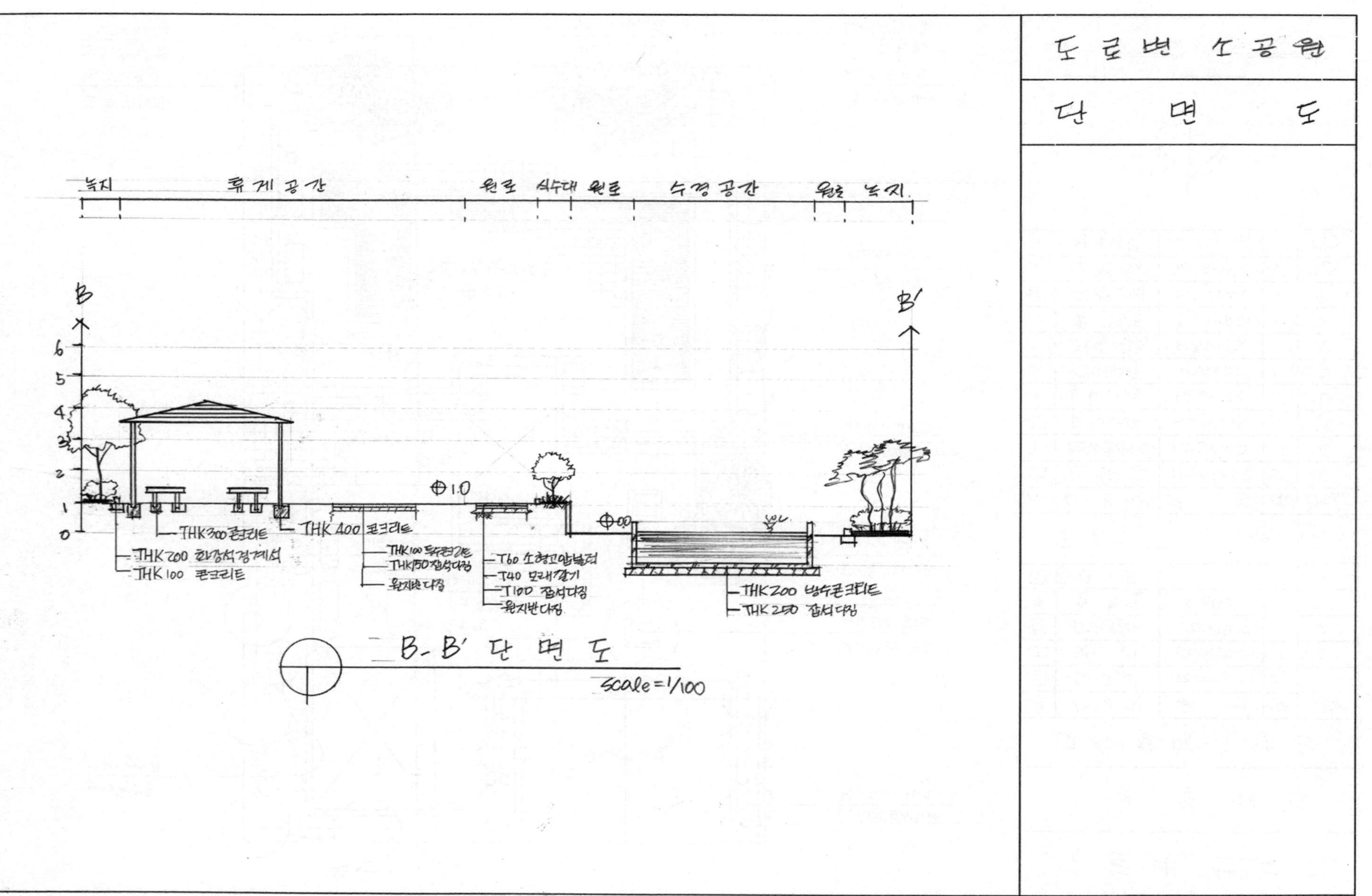
도로변 소공원
단 면 도
녹지
휴게 공간
원로
식수대
원로
수경 공간
원로
녹지
B
B'
6
5
4
3
2
1
0
THK300 콘크리트
THK 400 콘크리트
THK200 화강석 경계석
THK100 콘크리트
THK100 투수콘크리트
THK150 잡석다짐
원지반다짐
T60 소형고압블럭
T40 모래깔기
T100 잡석다짐
원지반다짐
THK200 방수콘크리트
THK250 잡석다짐
B-B' 단면도
scale=1/100

7-8 도로변 소공원

설계 문제

우리나라 중부지역에 위치한 도로변의 빈 공간에 대한 조경설계를 하고자 한다. 주어진 현황도 및 아래 사항을 참조하여 요구조건에 따라 조경계획도를 작성하시오(일점쇄선 안 부분이 조경설계 대상지임).

1. 현황도

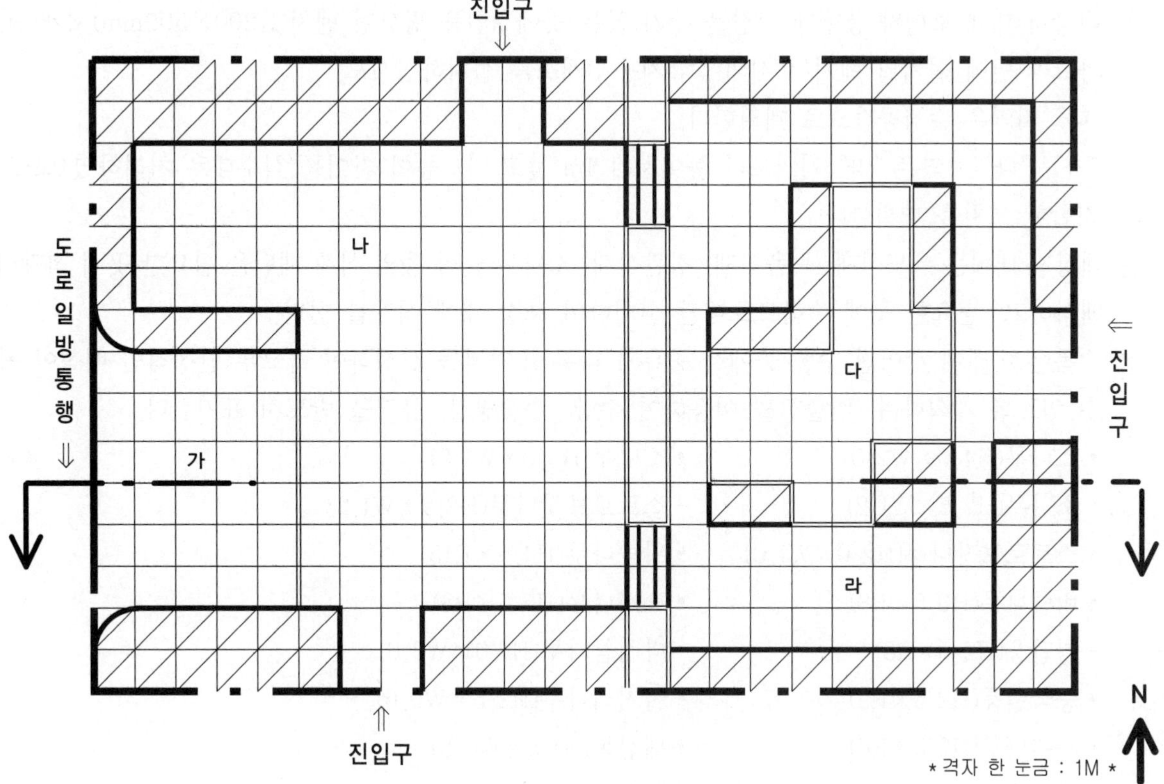

2. 요구사항

① 식재 평면도를 위주로 한 조경계획도를 축척 1/100로 작성하시오(지급용지 1).
② 노변 오른쪽 위에 작업명칭을 작성한다.
③ 도면 오른쪽에는 "중요 시설물 수량표와 수목(식재)수량표"를 작성하고, 수량표 아래쪽 "방위표시와 막대축척"을 그려 넣으시오(단, 전체 대상지의 길이를 고려하여 범례표를 조정할 수 있다.).
④ 도면의 전체적인 안정감을 위하여 "테두리선"을 넣으시오.
⑤ B-B′ 단면도를 축척 1/100로 작성하시오(지급용지 2).

3. 요구조건

① 해당 지역은 도로변의 자투리 공간을 이용하여 휴식 및 어린이들이 즐길 수 있는 소공원으로, 공원의 특징을 고려하여 조경계획도를 작성한다.

② 포장지역을 제외한 곳에 식재가 가능한 장소에는 식재를 실시하시오(단, 녹지공간은 빗금 친 부분이며, 경사의 차이가 발생하는 곳은 식수대(plant box)로 처리되어 있으며 분위기를 고려하여 식재를 실시하시오.).

③ 포장지역은 "소형고압블록, 콘크리트, 모래, 마사토, 투수콘크리트" 등 적당한 위치에 선택하여 표시하고, 포장명을 기입한다.

④ "가" 지역은 주차공간으로 소형자동차(3,000×5,000mm) 2대가 주차할 수 있는 공간으로 계획하고 설계하시오.

⑤ "나" 지역은 정적인 휴식공간으로 파고라(3,500×5,000mm) 1개소, 2인용 평상형 벤치 (1,200×500mm) 2개를 설치한다.

⑥ 대상지 내에 보행자 통행에 지장을 주지 않는 곳에 2인용 평상형 벤치(1,200×500mm) 4개(단, 파고라 안에 설치된 벤치는 제외), 휴지통 3개소를 설치하십시오.

⑦ "다" 지역은 수경공간으로 계획한다.

⑧ "가", "나" 지역은 "라" 지역보다 높이차가 1m 높고, 그 높이 차이를 식수대로 처리하였으므로 적합한 조치를 계획한다.

⑨ 대상지 내에는 유도식재, 녹음식재, 경관식재, 소나무 군식 등의 식재 패턴을 필요한 곳에 적당히 배식하고, 필요한 곳에 수목보호대를 설치하여 포장 내에 식재를 한다.

⑩ 수목은 아래에 주어진 수종 중에서 종류가 다른 10가지를 선정하여 골고루 안정적인 배식이 될 수 있도록 계획하며, 인출선을 이용하여 수량, 수종명칭, 규격을 반드시 표기한다.

- 소나무(H4.0×W2.0)
- 소나무(H3.0×W1.5)
- 소나무(H2.5×W1.2)
- 스트로브잣나무(H2.5×W1.2)
- 스트로브잣나무(H2.0×W1.0)
- 왕벚나무(H4.5×R15)
- 버즘나무(H3.5×B8)
- 느티나무(H3.5×R8)
- 청단풍(H2.5×R8)
- 다정큼나무(H1.0×W0.6)
- 중국단풍(H2.5×R5)
- 굴거리나무(H2.5×W0.6)
- 자귀나무(H2.5×R6)
- 태산목(H1.5×W0.5)
- 먼나무(H2.0×R5)
- 산딸나무(H2.0×R5)
- 산수유(H2.5×R7)
- 꽃사과(H2.5×R5)
- 수수꽃다리(H1.5×W0.6)
- 병꽃나무(H1.0×W0.4)
- 쥐똥나무(H1.0×W0.3)
- 명자나무(H0.6×W0.4)
- 산철쭉(H0.3×W0.4)
- 자산홍(H0.3×W0.3)
- 조릿대(H0.6×7가지)

⑪ 경사, 포장재료, 경계선 및 기타 시설물의 기초, 주변의 수목 등을 단면도상에 표시하시오.

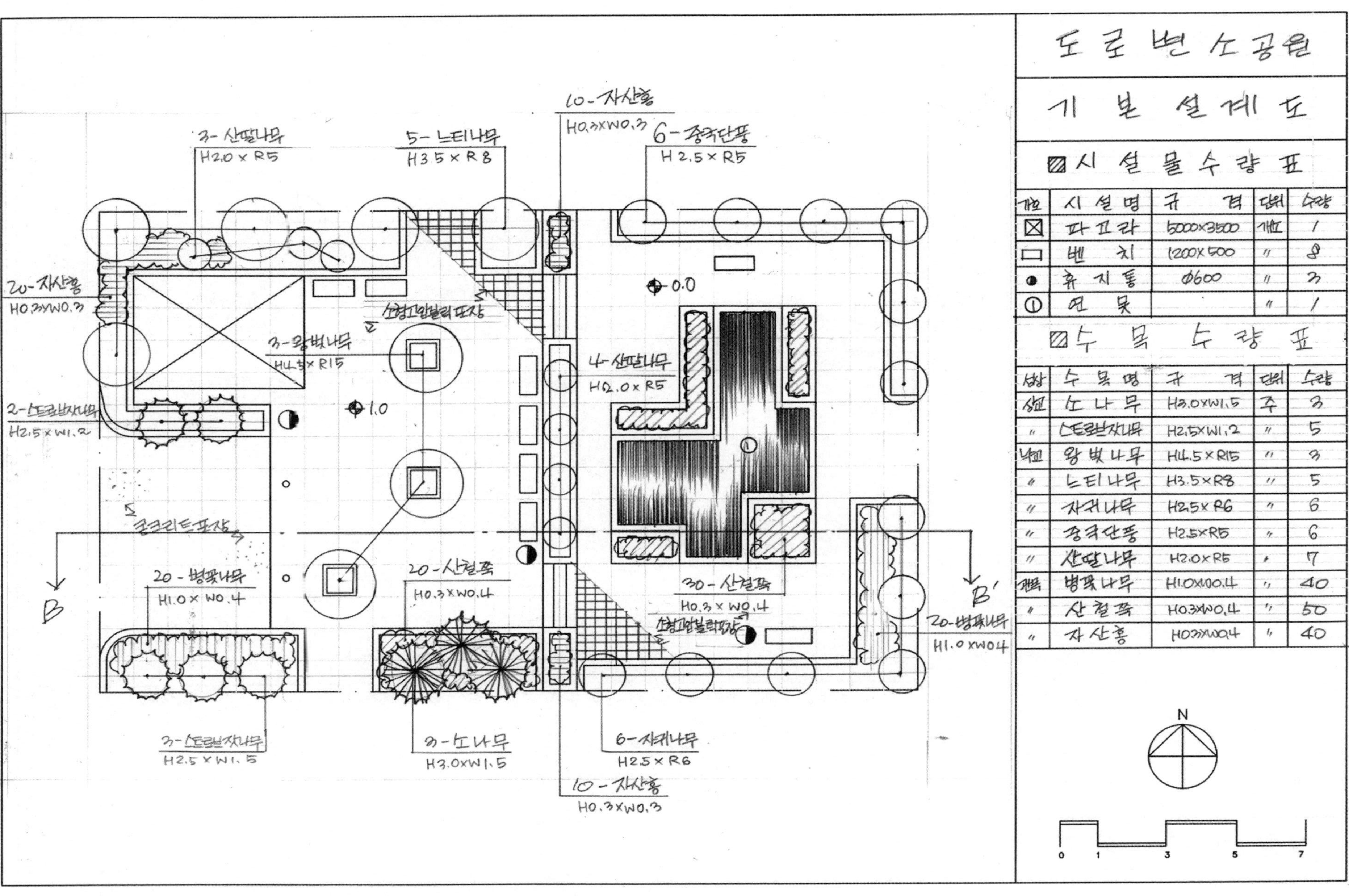
도로변소공원
기본설계도
시설물수량표
기호 시설명 규격 단위 수량
파고라 5000×3500 개소 1
벤치 1200×500 〃 8
휴지통 Ø600 〃 3
연못 〃 1
수목수량표
성상 수목명 규격 단위 수량
상교 소나무 H3.0×W1.5 주 3
〃 스트로브잣나무 H2.5×W1.2 〃 5
낙교 왕벚나무 H4.5×R15 〃 3
〃 느티나무 H3.5×R8 〃 5
〃 자귀나무 H2.5×R6 〃 6
〃 중국단풍 H2.5×R5 〃 6
〃 산딸나무 H2.0×R5 〃 7
관목 병꽃나무 H1.0×W0.4 〃 40
〃 산철쭉 H0.3×W0.4 〃 50
〃 자산홍 H0.3×W0.4 〃 40
3-산딸나무 H2.0×R5
5-느티나무 H3.5×R8
10-자산홍 H0.3×W0.3
6-중국단풍 H2.5×R5
20-자산홍 H0.3×W0.3
3-왕벚나무 H4.5×R15
4-산딸나무 H2.0×R5
2-스트로브잣나무 H2.5×W1.2
20-병꽃나무 H1.0×W0.4
20-산철쭉 H0.3×W0.4
30-산철쭉 H0.3×W0.4
20-병꽃나무 H1.0×W0.4
3-스트로브잣나무 H2.5×W1.5
3-소나무 H3.0×W1.5
6-자귀나무 H2.5×R6
10-자산홍 H0.3×W0.3
소형고압블럭포장
콘크리트포장
0.0
1.0
B
B'
N
0 1 3 5 7

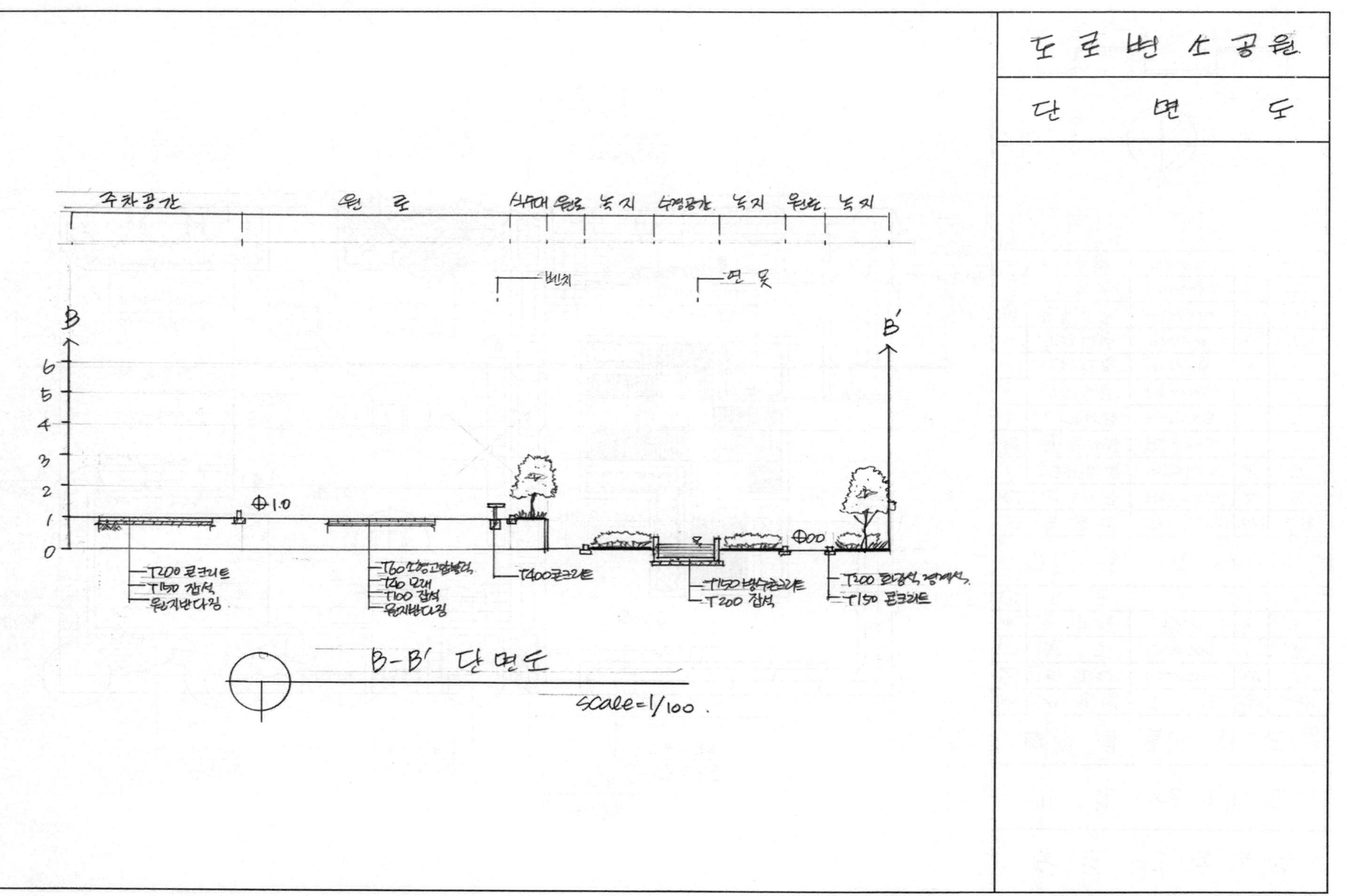
도로변 소공원
단 면 도
주차공간
원 로
식수대 원로 녹지 수경공간 녹지 원로 녹지
벤치
연못
B
B'
⊕1.0
⊕00
T200 콘크리트
T150 잡석
원지반다짐
T60 소형고압블럭
T40 모래
T100 잡석
원지반다짐
T400 콘크리트
T150 방수콘크리트
T200 잡석
T200 화강석, 경계석
T150 콘크리트
B-B' 단면도
SCALE=1/100

 7-9 도로변 소공원

설계 문제

우리나라 중부지역에 위치한 도로변의 소공원 공간에 대한 조경설계를 하고자 한다. 주어진 현황도 및 아래 사항을 참조하여 설계조건에 따라 조경계획도를 작성하시오(단, 일점쇄선 안 부분이 조경설계 대상지임).

1. 현황도

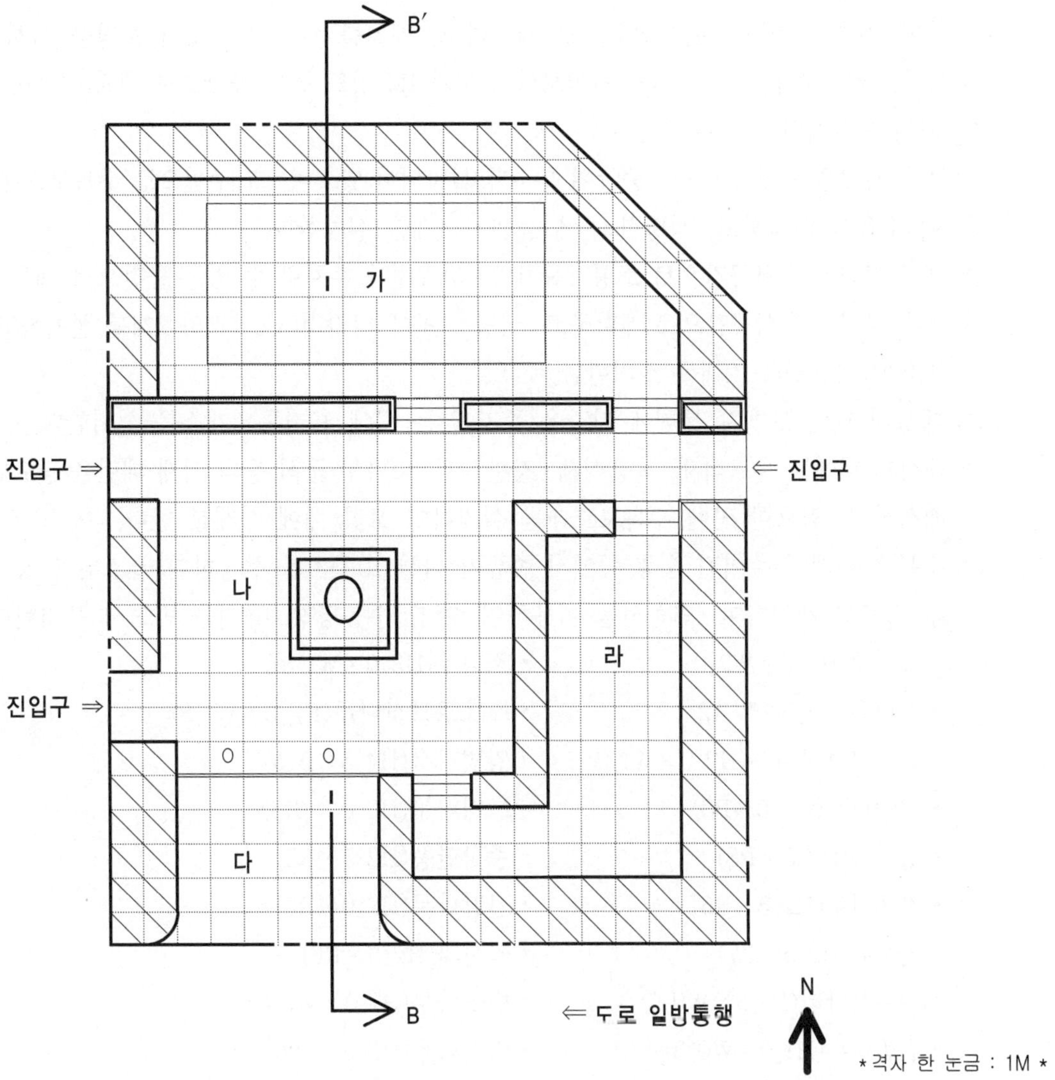

B′
가
진입구 ⇒
⇐ 진입구
나
라
진입구 ⇒
다
B
⇐ 도로 일반통행
N
격자 한 눈금 : 1M

2. 요구사항

① 식재 평면도를 위주로 한 조경계획도를 축척 1/100로 작성하시오(지급용지 1).

② 도면 오른쪽 위에 작업명칭 작성하시오.

③ 도면 오른쪽 위에는 "중요 시설물수량표와 수목(식재)수량표"를 작성하고, 수량표 아래쪽에 "방위와 막대축척"을 그려 넣으시오(단, 전체 대상지의 길이를 고려하여 범례표를 조정할 수 있다.).

④ 도면의 전체적인 안정감을 위하여 "테두리선"을 넣으시오.
⑤ B-B′ 단면도를 축척 1/100로 작성하시오(지급용지 2).

3. 요구조건

① 해당 지역은 도로변에 위치한 소공원으로 어린이들이 주 이용 대상이며, 그 특성에 맞는 조경계획도를 작성하시오.
② 포장지역을 제외한 곳에는 가능한 식재를 실시한다(녹지공간은 빗금 친 부분).
③ 포장지역은 "소형고압블록, 콘크리트, 마사토, 모래" 등 적당한 위치에 선택하여 표시하고, 포장명을 기입한다.
④ "가" 지역은 다목적 운동공간으로 계획하고, 벤치를 4개 및 적합한 포장을 실시한다.
⑤ "가", "라" 지역은 "나", "다" 지역보다 높이가 1M 정도 높은 공간으로 계획 설계하고, 경사부분의 처리를 적합하게 한다.
⑥ "나" 지역은 중심광장으로 중앙에 분수가 설치되어 있으며, 그 주변으로 수목보호대를 8개 설치하여 수목을 배치하고, 적당한 곳에 등벤치 4개를 설치한다.
⑦ "다" 지역은 주차공간으로 소형자동차(3×5) 2대가 주차할 수 있는 공간으로 계획하고 설계한다.
⑧ "라" 지역은 휴식공간으로 계획하고, 적당한 곳에 퍼걸러(3.5×3.5) 2개를 설치하고, 평상형 벤치(1,200×500mm) 2개를 설치한다.
⑨ 대상지 내에 보행자 통행에 지장을 주지 않는 곳에 휴지통 3개소를 설치한다.
⑩ 대상지 내에는 유도식재, 녹음식재, 경관식재, 소나무 군식 등의 식재 패턴을 필요한 곳에 적당히 배식하고, 필요한 곳에 수목보호대를 설치하여 포장 내에 식재를 한다.
⑪ 수목은 아래에 주어진 수종 중에서 종류가 다른 10가지를 선정하여 골고루 안정적인 배식이 될 수 있도록 계획하며, 인출선을 이용하여 수량, 수종명칭, 규격을 반드시 표기한다.

- 소나무(H4.0×W2.0)
- 소나무(H3.0×W1.5)
- 소나무(H2.5×W.12)
- 스트로브잣나무(H2.5×W1.2)
- 스트로브잣나무(H2.0×W1.0)
- 왕벚나무(H4.5×B15)
- 버즘나무(H3.5×B8)
- 느티나무(H3.0× R6)
- 청단풍(H2.5×R8)
- 중국단풍(H2.5×R5)
- 자귀나무(H2.5×R6)
- 산딸나무(H2.0×R5)
- 산수유(H2.5×R7)
- 꽃사과(H2.5×R5)
- 수수꽃다리(H1.5×W0.6)
- 병꽃나무(H1.0×W0.4)
- 쥐똥나무(H1.0×W0.3)
- 명자나무(H0.6× W0.4)
- 산철쭉(H0.3×W0.4)
- 자산홍(H0.3×W0.3)
- 조릿대(H0.6×7가지)

⑫ B-B′ 단면도는 경사, 포장재료, 경계선 및 기타 시설물의 기초, 주변의 수목, 중요 시설물, 이용자 등을 단면도상에 반드시 표기한다.

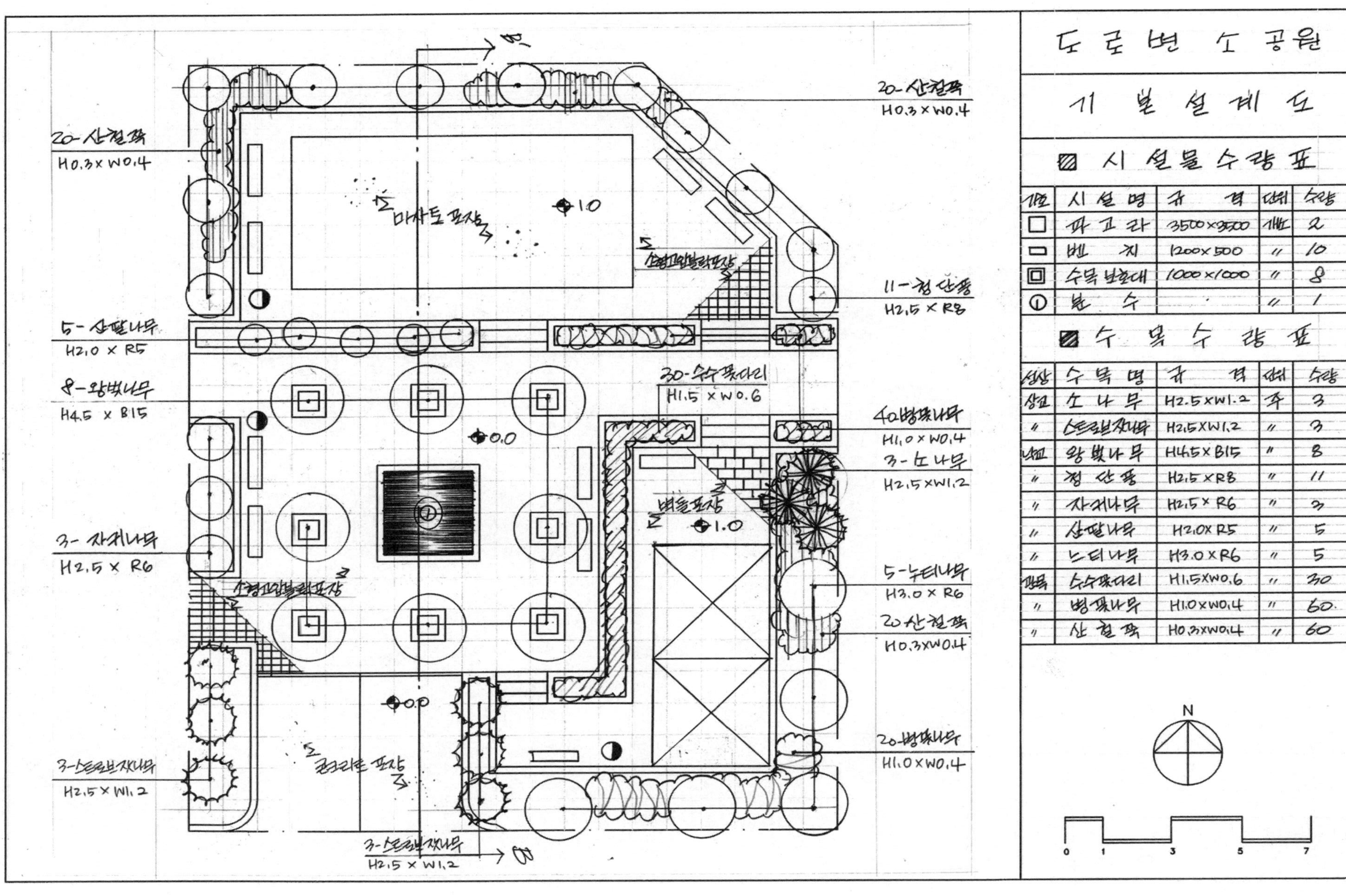
도로변 소공원
기본설계도
시설물수량표
기호 시설명 규격 단위 수량
파고라 3500×3500 개소 2
벤치 1200×500 〃 10
수목보호대 1000×1000 〃 8
분수 〃 1
수목수량표
구분 수목명 규격 단위 수량
상록 소나무 H2.5×W1.2 주 3
〃 스트로브잣나무 H2.5×W1.2 〃 3
낙엽 왕벚나무 H4.5×B15 〃 8
〃 청단풍 H2.5×R8 〃 11
〃 자귀나무 H2.5×R6 〃 3
〃 산딸나무 H2.0×R5 〃 5
〃 느티나무 H3.0×R6 〃 5
관목 수수꽃다리 H1.5×W0.6 〃 30
〃 병꽃나무 H1.0×W0.4 〃 60
〃 산철쭉 H0.3×W0.4 〃 60
N
0 1 3 5 7
20-산철쭉 H0.3×W0.4
20-산철쭉 H0.3×W0.4
마사토포장
1.0
11-청단풍 H2.5×R8
5-산딸나무 H2.0×R5
8-왕벚나무 H4.5×B15
30-수수꽃다리 H1.5×W0.6
40병꽃나무 H1.0×W0.4
3-소나무 H2.5×W1.2
0.0
벽돌포장
1.0
3-자귀나무 H2.5×R6
5-느티나무 H3.0×R6
20산철쭉 H0.3×W0.4
0.0
20-병꽃나무 H1.0×W0.4
3-스트로브잣나무 H2.5×W1.2
콘크리트포장
3-스트로브잣나무 H2.5×W1.2
B
B'

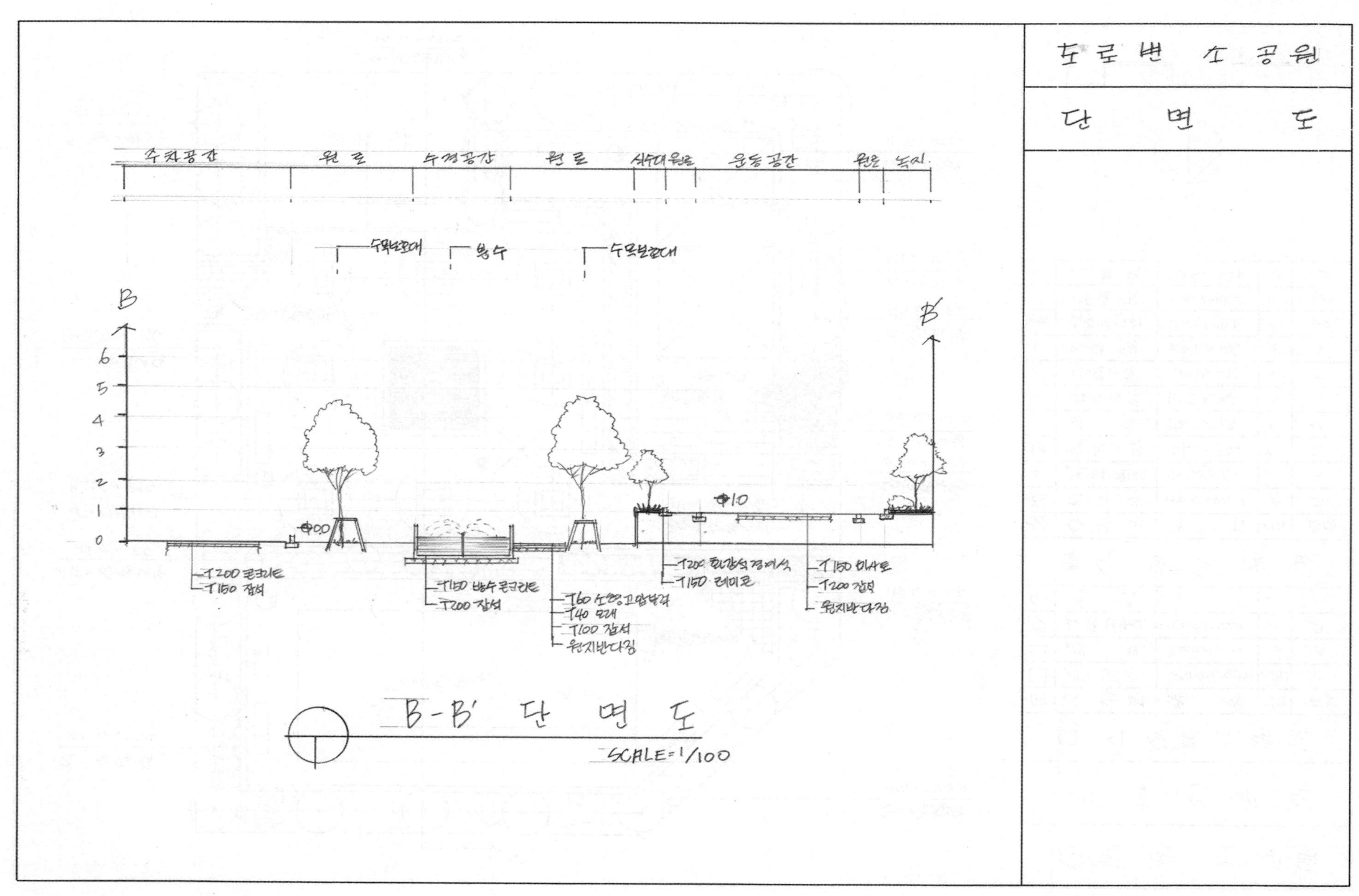
도로변 소공원
단 면 도
주차공간
원로
수경공간
원로
식수대
원로
운동공간
원로
녹지
수목보호대
수목보호대
B
B'
T200 콘크리트
T150 잡석
T150 방수콘크리트
T200 잡석
T60 소형고압블럭
T40 모래
T100 잡석
원지반다짐
T200 화강석경계석
T150 레미콘
T150 마사토
T200 잡석
원지반다짐
B-B' 단 면 도
SCALE=1/100

7-10 도로변 소공원

설계 문제

우리나라 중부지역에 위치한 도로변의 빈 공간에 대한 조경설계를 하고자 한다. 주어진 현황도 및 아래 사항을 참조하여 설계조건에 따라 조경계획도를 작성하시오(단, 1점쇄선 안부분이 조경설계 대상지임).

1. 현황 도면

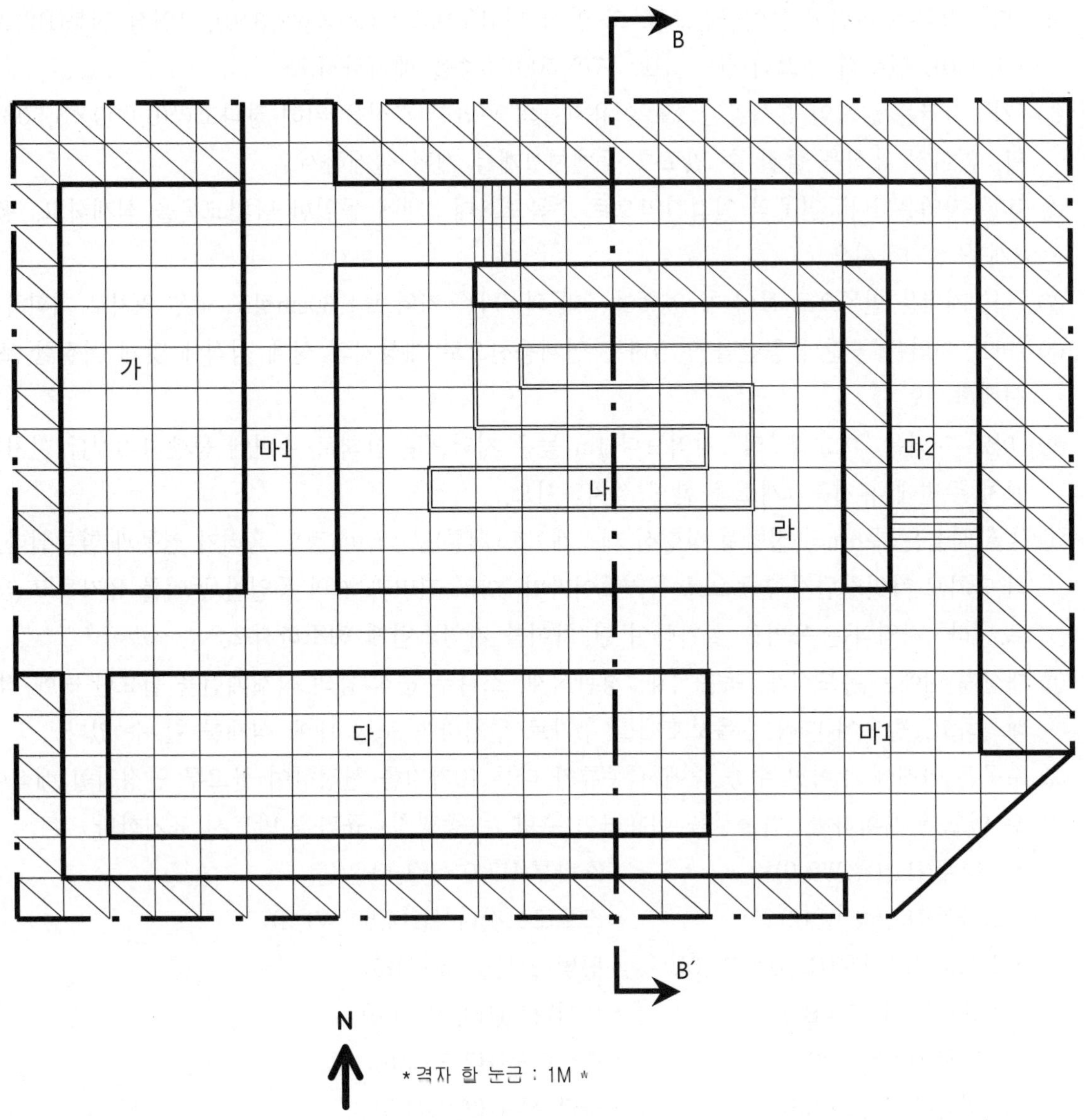

2. 요구사항

① 식재 평면도를 위주로 한 조경계획도를 축척 1/100으로 작성하시오(지급용지-1).

② 도면 오른쪽 위에 작업명칭을 작성하시오.

③ 도면 오른쪽에는 "주요 시설물수량표"와 "수목(식재)수량표"를 작성하고, 수량표 아래쪽 "방위표시"와 "막대축적"을 반드시 그려 넣으시오(단, 전체 대상지의 길이를 고려하여 범례표의 폭을 조정할 수 있다.).

④ 도면의 전체적인 안정감을 위하여 "테두리선"을 작성하시오.

⑤ B-B′ 단면도를 축척 1/100으로 작성하십시오(지급용지-2).

3. 요구조건

① 해당 지역은 도로변의 자투리 공간을 이용하여 휴식 및 어린이들이 즐길 수 있는 도로변 소공원으로, 공원의 특징을 고려하여 조경계획도를 작성하시오.

② 포장지역을 제외한 곳에는 모두 식재를 실시하시오(단, 녹지공간은 빗금 친 부분이며, 경사의 차이가 발생하는 곳은 분위기를 고려하여 식재를 적절하게 실시하시오.).

③ 포장지역은 소형고압블록, 콘크리트, 고무칩, 마사토, 투수콘크리트 등 적당한 재료를 선택하여 재료의 사용이 적합한 장소에 기호로 표현하고, 포장명을 반드시 기입하시오.

④ "다" 지역은 어린이 놀이공간으로 그 안에 회전무대(H1,100×W2,300), 4연식 철봉(H2,200×L4,000), 단주식 미끄럼대(H2,700×W2,500) 3종을 배치하시오.

⑤ "가" 지역은 정적인 휴식공간으로 이용자들의 편안한 휴식을 위해 장파고라(6,000×3,500) 1개와, 앉아서 휴식을 즐길 수 있도록 등벤치 1개를 계획 설계하시오.

⑥ "라" 지역은 "나" 연못의 인접지역으로 수목보호대 3개에 동일한 낙엽교목을 식재하고, 평벤치 2개를 설치하시오.

⑦ "나" 지역은 연못으로 물이 차 있으며, "라"와 "마1" 지역보다 60cm정도 낮은 위치로 계획하시오.

⑤ "마1" 지역은 공간과 공간을 연결하는 연계동선으로 대상지의 설계 성격에 맞게 적절한 포장을 선택하시오.

⑨ "마2" 지역은 "마1"과 "라" 지역보다 1m 높은 지역으로 산책로 주변에 등벤치 3개를 설치하고, 벤치 주변에 휴지통 1개소를 함께 설치하시오.

⑩ "나" 시설은 폭 1m의 정방형 정형식 캐스케이드(계류)로 약 9m정도 흘러가 연못과 합류된다. 3번의 단차로 자연스럽게 연못으로 흘러들어가며 "마2" 지역과 거의 동일한 높이를 유지하고 있으므로, "라" 지역과는 옹벽을 설치하여 단 차이를 자연스럽게 해소하시오.

⑪ 대상지 내에는 유도식재, 녹음식재, 경관식재, 소나무 군식 등의 식재패턴을 필요한 곳에 적절히 배식하고, 필요에 따라 수목보호대를 추가로 설치하여 포장 내에 식재를 할 수 있다.

⑫ 수목은 아래에 주어진 수종 중에서 종류가 다른 10가지를 선정하여 골고루 안정적인 배식이 될 수 있도록 계획하며, 인출선을 이용하여 수량, 수종명칭, 규격을 반드시 표기한다.

- 소나무(H4.0×W2.0)
- 소나무(H3.0×W1.5)
- 소나무(H2.5×W.12)
- 스트로브잣나무(H2.5×W1.2)
- 스트로브잣나무(H2.0×W1.0)
- 왕벚나무(H4.5×B15)
- 버즘나무(H3.5×B8)
- 느티나무(H3.0× R6)
- 청단풍(H2.5×R8)
- 중국단풍(H2.5×R5)
- 자귀나무(H2.5×R6)
- 산딸나무(H2.0×R5)
- 산수유(H2.5×R7)
- 꽃사과(H2.5×R5)
- 수수꽃다리(H1.5×W0.6)
- 병꽃나무(H1.0×W0.4)
- 쥐똥나무(H1.0×W0.3)
- 명자나무(H0.6× W0.4)
- 산철쭉(H0.3×W0.4)
- 자산홍(H0.3×W0.3)
- 조릿대(H0.6×7가지)

⑬ B-B′ 단면도는 경사, 포장재료, 경계선 및 기타 시설물의 기초, 주변의 수목, 중요 시설물, 이용자 등을 단면도상에 반드시 표기한다.

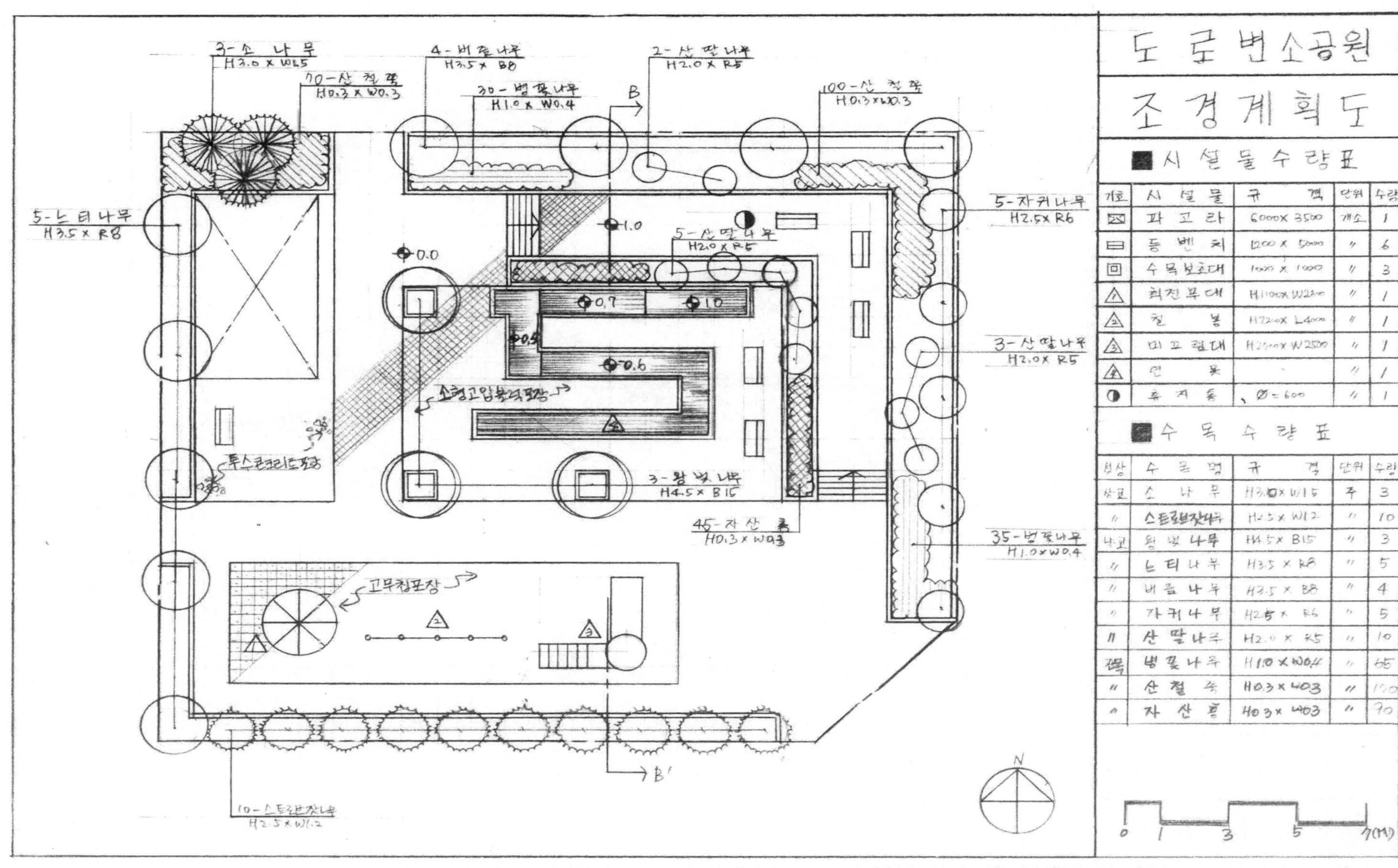
도로변소공원
조경계획도
시설물수량표
기호 | 시설물 | 규격 | 단위 | 수량
파고라 | 6000X3500 | 개소 | 1
등벤치 | 1200X5000 | 〃 | 6
수목보호대 | 1000X1000 | 〃 | 3
회전무대 | H1100XW2300 | 〃 | 1
철봉 | H2200XL4000 | 〃 | 1
미끄럼대 | H2100XW2500 | 〃 | 1
휴지통 | Ø=600 | 〃 | 1
수목수량표
성상 | 수목명 | 규격 | 단위 | 수량
상교 | 소나무 | H3.0XW1.5 | 주 | 3
〃 | 스트로브잣나무 | H2.5XW1.2 | 〃 | 10
낙교 | 왕벚나무 | H4.5XB15 | 〃 | 3
〃 | 느티나무 | H3.5XR8 | 〃 | 5
〃 | 버즘나무 | H3.5XB8 | 〃 | 4
〃 | 자귀나무 | H2.5XR6 | 〃 | 5
〃 | 산딸나무 | H2.0XR5 | 〃 | 10
관목 | 병꽃나무 | H1.0XW0.4 | 〃 | 65
〃 | 산철쭉 | H0.3XW0.3 | 〃 | 170
〃 | 자산홍 | H0.3XW0.3 | 〃 | 70
3-소나무 H3.0XW1.5
70-산철쭉 H0.3XW0.3
4-버즘나무 H3.5XB8
30-병꽃나무 H1.0XW0.4
2-산딸나무 H2.0XR5
100-산철쭉 H0.3XW0.3
5-느티나무 H3.5XR8
5-자귀나무 H2.5XR6
5-산딸나무 H2.0XR5
3-산딸나무 H2.0XR5
소형고압블럭포장
투수콘크리트포장
3-왕벚나무 H4.5XB15
45-자산홍 H0.3XW0.3
35-병꽃나무 H1.0XW0.4
고무칩포장
10-스트로브잣나무 H2.5XW1.2
B
B'
N
0 1 3 5 7(M)

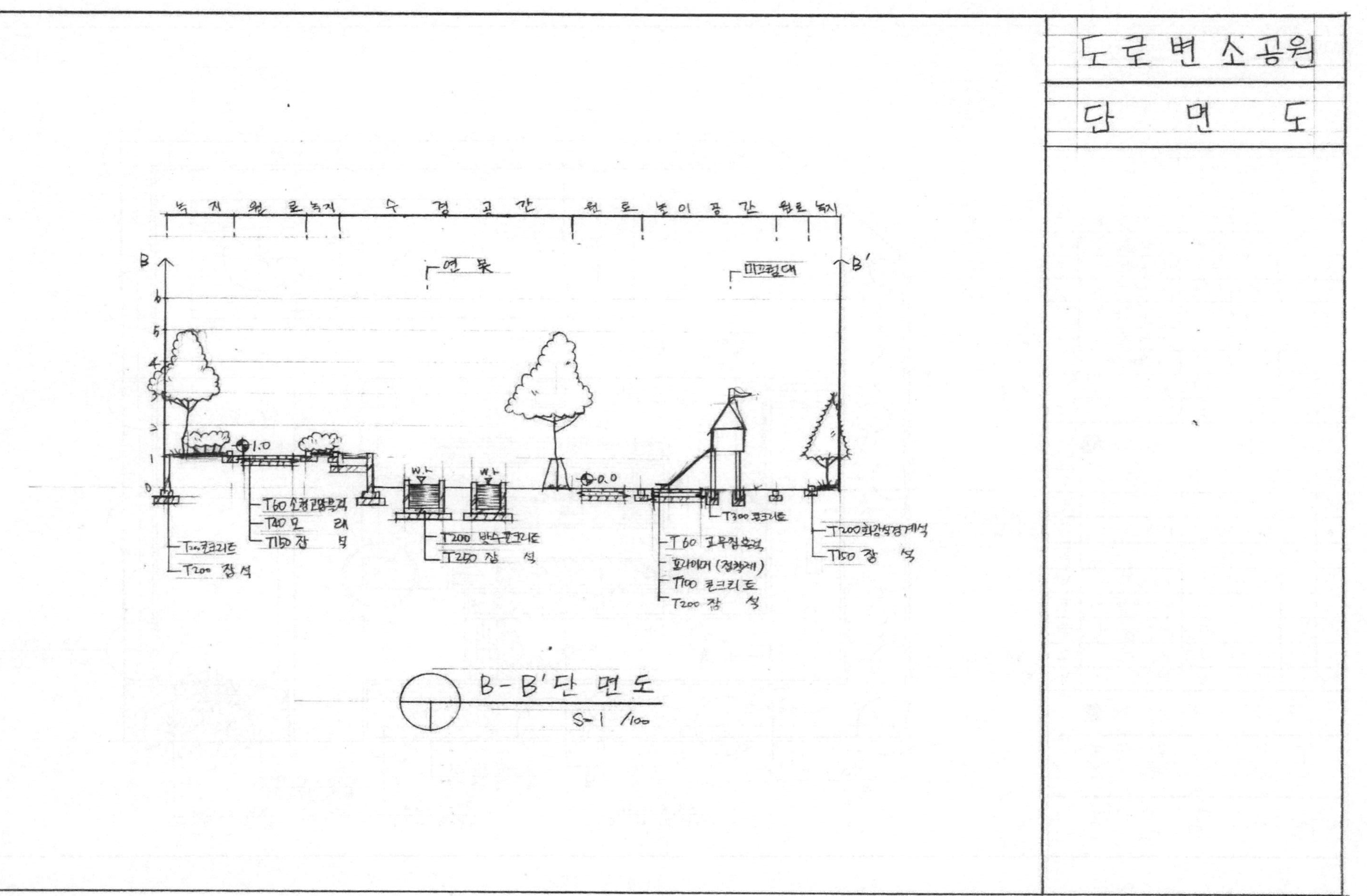
도로변소공원
단 면 도
녹지
원로
수경공간
놀이공간
연못
미끄럼대
T60 고무칩포장
T100 콘크리트
T200 잡석
T300 콘크리트
T150 잡석
B-B'단면도
S-1 /100

8 광장 조경 설계

설계 문제

주어진 현황도 및 아래 사항을 참조하여 요구조건에 따라 근린공원 내 광장의 조경 설계를 하시오.

1. 현황 도면

① 중부지방의 어느 도시에 있는 근린공원 내 광장조경(24m×16m)이다.

② 중심부에는 8각 정자(400×400×350cm)와 벽체 두께가 20cm인 연못이 동선의 포장면으로부터 60cm 깊이로 동서방향으로 구성되어 있다.

③ 남북방향으로는 수목보호홀 덮개(100×100×40cm)가 8개 조성되어 있다.

④ 격자 한 눈금의 간격은 1m이다.

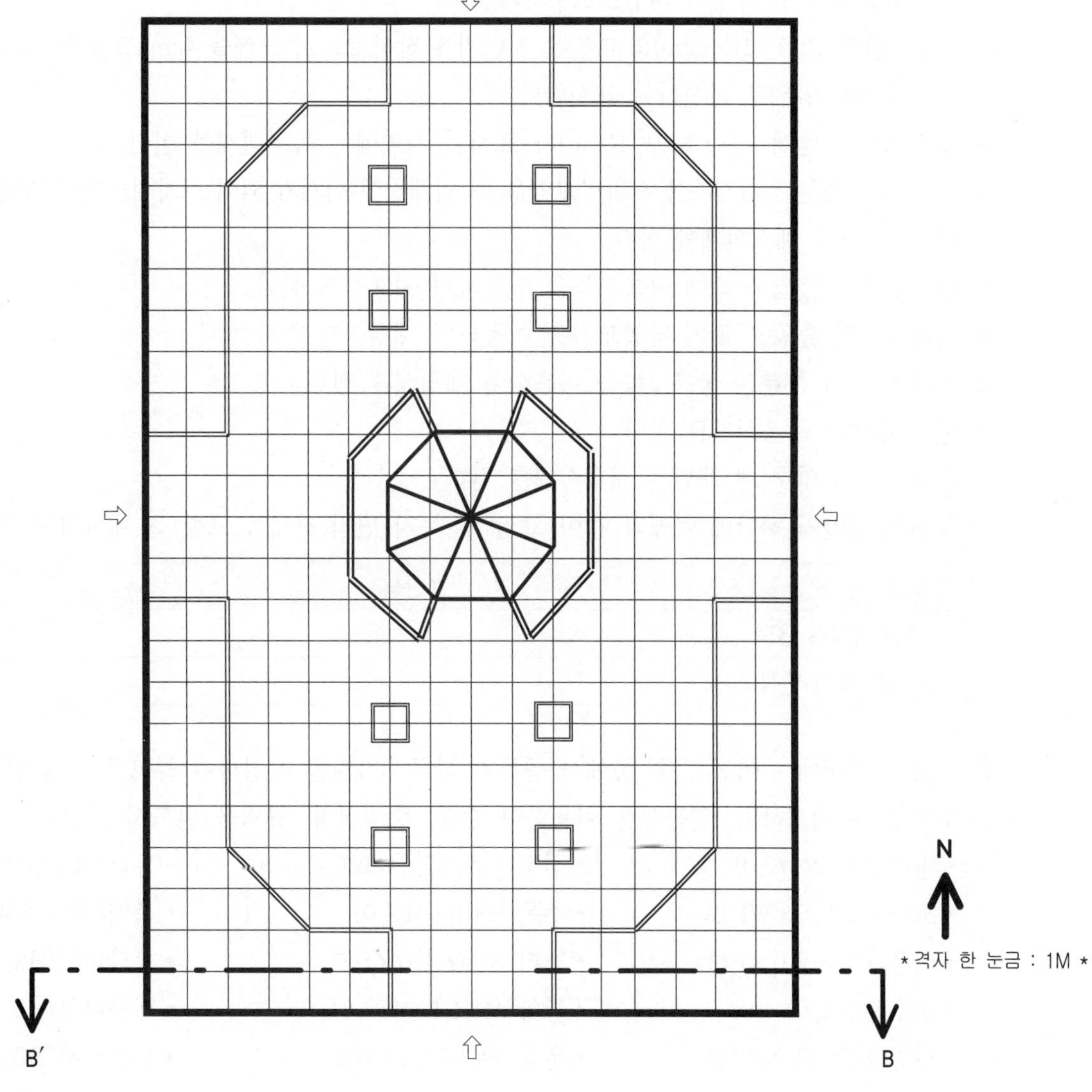

2. 요구사항

① 식재 평면도를 위주로 한 조경계획도를 축척 1/100로 작성하시오(지급용지 1).

② 도면 오른쪽 위에 작업명칭 작성하시오.

③ 도면 오른쪽 위에는 "중요 시설물수량표와 수목(식재)수량표"를 작성하고, 수량표 아래쪽에 "방위와 막대축척"을 그려 넣으시오(단, 전체 대상지의 길이를 고려하여 범례표를 조정할 수 있다.).
④ 도면의 전체적인 안정감을 위하여 "테두리선"을 넣으시오.
⑤ B-B′ 단면도를 축척 1/100로 작성하시오(지급용지 2).

3. 요구조건

① 동선의 폭은 4m이다.
② 포장지역내 적당한 곳에 평벤치(40×120×40cm) 8개를 대칭으로 설치한다.
③ 휴지통(ϕ60cm)은 연계하여 4개를 설치한다.
④ 현황도를 참고하여 부지의 중심부에 8각정자(400×400×350cm)를 설치한다.
⑤ 연못은 8각정자와 연계하여 동서방향으로 실제 물을 넣을 수 있는 폭이 60cm로 설치한다.
⑥ 녹지는 포장면보다 60cm 높게 성토하고 경계부 전체를 콘크리트 옹벽에 화강석 판석 붙이기로 마감하고 단면도 작성시 지점표고를 표시한다.
⑦ 소형고압블록(22×11×6cm)의 마감은 지반위에 잡석 20cm, 모래를 4cm 포설 후 시공하며 단면도 작성시 mm 단위로 환산하여 표시한다.
⑧ 수목보호홀 덮개(100×100×40cm)가 표시된 지역에는 녹음식재를 한다.
⑨ 녹지 내 식재는 팔각정자에서 바라보았을 때 입체적인 식재가 되어 스카이라인이 자연스럽게 형성될 수 있도록 배식설계를 한다.
⑩ 동서방향의 출입구 쪽에 상록교목을 이용하여 지표식재 한다.
⑪ 남북방향의 출입구 쪽에 낙엽교목을 이용하여 대칭식재 한다.
⑫ 녹지 모서리 부분은 상록교목을 이용하여 대칭식재 한다.
⑬ 벤치 주변은 녹음식재로 한다.
⑭ 출입구 주위의 식재 패턴은 대칭식재를 한다.
⑮ 평면도 답안지 하단에 아래와 같이 그린 후 녹지 면적(경계석 포함)을 계산하여 써넣으시오.

구 분	계산식	답
녹지 1개소 면적		
전체 녹지 면적		

⑯ 수목은 아래에 주어진 수종 중에서 종류가 다른 8가지를 선정하여 골고루 안정적인 배식이 될 수 있도록 계획하며, 인출선을 이용하여 수량, 수종명칭, 규격을 반드시 표기한다.

- 반송(H1.5×W1.0)
- 섬잣나무(H3.5×W1.2)
- 돈나무(H1.0×W0.7)
- 소나무(H3.5×W1.2)
- 주목(H3.0×W2.0)
- 측백(H3.5×W1.2)
- 단풍나무(H2.0×R6)
- 느티나무(H4.0×R8)
- 자작나무(H2.5×B5)
- 산수유(H2.0×R6)
- 광나무(H1.5×W0.6)
- 배롱나무(H2.5×R7)
- 산벚나무(H2.0×B4)
- 은행나무(H4.0×B8)
- 눈향나무(H0.3×W0.4)
- 옥향(H0.6×W0.9)
- 철쭉(H0.3×W0.4)
- 영산홍(H0.3×W0.3)
- 회양목(H0.3×W0.3)

⑰ 경사, 포장재료, 경계선 및 기타 시설물의 기초, 주변의 수목 등을 단면도상에 표시하시오.

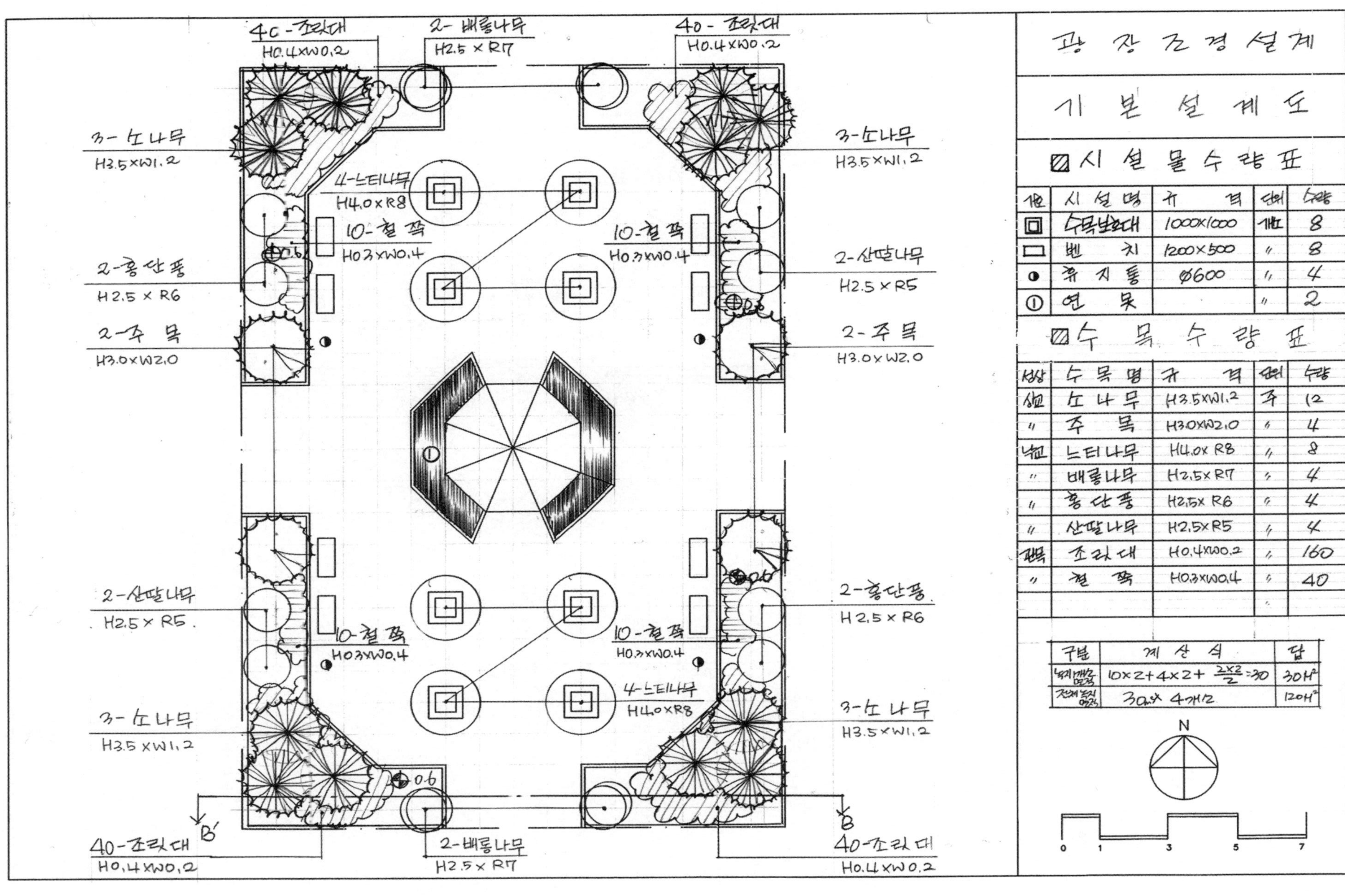
광장조경설계
기본설계도
시설물수량표
기호 | 시설명 | 규격 | 단위 | 수량
수목보호대 | 1000×1000 | 개소 | 8
벤치 | 1200×500 | 〃 | 8
휴지통 | Ø600 | 〃 | 4
연못 | 〃 | 2
수목수량표
성상 | 수목명 | 규격 | 단위 | 수량
상교 | 소나무 | H3.5×W1.2 | 주 | 12
〃 | 주목 | H3.0×W2.0 | 〃 | 4
낙교 | 느티나무 | H4.0×R8 | 〃 | 8
〃 | 배롱나무 | H2.5×R7 | 〃 | 4
〃 | 홍단풍 | H2.5×R6 | 〃 | 4
〃 | 산딸나무 | H2.5×R5 | 〃 | 4
관목 | 조릿대 | H0.4×W0.2 | 〃 | 160
〃 | 철쭉 | H0.3×W0.4 | 〃 | 40
구분 | 계산식 | 답
녹지면적 | 10×2+4×2+ 2×2/2 =30 | 30㎡
전체녹지면적 | 30㎡ × 4개소 | 120㎡
N
0 1 3 5 7
40-조릿대
H0.4×W0.2
2-배롱나무
H2.5×R7
3-소나무
H3.5×W1.2
4-느티나무
H4.0×R8
10-철쭉
H0.3×W0.4
2-홍단풍
H2.5×R6
2-주목
H3.0×W2.0
2-산딸나무
H2.5×R5
0.6
B
B'

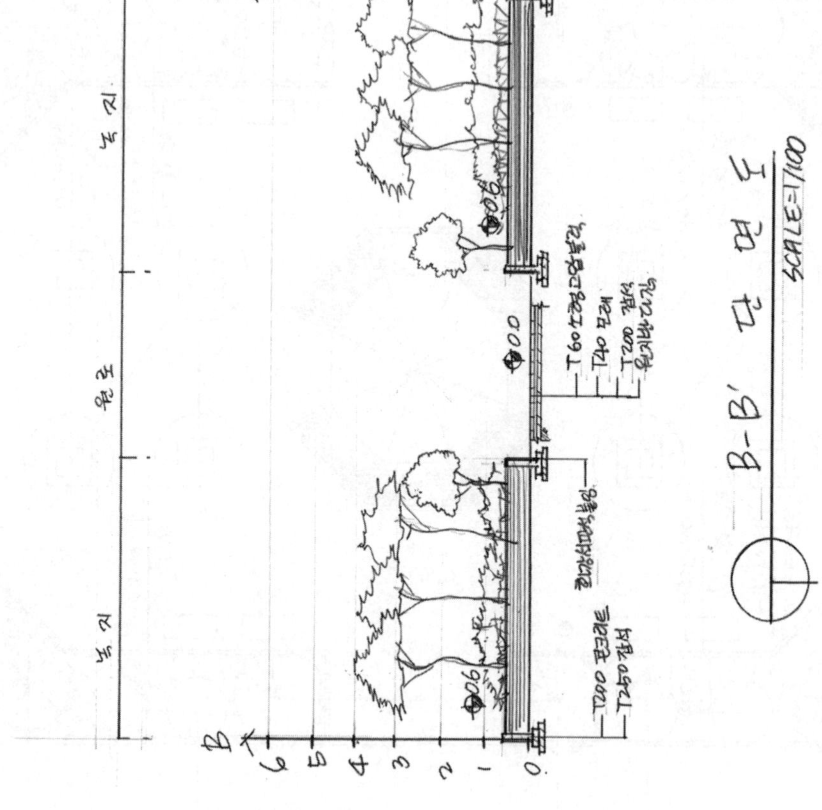
B-B' 단면도
SCALE=1/100

9 가로공원

설계 문제

중부지방 어느 도시에 있는 가로공원의 현황도이다. 지형은 평탄하게 정지되어 있다. 부지는 경계석(폭20cm)에 의해 각각의 공간으로 구분되어 있다.

1. 현황도

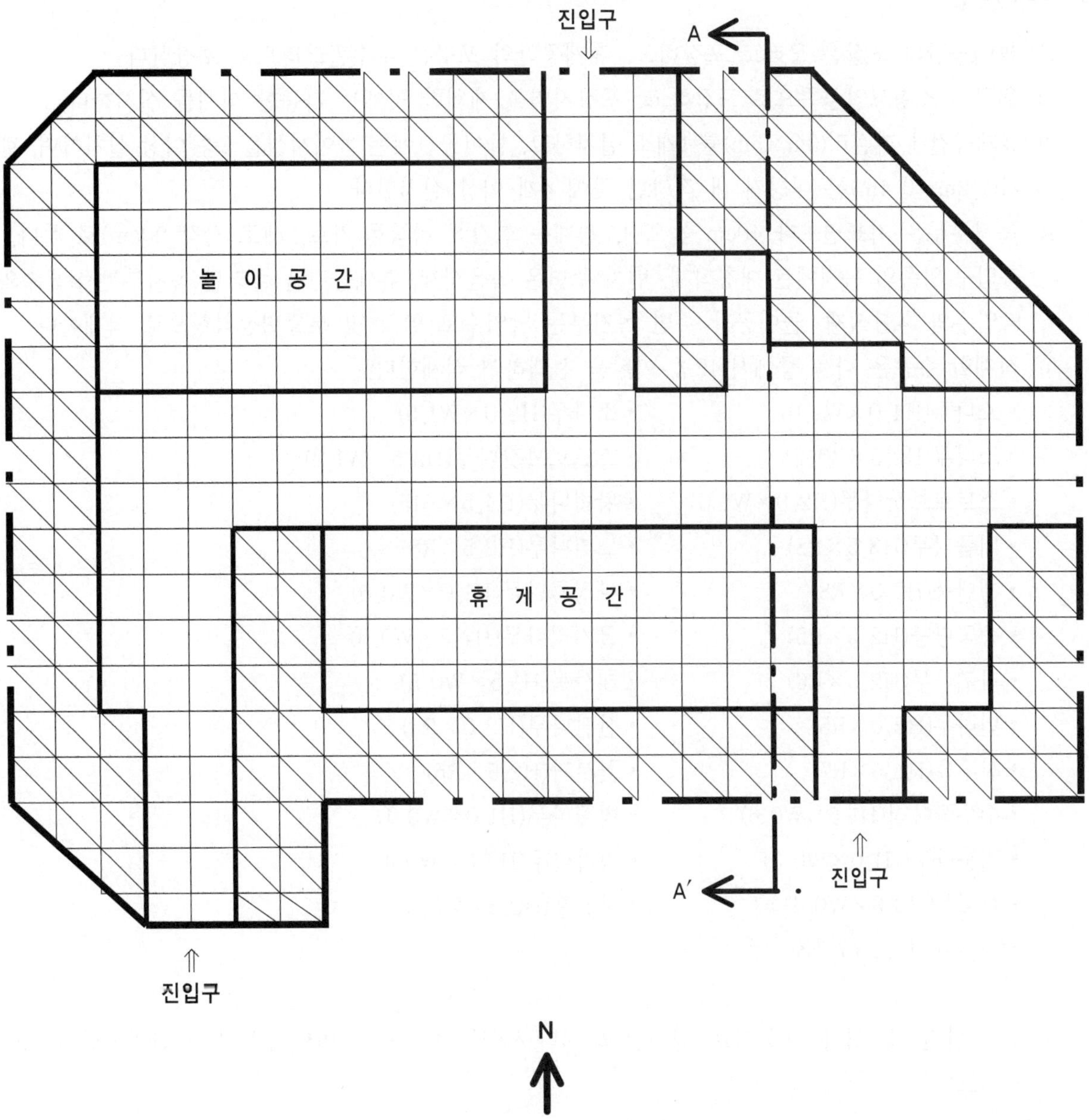

진입구

A

놀 이 공 간

휴 게 공 간

진입구

A′

진입구

⋆ 격자 한 눈금 : 1M ⋆

2. 요구사항

① 식재 평면도를 위주로 한 조경계획도를 축척 1/100로 작성하시오(지급용지 1).

② 도면 오른쪽 위에 작업명칭 작성하시오.

③ 도면 오른쪽 위에는 "중요 시설물수량표와 수목(식재)수량표"를 작성하고, 수량표 아래쪽에 "방위와 막대축척"을 그려 넣으시오(단, 전체 대상지의 길이를 고려하여 범례표를 조정할 수 있다.).

④ 도면의 전체적인 안정감을 위하여 "테두리선"을 넣으시오.

⑤ A-A′ 단면도를 축척 1/100로 작성하시오(지급용지 2).

3. 요구조건

① 놀이공간의 포장은 모래로 포장하고, 휴게공간의 포장은 투수콘크리트로 포장한다.

② 원로는 소형고압블록으로 포장하고, 포장지역을 제외한 곳에는 가능한 식재를 실시한다.

③ 휴게공간에 퍼걸러(3m×5m)를 1개소 설치하고, 놀이공간에는 놀이시설을 2종 이상 설치하며, 벤치(1.2m×0.4m)는 대상지 내 적당한 곳에 4개 이상 설치한다.

④ 녹지부분은 지표면보다 40cm 높으며, 경계는 화강석 마름돌(가로, 세로 각각 20cm)로 한다.

⑤ 출입구 양쪽의 녹지에는 대칭식재, 벤치 주변은 녹음식재, 휴게공간을 둘러싼 녹지부는 상록수와 낙엽수의 혼합식재, 놀이공간 주변 녹지부는 낙엽수로 열식 및 부등변삼각형으로 식재한다.

⑥ 식재할 수종은 다음 중에서 12종 이상을 선택하여 식재한다.

- 소나무(H4.0×W2.0)
- 소나무(H3.0×W1.5)
- 소나무(H2.5×W1.2)
- 스트로브잣나무(H2.5×W1.2)
- 스트로브잣나무(H2.0×W1.0)
- 왕벚나무(H4.5×B15)
- 버즘나무(H3.5×B8)
- 느티나무(H3.5×R8)
- 청단풍(H2.5×R8)
- 다정큼나무(H1.0×W0.6)
- 중국단풍(H2.5×R5)
- 굴거리나무(H2.5×W0.6)
- 자귀나무(H2.5×R6)
- 태산목(H1.5×W0.5)
- 먼나무(H2.0×R5)
- 산딸나무(H2.0×R5)
- 산수유(H2.5×R7)
- 꽃사과(H2.5×R5)
- 수수꽃다리(H1.5×W0.6)
- 병꽃나무(H1.0×W0.4)
- 쥐똥나무(H1.0×W0.3)
- 명자나무(H0.6×W0.4)
- 산철쭉(H0.3×W0.4)
- 자산홍(H0.3×W0.3)
- 조릿대(H0.6×7가지)

⑦ A-A′ 단면도는 경사, 포장재료, 경계선 및 기타 시설물의 기초, 주변의 수목 등을 단면도상에 표시하시오.

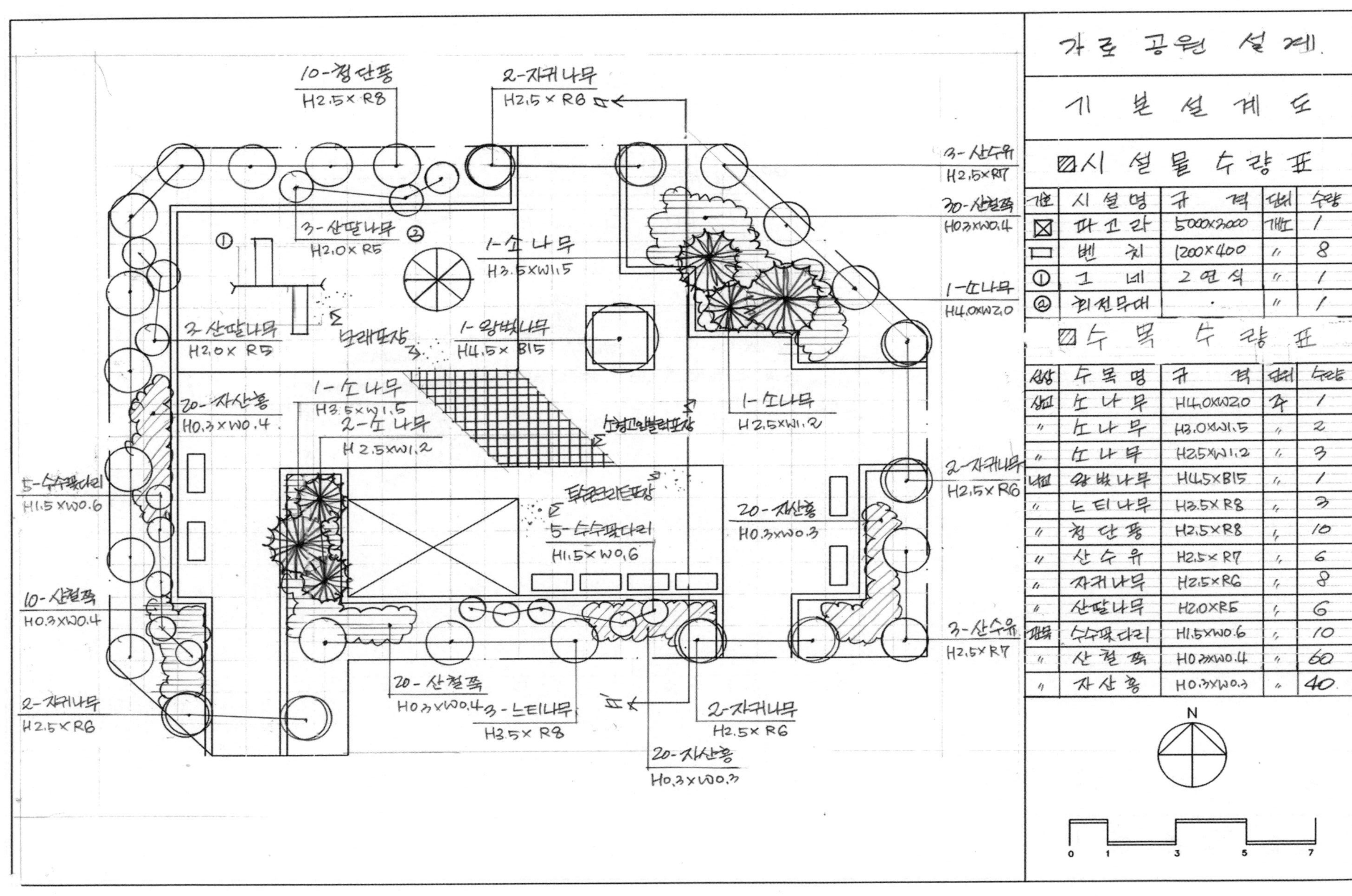
10-청단풍 H2.5×R8
2-자귀나무 H2.5×R6
3-산딸나무 H2.0×R5
1-소나무 H3.5×W1.5
3-산딸나무 H2.0×R5
모래포장
1-왕벚나무 H4.5×B15
20-자산홍 H0.3×W0.4
1-소나무 H3.5×W1.5
2-소나무 H2.5×W1.2
1-소나무 H2.5×W1.2
소형고압블럭포장
5-수수꽃다리 H1.5×W0.6
투수콘크리트포장
5-수수꽃다리 H1.5×W0.6
20-자산홍 H0.3×W0.3
10-산철쭉 H0.3×W0.4
2-자귀나무 H2.5×R6
20-산철쭉 H0.3×W0.4
3-느티나무 H3.5×R8
2-자귀나무 H2.5×R6
20-자산홍 H0.3×W0.3
3-산수유 H2.5×R7
30-산철쭉 H0.3×W0.4
1-소나무 H4.0×W2.0
2-자귀나무 H2.5×R6
3-산수유 H2.5×R7
가로공원 설계
기본설계도
시설물 수량표
기호 시설명 규격 단위 수량
파고라 5000×3000 개소 1
벤치 1200×400 〃 8
그네 2연식 〃 1
회전무대 · 〃 1
수목 수량표
성상 수목명 규격 단위 수량
상록 소나무 H4.0×W2.0 주 1
〃 소나무 H3.0×W1.5 〃 2
〃 소나무 H2.5×W1.2 〃 3
낙엽 왕벚나무 H4.5×B15 〃 1
〃 느티나무 H3.5×R8 〃 3
〃 청단풍 H2.5×R8 〃 10
〃 산수유 H2.5×R7 〃 6
〃 자귀나무 H2.5×R6 〃 8
〃 산딸나무 H2.0×R5 〃 6
관목 수수꽃다리 H1.5×W0.6 〃 10
〃 산철쭉 H0.3×W0.4 〃 60
〃 자산홍 H0.3×W0.3 〃 40
N
0 1 3 5 7

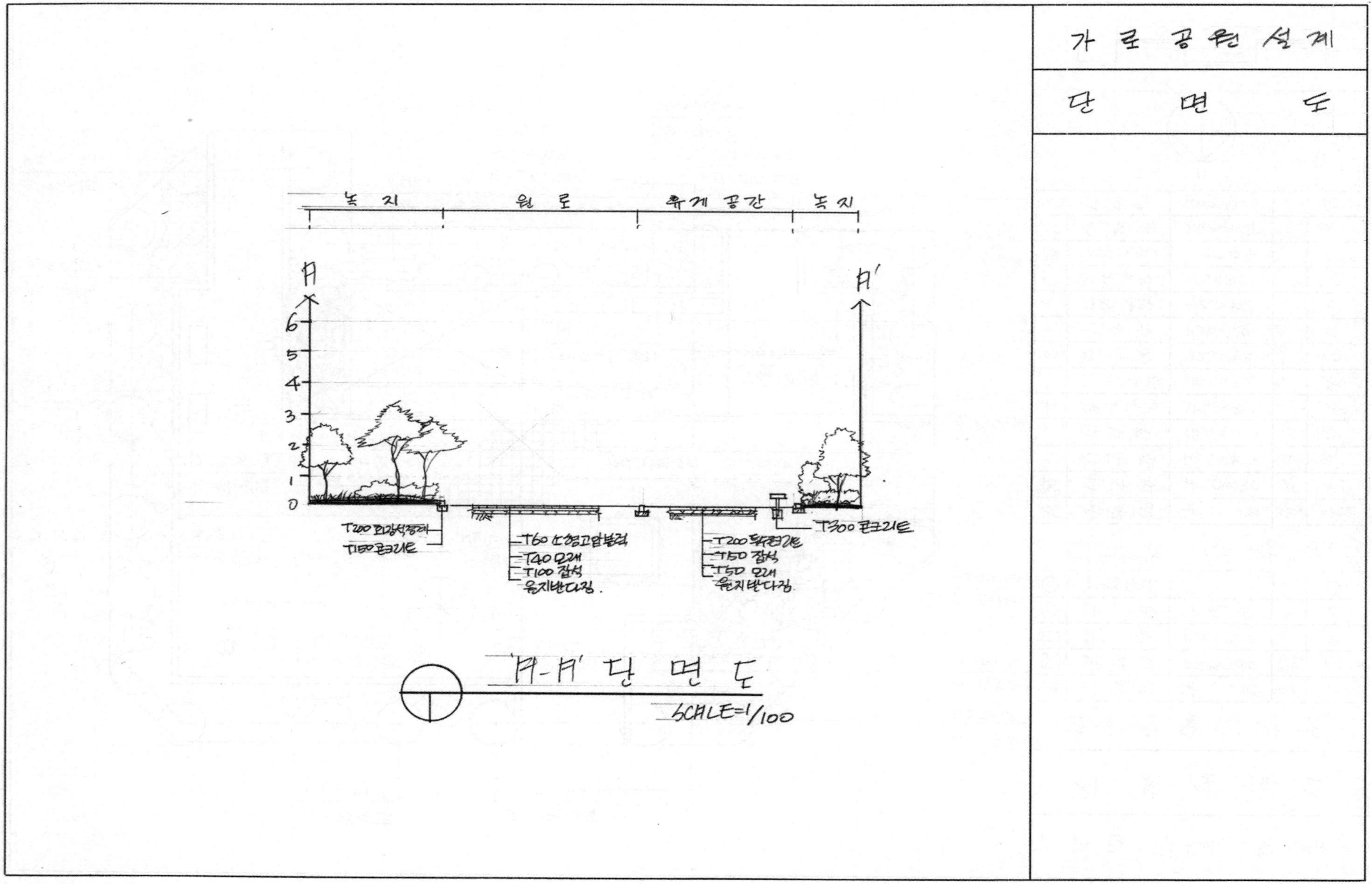

가로공원설계

단면도

녹지 | 원로 | 휴게공간 | 녹지

A — A′

6
5
4
3
2
1
0

T200 화강석경계
T150 콘크리트

T60 소형고압블럭
T40 모래
T100 잡석
원지반다짐.

T200 투수콘크리트
T150 잡석
T50 모래
원지반다짐.

T300 콘크리트

A-A′ 단면도
SCALE=1/100

10 기념공원

설계 문제

우리나라 중부지역에 위치한 도로변의 기념공원 공간에 대한 조경설계를 하고자 한다. 주어진 현황도 및 아래 사항을 참조하여 설계조건에 따라 조경계획도를 작성한다(단, 1점 쇄선 안 부분이 조경설계 대상지로 한다.).

1. 현황도

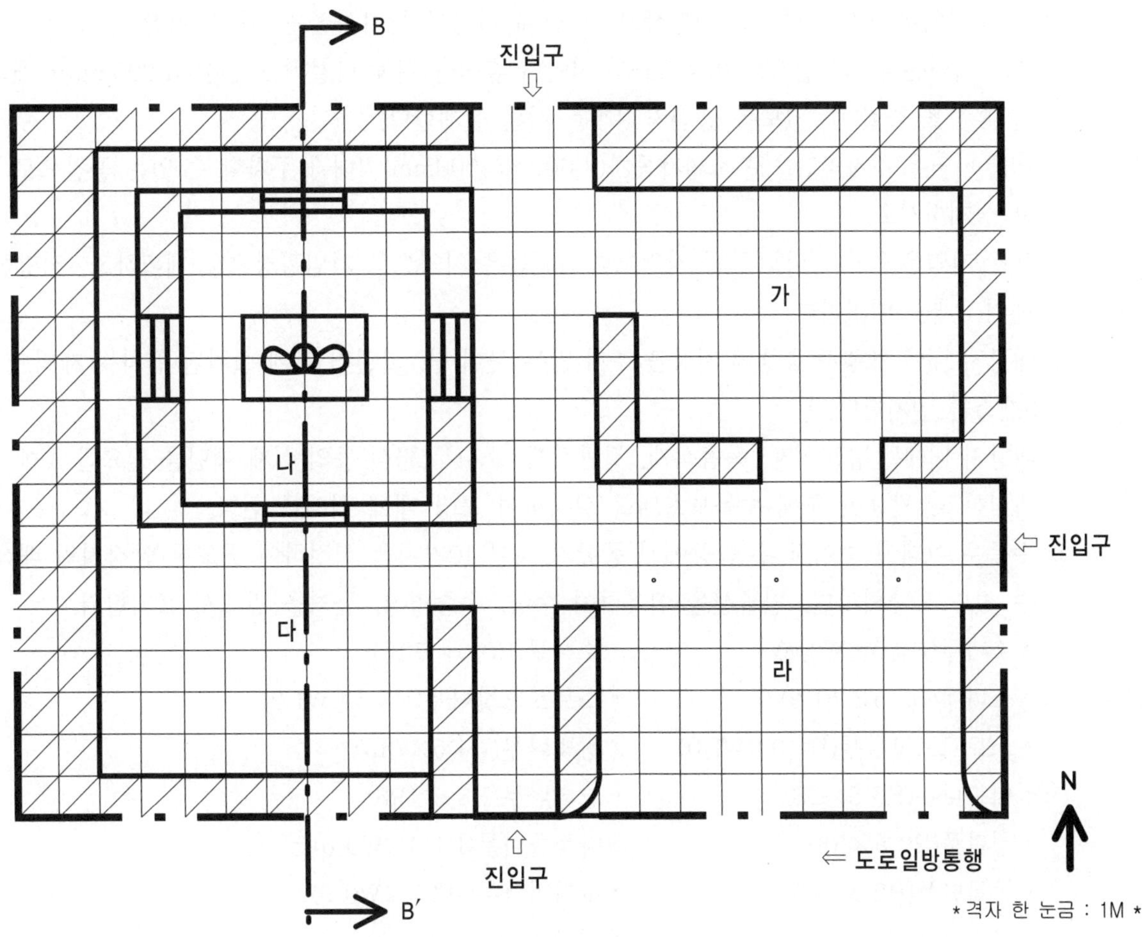

*격자 한 눈금 : 1M *

2. 요구사항

① 식재 평면도를 위주로 한 조경계획도를 축척 1/100로 작성하시오(지급용지 1).

② 도면 오른쪽 위에 작업명칭 작성하시오.

③ 도면 오른쪽 위에는 "중요 시설물수량표와 수목(식재)수량표"를 작성하고, 수량표 아래쪽에 "방위와 막대축척"을 그려 넣으시오(단, 전체 대상지의 길이를 고려하여 범례표를 조정할 수 있다.).

④ 도면의 전체적인 안정감을 위하여 "테두리선"을 넣으시오.

⑤ B-B′ 단면도를 축척 1/100로 작성하시오(지급용지 2).

3. 요구조건

① 해당 지역은 도로변의 자투리 공간을 이용하여 휴식 및 어린이들이 즐길 수 있는 공원으로, 공원의 특징을 고려하여 조경계획도를 작성한다.

② 포장지역을 제외한 곳에 식재가 가능한 장소에는 식재를 실시하시오(단, 녹지공간은 빗금 친 부분이며, 경사의 차이가 발생하는 곳은 식수대(plant box)로 처리되어 있으며 분위기를 고려하여 식재를 실시하시오.).

③ 포장지역은 "소형고압블록, 콘크리트, 모래, 마사토, 투수콘크리트" 등 적당한 위치에 선택하여 표시하고, 포장명을 기입한다.

④ "가" 지역은 놀이공간으로 계획하고 그 안에 어린이 놀이시설을 3종 배치한다.

⑤ "다" 지역은 휴식공간으로 이용자들의 편안한 휴식을 위해 퍼걸러(5,000×5,000mm) 1개와 앉아서 휴식을 즐길 수 있도록 등벤치 3개를 계획 설계한다.

⑥ "라" 지역은 주차공간으로 소형자동차(3,000×5,000mm) 2대가 주차할 수 있는 공간으로 계획하고 설계하시오.

⑦ "나" 지역은 "가", "다", "라" 지역보다 1m 높은 지역으로 기념광장으로 계획하고, 적당한 곳에 벤치 3개를 배치한다.

⑧ 대상지 내에 보행자 통행에 지장을 주지 않는 곳에(단, 퍼걸러 안에 설치된 벤치는 제외), 휴지통 3개소를 설치한다.

⑨ 대상지 내에는 유도식재, 녹음식재, 경관식재, 소나무 군식 등의 식재 패턴을 필요한 곳에 적당히 배식하고, 필요한 곳에 수목보호대를 설치하여 포장 내에 식재를 한다.

⑩ 수목은 아래에 주어진 수종 중에서 종류가 다른 10가지를 선정하여 골고루 안정적인 배식이 될 수 있도록 계획하며, 인출선을 이용하여 수량, 수종명칭, 규격을 반드시 표기한다.

- 소나무(H4.0×W2.0)
- 소나무(H3.0×W1.5)
- 소나무(H2.5×W1.2)
- 스트로브잣나무(H2.5×W1.2)
- 스트로브잣나무(H2.0×W1.0)
- 왕벚나무(H4.5×B15)
- 버즘나무(H3.5×B8)
- 느티나무(H3.5×R8)
- 청단풍(H2.5×R8)
- 다정큼나무(H1.0×W0.6)
- 중국단풍(H2.5×R5)
- 굴거리나무(H2.5×W0.6)
- 자귀나무(H2.5×R6)
- 태산목(H1.5×W0.5)
- 먼나무(H2.0×R5)
- 산딸나무(H2.0×R5)
- 산수유(H2.5×R7)
- 꽃사과(H2.5×R5)
- 수수꽃다리(H1.5×W0.6)
- 병꽃나무(H1.0×W0.4)
- 쥐똥나무(H1.0×W0.3)
- 명자나무(H0.6×W0.4)
- 산철쭉(H0.3×W0.4)
- 자산홍(H0.3×W0.3)
- 조릿대(H0.6×7가지)

⑪ 경사, 포장재료, 경계선 및 기타 시설물의 기초, 주변의 수목 등을 단면도상에 표시하시오.

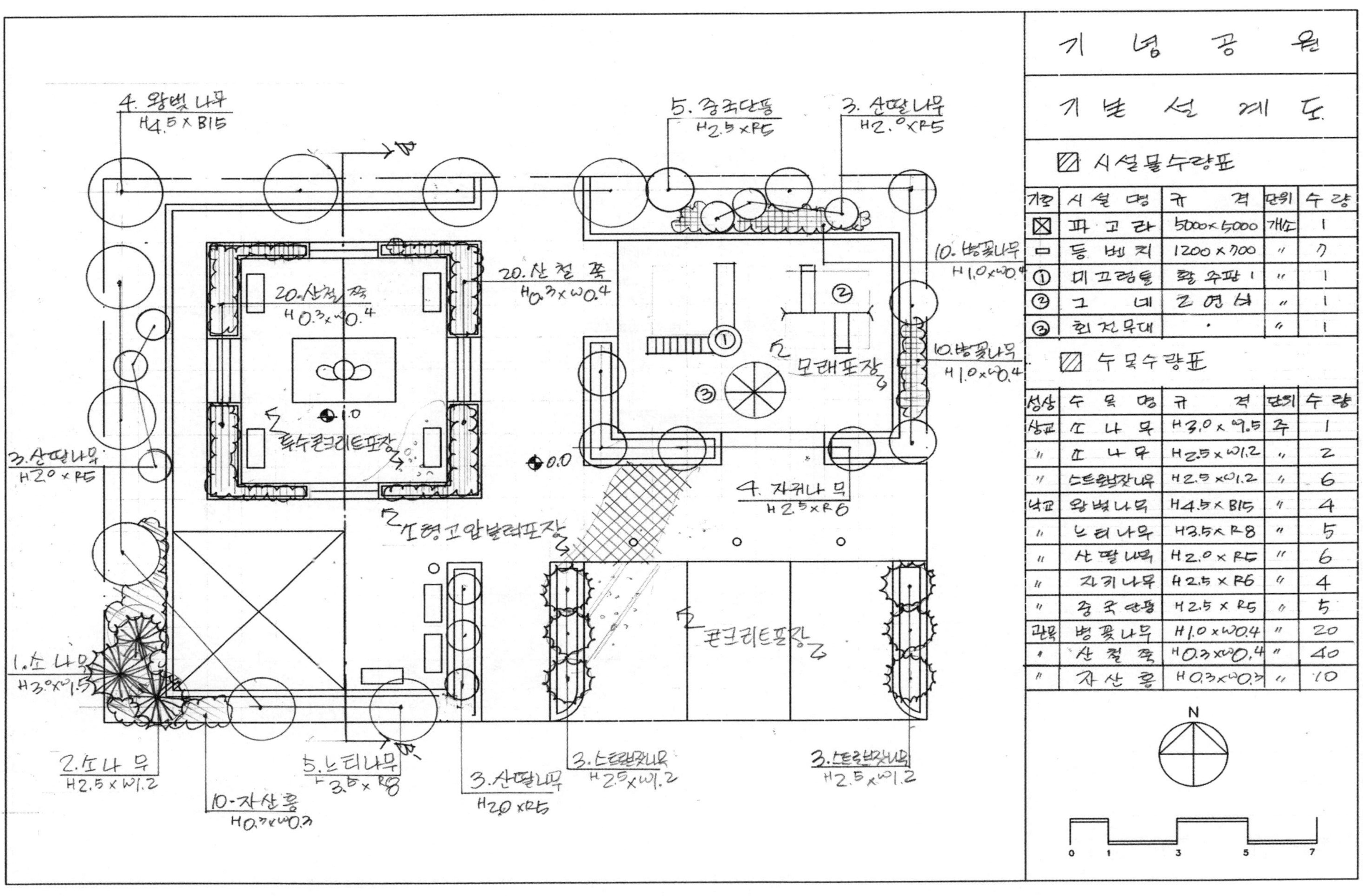

시설물수량표

기호	시설명	규격	단위	수량
⊠	파고라	5000×5000	개소	1
▭	등벤치	1200×700	〃	7
①	미끄럼틀	활주판 1	〃	1
②	그네	2연식	〃	1
③	회전무대	·	〃	1

수목수량표

성상	수목명	규격	단위	수량
상교	소나무	H3.0×W1.5	주	1
〃	소나무	H2.5×W1.2	〃	2
〃	스트로브잣나무	H2.5×W1.2	〃	6
낙교	왕벚나무	H4.5×B15	〃	4
〃	느티나무	H3.5×R8	〃	5
〃	산딸나무	H2.0×R5	〃	6
〃	자귀나무	H2.5×R6	〃	4
〃	중국단풍	H2.5×R5	〃	5
관목	병꽃나무	H1.0×W0.4	〃	20
〃	산철쭉	H0.3×W0.4	〃	40
〃	자산홍	H0.3×W0.3	〃	10

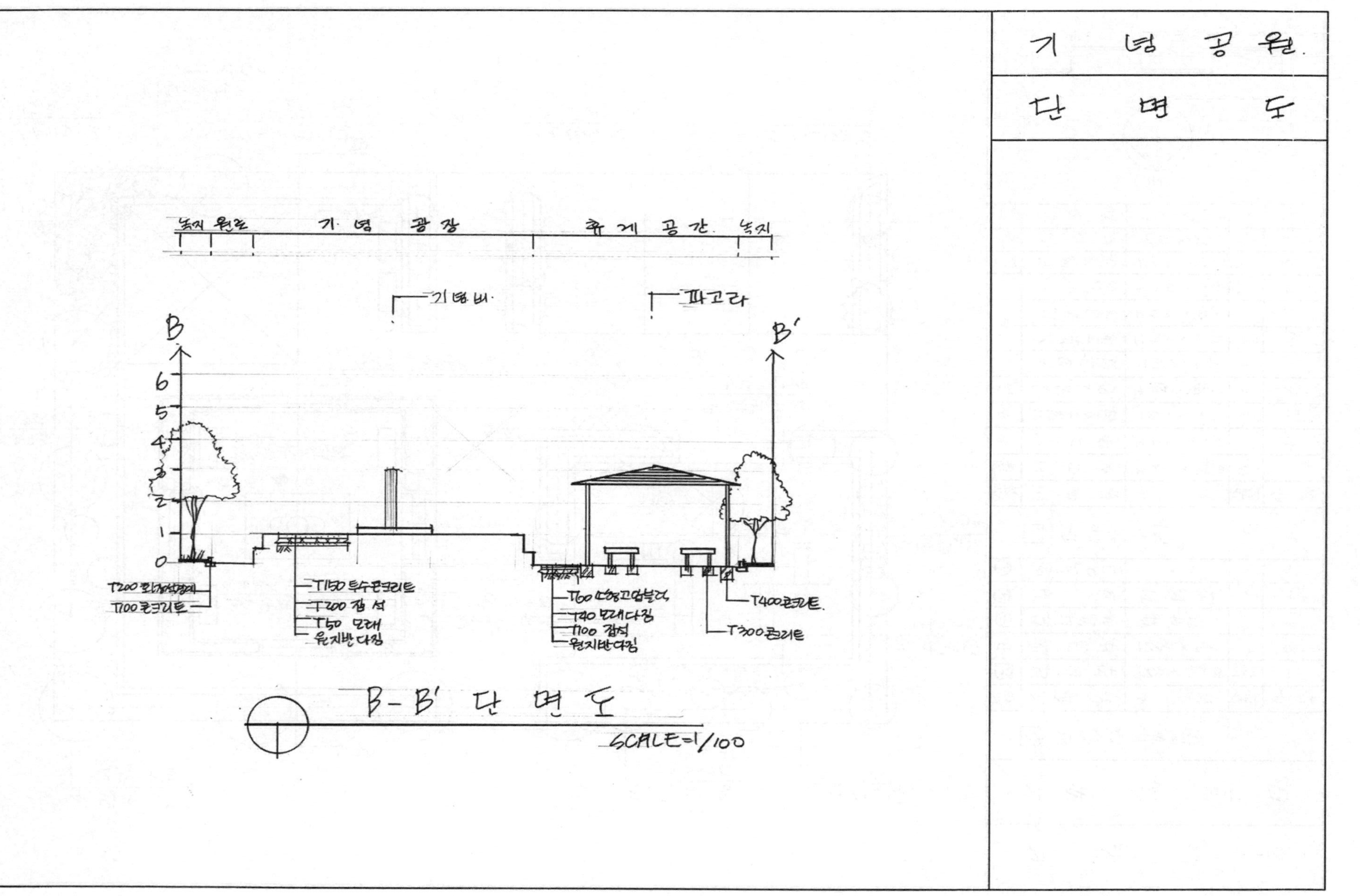
기념공원
단면도
녹지
원로
기념광장
휴게공간
녹지
기념비
파고라
B
B'
T100콘크리트
T150투수콘크리트
T200 잡석
T50 모래
원지반다짐
T40 모래다짐
T100 잡석
원지반다짐
T400콘크리트
T300콘크리트
B-B' 단면도
SCALE=1/100

11-1 공공정원 조경 설계

설계 문제

주어진 현황도, 요구사항, 요구조건에 따라 근린공원 내 광장의 조경 설계를 하시오.

1. 현황도면

① 중부지방의 어느 공공건물 앞에 위치한 공공정원(22×20m) 이다.

② 사방은 보행로로 둘러싸여 있다.

③ 격자 한 눈금의 간격은 1m 이다.

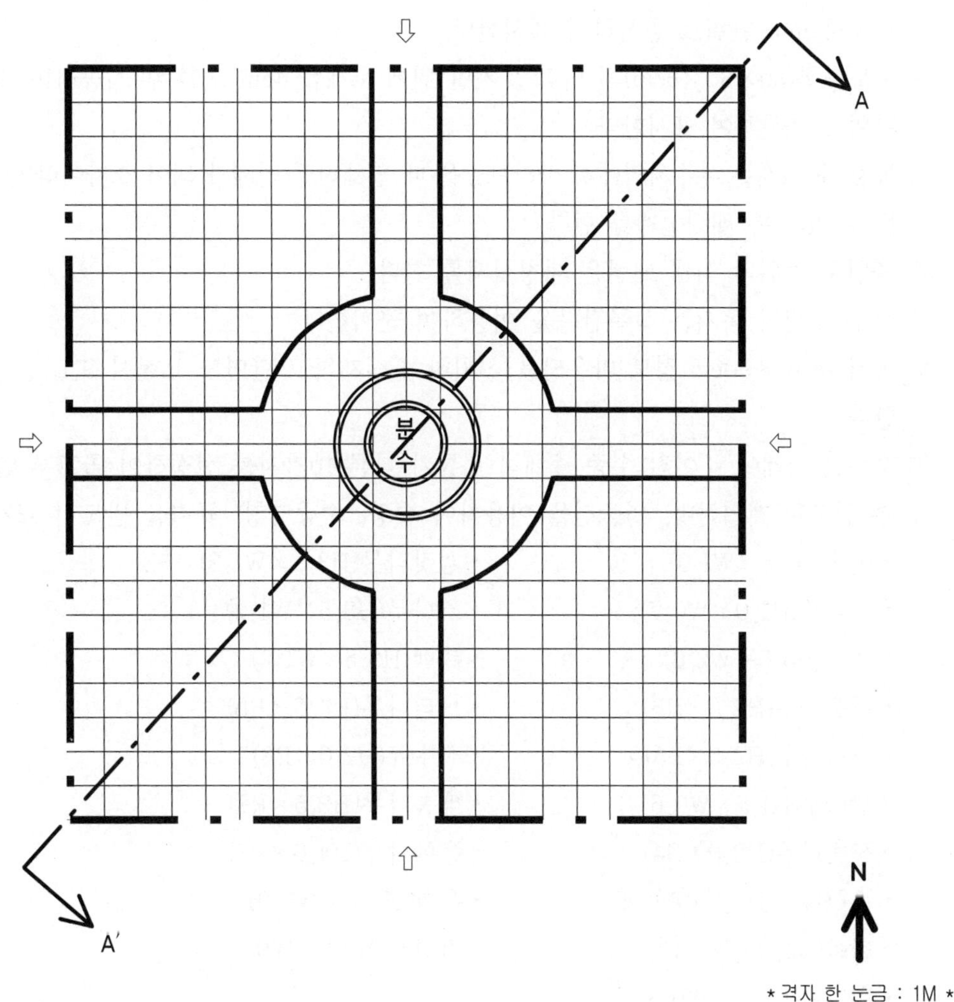

2. 요구사항

① 식재 평면도를 위주로 한 조경계획도를 축척 1/100로 작성하시오(지급용지 1).

② 도면 오른쪽 위에 작업명칭을 "공공정원설계"이라고 작성하시오.

③ 도면 오른쪽 위에는 "수목수량표"와 오른쪽 아래에 "방위와 막대축척"을 그려 넣으시오.

④ 도면의 전체적인 안정감을 위하여 "테두리선"을 넣으시오.

⑤ A-A′ 단면도를 축척 1/100로 작성하시오(지급용지 2).

3. 요구조건

① 분수의 수조는 폭 20cm의 콘크리트 구조물로 외경의 지름이 2m이다.

② 분수를 둘러싼 녹지대의 폭은 1m(녹지경계석 20cm 포함)이다.

③ 중심공간의 크기는 녹지경계석의 외견을 기준으로 하여 지름이 4m이다.

④ 포장공간의 폭(순수 보도블록포장)은 2m이다.

⑤ 녹지부분은 폭 20cm 크기의 녹지경계석으로 전체를 마감한다.

⑥ 포장지역내 적당한 곳에 등벤치(45×150×40cm) 4개를 대칭으로 설치한다.

⑦ 원로 내에 바닥포장은 보도블록으로 포장하고 표현은 1곳 이상 표시한다.

⑧ 녹지의 높이는 포장면을 기준으로 하여 10cm 높으며, 연못 바닥면의 높이는 30cm 낮도록 구성한다.

⑨ 분수의 깊이는 60~80cm 깊이로 구성한다.

⑩ 분수의 바닥 단면마감은 지반위에 잡석 15cm, 자갈 10cm, 콘크리트 10cm 순으로 구성하고 단면도 작성시 mm 단위로 환산하여 표시한다.

⑪ 보도블록(30×30×6cm)의 마감은 지반 위에 모래를 4cm 포설 후 시공하며, 단면도 작성시 mm 단위로 환산하여 표시한다.

⑫ 녹지 내 식재는 분수지역에서 바라보았을 때 입체적인 식재가 되어 스카이라인이 자연스럽게 형성될 수 있도록 배식설계를 한다.

⑬ 출입구 주위의 식재 패턴은 대칭식재를 한다.

⑭ 분수 주변의 녹지는 상록관목을 이용하여 군식한다.

⑮ 녹지 내 60~90cm 정도 마운딩을 설치하여 식재하고 단면도 표현시 G.L 선상에 표고점을 표기한다.

⑯ 수목은 아래에 주어진 수종 중에서 종류가 다른 10가지를 선정하여 골고루 안정적인 배식이 될 수 있도록 계획하며, 인출선을 이용하여 수량, 수종명칭, 규격을 반드시 표기한다.

- 반송(H1.5×W1.0)
- 돈나무(H1.0×W0.7)
- 주목(H3.0×W2.0)
- 단풍나무(H2.0×R6)
- 자작나무(H2.5×B5)
- 광나무(H1.5×W0.6)
- 산벚나무(H2.0×B4)
- 눈향나무(H0.3×W0.4)
- 철쭉(H0.3×W0.4)
- 회양목(H0.3×W0.3)
- 섬잣나무(H3.5×W1.2)
- 소나무(H3.5×W1.2)
- 측백(H3.5×W1.2)
- 느티나무(H4.0×R8)
- 산수유(H2.0×R6)
- 배롱나무(H2.5×R7)
- 은행나무(H4.0×B8)
- 옥향(H0.6×W0.9)
- 자산홍(H0.3×W0.3)

⑰ 경사, 포장재료, 경계선 및 기타 시설물의 기초, 주변의 수목 등을 단면도상에 표시하시오.

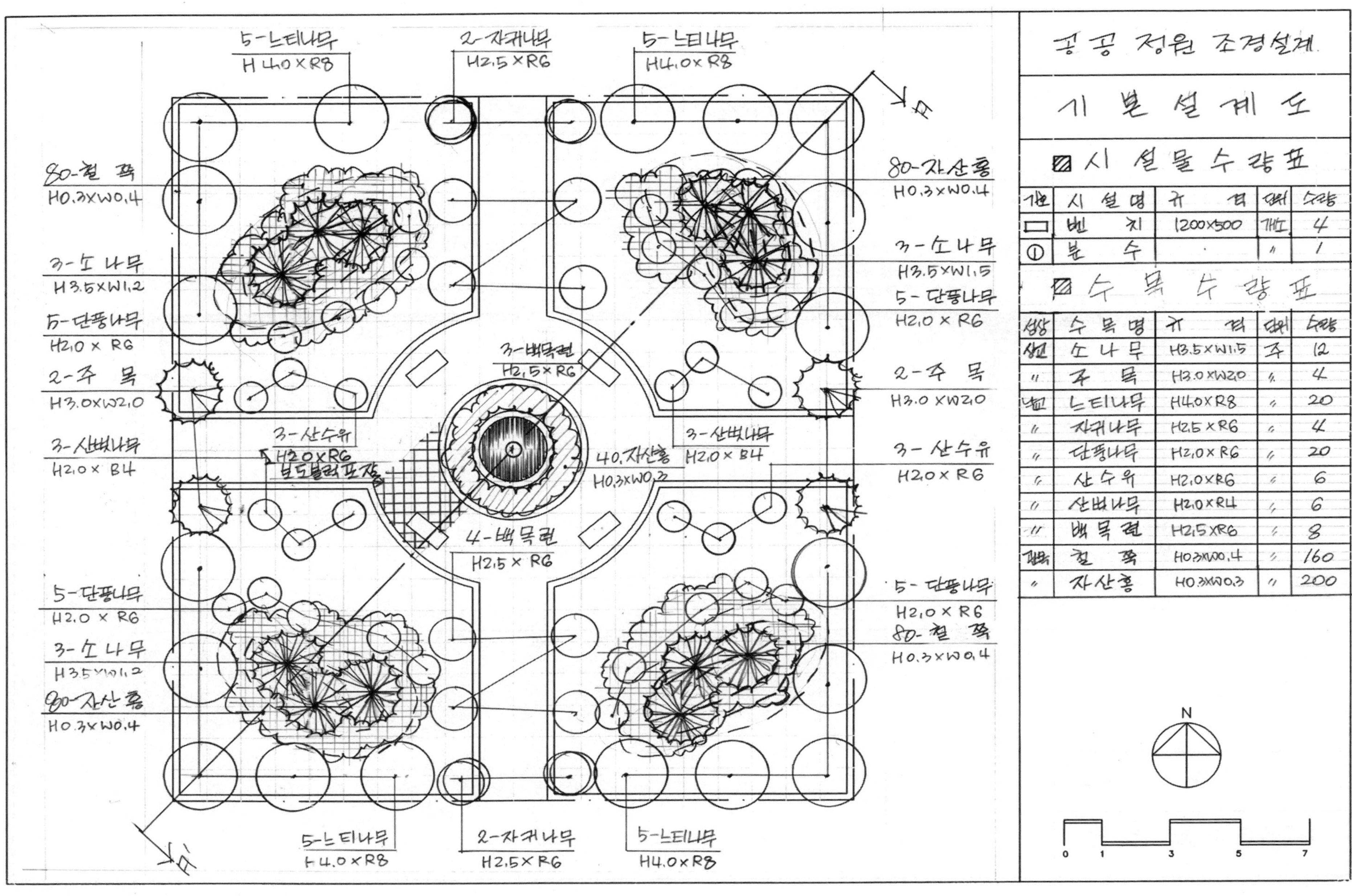

▨ 시설물수량표

기호	시설명	규격	단위	수량
▭	벤치	1200×500	개소	4
①	분수	·	〃	1

▨ 수목수량표

성상	수목명	규격	단위	수량
상교	소나무	H3.5×W1.5	주	12
〃	주목	H3.0×W2.0	〃	4
낙교	느티나무	H4.0×R8	〃	20
〃	자귀나무	H2.5×R6	〃	4
〃	단풍나무	H2.0×R6	〃	20
〃	산수유	H2.0×R6	〃	6
〃	산벚나무	H2.0×R4	〃	6
〃	백목련	H2.5×R6	〃	8
관목	철쭉	H0.3×W0.4	〃	160
〃	자산홍	H0.3×W0.3	〃	200

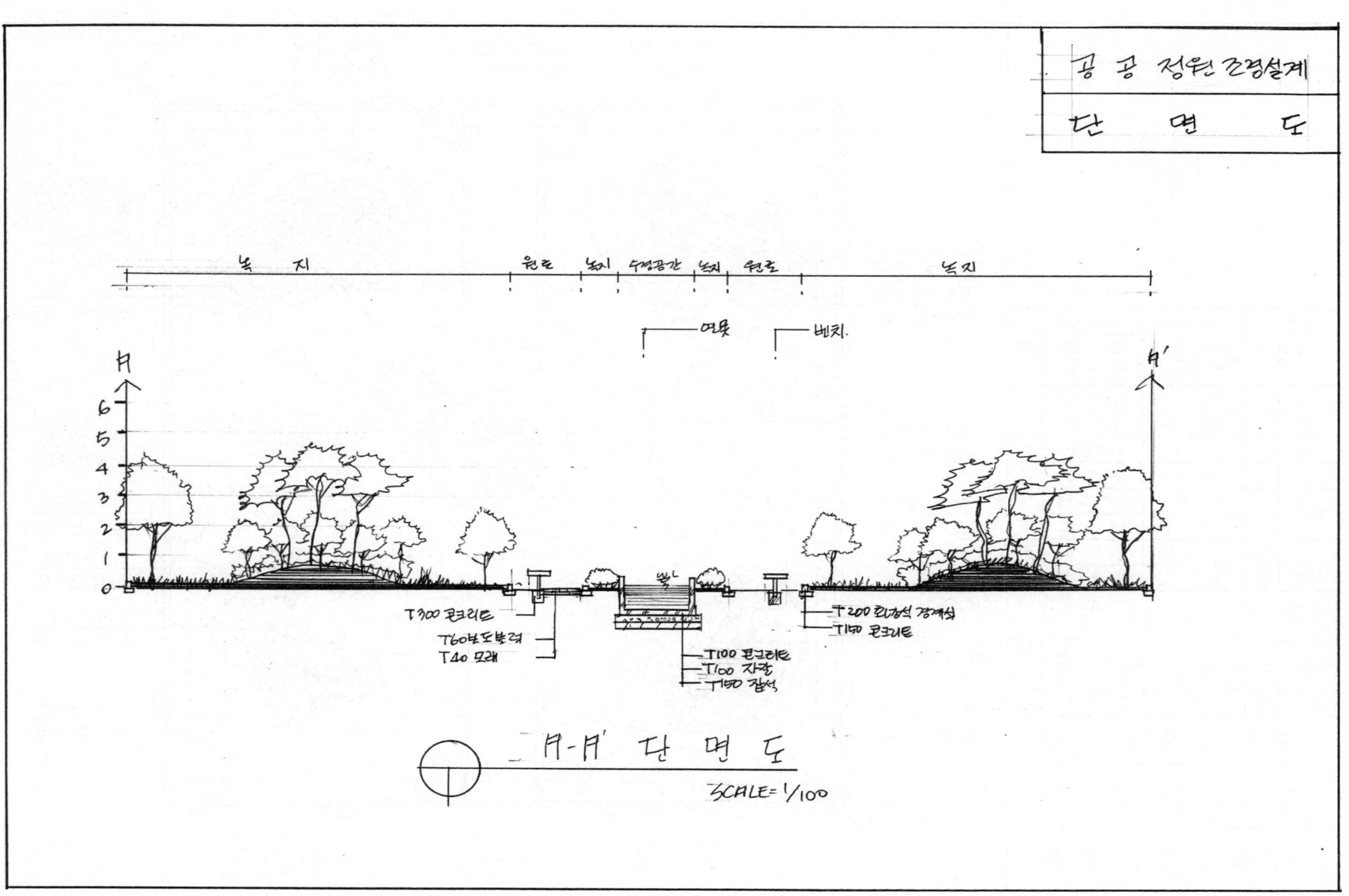
공 공 정원 조경설계
단 면 도
녹 지
원로
녹지
수경공간
녹지
원로
녹지
연못
벤치.
A
A'
T300 콘크리트
T60보도블럭
T40 모래
T100 콘크리트
T100 자갈
T150 잡석
T200 화강석 경계석
T150 콘크리트
A-A' 단 면 도
SCALE=1/100

11-2 공공정원 조경 설계

설계 문제-1

주어진 현황도, 요구사항, 요구조건에 따라 근린공원 내 광장의 조경 설계를 하시오.

1. 현황도면

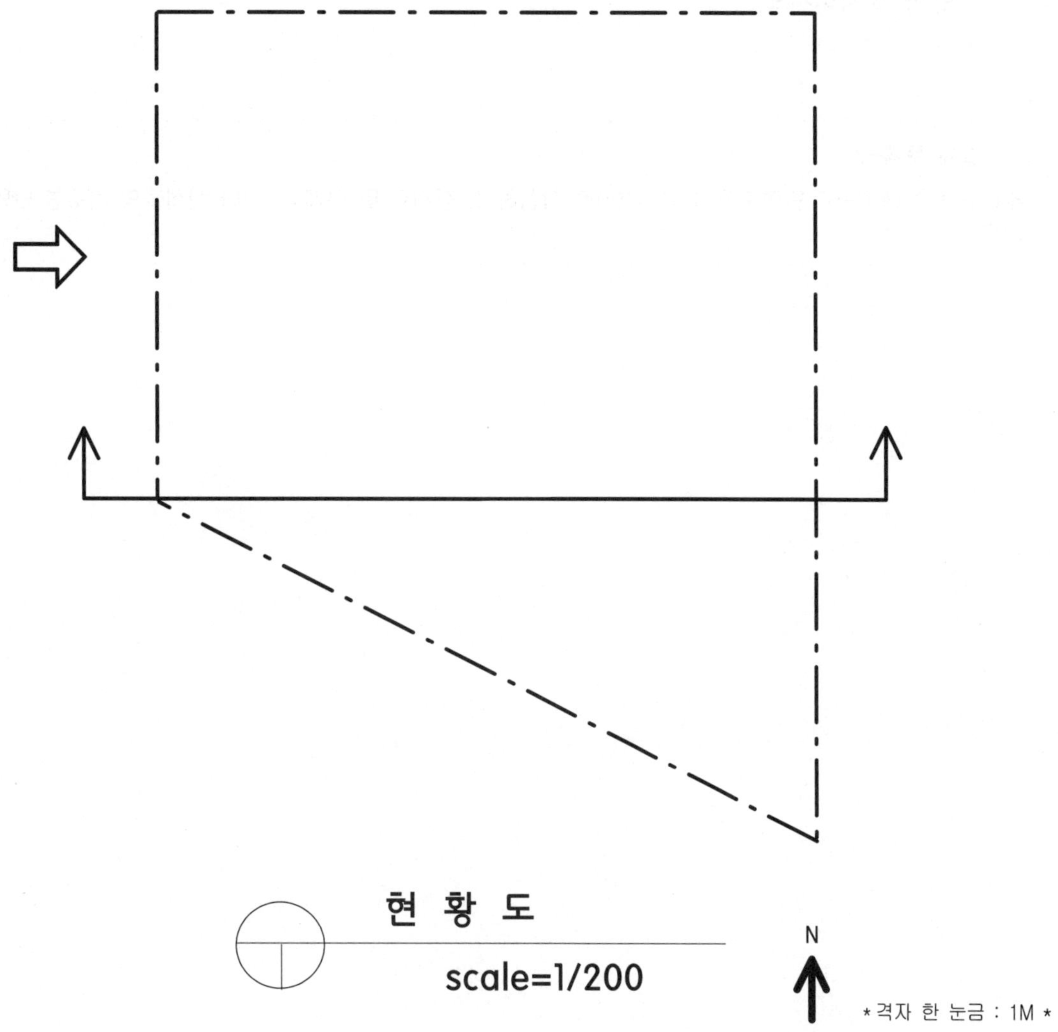

2. 설계 조건 및 반영사항

① 지급된 A3 용지에 현황도를 축척 1/100로 확대하여 식재 평면도를 위주로 한 조경 계획도를 축척 1/100로 작성하시오.

② 도면명, 스케일은 표제란을 작성하여 기입하고, 방위 표시를 하시오.

③ 확대된 부지 현황도에 설계조건 및 반영사항을 숙지하고 이들 내용이 잘 나타나도록 설계도를 작성하시오. 단, 포장은 2~3군데만 상징적으로 표현하시오.

④ 수목수량표를 작성하시오. 단, 성상, 수목명, 규격, 수량으로 구분하여 표기하시오.

⑤ 식재 설계는 상록교목 2종, 낙엽교목 5종, 관목 3종 이상을 선정하여 배식하고 인출선을 이용하여 수종, 규격, 수량을 명기하시오. 단, 화목류 2종 이상, 열매가 아름다운 2종 이상을 꼭 선정하여 배식설계 하시오.

⑥ 바닥 포장은 공간의 성격에 따라 2종 이상으로 서로 조화될 수 있도록 설계하고, 재료명을 명기하시오.

⑦ 시설물 설계는 간이 운동시설, 휴게시설(퍼걸러 1개, 벤치 5개), 가로등 2개 이상을 설계하시오. 시설물은 동선을 방해하지 않도록 설치한다.

⑧ 식재지역과 포장지역, 모래포설지역 등 각 경계부에는 공간의 성격에 따라 경계석 또는 모래막이 등을 설치하시오.

설계 문제-2

주어진 용지에 B-B′ 단면도를 축척 1/100로 작성하고, 장재료 및 경계석, 기타 시설물의 기초를 단면상에 표시하시오.

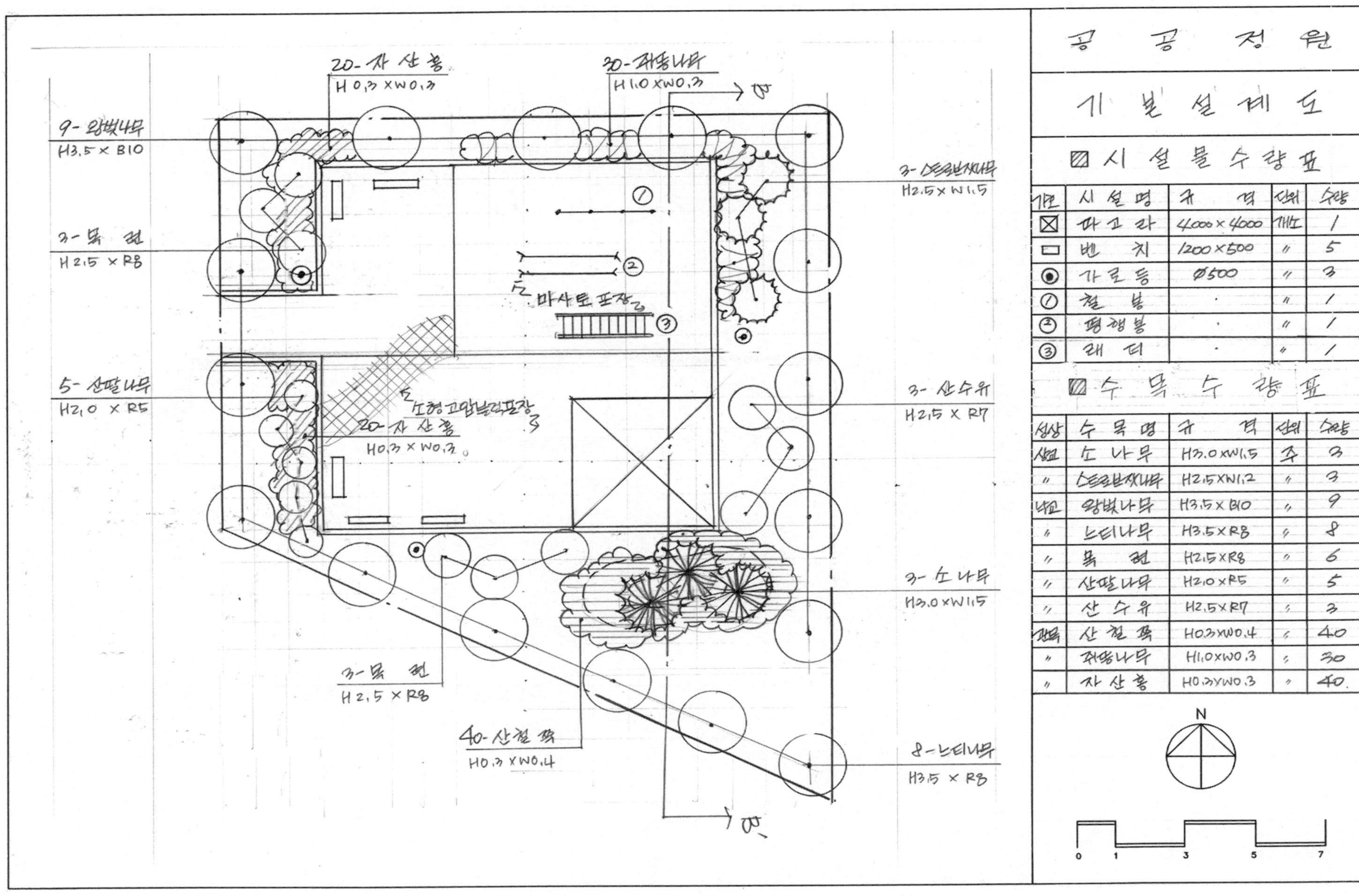
공 공 정 원
기 본 설 계 도
시 설 물 수 량 표
기호 | 시설명 | 규격 | 단위 | 수량
파고라 | 4000×4000 | 개소 | 1
벤치 | 1200×500 | 〃 | 5
가로등 | Ø500 | 〃 | 3
철봉 | · | 〃 | 1
평행봉 | · | 〃 | 1
래더 | · | 〃 | 1
수 목 수 량 표
성상 | 수목명 | 규격 | 단위 | 수량
상록 | 소나무 | H3.0×W1.5 | 주 | 3
〃 | 스트로브잣나무 | H2.5×W1.2 | 〃 | 3
낙교 | 왕벚나무 | H3.5×B10 | 〃 | 9
〃 | 느티나무 | H3.5×R8 | 〃 | 8
〃 | 목련 | H2.5×R8 | 〃 | 6
〃 | 산딸나무 | H2.0×R5 | 〃 | 5
〃 | 산수유 | H2.5×R7 | 〃 | 3
관목 | 산철쭉 | H0.3×W0.4 | 〃 | 40
〃 | 쥐똥나무 | H1.0×W0.3 | 〃 | 30
〃 | 자산홍 | H0.3×W0.3 | 〃 | 40
20-자산홍 H0.3×W0.3
30-쥐똥나무 H1.0×W0.3
9-왕벚나무 H3.5×B10
3-목련 H2.5×R8
5-산딸나무 H2.0×R5
3-스트로브잣나무 H2.5×W1.5
3-산수유 H2.5×R7
3-소나무 H3.0×W1.5
8-느티나무 H3.5×R8
40-산철쭉 H0.3×W0.4
마사토 포장
소형고압블럭포장
N
0 1 3 5 7

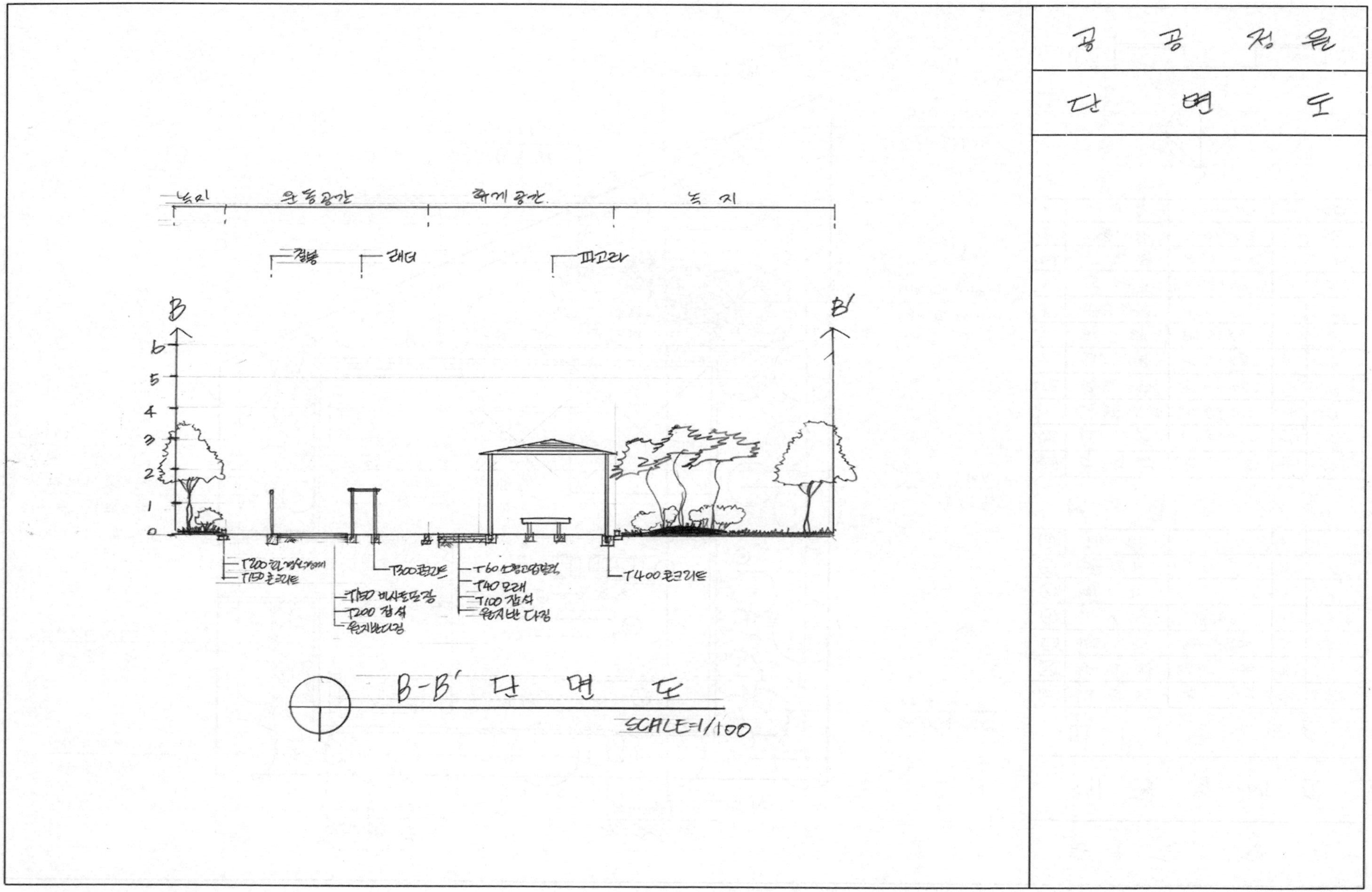

공 공 정 원

단 면 도

녹지 운동공간 휴게공간 녹 지

정봉
래더
파고라

B
B'

6
5
4
3
2
1
0

T200 화강석경계
T150 콘크리트

T150 마사토포장
T200 잡석
원지반다짐

T300 콘크리트

T60 소형고압블럭
T40 모래
T100 잡석
원지반 다짐

T400 콘크리트

B-B' 단 면 도

SCALE=1/100

12 어린이 소공원 조경 설계

설계 문제

주어진 현황도, 요구사항, 요구조건에 따라 근린공원 내 광장의 조경 설계를 하시오.

1. 현황도면

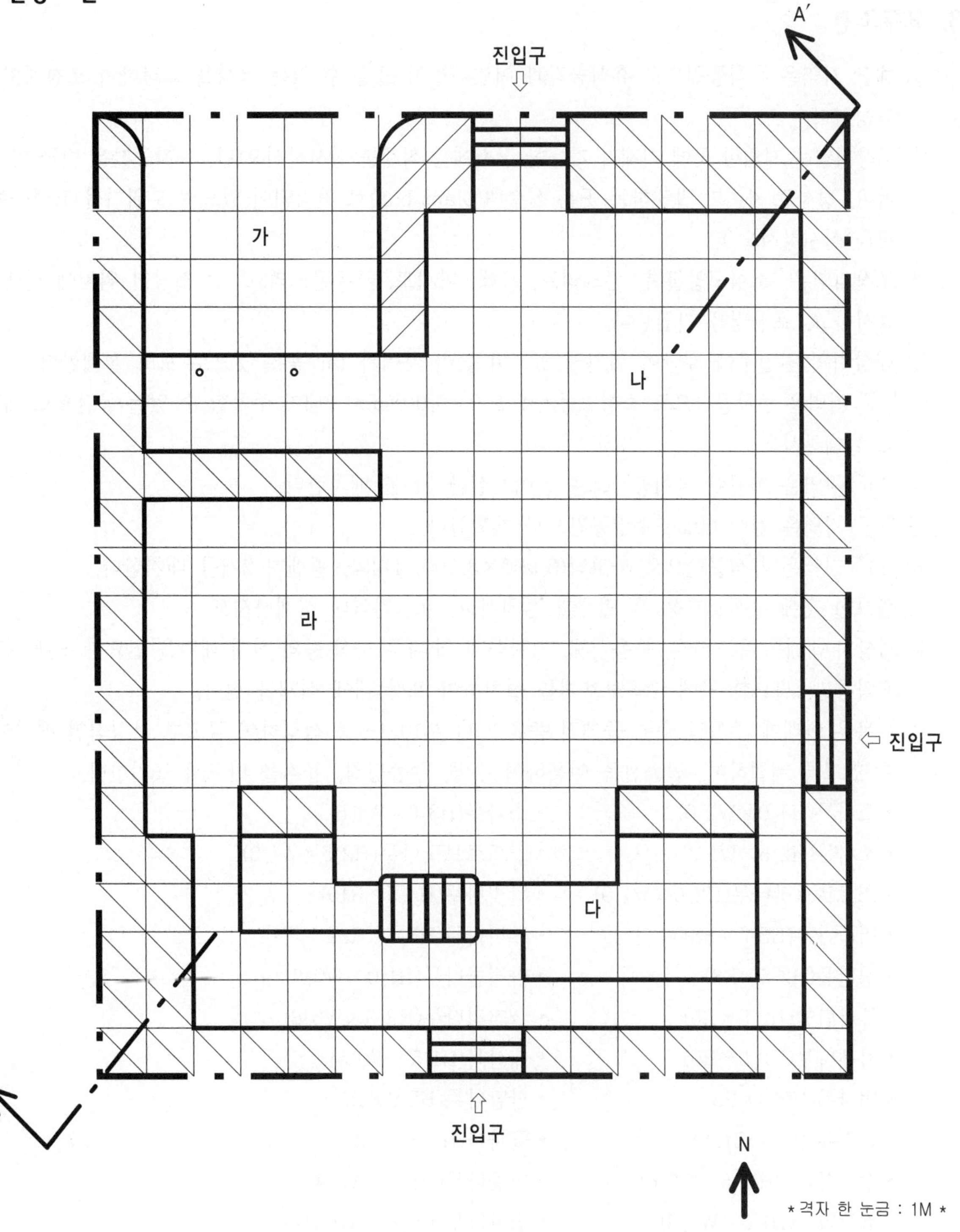

2. 요구사항

① 식재 평면도를 위주로 한 조경계획도를 축척 1/100로 작성하시오(지급용지 1).
② 도면 오른쪽 위에 작업명칭을 "도심 휴식 공간"이라고 작성하시오.
③ 도면 오른쪽 위에는 "수목수량표"와 오른쪽 아래에 "방위와 막대축척"을 그려 넣으시오.
④ 도면의 전체적인 안정감을 위하여 "테두리선"을 넣으시오.
⑤ A-A′ 단면도를 축척 1/100로 작성하시오(지급용지 2).

3. 요구조건

① 해당 지역은 휴식공원으로 휴식공간과 어린이들이 즐길 수 있는 특성을 고려하여 조경계획도를 작성한다.
② 포장지역을 제외한 곳에 식재가 가능한 장소에는 식재를 실시하시오(단, 녹지공간은 빗금 친 부분이며, 경사의 차이가 발생하는 곳은 식수대(plant box)로 처리되어 있으며 분위기를 고려하여 식재를 실시하시오.).
③ 포장지역은 "소형고압블록, 콘크리트, 모래, 마사토, 투수콘크리트" 등 적당한 위치에 선택하여 표시하고, 포장명을 기입한다.
④ 대상지의 진입구에 계단이 위치해 있으며 높이 차이가 1m 높은 것으로 보고 설계한다.
⑤ "가" 지역은 주차공간으로 소형자동차(2,500×5,000mm) 2대가 주차할 수 있는 공간으로 계획하고 설계하시오.
⑥ "나" 지역은 어린이 놀이공간으로 놀이시설물 3종을 배치한다.
⑦ "다" 지역은 깊이 60cm 수경공간으로 계획한다.
⑧ "라" 지역은 휴식공간으로 파고라(3,500×3,500) 1개와, 평벤치 2개를 배치한다.
⑨ 필요한 곳에 수목보호용 홀 덮개를 설치하고, 포장지역내 식재하시오.
⑩ 대상지 내에는 유도식재, 녹음식재, 경관식재, 소나무 군식 등의 식재 패턴을 필요한 곳에 적당히 배식하고, 필요한 곳에 수목보호대를 설치하여 포장 내에 식재를 한다.
⑪ 수목은 아래에 주어진 수종 중에서 종류가 다른 10가지를 선정하여 골고루 안정적인 배식이 될 수 있도록 계획하며, 인출선을 이용하여 수량, 수종명칭, 규격을 반드시 표기한다.

- 소나무(H4.0×W2.0)
- 소나무(H3.0×W1.5)
- 소나무(H2.5×W1.2)
- 스트로브잣나무(H2.5×W1.2)
- 스트로브잣나무(H2.0×W1.0)
- 왕벚나무(H4.5×R15)
- 버즘나무(H3.5×B8)
- 느티나무(H3.5×R8)
- 청단풍(H2.5×R8)
- 다정큼나무(H1.0×W0.6)
- 중국단풍(H2.5×R5)
- 굴거리나무(H2.5×W0.6)
- 자귀나무(H2.5×R6)
- 태산목(H1.5×W0.5)
- 먼나무(H2.0×R5)
- 산딸나무(H2.0×R5)
- 산수유(H2.5×R7)
- 꽃사과(H2.5×R5)
- 수수꽃다리(H1.5×W0.6)
- 병꽃나무(H1.0×W0.4)
- 쥐똥나무(H1.0×W0.3)
- 명자나무(H0.6×W0.4)
- 산철쭉(H0.3×W0.4)
- 자산홍(H0.3×W0.3)
- 조릿대(H0.6×7가지)

⑫ 경사, 포장재료, 경계선 및 기타 시설물의 기초, 주변의 수목 등을 단면도상에 표시하시오.

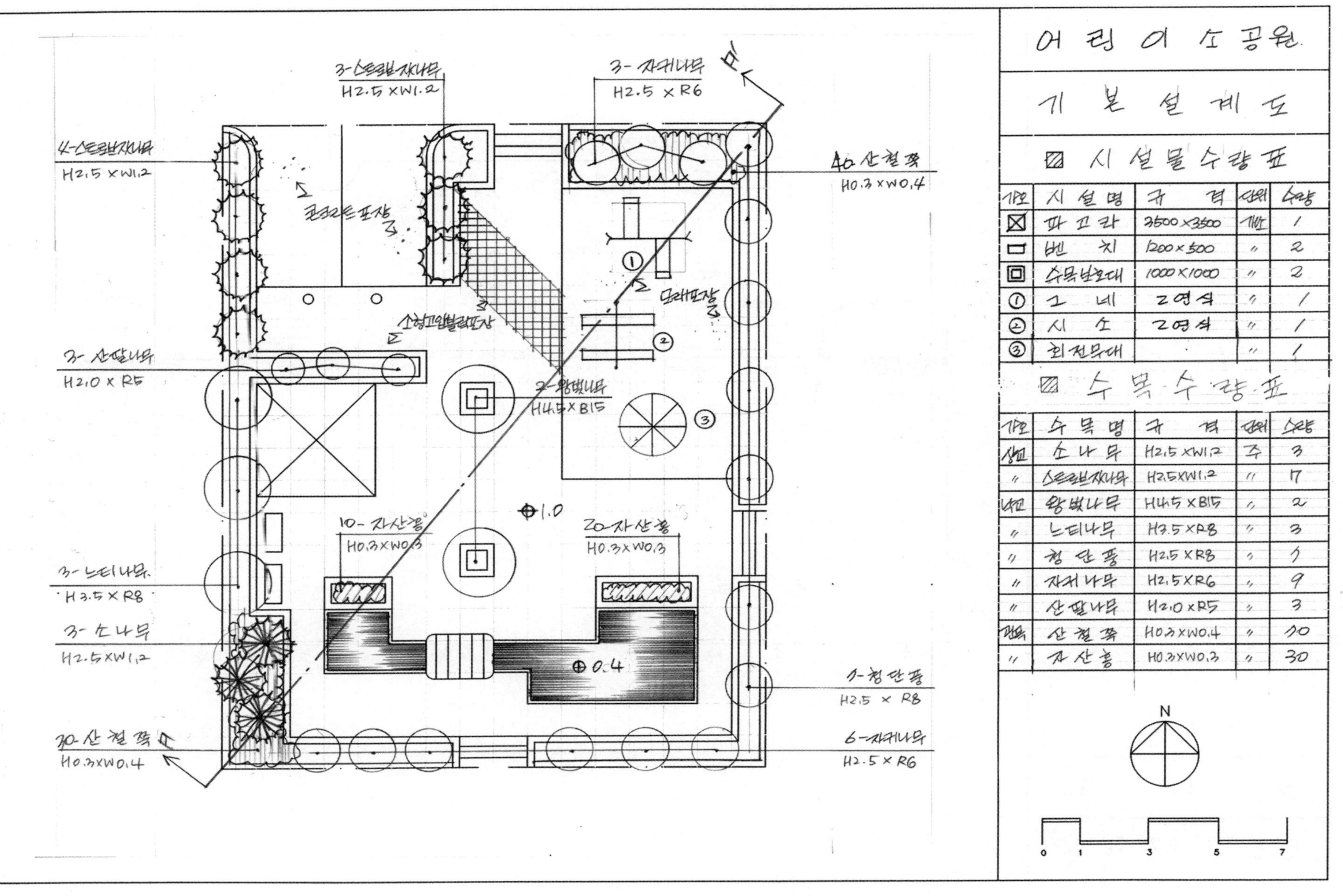
어린이 소공원
기본설계도
시설물수량표
기호 시설명 규격 단위 수량
파고라 3500×3500 개소 1
벤치 1200×500 〃 2
수목보호대 1000×1000 〃 2
① 그네 2연식 〃 1
② 시소 2연식 〃 1
③ 회전무대 〃 1
수목수량표
기호 수목명 규격 단위 수량
상교 소나무 H2.5×W1.2 주 3
〃 스트로브잣나무 H2.5×W1.2 〃 17
낙교 왕벚나무 H4.5×B15 〃 2
〃 느티나무 H3.5×R8 〃 3
〃 청단풍 H2.5×R8 〃 7
〃 자귀나무 H2.5×R6 〃 9
〃 산딸나무 H2.0×R5 〃 3
관목 산철쭉 H0.3×W0.4 〃 70
〃 자산홍 H0.3×W0.3 〃 30
N
0 1 3 5 7
3-스트로브잣나무 H2.5×W1.2
3-자귀나무 H2.5×R6
4-스트로브잣나무 H2.5×W1.2
40-산철쭉 H0.3×W0.4
콘크리트포장
모래포장
소형고압블럭포장
3-산딸나무 H2.0×R5
2-왕벚나무 H4.5×B15
10-자산홍 H0.3×W0.3
20-자산홍 H0.3×W0.3
⊕1.0
⊕0.4
3-느티나무 H3.5×R8
3-소나무 H2.5×W1.2
7-청단풍 H2.5×R8
30-산철쭉 H0.3×W0.4
6-자귀나무 H2.5×R6

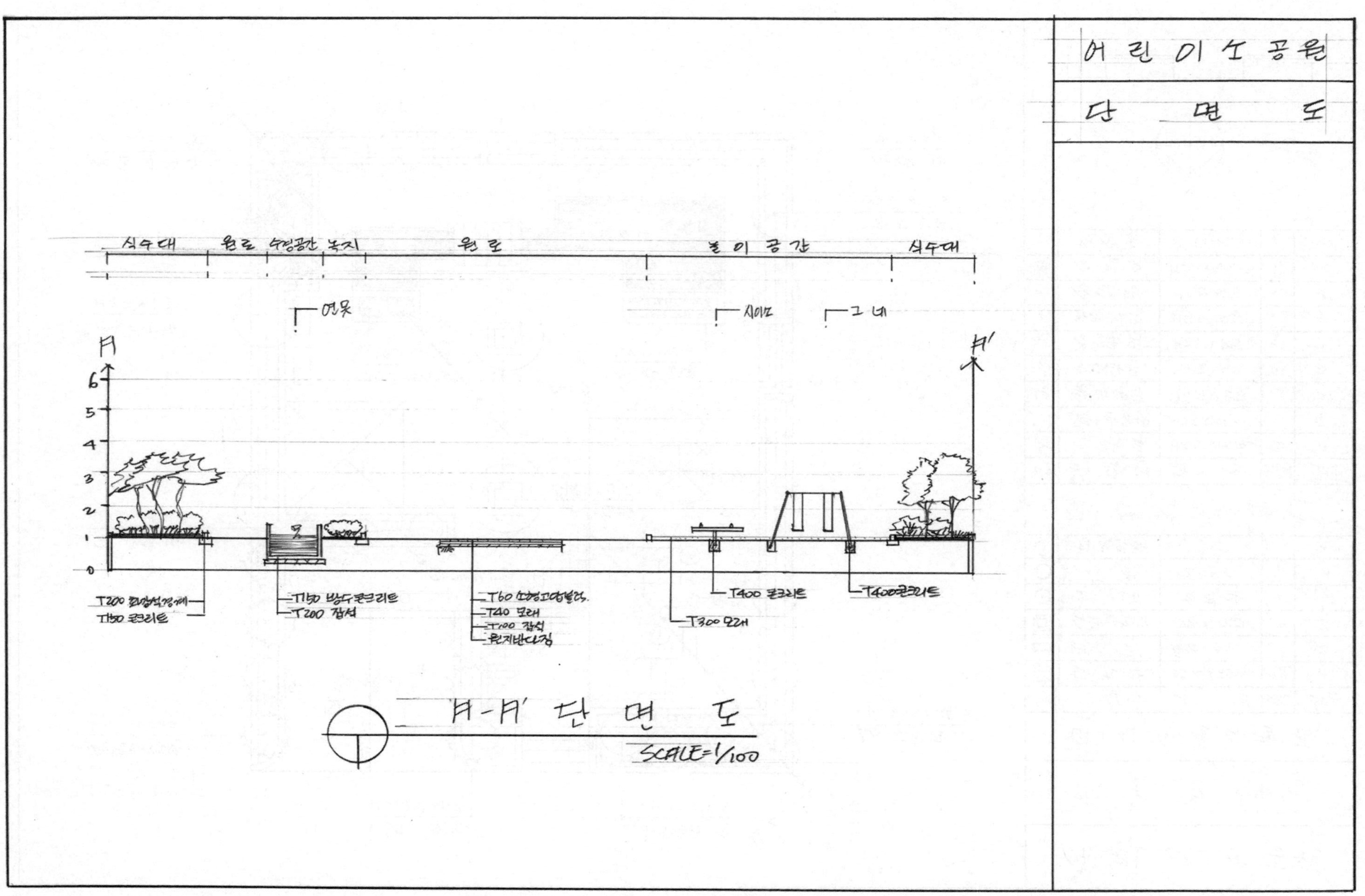
어린이소공원
단면도
식수대
원로
수경공간
녹지
원로
놀이공간
식수대
연못
시이소
그네
A
A'
6
5
4
3
2
1
0
T200 화강석경계석
T150 콘크리트
T150 방수콘크리트
T200 잡석
T60 소형고압블럭
T40 모래
T100 잡석
원지반다짐
T300 모래
T400 콘크리트
T400콘크리트
A-A' 단면도
SCALE=1/100

Chapter 6

최근기출문제

학습포인트
- 2012년도 조경기능사 출제문제
- 2013년도 조경기능사 출제문제
- 2014년도 조경기능사 출제문제
- 2015년도 조경기능사 출제문제
- 2016년도 조경기능사 출제문제
- 2017년도 조경기능사 출제문제
- 2018년도 조경기능사 출제문제
- 2019년도 조경기능사 출제문제
- 2020년도 조경기능사 출제문제
- 2021년도 조경기능사 출제문제
- 2022년도 조경기능사 출제문제
- 2023년도 조경기능사 출제문제
- 2024년도 조경기능사 출제문제

1 2012년 2회, 4회 출제문제 (계류형 소형 벽천·연못, 주차장)

설계 문제

우리나라 중부지역에 위치한 도로변의 빈 공간에 대한 조경설계를 하고자 합니다. 주어진 현황도 및 아래 사항을 참조하여 설계 조건에 따라 조경계획도를 작성합니다(일점쇄선 안 부분이 조경설계 대상지임).

1. 현황도

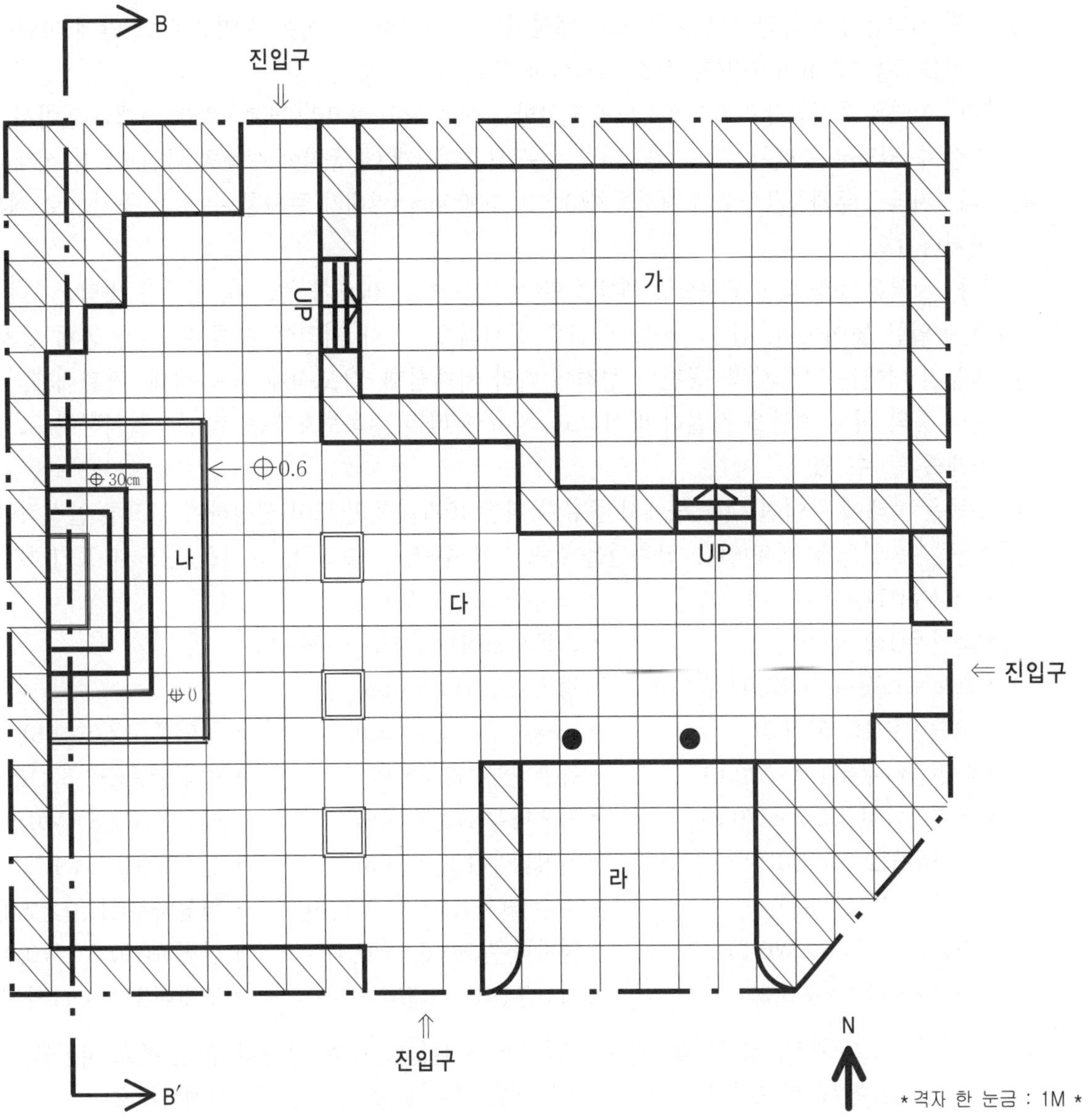

B
진입구
UP
가
⊕0.6
⊕30cm
나
다
UP
⊕0
⇐ 진입구
라
진입구
B′
N
* 격자 한 눈금 : 1M *

2. 요구사항

① 식재평면도를 위주로 한 조경계획도를 축척 1/100로 작성하시오(지급용지-1).
② 도면 오른쪽 위에 작업명칭을 작성하시오.
③ 도면 오른쪽에는 "주요 시설물 수량표와 수목(식재) 수량표"를 작성하고, 수량표 아래쪽 "방위표시와 막대축척"을 반드시 그려 넣으시오(단, 전체 대상지의 길이를 고려하여 범례표의 폭을 조정 할 수 있다.).
④ 도면의 전체적인 안정감을 위하여 "테두리선"을 작성하시오.
⑤ B-B′ 단면도를 축척 1/100로 작성하시오(지급용지-2).

3. 요구조건

① 해당 지역은 도로변의 자투리 공간을 이용하여 휴식 및 어린이들이 즐길 수 있는 도로변 소공원으로, 공원의 특징을 고려하여 조경계획도를 작성하시오.
② 포장지역을 제외한 곳에는 모두 식재를 실시하시오.(단, 녹지공간은 빗금 친 부분이며, 경사의 차이가 발생하는 곳은 분위기를 고려하여 식재를 적절하게 실시하시오.)
③ 포장지역은 "소형고압블록, 콘크리트, 고무칩, 마사토, 투수콘크리트 등" 적당한 재료를 선택하여 재료의 사용이 적합한 장소에 기호로 표현하고, 포장명을 반드시 기입하시오.
④ "가" 지역은 놀이공간으로 계획하고, 대상지는 주변보다 1m 높은 지역으로 그 안에 어린이 놀이시설을 3종 배치(미끄럼틀, 시소, 그네)하시오.
⑤ "다" 지역은 휴식공간으로 이용자들의 편안한 휴식을 위해 파고라(3500×3500) 1개와 앉아서 휴식을 즐길 수 있도록 등벤치 2개를 설치하고, 수목보호대(3개)에 동일한 수종의 낙엽교목을 식재하시오.
⑥ "라" 지역은 <u>주차공간</u>으로 소형자동차(3000×5000mm) 2대가 주차할 수 있는 공간으로 계획하고 설계하시오.
⑦ "나" 지역은 <u>소형 벽천·연못으로 계류형</u> 단(실선) 1개당 30cm가 높으며, 담수용 바닥은 "다" 지역과 동일한 높이이며, 담수 가이드라인은 전체적으로 "다"지역에 비해 60cm가 높게 설치된다.
⑧ 대상지 내에는 경사지 및 공간의 성격에 따라 차폐식재, 유도식재, 녹음식재, 경관식재, 소나무 군식 등의 식재 패턴을 적절히 배식하고, 필요에 따라 수목보호대는 추가로 설치하여 포장 내에 식재를 할 수 있다.
⑨ 수목은 아래에 주어진 수종 중에서 종류가 다른 10가지를 반드시 선정하여 골고루 안정적인 배식이 될 수 있도록 계획하며, 인출선을 이용하여 수량, 수종명칭, 규격을 반드시 표기하시오.

- 소나무(H4.0×W2.0)
- 소나무(H3.0×W1.5)
- 소나무(H2.5×W1.2)
- 스트로브잣나무(H2.5×W1.2)
- 스트로브잣나무(H2.0×W1.0)
- 왕벚나무(H4.5×B8)
- 버즘나무(H3.5×B8)
- 느티나무(H3.5×R6)
- 청단풍(H2.5×R8)
- 다정큼나무(H1.0×W0.6)
- 동백나무(H2.5×R8)
- 중국단풍(H2.5×R5)
- 굴거리나무(H2.5×W0.6)
- 자귀나무(H2.5×R6)
- 태산목(H1.5×W0.5)
- 먼나무(H2.0×R5)
- 산딸나무(H2.0×R5)
- 산수유(H2.5×R7)
- 꽃사과(H2.5×R5)
- 수수꽃다리(H1.5×W0.6)
- 병꽃나무(H1.0×W0.4)
- 쥐똥나무(H1.0×W0.3)
- 명자나무(H0.6×W0.4)
- 산철쭉(H0.3×W0.4)
- 자산홍(H0.3×W0.3)
- 영산홍(H0.4×W0.3)
- 조릿대(H0.6×7가지)

⑩ B-B′ 단면도는 경사, 포장재료, 경계선 및 기타 시설물의 기초, 주변의 수목, 주요 시설물, 이용자 등을 단면도상에 반드시 표기하고, 높이 차를 한눈에 볼 수 있도록 설계하시오.

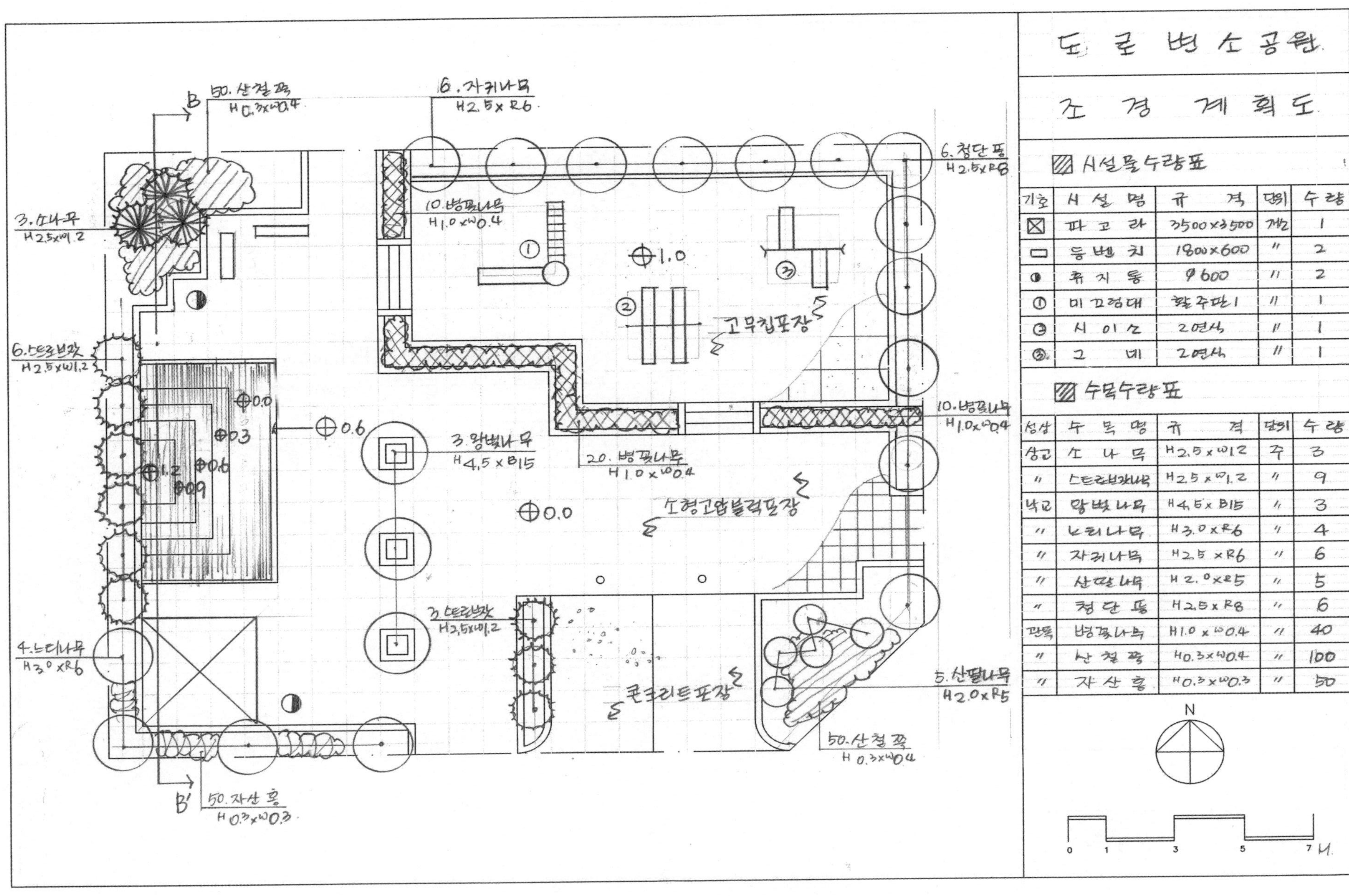

시설물수량표

기호	시설명	규격	단위	수량
⊠	파고라	3500×3500	개소	1
▭	등벤치	1800×600	〃	2
◑	휴지통	φ600	〃	2
①	미끄럼대	활주판1	〃	1
②	시이소	2연식	〃	1
③	그네	2연식	〃	1

수목수량표

성상	수목명	규격	단위	수량
상교	소나무	H2.5×W1.2	주	3
〃	스트로브잣나무	H2.5×W1.2	〃	9
낙교	왕벚나무	H4.5×B15	〃	3
〃	느티나무	H3.0×R6	〃	4
〃	자귀나무	H2.5×R6	〃	6
〃	산딸나무	H2.0×R5	〃	5
〃	청단풍	H2.5×R8	〃	6
관목	병꽃나무	H1.0×W0.4	〃	40
〃	산철쭉	H0.3×W0.4	〃	100
〃	자산홍	H0.3×W0.3	〃	50

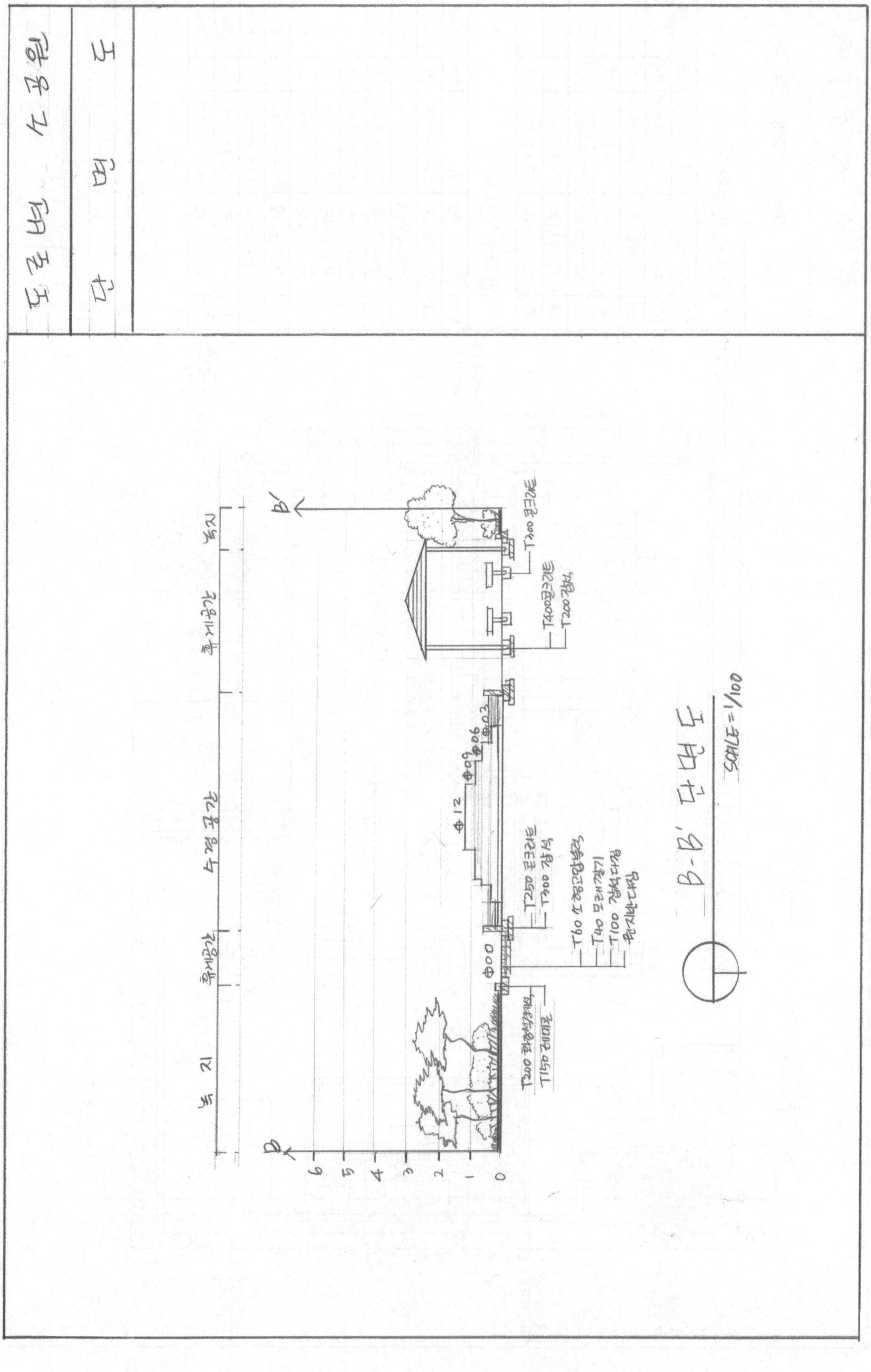

도로변 소공원
단 면 도

녹 지 | 휴게공간 | 수경 공간 | 휴게공간 | 녹지

B — B′

6
5
4
3
2
1
0

⊕00
⊕12
⊕09
⊕06
⊕03

T200 화강석경계석
T150 레미콘

T250 콘크리트
T300 잡석

T60 소형고압블럭
T40 모래깔기
T100 잡석다짐
원지반다짐

T400콘크리트
T200잡석

T300 콘크리트

B-B′ 단면도
SCALE=1/100

2 2012년 5회 출제문제 (수경공간 – 연못)

설계 문제

우리나라 중부지역에 위치한 도로변의 빈 공간에 대한 조경설계를 하고자 한다. 주어진 현황도 및 아래 사항을 참조하여 요구조건에 따라 조경계획도를 작성하시오(일점쇄선 안 부분이 조경설계 대상지임).

1. 현황도

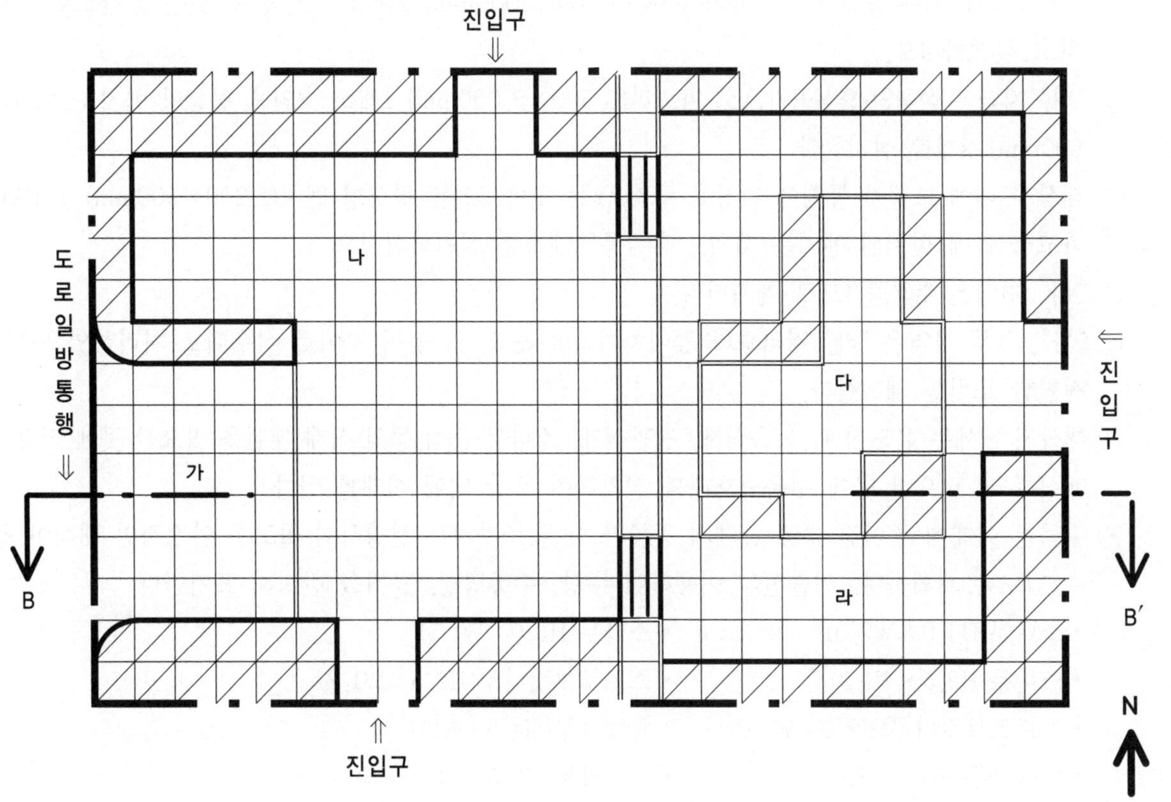

* 격자 한 눈금 : 1M *

2. 요구사항

① 시재 평면도를 위주로 한 조경계획도를 축척 1/100로 작성하시오(지급용지 1).

② 도면 오른쪽 위에 작업명칭을 작성한다.

③ 도면 오른쪽에는 “중요 시설물 수량표와 수목(식재)수량표”를 작성하고, 수량표 아래쪽 “방위표시와 막대축척”을 그려 넣으시오(단, 전체 대상지의 길이를 고려하여 범례표를 조정할 수 있다.).

④ 도면의 전체적인 안정감을 위하여 “테두리선”을 넣으시오.

⑤ B-B′ 단면도를 축척 1/100로 작성하시오(지급용지 2).

3. 요구조건

① 해당 지역은 도로변의 자투리 공간을 이용하여 휴식 및 어린이들이 즐길 수 있는 소공원으로, 공원의 특징을 고려하여 조경계획도를 작성한다.

② 포장지역을 제외한 곳에 식재가 가능한 장소에는 식재를 실시하시오(단, 녹지공간은 빗금 친 부분이며, 경사의 차이가 발생하는 곳은 식수대(plant box)로 처리되어 있으며 분위기를 고려하여 식재를 실시하시오.).

③ 포장지역은 "소형고압블록, 콘크리트, 모래, 마사토, 투수콘크리트등" 적당한 위치에 선택하여 표시하고, 포장명을 기입한다.

④ "가" 지역은 주차공간으로 소형자동차(3,000×5,000mm) 2대가 주차할 수 있는 공간으로 계획하고 설계하시오.

⑤ "나" 지역은 정적인 휴식공간으로 파고라(3,500×5,000mm) 1개소, 2인용 평상형 벤치 (1,200×500mm) 2개를 설치한다.

⑥ 대상지 내에 보행자 통행에 지장을 주지 않는 곳에 2인용 평상형 벤치(1,200×500mm) 4개(단, 파고라 안에 설치된 벤치는 제외), 휴지통 3개소를 설치하십시오.

⑦ "다" 지역은 수경공간으로 계획한다.

⑧ "가", "나" 지역은 "라" 지역보다 높이차가 1m 높고, 그 높이 차이를 식수대로 처리하였으므로 적합한 조치를 계획한다.

⑨ 대상지 내에는 유도식재, 녹음식재, 경관식재, 소나무 군식 등의 식재 패턴을 필요한 곳에 적당히 배식하고, 필요한 곳에 수목보호대를 설치하여 포장 내에 식재를 한다.

⑩ 수목은 아래에 주어진 수종 중에서 종류가 다른 10가지를 선정하여 골고루 안정적인 배식이 될 수 있도록 계획하며, 인출선을 이용하여 수량, 수종명칭, 규격을 반드시 표기한다.

- 소나무(H4.0×W2.0)
- 소나무(H3.0×W1.5)
- 소나무(H2.5×W1.2)
- 스트로브잣나무(H2.5×W1.2)
- 스트로브잣나무(H2.0×W1.0)
- 왕벚나무(H4.5×B15)
- 버즘나무(H3.5×B8)
- 느티나무(H3.5×R8)
- 청단풍(H2.5×R8)
- 다정큼나무(H1.0×W0.6)
- 중국단풍(H2.5×R5)
- 굴거리나무(H2.5×W0.6)
- 자귀나무(H2.5×R6)
- 태산목(H1.5×W0.5)
- 먼나무(H2.0×R5)
- 산딸나무(H2.0×R5)
- 산수유(H2.5×R7)
- 꽃사과(H2.5×R5)
- 수수꽃다리(H1.5×W0.6)
- 병꽃나무(H1.0×W0.4)
- 쥐똥나무(H1.0×W0.3)
- 명자나무(H0.6×W0.4)
- 산철쭉(H0.3×W0.4)
- 자산홍(H0.3×W0.3)
- 조릿대(H0.6×7가지)

⑪ 경사, 포장재료, 경계선 및 기타 시설물의 기초, 주변의 수목 등을 단면도상에 표시하시오.

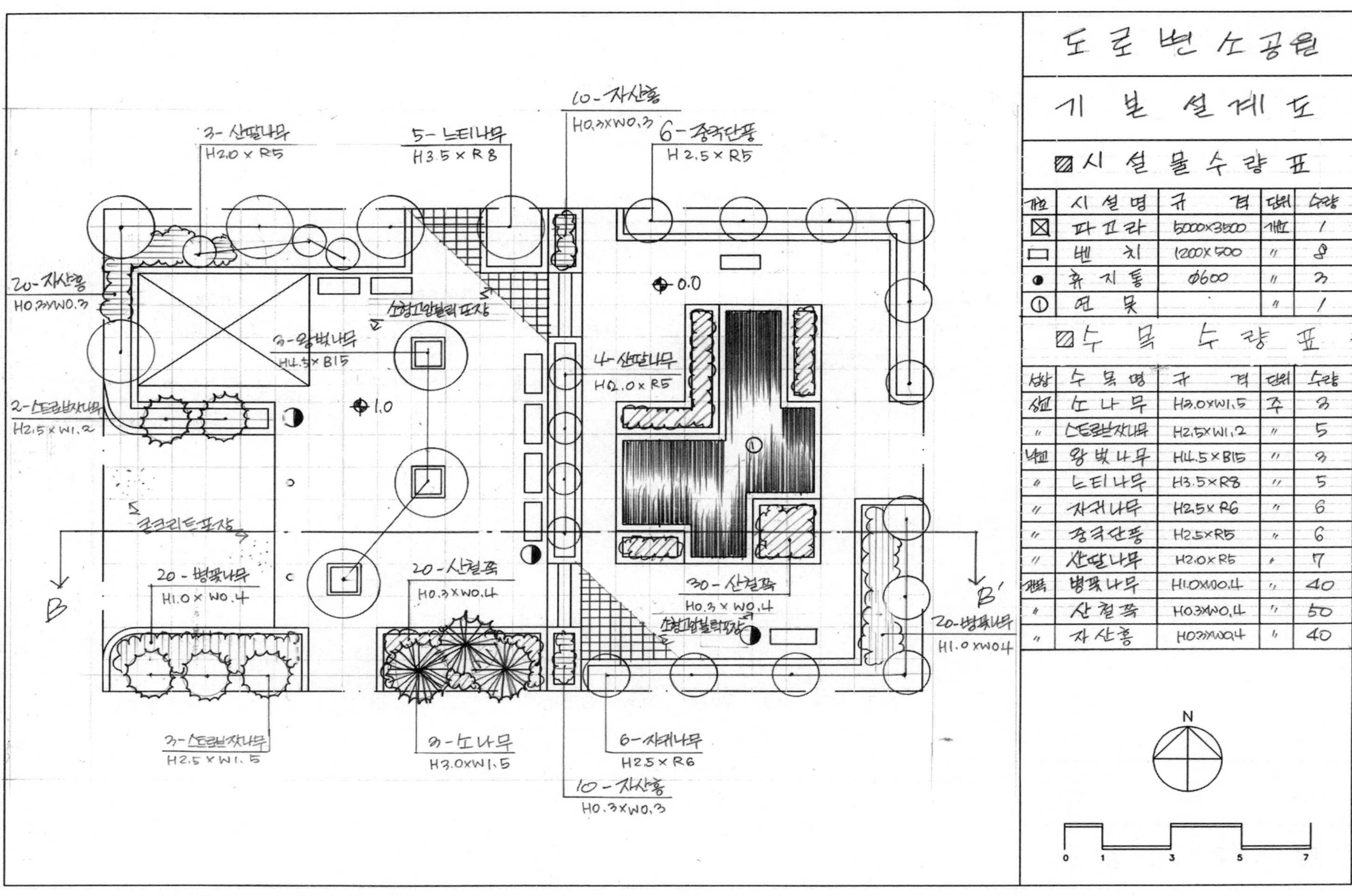

시설물수량표

기호	시설명	규격	단위	수량
⊠	파고라	5000×3500	개소	1
▭	벤치	1200×500	〃	8
●	휴지통	Φ600	〃	3
①	연못		〃	1

수목수량표

성상	수목명	규격	단위	수량
상교	소나무	H3.0×W1.5	주	3
〃	스트로브잣나무	H2.5×W1.2	〃	5
낙교	왕벚나무	H4.5×B15	〃	3
〃	느티나무	H3.5×R8	〃	5
〃	자귀나무	H2.5×R6	〃	6
〃	중국단풍	H2.5×R5	〃	6
〃	산딸나무	H2.0×R5	〃	7
관목	병꽃나무	H1.0×W0.4	〃	40
〃	산철쭉	H0.3×W0.4	〃	50
〃	자산홍	H0.3×W0.4	〃	40

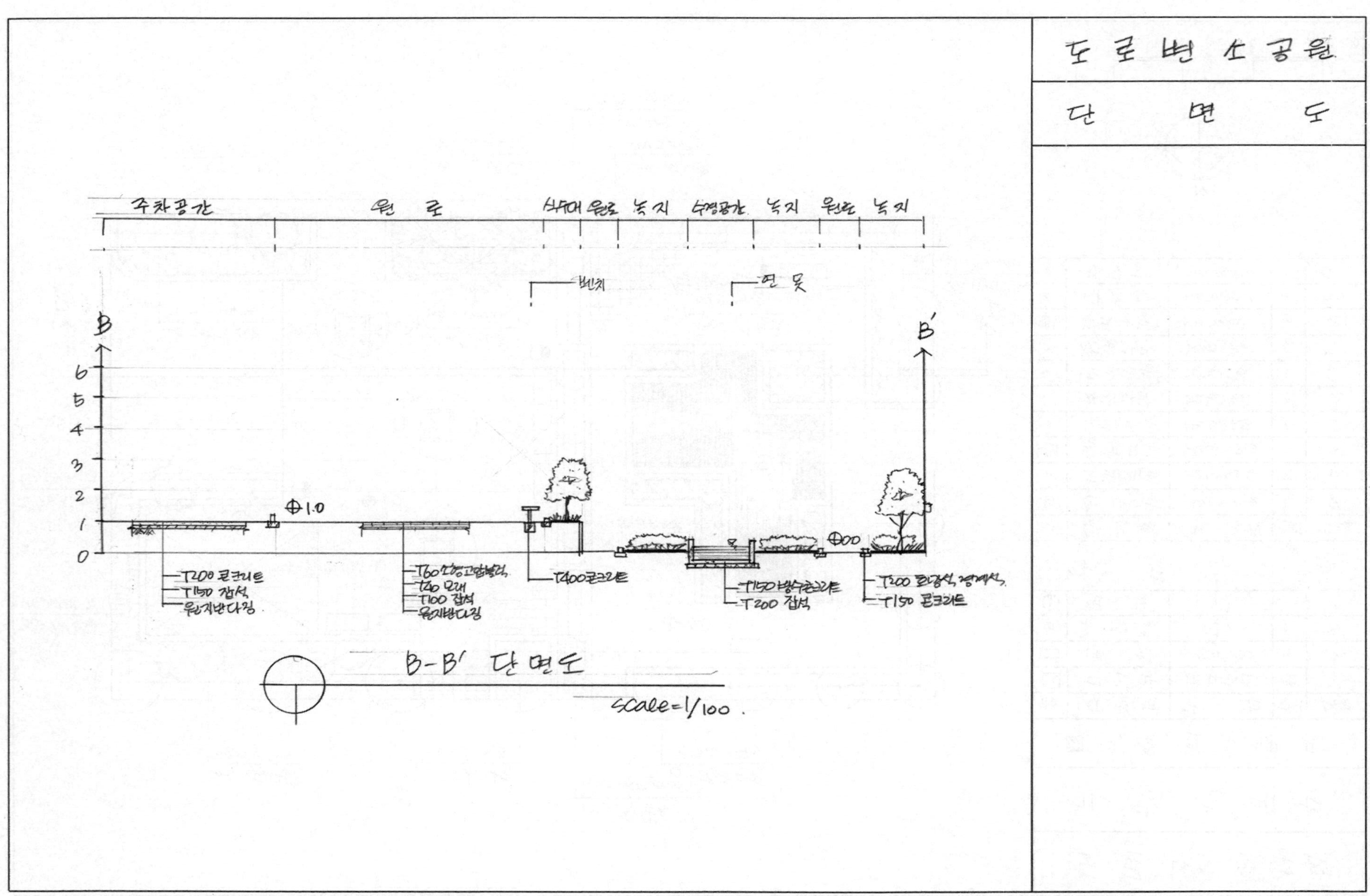
도로변 소공원
단 면 도
주차공간
원로
식재대
원로
녹지
수경공간
녹지
원로
녹지
벤치
연못
B
B'
T200 콘크리트
T150 잡석
원지반다짐
T60 소형고압블럭
T40 모래
T100 잡석
원지반다짐
T400 콘크리트
T150 방수콘크리트
T200 잡석
T150 콘크리트
B-B' 단면도
SCALE=1/100.

3 2013년 2회, 2014년 2회 출제문제(마운딩 경관식재)

설계 문제

우리나라 중부지역에 위치한 도로변의 빈 공간에 대한 조경설계를 하고자 한다. 주어진 현황도 및 아래 사항을 참조하여 요구조건에 따라 조경계획도를 작성하시오(일점쇄선 안 부분이 조경설계 대상지임).

1. 현황도

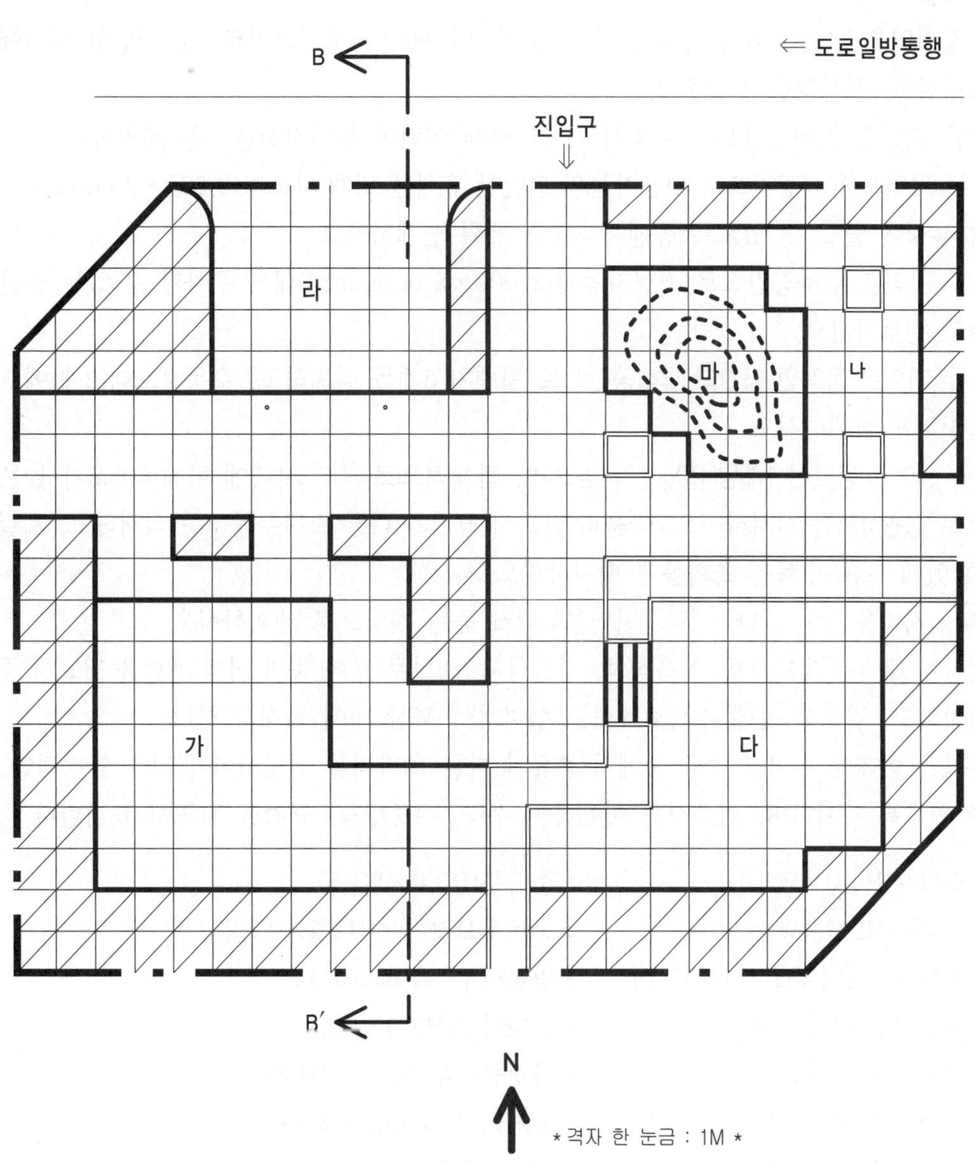

2. 요구사항

① 식재 평면도를 위주로 한 조경계획도를 축척 1/100로 작성하시오(지급용지 1).

② 도면 오른쪽 위에 작업명칭을 작성한다.

③ 도면 오른쪽에는 “중요 시설물 수량표와 수목(식재)수량표”를 작성하고, 수량표 아래쪽 “방위표시와 막대축척”을 그려 넣으시오(단, 전체 대상지의 길이를 고려하여 범례표를 조정할 수 있다.).

④ 도면의 전체적인 안정감을 위하여 "테두리선"을 넣으시오.

⑤ B-B′ 단면도를 축척 1/100로 작성하시오(지급용지 2).

3. 요구조건

① 해당 지역은 도로변에 위치한 소공원으로 어린이들이 주이용 대상들이며 그 특성에 맞는 조경계획도를 작성한다.

② 포장지역을 제외한 곳에 식재가 가능한 장소에는 식재를 실시하시오(단, 녹지공간은 빗금 친 부분이며, 경사의 차이가 발생하는 곳은 식수대(plant box)로 처리되어 있으며 분위기를 고려하여 식재를 실시하시오.).

③ 포장지역은 "소형고압블록, 콘크리트, 모래, 마사토, 투수콘크리트" 등 적당한 위치에 선택하여 표시하고, 포장명을 기입한다.

④ "가" 지역은 놀이공간으로 계획하고, 그 안에 어린이 놀이시설을 3종 배치하시오.

⑤ "다" 지역은 휴식공간으로 이용자들의 편안한 휴식을 위해 파고라(3,500×3,500mm) 1개와 앉아서 휴식을 즐길 수 있도록 등벤치 3개를 계획 설계하시오.

⑥ "라" 지역은 주차공간으로 소형자동차(3,000×5,000mm) 2대가 주차할 수 있는 공간으로 계획하고 설계하시오.

⑦ "나" 지역은 <u>동적인 공간의 휴식공간</u>으로 평벤치 3개를 설치하고, 수목보호대(3개)에 낙엽교목을 동일하게 식재하시오.

⑧ "마"지역은 <u>등고선 1개당 20cm</u>가 높으며, 전체적으로 "나" 지역에 비해 60cm가 높은 녹지지역으로 <u>경관식재</u>를 실시하시오. 아울러 반드시 크기가 다른 소나무를 3종 식재하고, 계절성을 느낄 수 있게 다른 수목을 조화롭게 배치하시오.

⑨ "다" 지역은 "가", "나", "라" 지역보다 1m 높은 지역으로 계획하시오.

⑩ 대상지 내에는 유도식재, 녹음식재, 경관식재, 소나무 군식 등의 식재 패턴을 필요한 곳에 적당히 배식하고, 필요한 곳에 수목보호대를 설치하여 포장 내에 식재를 한다.

⑪ 수목은 아래에 주어진 수종 중에서 종류가 다른 10가지를 선정하여 골고루 안정적인 배식이 될 수 있도록 계획하며, 인출선을 이용하여 수량, 수종명칭, 규격을 반드시 표기한다.

- 소나무(H4.0×W2.0)
- 소나무(H3.0×W1.5)
- 소나무(H2.5×W1.2)
- 스트로브잣나무(H2.5×W1.2)
- 스트로브잣나무(H2.0×W1.0)
- 왕벚나무(H4.5×B15)
- 버즘나무(H3.5×B8)
- 느티나무(H3.5×R8)
- 청단풍(H2.5×R8)
- 다정큼나무(H1.0×W0.6)
- 중국단풍(H2.5×R5)
- 굴거리나무(H2.5×W0.6)
- 자귀나무(H2.5×R6)
- 태산목(H1.5×W0.5)
- 먼나무(H2.0×R5)
- 산딸나무(H2.0×R5)
- 산수유(H2.5×R7)
- 꽃사과(H2.5×R5)
- 수수꽃다리(H1.5×W0.6)
- 병꽃나무(H1.0×W0.4)
- 쥐똥나무(H1.0×W0.3)
- 명자나무(H0.6×W0.4)
- 산철쭉(H0.3×W0.4)
- 자산홍(H0.3×W0.3)
- 조릿대(H0.6×7가지)

⑫ 경사, 포장재료, 경계선 및 기타 시설물의 기초, 주변의 수목 등을 단면도상에 표시하시오.

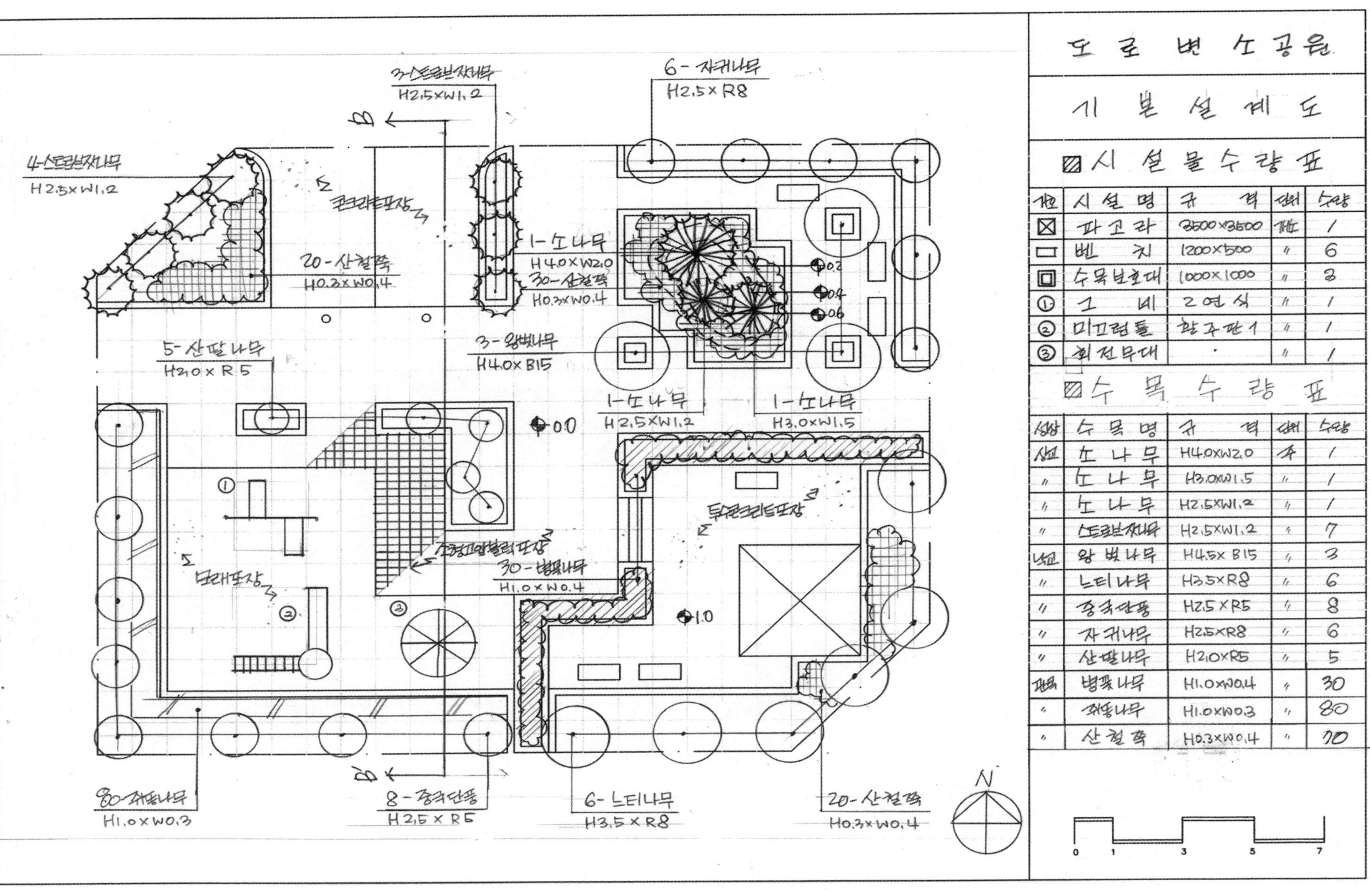
도로변 소공원
기본설계도
시설물수량표
기호 시설명 규격 단위 수량
파고라 3500×3500 개소 1
벤치 1200×500 " 6
수목보호대 1000×1000 " 3
① 그네 2연식 " 1
② 미끄럼틀 활주판 1 " 1
③ 회전무대 " 1
수목수량표
성상 수목명 규격 단위 수량
상록 소나무 H4.0xW2.0 주 1
" 소나무 H3.0xW1.5 " 1
" 소나무 H2.5xW1.2 " 1
" 스트로브잣나무 H2.5xW1.2 " 7
낙교 왕벚나무 H4.5x B15 " 3
" 느티나무 H3.5xR8 " 6
" 중국단풍 H2.5xR5 " 8
" 자귀나무 H2.5xR8 " 6
" 산딸나무 H2.0xR5 " 5
관목 병꽃나무 H1.0xW0.4 " 30
" 쥐똥나무 H1.0xW0.3 " 80
" 산철쭉 H0.3xW0.4 " 70
4-스트로브잣나무 H2.5xW1.2
3-스트로브잣나무 H2.5xW1.2
6-자귀나무 H2.5xR8
콘크리트포장
1-소나무 H4.0xW2.0
30-산철쭉 H0.3xW0.4
20-산철쭉 H0.3xW0.4
3-왕벚나무 H4.0xB15
5-산딸나무 H2.0xR5
1-소나무 H2.5xW1.2
1-소나무 H3.0xW1.5
0.0
0.2
0.4
0.6
1.0
투수콘크리트포장
고무칩블럭포장
30-병꽃나무 H1.0xW0.4
모래포장
80-쥐똥나무 H1.0xW0.3
8-중국단풍 H2.5xR5
6-느티나무 H3.5xR8
20-산철쭉 H0.3xW0.4
N
0 1 3 5 7

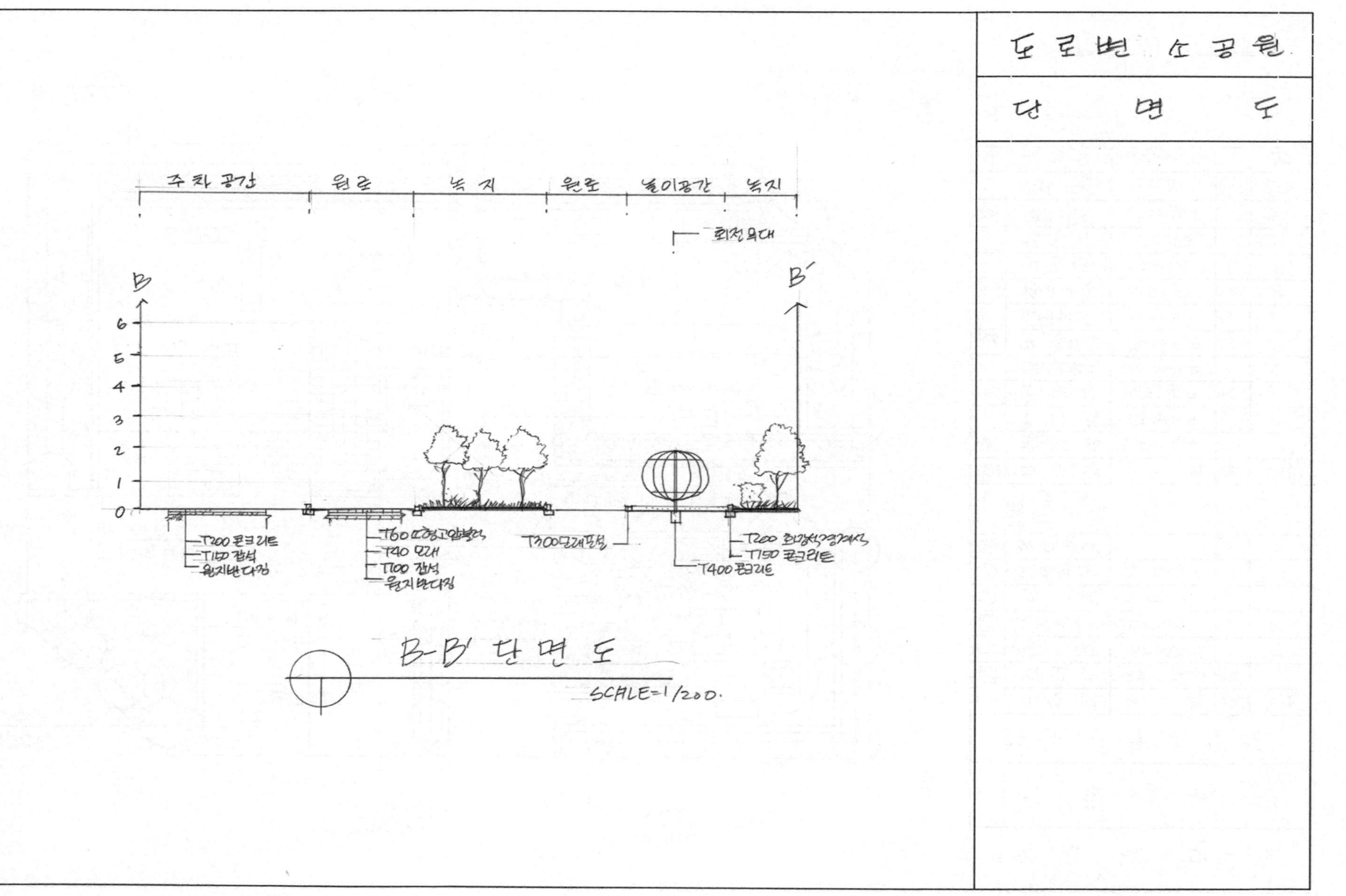
도로변 소공원
단면도
주차 공간
원로
녹지
원로
놀이공간
녹지
회전무대
B
B'
6
5
4
3
2
1
0
T200 콘크리트
T150 잡석
원지반다짐
T60 ㄷ형고압블럭
T40 모래
T100 잡석
원지반다짐
T300 모래포설
T400 콘크리트
T200 화강석경계석
T150 콘크리트
B-B' 단면도
SCALE=1/200.

4 2015년 5회 출제문제 (기념공간, 경사면)

설계 문제

우리나라 중부지역에 위치한 도로변의 빈 공간에 대한 조경설계를 하고자 한다.
주어진 현황도 및 아래 사항을 참조하여 설계조건에 따라 조경계획도를 작성한다.
(단, 1점 쇄선 안 부분이 조경설계 대상지임)

1. 현황도

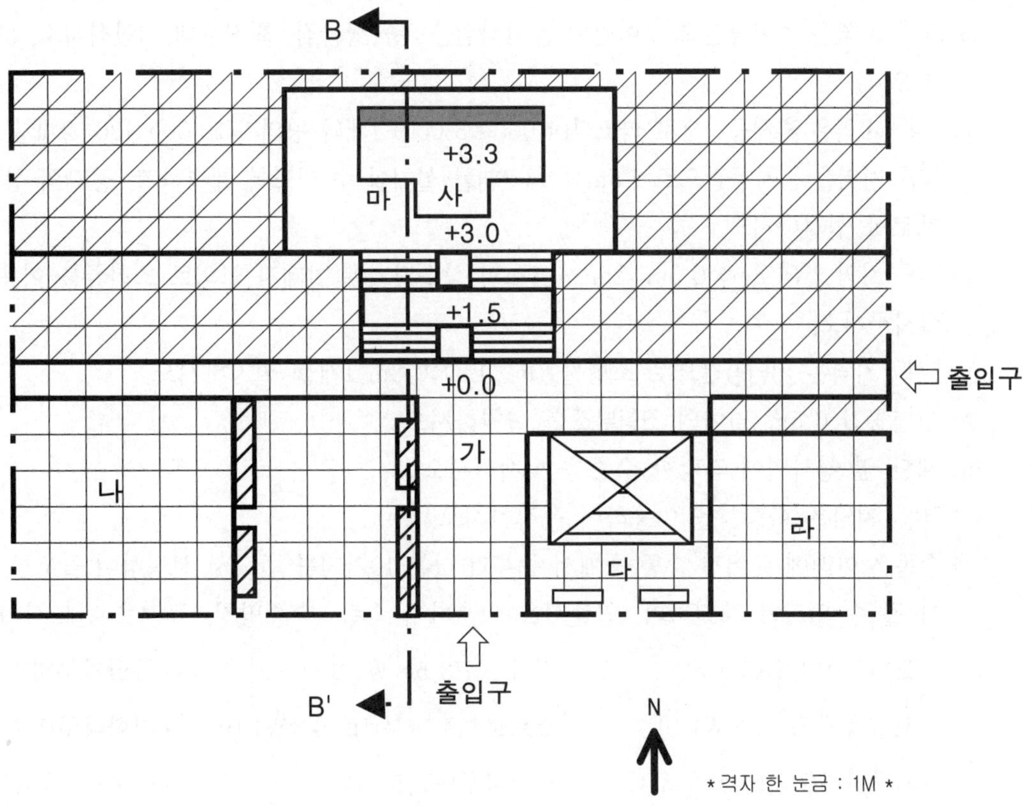

2. 요구사항

① 식재평면도를 위주로 한 조경계획도를 축척 1/100로 작성하시오(지급용지-1).

② 도면 오른쪽 위에 작업명칭을 작성하시오.

③ 도면 오른쪽에는 "주요 시설물 수량표와 수목(식재) 수량표"를 작성하고, 수량표 아래쪽 여백을 이용하여 "방위표시와 막대축척"을 반드시 그려 넣으시오.(단, 전체 대상지의 길이를 고려하여 범례표의 폭을 조정할 수 있다.)

④ 도면의 전체적인 안정감을 위하여 "테두리선"을 작성하시오.

⑤ B-B′ 단면도를 축척 1/100로 작성하시오(지급용지-2).

3. 요구조건

① 해당지역은 도심지에 휴식과 놀이를 위한 도로변 소공원으로 공간의 특성을 고려하여 조경계획도를 작성하시오.

② 포장지역을 제외한 곳에는 모두 식재를 실시하시오.(단, 녹지공간은 빗금 친 부분이며, 반드시 공간의 성격에 맞도록 수종을 선정하여 식재를 실시하시오.)

③ 포장지역은 "소형고압블럭, 화강석판석, 적벽돌, 황토, 고무칩, 투수콘크리트, 마사토 등" 적당한 재료를 선택하여 재료의 사용이 적합한 장소에 기호로 표현하고, 포장명을 반드시 기입하시오.

④ "가" 지역은 보행을 겸한 광장으로 공간의 성격에 맞도록 포장재료를 선정하여 포장하시오.

⑤ "나" 지역은 놀이공간으로 어린이 놀이시설을 3종(정글짐, 회전무대, 2연식시소, 3단철봉) 배치하시오.

⑥ "다" 지역은 휴게공간으로 파고라(4,000×3,000) 1개와 평의자(1,500×430) 2개가 설치되어 있다.

⑦ "라" 지역은 주차공간으로 2.5m×5m 2대를 설치할 수 있도록 계획하고, 공간의 성격에 맞는 포장재료를 선정하시오.

⑧ "나" 지역 앞의 3m×0.5m ,2m×0.5m의 식수지역에 설계자 임의로 초화류를 이용하여 띠식재를 실시하시오.

⑨ "사" 지역은 <u>기념공간</u>으로 조형물 1m×1m×0.8m 1개를 설치하시오.

⑩ 기념공간 0.5㎡ 넓이의 <u>조형부조</u>를 설치하시오.

⑪ 계단 옆 경사면에 적당한 수종을 식재하시오.

⑫ "마" 지역은 화강석을 이용하여 포장하시오.

⑬ 수목은 아래에 주어진 수종 중에서 종류가 다른 10가지를 반드시 선정하여 골고루 안정적인 배식이 될 수 있도록 계획하며, 인출선을 이용하여 수량, 수종명칭, 규격을 반드시 표기하시오.

- 소나무(H3.5×W1.5)
- 전나무(H3.5×W1.2
- 독일가문비(H2.0×W1.2)
- 서양측백(H2.0×W1.0)
- 스트로브잣나무(H2.0×W1.0)
- 매화나무(H2.5×R5)
- 가중나무(H3.5×B8)
- 느티나무(H3.5×R8)
- 네도군단풍(H2.5×R8)
- 복자기나무(H2.0×R5)
- 다정큼나무(H1.0×W0.6)
- 모과나무(H2.5×R6)
- 동백나무(H2.5×R8)
- 태산목(H1.5×W0.5)
- 먼나무(H2.0×R5)
- 산딸나무(H2.0×R5)
- 산수유(H2.5×R7)
- 꽃사과(H2.5×R5)
- 후박나무(H2.5×R6)
- 굴거리나무(H2.5×W0.6)
- 아왜나무(H3.0×R7)
- 식나무(H2.5×R6)
- 병꽃나무(H1.0×W0.4)
- 쥐똥나무(H1.0×W0.3)
- 명자나무(H0.6×W0.4)
- 사철나무(H0.8×W0.3)
- 자산홍(H0.3×W0.3)
- 잔디(300×300×30)

⑭ B-B′ 단면도는 경사, 포장재료, 경계선 및 기타 시설물의 기초, 주변의 수목, 주요 시설물, 이용자 등을 단면도상에 반드시 표기하고, 높이 차를 한눈에 볼 수 있도록 설계하시오.

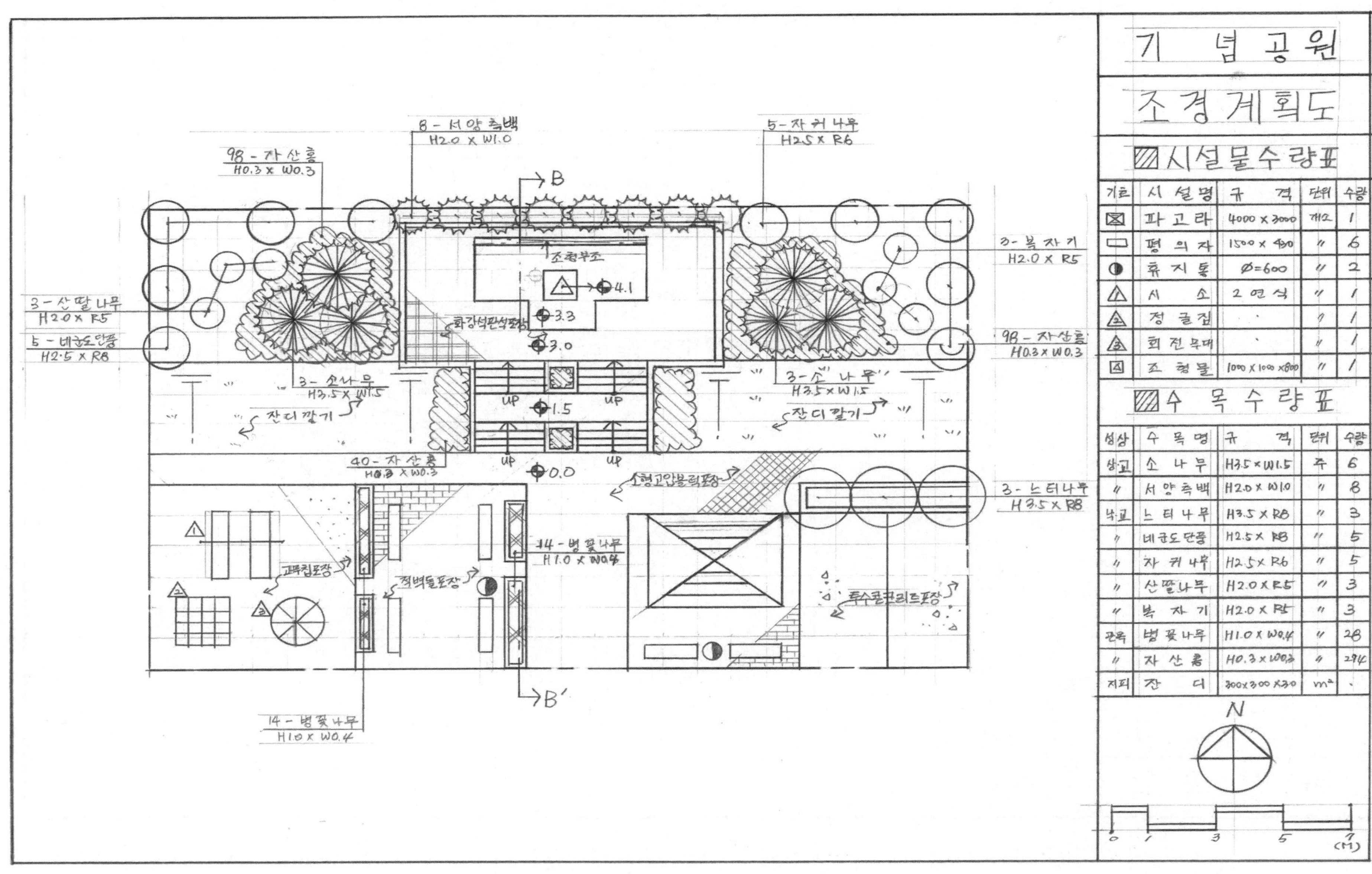

기호	시설명	규격	단위	수량
	파고라	4000 X 3000	개소	1
	평의자	1500 X 450	〃	6
	휴지통	∅=600	〃	2
	시소	2연식	〃	1
	정글짐	·	〃	1
	회전무대	·	〃	1
	조형물	1000 X 1000 X 800	〃	1

성상	수목명	규격	단위	수량
상교	소나무	H3.5 X W1.5	주	6
〃	서양측백	H2.0 X W1.0	〃	8
낙교	느티나무	H3.5 X R8	〃	3
〃	네군도단풍	H2.5 X R8	〃	5
〃	자귀나무	H2.5 X R6	〃	5
〃	산딸나무	H2.0 X R5	〃	3
〃	복자기	H2.0 X R5	〃	3
관목	병꽃나무	H1.0 X W0.4	〃	28
〃	자산홍	H0.3 X W0.3	〃	294
지피	잔디	300 X 300 X 30	m²	·

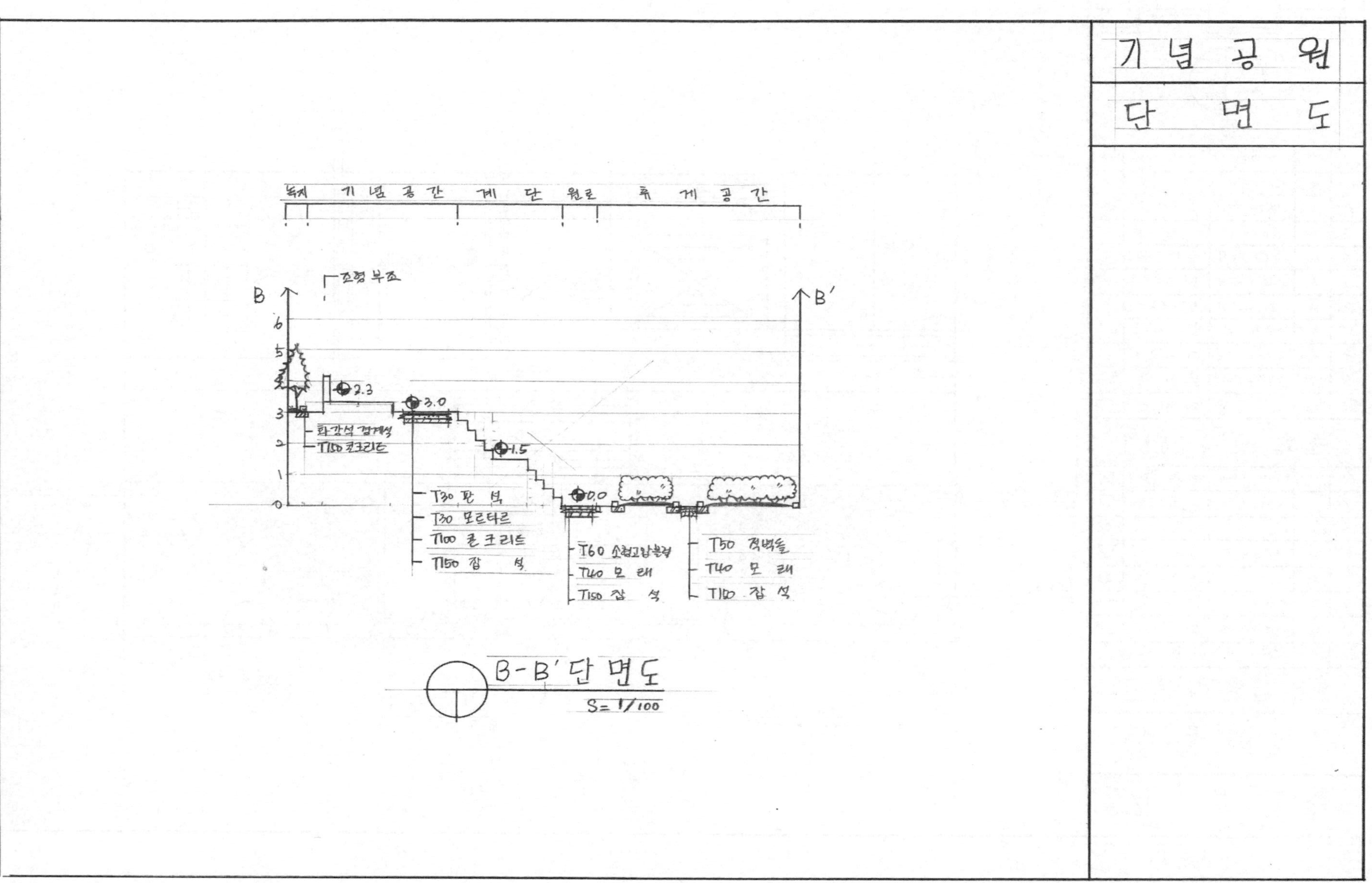
기념공원
단면도
녹지
기념공간
계단
원로
휴게공간
조형부조
B
B'
2.3
3.0
1.5
0.0
화강석 경계석
T150 콘크리트
T30 판석
T30 모르타르
T100 콘크리트
T150 잡석
T60 소형고압블럭
T40 모래
T150 잡석
T50 적벽돌
T40 모래
T100 잡석
B-B' 단면도
S=1/100

5 2013년 4회, 2016년 2회 출제문제(계류형 소형 벽천·연못)

설계 문제

우리나라 중부지역에 위치한 도로변의 빈 공간에 대한 조경설계를 하고자 한다. 주어진 현황도 및 아래 사항을 참조하여 설계조건에 따라 조경계획도를 한다.(단, 1점쇄선 안 부분이 조경설계 대상지임)

1. 현황도

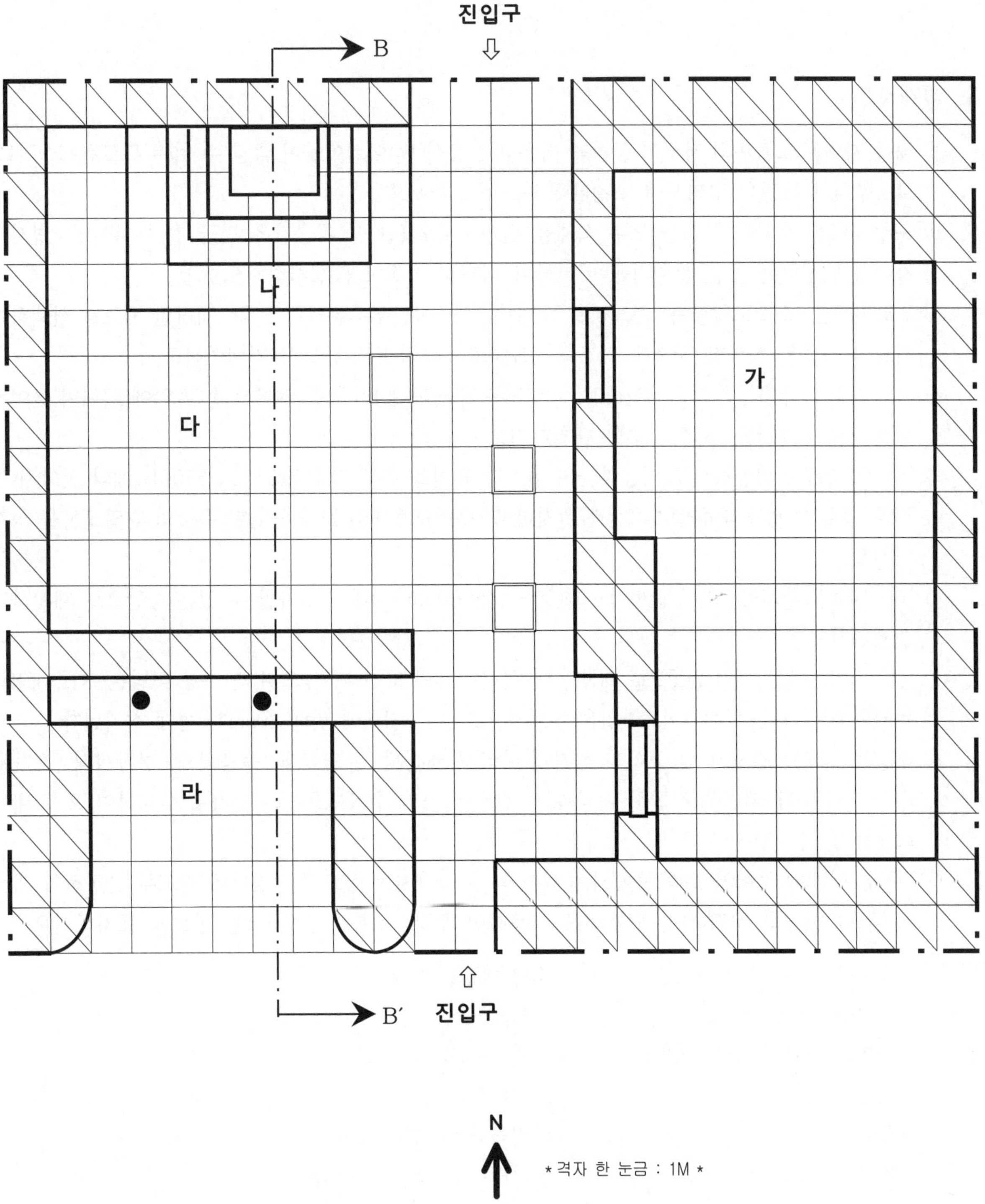

진입구

B

나

가

다

라

B′

진입구

* 격자 한 눈금 : 1M *

2. 요구사항

① 식재평면도를 위주로 한 조경계획도를 축척 1/100로 작성하시오. (지급용지-1)

② 도면 오른쪽 위에 작업명칭을 작성하시오.

③ 도면 오른쪽에는 "주요 시설물 수량표와 수목(식재) 수량표" 를 작성하고, 수량표 아래쪽 "방위표시와 막대축척" 을 반드시 그려 넣으시오.(단, 전체 대상지의 길이를 고려하여 범례표의 폭을 조정 할 수 있다.)

④ 도면의 전체적인 안정감을 위하여 "테두리선" 을 작성하시오.

⑤ B-B′ 단면도를 축척 1/100로 작성하시오.(지급용지-2)

3. 설계조건

① 해당 지역은 도로변의 자투리 공간을 이용하여 휴식 및 어린이들이 즐길 수 있는 도로변 소공원으로, 공원의 특징을 고려하여 조경계획도를 작성하시오.

② 포장지역을 제외한 곳에는 모두 식재를 실시하시오.(단, 녹지공간은 빗금 친 부분이며, 경사의 차이가 발생하는 곳은 분위기를 고려하여 식재를 적절하게 실시하시오.)

③ 포장지역은 "소형고압블록, 콘크리트, 고무칩, 마사토, 투수콘크리트 등" 적당한 재료를 선택하여 재료의 사용이 적합한 장소에 기호로 표현하고, 포장명을 반드시 기입하시오.

④ "가" 지역은 놀이공간으로 계획하고, 대상지는 주변보다 1m 높은 지역으로 그 안에 어린이 놀이시설을 3종(미끄럼틀, 시소, 그네) 배치하시오

⑤ "다" 지역은 휴식공간으로 이용자들의 편안한 휴식을 위해 파고라(3500×3500) 1개와 앉아서 휴식을 즐길 수 있도록 등벤치 2개를 설치하고, 수목보호대(3개)에 동일한 수종의 낙엽교목을 식재하시오.

⑥ "라" 지역은 <u>주차공간</u>으로 소형자동차(3000×5000mm) 2대가 주차할 수 있는 공간으로 계획하고 설계하시오.

⑦ "나" 지역은 <u>소형 벽천·연못으로 계류형</u> 단(실선) 1개당 30cm가 높으며, 담수용 바닥은 "다" 지역과 동일한 높이이며, 담수가이드라인은 전체적으로 "다" 지역에 비해 60cm가 높게 설치된다.

⑧ 대상지 내에는 경사지 및 공간의 성격에 따라 차폐식재, 유도식재, 녹음식재, 경관식재, 소나무 군식 등의 식재 패턴을 적절히 배식하고, 필요에 따라 수목보호대는 추가로 설치하여 포장 내에 식재를 할 수 있다.

⑨ 수목은 아래에 주어진 수종 중에서 종류가 다른 10가지를 반드시 선정하여 골고루 안정적인 배식이 될 수 있도록 계획하며, 인출선을 이용하여 수량, 수종명칭, 규격을 반드시 표기하시오.

- 소나무(H4.0×W2.0)
- 소나무(H3.0×W1.5)
- 소나무(H2.5×W1.2)
- 스트로브잣나무(H2.5×W1.2)
- 스트로브잣나무(H2.0×W1.0)
- 왕벚나무(H4.5×B15)
- 버즘나무(H3.5×B8)
- 느티나무(H3.5×R8)
- 청단풍(H2.5×R8)
- 다정큼나무(H1.0×W0.6)
- 중국단풍(H2.5×R5)
- 굴거리나무(H2.5×W0.6)
- 자귀나무(H2.5×R6)
- 태산목(H1.5×W0.5)
- 먼나무(H2.0×R5)
- 산딸나무(H2.0×R5)

- 산수유(H2.5×R7)
- 꽃사과(H2.5×R5)
- 수수꽃다리(H1.5×W0.6)
- 병꽃나무(H1.0×W0.4)
- 쥐똥나무(H1.0×W0.3)
- 명자나무(H0.6×W0.4)
- 산철쭉(H0.3×W0.4)
- 자산홍(H0.3×W0.3)
- 조릿대(H0.6×7가지)

⑩ B-B′ 단면도는 경사, 포장재료, 경계선 및 기타 시설물의 기초, 주변의 수목, 주요 시설물, 이용자 등을 단면도상에 반드시 표기하고, 높이 차를 한눈에 볼 수 있도록 설계하시오.

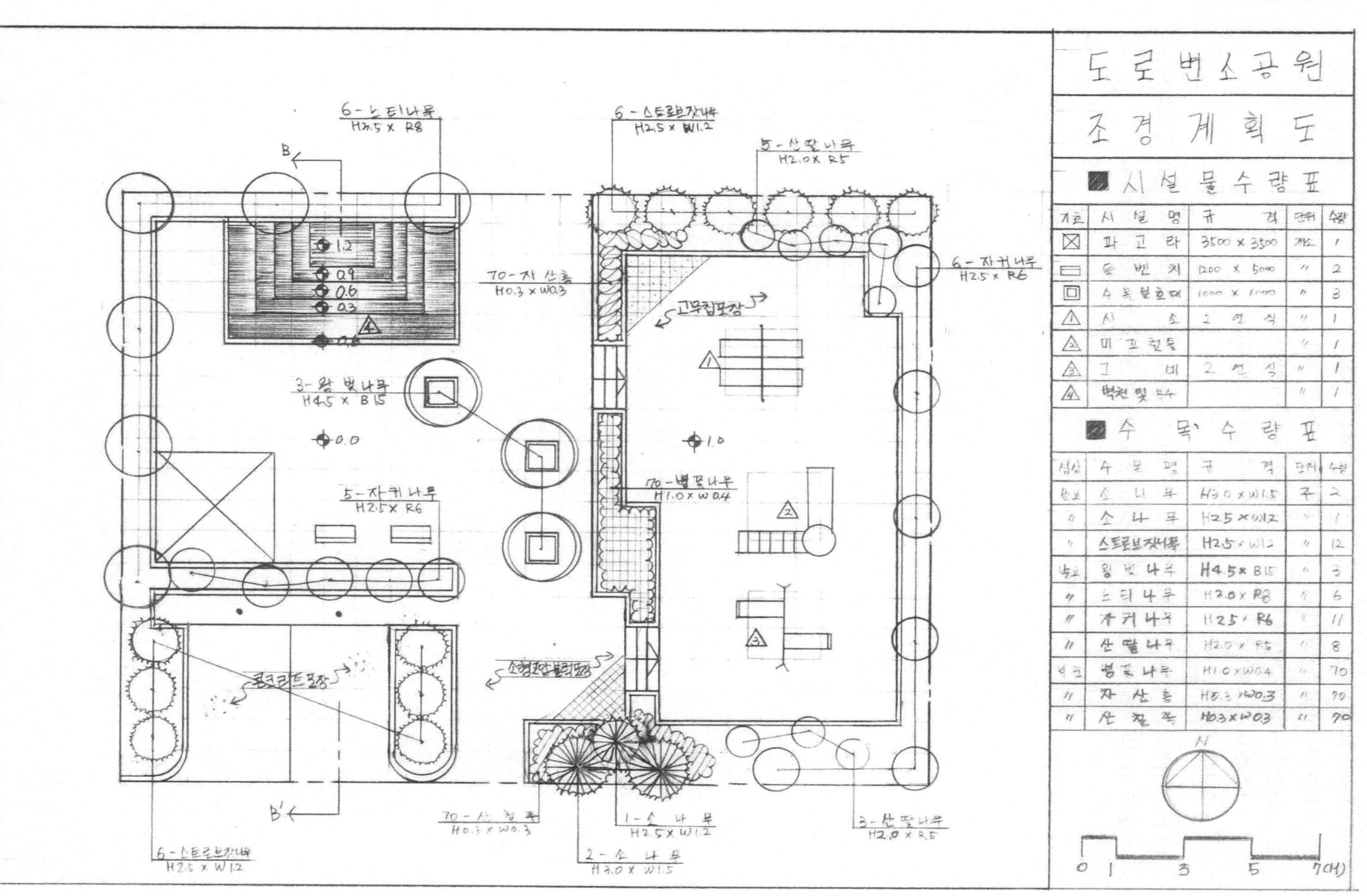

도로변소공원

조경계획도

■ 시설물수량표

기호	시설명	규격	단위	수량
⊠	파고라	3500 x 3500	개소	1
▭	등벤치	1200 x 5000	〃	2
▣	수목보호대	1000 x 1000	〃	3
△1	시소	2연식	〃	1
△2	미끄럼틀		〃	1
△3	그네	2연식	〃	1
△4	벽천 및 분수		〃	1

■ 수목수량표

성상	수목명	규격	단위	수량
상록	소나무	H3.0 x W1.5	주	2
〃	소나무	H2.5 x W1.2	〃	1
〃	스트로브잣나무	H2.5 x W1.2	〃	12
낙엽	왕벚나무	H4.5 x B15	〃	3
〃	느티나무	H3.0 x R8	〃	6
〃	자귀나무	H2.5 x R6	〃	11
〃	산딸나무	H2.0 x R5	〃	8
관목	병꽃나무	H1.0 x W0.4	〃	70
〃	자산홍	H0.3 x W0.3	〃	70
〃	산철쭉	H0.3 x W0.3	〃	70

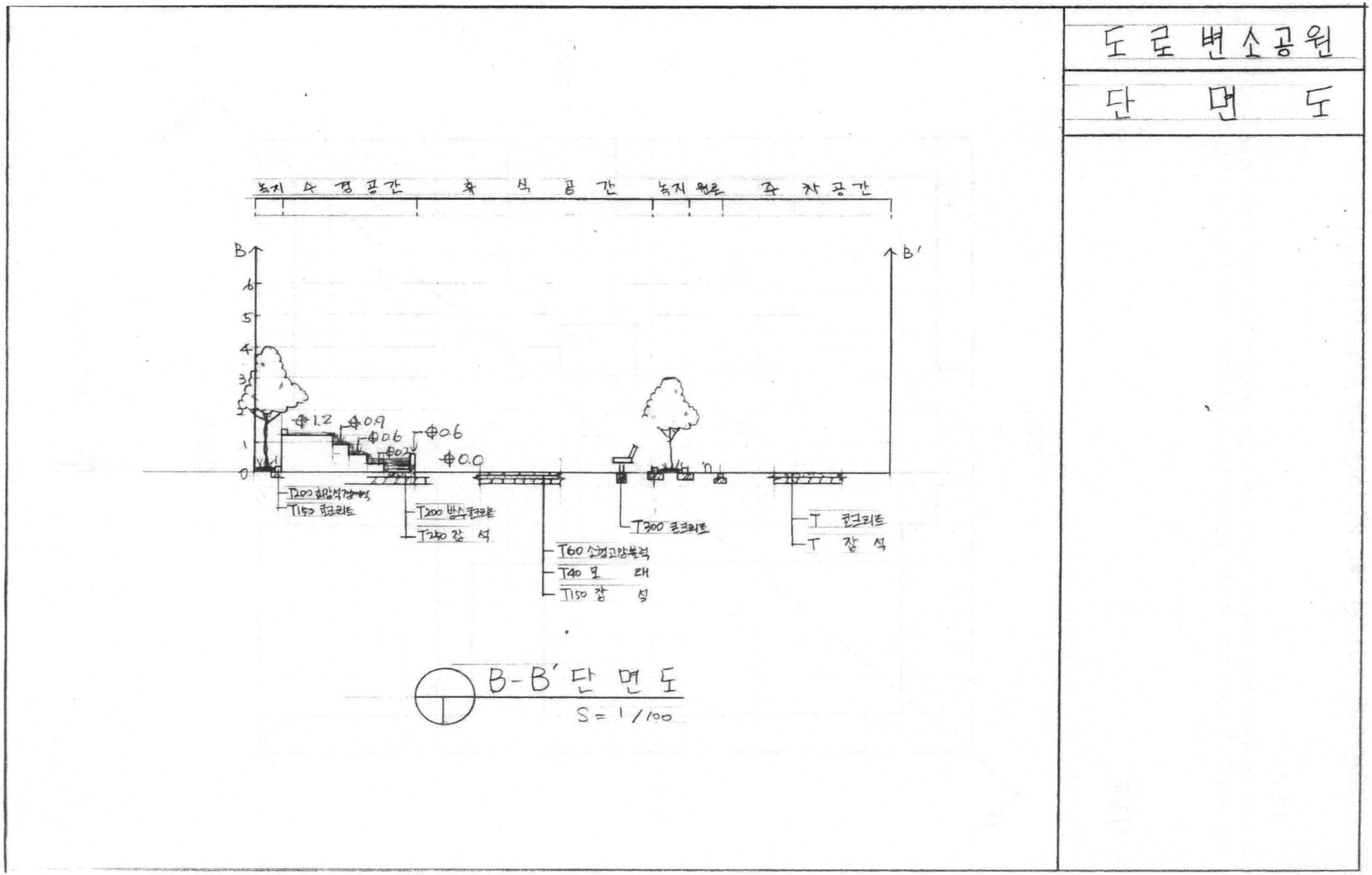

도로변소공원

단 면 도

녹지 수경공간 휴식공간 녹지 원로 주차공간

B B'

6 5 4 3 2 1 0

⊕1.2 ⊕0.9 ⊕0.6 ⊕0.6 ⊕0.3 ⊕0.0

T200 화강석경계석
T150 콘크리트

T200 방수콘크리트
T250 잡석

T60 소형고압블럭
T40 모래
T150 잡석

T300 콘크리트

T 콘크리트
T 잡석

B-B' 단면도
S = 1/100

6 2013년 5회, 2014년 1회, 2016년 4회 출제문제(수경공간 – 연못)

설계 문제

우리나라 중부지역에 위치한 도로변의 빈공간에 대한 조경설계를 하고자 한다. 주어진 현황도, 요구사항, 요구조건에 따라 근린공원 내 광장의 조경 계획도를 작성하시오.(단, 1점쇄선부분은 조경설계 대상지로 한다.)

1. 현황도

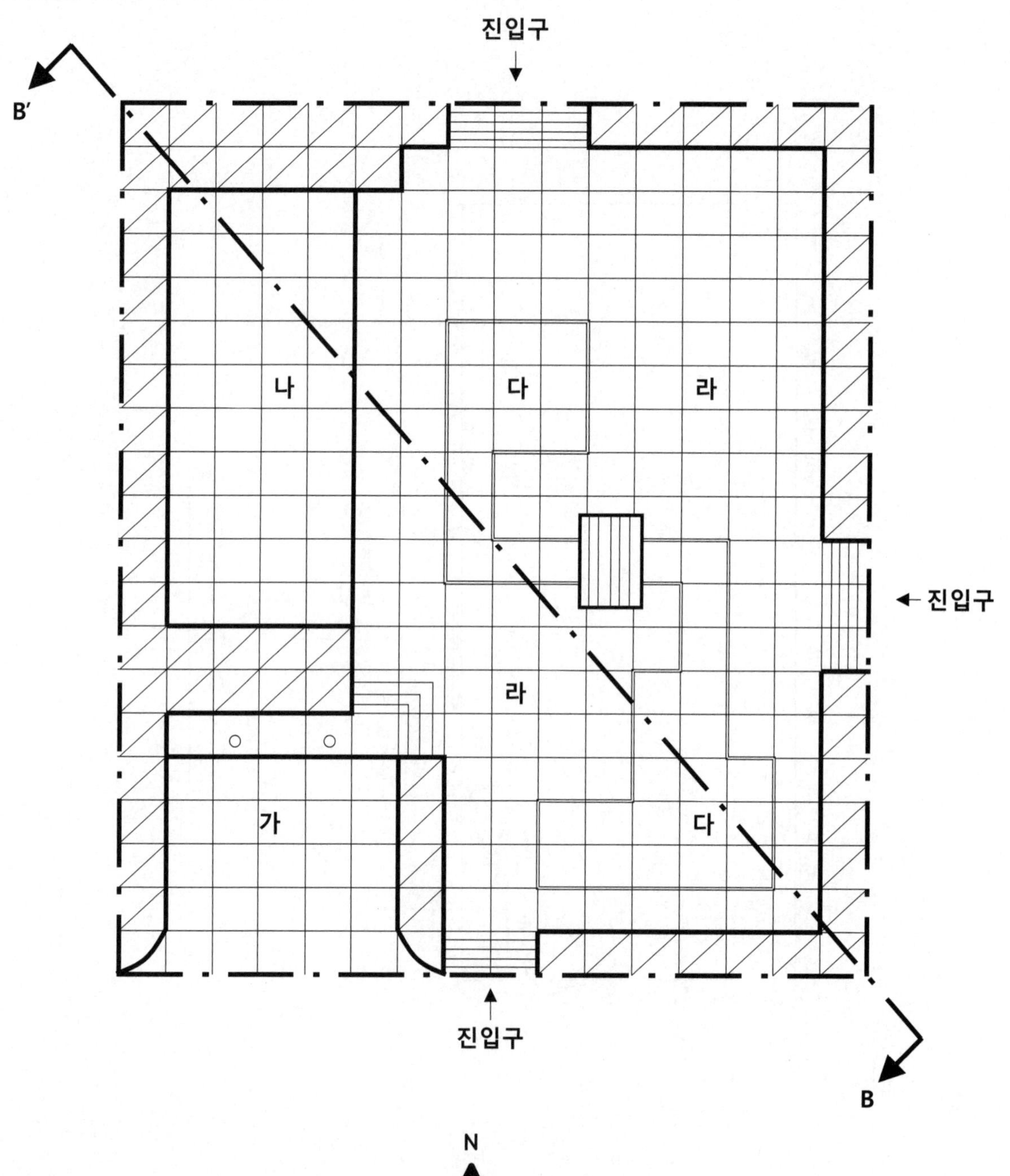

2. 요구사항

① 식재 평면도를 위주로 한 조경계획도를 축척 1/100로 작성하시오.(지급용지 1)
② 도면 오른쪽 위에 작업명칭을 "도심 휴식 공간"이라고 작성하시오.
③ 도면 오른쪽 위에는 "수목수량표"와 오른쪽 아래에 "방위와 막대축척"을 그려 넣으시오.
④ 도면의 전체적인 안정감을 위하여 "테두리선"을 넣으시오.
⑤ B-B′ 단면도를 축척 1/100로 작성하시오.(지급용지 2)

3. 요구조건

① 해당 지역은 휴식공원으로 휴식공간과 어린이들이 즐길 수 있는 특성을 고려하여 조경계획도를 작성한다.
② 포장지역을 제외한 곳에 식재가 가능한 장소에는 식재를 실시하시오. (단, 녹지공간은 빗금 친 부분이며, 경사의 차이가 발생하는 곳은 식수대(plant box)로 처리되어 있으며 분위기를 고려하여 식재를 실시하시오.)
③ 포장지역은 "소형고압블록, 콘크리트, 모래, 마사토, 투수콘크리트" 등 적당한 위치에 선택하여 표시하고, 포장명을 기입한다.
④ "가" 지역은 <u>주차공간</u>으로 소형자동차(2,500×5,000mm) 2대가 주차할 수 있는 공간으로 계획하고 설계하시오.
⑤ "나" 지역은 어린이 놀이공간으로 놀이시설물 3종을 배치한다.
⑥ "다" 지역은 깊이 60cm <u>수경공간</u>으로 계획한다.
⑦ "라" 지역은 휴식공간으로 파고라(3,500×3,500) 1개와, 평벤치 2개를 배치한다.
⑧ 필요한 곳에 수목보호용홀덮개를 설치하고, 포장지역내 식재하시오.
⑨ 대상지 내에는 유도식재, 녹음식재, 경관식재, 소나무 군식 등의 식재 패턴을 필요한 곳에 적당히 배식하고, 필요한 곳에 수목보호대를 설치하여 포장 내에 식재를 한다.
⑩ 수목은 아래에 주어진 수종 중에서 종류가 다른 10가지를 선정하여 골고루 안정적인 배식이 될 수 있도록 계획하며, 인출선을 이용하여 수량, 수종명칭, 규격을 반드시 표기한다.

- 소나무(H4.0×W2.0)
- 소나무(H3.0×W1.5)
- 소나무(H2.5×W1.2)
- 스트로브잣나무(H2.5×W1.2)
- 스트로브잣나무 (H2.0×W1.0)
- 왕벚나무 (H4.5×B15)
- 버즘나무 (H3.5×B8)
- 느티나무(H3.5×R8)
- 청단풍(H2.5×R8)
- 다정큼나무(H1.0×W0.6)
- 중국단풍(H2.5×R5)
- 굴거리나무(H2.5×W0.6)
- 자귀나무(H2.5×R6)
- 태산목(H1.5×W0.5)
- 먼나무(H2.0×R5)
- 산딸나무(H2.0×R5)
- 산수유(H2.5×R7)
- 꽃사과(H2.5×R5)
- 수수꽃다리(H1.5×W0.6)
- 병꽃나무(H1.0×W0.4)
- 쥐똥나무(H1.0×W0.3)
- 명자나무(H0.6×W0.4)
- 산철쭉(H0.3×W0.4)
- 자산홍(H0.3×W0.3)
- 조릿대(H0.6×7가지)

⑪ 경사, 포장재료, 경계선 및 기타 시설물의 기초, 주변의 수목 등을 단면도상에 표시하시오.

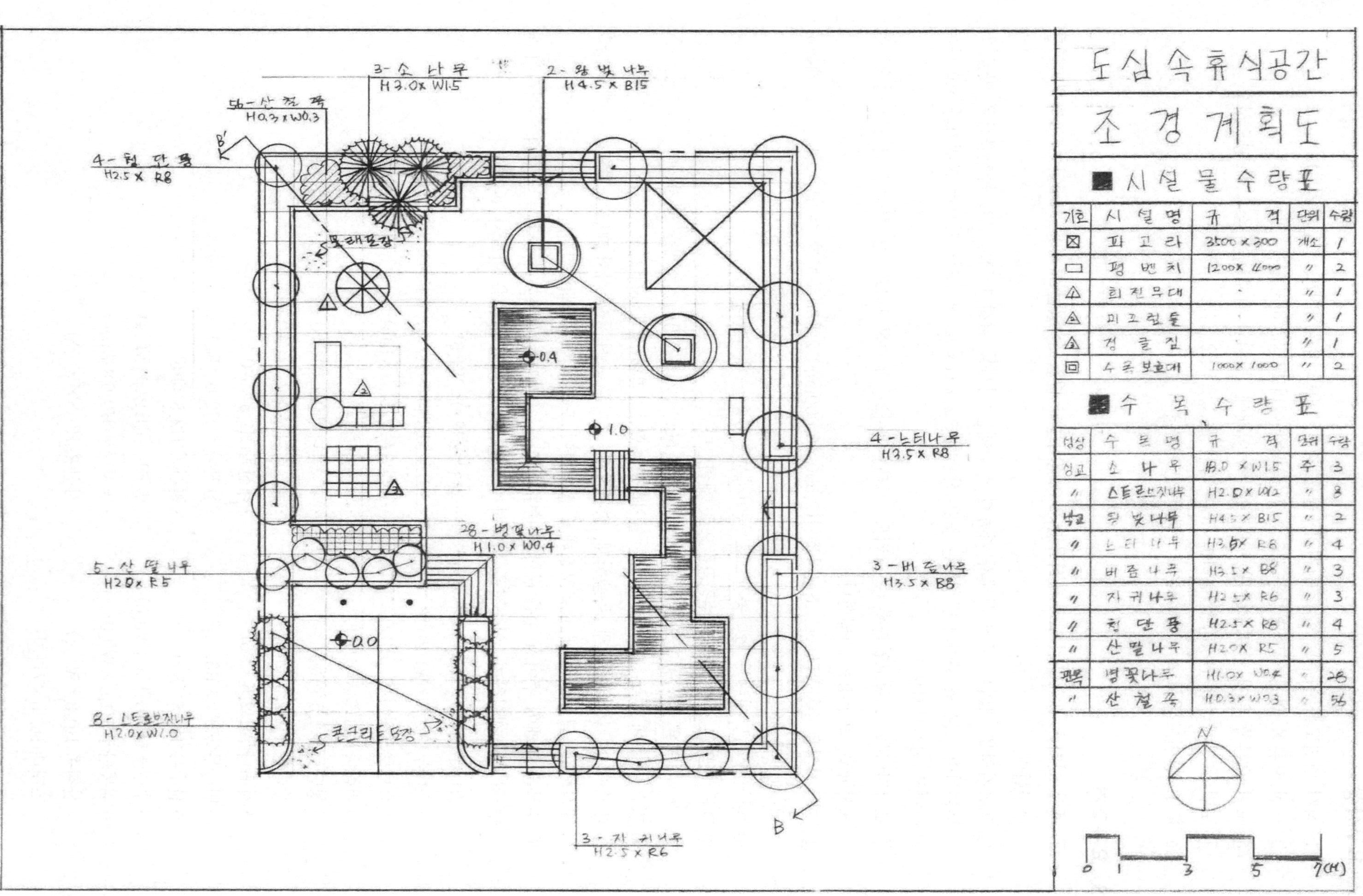
도심속 휴식공간
조경 계획도
시설물 수량표
기호 | 시설명 | 규격 | 단위 | 수량
파고라 | 3500×300 | 개소 | 1
평벤치 | 1200×400 | 〃 | 2
회전무대 | 〃 | 1
피크럼틀 | 〃 | 1
정글짐 | 〃 | 1
수목보호대 | 1000×1000 | 〃 | 2
수목수량표
성상 | 수목명 | 규격 | 단위 | 수량
상교 | 소나무 | H3.0×W1.5 | 주 | 3
〃 | 스트로브잣나무 | H2.0×W1.2 | 〃 | 8
낙교 | 왕벚나무 | H4.5×B15 | 〃 | 2
〃 | 느티나무 | H3.5×R8 | 〃 | 4
〃 | 버즘나무 | H3.5×B8 | 〃 | 3
〃 | 자귀나무 | H2.5×R6 | 〃 | 3
〃 | 청단풍 | H2.5×R8 | 〃 | 4
〃 | 산딸나무 | H2.0×R5 | 〃 | 5
관목 | 명꽃나무 | H1.0×W0.4 | 〃 | 28
〃 | 산철쭉 | H0.3×W0.3 | 〃 | 56
3-소나무 H3.0×W1.5
2-왕벚나무 H4.5×B15
56-산철쭉 H0.3×W0.3
4-청단풍 H2.5×R8
4-느티나무 H3.5×R8
3-버즘나무 H3.5×B8
28-명꽃나무 H1.0×W0.4
5-산딸나무 H2.0×R5
8-스트로브잣나무 H2.0×W1.0
3-자귀나무 H2.5×R6
모래포장
콘크리트포장
0.4
1.0
0.0
B
B'
N
0 1 3 5 7(M)

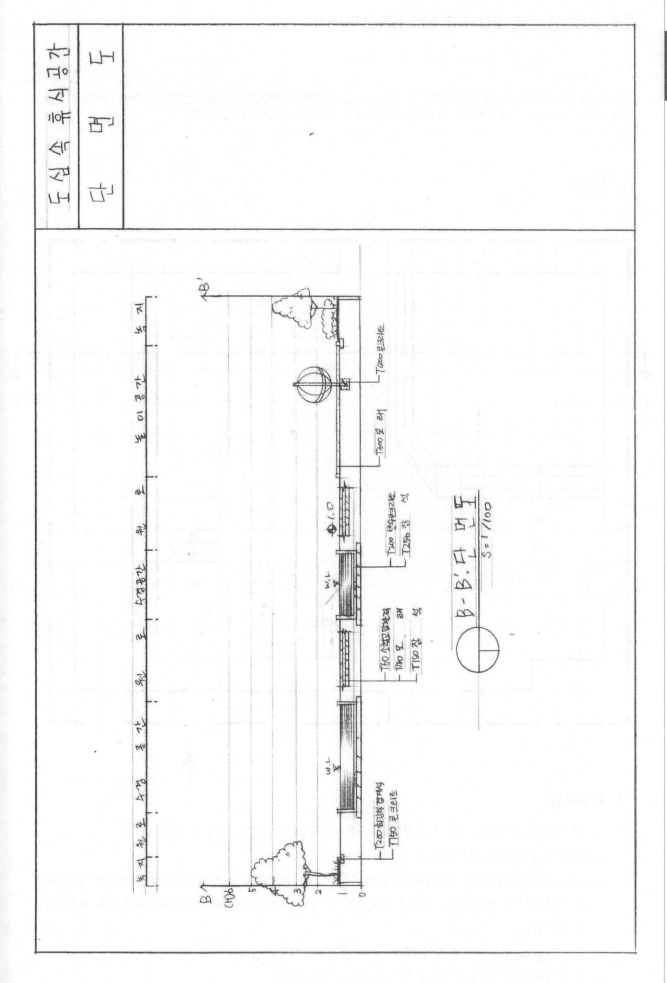

도심속 휴식공간

단 면 도

녹지 | 원로 | 수경 공간 | 원 로 | 수경공간 | 원 로 | 놀이공간 | 녹 지

B — B'

(H)6
5
4
3
2
1
0

W.L

W.L

1.0

T200 화강석 경계석
T150 콘크리트

T60 소형고압블럭
T40 모 래
T150 잡 석

T200 방수콘크리트
T250 잡 석

T300 모 래

T400 콘크리트

B-B'.단 면 도
S=1/100

7 2015년 2회, 2017년 2회 출제문제(야외무대)

설계 문제

우리나라 중부지역에 위치한 도로변의 빈 공간에 대한 조경설계를 하고자 한다. 주어진 현황도 및 아래 사항을 참조하여 설계조건에 따라 조경계획도를 작성하시오(일점쇄선 안 부분이 조경설계 대상지임).

1. 현황도

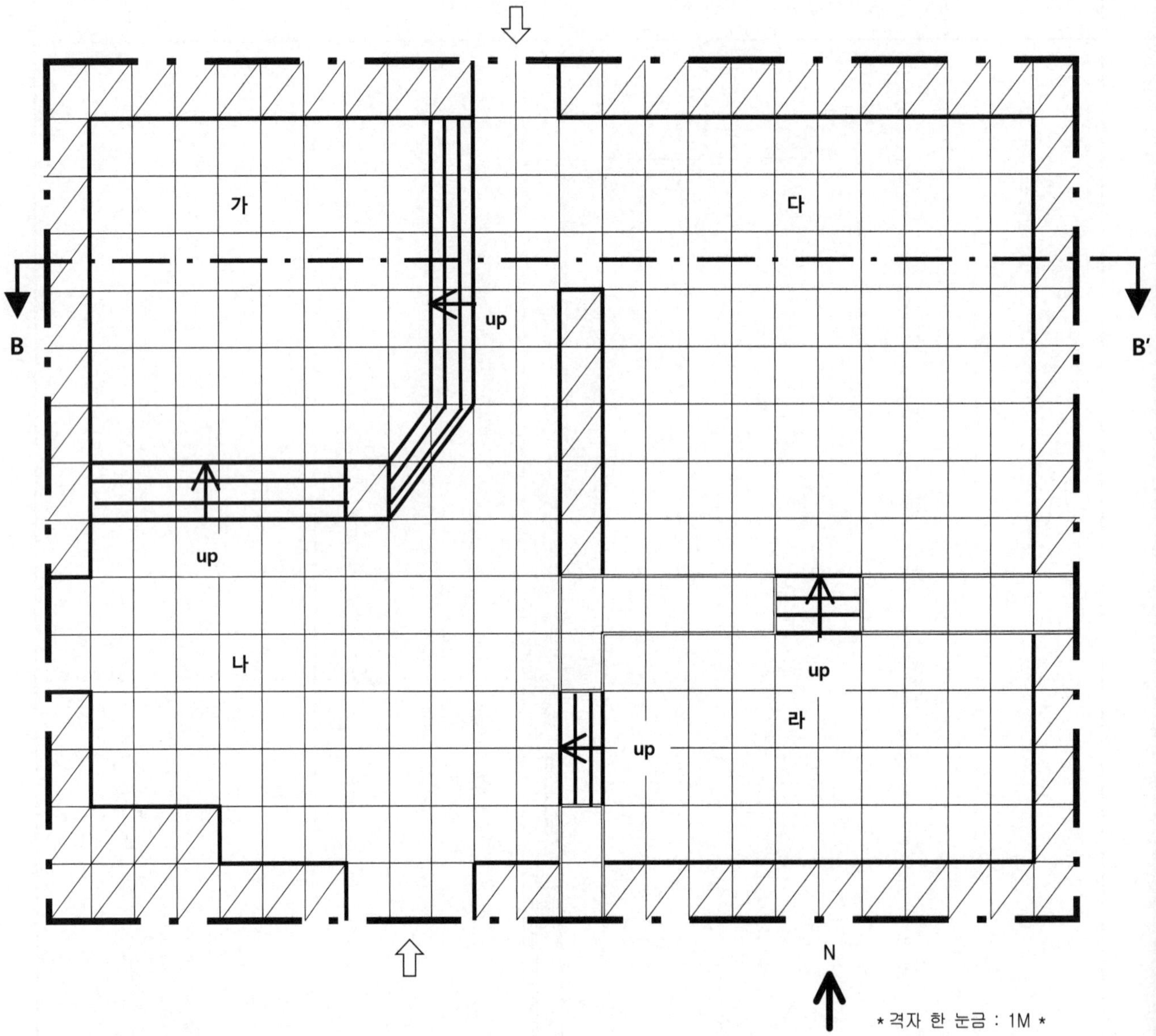

가
다
up
B
B′
up
나
up
라
up
N

* 격자 한 눈금 : 1M *

2. 요구사항

① 식재평면도를 위주로 한 조경계획도를 축척 1/100로 작성하시오(지급용지-1).

② 도면 오른쪽 위에 작업명칭을 작성하시오.

③ 도면 오른쪽에는 "주요 시설물 수량표와 수목(식재) 수량표"를 작성하고, 수량표 아래쪽 "방위표시와 막대축척"을 반드시 그려 넣으시오.(단, 전체 대상지의 길이를 고려하여 범례표의 폭을 조정할 수 있다.)

④ 도면의 전체적인 안정감을 위하여 "테두리선"을 작성하십시오.

⑤ B-B′ 단면도를 축척 1/100로 작성하시오(지급용지-2).

3. 설계조건

① 해당 지역은 도심에 야외공연과 휴식 및 어린이들이 즐길 수 있는 도로변 소공원을 조성하고자 한다. 공원의 특징을 고려하여 조경계획도를 작성하시오.

② 포장지역을 제외한 곳에는 모두 식재를 실시하시오.(단, 녹지공간은 빗금 친 부분이며, 경사의 차이가 발생하는 곳은 분위기를 고려하여 식재를 적절하게 실시하시오.)

③ 포장지역은 "소형고압블록, 벽돌, 고무칩, 투수콘크리트 등" 적당한 재료를 선택하여 재료의 사용이 적합한 장소에 기호로 표현하고, 포장명을 반드시 기입하시오.

④ "가" 지역은 야외공연을 위한 야외무대공간으로 "나","다" 지역보다 60cm 높으며 야외무대와 식재 경계부에 가림막(높이 2.5m)를 설치하시오. 포장은 미끄러짐을 고려한 포장을 선정한다.

⑤ "나" 지역은 동적휴식공간으로 이용자들의 휴식을 위한 평벤치2개소와 휴지통2개소를 배치하고, 수목보호대(3개)에 동일한 수종의 낙엽교목을 식재하시오.

⑥ "다" 지역은 놀이공간으로 계획하고, 어린이 놀이시설 중 회전무대, 정글짐, 철봉(3연식), 시소(2연식)을 계획하시오

⑦ "라" 지역은 휴식공간으로 "나", "다" 지역보다 1m가 낮으며, 이용자들의 편안한 휴식을 위해 파고라(3500×3500) 1개와 앉아서 휴식을 즐길 수 있도록 등벤치 2개를 설치하시오.

⑧ 대상지 내에는 경사지 및 공간의 성격에 따라 차폐식재, 유도식재, 녹음식재, 경관식재, 소나무 군식 등의 식재 패턴을 적절히 배식하고, 필요에 따라 수목보호대는 추가로 설치하여 포장 내에 식재를 할 수 있습니다.

⑨ 수목은 아래에 주어진 수종 중에서 종류가 다른 10가지를 반드시 선정하여 골고루 안정적인 배식이 될 수 있도록 계획하며, 인출선을 이용하여 수량, 수종명칭, 규격을 반드시 표기하시오.

- 소나무(H4.0×W2.0)
- 소나무(H3.0×W1.5)
- 소나무(H2.5×W1.2)
- 스트로브잣나무(H2.5×W1.2)
- 스트로브잣나무(H2.0×W1.0)
- 왕벚나무(H4.5×B8)
- 버즘나무(H3.5×B8)
- 느티나무(H3.5×R6)
- 청단풍(H2.5×R8)
- 다정큼나무(H1.0×W0.6)
- 동백나무(H2.5×R8)
- 중국단풍(H2.5×R5)
- 굴거리나무(H2.5×W0.6)
- 자귀나무(H2.5×R6)
- 태산목(H1.5×W0.5)
- 먼나무(H2.0×R5)
- 산딸나무(H2.0×R5)
- 산수유(H2.5×R7)
- 꽃사과(H2.5×R5)
- 수수꽃다리(H1.5×W0.6)
- 병꽃나무(H1.0×W0.4)
- 쥐똥나무(H1.0×W0.3)
- 명자나무(H0.6×W0.4)
- 산철쭉(H0.3×W0.4)
- 자산홍(H0.3×W0.3)
- 영산홍(H0.4×W0.3)
- 조릿대(H0.6×7가지)

⑩ B-B′ 단면도는 경사, 포장재료, 경계선 및 기타 시설물의 기초, 주변의 수목, 주요 시설물, 이용자 등을 단면도상에 반드시 표기하고, 높이 차를 한눈에 볼 수 있도록 설계하시오.

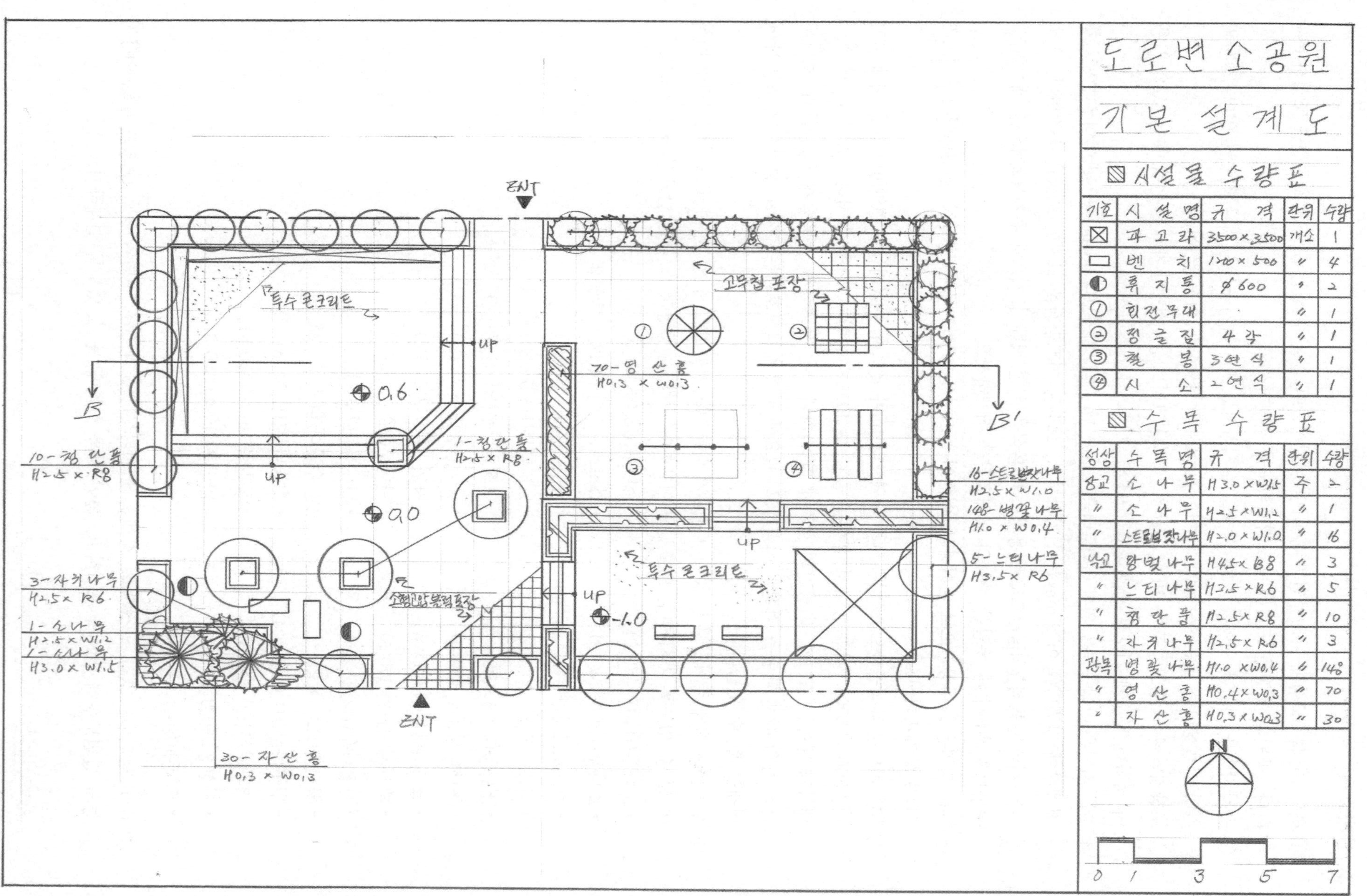
도로변 소공원
기본설계도
시설물 수량표
기호 | 시설명 | 규격 | 단위 | 수량
파고라 | 3500×3500 | 개소 | 1
벤치 | 1200×500 | 〃 | 4
휴지통 | ø600 | 〃 | 2
① 회전무대 | 〃 | 1
② 정글짐 | 4각 | 〃 | 1
③ 철봉 | 3연식 | 〃 | 1
④ 시소 | 2연식 | 〃 | 1
수목 수량표
성상 | 수목명 | 규격 | 단위 | 수량
상교 | 소나무 | H3.0×W1.5 | 주 | 2
〃 | 소나무 | H2.5×W1.2 | 〃 | 1
〃 | 스트로브잣나무 | H2.0×W1.0 | 〃 | 16
낙교 | 왕벚나무 | H4.5×B8 | 〃 | 3
〃 | 느티나무 | H3.5×R6 | 〃 | 5
〃 | 청단풍 | H2.5×R8 | 〃 | 10
〃 | 자귀나무 | H2.5×R6 | 〃 | 3
관목 | 병꽃나무 | H1.0×W0.4 | 〃 | 140
〃 | 영산홍 | H0.4×W0.3 | 〃 | 70
〃 | 자산홍 | H0.3×W0.3 | 〃 | 30
N
0 1 3 5 7
ENT
ENT
투수콘크리트
투수콘크리트
고무칩 포장
소형고압블럭포장
UP
B
B'
0.6
0.0
-1.0
70-영산홍 H0.3×W0.3
1-청단풍 H2.5×R8
10-청단풍 H2.5×R8
16-스트로브잣나무 H2.5×W1.0
140-병꽃나무 H1.0×W0.4
5-느티나무 H3.5×R6
3-자귀나무 H2.5×R6
1-소나무 H2.5×W1.2
1-소나무 H3.0×W1.5
30-자산홍 H0.3×W0.3

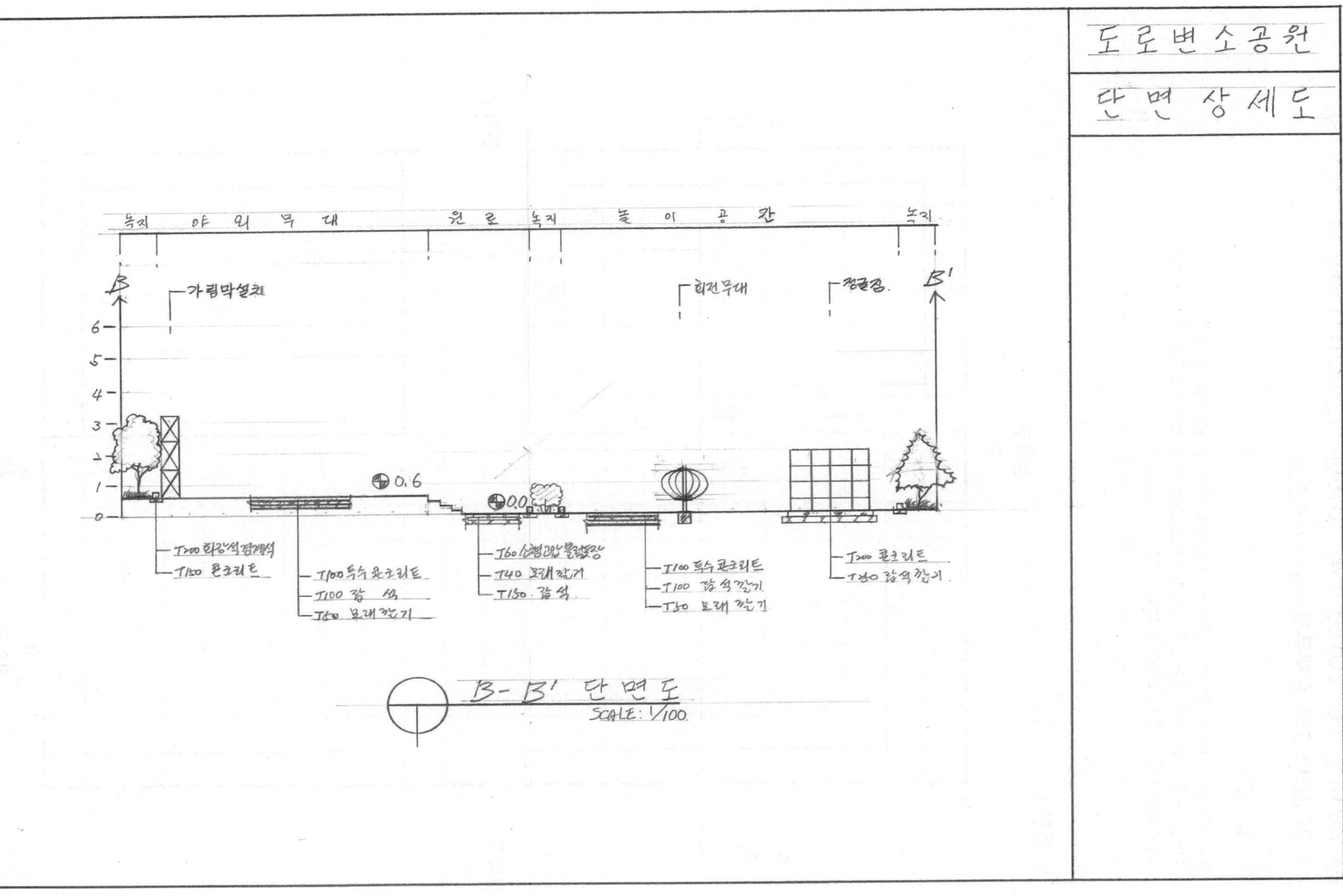
도로변소공원
단면상세도
녹지
야외무대
원로
녹지
놀이공간
녹지
B
B'
가림막설치
회전무대
정글짐
0.6
0.0
T200 화강석경계석
T150 콘크리트
T100 투수콘크리트
T100 잡석
T40 모래깔기
T150 잡석
T100 잡석깔기
T200 콘크리트
B-B' 단면도
SCALE: 1/100

8 2014년 4회, 2015년 1회, 2016년 1회, 2017년 1회, 2018년 1회, 2020년 2회 출제문제(어린이 미로공간)

설계 문제

우리나라 중부지역에 위치한 도로변의 빈 공간에 대한 조경설계를 하고자 한다.
주어진 현황도 및 아래 사항을 참조하여 설계조건에 따라 조경계획도를 작성하시오.
(단, 1점쇄선 안 부분이 조경설계 대상지임)

1. 현황도

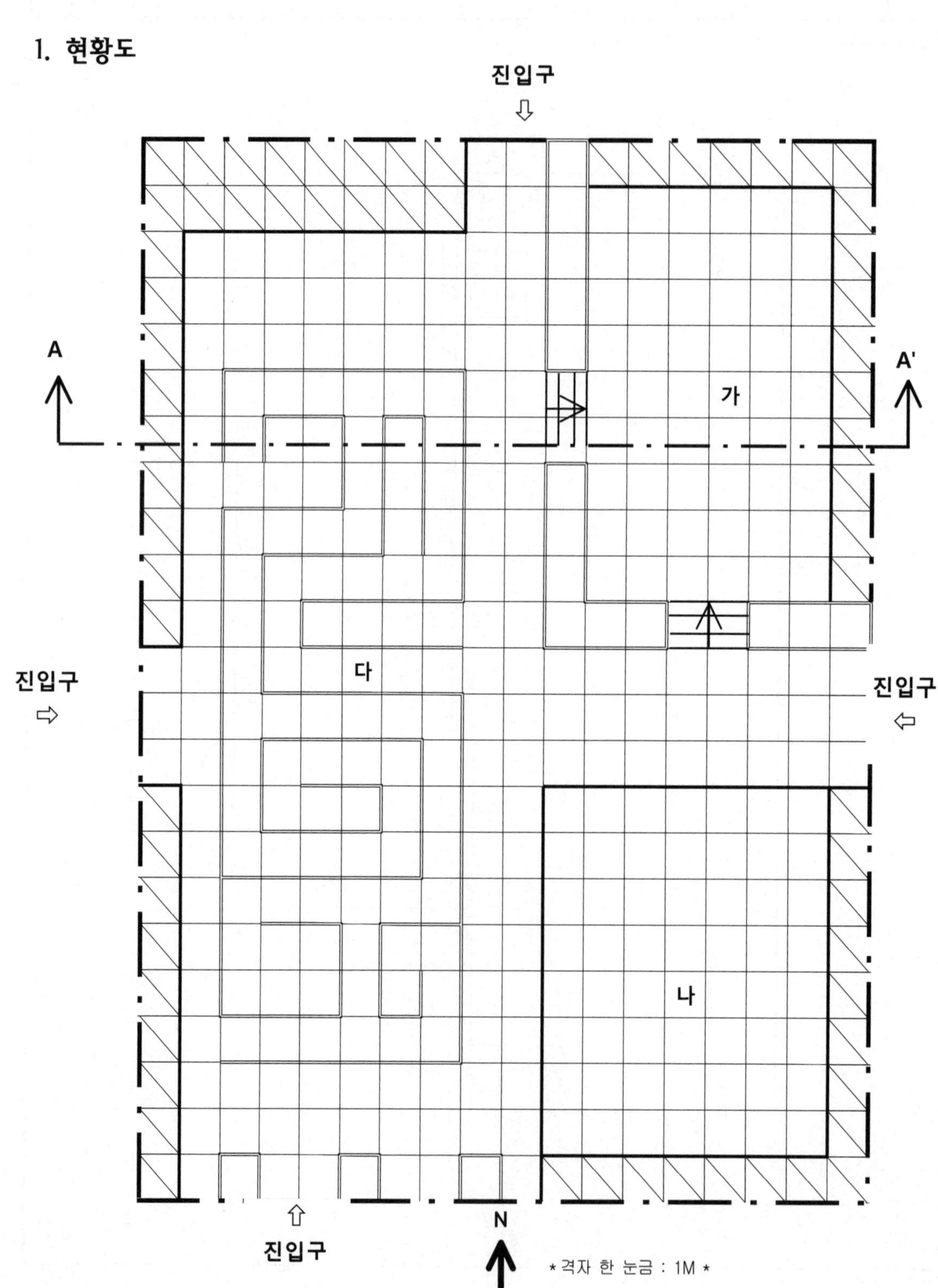

2. 요구사항

① 식재평면도를 위주로 한 조경계획도를 축척 1/100로 작성하시오(지급용지-1).
② 도면 오른쪽 위에 작업명칭을 작성하시오.
③ 도면 오른쪽에는 "주요 시설물 수량표와 수목(식재) 수량표"를 작성하고, 수량표 아래쪽 "방위표시와 막대축척"을 반드시 그려 넣으시오.(단, 전체 대상지의 길이를 고려하여 범례표의 폭을 조정할 수 있다.)
④ 도면의 전체적인 안정감을 위하여 "테두리선"을 작성하시오.
⑤ A-A′ 단면도를 축척 1/100로 작성하시오(지급용지-2).

3. 요구조건

① 해당 지역은 도로변의 자투리 공간을 이용하여 휴식 및 어린이들이 즐길 수 있는 도로변 소공원으로, 공원의 특징을 고려하여 조경계획도를 작성하시오.
② 포장지역을 제외한 곳에는 모두 식재를 실시하시오.(단, 녹지공간은 빗금 친 부분이며, 경사의 차이가 발생하는 곳은 분위기를 고려하여 식재를 적절하게 실시하시오.)
③ 포장지역은 "점토블록, 모래, 투수콘크리트 등" 적당한 재료를 선택하여 재료의 사용이 적합한 장소에 기호로 표현하고, 포장명을 반드시 기입하시오.
④ "가" 지역은 놀이공간으로 계획하고, 대상지는 주변보다 1m 높은 지역으로 그 안에 어린이 놀이시설을 3종(정글짐, 회전무대, 시소, 철봉) 배치하시오.
⑤ "나" 지역은 휴식공간으로 이용자들의 편안한 휴식을 위해 파고라(3000×5000) 1개와 앉아서 휴식을 즐길 수 있도록 등벤치 3개를 설치하시오.
⑥ "다" 지역은 어린이 미로공간으로 높이 1m 이상의 미로를 설계하시오.(재료는 아무거나 선정 가능)
⑦ 대상지 전체에 휴지통 3개를 설치하시오.
⑧ 수목은 아래에 주어진 수종 중에서 종류가 다른 10가지를 반드시 선정하여 골고루 안정적인 배식이 될 수 있도록 계획하며, 인출선을 이용하여 수량, 수종명칭, 규격을 반드시 표기하시오.

- 소나무(H4.0×W2.0)
- 소나무(H3.0×W1.5)
- 소나무(H2.5×W1.2)
- 스트로브잣나무(H2.5×W1.2)
- 스트로브잣나무(H2.0×W1.0)
- 왕벚나무(H4.5×B15)
- 버즘나무(H3.5×B8)
- 느티나무(H3.5×R8)
- 청단풍(H2.5×R8)
- 다정큼나무(H1.0×W0.6)
- 중국단풍(H2.5×R5)
- 굴거리나무(H2.5×W0.6)
- 사귀나무(H2.5×R6)
- 태산목(H1.5×W0.5)
- 먼나무(H2.0×R5)
- 산딸나무(H2.0×R5)
- 산수유(H2.5×R7)
- 꽃사과(H2.5×R5)
- 수수꽃다리(H1.5×W0.6)
- 병꽃나무(H1.0×W0.4)
- 쥐똥나무(H1.0×W0.3)
- 명자나무(H0.6×W0.4)
- 산철쭉(H0.4×W0.3)
- 자산홍(H0.3×W0.3)
- 조릿대(H0.6×7가지)

⑨ A-A′ 단면도는 경사, 포장재료, 경계선 및 기타 시설물의 기초, 주변의 수목, 주요 시설물, 이용자 등을 단면도상에 반드시 표기하고, 높이 차를 한눈에 볼 수 있도록 설계하시오.

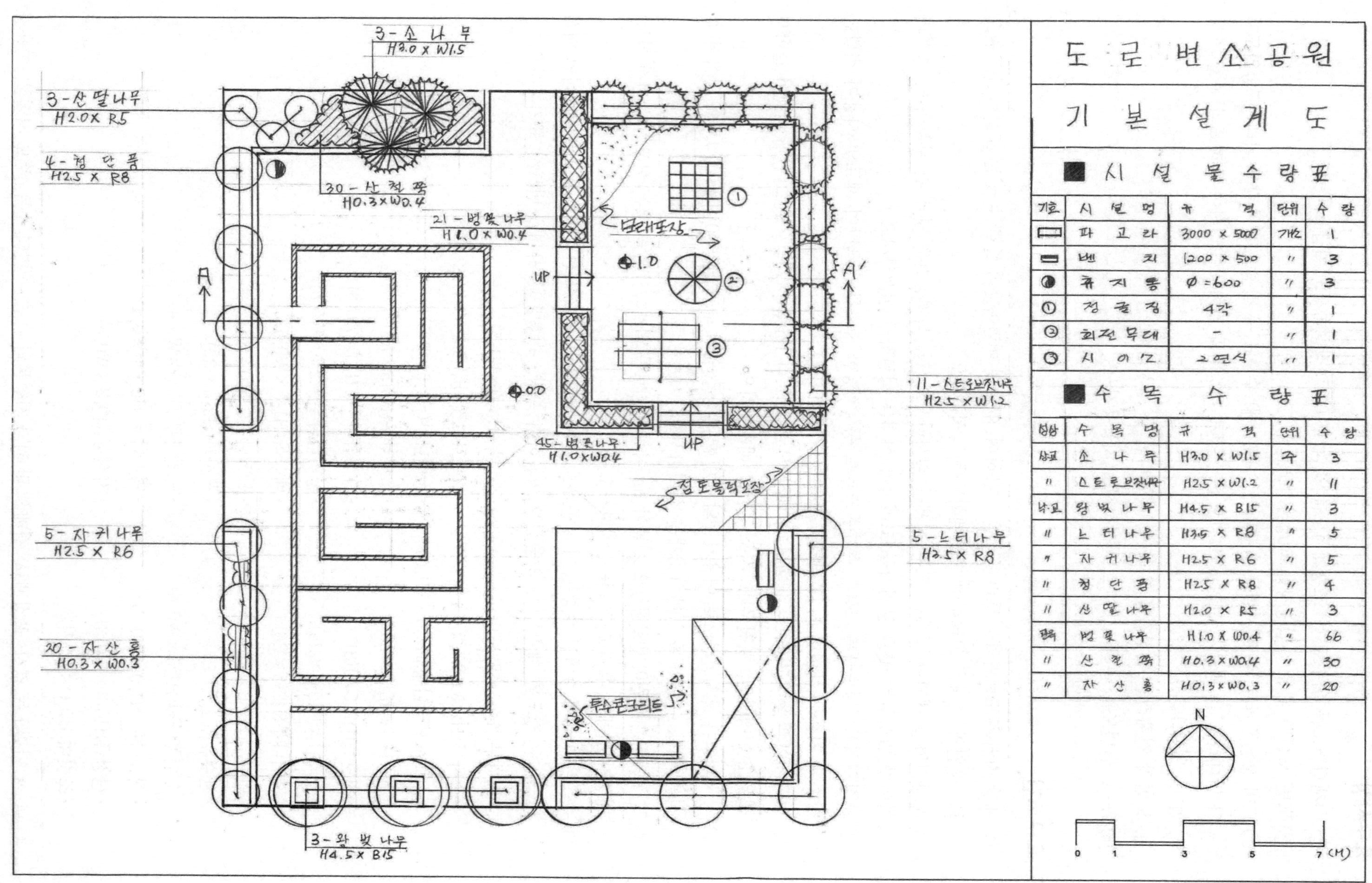
도로변소공원
기본설계도
시설물수량표
기호 | 시설명 | 규격 | 단위 | 수량
파고라 | 3000 × 5000 | 개소 | 1
벤치 | 1200 × 500 | 〃 | 3
휴지통 | Ø=600 | 〃 | 3
① 정글짐 | 4각 | 〃 | 1
② 회전무대 | - | 〃 | 1
③ 시이소 | 2연식 | 〃 | 1
수목수량표
성상 | 수목명 | 규격 | 단위 | 수량
상교 | 소나무 | H3.0 × W1.5 | 주 | 3
〃 | 스트로브잣나무 | H2.5 × W1.2 | 〃 | 11
낙교 | 왕벚나무 | H4.5 × B15 | 〃 | 3
〃 | 느티나무 | H3.5 × R8 | 〃 | 5
〃 | 자귀나무 | H2.5 × R6 | 〃 | 5
〃 | 청단풍 | H2.5 × R8 | 〃 | 4
〃 | 산딸나무 | H2.0 × R5 | 〃 | 3
관목 | 병꽃나무 | H1.0 × W0.4 | 〃 | 66
〃 | 산철쭉 | H0.3 × W0.4 | 〃 | 30
〃 | 자산홍 | H0.3 × W0.3 | 〃 | 20
N
0 1 3 5 7 (M)
3-소나무 H3.0 × W1.5
3-산딸나무 H2.0 × R5
4-청단풍 H2.5 × R8
30-산철쭉 H0.3 × W0.4
21-병꽃나무 H1.0 × W0.4
모래포장
UP
A
A'
11-스트로브잣나무 H2.5 × W1.2
45-병꽃나무 H1.0 × W0.4
점토블럭포장
5-느티나무 H3.5 × R8
5-자귀나무 H2.5 × R6
20-자산홍 H0.3 × W0.3
투수콘크리트
3-왕벚나무 H4.5 × B15

도로변 소공원
단 면 도

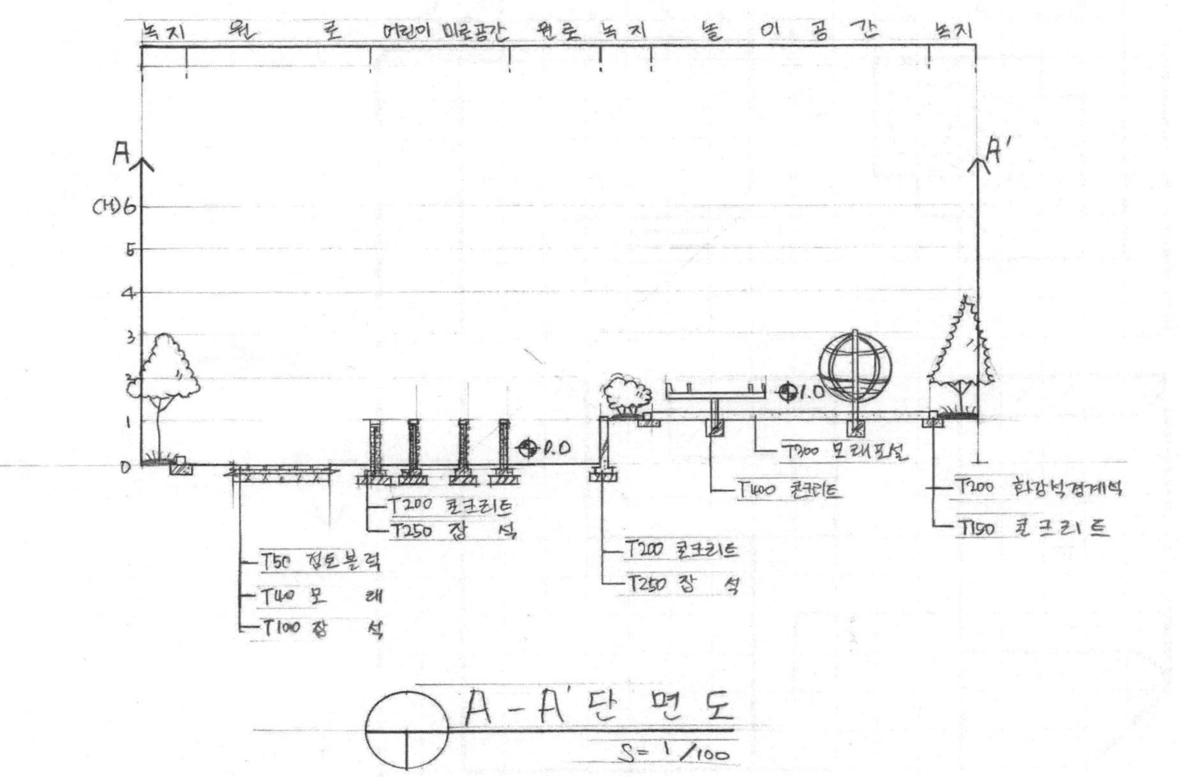
녹지
원로
어린이 미로공간
원로
녹지
놀이공간
녹지
A
A'
(M) 6
5
4
3
2
1
0
⊕0.0
⊕1.0
T200 콘크리트
T250 잡석
T50 점토블럭
T40 모래
T100 잡석
T200 콘크리트
T250 잡석
T300 모래포설
T400 콘크리트
T200 화강석경계석
T150 콘크리트
A-A' 단면도
S=1/100

9 2012년 1회, 2018년 2회, 2020년 1회 출제문제(마운딩 경관식재, 주차장)

설계 문제

우리나라 중부지역에 위치한 도로변의 빈 공간에 대한 조경설계를 하고자 한다. 주어진 현황도 및 아래 사항을 참조하여 요구조건에 따라 조경계획도를 작성하시오(일점쇄선 안 부분이 조경설계 대상지임).

1. 현황도

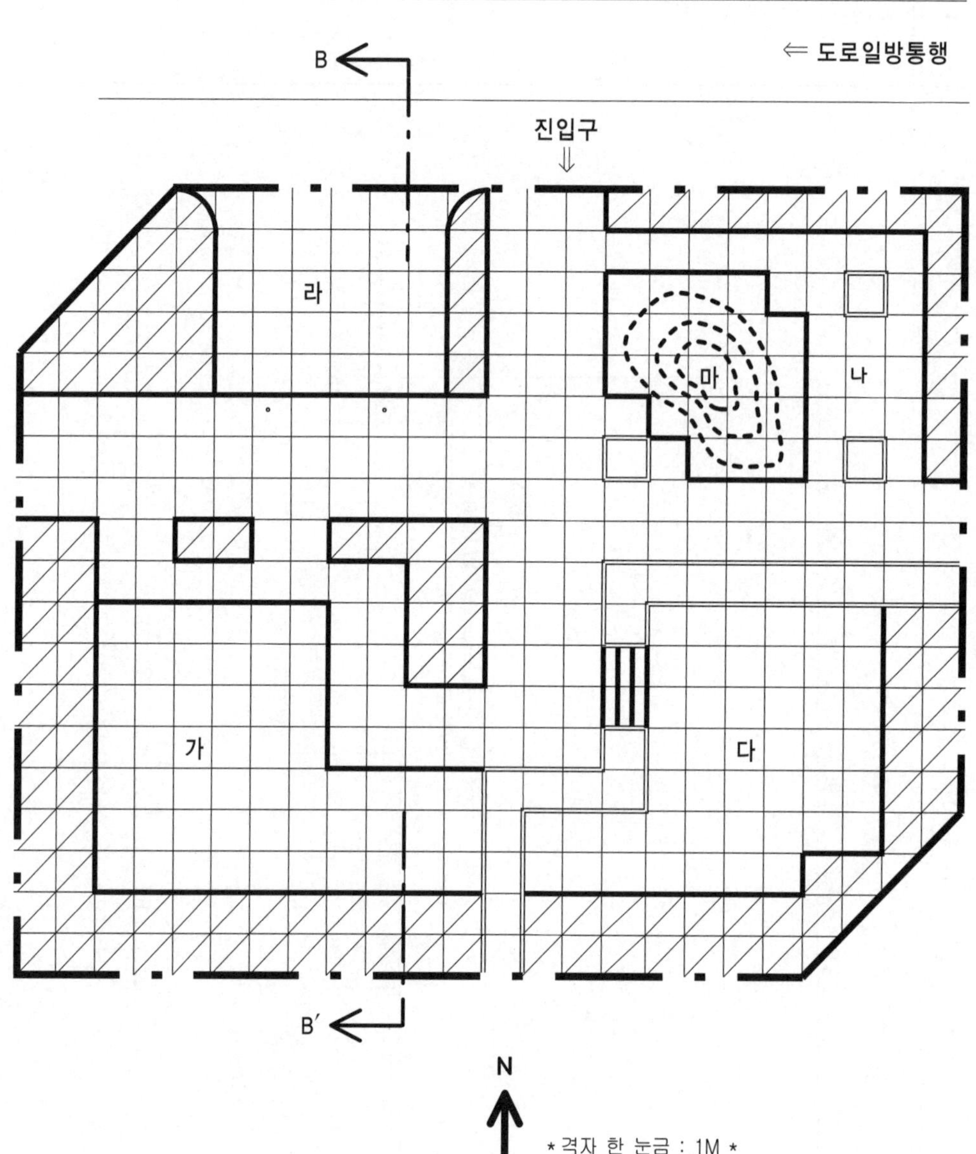

2. 요구사항

① 식재 평면도를 위주로 한 조경계획도를 축척 1/100로 작성하시오(지급용지 1).
② 도면 오른쪽 위에 작업명칭을 작성한다.
③ 도면 오른쪽에는 "중요 시설물 수량표와 수목(식재)수량표"를 작성하고, 수량표 아래쪽 "방위표시와 막대축척"을 그려 넣으시오(단, 전체 대상지의 길이를 고려하여 범례표를 조정할 수 있다.).
④ 도면의 전체적인 안정감을 위하여 "테두리선"을 넣으시오.
⑤ B−B′ 단면도를 축척 1/100로 작성하시오(지급용지 2).

3. 요구조건

① 해당 지역은 도로변에 위치한 소공원으로 어린이들이 주이용 대상들이며 그 특성에 맞는 조경계획도를 작성한다.
② 포장지역을 제외한 곳에 식재가 가능한 장소에는 식재를 실시하시오(단, 녹지공간은 빗금 친 부분이며, 경사의 차이가 발생하는 곳은 식수대(plant box)로 처리되어 있으며 분위기를 고려하여 식재를 실시하시오.).
③ 포장지역은 "소형고압블록, 콘크리트, 모래, 마사토, 투수콘크리트" 등 적당한 위치에 선택하여 표시하고, 포장명을 기입한다.
④ "가" 지역은 놀이공간으로 계획하고, 그 안에 어린이 놀이시설을 3종 배치하시오.
⑤ "다" 지역은 휴식공간으로 이용자들의 편안한 휴식을 위해 파고라(3,500×3500mm) 1개와 앉아서 휴식을 즐길 수 있도록 등벤치 3개를 계획 설계하시오.
⑥ "라" 지역은 주차공간으로 소형자동차(3,000×5,000mm) 2대가 주차할 수 있는 공간으로 계획하고 설계하시오.
⑦ "나" 지역은 동적인 공간의 휴식공간으로 평벤치 3개를 설치하고, 수목보호대(3개)에 낙엽교목을 동일하게 식재하시오.
⑧ "마" 지역은 등고선 1개당 20cm가 높으며, 전체적으로 "나" 지역에 비해 60cm가 높은 녹지지역으로 경관식재를 실시하시오. 아울러 반드시 크기가 다른 소나무를 3종 식재하고, 계절성을 느낄 수 있게 다른 수목을 조화롭게 배치하시오.
⑨ "다" 지역은 "가", "나", "라" 지역보다 1m 높은 지역으로 계획하시오.
⑩ 대상지 내에는 유도식재, 녹음식재, 경관식재, 소나무 군식 등의 식재 패턴을 필요한 곳에 적당히 배식하고, 필요한 곳에 수목보호대를 설치하여 포장 내에 식재를 한다.
⑪ 수목은 아래에 주어진 수종 중에서 종류가 다른 10가지를 선정하여 골고루 안정적인 배식이 될 수 있도록 계획하며, 인출선을 이용하여 수량, 수종명칭, 규격을 반드시 표기한다.

- 소나무(H4.0×W2.0)
- 소나무(H3.0×W1.5)
- 소나무(H2.5×W1.2)
- 스트로브잣나무(H2.5×W1.2)
- 스트로브잣나무(H2.0×W1.0)
- 왕벚나무(H4.5×B15)
- 버즘나무(H3.5×B8)
- 느티나무(H3.5×R8)
- 청단풍(H2.5×R8)
- 다정큼나무(H1.0×W0.6)
- 중국단풍(H2.5×R5)
- 굴거리나무(H2.5×W0.6)
- 자귀나무(H2.5×R6)
- 태산목(H1.5×W0.5)
- 먼나무(H2.0×R5)
- 산딸나무(H2.0×R5)
- 산수유(H2.5×R7)
- 꽃사과(H2.5×R5)
- 수수꽃다리(H1.5×W0.6)
- 병꽃나무(H1.0×W0.4)
- 쥐똥나무(H1.0×W0.3)
- 명자나무(H0.6×W0.4)
- 산철쭉(H0.3×W0.4)
- 자산홍(H0.3×W0.3)
- 조릿대(H0.6×7가지)

⑫ 경사, 포장재료, 경계선 및 기타 시설물의 기초, 주변의 수목 등을 단면도상에 표시하시오.

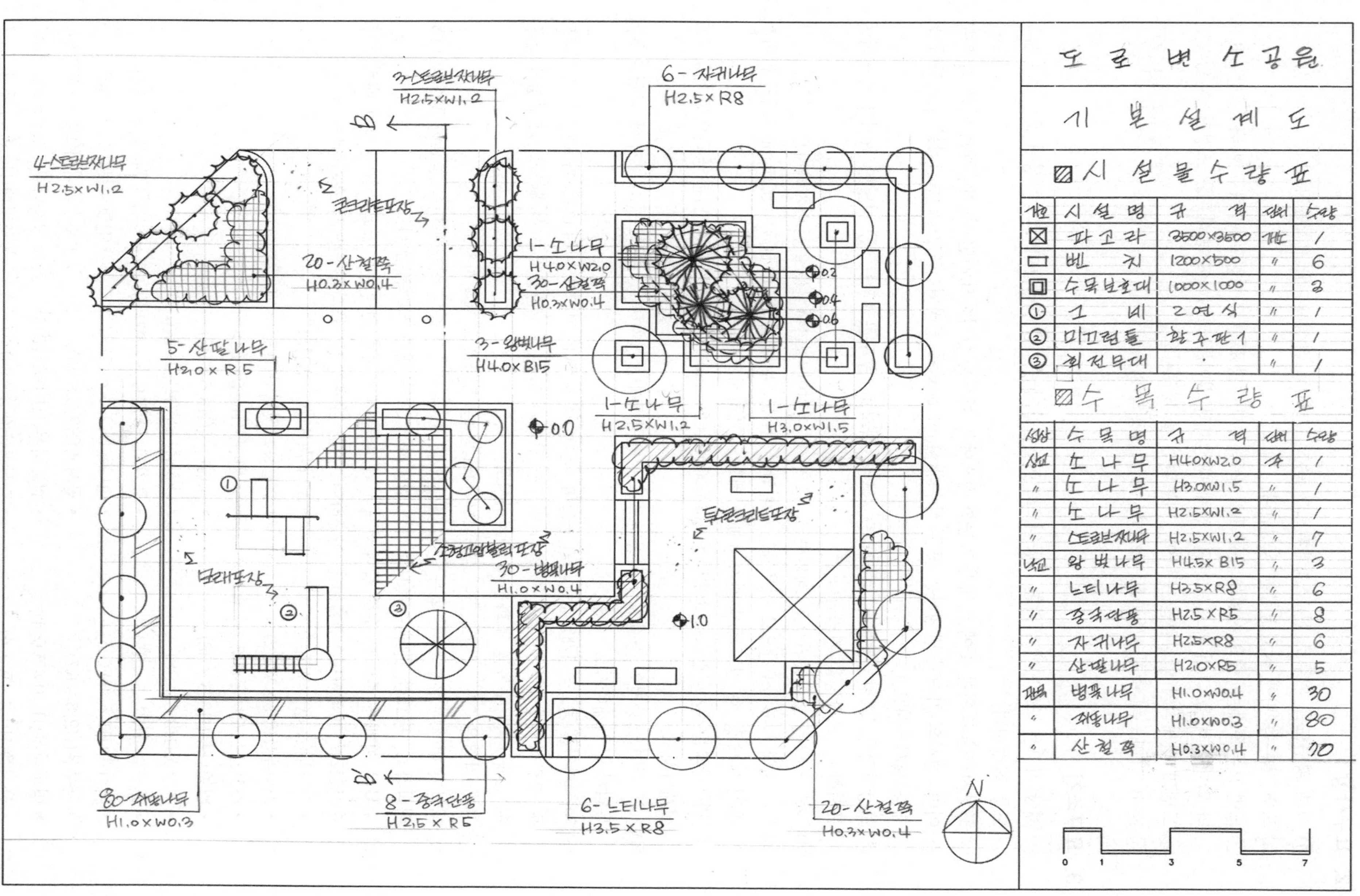
도로변 소공원
기본설계도
시설물수량표
기호 시설명 규격 단위 수량
파고라 3500×3500 개소 1
벤치 1200×500 〃 6
수목보호대 1000×1000 〃 3
① 그네 2연식 〃 1
② 미끄럼틀 활주판 1 〃 1
③ 회전무대 〃 1
수목수량표
성상 수목명 규격 단위 수량
상교 소나무 H4.0×W2.0 주 1
〃 소나무 H3.0×W1.5 〃 1
〃 소나무 H2.5×W1.2 〃 1
〃 스트로브잣나무 H2.5×W1.2 〃 7
낙교 왕벚나무 H4.5×B15 〃 3
〃 느티나무 H3.5×R8 〃 6
〃 중국단풍 H2.5×R5 〃 8
〃 자귀나무 H2.5×R8 〃 6
〃 산딸나무 H2.0×R5 〃 5
관목 병꽃나무 H1.0×W0.4 〃 30
〃 쥐똥나무 H1.0×W0.3 〃 80
〃 산철쭉 H0.3×W0.4 〃 70
4-스트로브잣나무
H2.5×W1.2
3-스트로브잣나무
H2.5×W1.2
6-자귀나무
H2.5×R8
콘크리트포장
20-산철쭉
H0.3×W0.4
1-소나무
H4.0×W2.0
30-산철쭉
H0.3×W0.4
5-산딸나무
H2.0×R5
3-왕벚나무
H4.0×B15
1-소나무
H2.5×W1.2
1-소나무
H3.0×W1.5
0.2
0.4
0.6
0.0
1.0
투수콘크리트포장
소형고압블럭포장
30-병꽃나무
H1.0×W0.4
모래포장
80-쥐똥나무
H1.0×W0.3
8-중국단풍
H2.5×R5
6-느티나무
H3.5×R8
20-산철쭉
H0.3×W0.4
N
0 1 3 5 7

조경설계도면

단면도

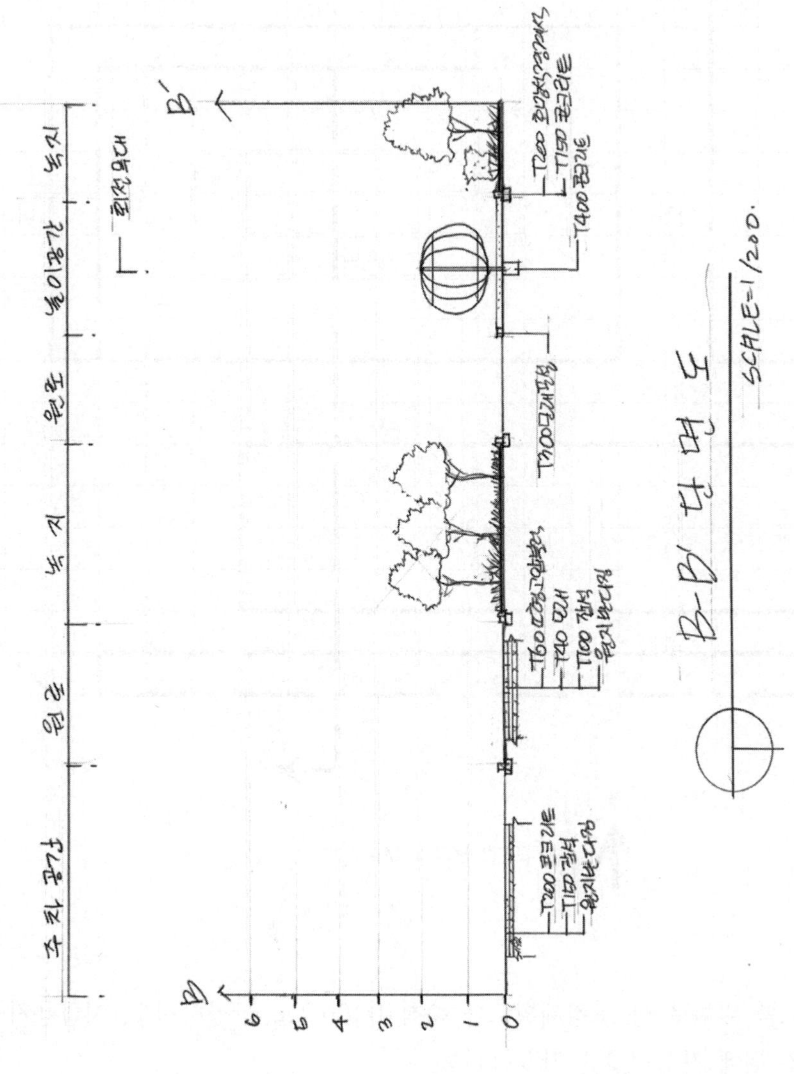

10 2018년 1회, 2020년 2회 출제문제 (수경공간 – 연못, 캐스케이드)

설계 문제

우리나라 중부지역에 위치한 도로변의 빈 공간에 대한 조경설계를 하고자 한다. 주어진 현황도 및 아래 사항을 참조하여 설계조건에 따라 조경계획도를 작성하시오.(단, 1점쇄선 안부분이 조경설계 대상지임)

1. 현황 도면

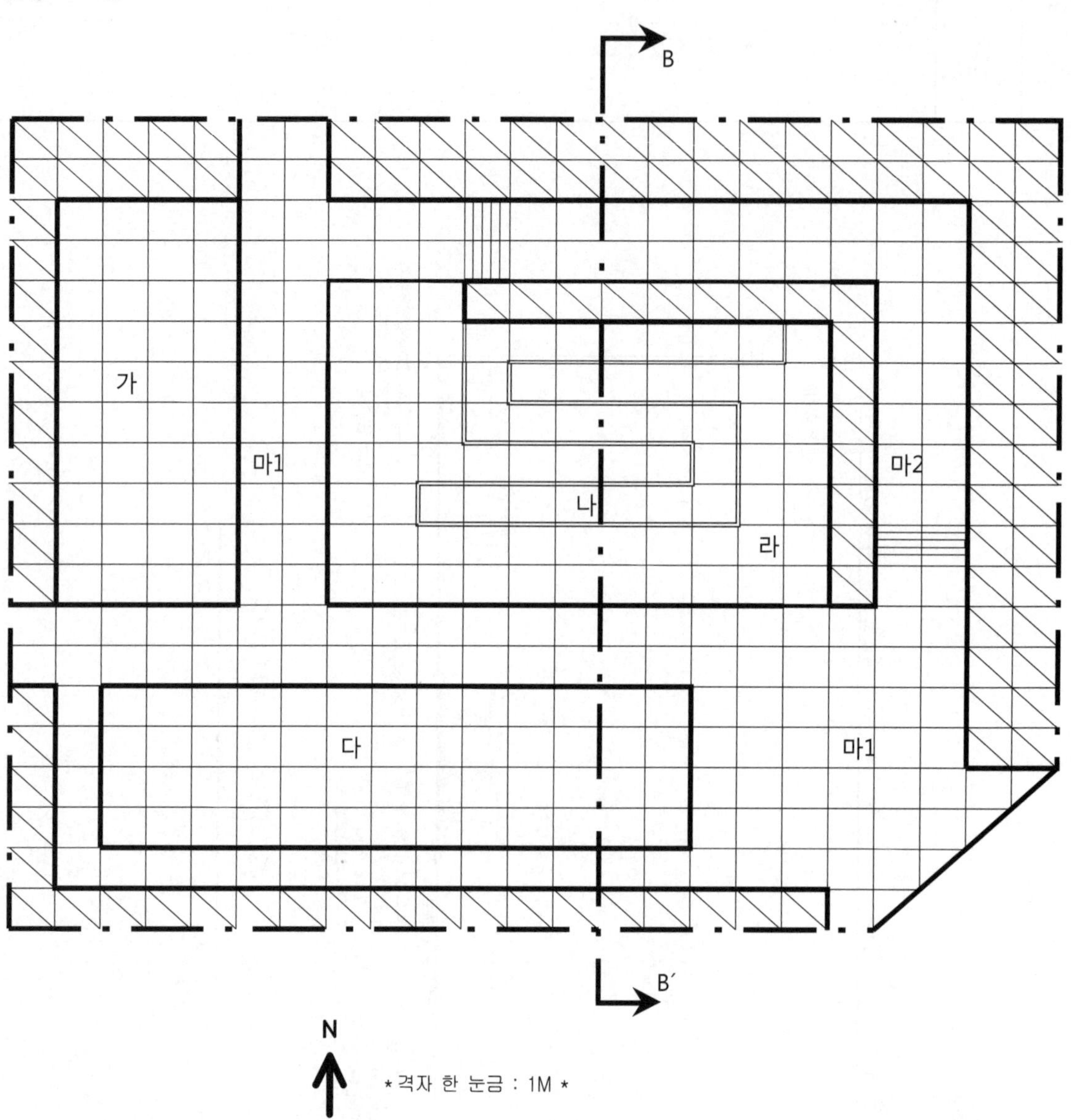

2. 요구사항

① 식재 평면도를 위주로 한 조경계획도를 축척 1/100으로 작성하시오.(지급용지-1)

② 도면 오른쪽 위에 작업명칭을 작성하시오.

③ 도면 오른쪽에는 "주요 시설물수량표"와 "수목(식재)수량표"를 작성하고, 수량표 아래쪽 "방위표시"와 "막대축적"을 반드시 그려 넣으시오.(단, 전체 대상지의 길이를 고려하여 범례표의 폭을 조정할 수 있다.)

④ 도면의 전체적인 안정감을 위하여 "테두리선"을 작성하시오.

⑤ B-B′ 단면도를 축척 1/100으로 작성하십시오.(지급용지-2)

3. 요구조건

① 해당 지역은 도로변의 자투리 공간을 이용하여 휴식 및 어린이들이 즐길 수 있는 도로변 소공원으로, 공원의 특징을 고려하여 조경계획도를 작성하시오.

② 포장지역을 제외한 곳에는 모두 식재를 실시하시오.(단, 녹지공간은 빗금 친 부분이며, 경사의 차이가 발생하는 곳은 분위기를 고려하여 식재를 적절하게 실시하시오.)

③ 포장지역은 소형고압블록, 콘크리트, 고무칩, 마사토, 투수콘크리트 등 적당한 재료를 선택하여 재료의 사용이 적합한 장소에 기호로 표현하고, 포장명을 반드시 기입하시오.

④ "다" 지역은 어린이 놀이공간으로 그 안에 회전무대(H1,100×W2,300), 4연식 철봉(H2,200×L4,000), 단주식 미끄럼대(H2,700×W2,500) 3종을 배치하시오.

⑤ "가" 지역은 정적인 휴식공간으로 이용자들의 편안한 휴식을 위해 장파고라(6,000×3,500) 1개와, 앉아서 휴식을 즐길 수 있도록 등벤치 1개를 계획 설계하시오.

⑥ "라" 지역은 "나" 연못의 인접지역으로 수목보호대 3개에 동일한 낙엽교목을 식재하고, 평벤치 2개를 설치하시오.

⑦ "나" 지역은 <u>연못</u>으로 물이 차 있으며, "라"와 "마1" 지역보다 60cm정도 낮은 위치로 계획하시오.

⑧ "마1" 지역은 공간과 공간을 연결하는 연계동선으로 대상지의 설계 성격에 맞게 적절한 포장을 선택하시오.

⑨ "마2" 지역은 "마1"과 "라" 지역보다 1m 높은 지역으로 산책로 주변에 등벤치 3개를 설치하고, 벤치 주변에 휴지통 1개소를 함께 설치하시오.

⑩ "나" 시설은 폭 1m의 <u>정방형 정형식 캐스케이드(계류)</u>로 약 9m정도 흘러가 연못과 합류된다. 3번의 단차로 자연스럽게 연못으로 흘러들어가며 "마2" 지역과 거의 동일한 높이를 유지하고 있으므로, "라" 지역과는 <u>옹벽</u>을 설치하여 단 차이를 자연스럽게 해소하시오.

⑪ 대상지 내에는 유도식재, 녹음식재, 경관식재, 소나무 군식 등의 식재패턴을 필요한 곳에 적절히 배식하고, 필요에 따라 수목보호대를 추가로 설치하여 포장 내에 식재를 할 수 있다.

⑫ 수목은 아래에 주어진 수종 중에서 종류가 다른 10가지를 선정하여 골고루 안정적인 배식이 될 수 있도록 계획하며, 인출선을 이용하여 수량, 수종명칭, 규격을 반드시 표기한다.

- 소나무(H4.0×W2.0)
- 소나무(H3.0×W1.5)
- 소나무(H2.5×W.12)
- 스트로브잣나무(H2.5×W1.2)
- 스트로브잣나무(H2.0×W1.0)
- 왕벚나무(H4.5×B15)
- 버즘나무(H3.5×B8)
- 느티나무(H3.0× R6)
- 청단풍(H2.5×R8)
- 중국단풍(H2.5×R5)
- 자귀나무(H2.5×R6)
- 산딸나무(H2.0×R5)
- 산수유(H2.5×R7)
- 꽃사과(H2.5×R5)
- 수수꽃다리(H1.5×W0.6)
- 병꽃나무(H1.0×W0.4)
- 쥐똥나무(H1.0×W0.3)
- 명자나무(H0.6× W0.4)
- 산철쭉(H0.3×W0.4)
- 자산홍(H0.3×W0.3)
- 조릿대(H0.6×7가지)

⑬ B-B′ 단면도는 경사, 포장재료, 경계선 및 기타 시설물의 기초, 주변의 수목, 중요 시설물, 이용자 등을 단면도상에 반드시 표기한다.

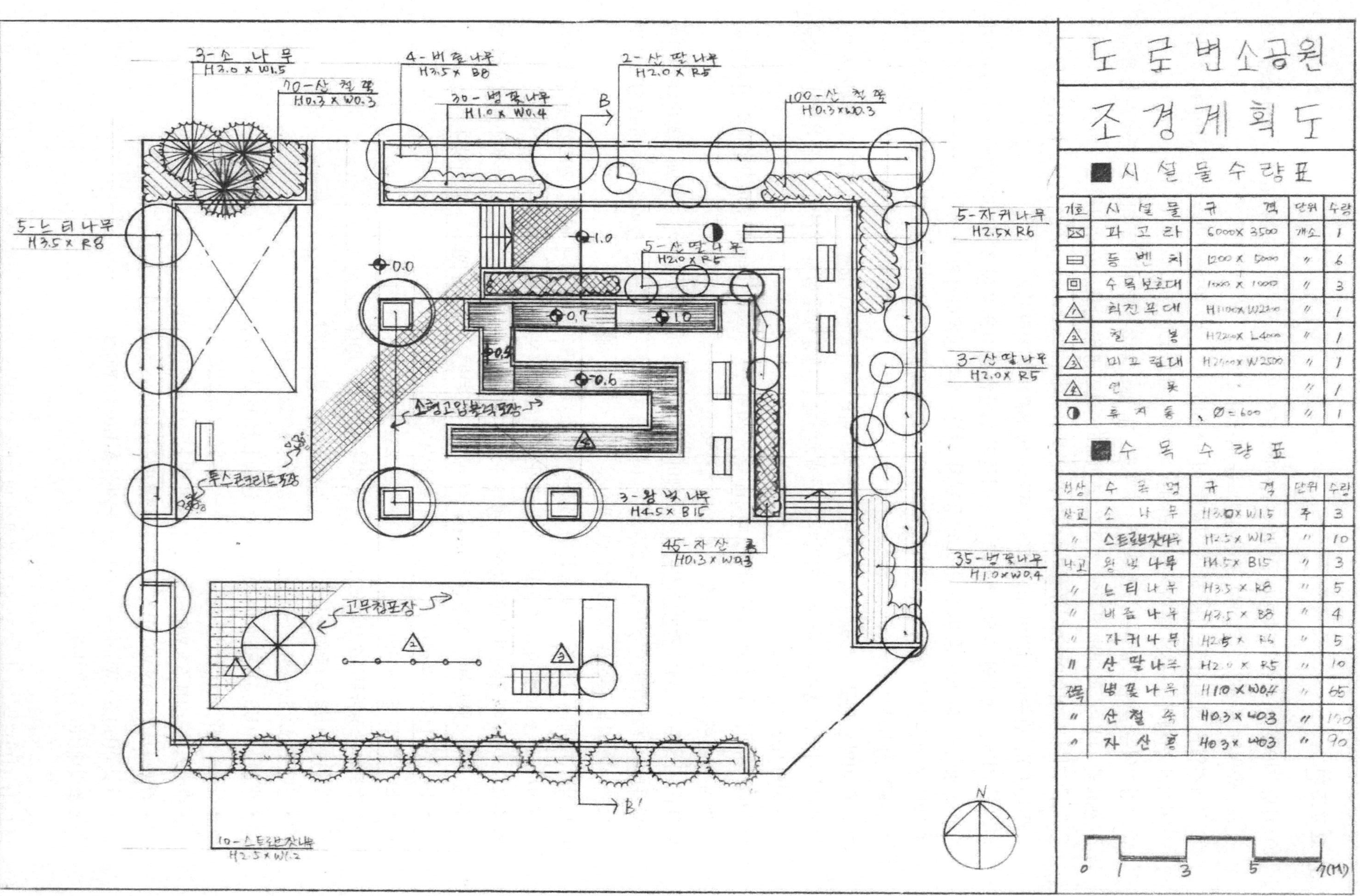

■ 시설물수량표

기호	시설물	규격	단위	수량
⊠	파고라	6000X3500	개소	1
⊟	등벤치	1200X500	〃	6
▣	수목보호대	1000X1000	〃	3
△1	회전무대	H1100X W2200	〃	1
△2	철봉	H2200X L4000	〃	1
△3	미끄럼대	H2400X W2500	〃	1
△4	[illegible]		〃	1
◑	휴지통	Ø=600	〃	1

■ 수목수량표

성상	수목명	규격	단위	수량
상교	소나무	H3.0X W1.5	주	3
〃	스트로브잣나무	H2.5X W1.2	〃	10
낙교	왕벚나무	H4.5X B15	〃	3
〃	느티나무	H3.5 X R8	〃	5
〃	버즘나무	H3.5 X B8	〃	4
〃	자귀나무	H2.5 X R6	〃	5
〃	산딸나무	H2.0 X R5	〃	10
관목	병꽃나무	H1.0 X W0.4	〃	65
〃	산철쭉	H0.3 X W0.3	〃	100
〃	자산홍	H0.3 X W0.3	〃	90

도로변소공원

단 면 도

녹지 원로 녹지 수경공간 원로 놀이공간 원로 녹지

B B'

연못

미끄럼대

1.0

0.0

W.L

T60 소형고압블럭
T30 모래
T150 잡석

T200 콘크리트
T200 잡석

T200 방수콘크리트
T250 잡석

T300 콘크리트

T60 고무칩포장
프라이머 (접착제)
T100 콘크리트
T200 잡석

T200화강석경계석
T150 잡석

B-B'단면도

S=1/100

11 2018년 2회 출제문제(옥상조경)

설계 문제

우리나라 남부지역에 위치한 건축물 옥상에 조경설계를 하고자 한다. 주어진 현황도 및 아래 사항을 참조하여 설계조건에 따라 조경계획도를 작성하시오(1점쇄선 안 부분이 조경설계 대상지임).

1. 현황도

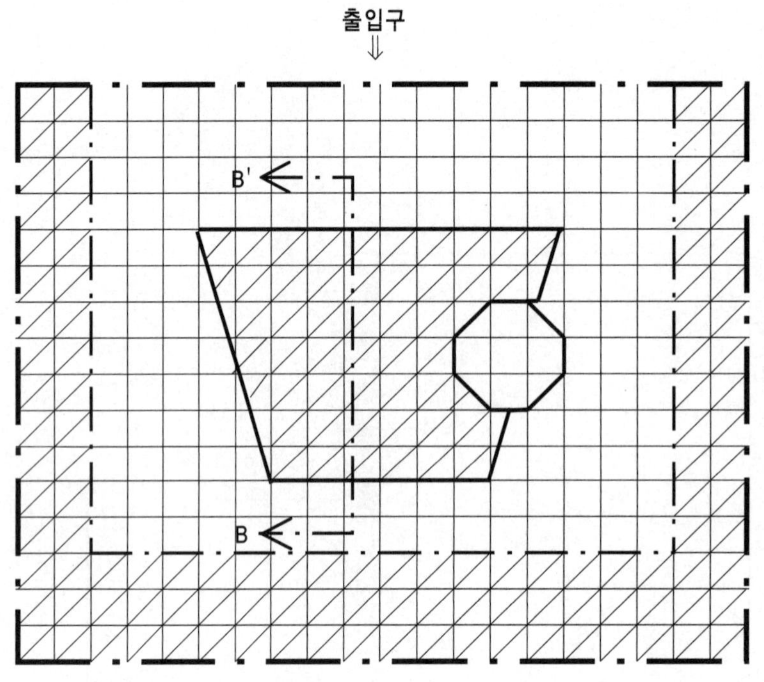

2. 요구사항

① 식재평면도를 위주로 한 조경계획도를 축척 1/100로 작성하시오(지급용지 1).

② 도면 오른쪽 위에 작업명칭을 작성하시오.

③ 도면 오른쪽에는 "주요 시설물 수량표와 수목(식재) 수량표"를 작성하고, 수량표 아래쪽 여백을 이용하여 "방위표시와 막대축척"을 반드시 그려 넣으시오(단, 전체 대상지의 길이를 고려하여 범례표의 폭을 조정 할 수 있다.).

④ 도면의 전체적인 안정감을 위하여 "테두리선"을 작성하시오.

⑤ B-B′ 단면도를 축척 1/100로 작성하시오(지급용지 2).

3. 요구조건

① 해당지역은 남부지역에 위치한 건축물 옥상에 휴식 및 경관을 향상시킬 수 있는 옥상조경으로, 옥상조경의 특징을 고려하여 조경계획도를 작성하시오.

② 식재공간에는 모두 식재를 실시하시오.

③ 옥상 조경의 성격을 고려하여 배수체계를 설계하시오.

④ 이용자들의 편안한 휴식을 위해 <u>팔각 파고라</u>를 설계하시오.

⑤ 대상지 내에는 <u>옥상조경</u>의 식재패턴을 필요한 곳에 적절히 배식하시오.

⑥ 식재수종은 옥상조경에 사용가능한 수종을 임의로 선정하여 식재하시오.

⑦ B–B′ 단면도는 기타 시설물의 기초, 주변의 수목, 주요 시설물, 배수체계 등을 단면도상에 반드시 표기하고, 높이 차를 한눈에 볼 수 있도록 설계하시오.

[참고내용]

- 옥상조경의 식재기반 구성

방수층, 방근층, 배수층, 여과층, 식재기반층, 피복층으로 구성한다.

구분	내용
방수시설	내구성이 우수하고 녹화에 적합한 방수재를 선정하며, 배수 드레인과 연결부 등 상세부분에 주의하여 설치
방근시설	인공구조물의 균열에 대비하고 식물의 뿌리가 방수층에 침투하는 것을 막기 위해 방근용 시트설치
배수시설	• 배수판 아래의 구조물 표면은 1.5~2.0%의 표면기울기를 유지 • 인공지반 배수층의 두께는 토양층의 깊이와 배수소재의 종류에 따라 배수 성능과 통기성을 고려하여 결정
여과층	• 배수층위에는 식재기반의 토양이 배수층으로 혼입되지 않도록 여과층을 설치, 세립토양은 거르고 투수기능은 원활한 재료 · 규격으로 설계

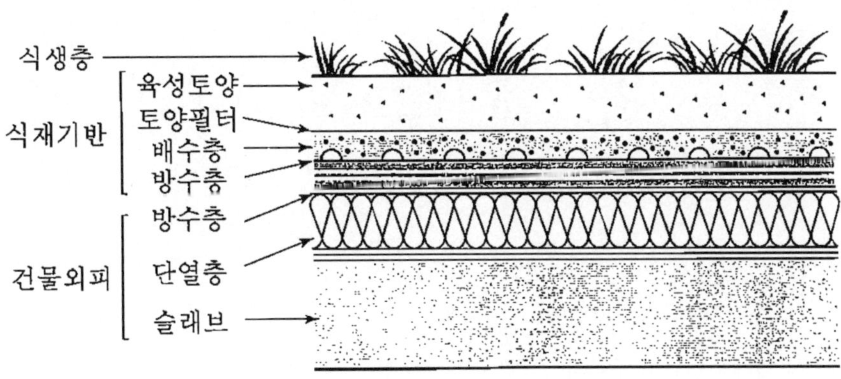

그림. 옥상녹화시스템 구성

• 옥상의 환경조건과 조경수종조건

환경조건	옥상 조건	수종조건
토심	토심부족	천근성수종
하중	경량하중 요구	비속성수종, 소폭 성장 수종
미기후	바람, 추위, 복사열 심함	내풍성수종
토양	양분부족	생존력이 강한 수종
수분	습도부족	내건성 수종

• 인공지반에 식재 식물과 생육에 필요한 식재 토심

형태상분류	자연토양사용시(cm 이상)	인공토양사용시(cm 이상)
잔디/ 초본류	15	10
소관목	30	20
대관목	45	30
교목	70	60

그림. 옥상정원사례1

그림. 옥상정원사례2

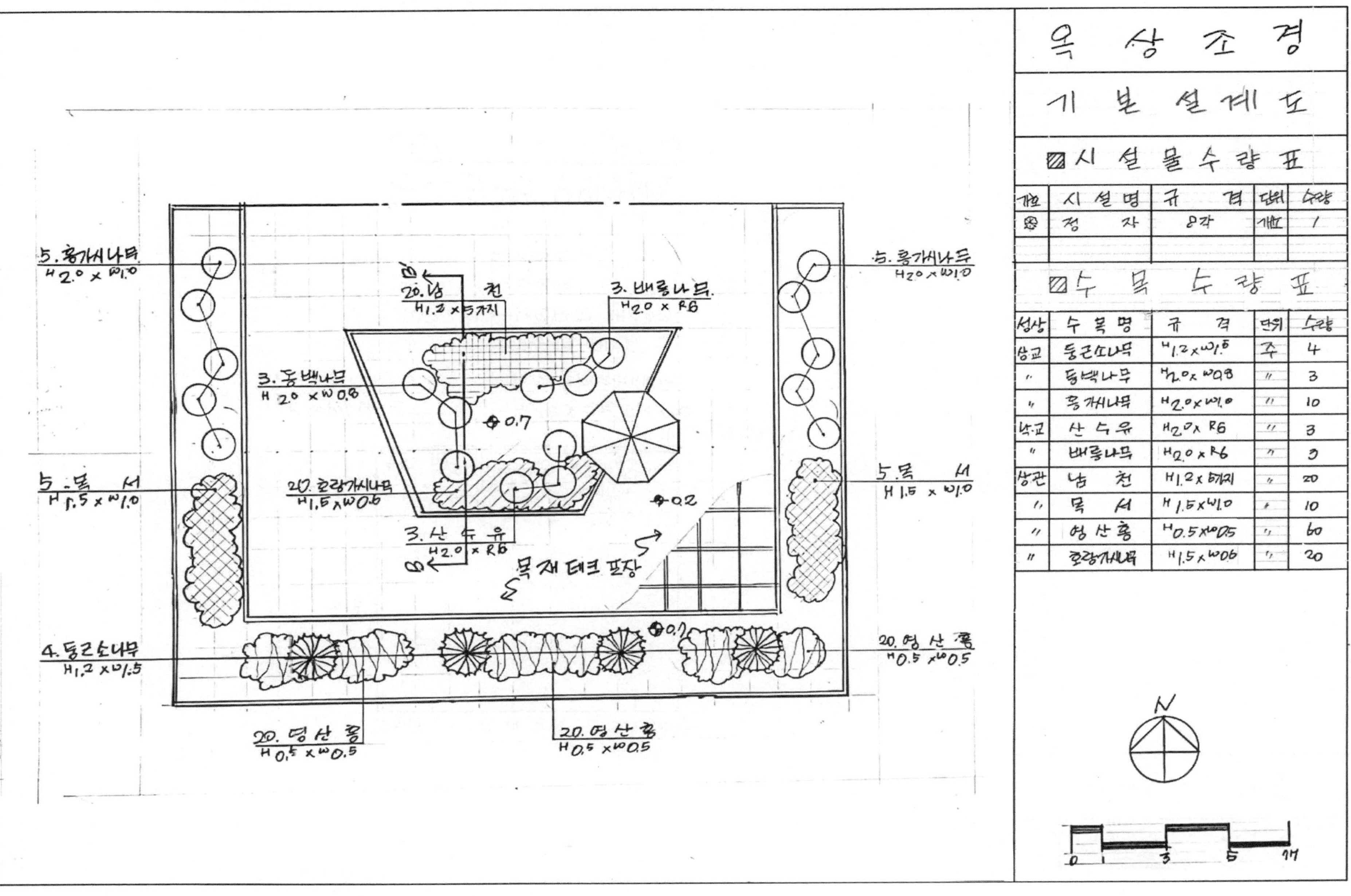
옥 상 조 경
기 본 설 계 도
▨ 시 설 물 수 량 표
기호	시 설 명	규 격	단위	수량
⊛	정 자	8각	개소	1
▨ 수 목 수 량 표
성상	수 목 명	규 격	단위	수량
상교	둥근소나무	H1.2×W1.5	주	4
〃	동백나무	H2.0×W0.8	〃	3
〃	홍가시나무	H2.0×W1.0	〃	10
낙교	산 수 유	H2.0×R6	〃	3
〃	배롱나무	H2.0×R6	〃	3
상관	남 천	H1.2×5가지	〃	20
〃	목 서	H1.5×W1.0	〃	10
〃	영 산 홍	H0.5×W0.5	〃	60
〃	호랑가시나무	H1.5×W0.6	〃	20
5. 홍가시나무 H2.0×W1.0
5. 홍가시나무 H2.0×W1.0
20. 남 천 H1.2×5가지
3. 배롱나무 H2.0×R6
3. 동백나무 H2.0×W0.8
0.7
5. 목 서 H1.5×W1.0
5. 목 서 H1.5×W1.0
20. 호랑가시나무 H1.5×W0.6
0.2
3. 산 수 유 H2.0×R6
목재 데크 포장
0.1
4. 둥근소나무 H1.2×W1.5
20. 영 산 홍 H0.5×W0.5
20. 영 산 홍 H0.5×W0.5
20. 영 산 홍 H0.5×W0.5
N
0 1 3 5 7M

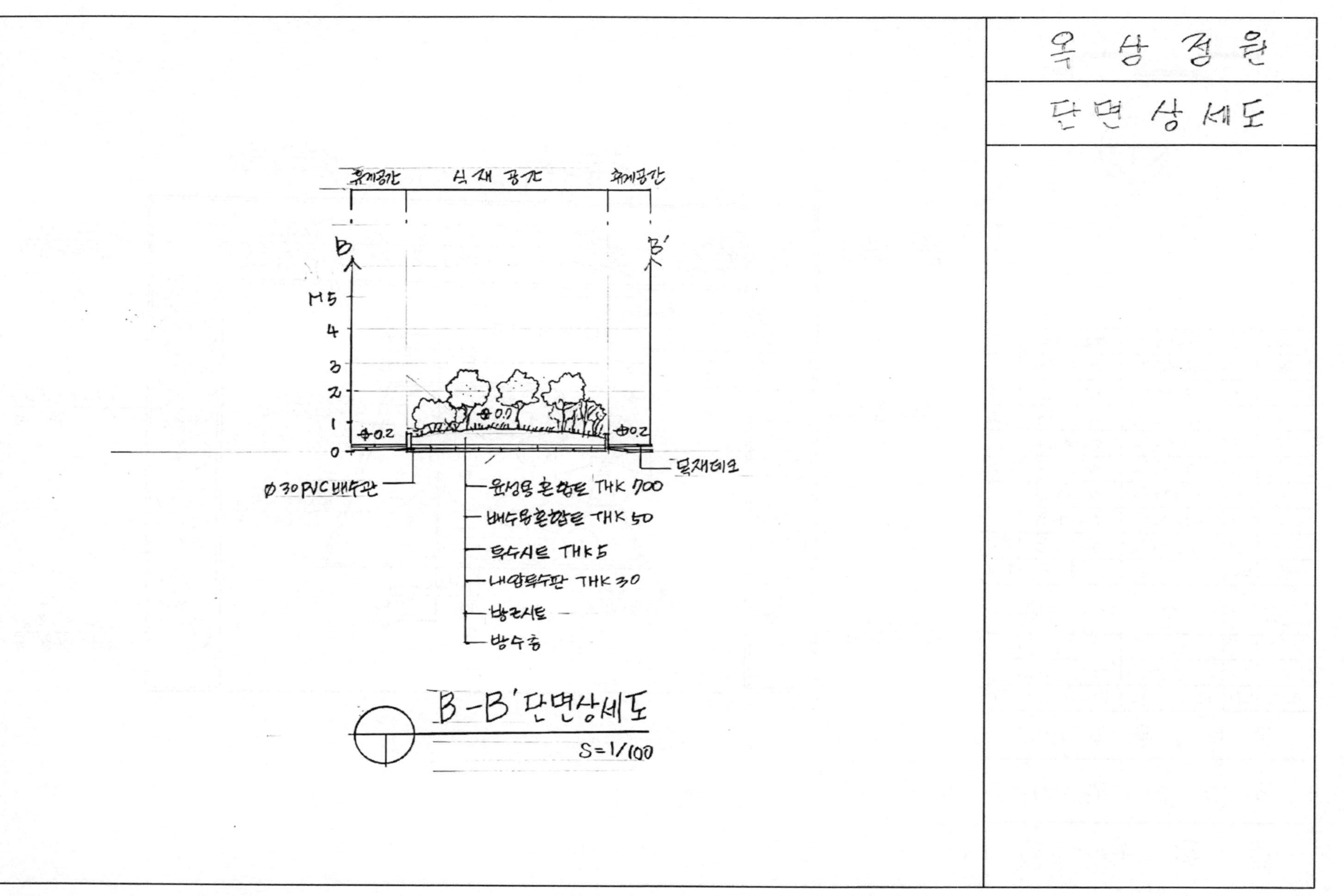
옥상정원
단면상세도
휴게공간
식재 공간
휴게공간
B
B'
M5
4
3
2
1
0
0.2
0.0
0.2
Ø30PVC배수관
목재데크
육성용 혼합토 THK 700
배수용혼합토 THK 50
투수시트 THK5
내압투수판 THK30
방근시트
방수층
B-B' 단면상세도
S=1/100

12 2013년 1회, 2019년 1회 출제문제 (수경공간 – 연못, 케이케이드)

설계 문제

우리나라 중부지역에 위치한 도로변의 빈 공간에 대한 조경설계를 하시오. 주어진 현황도 및 아래 사항을 참조하여 설계조건에 따라 조경계획도를 작성한다.(단, 1점쇄선 안 부분이 조경설계 대상지임)

1. 현황도

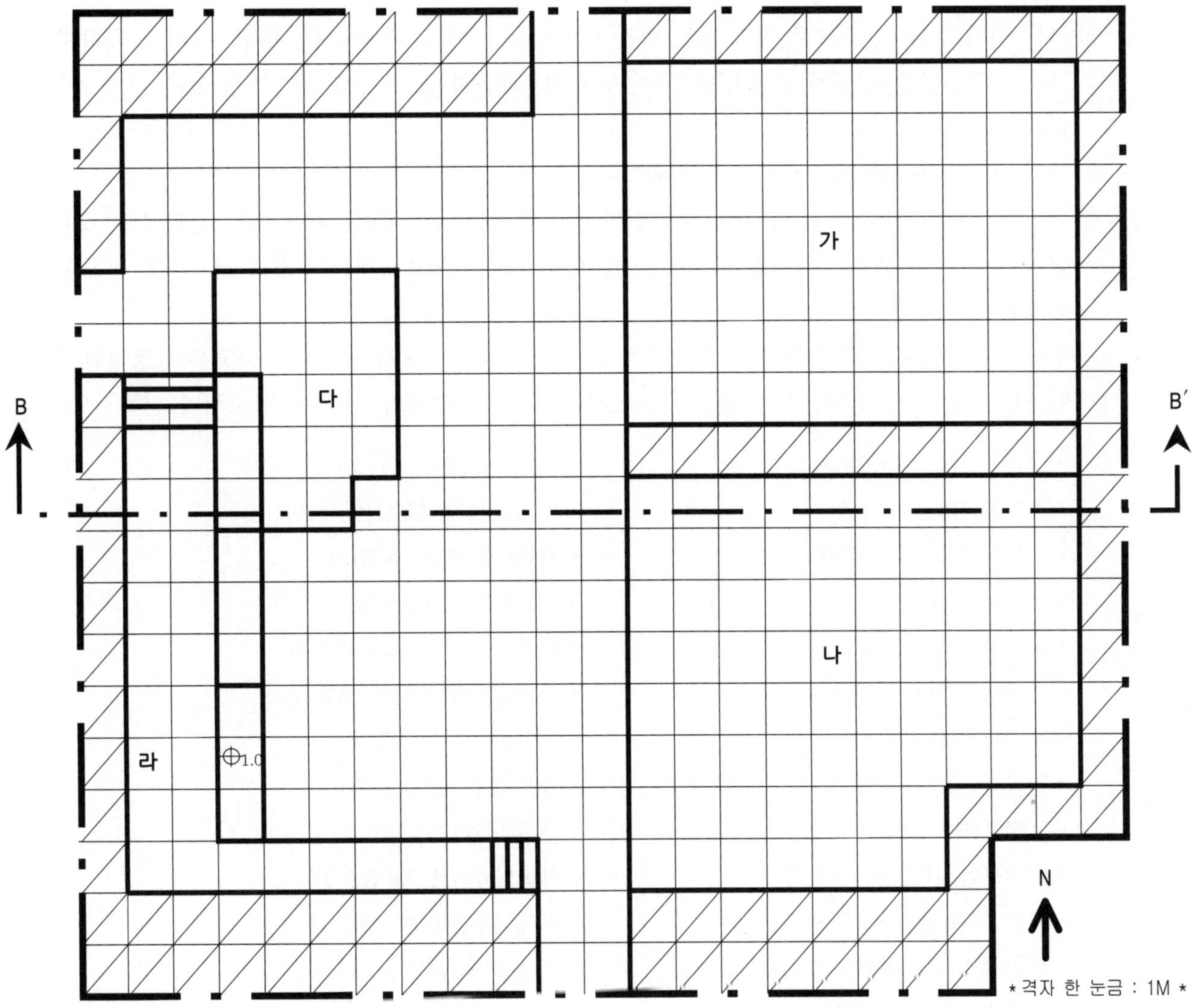

2. 요구사항

① 식재평면도를 위주로 한 조경계획도를 축척 1/100로 작성한다.(지급용지-1)

② 도면 오른쪽 위에 작업명칭을 작성하시오.

③ 도면 오른쪽에는 "주요 시설물 수량표와 수목(식재) 수량표"를 작성하고, 수량표 아래쪽 "방위표시와 막대축척"을 반드시 그려 넣으시오.(단, 전체 대상지의 길이를 고려하여 범례표의 폭을 조정 가능함)

④ 도면의 전체적인 안정감을 위하여 "테두리선"을 작성하시오.

⑤ B–B′ 단면도를 축척 1/100로 작성하시오.(지급용지-2)

3. 요구조건

① 해당 지역은 도로변의 자투리 공간을 이용하여 휴식 및 어린이들이 즐길 수 있는 도로변 소공원으로, 공원의 특징을 고려하여 조경계획도를 작성하시오.

② 포장지역을 제외한 곳에는 모두 식재를 실시하시오.(단, 녹지공간은 빗금 친 부분이며, 경사의 차이가 발생하는 곳은 분위기를 고려하여 식재를 적절하게 실시하시오.)

③ 포장지역은 "소형고압블록, 콘크리트, 고무칩, 마사토, 투수콘크리트 등" 적당한 재료를 선택하여 재료의 사용이 적합한 장소에 기호로 표현하고, 포장명을 반드시 기입하시오.

④ "가" 지역은 휴식공간으로 이용자들의 편안한 휴식을 위해 파고라(6500×3000) 1개와 앉아서 휴식을 즐길 수 있도록 등벤치 2개를 설치하시오.

⑤ "나" 지역은 놀이공간으로 계획하고, 단각 미끄럼틀(1방식), 철봉(4단), 원형무대를 설치하시오.

⑥ "다" 지역은 <u>수경공간으로 수심 60cm의 연못과 3단 캐스케이드</u>를 설치하고 가장 높은 단의 높이는 1m로 하시오.

⑦ "라" 대상지는 주변보다 1m 높은 지역이다.

⑧ 대상지 내에는 경사지 및 공간의 성격에 따라 차폐식재, 유도식재, 녹음식재, 경관식재, 소나무 군식 등의 식재 패턴을 적절히 배식하고, 필요에 따라 수목보호대는 추가로 설치하여 포장 내에 식재를 할 수 있다.

⑨ 수목은 아래에 주어진 수종 중에서 종류가 다른 10가지를 반드시 선정하여 골고루 안정적인 배식이 될 수 있도록 계획하며, 인출선을 이용하여 수량, 수종명칭, 규격을 반드시 표기하시오.

- 소나무(H4.0×W2.0)
- 소나무(H3.0×W1.5)
- 소나무(H2.5×W1.2)
- 스트로브잣나무(H2.5×W1.2)
- 스트로브잣나무(H2.0×W1.0)
- 왕벚나무(H4.5×B15)
- 버즘나무(H3.5×B8)
- 느티나무(H3.5×R8)
- 청단풍(H2.5×R8)
- 다정큼나무(H1.0×W0.6)
- 중국단풍(H2.5×R5)
- 굴거리나무(H2.5×W0.6)
- 자귀나무(H2.5×R6)
- 태산목(H1.5×W0.5)
- 먼나무(H2.0×R5)
- 산딸나무(H2.0×R5)
- 산수유(H2.5×R7)
- 꽃사과(H2.5×R5)
- 수수꽃다리(H1.5×W0.6)
- 병꽃나무(H1.0×W0.4)
- 쥐똥나무(H1.0×W0.3)
- 명자나무(H0.6×W0.4)
- 산철쭉(H0.3×W0.4)
- 자산홍(H0.3×W0.3)
- 조릿대(H0.6×7가지)

⑩ B-B′ 단면도는 경사, 포장재료, 경계선 및 기타 시설물의 기초, 주변의 수목, 주요 시설물, 이용자 등을 단면도상에 반드시 표기하고, 높이 차를 한눈에 볼 수 있도록 설계하시오.

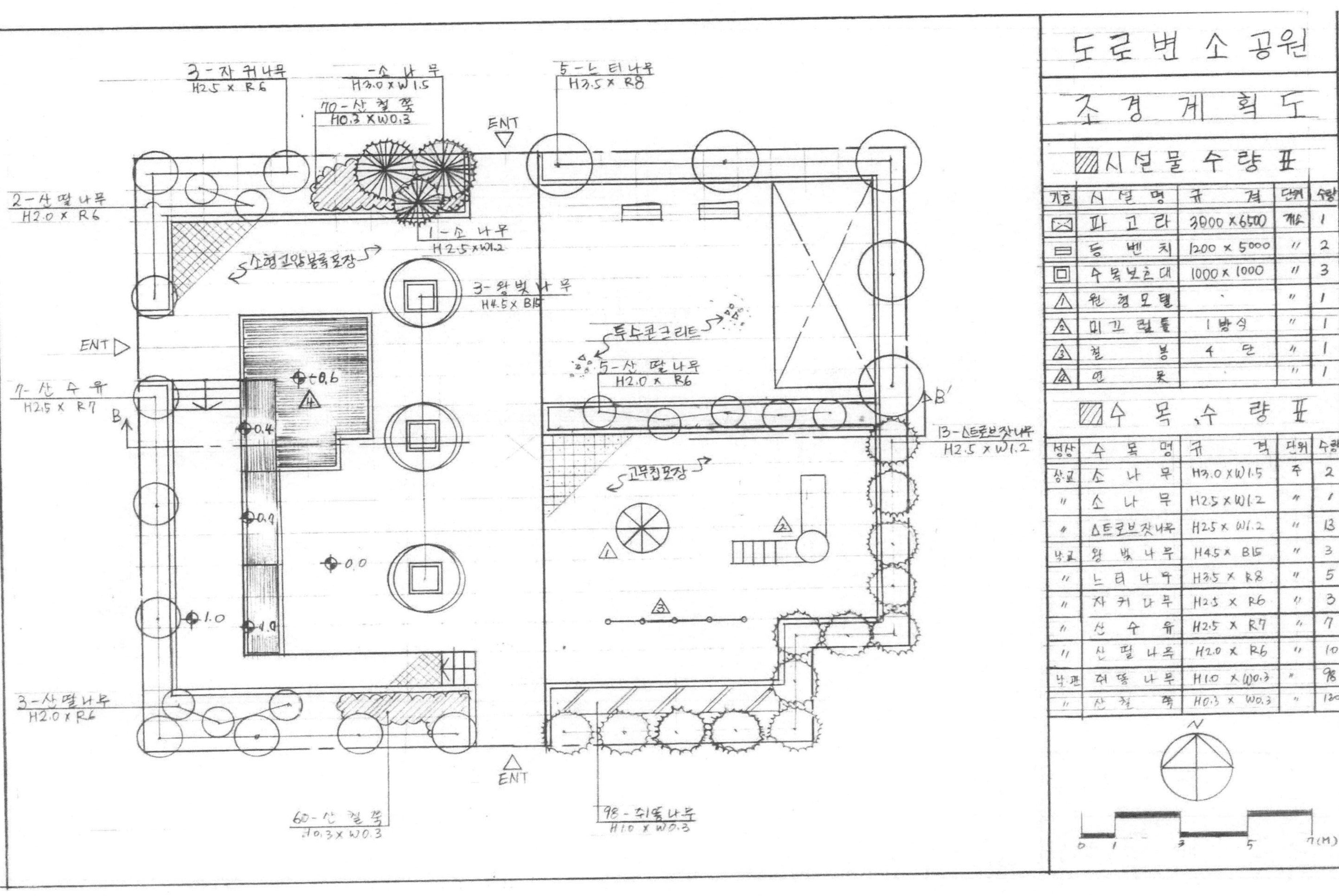
도로변 소공원
조경계획도
시설물 수량표
기호 | 시설명 | 규격 | 단위 | 수량
파고라 | 3000 × 6500 | 개소 | 1
등벤치 | 1200 × 5000 | 〃 | 2
수목보호대 | 1000 × 1000 | 〃 | 3
원형모델 | 〃 | 1
미끄럼틀 | 1방식 | 〃 | 1
철봉 | 4단 | 〃 | 1
연못 | 〃 | 1
수목 수량표
성상 | 수목명 | 규격 | 단위 | 수량
상교 | 소나무 | H3.0 × W1.5 | 주 | 2
〃 | 소나무 | H2.5 × W1.2 | 〃 | 1
〃 | 스트로브잣나무 | H2.5 × W1.2 | 〃 | 13
낙교 | 왕벚나무 | H4.5 × B15 | 〃 | 3
〃 | 느티나무 | H3.5 × R8 | 〃 | 5
〃 | 자귀나무 | H2.5 × R6 | 〃 | 3
〃 | 산수유 | H2.5 × R7 | 〃 | 7
〃 | 산딸나무 | H2.0 × R6 | 〃 | 10
낙관 | 쥐똥나무 | H1.0 × W0.3 | 〃 | 98
〃 | 산철쭉 | H0.3 × W0.3 | 〃 | 130
N
0 1 3 5 7(M)
3-자귀나무 H2.5 × R6
1-소나무 H3.0 × W1.5
70-산철쭉 H0.3 × W0.3
5-느티나무 H3.5 × R8
2-산딸나무 H2.0 × R6
1-소나무 H2.5 × W1.2
소형고압블록포장
3-왕벚나무 H4.5 × B15
투수콘크리트
5-산딸나무 H2.0 × R6
7-산수유 H2.5 × R7
13-스트로브잣나무 H2.5 × W1.2
고무칩포장
3-산딸나무 H2.0 × R6
60-산철쭉 H0.3 × W0.3
98-쥐똥나무 H1.0 × W0.3
ENT
B
B'
+0.6
0.4
0.0
1.0

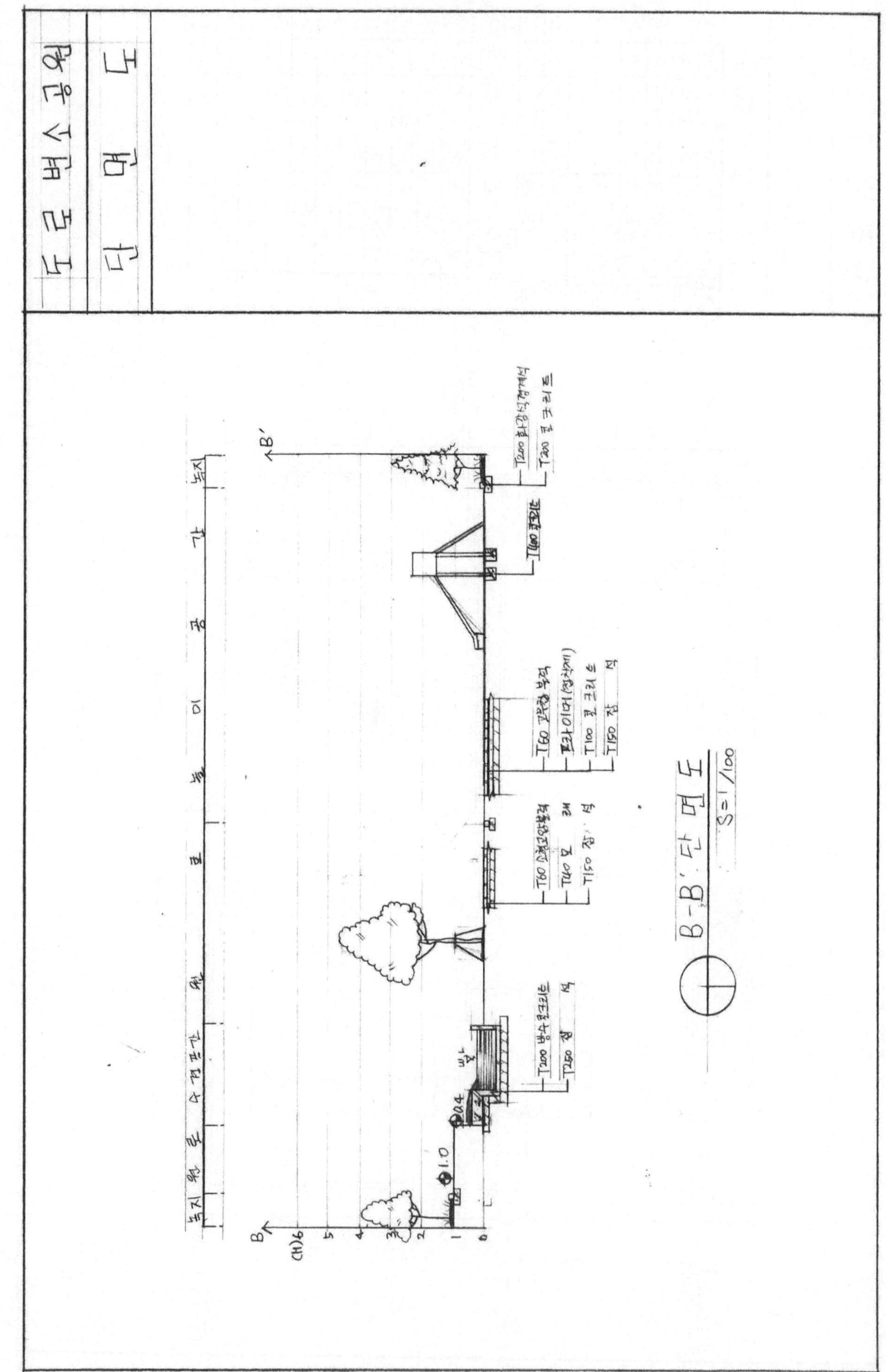
도로변소공원
단면도
B-B' 단면도
S=1/100

13 2015년 4회, 2016년 5회, 2017년 4회, 2018년 1회, 2019년 2회, 2020년 1회, 2회 출제문제 (수경공간 – 연못, 장애인을 위한 경사로)

설계 문제

우리나라 중부지역에 위치한 도로변의 빈 공간에 대한 조경설계를 하고자 한다. 주어진 현황도 및 아래 사항을 참조하여 설계조건에 따라 조경계획도를 작성한다.(단, 1점쇄선 안 부분은 조경설계 대상지임)

1. 현황도

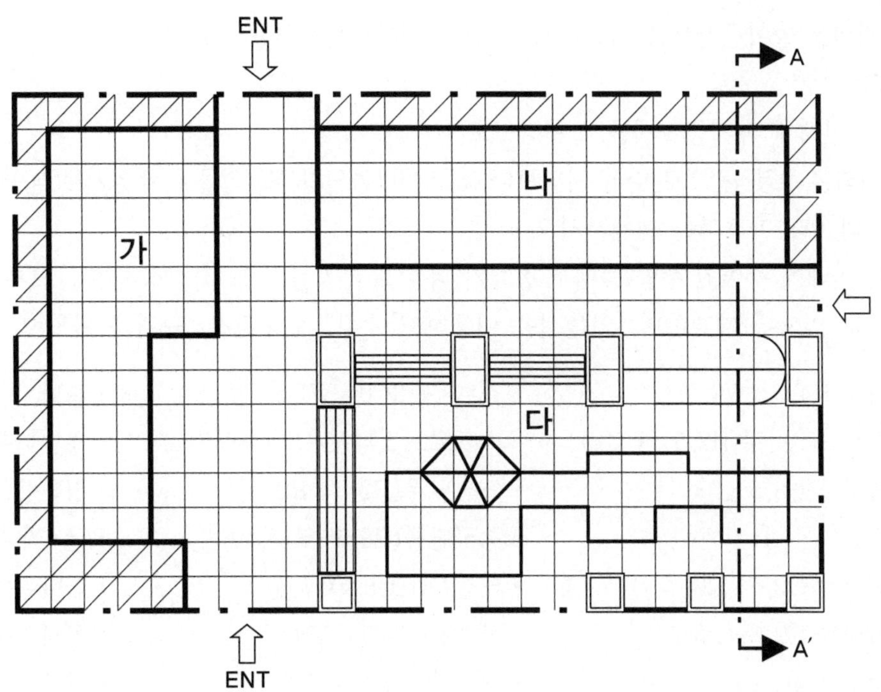

* 격자 한 눈금 : 1M *

2. 요구사항

① 식재평면도를 위주로 한 조경계획도를 축척 1/100로 작성하시오.(지급용지-1)

② 도면 오른쪽 위에 작업명칭을 작성하시오.

③ 도면 오른쪽에는 "주요 시설물 수량표와 수목(식재) 수량표"를 작성하고, 수량표 아래쪽 "방위표시와 막대축척"을 반드시 그려 넣으시오.(단, 전체 대상지의 길이를 고려하여 범례표의 폭을 조정할 수 있습니다.)

④ 도면의 전체적인 안정감을 위하여 "테두리선"을 작성하시오.

⑤ A–A′ 단면도를 축척 1/100로 작성하시오.(지급용지-2)

3. 설계조건

① 해당 지역은 도로변의 자투리 공간을 이용하여 휴식 및 어린이들이 즐길 수 있는 도로변 소공원으로, 공원의 특징을 고려하여 조경계획도를 작성하시오.

② 포장지역을 제외한 곳에는 모두 식재를 실시하시오.(단, 녹지공간은 빗금 친 부분이며, 경사의 차이가 발생하는 곳은 분위기를 고려하여 식재를 적절하게 실시하시오.)

③ 포장지역은 "벽돌, 고무칩, 판석, 소형고압블럭, 콘크리트, 마사토 등" 적당한 재료를 선택하여 재료의 사용이 적합한 장소에 기호로 표현하고, 포장명을 반드시 기입하시오.

④ "가" 지역은 휴식공간으로 이용자들의 편안한 휴식을 위해 파고라(3000×3000) 1개와 앉아서 휴식을 즐길 수 있도록 등벤치 3개를 설치하시오.

⑤ "나" 지역은 놀이공간으로 계획하고, 어린이 놀이시설을 3종(정글짐, 회전무대, 시소, 철봉) 배치하시오.

⑥ 대상지 전체에 휴지통 2개를 설치하시오.

⑦ "다" 지역은 수경공간으로 다른 지역보다 1m 낮고, 계단과 장애인을 위한 경사로(램프)를 설계하시오. 도섭지와 6각 파고라를 설계하시오.

⑧ 수목은 아래에 주어진 수종 중에서 종류가 다른 10가지를 반드시 선정하여 골고루 안정적인 배식이 될 수 있도록 계획하며, 인출선을 이용하여 수량, 수종명칭, 규격을 반드시 표기하시오.

- 소나무(H4.0×W2.0)
- 소나무(H3.0×W1.5)
- 소나무(H2.5×W1.2)
- 스트로브잣나무(H2.5×W1.2)
- 스트로브잣나무(H2.0×W1.0)
- 왕벚나무(H4.5×B15)
- 버즘나무(H3.5×B8)
- 느티나무(H3.5×R8)
- 청단풍(H2.5×R8)
- 다정큼나무(H1.0×W0.6)
- 중국단풍(H2.5×R5)
- 굴거리나무(H2.5×W0.6)
- 자귀나무(H2.5×R6)
- 태산목(H1.5×W0.5)
- 먼나무(H2.0×R5)
- 산딸나무(H2.0×R5)
- 산수유(H2.5×R7)
- 꽃사과(H2.5×R5)
- 수수꽃다리(H1.5×W0.6)
- 병꽃나무(H1.0×W0.4)
- 쥐똥나무(H1.0×W0.3)
- 명자나무(H0.6×W0.4)
- 산철쭉(H0.3×W0.4)
- 자산홍(H0.3×W0.3)
- 조릿대(H0.6×7가지)

⑨ A-A′ 단면도는 경사, 포장재료, 경계선 및 기타 시설물의 기초, 주변의 수목, 주요 시설물, 이용자 등을 단면도상에 반드시 표기하고, 높이 차를 한눈에 볼 수 있도록 설계하시오.

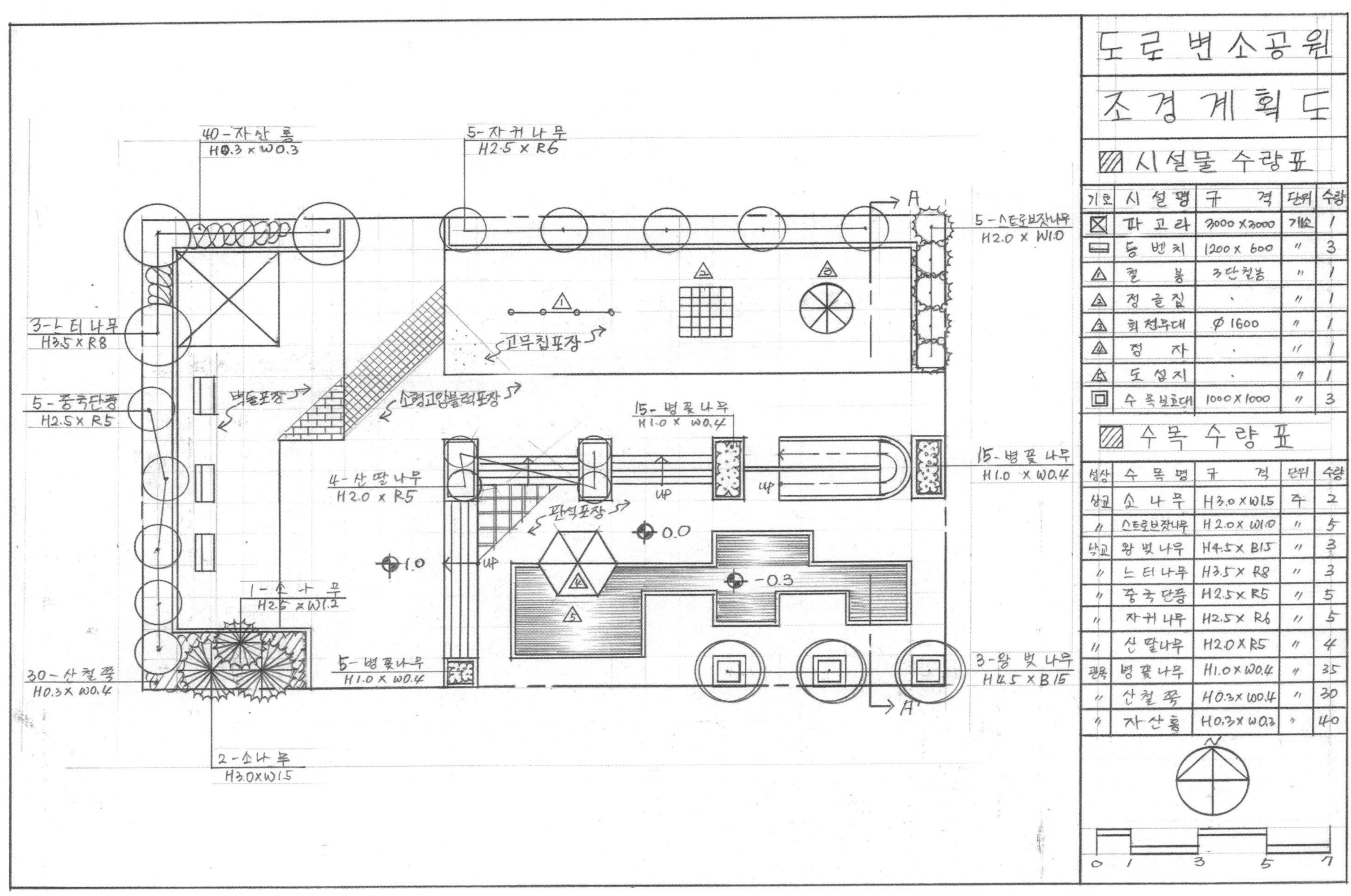
도로변소공원
조경계획도
시설물 수량표
기호 | 시설명 | 규격 | 단위 | 수량
파고라 | 3000×3000 | 개소 | 1
등벤치 | 1200×600 | " | 3
철봉 | 3단철봉 | " | 1
정글짐 | . | " | 1
회전무대 | φ1600 | " | 1
정 자 | . | " | 1
도섭지 | . | " | 1
수목보호대 | 1000×1000 | " | 3
수목 수량표
성상 | 수목명 | 규격 | 단위 | 수량
상록 | 소나무 | H3.0×W1.5 | 주 | 2
" | 스트로브잣나무 | H2.0×W1.0 | " | 5
낙엽 | 왕벚나무 | H4.5×B15 | " | 3
" | 느티나무 | H3.5×R8 | " | 3
" | 중국단풍 | H2.5×R5 | " | 5
" | 자귀나무 | H2.5×R6 | " | 5
" | 산딸나무 | H2.0×R5 | " | 4
관목 | 병꽃나무 | H1.0×W0.4 | " | 35
" | 산철쭉 | H0.3×W0.4 | " | 30
" | 자산홍 | H0.3×W0.3 | " | 40
40-자산홍 H0.3×W0.3
5-자귀나무 H2.5×R6
5-스트로브잣나무 H2.0×W1.0
3-느티나무 H3.5×R8
고무칩포장
5-중국단풍 H2.5×R5
벽돌포장
소형고압블럭포장
15-병꽃나무 H1.0×W0.4
15-병꽃나무 H1.0×W0.4
4-산딸나무 H2.0×R5
UP
판석포장
+0.0
+1.0
-0.3
1-소나무 H2.5×W1.2
30-산철쭉 H0.3×W0.4
5-병꽃나무 H1.0×W0.4
3-왕벚나무 H4.5×B15
2-소나무 H3.0×W1.5
A
A'
0 1 3 5 7

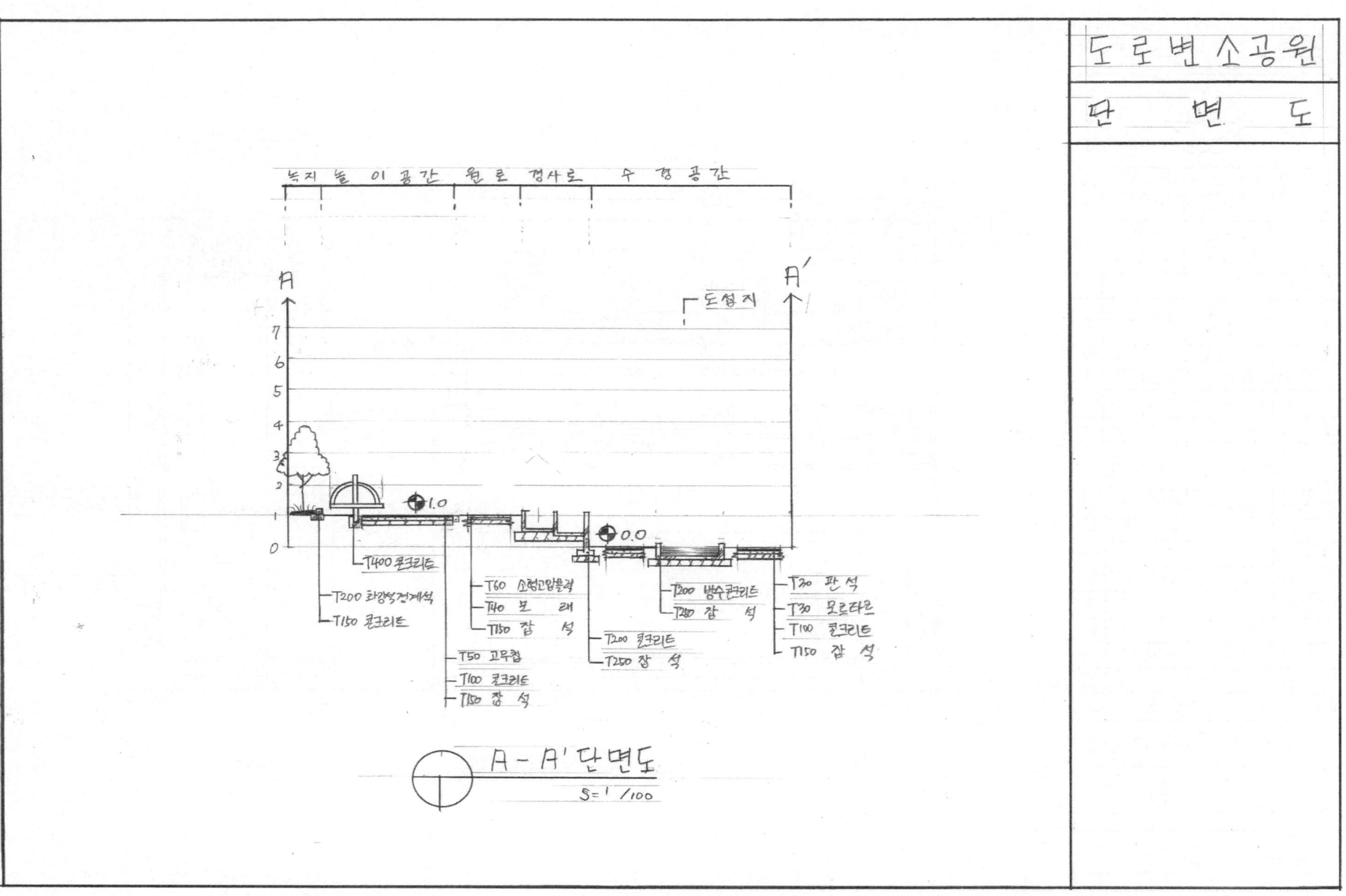
도로변소공원
단면도
녹지 놀이공간 원로 경사로 수경공간
A
A'
도섭지
7
6
5
4
3
2
1
0
1.0
0.0
T400 콘크리트
T200 화강석경계석
T150 콘크리트
T60 소형고압블럭
T40 모래
T150 잡석
T50 고무칩
T100 콘크리트
T150 잡석
T200 콘크리트
T250 잡석
T200 방수콘크리트
T250 잡석
T30 판석
T30 모르타르
T100 콘크리트
T150 잡석
A-A' 단면도
S=1/100

14 2019년 5회, 2020년 2회 출제문제 (수경공간 – 벽천)

설계 문제

우리나라 중부지역에 위치한 도로변의 빈 공간에 대한 조경설계를 하고자 한다. 주어진 현황도 및 아래 사항을 참조하여 요구조건에 따라 조경계획도를 작성하시오(일점쇄선 안 부분이 조경설계 대상지임).

1. 현황도

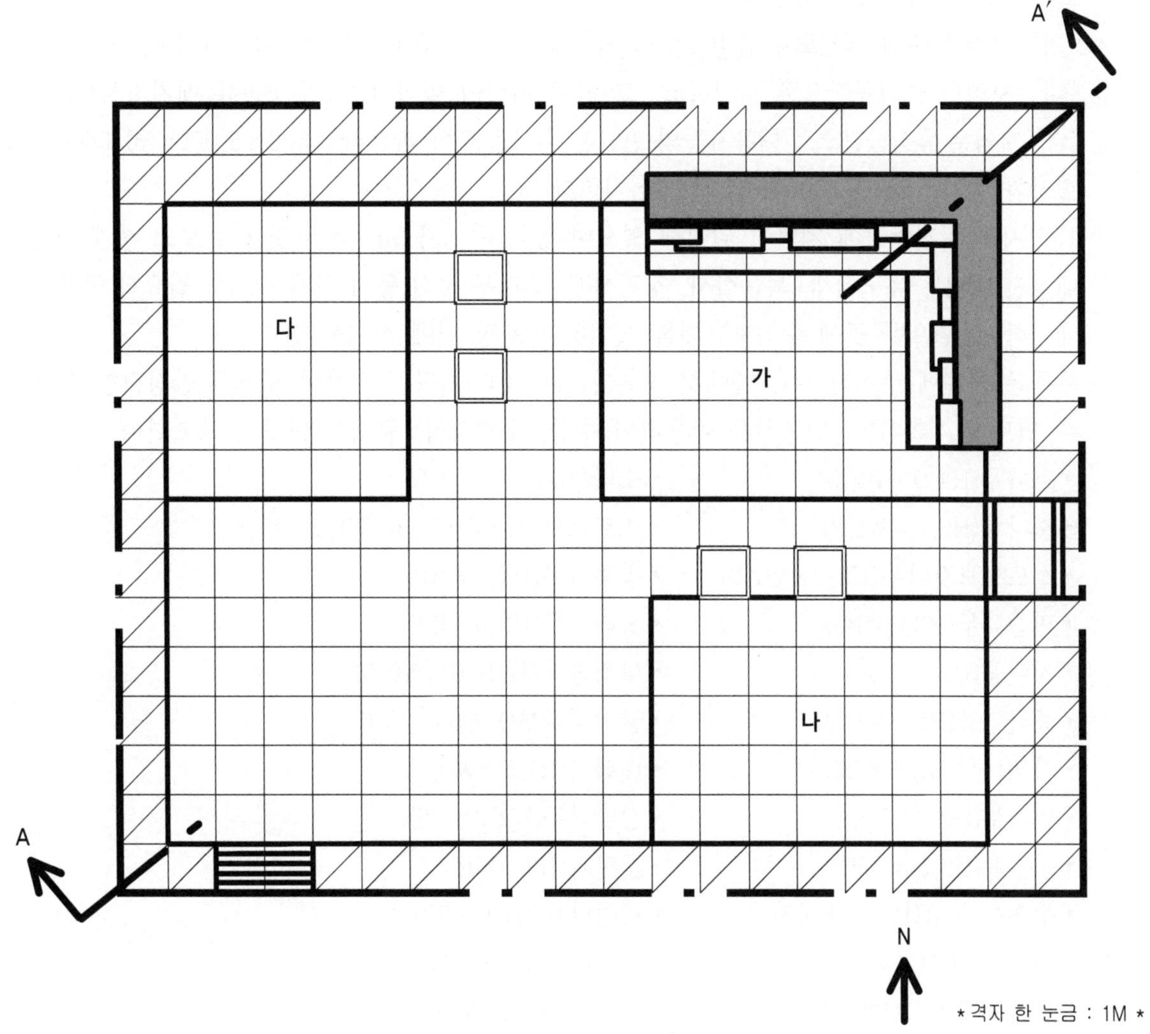

2. 요구사항

① 식재 평면도를 위주로 한 조경계획도를 축척 1/100로 작성하시오(지급용지 1).

② 도면 오른쪽 위에 작업명칭 작성하시오.

③ 도면 오른쪽 위에는 "중요 시설물수량표와 수목(식재)수량표"를 작성하고, 수량표 아래쪽에 "방위와 막대축척"을 그려 넣으시오(단, 전체 대상지의 길이를 고려하여 범례표를 조정할 수 있다.).

④ 도면의 전체적인 안정감을 위하여 "테두리선"을 넣으시오.

⑤ A–A′ 단면도를 축척 1/100로 작성하시오(지급용지 2).

3. 요구조건

① 해당 지역은 휴식공원으로 휴식공간과 어린이들이 즐길 수 있는 특성을 고려하여 조경계획도를 작성한다.

② 포장지역을 제외한 곳에 식재가 가능한 장소에는 식재를 실시하시오(단, 녹지공간은 빗금친 부분이며, 경사의 차이가 발생하는 곳은 식수대(plant box)로 처리되어 있으며 분위기를 고려하여 식재를 실시하시오.).

③ 포장지역은 "소형고압블록, 콘크리트, 모래, 마사토, 투수콘크리트" 등 적당한 위치에 선택하여 표시하고, 포장명을 기입한다.

④ "가" 지역은 수(水)공간으로 높이 2m의 벽천과 수심이 60cm 깊이로 설계하시오.

⑤ "나" 지역은 놀이공간으로 계획하고, 그 안에 어린이 놀이시설물을 3종류 배치하시오.

⑥ "다" 지역은 휴식공간으로 이용자들의 편안한 휴식을 위해 파고라(3,500×5,000mm) 1개소, 2인용 평상형 벤치(1,200×500mm) 2개를 설치한다.

⑦ 대상지역은 진입구에 계단이 위치해 있으며 높이 차이가 1m 높은 것으로 보고 설계한다.

⑧ 대상지 내에는 유도식재, 녹음식재, 경관식재, 소나무 군식 등의 식재 패턴을 필요한 곳에 적당히 배식하고, 필요한 곳에 수목보호대를 설치하여 포장 내에 식재를 한다.

⑨ 수목은 아래에 주어진 수종 중에서 종류가 다른 10가지를 선정하여 골고루 안정적인 배식이 될 수 있도록 계획하며, 인출선을 이용하여 수량, 수종명칭, 규격을 반드시 표기한다.

- 소나무(H4.0×W2.0)
- 소나무(H3.0×W1.5)
- 소나무(H2.5×W1.2)
- 스트로브잣나무(H2.5×W1.2)
- 스트로브잣나무(H2.0×W1.0)
- 왕벚나무(H4.5×B15)
- 버즘나무(H3.5×B8)
- 느티나무(H3.5×R8)
- 청단풍(H2.5×R8)
- 다정큼나무(H1.0×W0.6)
- 중국단풍(H2.5×R5)
- 굴거리나무(H2.5×W0.6)
- 자귀나무(H2.5×R6)
- 태산목(H1.5×W0.5)
- 먼나무(H2.0×R5)
- 산딸나무(H2.0×R5)
- 산수유(H2.5×R7)
- 꽃사과(H2.5×R5)
- 수수꽃다리(H1.5×W0.6)
- 병꽃나무(H1.0×W0.4)
- 쥐똥나무(H1.0×W0.3)
- 명자나무(H0.6×W0.4)
- 산철쭉(H0.3×W0.4)
- 자산홍(H0.3×W0.3)
- 조릿대(H0.6×7가지)

⑩ 경사, 포장재료, 경계선 및 기타 시설물의 기초, 주변의 수목 등을 단면도상에 표시하시오.

휴 식 공 원

기 본 설 계 도

▨ 시 설 물 수 량 표

기호	시설명	규격	단위	수량
⊠	파고라	5000×3500	개소	1
▭	벤치	1200×500	〃	2
▣	수목보호대	1000×1000	〃	4
①	시소	2연식	〃	1
②	그네	2연식	〃	1
③	회전무대		〃	1

▨ 수 목 수 량 표

성상	수목명	규격	단위	수량
상록	소나무	H3.0×W1.5	주	3
〃	스트로브잣나무	H2.5×W1.2	〃	7
낙엽	왕벚나무	H4.5×B15	〃	4
〃	느티나무	H3.5×R8	〃	4
〃	자귀나무	H2.5×R6	〃	3
〃	중국단풍	H2.5×R5	〃	6
〃	산딸나무	H2.0×R5	〃	5
관목	병꽃나무	H1.0×W0.4	〃	20
〃	산철쭉	H0.3×W0.4	〃	20
〃	자산홍	H0.3×W0.3	〃	20

N

0 1 3 5 7

20-산철쭉
H0.3×W0.4
3-소나무
H3.0×W1.5
B'
20-병꽃나무
H1.0×W0.4
4-왕벚나무
H4.5×B15
5-산딸나무
H2.0×R5
6-중국단풍
H2.5×R5
7-스트로브잣나무
H2.5×W1.2
4-느티나무
H3.5×R8
20-자산홍
H0.3×W0.3
3-자귀나무
H2.5×R6
⊕3.0
⊕0.4
⊕1.0
화강석포장
콘크리트블럭포장
모래포장

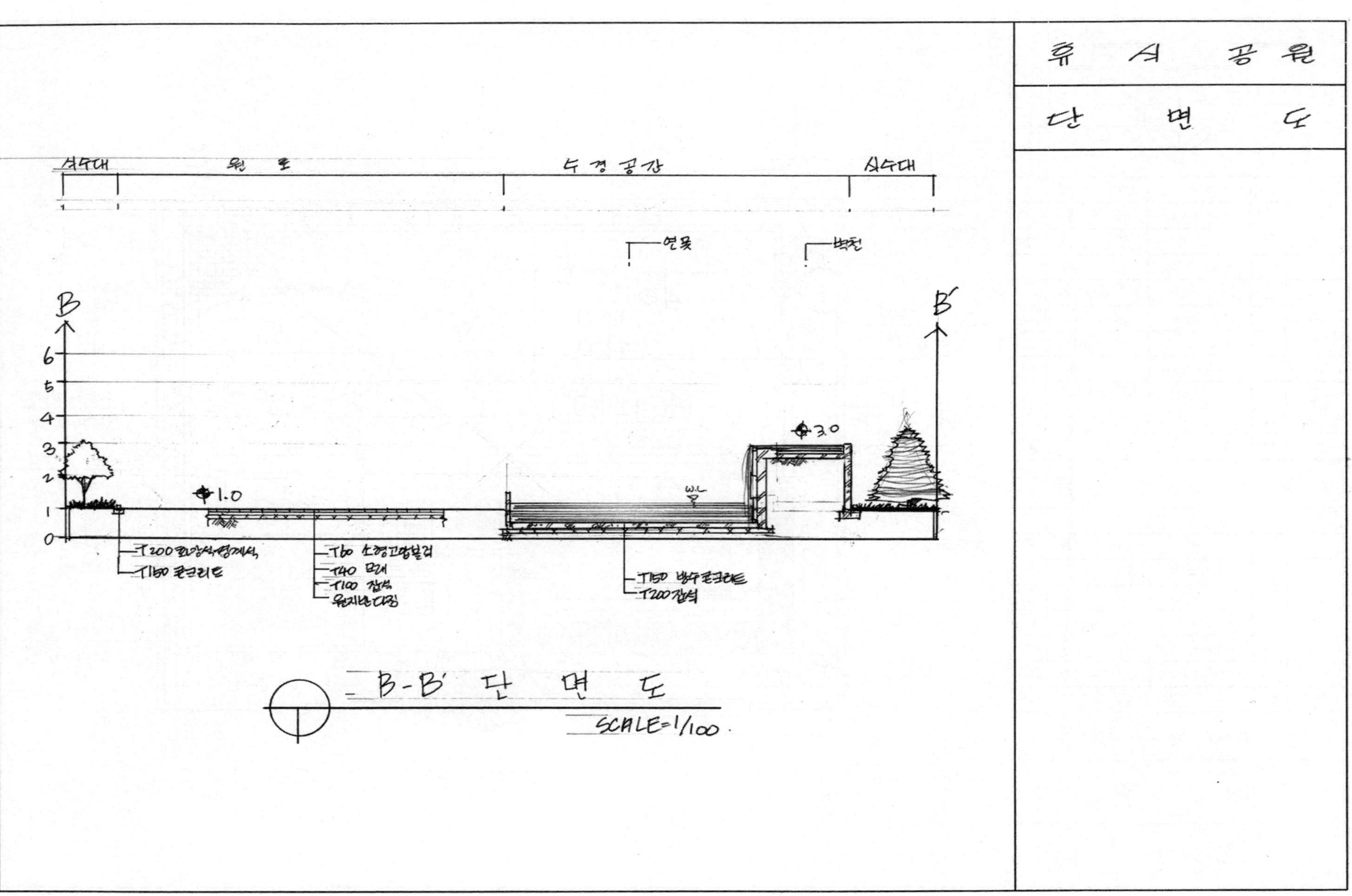
휴식공원
단면도
식수대
원로
수경공간
식수대
연못
벽천
B
B'
6
5
4
3
2
1
0
⊕1.0
⊕3.0
W.L
T200 화강석경계석,
T150 콘크리트
T60 소형고압블럭
T40 모래
T100 잡석
원지반다짐
T150 방수콘크리트
T200 잡석
B-B' 단면도
SCALE=1/100

15 2020년 3회 출제문제 (옥상정원)

설계 문제

우리나라 중부지역에 위치한 건축물 옥상에 정원설계를 하고자 한다. 주어진 현황도 및 아래 사항을 참조하여 설계조건에 따라 조경계획도를 작성하시오(일점쇄선 안 부분이 조경설계 대상지임).

1. 현황도

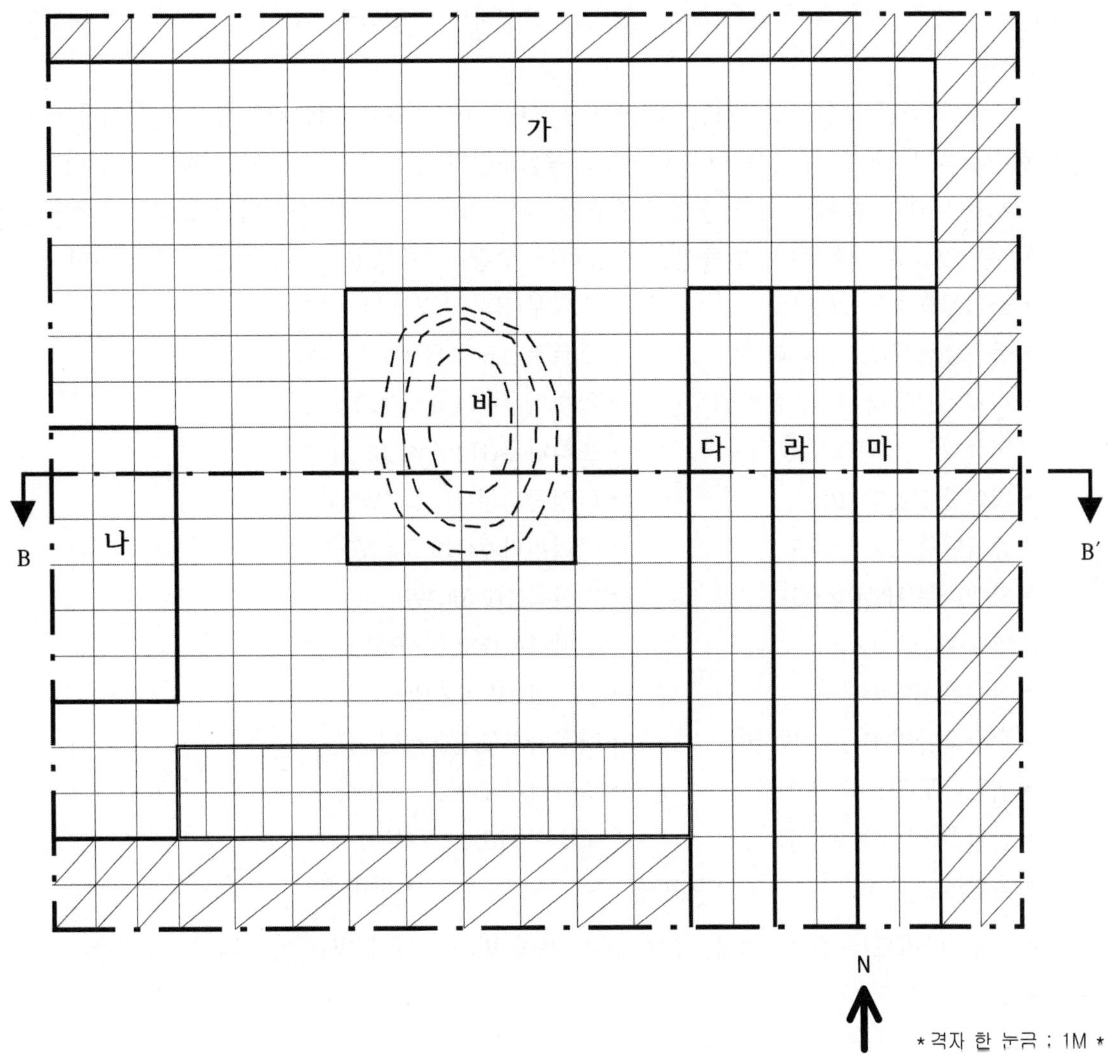

2. 요구사항

① 식재평면도를 위주로 한 조경계획도를 축척 1/100로 작성하시오.(지급용지-1)

② 도면 오른쪽 위에 작업명칭을 작성하시오.

③ 도면 오른쪽에는 “주요 시설물 수량표와 수목(식재) 수량표”를 작성하고, 수량표 아래쪽 “방위표시와 막대축척”을 반드시 그려 넣으시오.(단, 전체 대상지의 길이를 고려하여 범례표의 폭을 조정할 수 있다.)

④ 도면의 전체적인 안정감을 위하여 “테두리선”을 작성하시오.

⑤ B-B′ 단면도를 축척 1/100로 작성하시오.(지급용지-2)

3. 설계조건

① 해당지역은 중부지방에 위치한 건축물 옥상에 휴식 및 경관을 향상시킬 수 있는 옥상정원으로, 옥상정원의 특징을 고려하여 조경계획도를 작성하시오.

② 대상지의 북쪽은 주택과 접해 있고, 남쪽은 그늘시렁이 위치해 있다. (그늘시렁 아래는 식재를 금지한다.)

③ "가" 공간은 파고라 (3,500×3,500) 1개소와 등벤치 3개소를 설치하시오.

④ "나" 공간은 수공간으로 깊이는 60cm, 경계는 10cm 높게 설계하며, 바닥은 조약돌 포장으로 설계한다.

⑤ "다", "라", "마" 각 공간은 20cm 단차가 발생하며 야생초를 심어 스카이라인에 지장이 없도록 한다.

⑥ "바" 녹지공간은 등고선 1개당 10cm가 높으며, 주변경관과 어울리도록 경관식재를 실시하시오.

⑦ 현황도의 빗금 친 부분은 식재공간으로 옥상조경의 성격을 고려하여 식재토록 한다.

⑧ 식재는 아래에 주어진 식물 중에서 종류가 다른 10가지 이상을 선정하여 골고루 안정적인 배식이 될 수 있도록 계획하며, 인출선을 이용하여 수량, 수종명칭, 규격을 반드시 표기한다.

- 소나무(H4.0×W2.0)
- 소나무(H3.0×W1.5)
- 둥근소나무(H1.2×W1.5)
- 스트로브잣나무(H2.5×W1.2)
- 스트로브잣나무(H2.0×W1.0)
- 왕벚나무(H4.5×B15)
- 버즘나무(H3.5×B8)
- 느티나무(H3.5×R8)
- 청단풍(H2.5×R8)
- 다정큼나무(H1.0×W0.6)
- 중국단풍(H2.5×R5)
- 굴거리나무(H2.5×W0.6)
- 자귀나무(H2.0×R5)
- 태산목(H1.5×W0.5)
- 먼나무(H2.0×R5)
- 산딸나무(H2.0×R5)
- 산수유(H2.0×R5)
- 꽃사과(H2.0×R5)
- 수수꽃다리(H1.5×W0.6)
- 병꽃나무(H1.0×W0.4)
- 쥐똥나무(H1.0×W0.3)
- 명자나무(H0.6×W0.4)
- 산철쭉(H0.3×W0.4)
- 조릿대(H0.6×7가지)
- 옥잠화
- 털머위
- 비비추

⑨ B – B′ 단면도는 주요시설물, 주변 수목, 포장 및 배수체계(방근층, 배수층, 토양층 등)를 표시하시오.

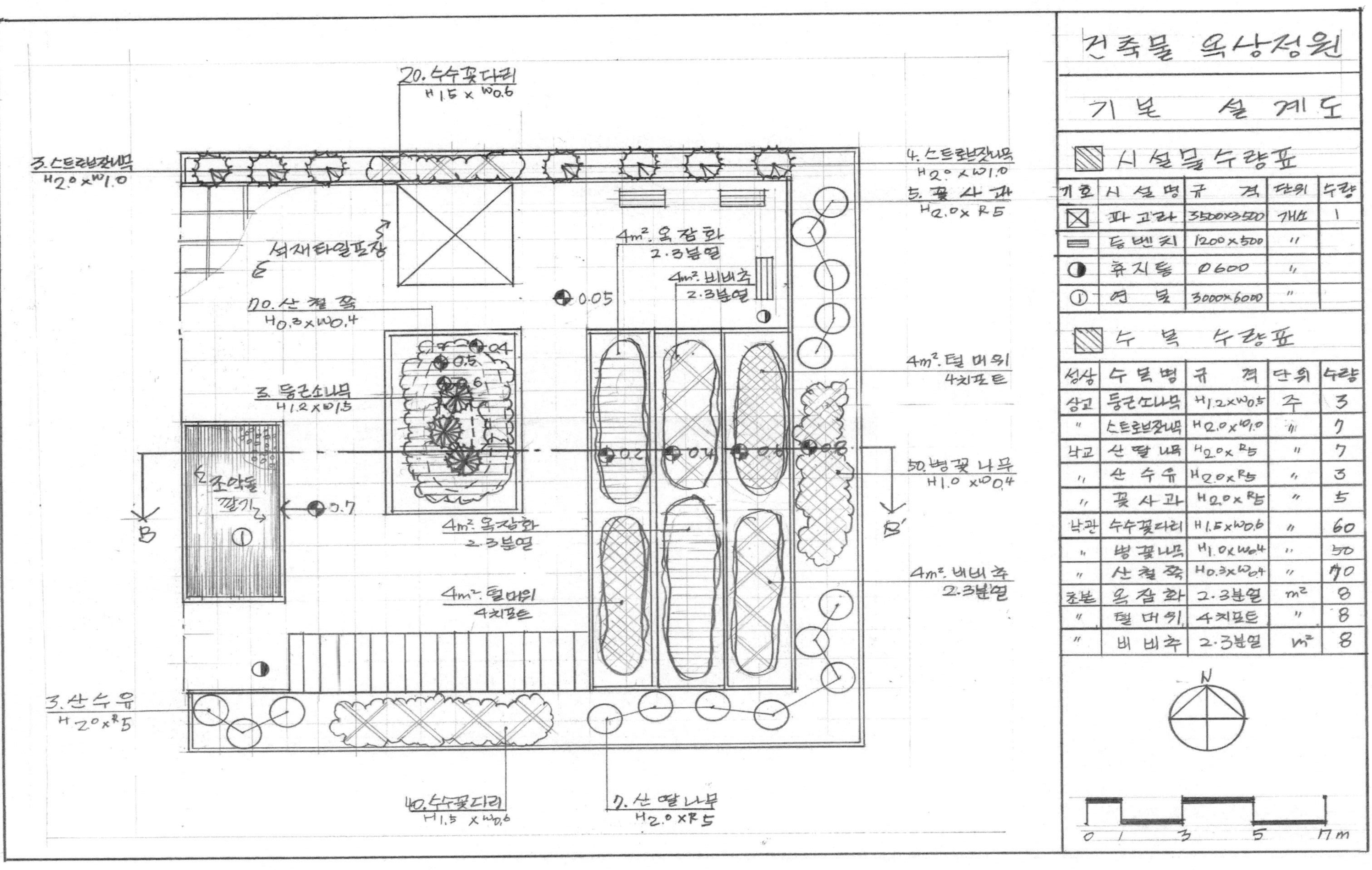
건축물 옥상정원
기본 설계도
시설물수량표
기호 | 시설명 | 규격 | 단위 | 수량
파고라 | 3500×3500 | 개소 | 1
등벤치 | 1200×500 | 〃
휴지통 | Ø600 | 〃
연못 | 3000×6000 | 〃
수목 수량표
성상 | 수목명 | 규격 | 단위 | 수량
상교 | 둥근소나무 | H1.2×W0.5 | 주 | 3
〃 | 스트로브잣나무 | H2.0×W1.0 | 〃 | 7
낙교 | 산딸나무 | H2.0×R5 | 〃 | 7
〃 | 산수유 | H2.0×R5 | 〃 | 3
〃 | 꽃사과 | H2.0×R5 | 〃 | 5
낙관 | 수수꽃다리 | H1.5×W0.6 | 〃 | 60
〃 | 병꽃나무 | H1.0×W0.4 | 〃 | 50
〃 | 산철쭉 | H0.3×W0.4 | 〃 | 70
초본 | 옥잠화 | 2.3분얼 | m² | 8
〃 | 털머위 | 4치포트 | 〃 | 8
〃 | 비비추 | 2.3분얼 | m² | 8
N
0 1 3 5 7m
20.수수꽃다리 H1.5×W0.6
3.스트로브잣나무 H2.0×W1.0
4.스트로브잣나무 H2.0×W1.0
5.꽃사과 H2.0×R5
석재타일포장
4m².옥잠화 2.3분얼
4m².비비추 2.3분얼
0.05
70.산철쭉 H0.3×W0.4
0.4
0.5
0.6
3.둥근소나무 H1.2×W1.5
4m².털머위 4치포트
0.2
0.4
0.6
0.8
50.병꽃나무 H1.0×W0.4
조약돌 깔기
0.7
B
B'
4m².옥잠화 2.3분얼
4m².비비추 2.3분얼
4m².털머위 4치포트
3.산수유 H2.0×R5
40.수수꽃다리 H1.5×W0.6
7.산딸나무 H2.0×R5

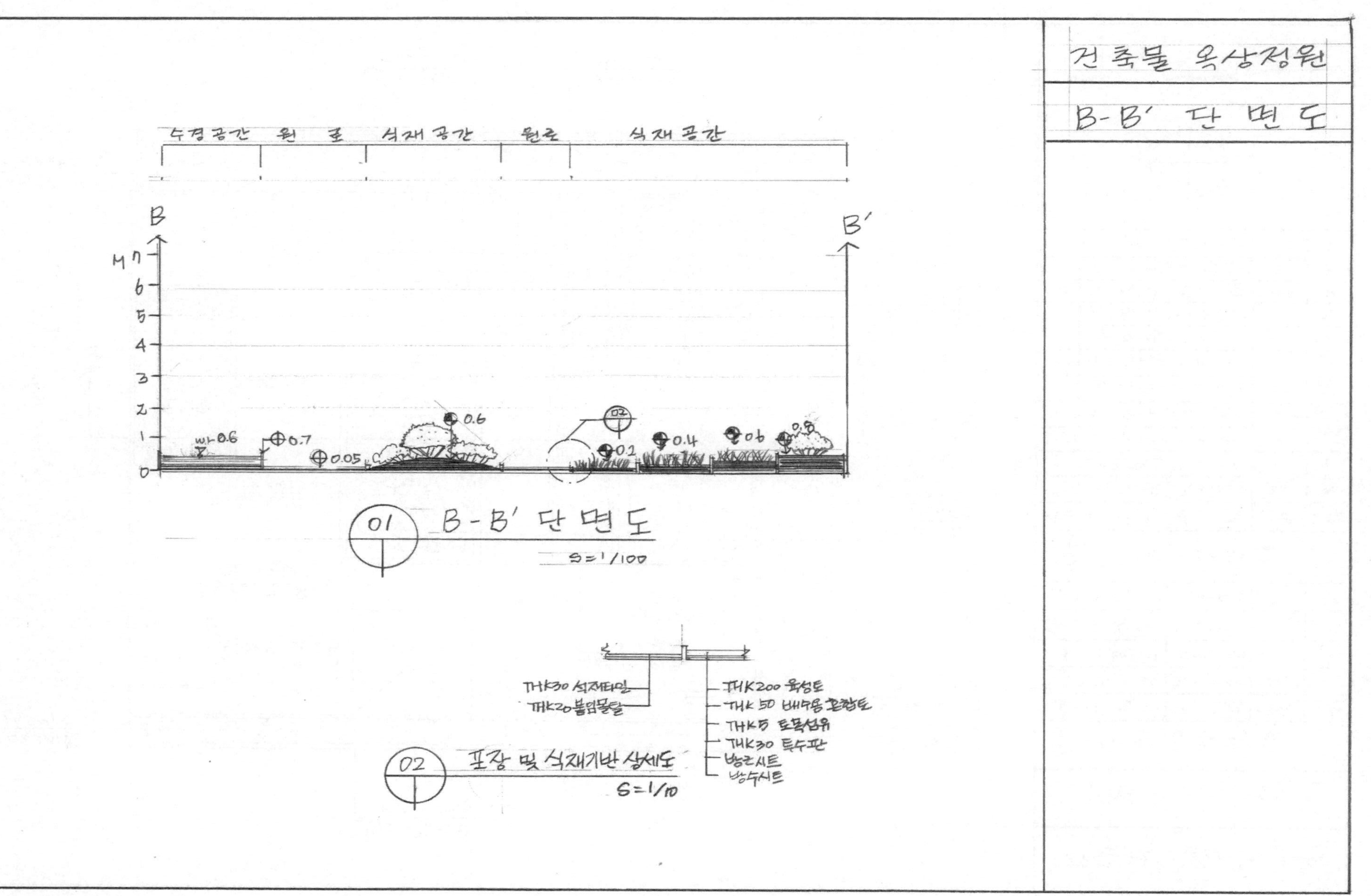
건축물 옥상정원
B-B' 단면도
수경공간 원로 식재공간 원로 식재공간
B
B'
0.6
0.7
0.05
0.6
0.1
0.4
0.6
0.5
01 B-B' 단면도
S=1/100
THK30 석재타일
THK20 붙임몰탈
THK200 육성토
THK50 배수용 혼합토
THK5 토목섬유
THK30 투수판
방근시트
방수시트
02 포장 및 식재기반 상세도
S=1/10

16 2021년 1회 출제문제(테니스장, 수경공간 – 연못)

설계 문제

대전 지역에 위치한 도로변 소공원 조경설계를 하고자 한다. 주어진 현황도 및 아래 사항을 참조하여 설계조건에 따라 조경계획도를 작성하시오.(일점쇄선 안 부분이 조경설계 대상지이고 빗금친부분은 녹지공간임)

1. 현황도

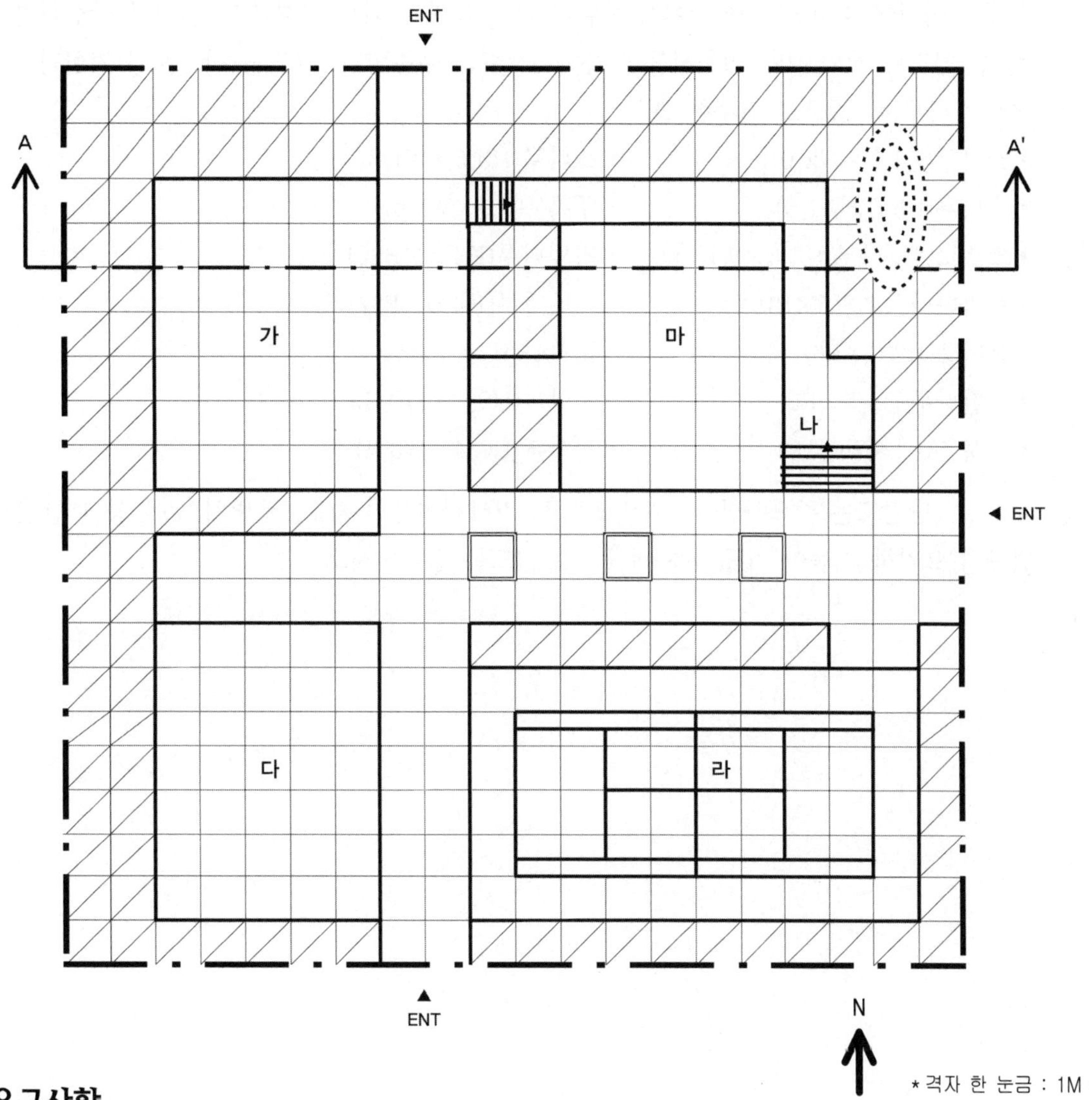

* 격자 한 눈금 : 1M *

2. 요구사항

① 해당지역은 대전지역의 도로변 소공원으로 휴식 및 놀이, 운동 등을 즐길 수 있도록 하며, 식재평면도를 위주로 한 조경계획도를 축척 1/100로 작성하시오.(지급용지-1)

② 도면 오른쪽 위에 작업명칭을 작성하시오.

③ 도면 오른쪽에는 "주요 시설물 수량표와 수목(식재) 수량표"를 작성하고, 수량표 아래쪽에 "방위표시와 막대축척"을 반드시 그려 넣으시오.(단, 전체 대상지의 길이를 고려하여 범례표의 폭을 조정할 수 있다.)

④ 도면의 전체적인 안정감을 위하여 "테두리선"을 작성하시오.

⑤ A-A′ 단면도를 축척 1/100로 작성하시오.(지급용지-2)

3. 설계조건

① "가" 공간은 파고라 (3,500×3,500) 1개소와 등벤치 2개소, 평벤치 2개소, 휴지통 1개소를 설치하시오.

② "나" 공간은 1m 높다. "마"는 수공간으로 보행로에 평벤치 3개소, 휴지통 1개소 설치하고 녹지공간의 점선은 1개당 20cm의 마운딩을 실시한다.

③ "다" 공간은 어린이놀이공간으로 회전무대(H 1,100×W 2,300), 그네 2연식, 시소 2연식을 설치하시오.

④ "라" 공간은 테니스장으로 운동공간이다.

⑤ 식재는 아래에 주어진 식물 중에서 종류가 다른 12가지 이상 식재한다. 골고루 안정적인 배식이 될 수 있도록 계획하며, 인출선을 이용하여 수량, 수종명칭, 규격을 반드시 표기한다.
(단, 소나무는 1종으로 간주한다)

- 소나무(H4.0×W2.0)
- 소나무(H3.5×W1.8)
- 소나무(H3.0×W1.6)
- 주목(H3.0×W1.8)
- 스트로브잣나무(H2.5×W1.2)
- 왕벚나무(H4.5×B20)
- 플라타너스(H3.5×B10)
- 느티나무(H4.0×R12)
- 홍단풍(H2.5×R6)
- 꽃사과(H2.0×R5)
- 산딸나무(H2.5×R5)
- 회양목(H0.3×W0.3)
- 철쭉(H0.4×W0.4)
- 자산홍(H0.4×W0.4)

⑥ A – A′ 단면도는 주요시설물, 포장재료 및 기타시설물의 기초, 주변의 수목 등을 단면도 상에 반드시 표기하고 높이 차를 한눈에 볼 수 있도록 설계하시오.

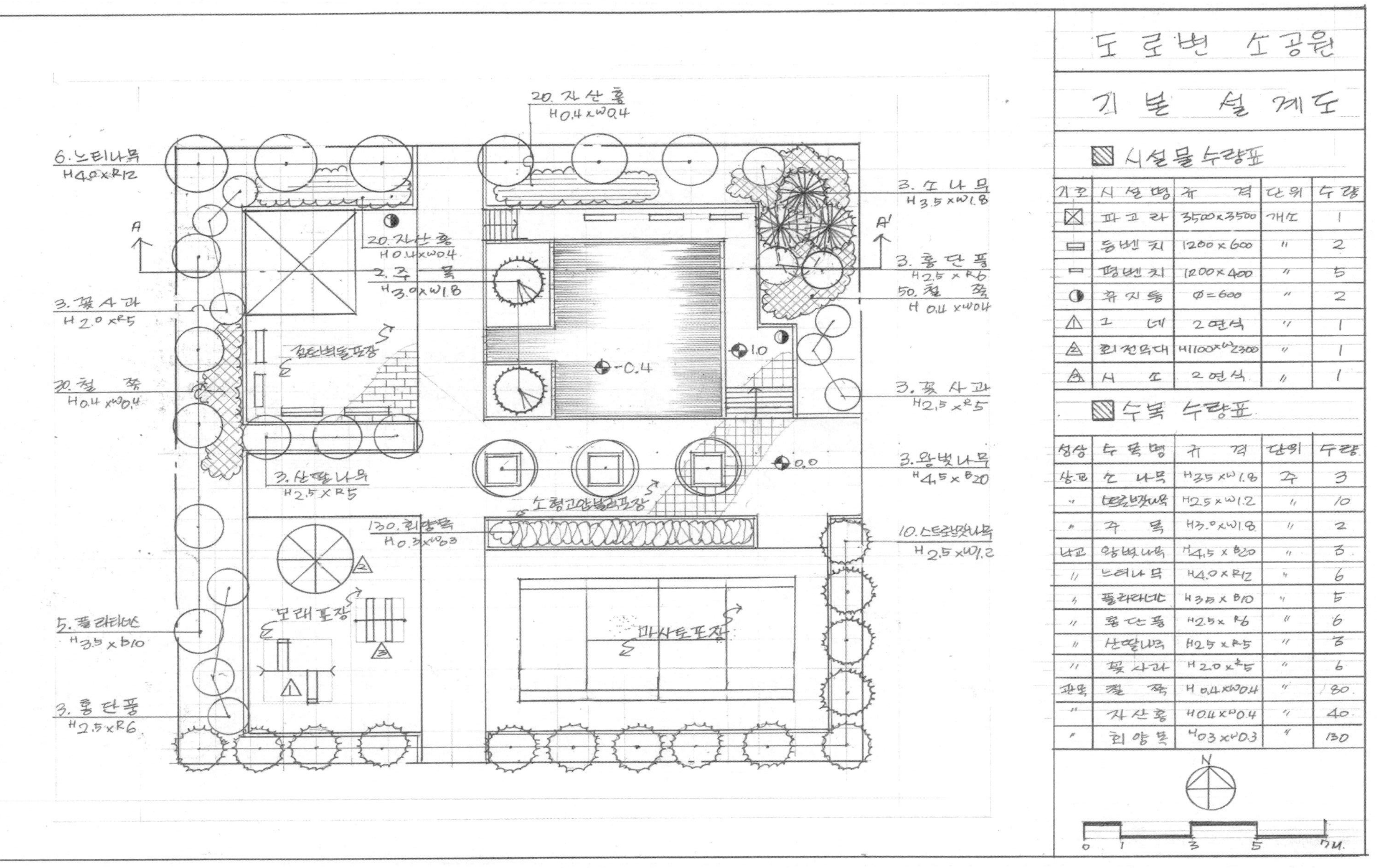
도로변 소공원
기본설계도
시설물 수량표
수목 수량표

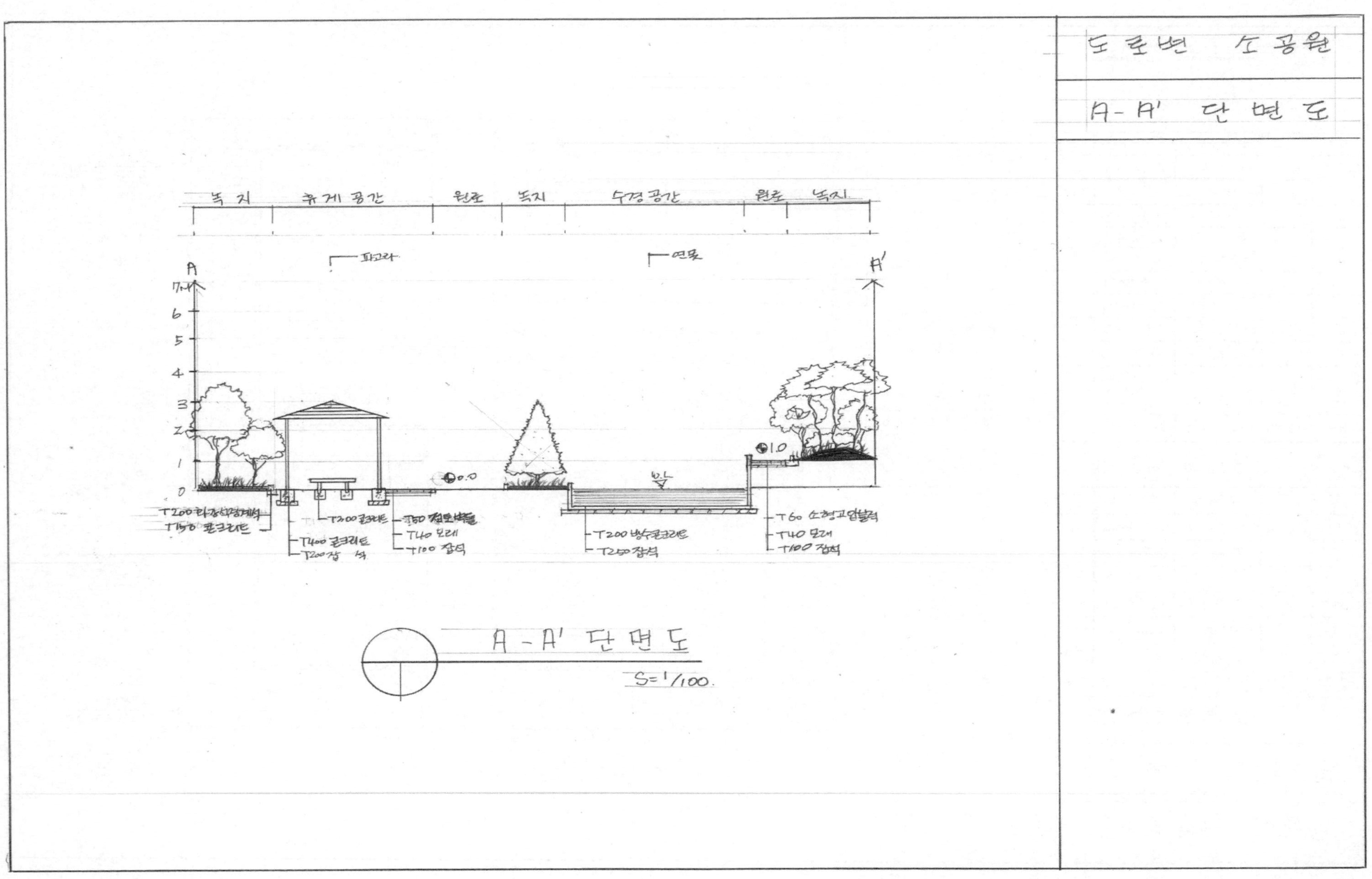
도로변 소공원
A-A' 단면도
녹지
휴게 공간
원로
녹지
수경 공간
원로
녹지
파고라
연못
A
A'
T60 소형고압블럭
T40 모래
T100 잡석
T200 방수콘크리트
T250 잡석
T400 콘크리트
T200 잡석
T40 모래
T100 잡석
A-A' 단면도
S=1/100.

17 2021년 2회 출제문제 (수경공간, 운동공간 – 운동기구)

설계 문제

도로변 소공원 조경설계를 하고자 한다. 주어진 현황도 및 아래 사항을 참조하여 설계조건에 따라 조경계획도를 작성하시오.
(일점쇄선 안 부분이 조경설계 대상지이고 빗금친부분은 녹지공간임)

1. 현황도

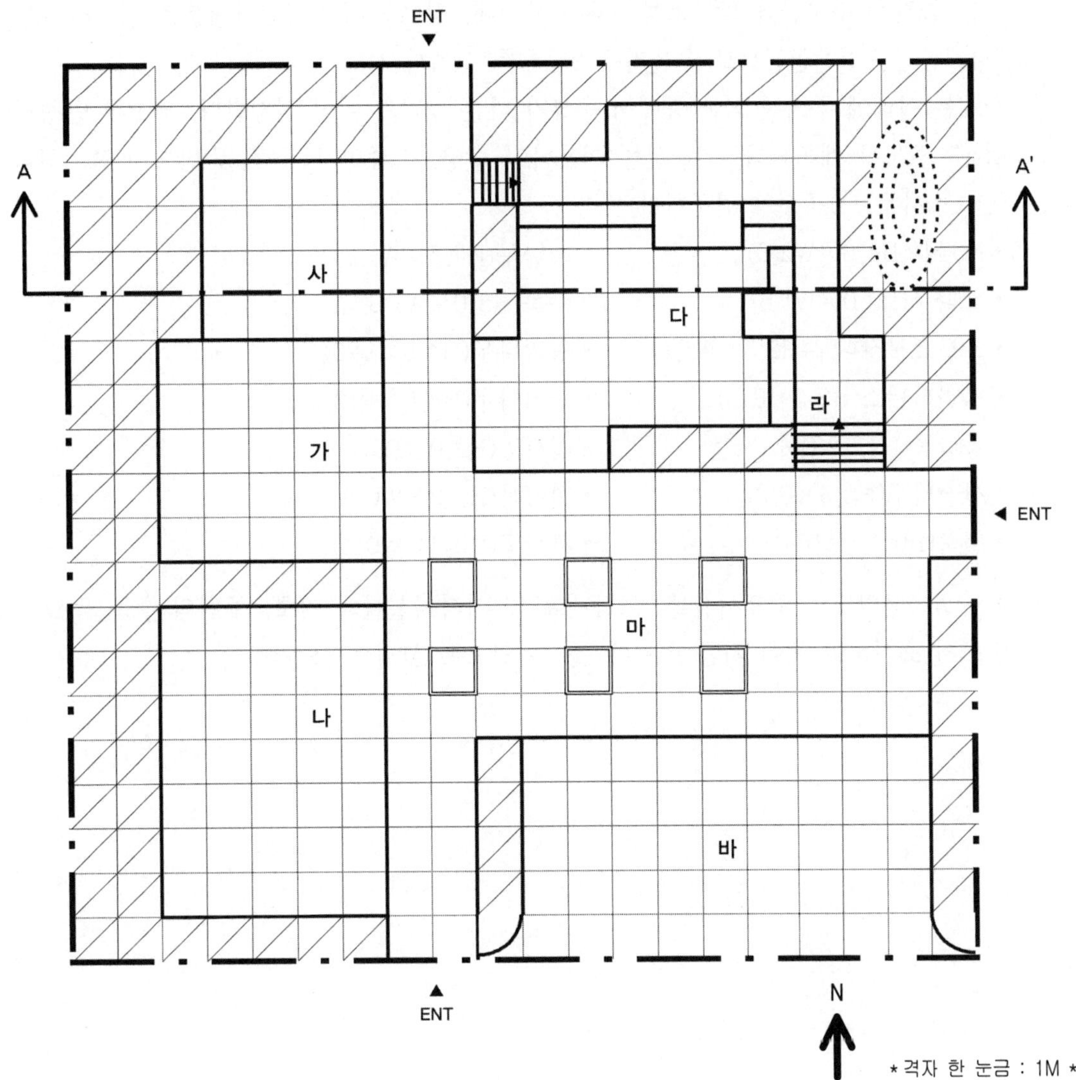

2. 요구사항

① 해당지역은 중부지방에 위치한 도로변 소공원으로 휴식 및 놀이, 운동, 주차시설 등을 이용할 수 있도록 하며, 식재평면도를 위주로 한 조경계획도를 축척 1/100로 작성하시오.(지급용지-1)

② 도면 오른쪽 위에 작업명칭을 작성하시오.

③ 도면 오른쪽에는 "주요 시설물 수량표와 수목(식재) 수량표"를 작성하고, 수량표 아래쪽에 "방위표시와 막대축척"을 반드시 그려 넣으시오.(단, 전체 대상지의 길이를 고려하여 범례표의 폭을 조정할 수 있다.)

④ 도면의 전체적인 안정감을 위하여 "테두리선"을 작성하시오.

⑤ A–A′ 단면도를 축척 1/100로 작성하시오.(지급용지-2)

3. 설계조건

① "가" 공간은 파고라 (3,500×3,500) 1개소와 등벤치 2개소, 휴지통 1개소를 설치하시오.
② "나" 공간은 어린이 놀이공간으로 회전무대(H 1,100×W 2,300), 그네 2연식, 시소 2연식 설치하시오.
③ "다" 공간은 수경공간으로 −60cm로 설계하시오.
④ "라" 공간은 1m 높고 등벤치 3개소, 휴지통 1개소를 설치하시오.
⑤ 녹지공간의 점선은 1개당 20cm의 마운딩을 실시하며, 조명등 4개소(H4,500)를 설치하시오.
⑥ "마" 공간은 보행공간으로 적절한 녹음수를 식재하시오.
⑦ "바" 공간은 주차공간으로 소형 주차공간 2대, 장애인 주차공간 1대분을 설계하시오.
⑧ "사" 공간은 운동공간으로 운동기구 2종류를 설치하시오.
⑨ 식재는 아래에 주어진 식물 중에서 종류가 다른 12가지 이상 식재한다. 골고루 안정적인 배식이 될 수 있도록 계획하며, 인출선을 이용하여 수량, 수종명칭, 규격을 반드시 표기한다. (단, 소나무는 1종으로 간주한다)

- 소나무(H4.0×W2.0)
- 소나무(H3.5×W1.8)
- 소나무(H3.0×W1.6)
- 주목(H3.0×W1.8)
- 스트로브잣나무(H2.5×W1.2)
- 왕벚나무(H4.5×B20)
- 플라타너스(H3.5×B10)
- 느티나무(H4.0×R12)
- 홍단풍(H2.5×R6)
- 꽃사과(H2.0×R5)
- 산딸나무(H2.5×R5)
- 회양목(H0.3×W0.3)
- 철쭉(H0.4×W0.4)
- 자산홍(H0.4×W0.4)

⑩ A − A′ 단면도는 주요시설물, 포장재료 및 기타시설물의 기초, 주변의 수목 등을 단면도상에 반드시 표기하고 높이 차를 한눈에 볼 수 있도록 설계하시오.

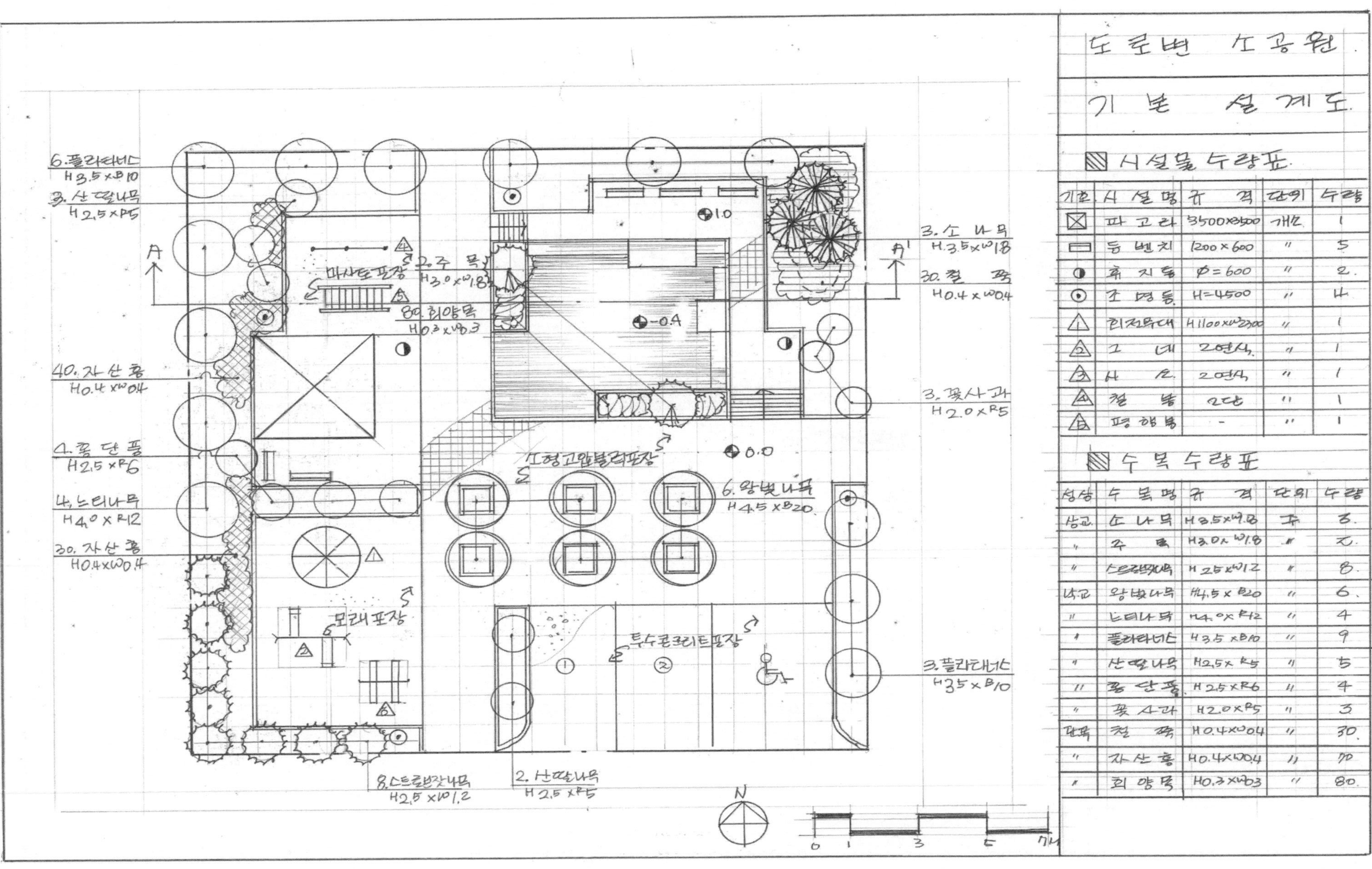
도로변 소공원
기본 설계도
시설물 수량표
기호 | 시설명 | 규격 | 단위 | 수량
파고라 | 3500×3500 | 개소 | 1
등벤치 | 1200×600 | 〃 | 5
휴지통 | φ=600 | 〃 | 2
조명등 | H=4500 | 〃 | 4
회전무대 | H1100×W2300 | 〃 | 1
그네 | 2연식 | 〃 | 1
시소 | 2연식 | 〃 | 1
철봉 | 2단 | 〃 | 1
평행봉 | - | 〃 | 1
수목 수량표
성상 | 수목명 | 규격 | 단위 | 수량
상교 | 소나무 | H3.5×W1.8 | 주 | 3.
〃 | 주목 | H3.0×W1.8 | 〃 | 2.
〃 | 스트로브잣나무 | H2.5×W1.2 | 〃 | 8.
낙교 | 왕벚나무 | H4.5×B20 | 〃 | 6.
〃 | 느티나무 | H4.0×R12 | 〃 | 4
〃 | 플라타너스 | H3.5×B10 | 〃 | 9
〃 | 산딸나무 | H2.5×R5 | 〃 | 5
〃 | 홍단풍 | H2.5×R6 | 〃 | 4
〃 | 꽃사과 | H2.0×R5 | 〃 | 3
관목 | 철쭉 | H0.4×W0.4 | 〃 | 30.
〃 | 자산홍 | H0.4×W0.4 | 〃 | 70
〃 | 회양목 | H0.3×W0.3 | 〃 | 80.
6.플라타너스 H3.5×B10
3.산딸나무 H2.5×R5
40.자산홍 H0.4×W0.4
4.홍단풍 H2.5×R6
4.느티나무 H4.0×R12
30.자산홍 H0.4×W0.4
2.주목 H3.0×W1.8
80.회양목 H0.3×W0.3
마사토포장
3.소나무 H3.5×W1.8
30.철쭉 H0.4×W0.4
3.꽃사과 H2.0×R5
소형고압블럭포장
6.왕벚나무 H4.5×B20
모래포장
투수콘크리트포장
3.플라타너스 H3.5×B10
8.스트로브잣나무 H2.5×W1.2
2.산딸나무 H2.5×R5
1.0
-0.4
0.0
A
A'
N

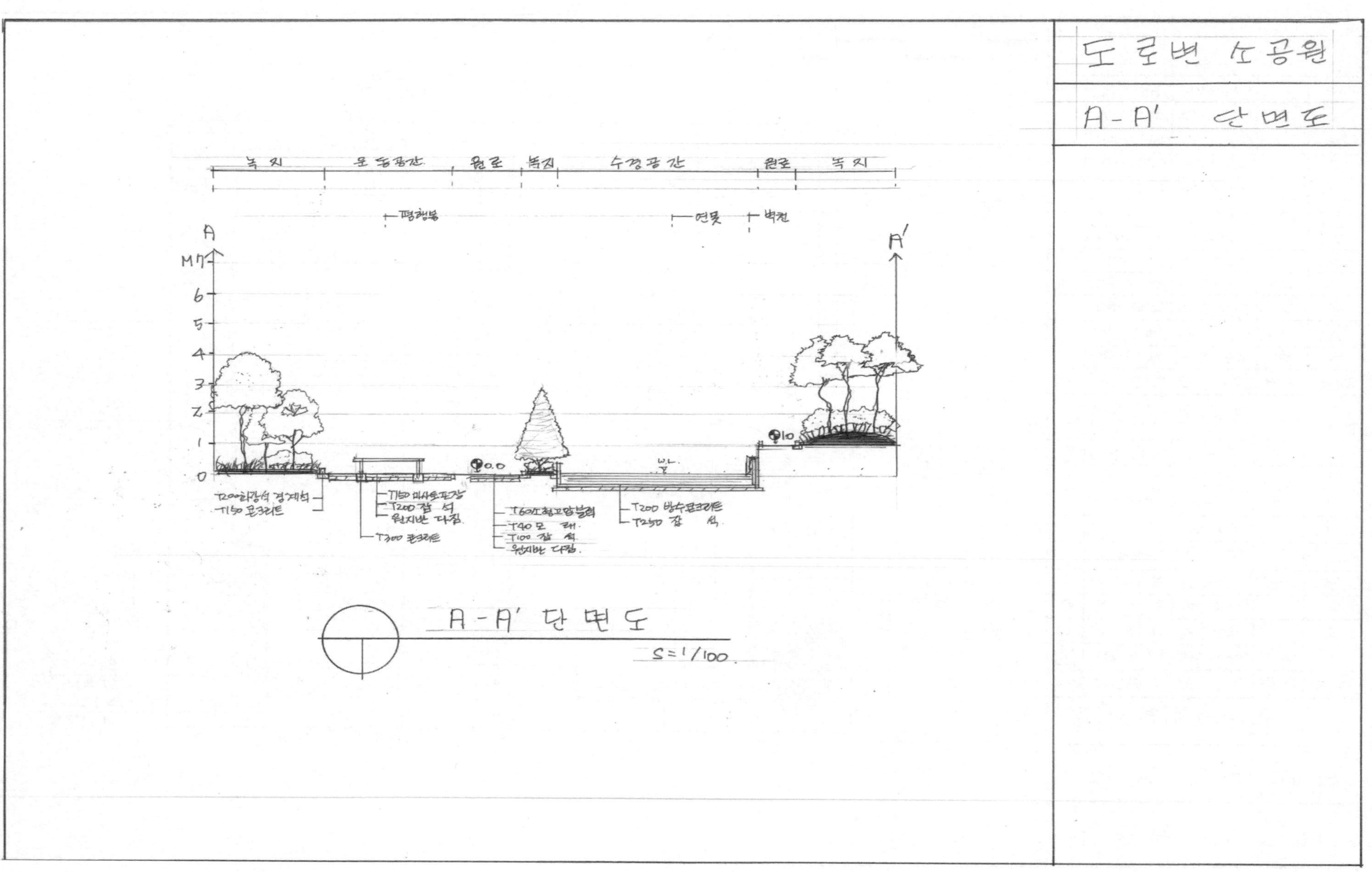
도로변 소공원
A-A' 단면도
녹지
운동공간
원로
녹지
수경공간
원로
녹지
평행봉
연못
벽천
T200 방수콘크리트
T250 잡석
T40 모래
T100 잡석
T300 콘크리트
T150 콘크리트
A-A' 단면도
S=1/100

18 2021년 4회 출제문제 (수경공간 – 연못, 놀이시설 – 조합놀이대 / 경사면 미끄럼틀 / 그물망)

설계 문제

해당지역은 중부지방에 위치한 도로변 소공원으로 휴식 및 놀이, 운동, 주차시설 등을 이용할 수 있도록 하며, 식재평면도를 위주로 한 조경계획도를 축척 1/100로 작성하시오.(지급용지-1) 주어진 현황도 및 아래 사항을 참조하여 설계조건에 따라 조경계획도를 작성하시오.(일점쇄선 안 부분이 조경설계 대상지이고 빗금친 부분은 녹식재공간임)

1. 현황도

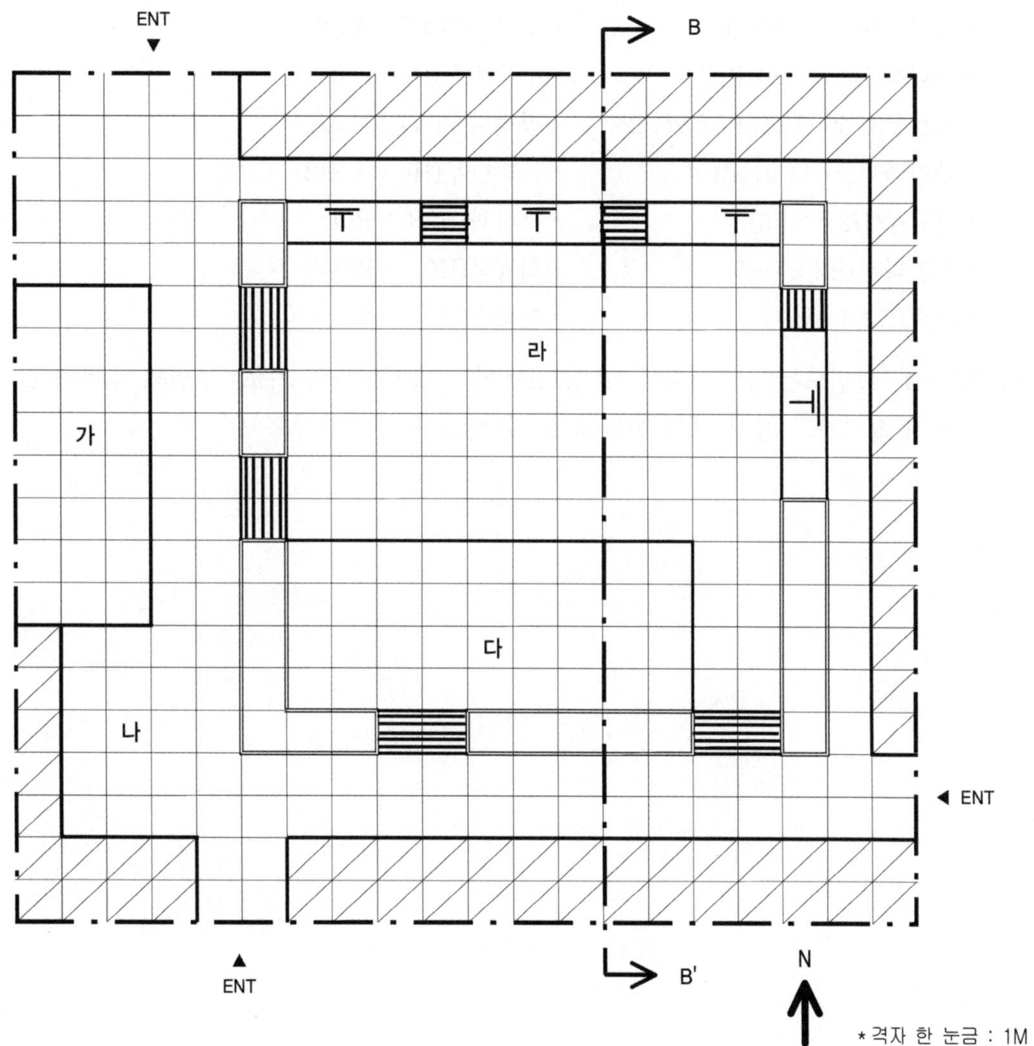

2. 요구사항

① 해당지역은 대전지역의 도로변 소공원으로 휴식 및 놀이, 운동 등을 즐길 수 있도록 하며, 식재평면도를 위주로 한 조경계획도를 축척 1/100로 작성하시오.(지급용지-1)

② 도면 오른쪽 위에 작업명칭을 작성하시오.

③ 도면 오른쪽에는 “주요 시설물 수량표와 수목(식재) 수량표”를 작성하고, 수량표 아래쪽에 “방위표시와 막대축척”을 반드시 그려 넣으시오.(단, 전체 대상지의 길이를 고려하여 범례표의 폭을 조정할 수 있다.)

④ 도면의 전체적인 안정감을 위하여 “테두리선”을 작성하시오.

⑤ B-B′ 단면도를 축척 1/100로 작성하시오.(지급용지-2)

3. 설계조건

① "가" 공간에는 적당한 수종을 선택하여 마운딩하시오. (점선 1개당 30cm)

② "나" 공간에는 파고라(3,000×1,500)를 설치하고 평벤치 2개를 배치하시오.

③ "다" 공간에는 모래터(2,000×2,000)설치하고, 연못을 조성하시오. 연못은 가운데가 -60cm가 되게 조성하며, 어린이들이 물을 마실 수 있는 음수대를 설치하시오.

④ "라" 공간에는 조합놀이대 및 그늘을 제공하는 녹음수를 식재하시오. 북쪽 경사면에 미끄럼틀을 설치하며, 동쪽으로는 그물망을 설치하시오.

⑤ 각 공간의 특성에 맞는 포장재료를 선택하여 포장하시오.

⑥ 수종은 10종 이상 선택하여 식재하시오. (단, 소나무는 1종으로 간주한다.)

- 소나무(H4.0×W2.0)
- 소나무(H3.5×W1.8)
- 소나무(H3.0×W1.6)
- 주목(H3.0×W1.8)
- 스트로브잣나무(H2.5×W1.2)
- 왕벚나무(H4.5×B20)
- 플라타너스(H3.5×B10)
- 느티나무(H4.0×R12)
- 홍단풍(H2.5×R6)
- 꽃사과(H2.0×R5)
- 산딸나무(H2.5×R5)
- 회양목(H0.3×W0.3)
- 철쭉(H0.4×W0.4)
- 자산홍(H0.4×W0.4)

⑦ B – B′ 단면도는 주요시설물, 포장재료 및 기타시설물의 기초, 주변의 수목 등을 단면도상에 반드시 표기하고 높이 차를 한눈에 볼 수 있도록 설계하시오.

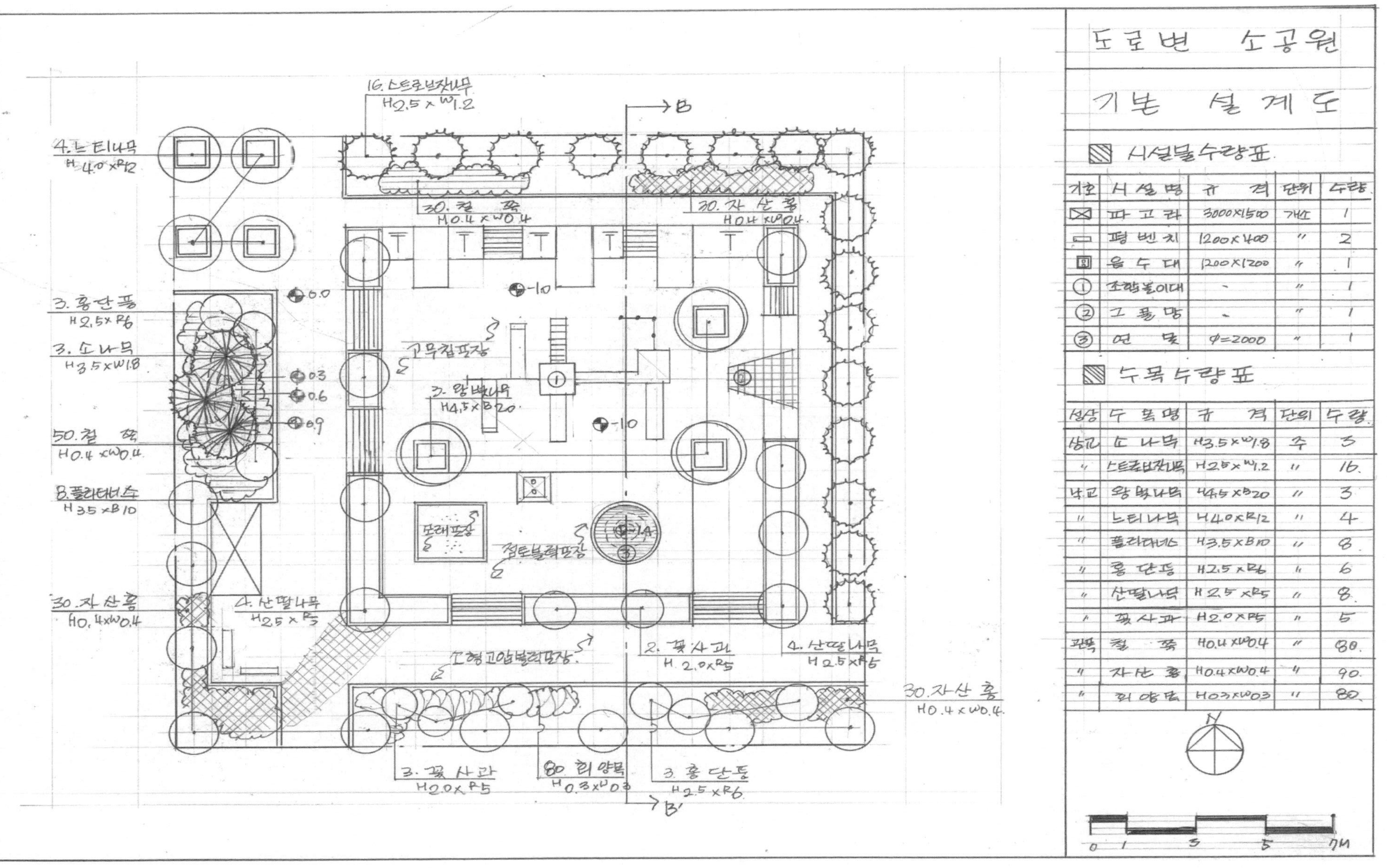
도로변 소공원
기본 설계도
시설물수량표

기호	시설명	규격	단위	수량
⊠	파고라	3000×1500	개소	1
▭	평벤치	1200×400	〃	2
▣	음수대	1200×1200	〃	1
①	조합놀이대	-	〃	1
②	그물망	-	〃	1
③	연못	φ=2000	〃	1

수목수량표

성상	수목명	규격	단위	수량
상록	소나무	H3.5×W1.8	주	3
〃	스트로브잣나무	H2.5×W1.2	〃	16
낙교	왕벚나무	H4.5×B20	〃	3
〃	느티나무	H4.0×R12	〃	4
〃	플라타너스	H3.5×B10	〃	8
〃	홍단풍	H2.5×R6	〃	6
〃	산딸나무	H2.5×R5	〃	8
〃	꽃사과	H2.0×R5	〃	5
관목	철쭉	H0.4×W0.4	〃	80
〃	자산홍	H0.4×W0.4	〃	90
〃	회양목	H0.3×W0.3	〃	80

16.스트로브잣나무 H2.5×W1.2
4.느티나무 H4.0×R12
30.철쭉 H0.4×W0.4
30.자산홍 H0.4×W0.4
3.홍단풍 H2.5×R6
3.소나무 H3.5×W1.8
50.철쭉 H0.4×W0.4
8.플라타너스 H3.5×B10
30.자산홍 H0.4×W0.4
4.산딸나무 H2.5×R5
고무칩포장
3.왕벚나무 H4.5×B20
모래포장
점토블럭포장
소형고압블럭포장
2.꽃사과 H.2.0×R5
4.산딸나무 H2.5×R5
30.자산홍 H0.4×W0.4
3.꽃사과 H2.0×R5
80.회양목 H0.3×W0.3
3.홍단풍 H2.5×R6
B
B'
0.0
-10
-10
0.3
0.6
0.9
N
0 1 3 5 7M

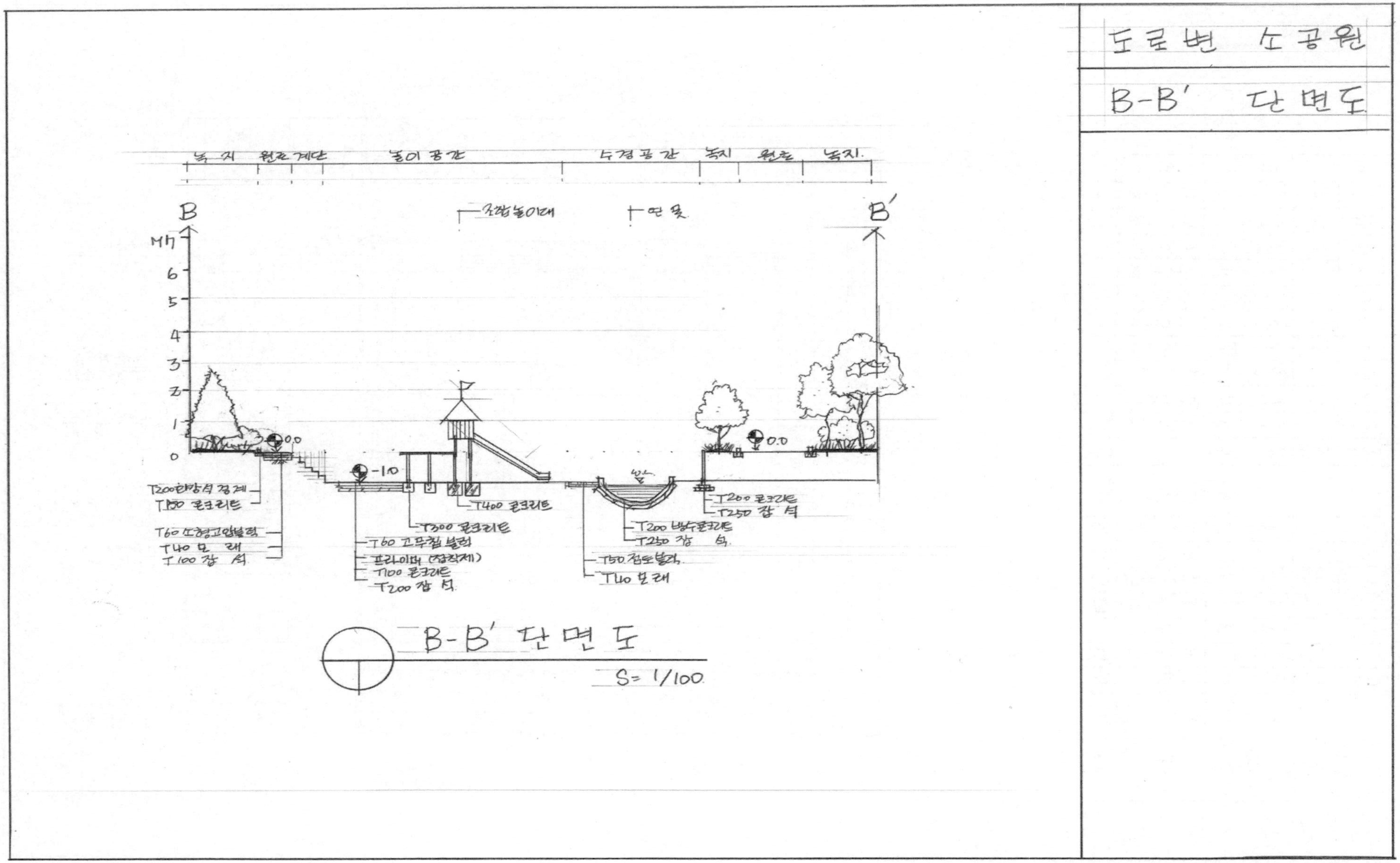

도로변 소공원

B-B' 단면도

녹지 | 원로 계단 | 놀이 공간 | 수경 공간 | 녹지 | 원로 | 녹지.

B

B'

조합놀이대

연못

M 7
6
5
4
3
2
1
0

0.0

-1.0

0.0

T200화강석 경계
T150 콘크리트
T60 소형고압블럭
T40 모래
T100 잡석

T60 고무칩 블럭
프라이머 (접착제)
T100 콘크리트
T200 잡석

T300 콘크리트

T400 콘크리트

T50 점토블럭
T40 모래

T200 방수콘크리트
T250 잡석

T200 콘크리트
T250 잡석

B-B' 단면도

S= 1/100

19 2021년 4회 출제문제 (종합놀이공간, 숨은 놀이공간)

설계 문제

우리나라 중부지역에 위치한 도로변의 빈공간에 대해 설계하고자 한다. 주어진 현황도 및 아래 사항을 참조하여 설계조건에 따라 조경계획도를 작성하시오.(일점쇄선 안 부분이 조경설계 대상지이고 빗금친부분은 녹지공간임)

1. 현황도

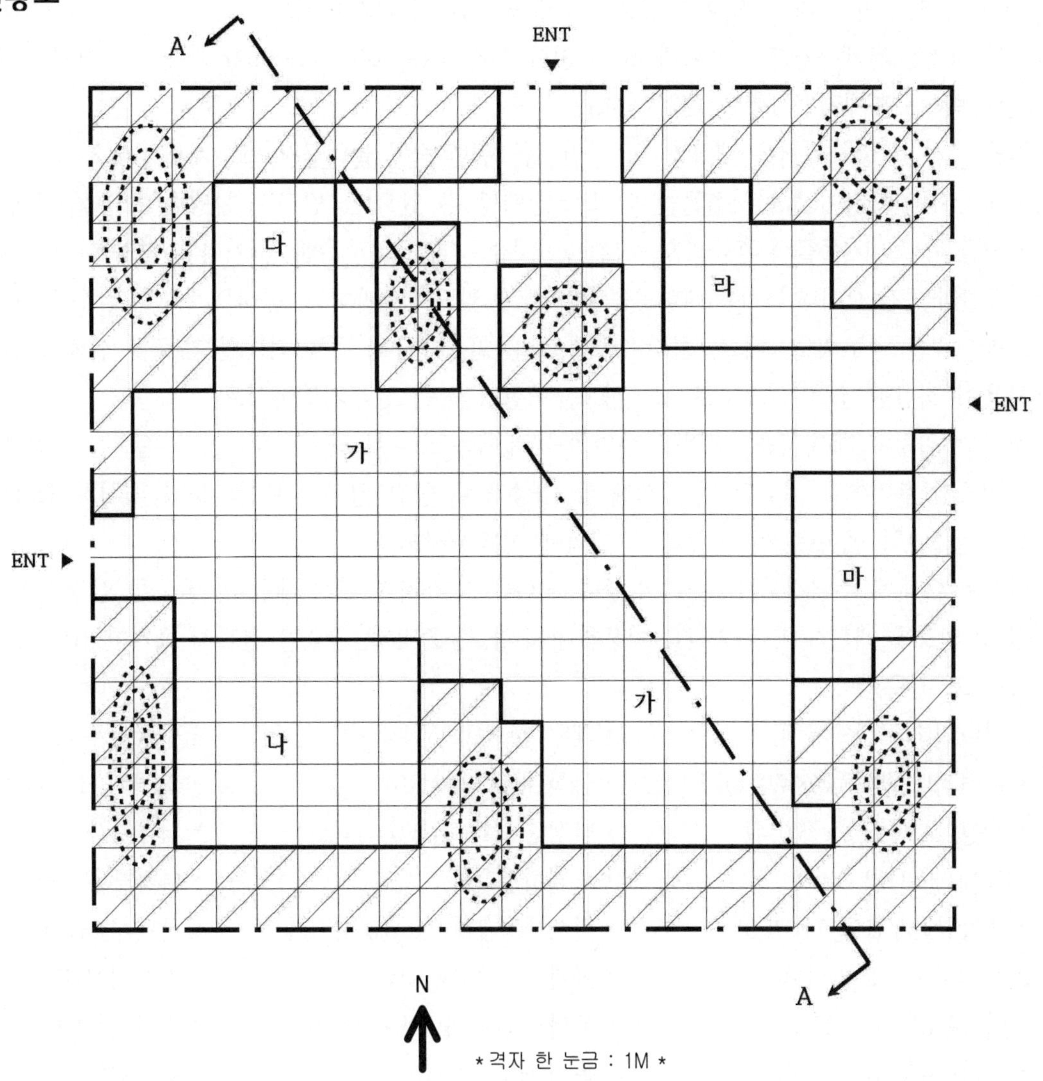

2. 요구사항

① 해당지역은 대전지역의 도로변 소공원으로 휴식 및 놀이, 운동 등을 즐길 수 있도록 하며, 식재평면도를 위주로 한 조경계획도를 축척 1/100로 작성하시오.(지급용지-1)

② 도면 오른쪽 위에 작업명칭을 작성하시오.

③ 도면 오른쪽에는 "주요 시설물 수량표와 수목(식재) 수량표"를 작성하고, 수량표 아래쪽에 "방위표시와 막대축척"을 반드시 그려 넣으시오.(단, 전체 대상지의 길이를 고려하여 범례표의 폭을 조정할 수 있다.)

④ 도면의 전체적인 안정감을 위하여 "테두리선"을 작성하시오.

⑤ A-A′ 단면도를 축척 1/100로 작성하시오.(지급용지-2)

3. 설계조건

① 해당 지역은 도로변의 자투리 공간을 이용하여 휴식 및 어린이들이 즐길 수 있는 도로변 소공원의 특성을 고려하여 조경계획도를 작성하시오.

② "가" 지역은 대상지 내 어린이를 위한 종합놀이공간으로 계획하시오.

- 대상지는 어린이가 놀 수 있도록 종합놀이시설을 설치하고, 반드시 합당한 포장을 선택하시오.
- 종합놀이시설로 미끄럼대 3면과 철봉 3연식을 설계하시오.
- 대상지 주변에 수목보호대 5개를 설치하여 적합한 수목을 선정하여 설치하시오.

③ "가" 지역 주변 녹지는 잔디를 활용한 마운딩 처리로 계획하시오.

④ "나" 지역은 휴게공간으로 계획하고, 그 안에 퍼걸러 (3,500×3,500mm) 1개소와 평의자, 등의자, 앉음벽 등 휴게시설 1종을 배치하시오.

⑤ "다", "라", "마" 지역은 대상지 내 어린이를 위한 숨은 놀이공간으로 계획하시오.

- 대상지는 어린이 놀이시설물을 임의로 선택할 수 있으며, 반드시 합당한 포장을 선택하시오.
- 정글짐, 그네, 동물형 흔들의자, 징검놀이시설, 시소, 회전무대 등(기타 수험자 임의 설치 가능)
- 공간과 공간 사이의 녹지는 신비로움을 느낄 수 있도록 식재하고, 동선으로 순환할 수 있게 하시오.

⑥ 포장지역은 점토벽돌, 데크, 화강석블록, 고무칩, 마사토 등을 적당한 재료를 선택하여 재료의 사용이 적합한 장소에 기호로 표현하고, 포장명을 반드시 기입하시오.

⑦ 적당한 위치에 차폐식재, 진입구 주변 녹지대에는 소나무 군식, 휴식공간 주변은 녹음수 식재, 놀이공간 주변에는 계절감 있는 식재 등 대상지 내 공간 성격에 부합되도록 배식하시오(녹지 내 등고선 1개의 높이는 25cm 정도로 계획에 반영하시오.).

⑧ 식재는 아래에 주어진 식물 중에서 종류가 다른 10가지 이상 식재한다. 골고루 안정적인 배식이 될 수 있도록 계획하며, 인출선을 이용하여 수량, 수종명칭, 규격을 반드시 표기한다(단, 소나무는 1종으로 간주한다.).

- 개나리(H1.2×5가지)
- 계수나무(H2.5×R6)
- 구상나무(H1.5×W0.6)
- 굴거리나무(H2.5×W1.5)
- 금목서(H2.0×R6)
- 꽃사과(H2.5×R5)
- 꽝꽝나무(H0.3×W0.4)
- 낙상홍(H1.0×W0.4)
- 낙우송(H4.0×B12)
- 느티나무(H3.0×R6)
- 느티나무(H4.5×R20)
- 다정큼나무(H1.0×W0.5)
- 대왕참나무(H4.5×R20)
- 덜꿩나무(H1.0×W0.4)
- 돈나무(H1.5×W1.0)
- 동백나무(H2.5×R8)
- 마가목(H3.0×R12)
- 매화나무(H2.0×R4)
- 먼나무(H2.0×R5)
- 메타세쿼이어(H4.0×B10)
- 명자나무(0.6×W0.4)
- 모과나무(H3.0×R8)
- 목련(H3.0×R10)
- 무궁화(H1.0×W0.2)
- 박태기나무(1.0×W0.4)
- 배롱나무(H2.5×R6)
- 백철쭉(H0.3×W0.3)
- 백합나무(H4.0×R10)
- 버즘나무(H3.5×B8)
- 병꽃나무(H1.0×W0.6)
- 사철나무(H1.0×W0.3)
- 산딸나무(H2.0×R6)
- 산수국(H0.3×W0.4)
- 산수유(H2.5×R8)
- 산철쭉(H0.3×W0.3)
- 서양측백(H1.2×W0.3)
- 소나무(H3.0×W1.5×R10)
- 소나무(H4.0×W2.0×R15)
- 소나무(H5.0×W2.5×R20)
- 소나무(둥근형)(H1.2×W1.5)
- 수수꽃다리(H2.0×R0.8)
- 스트로브잣나무(H2.0×W1.0)
- 아왜나무(H1.5×0.8)
- 영산홍(H0.3×W0.3)
- 왕벚나무(H4.0×B10)
- 은행나무(H4.0×B10)
- 이팝나무(H3.5×R12)
- 자귀나무(H3.5×R12)
- 자산홍(H0.3×W0.3)
- 자작나무(H2.5×B5)
- 조릿대(H0.6×W0.3)
- 좀작살나무(H1.2×W0.3)

- 주목(둥근형)(H0.3×W0.3)
- 주목(선형)(H2.0×W1.0)
- 중국단풍(H2.5×R6)
- 쥐똥나무(H1.0×W0.3)
- 청단풍(H2.5×R8)
- 층층나무(H3.5×R8)
- 칠엽수(H3.5×R12)
- 태산목(H1.5×W0.5)
- 홍단풍(H3.0×R10)
- 화살나무(H0.6×W0.3)
- 회양목(H0.3×W0.3)
- 갈대(8cm)
- 감국(8cm)
- 구절초(8cm)
- 금계국(10cm)
- 노랑꽃창포(8cm)
- 맥문동(8cm)
- 벌개미취(8cm)
- 둥굴레(10cm)
- 부들(8cm)
- 붓꽃(10cm)
- 비비추(2~3분얼)
- 부처꽃(8cm)
- 수호초(10cm)
- 옥잠화(2~3분얼)
- 원추리(2~3분얼)
- 애기나리(10cm)
- 잔디(0.3×0.3×0.03)
- 패랭이꽃 (8cm)
- 해국(8cm)
- 제비꽃(8cm)
- 털부처꽃(8cm)

⑨ A – A′ 단면도는 주요시설물, 포장재료 및 기타시설물의 기초, 주변의 수목 등을 단면도 상에 반드시 표기하고 높이 차를 한눈에 볼 수 있도록 설계하시오.

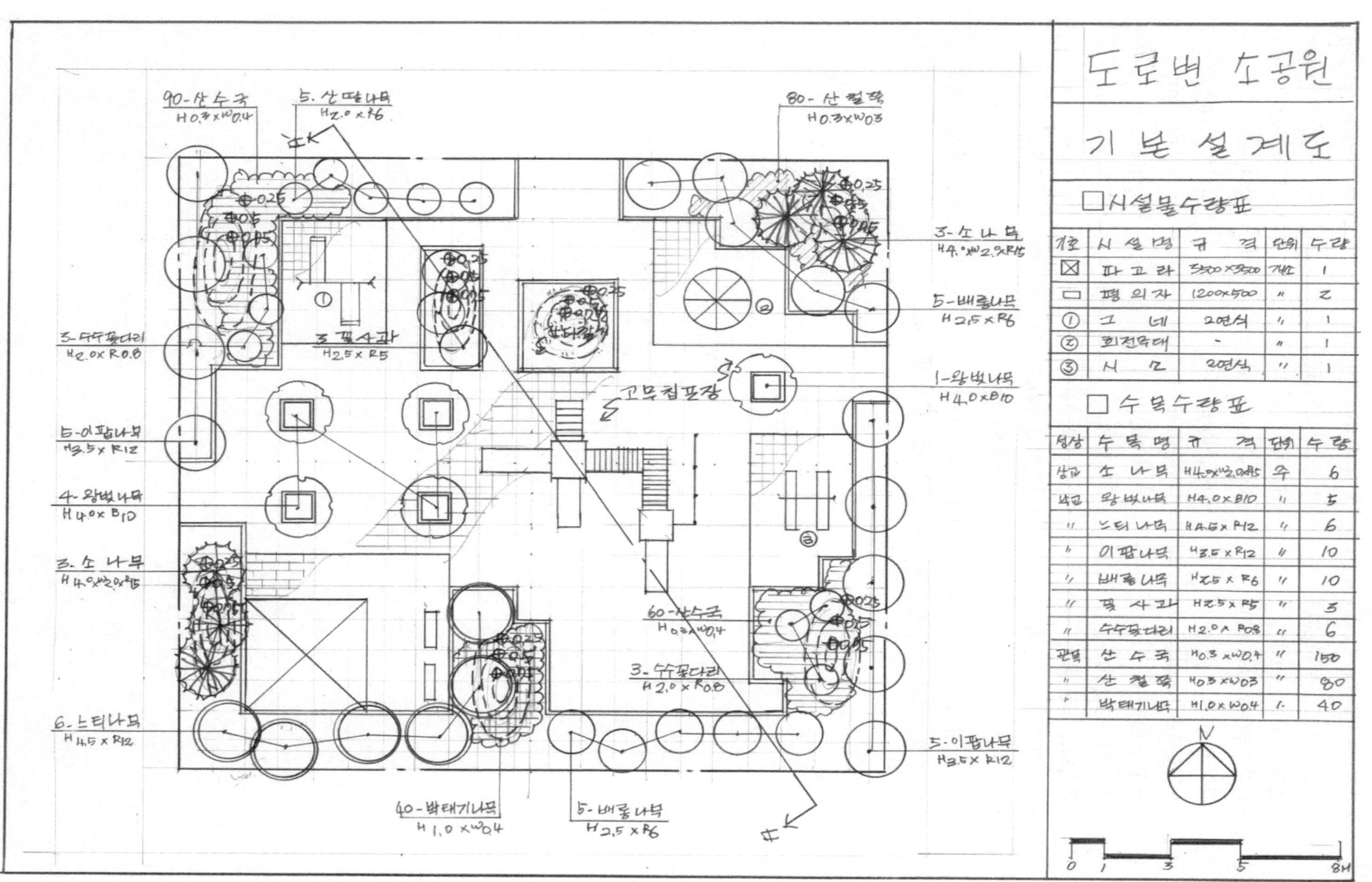
도로변 소공원
기본설계도
□시설물수량표
기호 시설명 규격 단위 수량
파고라 3500×3500 개소 1
평의자 1200×500 " 2
① 그네 2연식 " 1
② 회전무대 - " 1
③ 시소 2연식 " 1
□수목수량표
성상 수목명 규격 단위 수량
상교 소나무 H4.0×W2.0×R15 주 6
낙교 왕벚나무 H4.0×B10 " 5
" 느티나무 H4.5×R12 " 6
" 이팝나무 H3.5×R12 " 10
" 배롱나무 H2.5×R6 " 10
" 꽃사과 H2.5×R5 " 3
" 수수꽃다리 H2.0×R0.8 " 6
관목 산수국 H0.3×W0.4 " 150
" 산철쭉 H0.3×W0.3 " 80
" 박태기나무 H1.0×W0.4 " 40
N
0 1 3 5 8M
90-산수국 H0.3×W0.4
5. 산딸나무 H2.0×R6
80-산철쭉 H0.3×W0.3
3-소나무 H4.0×W2.0×R15
5-배롱나무 H2.5×R6
1-왕벚나무 H4.0×B10
3-수수꽃다리 H2.0×R0.8
3 꽃사과 H2.5×R5
5-이팝나무 H3.5×R12
4-왕벚나무 H4.0×B10
3. 소나무 H4.0×W2.0×R15
6. 느티나무 H4.5×R12
고무칩포장
60-산수국 H0.3×W0.4
3. 수수꽃다리 H2.0×R0.8
40-박태기나무 H1.0×W0.4
5-배롱나무 H2.5×R6
5. 이팝나무 H3.5×R12

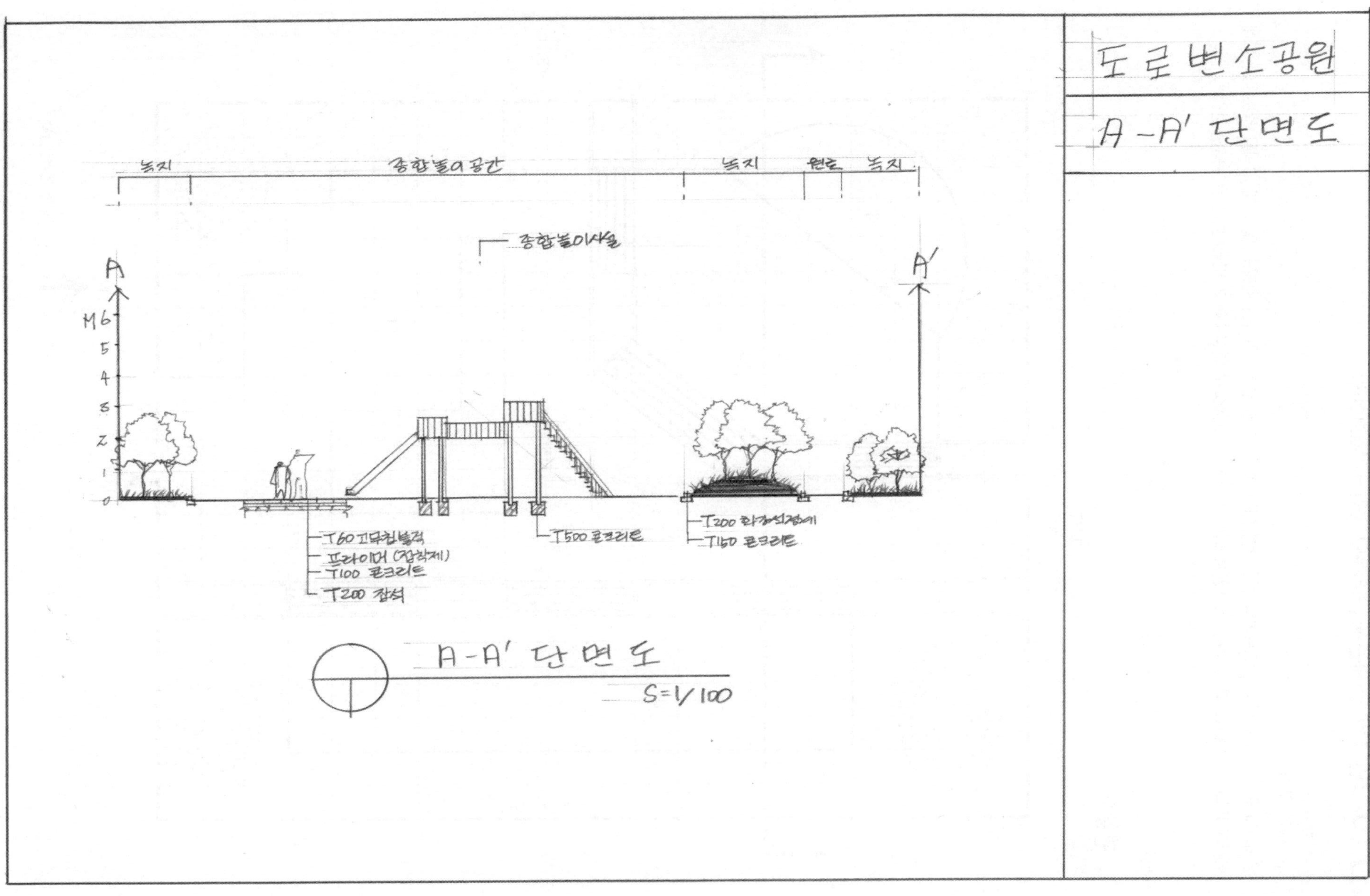
도로변소공원
A-A' 단면도
녹지
종합놀이공간
녹지
원로
녹지
종합놀이시설
A
A'
M6
5
4
3
2
1
0
T60 고무칩블럭
프라이머 (접착제)
T100 콘크리트
T200 잡석
T500 콘크리트
T200 화강석경계
T150 콘크리트
A-A' 단면도
S=1/100

20 2022년 1회 출제문제 (야외무대 공간 – 가림벽설치)

설계 문제

우리나라 중부지역에 위치한 도로변의 빈공간에 대해 설계하고자 한다. 주어진 현황도 및 아래 사항을 참조하여 설계 조건에 따라 조경계획도를 작성하시오.(일점쇄선 안 부분이 조경설계 대상지이고 빗금친부분은 녹지공간임)

1. 현황도

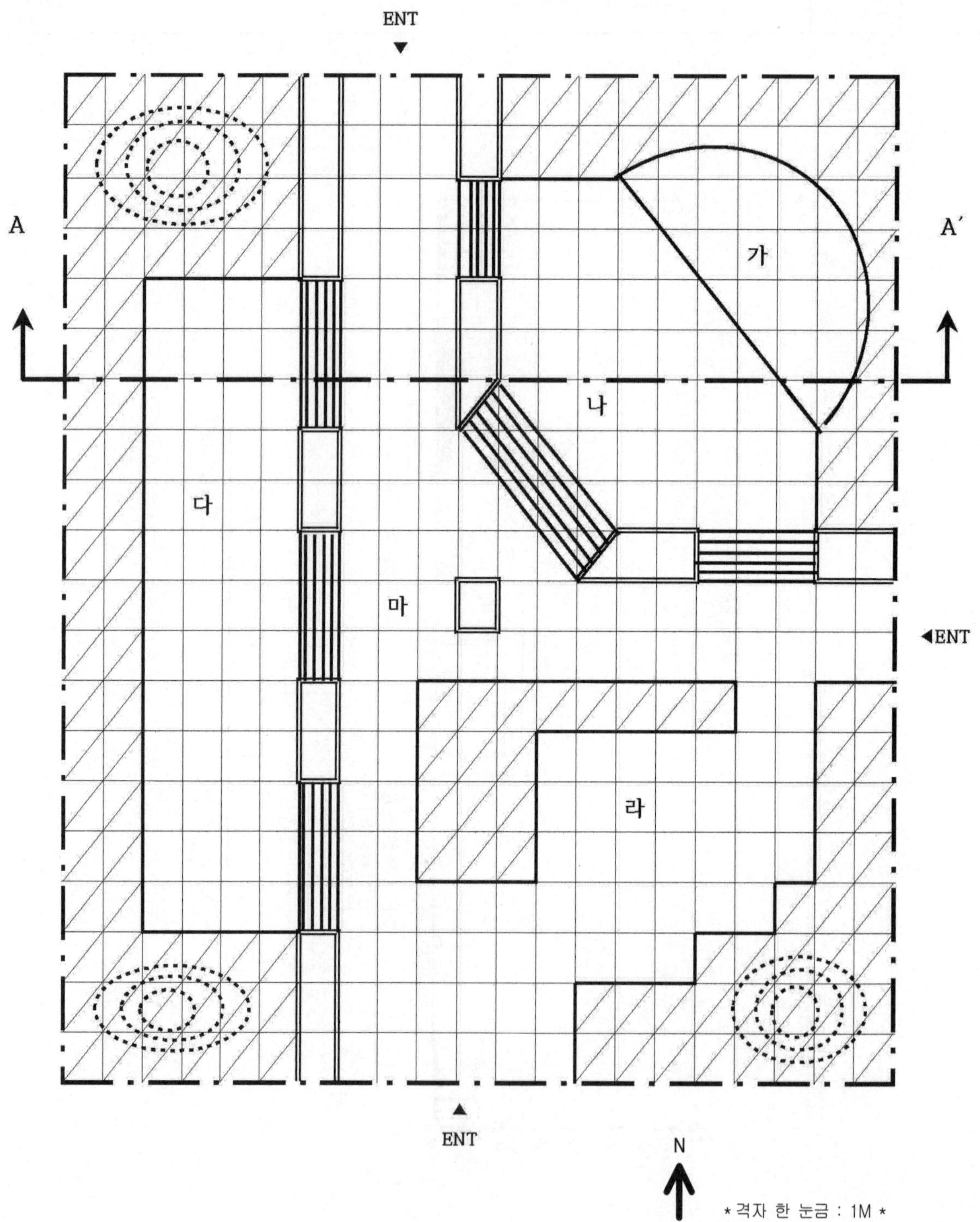

2. 요구사항

① 해당지역은 대전지역의 도로변 소공원으로 휴식 및 놀이, 운동 등을 즐길 수 있도록 하며, 식재평면도를 위주로 한 조경계획도를 축척 1/100로 작성하시오.(지급용지-1)

② 도면 오른쪽 위에 작업명칭을 작성하시오.

③ 도면 오른쪽에는 "주요 시설물 수량표와 수목(식재) 수량표"를 작성하고, 수량표 아래쪽에 "방위표시와 막대축척"을 반드시 그려 넣으시오.(단, 전체 대상지의 길이를 고려하여 범례표의 폭을 조정할 수 있다.)

④ 도면의 전체적인 안정감을 위하여 "테두리선"을 작성하시오.

⑤ A-A′ 단면도를 축척 1/100로 작성하시오.(지급용지-2)

3. 설계조건

① 해당 지역은 도로변의 자투리 공간을 이용하여 공연 및 어린이들이 즐길 수 있는 도로변 소공원의 특성을 고려하여 조경계획도를 작성한다.

② "가" 지역은 <u>야외무대 공간</u>으로 "나" 지역보다는 1m 높고, 바닥포장 재료는 공연 시 미끄러짐이 없는 것을 선택하시오(단, 녹지대쪽에 <u>가림벽(2.5m)</u>이 설치된 경우 그 높이를 고려하여 계획함).

③ "나" 지역은 공연과 관람석과의 완충공간으로 공연이 없을 경우 동적인 휴식공간으로 활용하고자 하며, "마" 지역보다 1m 낮게 설계하시오.

④ "다" 지역은 놀이공간으로 "마" 지역보다 1m 낮게 계획하고, 그 안에 어린이 놀이시설물을 3종류(회전무대, 3연식 철봉, 정글짐, 2연식 시소 등)를 설치하고 녹지 내 등고선은 1개당 25cm로 설계하시오.

⑤ "라" 지역은 정적인 휴식공간으로 퍼걸러(4,000×3,000) 1개와 등받이형 벤치(1,200×500) 2개, 휴지통 1개를 설치하시오.

⑥ "마" 지역은 보행공간으로 각각의 공간을 연계할 수 있으며, 공간별 높이 차이는 식수대(Plant Box)로 처리하였으며, 주진입구에는 동일한 수종을 2주 식재하여 적합한 장소를 선택한 후 평상형 벤치와 휴지통을 추가로 설치하시오.

⑦ 포장지역은 "점토벽돌, 화강석블록, 콘크리트, 고무칩, 마사토, 투수콘크리트" 등 적당한 재료를 선택하여 재료의 사용이 적합한 장소에 기호로 표현하고, 포장명을 반드시 기입한다.

⑧ 대상지 내의 식재는 유도식재, 녹음식재, 경관식재, 소나무군식 등의 식재패턴을 필요한 곳에 배식하고, 필요에 따라 수목보호대를 추가로 설치하시오.

⑨ 식재는 아래에 주어진 식물 중에서 종류가 다른 10가지 이상 시재한다. 골고루 안정적인 배식이 될 수 있도록 계획하며, 인출선을 이용하여 수량, 수종명칭, 규격을 반드시 표기한다. (단, 소나무는 1종으로 간주한다)

- 개나리(H1.2×5가지)
- 계수나무(H2.5×R6)
- 구상나무(H1.5×W0.6)
- 굴거리나무(H2.5×W1.5)
- 금목서(H2.0×R6)
- 꽃사과(H2.5×R5)
- 꽝꽝나무(H0.3×W0.4)
- 낙상홍(H1.0×W0.4)
- 낙우송(H4.0×B12)
- 느티나무(H3.0×RG)
- 느티나무(H4.5×R20)
- 다정큼나무(H1.0×W0.5)
- 대왕참나무(H4.5×R20)
- 덜꿩나무(H1.0×W0.4)
- 돈나무(H1.5×W1.0)
- 동백나무(H2.5×R8)
- 마가목(H3.0×R12)
- 매화나무(H2.0×R4)
- 먼나무(H2.0×R5)
- 메타세쿼이어(H4.0×B10)
- 명자나무(0.6×W0.4)

- 모과나무(H3.0×R8)
- 목련(H3.0×R10)
- 무궁화(H1.0×W0.2)
- 박태기나무(1.0×W0.4)
- 배롱나무(H2.5×R6)
- 백철쭉(H0.3×W0.3)
- 백합나무(H4.0×R10)
- 버즘나무(H3.5×B8)
- 병꽃나무(H1.0×W0.6)
- 사철나무(H1.0×W0.3)
- 산딸나무(H2.0×R6)
- 산수국(H0.3×W0.4)
- 산수유(H2.5×R8)
- 산철쭉(H0.3×W0.3)
- 서양측백(H1.2×W0.3)
- 소나무(H3.0×W1.5×R10)
- 소나무(H4.0×W2.0×R15)
- 소나무(H5.0×W2.5×R20)
- 소나무(둥근형)(H1.2×W1.5)
- 수수꽃다리(H2.0×R0.8)
- 스트로브잣나무(H2.0×W1.0)
- 아왜나무(H1.5×0.8)
- 영산홍(H0.3×W0.3)
- 왕벚나무(H4.0×B10)
- 은행나무(H4.0×B10)
- 이팝나무(H3.5×R12)
- 자귀나무(H3.5×R12)
- 자산홍(H0.3×W0.3)
- 자작나무(H2.5×B5)
- 조릿대(H0.6×W0.3)
- 좀작살나무(H1.2×W0.3)
- 주목(둥근형)(H0.3×W0.3)
- 주목(선형)(H2.0×W1.0)
- 중국단풍(H2.5×R6)
- 쥐똥나무(H1.0×W0.3)
- 청단풍(H2.5×R8)
- 층층나무(H3.5×R8)
- 칠엽수(H3.5×R12)
- 태산목(H1.5×W0.5)
- 홍단풍(H3.0×R10)
- 화살나무(H0.6×W0.3)
- 회양목(H0.3×W0.3)
- 갈대(8cm)
- 감국(8cm)
- 구절초(8cm)
- 금계국(10cm)
- 노랑꽃창포(8cm)
- 맥문동(8cm)
- 벌개미취(8cm)
- 둥굴레(10cm)
- 부들(8cm)
- 붓꽃(10cm)
- 비비추(2~3분얼)
- 부처꽃(8cm)
- 수호초(10cm)
- 옥잠화(2~3분얼)
- 원추리(2~3분얼)
- 애기나리(10cm)
- 잔디(0.3×0.3×0.03)
- 패랭이꽃 (8cm)
- 해국(8cm)
- 제비꽃(8cm)
- 털부처꽃(8cm)

⑩ A – A′ 단면도는 주요시설물, 포장재료 및 기타시설물의 기초, 주변의 수목 등을 단면도상에 반드시 표기하고 높이 차를 한눈에 볼 수 있도록 설계하시오.

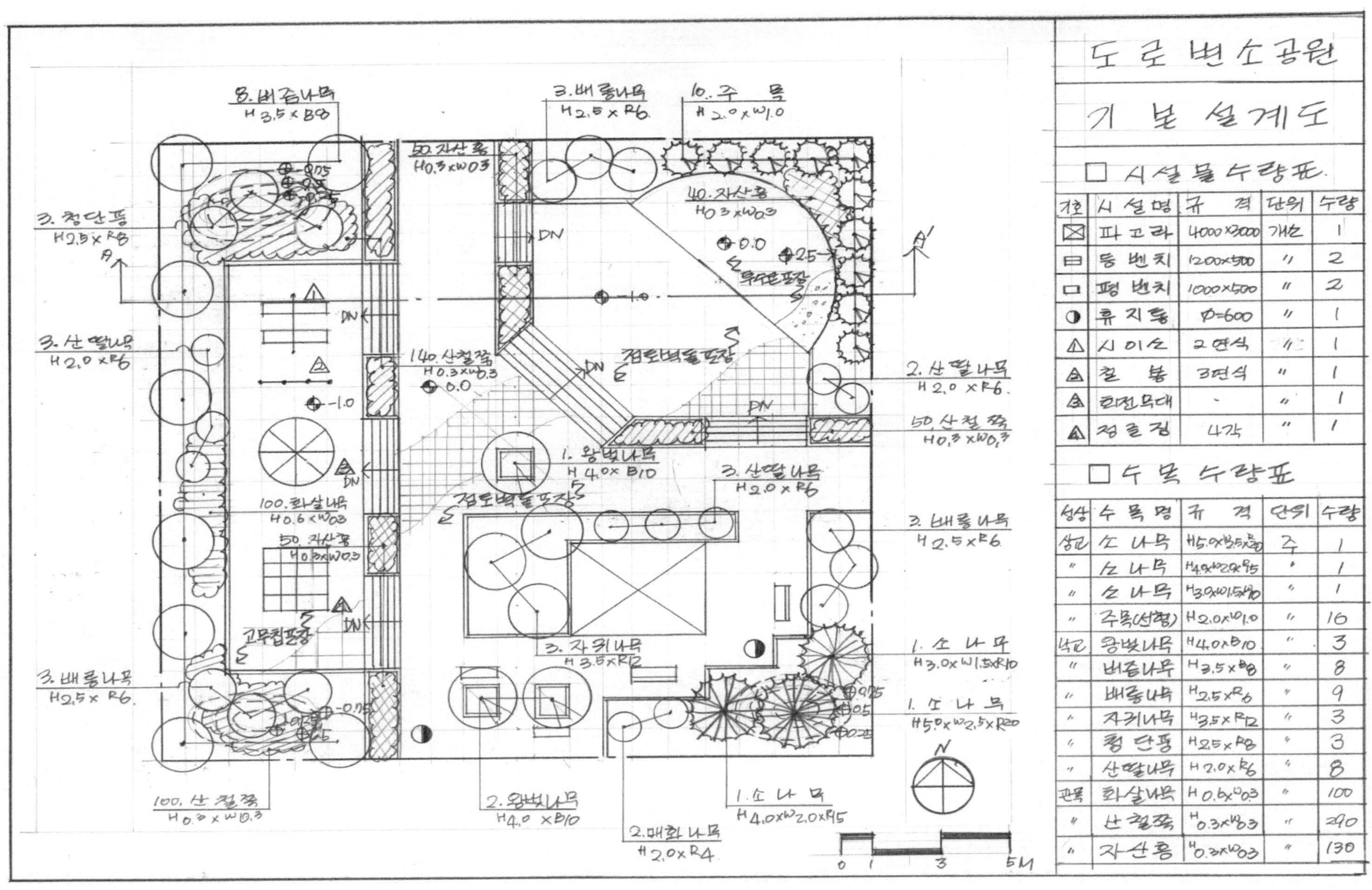
도로변소공원
기본설계도
□ 시설물 수량표
기호 | 시설명 | 규격 | 단위 | 수량
파고라 | 4000×3000 | 개소 | 1
등벤치 | 1200×500 | 〃 | 2
평벤치 | 1000×500 | 〃 | 2
휴지통 | Φ=600 | 〃 | 1
시이소 | 2연식 | 〃 | 1
철봉 | 3련식 | 〃 | 1
회전무대 | - | 〃 | 1
정글짐 | 4각 | 〃 | 1
□ 수목 수량표
성상 | 수목명 | 규격 | 단위 | 수량
상록 | 소나무 | H5.0×W2.5×R20 | 주 | 1
〃 | 소나무 | H4.0×W2.0×R15 | 〃 | 1
〃 | 소나무 | H3.0×W1.5×R10 | 〃 | 1
〃 | 주목(선형) | H2.0×W1.0 | 〃 | 10
낙엽 | 왕벚나무 | H4.0×B10 | 〃 | 3
〃 | 버즘나무 | H3.5×B8 | 〃 | 8
〃 | 배롱나무 | H2.5×R6 | 〃 | 9
〃 | 자귀나무 | H3.5×R12 | 〃 | 3
〃 | 홍단풍 | H2.5×R8 | 〃 | 3
〃 | 산딸나무 | H2.0×R6 | 〃 | 8
관목 | 화살나무 | H0.6×W0.3 | 〃 | 100
〃 | 산철쭉 | H0.3×W0.3 | 〃 | 240
〃 | 자산홍 | H0.3×W0.3 | 〃 | 130

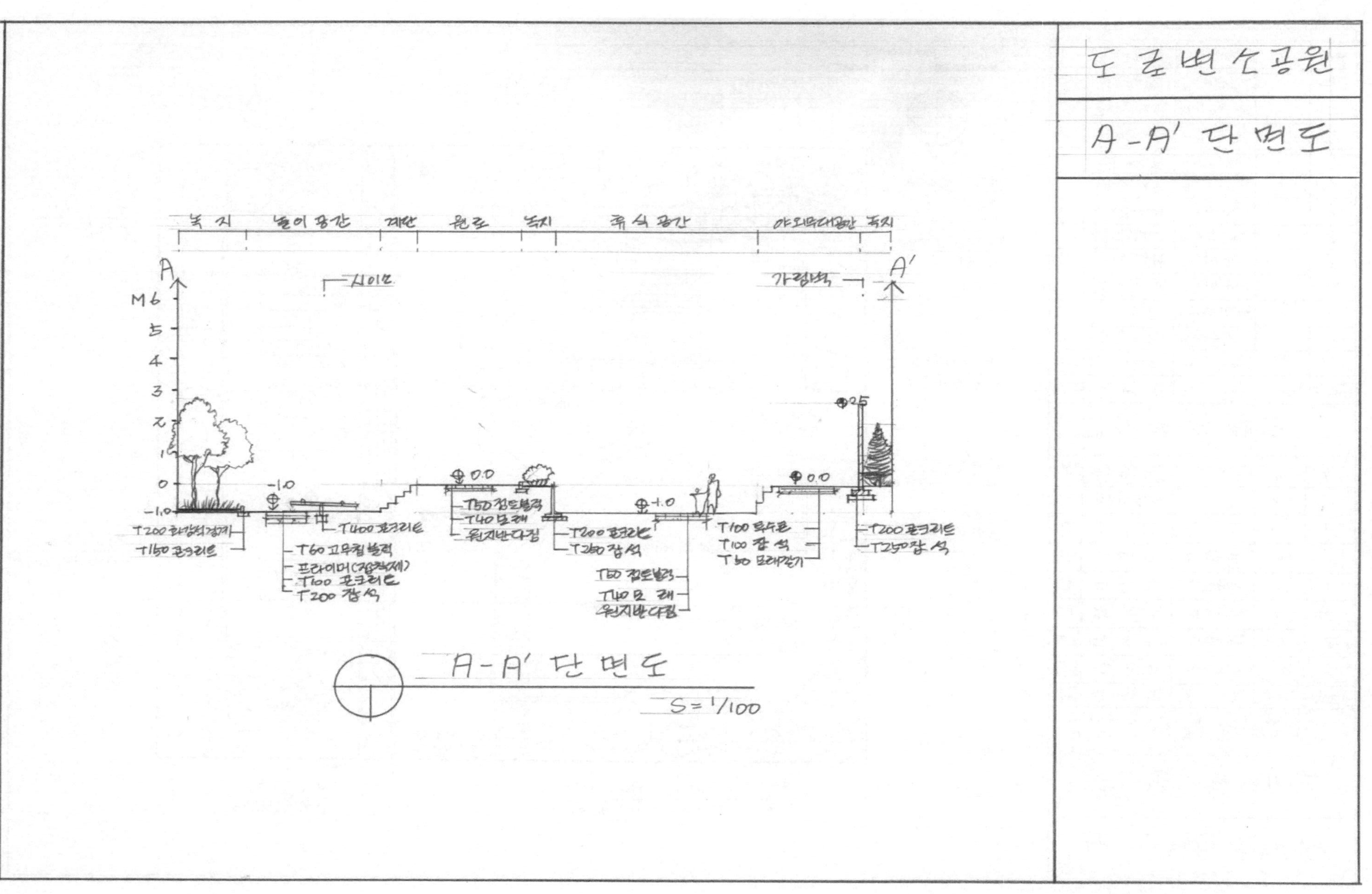
도로변소공원
A-A' 단면도
녹지
놀이공간
계단
원로
녹지
휴식공간
야외무대공간
녹지
A
A'
M6
5
4
3
2
1
0
-1.0
시이소
가림벽
-1.0
0.0
+1.0
0.0
+2.5
T200 화강석경계
T150 콘크리트
T60 고무칩블럭
프라이머(접착제)
T100 콘크리트
T200 잡석
T400 콘크리트
T50 점토블럭
T40 모래
원지반다짐
T200 콘크리트
T250 잡석
T50 점토블럭
T40 모래
원지반다짐
T100 투수콘
T100 잡석
T50 모래깔기
T200 콘크리트
T250 잡석
A-A' 단면도
S=1/100

21 2022년 2회 출제문제(치유공간, 체력단련공간, 오솔길)

설계 문제

우리나라 중부지역에 위치한 도로변의 빈공간에 대해 설계하고자 한다. 주어진 현황도 및 아래 사항을 참조하여 설계 조건에 따라 조경계획도를 작성하시오.(일점쇄선 안 부분이 조경설계 대상지이고 빗금친부분은 녹지공간임)

1. 현황도

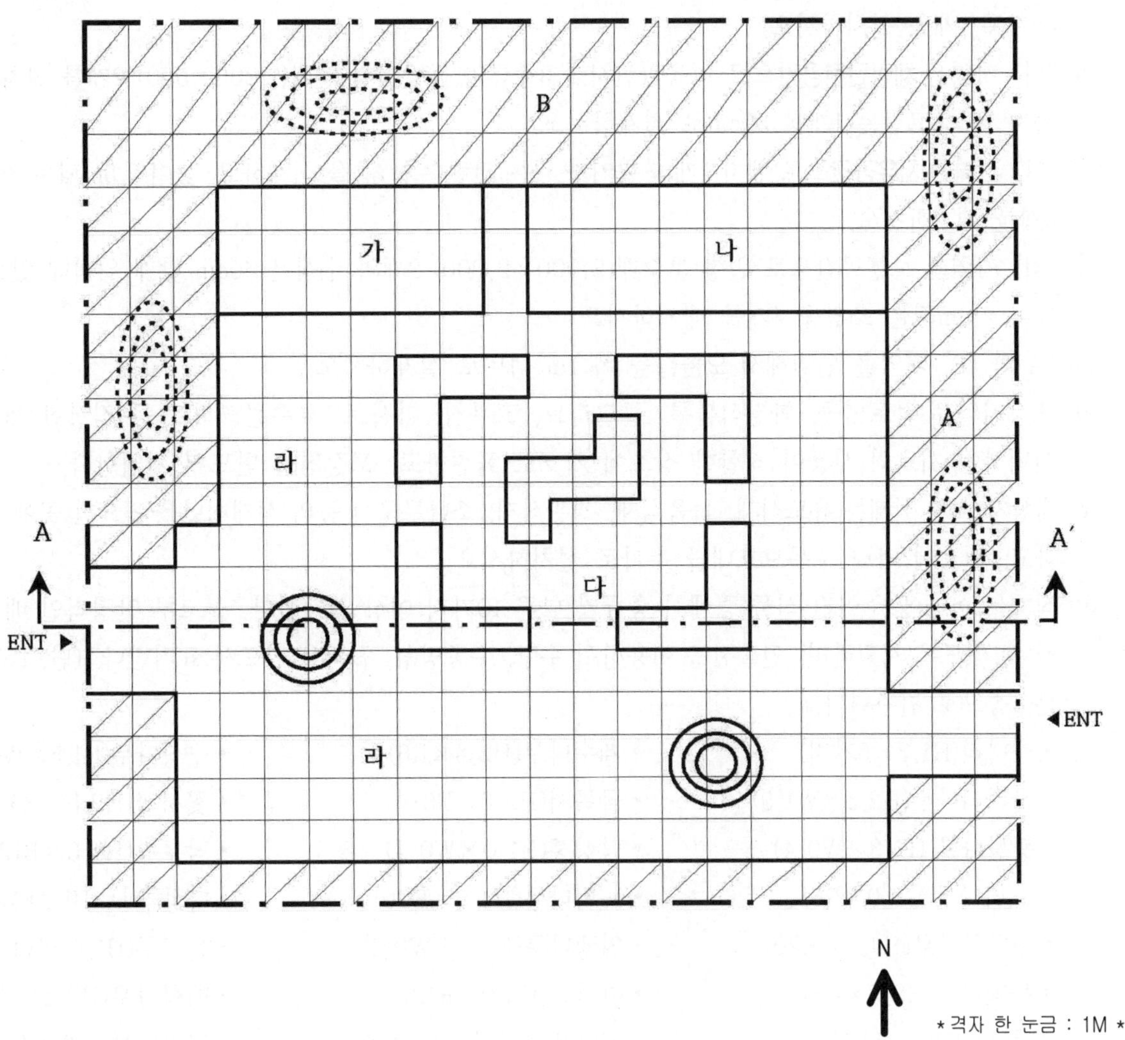

＊격자 한 눈금 : 1M＊

2. 요구사항

① 해당지역은 대전지역의 도로변 소공원으로 휴식 및 놀이, 운동 등을 즐길 수 있도록 하며, 식재평면도를 위주로 한 조경계획도를 축척 1/100로 작성하시오.(지급용지-1)

② 도면 오른쪽 위에 작업명칭을 작성하시오.

③ 도면 오른쪽에는 "주요 시설물 수량표와 수목(식재) 수량표"를 작성하고, 수량표 아래쪽에 "방위표시와 막대축척"을 반드시 그려 넣으시오.(단, 전체 대상지의 길이를 고려하여 범례표의 폭을 조정할 수 있다.)

④ 도면의 전체적인 안정감을 위하여 "테두리선"을 작성하시오.

⑤ A-A′ 단면도를 축척 1/100로 작성하시오.(지급용지-2)

3. 설계조건

① 해당 지역은 도로변의 자투리 공간을 이용하여 공연 및 어린이들이 즐길 수 있는 도로변 소공원의 특성을 고려하여 조경계획도를 작성한다.

② 포장지역을 제외한 곳에는 모두 식재를 계획한다(단, 녹지공간은 빗금친 부분이며, 분위기를 고려하여 식재를 한다.).

③ 대상지역은 진입구에 계단이 위치해 있으며, 대상지 외곽부지보다 높이 차이가 1m 높은 것으로 보고 설계하시오(단, 평면도상에 점표고를 표시해 준다.).

④ "가" 지역은 정적인 휴식공간으로 퍼걸러(3,000×3,000) 1개와 등받이형 벤치(1,200×500) 2개, 휴지통 1개를 설치하시오.

⑤ "나" 지역은 **체력단련공간**으로 체육관련시설 3종류와 등받이형 벤치(1,200×500) 2개를 설치하고 녹지 내 등고선은 1개당 30cm로 설계하시오.

⑥ "다" 지역은 **치유공간**으로 벤치 4개와 향기가 나는 관련수종 7종을 식재하고, 높이 2.5m되는 조명등 2개를 배치하시오.

⑦ "라" 지역은 보행공간으로 원형 분수대(2,000×2,000) 2개와 수심은 60cm 낮게 위치해 있으며, 높이 2.5m되는 조명등 4개를 배치하시오.

⑧ "A"와 "B" 지역을 연결해서 **오솔길**을 폭 1m 너비로 설계하시오.

⑨ 포장지역은 점토벽돌, 화강석블록, 콘크리트, 고무칩, 마사토, 투수콘크리트 등 적당한 재료를 선택하여 재료의 사용이 적합한 장소에 기호로 표현하고, 포장명을 반드시 기입한다.

⑩ 대상지 내의 식재는 유도식재, 녹음식재, 경관식재, 소나무군식 등의 식재패턴을 필요한 곳에 배식하고, 필요에 따라 수목보호대를 추가로 설치하시오.

⑪ 식재는 아래에 주어진 식물 중에서 종류가 다른 10가지 이상 식재한다. 골고루 안정적인 배식이 될 수 있도록 계획하며, 인출선을 이용하여 수량, 수종명칭, 규격을 반드시 표기한다. (단, 소나무는 1종으로 간주한다.)

- 개나리(H1.2×5가지)
- 계수나무(H2.5×R6)
- 구상나무(H1.5×W0.6)
- 굴거리나무(H2.5×W1.5)
- 금목서(H2.0×R6)
- 꽃사과(H2.5×R5)
- 꽝꽝나무(H0.3×W0.4)
- 낙상홍(H1.0×W0.4)
- 낙우송(H4.0×B12)
- 느티나무(H3.0×R6)
- 느티나무(H4.5×R20)
- 다정큼나무(H1.0×W0.5)
- 대왕참나무(H4.5×R20)
- 덜꿩나무(H1.0×W0.4)
- 돈나무(H1.5×W1.0)
- 동백나무(H2.5×R8)
- 마가목(H3.0×R12)
- 매화나무(H2.0×R4)
- 먼나무(H2.0×R5)
- 메타세쿼이어(H4.0×B10)
- 명자나무(0.6×W0.4)
- 모과나무(H3.0×R8)
- 목련(H3.0×R10)
- 무궁화(H1.0×W0.2)
- 박태기나무(1.0×W0.4)
- 배롱나무(H2.5×R6)
- 백철쭉(H0.3×W0.3)
- 백합나무(H4.0×R10)
- 버즘나무(H3.5×B8)
- 병꽃나무(H1.0×W0.6)
- 사철나무(H1.0×W0.3)
- 산딸나무(H2.0×R6)
- 산수국(H0.3×W0.4)
- 산수유(H2.5×R8)
- 산철쭉(H0.3×W0.3)
- 서양측백(H1.2×W0.3)
- 소나무(H3.0×W1.5×R10)
- 소나무(H4.0×W2.0×R15)
- 소나무(H5.0×W2.5×R20)
- 소나무(둥근형)(H1.2×W1.5)
- 수수꽃다리(H2.0×R0.8)
- 스트로브잣나무(H2.0×W1.0)
- 아왜나무(H1.5×0.8)
- 영산홍(H0.3×W0.3)
- 왕벚나무(H4.0×B10)
- 은행나무(H4.0×B10)
- 이팝나무(H3.5×R12)
- 자귀나무(H3.5×R12)
- 자산홍(H0.3×W0.3)

- 자작나무(H2.5×B5)
- 조릿대(H0.6×W0.3)
- 좀작살나무(H1.2×W0.3)
- 주목(둥근형)(H0.3×W0.3)
- 주목(선형)(H2.0×W1.0)
- 중국단풍(H2.5×R6)
- 쥐똥나무(H1.0×W0.3)
- 청단풍(H2.5×R8)
- 층층나무(H3.5×R8)
- 칠엽수(H3.5×R12)
- 태산목(H1.5×W0.5)
- 홍단풍(H3.0×R10)
- 화살나무(H0.6×W0.3)
- 회양목(H0.3×W0.3)
- 갈대(8cm)
- 감국(8cm)
- 구절초(8cm)
- 금계국(10cm)
- 노랑꽃창포(8cm)
- 맥문동(8cm)
- 벌개미취(8cm)
- 둥굴레(10cm)
- 부들(8cm)
- 붓꽃(10cm)
- 비비추(2~3분얼)
- 부처꽃(8cm)
- 수호초(10cm)
- 옥잠화(2~3분얼)
- 원추리(2~3분얼)
- 애기나리(10cm)
- 잔디(0.3×0.3×0.03)
- 패랭이꽃 (8cm)
- 해국(8cm)
- 제비꽃(8cm)
- 털부처꽃(8cm)

⑨ A − A′ 단면도는 주요시설물, 포장재료 및 기타시설물의 기초, 주변의 수목 등을 단면도상에 반드시 표기하고 높이 차를 한눈에 볼 수 있도록 설계하시오.

[참고내용] 치유정원(Healing Garden)

- 치유의 의미는 "치료 : Care"의 의미보다 "치유 : Healing"의 의미가 강조된 정원
- 치유정원은 육체에는 에너지를, 정신에는 활기를 불어 넣어 궁극적으로 허약한 신체와 마음을 본래 상태로 회복시키는 리듬을 이끌어내는 정원으로서, 신체적 증상의 경감, 스트레스 감소와 안락 수준의 제고, 오감을 통한 웰빙의 향상 등의 개념을 포함하고 있다.
- 도입 가능 식물
  - 방향성(향기)가 있는 식물을 활용하여 오감을 활성화하고 자연치유력을 향상시킬수 있는 식물
  - 중부지방 : 서양측백, 매화나무, 좀작살나무, 낙상홍, 화살나무, 산수국, 산철쭉, 수수꽃다리, 덜꿩나무, 산딸나무, 꽃사과, 벌개미취, 금계국, 구절초, 장미 등
  - 남부지방 : 금목서, 태산목, 맥문동 등

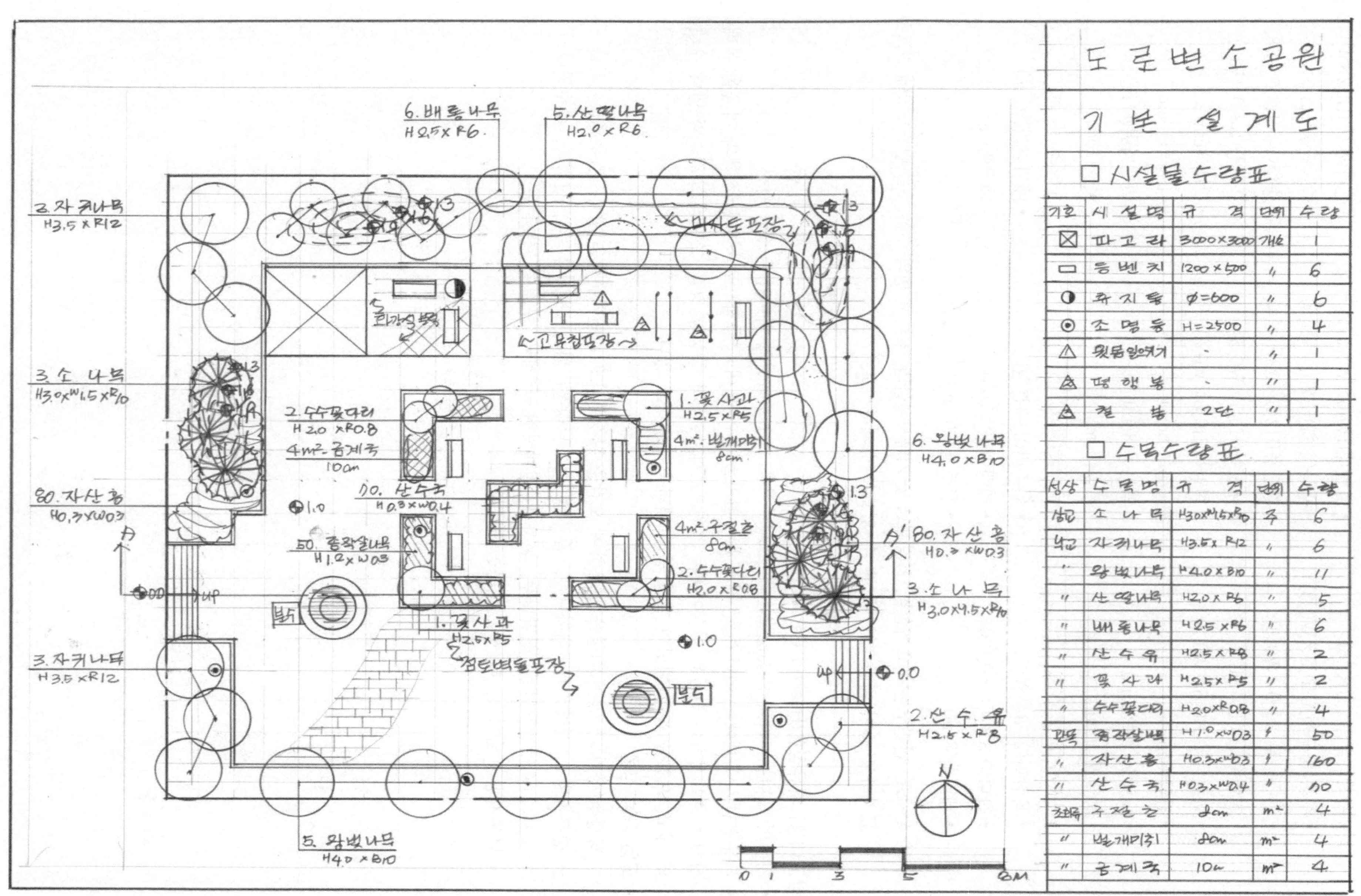

기호	시설명	규격	단위	수량
⊠	파고라	3000×3000	개소	1
▭	등벤치	1200×500	〃	6
◑	휴지통	φ=600	〃	6
⊙	조명등	H=2500	〃	4
△	[illegible]	-	〃	1
△	평행봉	-	〃	1
△	철봉	2단	〃	1

성상	수목명	규격	단위	수량
상록	소나무	H3.0×W1.5×R10	주	6
낙엽	자귀나무	H3.5×R12	〃	6
〃	왕벚나무	H4.0×B10	〃	11
〃	산딸나무	H2.0×R6	〃	5
〃	배롱나무	H2.5×R6	〃	6
〃	산수유	H2.5×R8	〃	2
〃	꽃사과	H2.5×R5	〃	2
〃	수수꽃다리	H2.0×R0.8	〃	4
관목	좀작살나무	H1.0×W0.3	〃	50
〃	자산홍	H0.3×W0.3	〃	160
〃	산수국	H0.3×W0.4	〃	70
초화류	구절초	8cm	m²	4
〃	벌개미취	8cm	m²	4
〃	금계국	10cm	m²	4

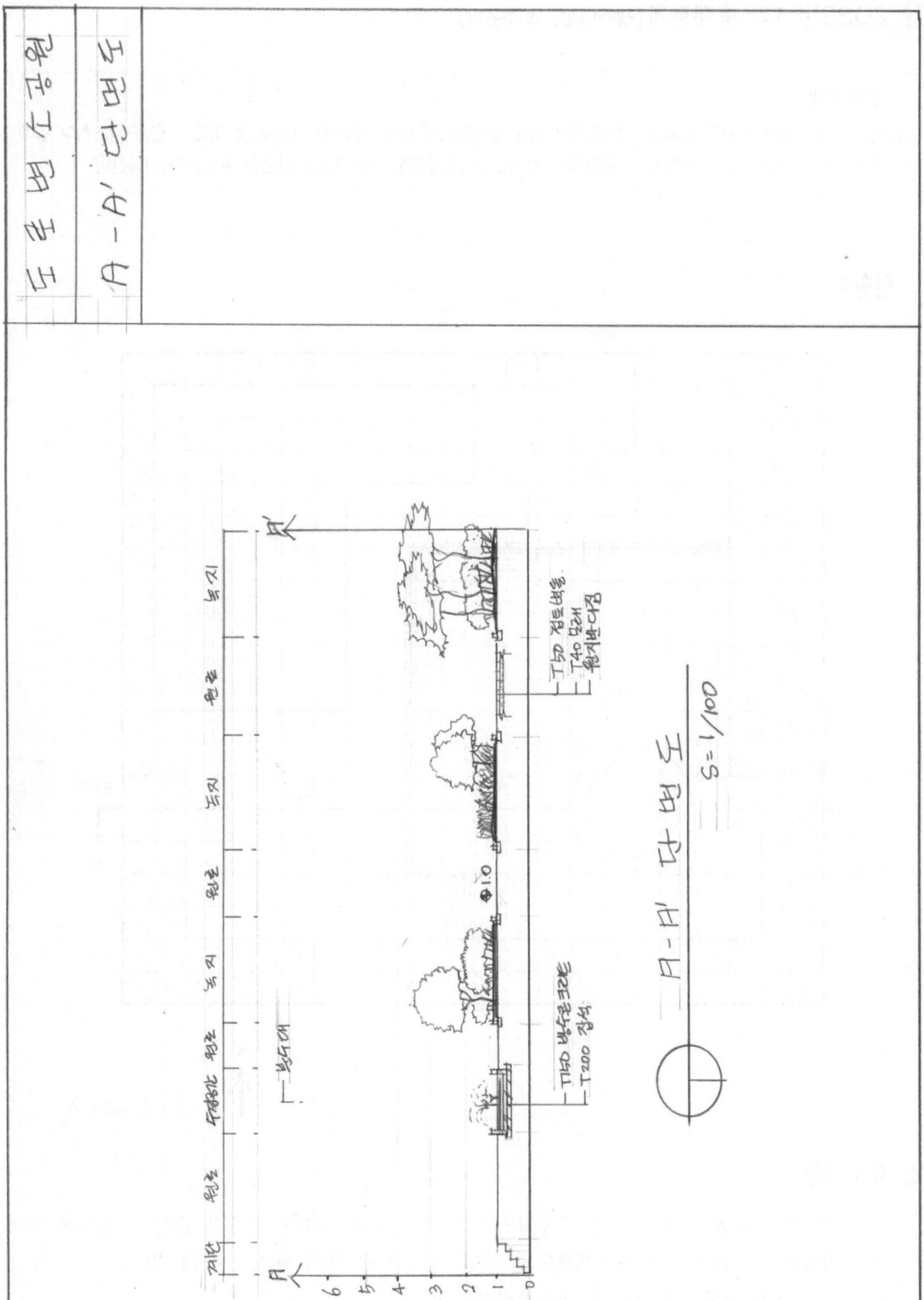

도로변소공원

A-A' 단면도

계단 원로 수경공간 원로 녹지 원로 녹지 원로 녹지

A A'

분수대

6 5 4 3 2 1 0

⊕1.0

T150 방수콘크리트
T200 잡석

T50 점토벽돌
T40 모래
원지반다짐

A-A' 단면도

S=1/100

22 2023년 1회 출제문제 (생태연못, 석축옹벽)

설계 문제

우리나라 중부지역에 위치한 도로변의 빈공간에 대해 설계하고자 한다. 주어진 현황도 및 아래 사항을 참조하여 설계 조건에 따라 조경계획도를 작성하시오.(일점쇄선 안 부분이 조경설계 대상지이고 빗금친 부분은 녹지공간임)

1. 현황도

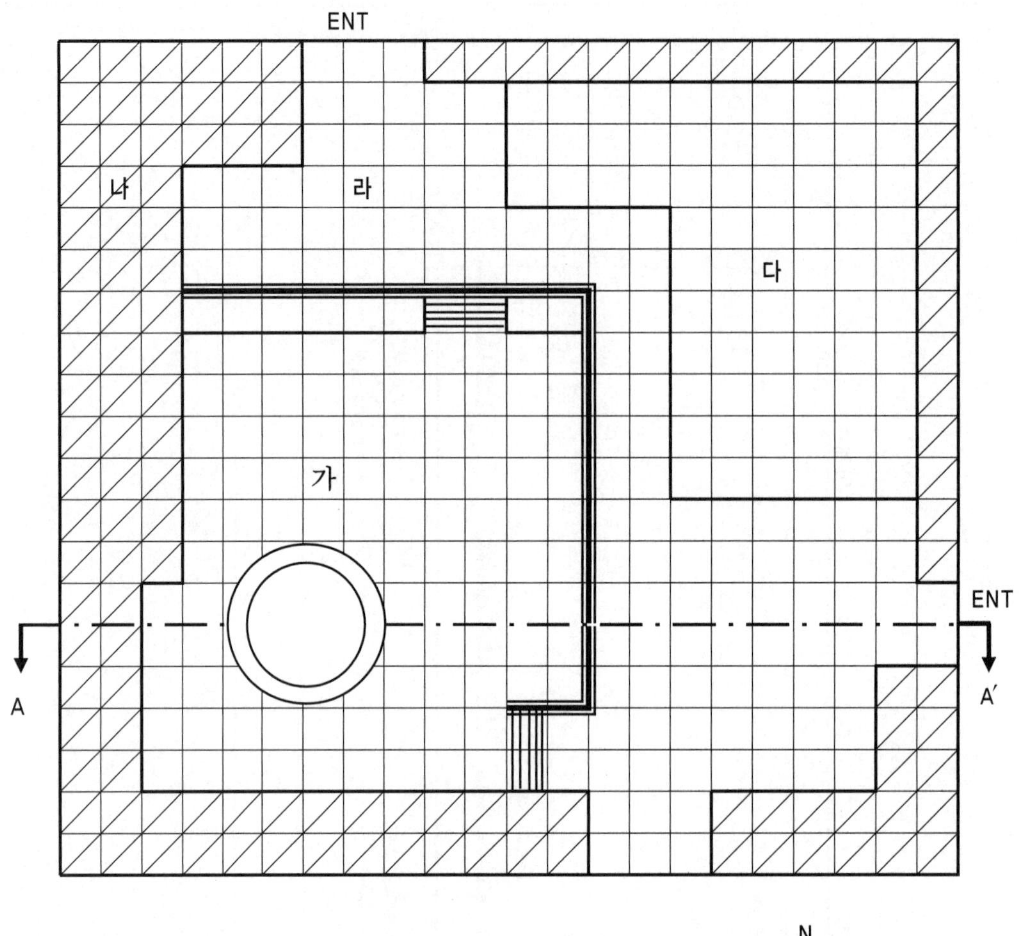

2. 요구사항

① 해당지역은 대전지역의 도로변 소공원으로 휴식 및 놀이, 생태연못 등을 즐길 수 있도록 하며, 식재평면도를 위주로 한 조경계획도를 축척 1/100로 작성하십시오. (지급용지-1)

② 도면 오른쪽 위에 작업 명칭을 작성하십시오.

③ 도면 오른쪽에는 "주요 시설물 수량표와 수목(식재) 수량표"를 작성하고, 수량표 아래쪽에 "방위 표시와 막대축척"을 반드시 그려 넣으시오. (단, 전체 대상지의 길이를 고려하여 범례표의 폭을 조정할 수 있습니다.)

④ 도면의 전체적인 안정감을 위하여 "테두리선"을 작성하십시오.

⑤ A-A′ 단면도를 축척 1/100로 작성하십시오. (지급용지-2)

3. 설계조건

① 해당 지역은 도로변의 공간을 이용하여 휴식과 놀이, 생태연못 등을 즐길 수 있는 도로변 소공원의 특성을 고려하여 조경계획도를 작성한다.

② "가", "나" 지역은 "다" 지역보다 1m가 높으며 <u>석축 옹벽</u>이 설치되어 있다.

③ "가"에는 휴게공간으로 바닥포장은 점토벽돌로 하며 <u>생태연못</u>(깊이 -0.9m, 30cm간격)과 난간대가 있는 방부목 데크 보행로를 설치한다. 또한 퍼걸러(3,000×3,000)와 등벤치(1,200×500) 4개, 수목보호대 2개를 설치하시오. 생태연못에는 수생식물 3종을 식재하시오.

④ "나" 지역은 소나무 군식을 하며 마운딩(등고선은 1개당 30cm)을 설계하시오.

⑤ "다" 지역은 놀이공간으로 바닥포장 재료는 고무칩포장으로 하며 조합놀이대 이외에 정글짐, 회전무대, 시소 중 2개를 추가 설치하시오.

⑥ "라" 지역은 바닥포장은 점토벽돌로 하고 수목보호대 4개소, 등벤치(1,200×500) 4개를 설치하시오.

⑦ 적정한 공간에 조명등 3개와 휴지통 3개를 설치하시오.

⑧ 대상지 내의 식재는 유도식재, 녹음식재, 경관식재, 소나무군식 등의 식재패턴을 필요한 곳에 배식하고, 필요에 따라 수목보호대를 추가로 설치하시오.

⑨ 식재는 아래에 주어진 식물 중에서 종류가 다른 10가지 이상 식재한다. 골고루 안정적인 배식이 될 수 있도록 계획하며, 인출선을 이용하여 수량, 수종명칭, 규격을 반드시 표기한다. (단, 소나무는 1종으로 간주한다)

- 개나리(H1.2×5가지)
- 계수나무(H2.5×R6)
- 구상나무(H1.5×W0.6)
- 굴거리나무(H2.5×W1.5)
- 금목서(H2.0×R6)
- 꽃사과(H2.5×R5)
- 꽝꽝나무(H0.3×W0.4)
- 낙상홍(H1.0×W0.4)
- 낙우송(H4.0×B12)
- 느티나무(H3.0×RG)
- 느티나무(H4.5×R20)
- 다정큼나무(H1.0×W0.5)
- 대왕참나무(H4.5×R20)
- 덜꿩나무(H1.0×W0.4)
- 돈나무(H1.5×W1.0)
- 동백나무(H2.5×R8)
- 마가목(H3.0×R12)
- 매화나무(H2.0×R4)
- 먼나무(H2.0×R5)
- 메타세쿼이어(H4.0×B10)
- 명자나무(0.6×W0.4)
- 모과나무(H3.0×R8)
- 목련(H3.0×R10)
- 무궁화(H1.0×W0.2)
- 박태기나무(1.0×W0.4)
- 배롱나무(H2.5×R6)
- 백철쭉(H0.3×W0.3)
- 백합나무(H4.0×R10)
- 버즘나무(H3.5×B8)
- 병꽃나무(H1.0×W0.6)
- 사철나무(H1.0×W0.3)
- 산딸나무(H2.0×R6)
- 산수국(H0.3×W0.4)
- 산수유(H2.5×R8)
- 산철쭉(H0.3×W0.3)
- 서양측백(H1.2×W0.3)
- 소나무(H3.0×W1.5×R10)
- 소나무(H4.0×W2.0×R15)
- 소나무(H5.0×W2.5×R20)
- 소나무(둥근형)(H1.2×W1.5)
- 수수꽃다리(H2.0×R0.8)
- 스트로브잣나무(H2.0×W1.0)
- 아왜나무(H1.5×0.8)
- 영산홍(H0.3×W0.3)
- 왕벚나무(H4.0×B10)
- 은행나무(H4.0×B10)
- 이팝나무(H3.5×R12)
- 자귀나무(H3.5×R12)
- 자산홍(H0.3×W0.3)
- 자작나무(H2.5×B5)
- 조릿대(H0.6×W0.3)
- 좀작살나무(H1.2×W0.3)
- 주목(둥근형)(H0.3×W0.3)
- 주목(선형)(H2.0×W1.0)
- 중국단풍(H2.5×R6)
- 쥐똥나무(H1.0×W0.3)
- 청단풍(H2.5×R8)
- 층층나무(H3.5×R8)
- 칠엽수(H3.5×R12)
- 태산목(H1.5×W0.5)
- 홍단풍(H3.0×R10)
- 화살나무(H0.6×W0.3)
- 회양목(H0.3×W0.3)
- 갈대(8cm)
- 감국(8cm)
- 구절초(8cm)
- 금계국(10cm)
- 노랑꽃창포(8cm)

• 맥문동(8cm)
• 벌개미취(8cm)
• 둥굴레(10cm)
• 부들(8cm)
• 붓꽃(10cm)
• 비비추(2~3분얼)
• 부처꽃(8cm)
• 수호초(10cm)
• 옥잠화(2~3분얼)
• 원추리(2~3분얼)
• 애기나리(10cm)
• 잔디(0.3×0.3×0.03)
• 패랭이꽃(8cm)
• 해국(8cm)
• 제비꽃(8cm)
• 털부처꽃(8cm)

⑩ A – A′ 단면도는 주요시설물, 포장재료 및 기타시설물의 기초, 주변의 수목 등을 단면도상에 반드시 표기하고 높이 차를 한눈에 볼 수 있도록 설계하시오.

[참고내용] 생태연못

- 생태연못의 형태는 가급적 부정형이면서 다양한 굴곡이 나타내도록 한다.(문제에서 제시되어 있는 경우 그 내용에 따른다.)
- 방수
  - 방수가 필요가 없을 경우에는 점착성이 강한 진흙이나 논흙 등을 이용하여 습지를 조성
  - 방수를 실시할 경우 벤토나이트, 방수시트를 이용하며, 피복토층은 진흙이나 논흙을 이용하면 생태적인 측면에서 바람직하다.
- 수생식물 : 생육기의 일정기간에 식물체의 전체 혹은 일부분이 물에 잠기어 생육하는 식물로 생활형에 따른 수생식물을 분류하면 아래와 같다.

생활형	특 징	예
정수식물 (추수식물)	뿌리를 토양에 내리고 줄기를 물 위로 내놓아 대기 중에 잎을 펼치는 수생식물	갈대, 부들, 줄, 창포, 물옥잠, 택사, 미나리 등
부엽식물	뿌리를 토양에 내리고 잎을 수면에 띄우는 수생식물	마름, 수련, 가래, 어리연꽃 등
침수식물	뿌리를 토양에 내리고 물속에서 생육하는 수생식물	말즘, 검정말, 물수세미 등
부수식물 (부유식물)	물위에 자유롭게 떠서 사는 수생식물	생이가래, 개구리밥 등

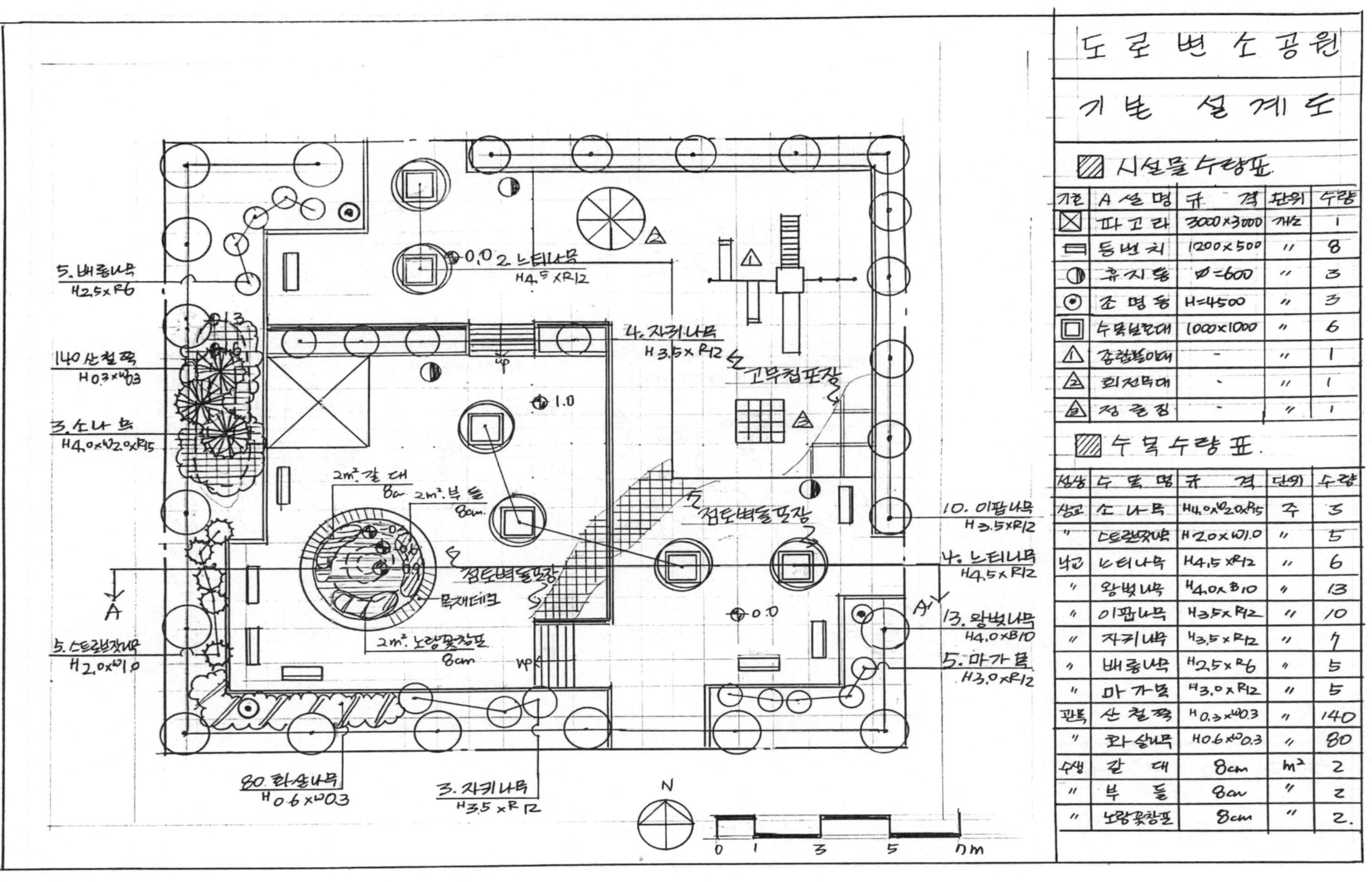

기호	시설명	규격	단위	수량
	파고라	3000×3000	개소	1
	등벤치	1200×500	〃	8
	휴지통	∅=600	〃	3
	조명등	H=4500	〃	3
	수목보호대	1000×1000	〃	6
	종합놀이대	-	〃	1
	회전무대	-	〃	1
	정글짐	-	〃	1

성상	수목명	규격	단위	수량
상교	소나무	H4.0×W2.0×R15	주	3
〃	스트로브잣나무	H2.0×W1.0	〃	5
낙교	느티나무	H4.5×R12	〃	6
〃	왕벚나무	H4.0×B10	〃	13
〃	이팝나무	H3.5×R12	〃	10
〃	자귀나무	H3.5×R12	〃	7
〃	배롱나무	H2.5×R6	〃	5
〃	마가목	H3.0×R12	〃	5
관목	산철쭉	H0.3×W0.3	〃	140
〃	화살나무	H0.6×W0.3	〃	80
수생	갈대	8cm	m²	2
〃	부들	8cm	〃	2
〃	노랑꽃창포	8cm	〃	2

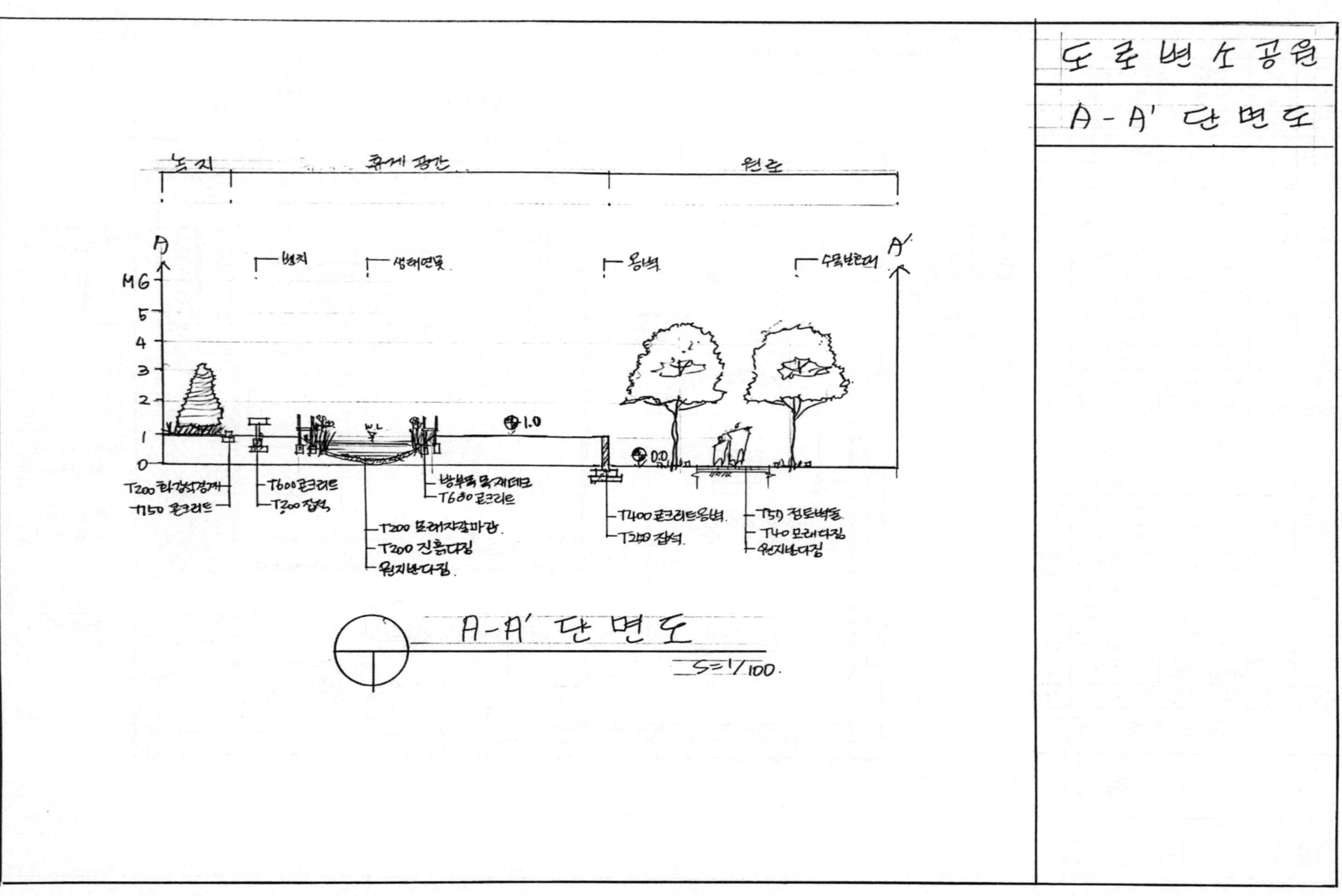
도로변소공원
A-A' 단면도
녹지
휴게 공간
원로
A
A'
MG
5
4
3
2
1
0
벤치
생태연못
용벽
수목보호대
1.0
0.0
WL
T200 화강석경계
T150 콘크리트
T600 콘크리트
T200 잡석
T200 모래자갈마감
T200 진흙다짐
원지반다짐
방부목 목재데크
T600 콘크리트
T400 콘크리트옹벽
T200 잡석
T50 점토벽돌
T40 모래다짐
원지반다짐
A-A' 단면도
S=1/100

23 2023년 2회 출제문제 (화계, 텃밭)

설계 문제

우리나라 중부지역에 위치한 도로변의 빈공간에 대해 설계하고자 한다. 주어진 현황도 및 아래 사항을 참조하여 설계조건에 따라 조경계획도를 작성하시오.(일점쇄선 안 부분이 조경설계 대상지이고 빗금친 부분은 녹지공간임)

1. 현황도

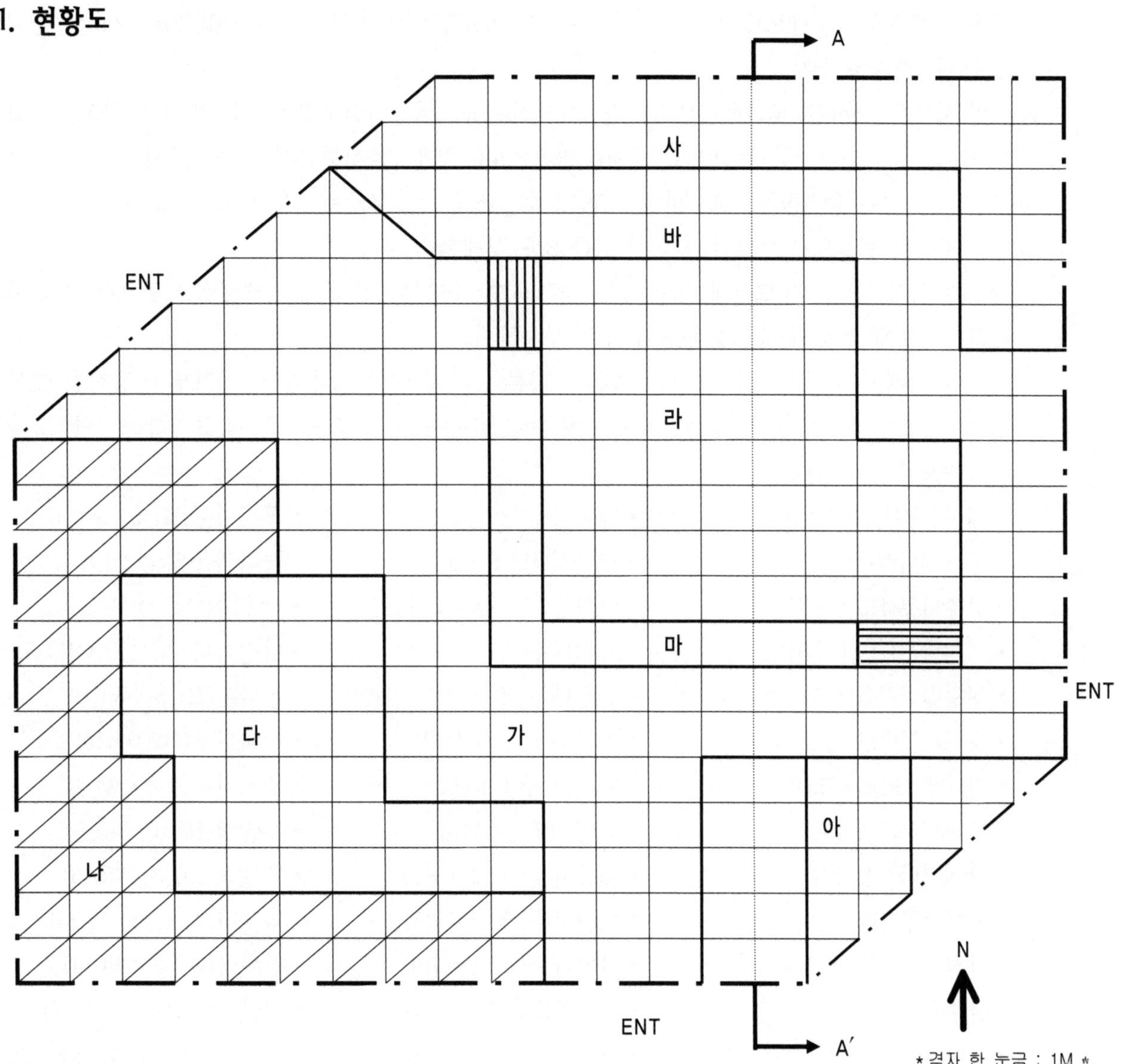

2. 요구사항

① 해당지역은 대전지역의 도로변 소공원으로 휴식 및 놀이, 텃밭가꾸기, 화계 감상 등을 즐길 수 있도록 하며, 식재평면도를 위주로 한 조경계획도를 축척 1/100로 작성하십시오. (지급용지-1)

② 도면 오른쪽 위에 작업 명칭을 작성하십시오.

③ 도면 오른쪽에는 "주요 시설물 수량표와 수목(식재) 수량표"를 작성하고, 수량표 아래쪽에 "방위표시와 막대축척"을 반드시 그려 넣으시오. (단, 전체 대상지의 길이를 고려하여 범례표의 폭을 조정할 수 있습니다.)

④ 도면의 전체적인 안정감을 위하여 "테두리선"을 작성하십시오.

⑤ A-A′ 단면도를 축척 1/100로 작성하십시오. (지급용지-2)

3. 설계조건

① 해당 지역은 도로변의 공간을 이용하여 휴식과 놀이, 텃밭가꾸기, 화계 감상을 즐길 수 있는 도로변 소공원의 특성을 고려하여 조경계획도를 작성한다.

② "가" 지역은 바닥포장 재료는 화강석판석포장으로 하며, 등받이형 벤치(1,200×500) 2개를 설치한다.

③ "나" 지역은 소나무 군식을 하며 마운딩(등고선은 1개당 30cm)을 설계하시오.

④ "다" 지역은 놀이공간으로 바닥포장 재료는 고무칩포장으로 하고, 모래놀이터(2m×2m)와 놀이집 1개소를 설계하시오.

⑤ "라" 지역은 정적인 휴식공간으로 "가" 보다 1m 높으며, 바닥포장은 점토벽돌로 하고, 퍼걸러(4,000×3,000) 1개와 등받이형 벤치(1,200×500) 2개, 휴지통 1개를 설치하시오.

⑥ "바" 와 "사" 는 <u>화계공간</u>으로 "바" 는 "라" 보다 1m 높고, "사" 는 "바" 보다 1.5m 높다.

⑦ "아" 지역은 <u>텃밭</u>으로 채소류(임의선정)를 3종 식재한다.

⑧ 대상지 내의 식재는 유도식재, 녹음식재, 경관식재, 소나무군식 등의 식재패턴을 필요한 곳에 배식하고, 필요에 따라 수목보호대를 추가로 설치하시오.

⑨ 식재는 아래에 주어진 식물 중에서 종류가 다른 10가지 이상 식재한다. 골고루 안정적인 배식이 될 수 있도록 계획하며, 인출선을 이용하여 수량, 수종명칭, 규격을 반드시 표기한다. (단, 소나무는 1종으로 간주한다)

- 개나리(H1.2×5가지)
- 계수나무(H2.5×R6)
- 구상나무(H1.5×W0.6)
- 굴거리나무(H2.5×W1.5)
- 금목서(H2.0×R6)
- 꽃사과(H2.5×R5)
- 꽝꽝나무(H0.3×W0.4)
- 낙상홍(H1.0×W0.4)
- 낙우송(H4.0×B12)
- 느티나무(H3.0×RG)
- 느티나무(H4.5×R20)
- 다정큼나무(H1.0×W0.5)
- 대왕참나무(H4.5×R20)
- 덜꿩나무(H1.0×W0.4)
- 돈나무(H1.5×W1.0)
- 동백나무(H2.5×R8)
- 마가목(H3.0×R12)
- 매화나무(H2.0×R4)
- 먼나무(H2.0×R5)
- 메타세쿼이어(H4.0×B10)
- 명자나무(0.6×W0.4)
- 모과나무(H3.0×R8)
- 목련(H3.0×R10)
- 무궁화(H1.0×W0.2)
- 박태기나무(1.0×W0.4)
- 배롱나무(H2.5×R6)
- 백철쭉(H0.3×W0.3)
- 백합나무(H4.0×R10)
- 버즘나무(H3.5×B8)
- 병꽃나무(H1.0×W0.6)
- 사철나무(H1.0×W0.3)
- 산딸나무(H2.0×R6)
- 산수국(H0.3×W0.4)
- 산수유(H2.5×R8)
- 산철쭉(H0.3×W0.3)
- 서양측백(H1.2×W0.3)
- 소나무(H3.0×W1.5×R10)
- 소나무(H4.0×W2.0×R15)
- 소나무(H5.0×W2.5×R20)
- 소나무(둥근형)(H1.2×W1.5)
- 수수꽃다리(H2.0×R0.8)
- 스트로브잣나무(H2.0×W1.0)
- 아왜나무(H1.5×0.8)
- 영산홍(H0.3×W0.3)
- 왕벚나무(H4.0×B10)
- 은행나무(H4.0×B10)
- 이팝나무(H3.5×R12)
- 자귀나무(H3.5×R12)
- 자산홍(H0.3×W0.3)
- 자작나무(H2.5×B5)
- 조릿대(H0.6×W0.3)
- 좀작살나무(H1.2×W0.3)
- 주목(둥근형)(H0.3×W0.3)
- 주목(선형)(H2.0×W1.0)
- 중국단풍(H2.5×R6)
- 쥐똥나무(H1.0×W0.3)
- 청단풍(H2.5×R8)
- 층층나무(H3.5×R8)
- 칠엽수(H3.5×R12)
- 태산목(H1.5×W0.5)
- 홍단풍(H3.0×R10)
- 화살나무(H0.6×W0.3)
- 회양목(H0.3×W0.3)
- 갈대(8cm)
- 감국(8cm)
- 구절초(8cm)
- 금계국(10cm)
- 노랑꽃창포(8cm)

- 맥문동(8cm)
- 벌개미취(8cm)
- 둥굴레(10cm)
- 부들(8cm)
- 붓꽃(10cm)
- 비비추(2~3분얼)
- 부처꽃(8cm)
- 수호초(10cm)
- 옥잠화(2~3분얼)
- 원추리(2~3분얼)
- 애기나리(10cm)
- 잔디(0.3×0.3×0.03)
- 패랭이꽃(8cm)
- 해국(8cm)
- 제비꽃(8cm)
- 털부처꽃(8cm)

⑩ A - A′ 단면도는 주요시설물, 포장재료 및 기타시설물의 기초, 주변의 수목 등을 단면도상에 반드시 표기하고 높이 차를 한눈에 볼 수 있도록 설계하시오.

[참고내용] 화계

- 개념 : 풍수지리사상에 의한 택지선정으로 전저후고의 지형으로 인해 생겨난 계단식화단으로 건물의 후원에 위치하며 경사를 완화하는 계단의 형태이다.

- 조성방법

재료별	·장대석쌓기(화강석)/ 바른켜쌓기 ·자연석쌓기 / 다듬지 않는 막돌사용
기능별	·장식적 화계 ·경계를 겸한 화단

- 적용식물

화목(花木)	모란, 철쭉, 진달래, 황매화, 산수유, 조팝나무 등
과목(果木)	앵두나무, 매화나무 등
상록(常綠)	반송
초화류	비비추, 옥잠화 등 / 약초류

- 점경물(장식적요소)

석물	석함, 석분, 괴석, 석연지 등
굴뚝	전돌 축석 +기와(벽면에 십장생 무늬를 새김)

- 대표적 예

경복궁의 교태전후원, 창덕궁의 대조전 후원, 낙선재 후원, 창경궁의 통명전의 후원

그림. 경복궁 교태전 후원의 화계

그림. 화계 (전통정원재현)

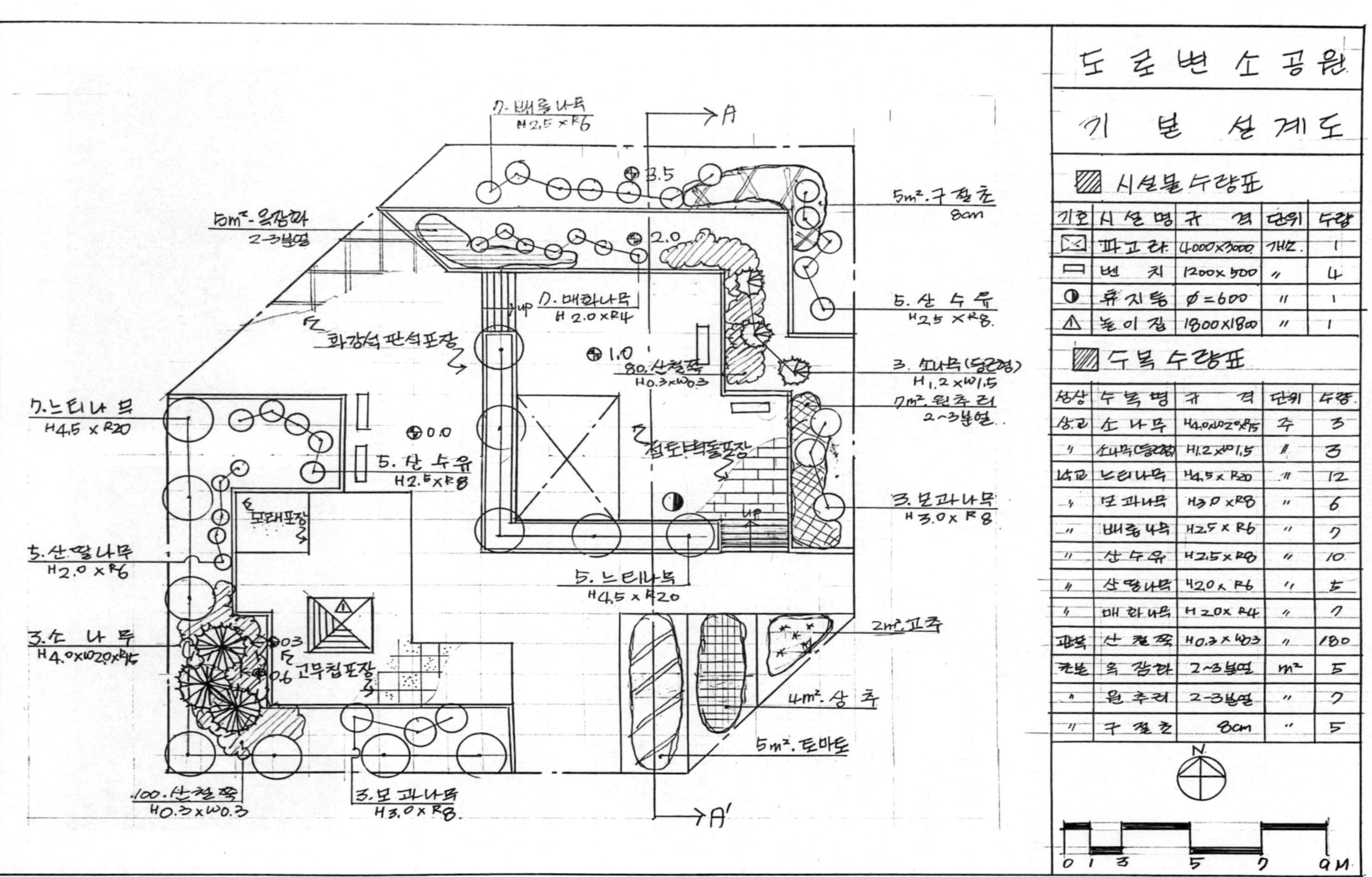
도로변 소공원
기본설계도
시설물수량표
기호 | 시설명 | 규격 | 단위 | 수량
파고라 | 4000×3000 | 개소 | 1
벤치 | 1200×500 | 〃 | 4
휴지통 | ∅=600 | 〃 | 1
놀이집 | 1800×1800 | 〃 | 1
수목수량표
성상 | 수목명 | 규격 | 단위 | 수량
상교 | 소나무 | H4.0×W2.0×R15 | 주 | 3
〃 | 소나무(둥근형) | H1.2×W1.5 | 〃 | 3
낙교 | 느티나무 | H4.5×R20 | 〃 | 12
〃 | 모과나무 | H3.0×R8 | 〃 | 6
〃 | 배롱나무 | H2.5×R6 | 〃 | 7
〃 | 산수유 | H2.5×R8 | 〃 | 10
〃 | 산딸나무 | H2.0×R6 | 〃 | 5
〃 | 매화나무 | H2.0×R4 | 〃 | 7
관목 | 산철쭉 | H0.3×W0.3 | 〃 | 180
초본 | 옥잠화 | 2~3분얼 | m² | 5
〃 | 원추리 | 2-3분얼 | 〃 | 7
〃 | 구절초 | 8cm | 〃 | 5
N
0 1 3 5 7 9M
7. 배롱나무 H2.5×R6
5m². 옥잠화 2-3분얼
5m². 구절초 8cm
5. 산수유 H2.5×R8.
3. 소나무(둥근형) H1.2×W1.5
7m². 원추리 2~3분얼
3. 모과나무 H3.0×R8
7. 매화나무 H2.0×R4
화강석판석포장
80. 산철쭉 H0.3×W0.3
점토벽돌포장
7. 느티나무 H4.5×R20
5. 산수유 H2.5×R8
모래포장
5. 산딸나무 H2.0×R6
3. 소나무 H4.0×W2.0×R15
고무칩포장
5. 느티나무 H4.5×R20
2m². 고추
4m². 상추
5m². 토마토
100. 산철쭉 H0.3×W0.3
3. 모과나무 H3.0×R8.
A
A'
UP

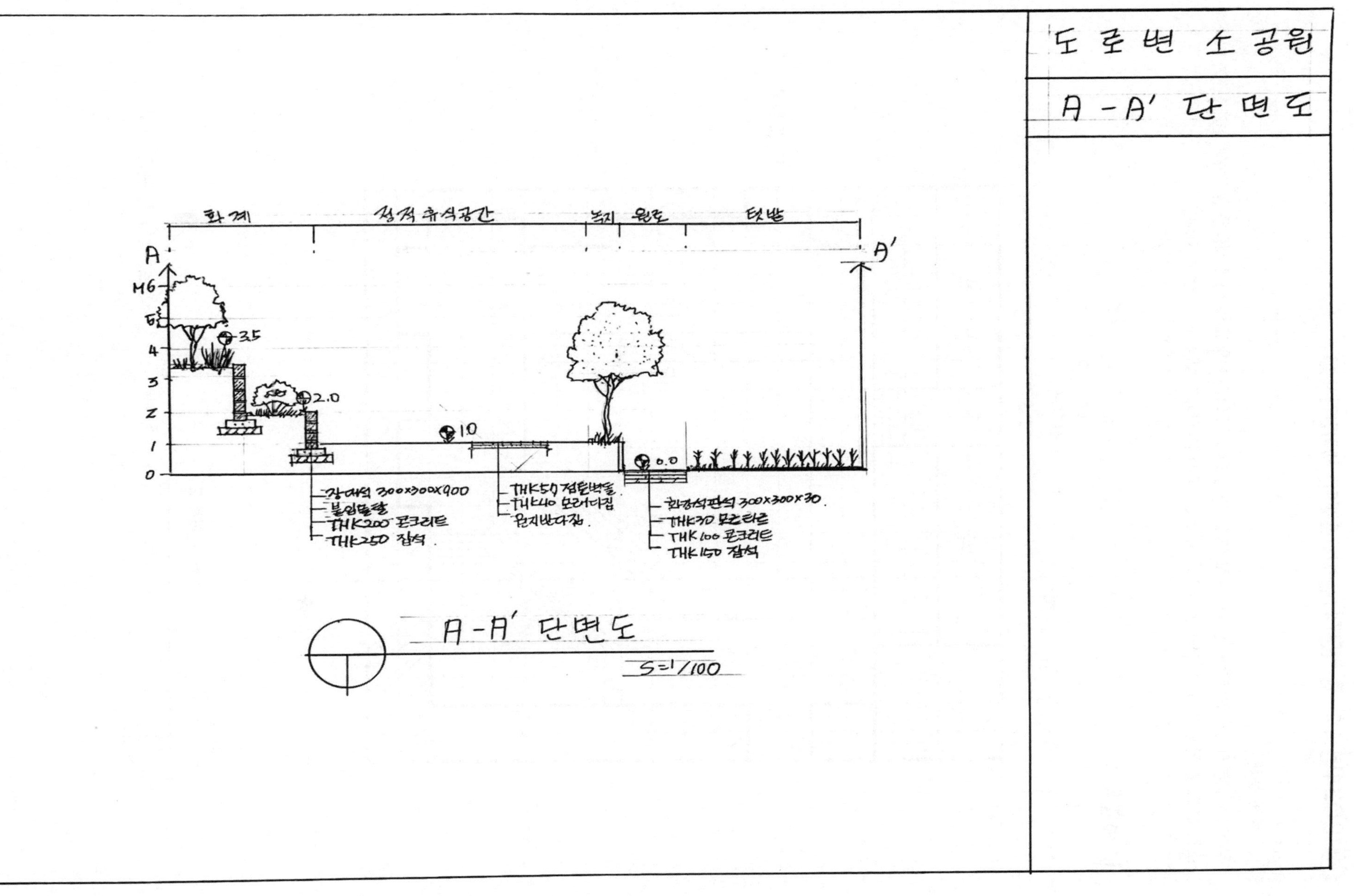
도로변 소공원
A-A' 단면도
화계
정적 휴식공간
녹지
원로
텃밭
A
A'
3.5
2.0
1.0
0.0
장대석 300x300x900
붙임몰탈
THK200 콘크리트
THK250 잡석
THK50 점토벽돌
THK40 모래다짐
원지반다짐
화강석판석 300x300x30
THK30 모르타르
THK100 콘크리트
THK150 잡석
A-A' 단면도
S=1/100

24 2024년 1회 출제문제(옹벽과 플랜터, 체력단련시설)

설계 문제

우리나라 중부지역에 위치한 소공원에 대해 설계하고자 한다. 주어진 현황도 및 아래 사항을 참조하여 설계조건에 따라 조경계획도를 작성하시오.(일점쇄선 안 부분이 조경설계 대상지이고 빗금친 부분은 녹지공간임)

1. 현황도

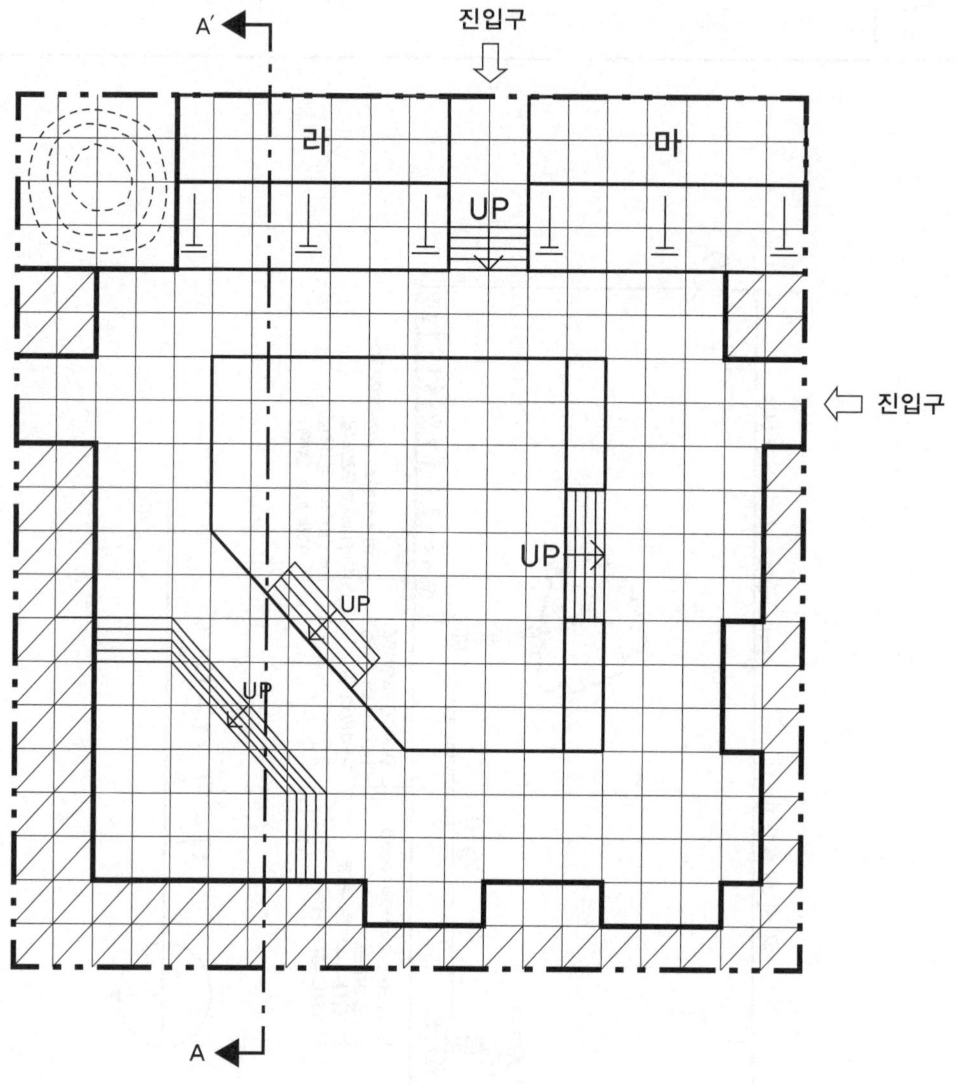

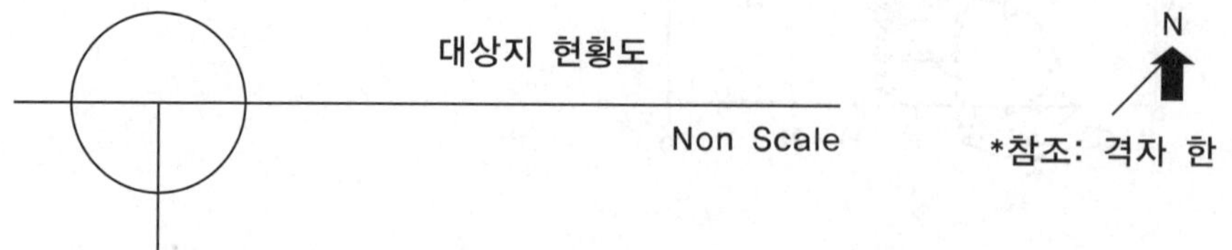

2. 요구사항

① 식재평면도를 위주로 한 조경계획도를 축척 1/100로 작성하시오.(지급용지-1)
② 도면 오른쪽 위에 작업명칭을 작성하시오.
③ 도면 오른쪽에는 "주요 시설물 수량표와 수목(식재) 수량표"를 작성하고, 수량표 아래쪽에 "방위표시와 막대축척"을 반드시 그려 넣으시오.(단, 전체 대상지의 길이를 고려하여 범례표의 폭을 조정할 수 있다.)
④ 도면의 전체적인 안정감을 위하여 "테두리선"을 작성하시오.
⑤ A-A′ 단면도를 축척 1/100로 작성하시오.(지급용지-2)

3. 설계조건

① 해당 지역은 어린이 공원으로 휴식공간과 어린이들이 즐길 수 있도록 조경계획도를 작성하시오.
② "가" 지역은 진입공간으로 적절한 포장을 계획하도록 하며, 북측진입공간보다 1m 높게 계획하시오. 공간내에는 평벤치와 조명등을 설치하시오.
③ "나" 지역은 휴식공간으로 "가" 지역보다 1m 높게 설계하며, 서쪽방향으로 주택가가 위치하며 적합한 식재를 계획하시오. 공간내에는 파고라 (4,000×4,000mm) 1개소와 평벤치1개소, 휴지통 1개소를 설치하시오.
④ "다" 지역은 "가" 지역보다 1m 낮으며 높이 차이는 **옹벽과 플랜터**를 이용해 적합하게 계획하시오. 놀이시설 3종(미끄럼틀, 시소, 회전무대)를 설치하시오.
⑤ "라"와 "마" 지역에는 **체력단련시설**을 설치하며 적합한 포장을 계획하시오.
⑥ 북쪽 진입구 부근에 계단 옆 경사면에 관목을 식재하시오.
⑦ 대지내에 적합한 장소를 선택하여 등벤치, 휴지통, 조명등 등을 추가로 설치하시오.
⑧ 포장지역은 "점토벽돌, 소형고압블럭, 콘크리트, 투수콘크리트, 고무칩, 모래 등" 적당한 재료를 선택하여 사용이 적합한 장소에 기호로 표현하고, 포장명을 반드시 기입하시오.
⑨ 포장지역을 제외한 곳에는 모두 식재를 계획하시오.
⑩ 대상지 경계에 위치한 외곽 녹지대 마운딩은 1개의 높이는 20cm로 설계하고 차폐식재, 경관식재, 녹음식재 등을 계획하시오
⑪ 식재는 아래에 주어진 식물 중에서 종류가 다른 10가지 이상 식재한다. 골고루 안정적인 배식이 될 수 있도록 계획하며, 인출선을 이용하여 수량, 수종명칭, 규격을 반드시 표기한다(단, 소나무는 1종으로 간주한다.).

• 개나리(H1.2×5가지)	• 계수나무(H2.5×R6)	• 구상나무(H1.5×W0.6)
• 굴거리나무(H2.5×W1.5)	• 금목서(H2.0×R6)	• 꽃사과(H2.5×R5)
• 꽝꽝나무(H0.3×W0, 4)	• 낙상홍(H1.0×W0.4)	• 낙우송(H4.0×B12)
• 느티나무(H3.0×R6)	• 느티나무(H4.5×R20)	• 다정큼나무(H1.0×W0.5)
• 대왕참나무(H4.5×R20)	• 덜꿩나무(H1.0×W0.4)	• 돈나무(H1.5×W1.0)
• 동백나무(H2.5×R8)	• 마가목(H3.0×R12)	• 매화나무(H2.0×R4)
• 먼나무(H2.0×R5)	• 메타세쿼이어(H4.0×B10)	• 명자나무(0.6×W0.4)
• 모과나무(H3.0×R8)	• 목련(H3.0×R10)	• 무궁화(H1.0×W0.2)
• 박태기나무(1.0×W0.4)	• 배롱나무(H2.5×R6)	• 백철쭉(H0.3×W0.3)
• 백합나무(H4.0×R10)	• 버즘나무(H3.5×B8)	• 병꽃나무(H1.0×W0.6)

- 사철나무(H1.0×W0.3)
- 산딸나무(H2.0×R6)
- 산수국(H0.3×W0.4)
- 산수유(H2.5×R8)
- 산철쭉(H0.3×W0.3)
- 서양측백(H1.2×W0.3)
- 소나무(H3.0×W1.5×R10)
- 소나무(H4.0×W2.0×R15)
- 소나무(H5.0×W2.5×R20)
- 소나무(둥근형)(H1.2×W1.5)
- 수수꽃다리(H2.0×R0.8)
- 스트로브잣나무(H2.0×W1.0)
- 아왜나무(H1.5×0.8)
- 영산홍(H0.3×W0.3)
- 왕벚나무(H4.0×B10)
- 은행나무(H4.0×B10)
- 이팝나무(H3.5×R12)
- 자귀나무(H3.5×R12)
- 자산홍(H0.3×W0.3)
- 자작나무(H2.5×B5)
- 조릿대(H0.6×W0.3)
- 좀작살나무(H1.2×W0.3)
- 주목(둥근형)(H0.3×W0.3)
- 주목(선형)(H2.0×W1.0)
- 중국단풍(H2.5×R6)
- 쥐똥나무(H1.0×W0.3)
- 청단풍(H2.5×R8)
- 층층나무(H3.5×R8)
- 칠엽수(H3.5×R12)
- 태산목(H1.5×W0.5)
- 홍단풍(H3.0×R10)
- 화살나무(H0.6×W0.3)
- 회양목(H0.3×W0.3)
- 갈대(8cm)
- 감국(8cm)
- 구절초(8cm)
- 금계국(10cm)
- 노랑꽃창포(8cm)
- 맥문동(8cm)
- 벌개미취(8cm)
- 둥굴레(10cm)
- 부들(8cm)
- 붓꽃(10cm)
- 비비추(2~3분얼)
- 부처꽃(8cm)
- 수호초(10cm)
- 옥잠화(2~3분얼)
- 원추리(2~3분얼)
- 애기나리(10cm)
- 잔디(0.3×0.3×0.03)
- 패랭이꽃(8cm)
- 해국(8cm)
- 제비꽃(8cm)
- 털부처꽃(8cm)

⑨ A – A′ 단면도는 주요시설물, 포장재료 및 기타시설물의 기초, 주변의 수목 등을 단면도 상에 반드시 표기하고 높이 차를 한눈에 볼 수 있도록 설계하시오.

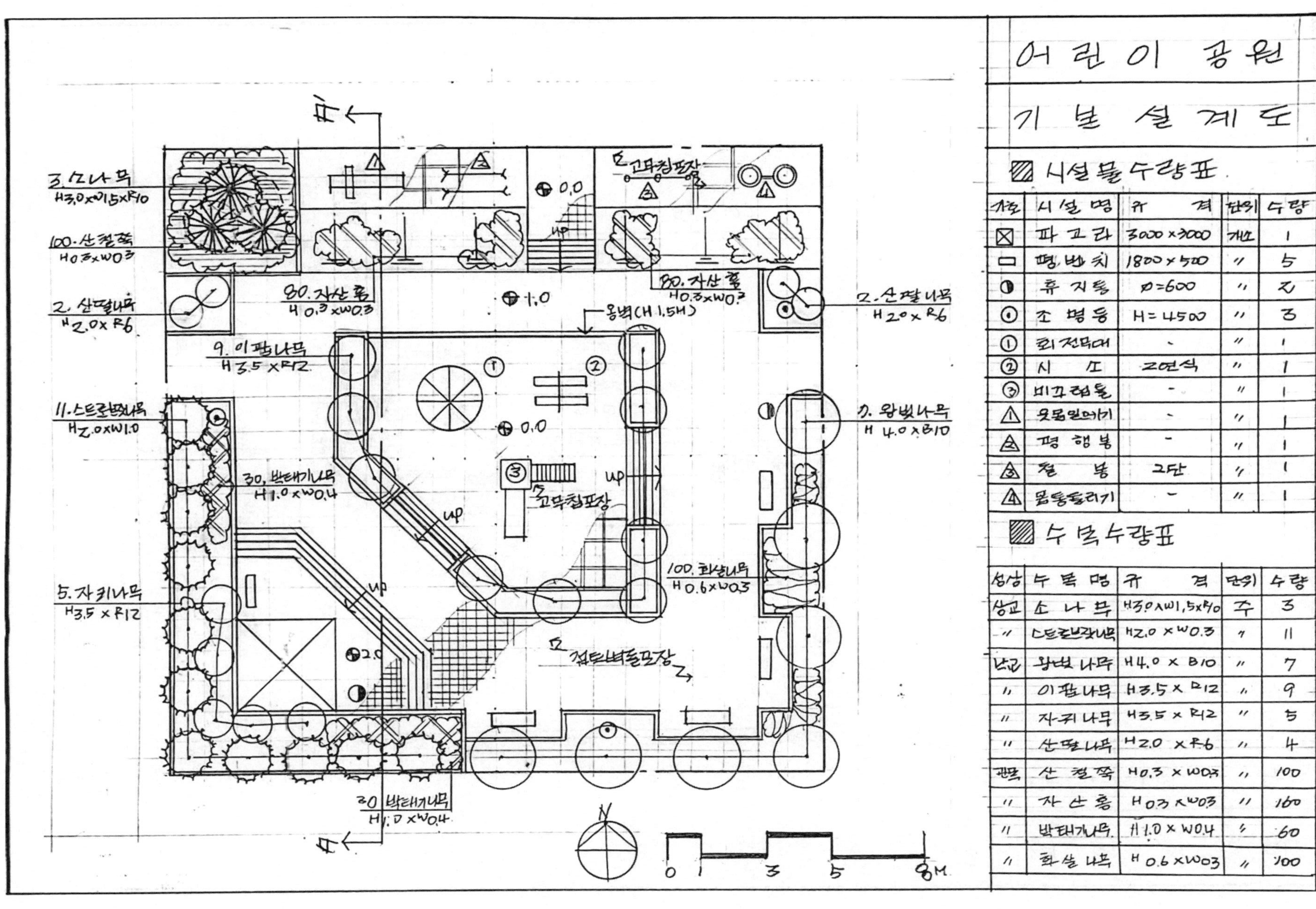
어린이 공원
기본설계도
시설물수량표
기호 | 시설명 | 규격 | 단위 | 수량
파고라 | 3000×3000 | 개소 | 1
평벤치 | 1800×500 | 〃 | 5
휴지통 | Ø=600 | 〃 | 2
조명등 | H=4500 | 〃 | 3
회전무대 | - | 〃 | 1
시소 | 2연식 | 〃 | 1
미끄럼틀 | - | 〃 | 1
평행봉 | - | 〃 | 1
철봉 | 2단 | 〃 | 1
몸통돌리기 | - | 〃 | 1
수목수량표
성상 | 수목명 | 규격 | 단위 | 수량
상교 | 소나무 | H3.0×W1.5×R10 | 주 | 3
〃 | 스트로브잣나무 | H2.0×W0.3 | 〃 | 11
낙교 | 왕벚나무 | H4.0×B10 | 〃 | 7
〃 | 이팝나무 | H3.5×R12 | 〃 | 9
〃 | 자귀나무 | H3.5×R12 | 〃 | 5
〃 | 산딸나무 | H2.0×R6 | 〃 | 4
관목 | 산철쭉 | H0.3×W0.3 | 〃 | 100
〃 | 자산홍 | H0.3×W0.3 | 〃 | 160
〃 | 박태기나무 | H1.0×W0.4 | 〃 | 60
〃 | 화살나무 | H0.6×W0.3 | 〃 | 100
3.소나무 H3.0×W1.5×R10
100.산철쭉 H0.3×W0.3
2.산딸나무 H2.0×R6
80.자산홍 H0.3×W0.3
9.이팝나무 H3.5×R12
11.스트로브잣나무 H2.0×W1.0
30.박태기나무 H1.0×W0.4
5.자귀나무 H3.5×R12
7.왕벚나무 H4.0×B10
100.화살나무 H0.6×W0.3
옹벽(H1.5M)
고무칩포장
점토벽돌포장
UP
0 1 3 5 8M

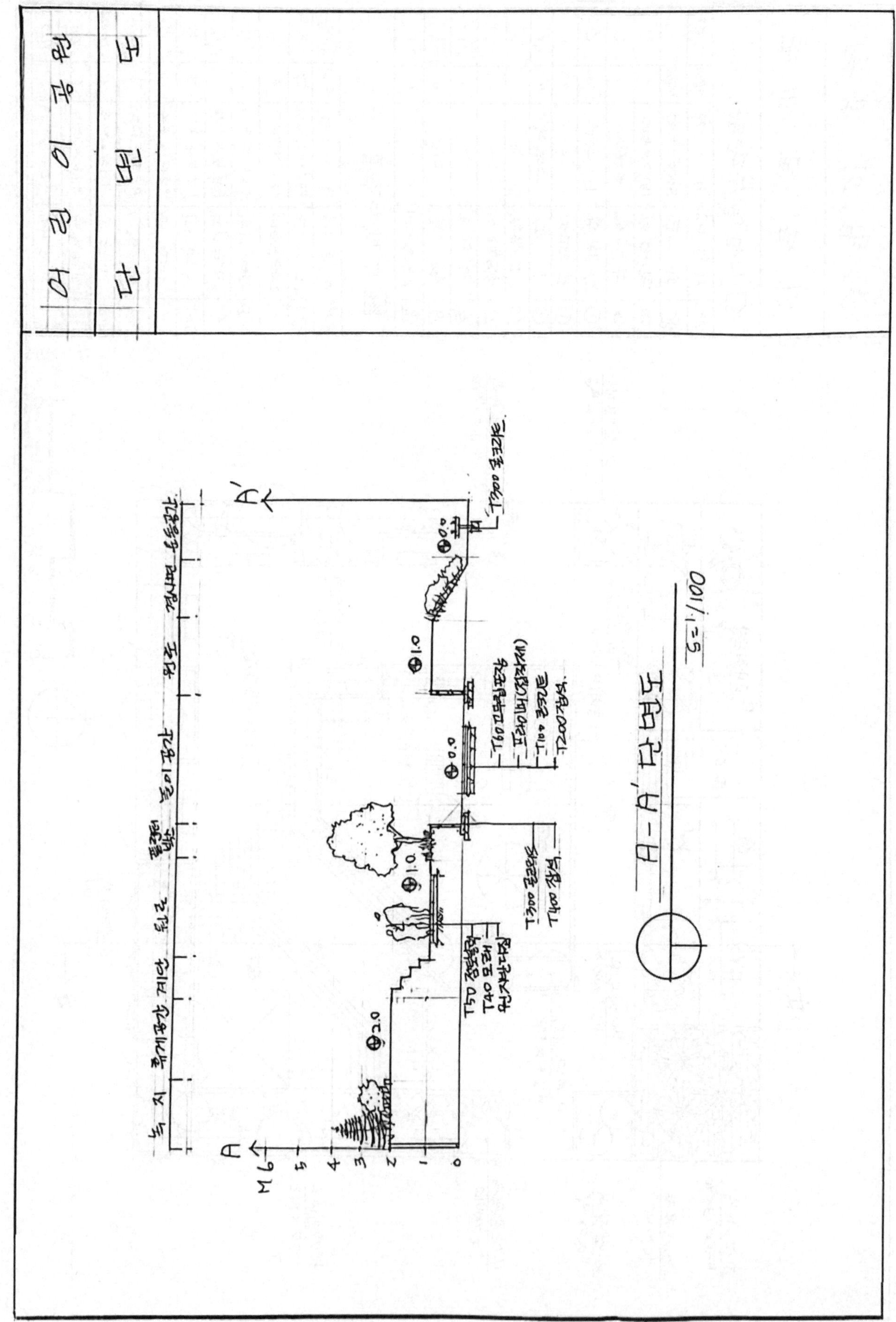
어린이 공원
단면도
A-A' 단면도
S=1/100

25 2024년 2회 출제문제(옹벽, 앉음벽)

설계 문제

우리나라 중부지역에 위치한 소공원에 대해 설계하고자 한다. 주어진 현황도 및 아래 사항을 참조하여 설계조건에 따라 조경계획도를 작성하시오.(일점쇄선 안 부분이 조경설계 대상지이고 빗금친 부분은 녹지공간임)

1. 현황도

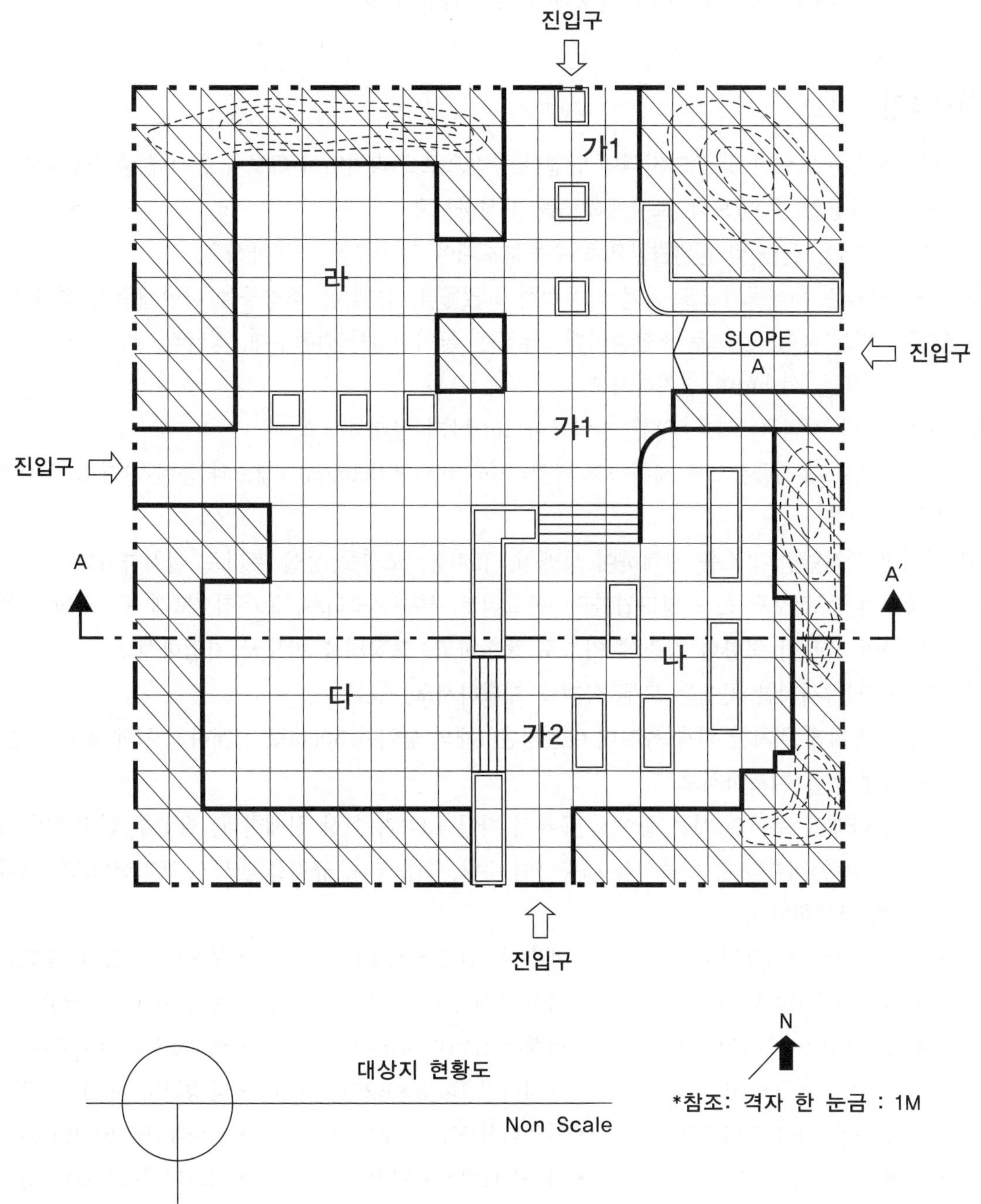

2. 요구사항

① 식재평면도를 위주로 한 조경계획도를 축척 1/100로 작성하시오.(지급용지-1)

② 도면 오른쪽 위에 작업명칭을 작성하시오.

③ 도면 오른쪽에는 "주요 시설물 수량표와 수목(식재) 수량표"를 작성하고, 수량표 아래쪽에 "방위표시와 막대축척"을 반드시 그려 넣으시오.(단, 전체 대상지의 길이를 고려하여 범례표의 폭을 조정할 수 있다.)

④ 도면의 전체적인 안정감을 위하여 "테두리선"을 작성하시오.

⑤ A-A′ 단면도를 축척 1/100로 작성하시오.(지급용지-2)

3. 설계조건

① 해당 지역은 도로변 및 주거지역에 인접한 공간으로 프라이버시 확보와 동시에 주민들에게 쾌적한 환경을 제공할 수 있도록 조경계획도를 작성하시오.

② "가1" 지역은 진입 및 중앙광장으로 수목보호대에 녹음수를 식재하시오.

③ "나" 지역은 휴식공간으로 옹벽을 계획하고 앉음벽, 등벤치, 조명등을 각 1개소씩 설치하시오.

④ "다" 지역은 놀이공간으로 조합놀이대 1개 또는 놀이시설물(회전무대, 정글짐, 2연식 시소, 미끄럼틀 등) 3종을 선택하여 설치하시오.

⑤ "가2", "나"지역은 "가1", "다" 지역보다 1m 낮게 설계하시오.

⑥ "라" 지역은 휴게공간으로 계획하고 퍼걸러 (4,000×4,000mm) 1개소와 등벤치1개소, 안내판 1개소를 설치하시오.

⑦ 대지내에 적합한 장소를 선택하여 등벤치, 휴지통, 조명등 등을 추가로 설치하시오.

⑧ 포장지역은 "점토벽돌, 소형고압블럭, 콘크리트, 투수콘크리트, 고무칩, 모래 등" 적당한 재료를 선택하여 사용이 적합한 장소에 기호로 표현하고, 포장명을 반드시 기입하시오.

⑨ 포장지역을 제외한 곳에는 모두 식재를 계획하시오.

⑩ 대상지 경계에 위치한 외곽 녹지대 마운딩은 1개의 높이는 30cm로 설계하고 차폐식재, 경관식재, 녹음식재 등을 계획하시오

⑪ 식재는 아래에 주어진 식물 중에서 종류가 다른 10가지 이상 식재한다. 골고루 안정적인 배식이 될 수 있도록 계획하며, 인출선을 이용하여 수량, 수종명칭, 규격을 반드시 표기한다(단, 소나무는 1종으로 간주한다.).

- 개나리(H1.2×5가지)
- 계수나무(H2.5×R6)
- 구상나무(H1.5×W0.6)
- 굴거리나무(H2.5×W1.5)
- 금목서(H2.0×R6)
- 꽃사과(H2.5×R5)
- 꽝꽝나무(H0.3×W0, 4)
- 낙상홍(H1.0×W0.4)
- 낙우송(H4.0×B12)
- 느티나무(H3.0×R6)
- 느티나무(H4.5×R20)
- 다정큼나무(H1.0×W0.5)
- 대왕참나무(H4.5×R20)
- 덜꿩나무(H1.0×W0.4)
- 돈나무(H1.5×W1.0)
- 동백나무(H2.5×R8)
- 마가목(H3.0×R12)
- 매화나무(H2.0×R4)
- 먼나무(H2.0×R5)
- 메타세쿼이어(H4.0×B10)
- 명자나무(0.6×W0.4)
- 모과나무(H3.0×R8)
- 목련(H3.0×R10)
- 무궁화(H1.0×W0.2)
- 박태기나무(1.0×W0.4)
- 배롱나무(H2.5×R6)
- 백철쭉(H0.3×W0.3)
- 백합나무(H4.0×R10)
- 버즘나무(H3.5×B8)
- 병꽃나무(H1.0×W0.6)
- 사철나무(H1.0×W0.3)
- 산딸나무(H2.0×R6)
- 산수국(H0.3×W0.4)

- 산수유(H2.5×R8)
- 산철쭉(H0.3×W0.3)
- 서양측백(H1.2×W0.3)
- 소나무(H3.0×W1.5×R10)
- 소나무(H4.0×W2.0×R15)
- 소나무(H5.0×W2.5×R20)
- 소나무(둥근형)(H1.2×W1.5)
- 수수꽃다리(H2.0×R0.8)
- 스트로브잣나무(H2.0×W1.0)
- 아왜나무(H1.5×0.8)
- 영산홍(H0.3×W0.3)
- 왕벚나무(H4.0×B10)
- 은행나무(H4.0×B10)
- 이팝나무(H3.5×R12)
- 자귀나무(H3.5×R12)
- 자산홍(H0.3×W0.3)
- 자작나무(H2.5×B5)
- 조릿대(H0.6×W0.3)
- 좀작살나무(H1.2×W0.3)
- 주목(둥근형)(H0.3×W0.3)
- 주목(선형)(H2.0×W1.0)
- 중국단풍(H2.5×R6)
- 쥐똥나무(H1.0×W0.3)
- 청단풍(H2.5×R8)
- 층층나무(H3.5×R8)
- 칠엽수(H3.5×R12)
- 태산목(H1.5×W0.5)
- 홍단풍(H3.0×R10)
- 화살나무(H0.6×W0.3)
- 회양목(H0.3×W0.3)
- 갈대(8cm)
- 감국(8cm)
- 구절초(8cm)
- 금계국(10cm)
- 노랑꽃창포(8cm)
- 맥문동(8cm)
- 벌개미취(8cm)
- 둥굴레(10cm)
- 부들(8cm)
- 붓꽃(10cm)
- 비비추(2~3분얼)
- 부처꽃(8cm)
- 수호초(10cm)
- 옥잠화(2~3분얼)
- 원추리(2~3분얼)
- 애기나리(10cm)
- 잔디(0.3×0.3×0.03)
- 패랭이꽃(8cm)
- 해국(8cm)
- 제비꽃(8cm)
- 털부처꽃(8cm)

⑨ A – A′ 단면도는 주요시설물, 포장재료 및 기타시설물의 기초, 주변의 수목 등을 단면도 상에 반드시 표기하고 높이 차를 한눈에 볼 수 있도록 설계하시오.

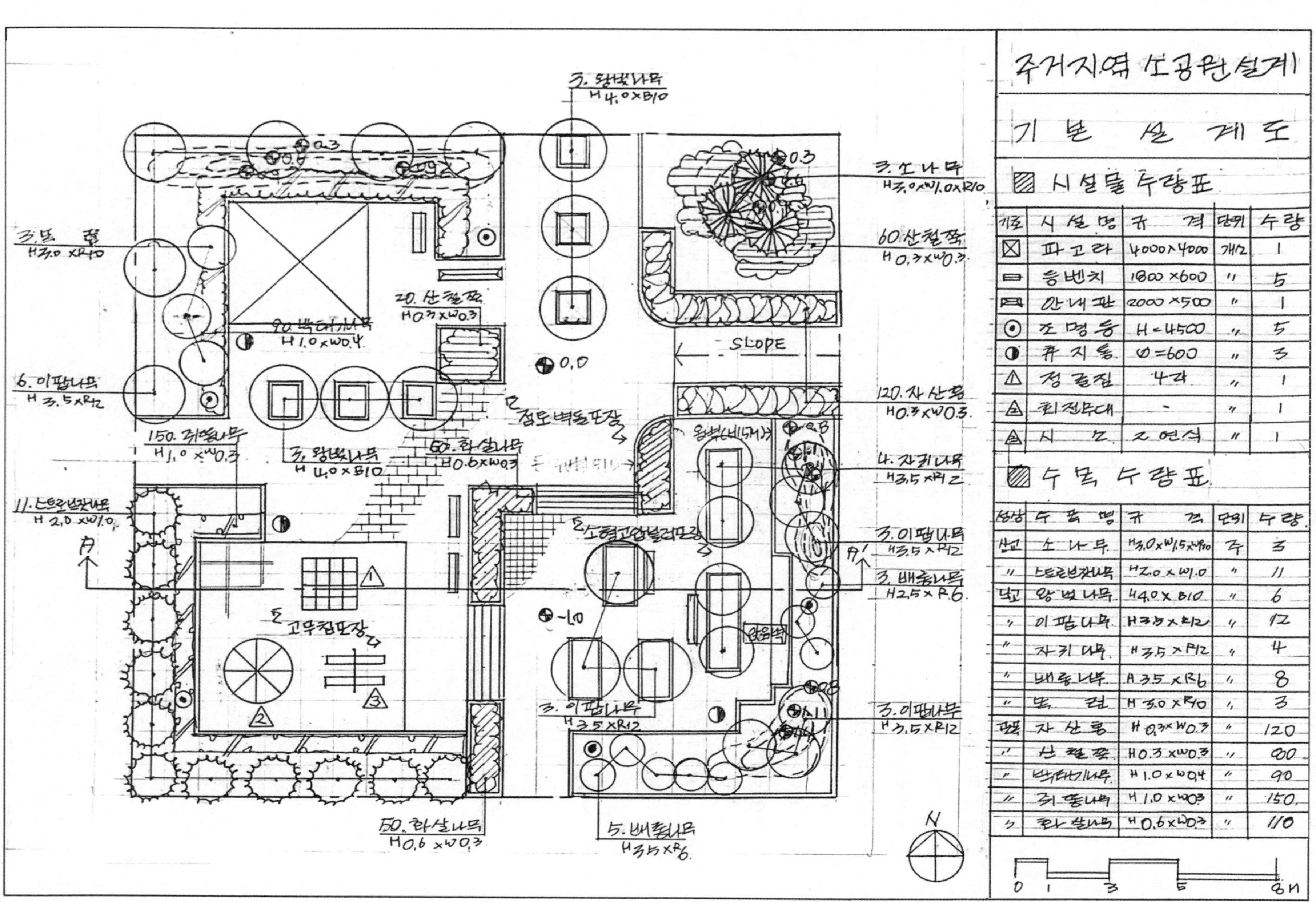

시설물 수량표

기호	시설명	규격	단위	수량
⊠	파고라	4000×4000	개소	1
▭	등벤치	1800×600	〃	5
	안내판	2000×500	〃	1
⊙	조명등	H=4500	〃	5
◑	휴지통	Ø=600	〃	3
△	정글짐	4각	〃	1
△	회전무대	-	〃	1
△	시소	2연식	〃	1

수목 수량표

성상	수목명	규격	단위	수량
상교	소나무	H3.0×W1.5×R10	주	3
〃	스트로브잣나무	H2.0×W1.0	〃	11
낙교	왕벚나무	H4.0×B10	〃	6
〃	이팝나무	H3.5×R12	〃	12
〃	자귀나무	H3.5×R12	〃	4
〃	배롱나무	H3.5×R6	〃	8
〃	모과	H3.0×R10	〃	3
관목	자산홍	H0.3×W0.3	〃	120
〃	산철쭉	H0.3×W0.3	〃	80
〃	박태기나무	H1.0×W0.4	〃	90
〃	쥐똥나무	H1.0×W0.3	〃	150
〃	화살나무	H0.6×W0.3	〃	110

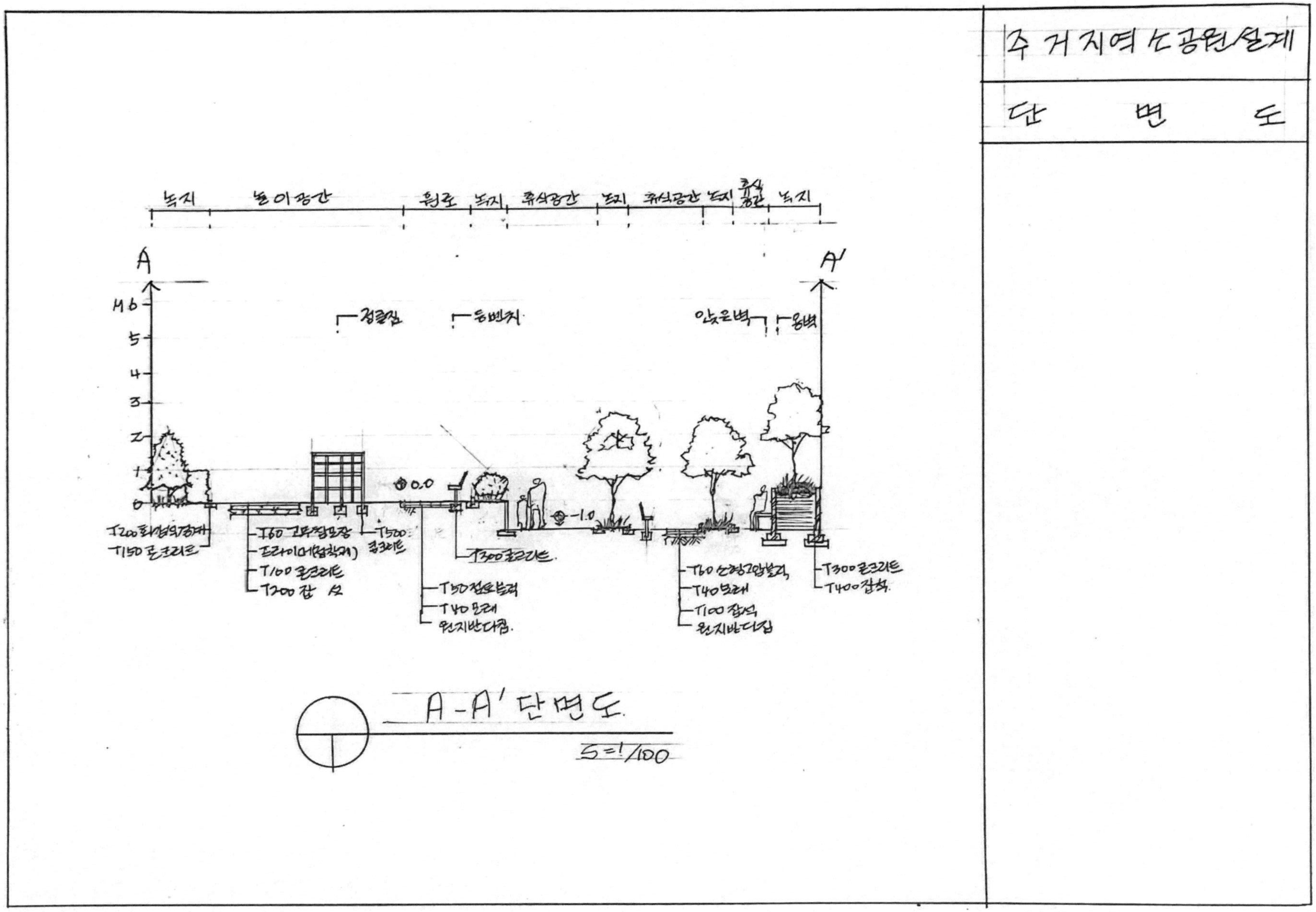

주거지역 소공원설계

단 면 도

A-A' 단면도

S=1/100

조경작업

조경작업시 주의사항

1 Chapter

학습포인트 조경작업의 기본사항인 작업의 주요채점기준, 준비물, 시공시 현장에서의 준비사항을 숙지하여한다.

1 주요채점기준

① 채점관의 질문에 대한 구술답과 실기를 실시하여야 한다.

② 각각 시공방법은 교육과학기술부발행 교과서 및 표준시방서에 따른다.

③ 각각의 시공에 요구되는 필요도구는 각자 개인이 지참해서 시공 및 작업에 임하여야 한다(미지참시 감점처리 한다.).

④ 작업복장상태 및 정리정돈, 농기구 사용에 의한 안전사고시 총점에서 5점을 감점한다.

⑤ 감독관의 지시사항 및 전달사항을 정확히 이행하지 않았을 경우에도 위항과 같이 감점된다.

⑥ 모든 시공은 작업현장으로 간주하여 작업을 실시한다.

⑦ 숙련도 등 작업상태가 우수하여야한다.

2 준비물

① 삼각자, 고무망치, 전정가위, 목장갑, 줄자, 작업복, 작업화(운동화)

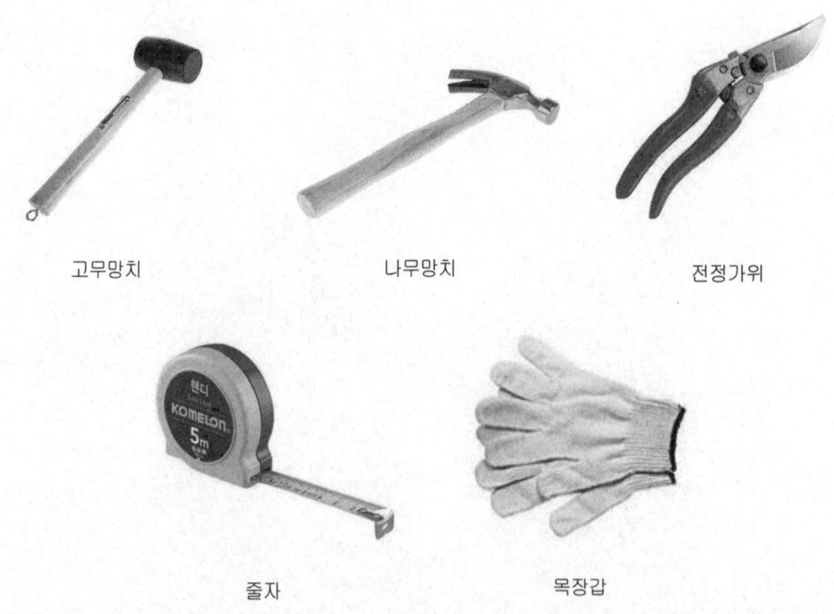

고무망치 나무망치 전정가위

줄자 목장갑

② 작업형은 현장작업, 가상작업(구술시험)을 같이하며 보통은 2~3가지 과제가 주어지며 작업 중에 채점관이 1 : 1로 질문한다.

3 시공시 현장에서 하여야 할 준비사항

① 터고르기 : 레이크로 현장정리
② 터가르기 : 기준선잡기
③ 터파기 : 직각으로 처리하며 규격 안에서 정확하게 실시
④ 터다지기 : 지반다짐, 규격내의 무너지지 않게 시공한다(바닥, 벽, 다짐).
⑤ 해체(작업의 역순)시 자재의 파손이 없어야하며 정리정돈 및 뒤처리를 깨끗이 실시한다.

조경식재공사 2 Chapter

학습포인트 수목의 이식시기, 뿌리돌림방법, 뿌리분뜨기, 수목식재과정, 이식후조치 과정에 대한 이론과 방법에 대해 알고 있어야 한다.

1 수목의 이식시기

① 대나무류 : 죽순이 나오기 전

② 낙엽활엽수

㉮ 가을이식 : 잎이 떨어진 휴면기간, 통상적으로 10~11월

㉯ 봄 이식 : 해토 직후부터 4월 상순, 통상적으로 이른 봄눈이 트기 전에 실시

㉰ 내한성이 약하고 눈이 늦게 움직이는 수종(배롱나무, 백목련, 석류, 능소화 등은 4월 중순이 안정적 임)

③ 상록활엽수 : 5~7월, 장마철(기온이 오르고 공중습도가 높은 시기)

④ 침엽수 : 해토 직후부터 4월 상순, 9월 하순~10월 하순

2 이식전의 조치 및 예비사항

현재의 위치에서 다른 장소로 옮겨 심는 작업을 이식공사라 한다.

1. 뿌리돌림

① 목적

㉮ 이식을 위한 예비조치로 현재의 위치에서 미리 뿌리를 잘라 내거나 환상박피를 함으로써 세근이 많이 발달하도록 유도한다.

㉯ 생리적으로 이식을 싫어하는 수목이나 부적기식재 및 노거수(老巨樹)의 이식에는 반드시 필요하며 전정이 병행되어야 한다.

② 시기

㉮ 이식시기로부터 6개월~3년 전에 실시

㉯ 봄과 가을에 가능, 가을에 실시하는 것이 효과적이다.

③ 뿌리돌림의 방법 및 요령

㉮ 근원 직경의 4~6배

㉯ 도복 방지를 위해 네 방향으로 자란 굵은 곁뿌리를 하나씩 남겨두며, 15cm 정도 환상박피한다.

㉰ 소나무, 느티나무와 같은 심근성 수종의 곧은 뿌리는 절단하지 않는다.

2. 굴취(수목을 캐내는 작업)

① 뿌리분의 크기

㉮ 수목의 근원 직경의 크기에 따라 비례한다.

㉯ 분의 지름은 근원직경의 4배를 원칙으로 하며, 수종별 특성에 따라 조절할 수 있다.

㉰ 뿌리돌림 된 수목의 경우에는 뿌리돌림 할 때의 분보다 다소 크게 하여 잔뿌리가 떨어져 나가지 않도록 한다.

㉱ 표준적인 뿌리분의 크기 구하는 공식(cm)

뿌리분의 직경=24+(N−3)×d

여기서, N=근원직경, d=상수(상록수 4, 낙엽수5)

② 뿌리분의 종류(D=근원직경)

㉮ 보통분(일반수종) : 분의 크기=4D, 분의 깊이=3D

㉯ 팽이분(심근성수종) : 분의 크기=4D, 분의 깊이=4D

㉰ 접시분(천근성수종) : 분의 크기=4D, 분의 깊이=2D

㉱ 형태로 보면 둘레는 원형으로 옆면은 수직으로 밑면은 둥글게 한다.

보통분(일반수종)	팽이분(심근성수종)	접시분(천근성수종)
2D, D, 4D	2D, 2D, 4D	2D, 4D

3. 수목의 생존, 생육 최소 토양심도

식재를 위해 필요한 토양의 깊이는 다음의 생육최소토심 이상으로 한다.

성상별	생존 최소토심(cm)	생육 최소 토심(cm)
잔디, 초본류	15	30
소관목류	30	45
대관목류	45	60
천근성 교목류	60	90
심근성 교목류	90	150

3 수목 굴취 및 식재시 품의 적용

1. 교 목

① 수고에 의한 품적용 :상록 침엽수계통으로 수형이 잘 잡혀있고 지하고가 낮은 수종에 적용

② 흉고직경에 의한 품적용 : 수간이 곧고 상향발달이 잘 되어 있고 지하고가 높은 수종에 적용

③ 근원직경에 의한 품적용 : 수간이 가슴높이 이하에서 갈라지고 주간이 뚜렷하지 않는 수종에 적용

교 목	나무높이 (H)	곰솔(나무높이 3m 이상은 근원직경에 의한 식재 적용), 독일가문비, 동백나무, 리기다소나무, 실편백, 아왜나무, 잣나무, 전나무, 주목, 측백나무, 편백 등
	흉고직경 (B)	본 품은 교목류인 가중나무, 계수나무, 낙우송, 메타세콰이아, 벽오동나무, 수양버들, 벚나무, 은단풍, 은행나무, 자작나무, 칠엽수, 튤립나무(목백합), 플라타너스, 현사시나무(은수원사시) 등
	근원직경 (R)	소나무, 감나무, 꽃사과, 노각나무, 느티나무, 대추나무, 마가목, 매화나무, 모감주나무, 모과나무, 목련, 배롱나무, 산딸나무, 산수유, 이팝나무, 자귀나무, 층층나무, 쪽동백, 단풍나무, 회화나무, 후박나무, 등나무, 능소화, 참나무류 등

2. 관 목

① 관목류 품적용

② 적용수종 및 기타사항

관목품에 의한 굴취 및 식재	• 광나무, 꽝꽝나무, 목서, 사철나무, 치자나무, 팔손이나무, 피라칸사스, 향나무, 회양목, 눈향나무, 철쭉, 매자기, 명자나무, 무궁화, 박태기나무, 병꽃나무, 불두화, 수수꽃다리, 조팝나무, 쥐똥나무, 해당화, 화살나무, 황매화, 흰말채나무, 개나리, 고광나무, 모란, 장미 등 • 굴취 및 식재시 나무높이보다 수관폭이 더 클 때는 그 크기를 나무높이로 본다.

③ 그 밖의 사항

식재시 군식은 아래밀도 이상인 경우를 말한다.

(1m^2 당)

수관폭(cm)	20	30	40	50	60	80	100
주수	32	14	8	5	4	2	1

4 운 반

① 상·하차는 인력에 의하거나, 대형목의 경우 체인블럭이나 백호우, 랙카 또는 크레인을 사용한다.

② 운반 시 보호조치

㉮ 뿌리분의 보토를 철저히 한다.

㉯ 세근이 절단되지 않도록 충격을 주지 않아야 한다.

㉰ 수목의 줄기는 간편하게 결박한다.

㉱ 이중 적재를 금한다.

㉲ 수목과 접촉하는 부위는 짚, 가마니 등의 완충재를 깔아 사용

㉳ 뿌리분은 차의 앞쪽을 향하고 수관은 뒤쪽을 향하게 적재

㉴ 증발을 최대한 억제한다.

㉵ 수송 도중 바람에 의한 증산을 억제하며, 뿌리분의 수분증발 방지를 위해 물에 적신 거적이나 가마니로 감아준다.

5 수목식재

1. 가 식

① 이식하기 전에 굴취 한 수목을 임시로 심어두는 것

② 뿌리의 건조, 지엽의 손상을 방지하기 위해 바람이 없고, 약간 습한 곳에 가식하거나 보호설비를 하여 다음날 식재한다.

2. 표토걷기

표면의 흙은 유기물이 풍부해 표토는 모아서 한쪽에 모아둔다.

3. 식재 구덩이(식혈) 파기

① 뿌리분의 크기의 1.5~3배 이상의 구덩이를 판다

② 불순물(돌, 나무뿌리)을 제거하고, 배수가 불량한 지역은 충분히 굴토하고 자갈 등을 넣어 배수층을 만든다.

4. 심기

① 환경조경

㉮ 토양환경 : 식물의 성상에 따라 적당한 생육 토심을 확보

㉯ 대기환경 : 흐리고 바람이 없는 날의 저녁이나 아침에 실시하고 공중 습도가 높을수록 좋다.

② 완숙된 유기질비료를 부드러운 흙과 섞어서 식재 구덩이 바닥에 놓고 그 위해 표토를 얇게(5~6cm)정도로 덮어 중앙부분이 약간 볼록 하도록 한다(뿌리분과 비료가 직접 닿지 않도록 하는 것이 중요하다.).

③ 수목 뿌리분을 놓는데 식재 깊이와 방향은 수목의 형태에 맞춰 깊이와 방향을 맞춰준다.

④ 식재 구덩이에 수목을 넣고 토양를 채우는데 2/3~3/4정도 채운 후 물을 충분히 준다(물조임).

⑤ 이때 각목이나 삽으로 흙이 뿌리분에 완전히 밀착되도록 죽쑤기를 한다. 물조림과 죽쑤기는 뿌리분과 흙과의 밀착력이 높아져 이식을 원활하게 한기 위함이다.

⑥ 물이 완전히 스며든 다음 복토를 하고 흙으로 둥글게 물집을 잡아준다.

5. 지주 세우기

① 수목이 안전히 활착할 수 있도록 지주를 설치하여, 경관적으로 아름답세 수목을 정치시켜야 한다.

② 지주의 재료

㉮ 박피 통나무, 각목 또는 고안된 재료(각종 파이프, 와이어로프)로 한다. 목재형 지주는 내구성이 강한 것이나 방부처리(탄화, 도료 약물 주입) 한 것으로 한다.

㉯ 지주목과 수목을 결박하는 부위에는 수간에 고무나 새끼 등의 완충재를 사용하여 수간 손상을 방지한다.

③ 지주목설치

지주형	적용수목 · 적용지역	시공방법
단각지주	• 묘목 • 수고 1.2m의 수목	1개의 말뚝을 수목의 주간 바로 옆에 깊이 박고 그 말뚝에 주간을 묶어 고정시킨다.
이각지주	• 수고 1.2~2.5m의 수목 • 소형가로수	수목의 중심으로부터 양쪽으로 일정 간격을 벌려서 각목이나 말뚝을 깊이 30cm 정도로 박고, 박은나무를 각목과 연결 못으로 고정시킨 다음 가로지르는 각목과 식물의 주간을 새끼나 끈으로 묶는다.
삼발이	• 소형, 대형 수목에 다 적용가능 • 경관상 중요하지 않은 곳	박피 통나무나 각재를 삼각형으로 주간에 걸쳐 새끼나 끈으로 묶어 수목을 안정시킨다.
삼각지주	• 수고 1.2~4.5m 수목 • 도로변이나 광장주변 등 보행자의 통행이 빈번한 곳	각재나 박피통나무를 이용하여 삼각이나 사각으로 박아 가로지른 각재와 주간을 결속한다. 지주경사각은 70° 를 표준으로 한다.
연계형	• 교목 군식지에 적용	각 수목의 주간에 각목 또는 대나무 등의 가로막대를 대고 주간과 결속하여 고정한다.
매몰형	• 경관상 매우 중요한 위치 • 통행에 지장을 주는 곳에 적용	식재구덩이 하부 뿌리분의 양쪽에 박피통나무를 눕혀 단단히 묻고 이를 지주대로 하여 뿌리분을 철선 또는 로프로 고정한다.
당김줄형	• 대형목 • 경관상 중요한 곳에 적용	완충재를 감아 수피를 보호하고 그 부위에서 세 방향으로 철선을 당겨 지표에 박은 말뚝에 고정한다.

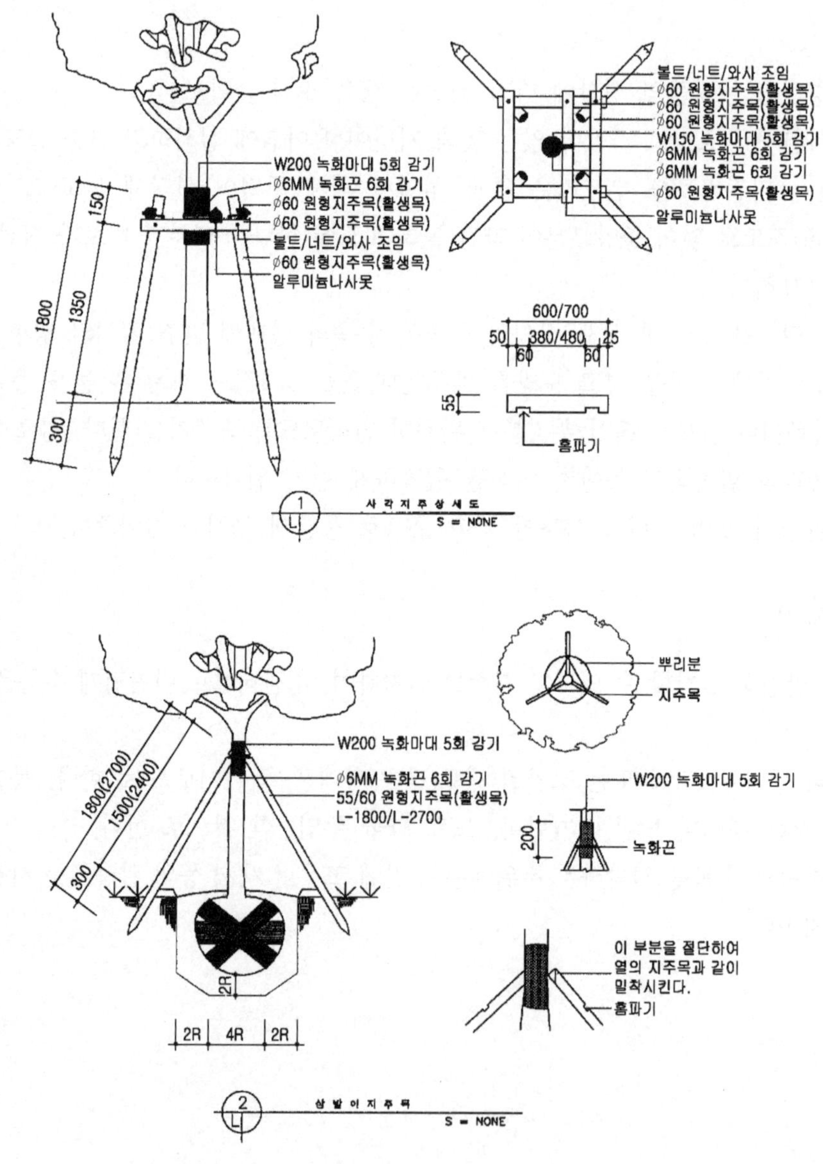

6 이식후의 조치

1. 전정

① 이식 후 뿌리의 수분 흡수량과 지엽의 수분 증발량의 조절을 위해 실시한다.
② 잎, 밀생지 등을 전정 후 방수처리 한다.

2. 발근촉진제(rooton제)와 수분증발억제제(OED green)를 사용한다.

3. 수피감기

① 새끼줄, 거적, 가마니, 종이테이프로 싸주어 수분증발 억제한다.
② 병충해의 침입을 방지한다.
③ 강한 일사와 한해로부터 피해를 예방한다.
④ 수종 : 수피가 얇고 매끈하고 나무(단풍나무, 느티나무, 벚나무 등)에 적용한다.

4. 멀칭(mulching)

① 수피, 낙엽, 볏짚, 땅콩깍지, 풀 및 제재소에서 나오는 부산물, 분쇄목 등을 사용하여 토양 피복, 보호해서 식물의 생육을 돕는 역할을 함
② 멀칭의 기대 효과
㉮ 토양수분유지
㉯ 토양침식과 수분손실 방지
㉰ 토양의 비옥도 증진
㉱ 잡초의 발생이 억제

7 실습내용예시

1. 교목식재(식재순서)

작업준비물 : 전정가위
① 표토걷기 : 땅표면에 있는 흙을 삽으로 긁어서 한쪽에 모아둔다. 표토는 유기물이 풍부하므로 걷어서 한쪽에 모아둔다.
② 식재구덩이(식혈)파기 : 뿌리분 크기의 1.5~2.0배 정도가 되게 원형으로 구덩이를 판다. 속흙과 표토를 분리해서 파고 이물질(돌, 나무뿌리 등)등을 제거한다.
③ 표토넣기 : 식재구덩이에 밑거름을 넣고 그 위에 표토를 5~6cm 정도 넣은 후 나무를 곧게 세운다. 뿌리분과 밑거름이 직접 닿지 않게 하는 것이 중요하다.
④ 물조임 : 식재구덩이에 넣고 흙을 2/3 정도까지 채운 후 물을 충분히 넣고 각목이나 삽으로 흙이 뿌리분에 완전히 밀착되도록 죽쑤기를 한다.
⑤ 물집만들기와 멀칭 : 복토를 하고 흙으로 둥글게 물집을 잡아 충분히 물은 준다. 표면에도 수분증발을 막기 위하여 멀칭을 실시한다.
⑥ 지주세우기 : 교목은 수목이 활착할 수 있도록 지주를 설치한다. 관목은 보통은 실시하지 않으며 필요시 조치한다.

⑦ 전정 : 이식후 뿌리의 수분 흡수량(지하부)과 지엽의 수분 증발량(지상부)을 조절하기 위해 실시하며, 전정 후 방수처리한다.

⑧ 수피감기

㉮ 수목이식 후 수간의 수분증발을 억제하기 위함이며, 소나무의 경우 소나무좀의 피해를 예방, 동해나 병충해방지, 강한 일사와 한해로부터 피해를 예방한다.

㉯ 방법 : 수간아래에서부터 위로 새끼줄이나 녹화마대를 감아 올라간다. 수피를 감은 후 그 위에 진흙을 이겨 바른다.

2. 지주목세우기

- 준비물 : 줄자, 삼각자, 톱
- 과제 : 삼발이지주목설치

① 나무수간을 중심으로 지주목을 묻을 곳을 세군데 삽으로 판다.

② 지주목과 맞닿는 나무의 수간부위(흉고직경 1.2m 높이)에 새끼줄(20회 감기)을 감는다.

③ 땅속에 묻히는 지주목 부분은 자로재서 표시하고 끝을 예리하게 깎는다.

④ 지주목의 각도는 60°, 배치간격은 120°, 수목과 지주목의 각도는 30°가 되도록 한다.

⑤ 하나의 지주목에 검정고무줄을 묶은 후 세 개 지주목을 서로 엇갈리게 하여 고무줄로 돌리며 묶는다.

⑥ 지주목이 흔들리지 않도록 지주목을 단단히 땅 속에 묻는다. 땅을 묻히는 지주목 부분을 썩지 않도록 토치램프로 표면탄화법으로 방부처리를 실시한다.

3. 관목군식 및 열식

① 공통사항

㉮ 기준실로 그 위치를 표시한다.

㉯ 식재간격시 간격을 넓게하면 뿌리분보다 큰구덩이를 파고, 좁으면 도랑을 판다.

㉰ 구덩이 안의 이물질(나무뿌리, 돌)을 제거한다.

㉱ 식재직선상의 말뚝을 박고 실줄을 띄워 기준실에 맞추어 수목을 식재한다.

㉲ 2줄 이상으로 식재할 경우 교호식재를 원칙으로 한다.

㉳ 열을 맞추어 간격을 조절하고 바로잡아 주면서 관수한다.

② 군식시 주의사항

㉮ 식재시 중앙에 가장 큰 나무를 심고 주변에 작은 나무들을 심어나간다.

㉯ 식재간격은 30cm 정도가 적당하다.

③ 산울타리식재

㉮ 식재할 곳을 두 줄로 도랑을 판다.

㉯ 두 줄로 관목을 줄맞춰 심는다. 교호식재로 하며 간격은 20~30cm 정도로 한다.

4. 뿌리돌림의 목적과 작업방법(구술질문)

① 목 적

㉮ 이식력이 약한 나무의 뿌리에 잔뿌리를 발달시켜 이식력을 높이고자 함

㉯ 노목이나 쇠약목의 세력갱신을 위함

② 방법

㉮ 이식기로부터 6개월~3년 전에 실시하며 봄보다는 가을이 효과적이다.

㉯ 근원 지름의 4~6배 지점을 파내려가면서 뿌리를 잘라준다. 네 방향으로 뻗은 뿌리와 수직으로 뻗은 뿌리는 나무를 지지를 위해 자르지 않고 환상박피 한다.

㉰ 환상박피 : 굵은 뿌리의 껍질을 10cm 정도 벗겨냄(효과 : 탄수화물의 하향이동이 방해되어 박피부분에 잔뿌리가 발생한다. 후에 이식할 대는 환상박피부분을 잘라낸다.)

㉱ 부엽토를 약간 섞어서 흙을 되메우며 잘 밟아준다.

잔디식재 3 Chapter

학습포인트 한국잔디는 주로 떼심기에 의해서, 서양잔디는 파종에 의한 방법으로 식재된다. 각각 심기와 파종의 내용에 관한 사항을 알아두어야 한다.

1 잔디식재

① 사용 잔디 : 발근력이 좋고, 주로 한국잔디를 사용
② 규격 : 30cm×30cm×3cm
③ 식재 시기 : 연중 가능, 여름과 겨울은 피함

2 떼심기의 종류

1. 떼심기

① 평떼붙이기(Sodding, 전면 떼붙이기) : 잔디 식재 전면적에 걸쳐 뗏장을 맞붙이는 방법으로, 단기간에 잔디밭을 조성할 때 시공된다.
② 어긋나게 붙이기 : 뗏장을 20~30cm 간격으로 어긋나게 놓거나 서로 맞물려 어긋나게 배열
③ 줄떼붙이기(Vegetative Belt) : 줄 사이를 뗏장 너비 또는 그 이하의 너비로 뗏장을 이어 붙여가는 방법이다. 통상은 5~10cm 넓이의 뗏장을 5cm, 10cm, 20cm, 30cm 간격으로 5cm 정도 깊이의 골을 파고 식재한다.
④ 이음메 붙이기 : 뗏장 사이의 줄눈 너비를 4cm, 5cm, 6cm 로 간격으로 배열
※소요량 : 4cm(70%), 5cm(65%), 6cm(60%)
⑤ 종자판 붙임 공법(식생 매트 공법) : 종자와 비료를 매트 모양의 종이판에 부착시켜 피복하여 녹화하는 공법. 여름, 겨울철에도 시공이 가능하며 시공 직후부터 보호 효과를 얻을 수 있다.

2. 떼심는 방법

① 뗏장의 이음새와 가장자리에 흙을 충분히 채우며, 뗏장 위에 뗏밥 뿌리기
② 뗏장을 붙인 후 110~130kg 무게의 롤러로 전압하고 충분히 관수
③ 경사면시공시 뗏장 1매당 2개의 떼꽂이를 박아 고정시키며 경사면의 아래에서 위쪽으로 식재

3 종자파종

① 사용 잔디 : 난지형(한국잔디는 발아처리된 것을 사용한다), 한지형(서양잔디) 잔디 사용
② 발아 온도 : 난지형은 30~35℃, 한지형은 20~25℃
③ 토양조건 : 배수가 양호하고 비옥한 사질양토, 토양산도는 pH가 5.5 이상

4 배토작업(뗏밥주기=Top dressing)

① 목적 : 잔디의 생육을 원활하게 하기 위해 유기질 비료를 공급한다.
② 방법 : 유기물, 밭흙, 세사를 체에 걸러 잔디표면에 뿌려주며, 소량(2~4mm 두께)로 실시한다.

5 수량 산출 및 품셈

1. 떼뜨기·떼붙임

① 평떼의 경우 잔디 식재 전면적과 동일하게 산출한다.
② 잔디 1장당 규격은 30cm×30cm로 $1m^2$ 당 11매가 소요된다.

2. 종자판의 붙임·종자 살포 및 파종

단위 면적 $100m^2$ 당 소요 재료량을 산출하고 전체 수량을 산출한다.

6 실습내용(작업시 잔디 또는 인조잔디가 지급된다.)

1. 전면붙이기, 어긋나게 붙이기, 줄붙이기

① 흙으로 걷어 표토는 모아둔다.
② 식재할 곳을 20cm 정도 깊이로 갈아엎으며, 이물질을 제거한다.
③ 유기질 비료($1m^2$당 20g)를 넣고 레이크로 긁어 흙속에 묻히도록 한다.
④ 잔디를 과제사항에 맞춰 전면붙이기, 어긋나게 붙이기, 줄붙이기로 놓는다.
⑤ 잔디표면에 뗏밥을 뿌려준다(걷어놓은 표토로 대신한다.).
⑥ 잔디 위를 롤러나 삽으로 두드려 다진다.
⑦ 식재 후 $1m^2$ 당 6리터 물로 관수한다.

잔디붙이기 종류
- 전면 붙이기(소요뗏장 100%→$1m^2$에 전면붙이기시 약 11장 소요)
- 이음매 붙이기(이음매 너비일 때 소요되는 뗏장 4cm : 70%, 5cm : 65%, 6cm : 60%)
- 줄붙이기 : 줄 사이를 뗏장 너비 또는 그 이하의 너비로 뗏장을 붙여가는 방법
  (뗏장 소모량 뗏장 너비로 뗄 경우 소요 뗏장 : 50%, 뗏장 반 너비로 뗄 경우 : 75%)
- 어긋나게 붙이기 : 소요되는 뗏장 50%

2. 잔디종자파종(실제작업 및 가상작업 시행)

① 파종할 곳을 20~30cm 깊이로 갈아엎으며 이물질을 제거한다.
② 비료 20g을 주고 레이크로 고루 섞어준다.
③ 표면은 롤러로 평탄하게 다져준다.
④ 종자를 동서방향으로 한번, 남북방향으로 다시 파종한다(종자파종시 붉은 착색제를 넣기도 하는데 이는 뿌린자리를 표시해두기 위해서이다.).
⑤ 레이크로 긁어서 종자가 살짝 묻히도록 한다. 파종 후엔 절대 복토하지 않는 것이 중요하다.
⑥ 롤러로 다시 다져 흙과 완전히 밀착되도록 한다.
⑦ 파종포지가 젖도록 충분히 관수한다.

수목관리사항 4 Chapter

학습포인트 시비방법은 토양내시비법, 수간주사에 관한 일반사항 실습을 요하며 전정시 대상가지와 전정시 요령을 알아두어야 한다.

1 시비시기

① 시기 : 보통은 낙엽진후

② 수목의 생육이 왕성하게 시작되는 봄에 시비하나 질소질 비료는 수목의 생육에 곧바로 이용하도록 가을철에 시비하는 것이 양호

2 시비의 종류

1. 숙비(기비)

① 지효성 유기질비료(두엄, 계분, 퇴비, 골분, 어분)

② 낙엽 후 10~11월(휴면기), 2~3월(근부활동기)

③ 노목, 쇠약목에 시비하여 4~6월 효과가 나타남

④ 일반적으로 보통 토양의 경우 1년 양의 70%를 주어 서서히 효과를 기대한다.

2. 추비(화비)

① 속효성 무기질비료(N, P, K 등 복합비료)

② 수목 생장기인 꽃이 진 직후나 열매 딴 후 수세회복이 목적

③ 소량으로 시비한다.

3. 무기질비료의 종류

① 질소질 비료 : 황산암모늄, 요소, 질산암모늄, 석회질소

② 인산질 비료 : 과린산석회, 용성인비

③ 칼리질 비료 : 염화칼슘, 황산칼슘, 초목회

④ 석회질 비료 : 생석회, 소석회, 탄산석회, 황산석회

3 시비방법

1. 표토시비법(surface application)

① 작업은 신속하나 비료유실이 많음
② 토양 내 이동속도가 빠른 질소시비가 적합

2. 토양내 시비법(soil incorporation)

① 비교적 용해하기 어려운 비료를 시비하는데 효과적
② 토양수분이 적당히 유지될 때 시비
③ 시비용 구덩이의 깊이는 20cm, 폭은 20~30m인 것으로 근원 직경의 3~7배 정도 띄워서 판다.
④ 시비 방법
㉮ 방사상시비 : 뿌리가 상하기 쉬운 노목에 실시
㉯ 윤상 시비 : 비교적 어린 나무에 실시
㉰ 대상 시비 : 뿌리가 상하기 쉬운 노목
㉱ 전면 시비
㉲ 선상 시비 : 생울타리 시비법

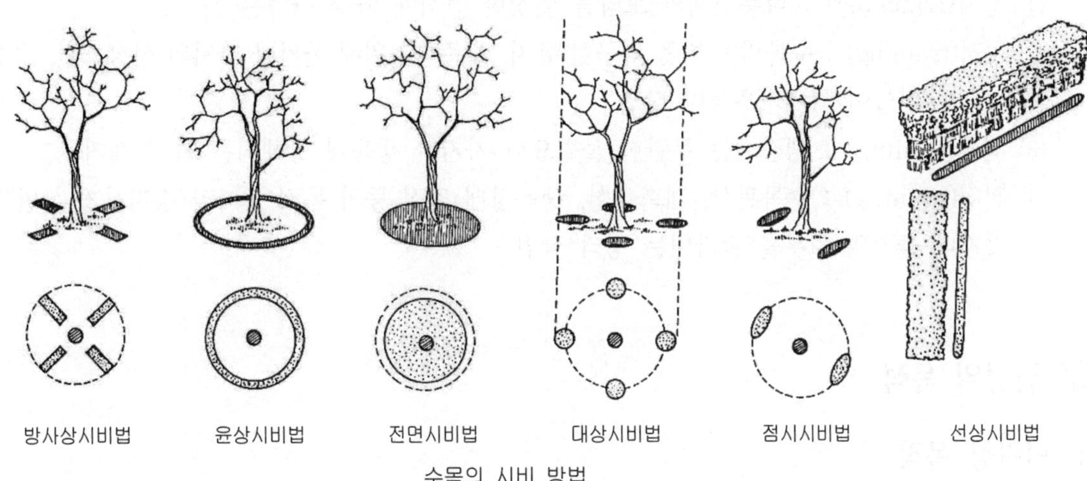

수목의 시비 방법

3. 엽면시비법(foliage spray)

① 물에 희석하여 직접 엽면에 삼포, 미량원소 부족시 효괴기 빠름
② 쾌청한 날(광합성이 왕성할 때) 아침이나 저녁에 살포
③ 대체적으로 물 100ℓ 당 60~120mℓ 로 희석

4. 수간주사(trunk inplant and injection)

① 위의 방법으로 시비가 곤란하거나 거목이나 경제성이 높은 수종
② 시기 : 4~9월 증산 작용이 왕성한 맑은 날에 실시
③ 방법
㉮ 주사액이 형성층까지 닿아야함
㉯ 구멍은 통상적으로 수간 밑 2곳에 뚫음

㉰ 5~10cm 떨어진 곳에 반대편에 위치, 수간주입 구멍의 각도는 20~30°
㉱ 구멍지름은 5 mm, 깊이 3~4cm 조성
㉲ 수간 주입기는 높이 150~180cm에 고정시킴

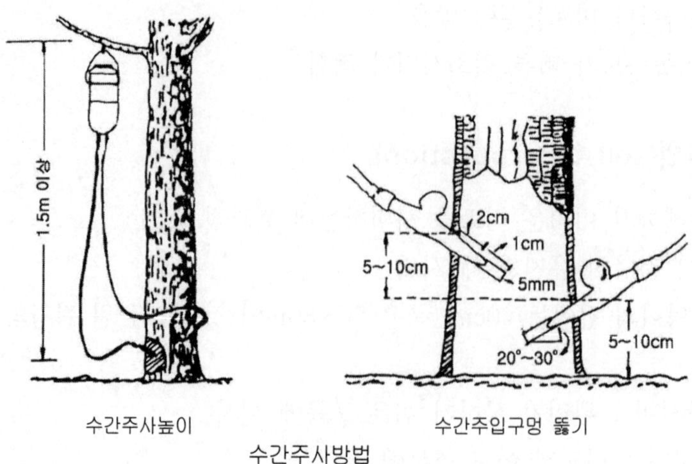

수간주사높이　　　　수간주입구멍 뚫기

수간주사방법

4 전지·전정의 용어정리

① 정자(trimming) : 나무전체의 모양을 일정한 양식에 따라 다듬는 것
② 정지(training) : 수목의 수형을 영구히 유지, 보존하기위해 줄기나 가지의 성장조절, 수형을 인위적으로 만들어가는 기초정리 작업
③ 전제(trailing) : 생장에는 무관한 불필요한 가지나 생육에 방해되는 가지 제거
④ 전정(pruning) : 수목관상, 개화결실, 생육상태 조절 등의 목적에 따라 정지하거나 발육을 위해 가지나 줄기의 일부를 잘라내는 정리 작업

5 전정의 목적

1. 미관상 목적

① 수형에 불필요한 가지 제거로 수목의 자연미를 높임
② 인공적인 수형을 만들 경우 조형미를 높임

2. 실용상 목적

① 방화수, 방풍수, 차폐수 등을 정지, 전정하여 지엽의 생육을 도움
② 가로수의 하기전정 : 통풍원활, 태풍의 피해방지

3. 생리상의 목적

① 지엽이 밀생한 수목 : 정리하여 통풍·채광이 잘 되게 하여 병충해방지, 풍해와 설해에 대한 저항력을 강화시킴
② 쇠약해진 수목 : 지엽을 부분적으로 잘라 새로운 가지를 재생해 수목에 활력
③ 개화결실수목 : 도장지, 허약지 등을 전정하여 생장을 억제하여 개화·결실 촉진
④ 이식한 수목 : 지엽을 자르거나 잎을 훑어주어 수분의 균형을 이루어 활착을 좋게 함

6 전정 시기별 분류

① 봄전정(4, 5월)
　㉮ 상록활엽수(감탕나무, 녹나무) : 잎이 떨어지고 새잎이 날 때 전정
　㉯ 침엽수(소나무, 반송, 섬잣나무) : 순자르기
　㉰ 봄꽃나무(진달래, 철쭉류) : 꽃이 진후 바로 전정
　㉱ 여름꽃나무(무궁화, 배롱나무, 장미) : 눈이 움직이기 전에 이른 봄에 전정
② 여름전정(6~8월) : 강전정은 피함(태풍의 피해를 막기 위해 가지솎기)
③ 가을전정(9~11월) : 동해피해를 입기 쉬워 약전정을 실시, 남부지방은 상록활엽수 전정
④ 겨울전정(12~3월) : 수형을 잡기 위한 굵은 가지 강전정을 실시

※ 전정을 하지 않는 수종
- 침엽수 : 독일가문비, 금송, 히말라야시다 등
- 상록활엽수 : 동백나무, 치자나무, 굴거리나무, 녹나무, 태산목, 만병초, 팔손이
- 낙엽활엽수 : 느티나무, 팽나무, 수국, 떡갈나무, 벚나무, 회화나무, 백목련 등

7 수목의 생장 습성

① 정부 우세성 : 윗가지는 힘차게 자라고 아랫가지는 약해진다.
② 활엽수가 침엽수에 비해 강전정에 잘 견딤
③ 화아 착생 위치의 분류
　㉮ 정아에서 분화하는 수종 : 목련, 철쭉, 후박나무 등
　㉯ 측아에서 분화하는 수종 : 벚나무, 매화나무, 복숭아나무, 아카시아, 개나리
④ 화목류의 개화습성
　㉮ 신소지(1년생)개화하는 수종 : 장미, 무궁화, 협죽도, 배롱나무, 싸리, 능소화, 아카시아, 감나무, 등나무, 불두화 등
　㉯ 2년 생지 개화하는 수종 : 매화나무, 수수꽃다리, 개나리, 박태기나무, 벚나무, 목련, 진달래, 철쭉, 생강나무, 산수유 등
　㉰ 3년 생지 개화하는 수종 : 사과나무, 배나무, 명자나무 등

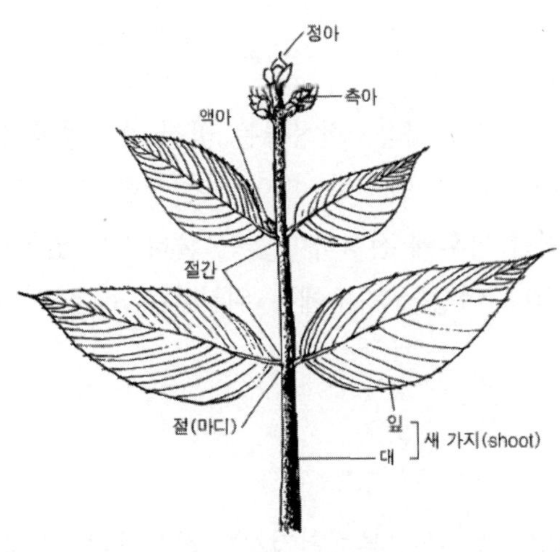

새가지(Shoot)의 특징

8 정지, 전정의 요령

1. 정지, 전정의 대상

밀생지(지나치게 자르면 도장지 발생), 교차지, 도장지, 역지, 병지, 고지, 수하지(垂下枝 : 똑바로 아래로 향해서 처진 가지), 평행지, 윤생지, 정면으로 향한 가지, 대생지

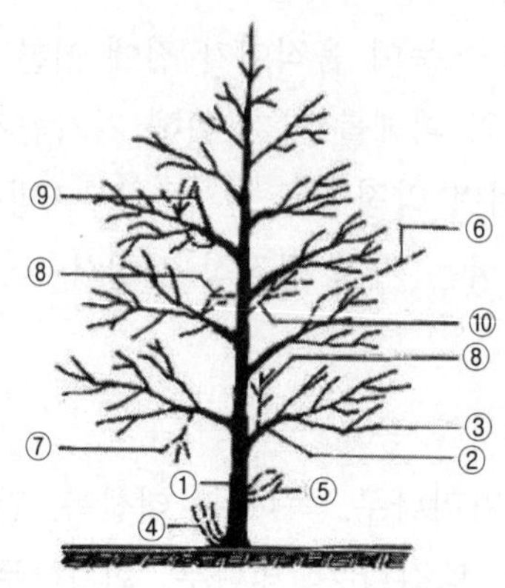

① 주간
② 주지
③ 측지
④ 포복지(움돋이)
⑤ 맹아지(붙은 가지)
⑥ 도장지
⑦ 하지
⑧ 내향지(역지)
⑨ 교차지
⑩ 평행지

2. 요 령

① 주지선정
② 정부 우세성을 고려해 상부는 강하게 전정, 하부는 약하게 전정
③ 위에서 아래로, 오른쪽에서 왼쪽으로 돌아가면서 전정
④ 굵은 가지는 가능한 수간에 가깝게, 수간과 나란히 자름
⑤ 수관내부는 환하게 솎아내고 외부는 수관선에 지장이 없게 함
⑥ 뿌리 자람의 방향과 가지의 유인을 고려

3. 목적에 따른 전정시기

① 수형위주의 전정 : 3~4월 중순, 10~11월 말
② 개화목적의 전정 : 개화 직후
③ 결실목적의 전정 : 수액이 유동하기 전
④ 수형을 축소 또는 왜화 : 이른 봄 수액이 유동하기 전

4. 산울타리 전정

① 시기 : 일반수목은 장마철과 가을, 화목류는 꽃진 후, 덩굴식물은 가을
② 횟수 : 생장이 완만한 수종은 연 2회, 맹아력이 강한 수종은 연 3~4회
③ 방법 : 식재 후 3년 지난 이후에 전정하며 높은 울타리는 옆에서 위로 전정, 상부는 깊게, 하부는 얕게 전정, 높이가 1.5m 이상일 경우에는 위부분은 좁은 사다리꼴 전정

9 정지, 전정의 도구

① 사다리, 톱, 전정가위(조경수목, 분재전정시), 적심가위, 순치기 가위, 적과가위, 적화가위
② 고지가위(갈고리 가위) : 높은 부분의 가지를 자를 때나 열매를 채취할 때 사용한다.

10 실습내용

1. 수간주사작업

① 시기 : 4~9월 증산작용이 왕성한 맑은 날에 실시

② 방법

㉮ 주사액이 형성층까지 닿아야함

㉯ 구멍뚫기는 통상적으로 수간 밑 2곳에 드릴로 뚫음

㉰ 5~10cm 떨어진 곳에 반대편에 위치, 수간주입 구멍의 각도는 20~30°

㉱ 구멍지름은 5mm, 깊이 3~4cm 조성

㉲ 수간 주입기는 높이 150~180cm에 고정시킴

㉳ 약액이 다 없어지면 나무에서 수간 주입기를 걷어 내고, 주입 구멍을 방부, 방수 매트처리 한 후 인공 나무껍질을 한다.

2. 전정작업(적심(순자르기))

① 지나치게 자라는 가지신장을 억제하기 위해 신초의 끝부분을 따버림, 순이 굳기 전에 실시

② 소나무류 순지르기(꺾기)

㉮ 목적 : 나무의 신장을 억제, 노성(老成)된 우아한 수형을 단기간 내에 인위적으로 유도, 잔가지가 형성되어 소나무 특유의 수형 형성

㉯ 방법 : 4~5월경 5~10cm로 자란 새순을 3개 정도 남기고 중심순을 포함하여 손으로 제거

③ 잣나무 잎솎기

㉮ 목적 : 채광 및 통풍을 위해 8월경에 2~3년생 가지에 실시한다.

㉯ 방법 : 장갑을 끼고 가지를 훑어주면 약한 잎은 솎아진다.

3. 굵은 가지 전정방법에 대해 설명하시오.

① 가지 밑동으로 부터에 밑에서 위쪽으로 나무 굵기의 1/3 정도 깊이까지 톱질한다.

② 위에서 아래로 자른다.

③ 남은가지를 톱으로 깨끗이 잘라낸다.

4. 전정 후 처리에 대해 설명하시오.

거친면은 손칼로 다듬고 알코올로 소독하며 방부, 방수처리한다.

5. 전정의 목적을 설명하시오.

생장조절, 생리조절, 생장억제, 개화결실을 위해, 세력갱신을 위해

6. 전정시 대상에 대해 설명하시오.

병지, 역지, 윤생지, 수하지, 대생지, 교차지

7. 전정방법에 대해 설명하시오.

상부는 강하게 하부는 약하게, 위에서 아래로 오른쪽에서 왼쪽으로 돌아가며 전정

포장공사 5 Chapter

학습포인트 벽돌포장, 판석포장의 포장방법에 대해 알아두며 현장작업과 구술시험을 대비한다.

1 소형고압블럭 포장

특 징	고압으로 소형된 소형 콘크리트블록으로 블록상호가 맞물림으로 교통 하중을 분산시키는 우수한 포장방법이다.
장 점	연약지반에 시공이 용이하고 유지관리비가 저렴하다.
사용공간	공원의 보도를 비롯한 외부공간에 다방면으로 사용가능하며 주차장에도 사용가능하다.

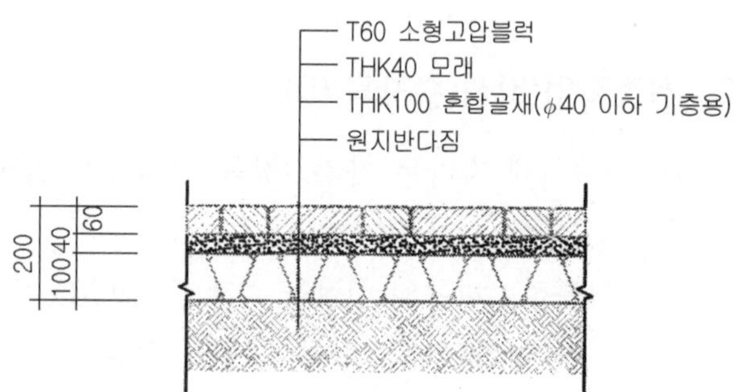

2 점토블럭 포장

특 징	점토를 성형하여 소성한 블록으로 포장하는 방법이다.
장 점	질감이 부드럽고 미려한 황토색상으로 환경친화적 재료이다.
사용공간	외부공간에 다방면으로 사용가능하다.

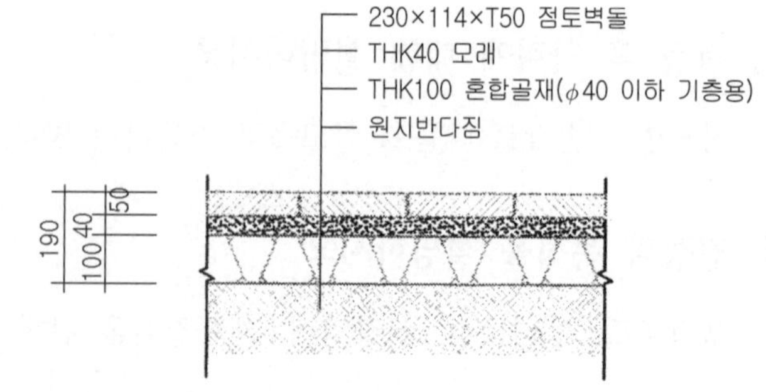

3 잔디블럭 포장

특 징	포장공간에 잔디생육이 가능하도록 다공질 합성수지 블록으로 포장하는 방법이다.
장 점	친환경적소재이며 투수성이 높다.
사용공간	보도, 산책로, 주차장, 광장 등에 사용된다.

4 고무블럭 포장

특 징	폐타이어칩을 블록형태로 가공하여 포장하는 방법이다.
장 점	고무자체의 탄성으로 보행 시 편안하고 두께, 강도, 색상, 표면 무늬 등의 자유로운 선택을 할 수 있다.
사용공간	특징으로 공원이나 놀이터, 배드민턴장, 자전거도로, 건물 옥상, 골프장 등의 바닥에 활용되고 있다.

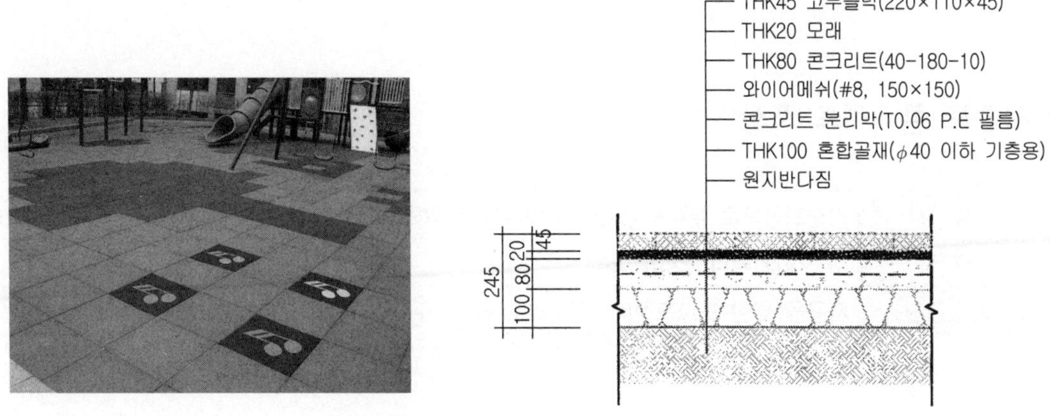

5 화강석판석 포장

특 징	• 화강석을 얇은 판석으로 가공하여 포장하는 방법으로 석재의 가공법에 따라 다양한 질감과 포장 패턴의 구성이 가능하다. • 불투수성 포장재로 포장면의 배수에 유의해야한다.
장 점	석재로 시각적 효과가 우수한 포장방법이다.
사용공간	건물 앞 전면광장 등에 사용된다.

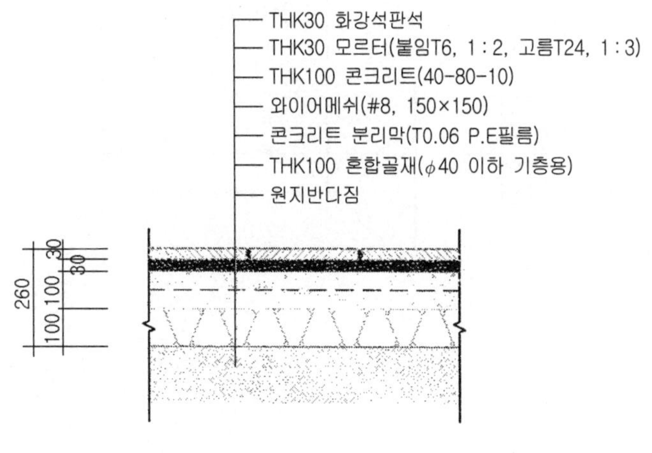

6 투수콘 포장

특 징	아스팔트유제에 다공질 재료를 혼합하여 표면수의 통과가 가능한 포장이다.
장 점	보행감각이 좋으며 우수가 포장 아래로 스며들어 배수가 원활하다.
사용공간	공원의 보도나 광장, 자전거도로, 하중을 많이 받지 않는 차도나 주차장에 설치 가능하다.

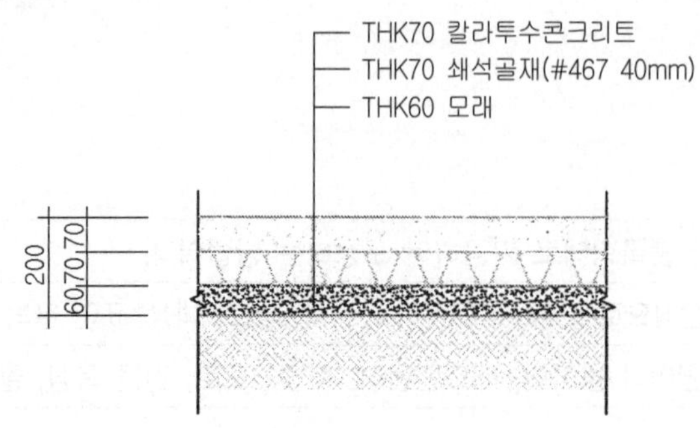

7 시멘트 콘크리트 포장

특 징	강성포장으로 불투수성재료로 배수에 유의해야하며, 시공이 간편하며 시공비가 저렴하다.
장 점	내구성과 내마모성이 좋다.
사용공간	차량을 위한 도로포장에 사용되며, 광장, 주자장 등에 사용 가능하다.

8 마사토 포장

특 징	강성포장으로 불투수성재료로 배수에 유의해야하며, 시공이 간편하며 시공비가 저렴하다.
장 점	내구성과 내마모성이 좋다.
사용공간	차량을 위한 도로포장에 사용되며, 광장, 주자장 등에 사용 가능하다.

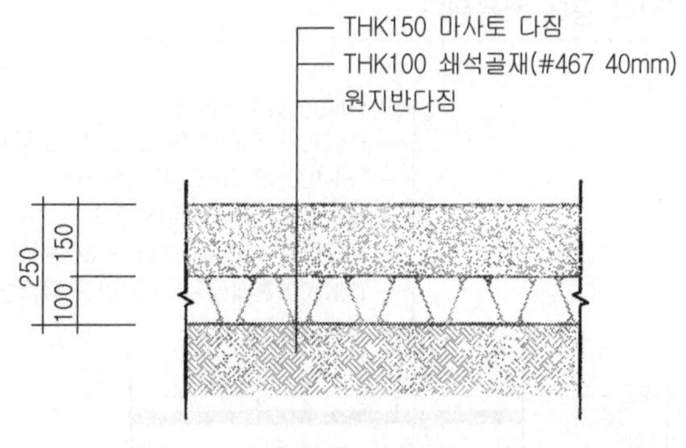

9 실습내용

1. 벽돌포장

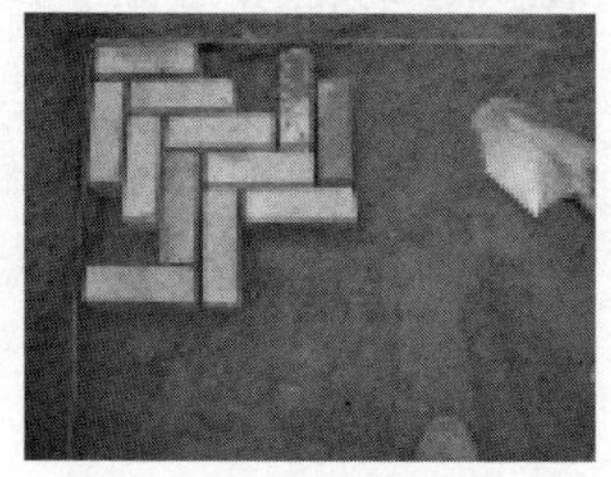

■ 과제 : 20여장의 벽돌로 모로세워깔기(갈매기깔기), 평깔기

■ 준비물 : 고무망치, 각목

① 포장 개략 순서 : 지반다짐 → 잡석(150mm) → 모래(40mm) → 보도블럭

② 실습과정

㉮ 가로, 세로 1미터 깊이 10cm 정도로 땅을 판다.

㉯ 정사각형 모양으로 실로 줄을 띄운다. 줄은 지면에 밀착되게 설치한다.

㉰ 4cm 정도로 모래가 채워지도록 다진다(보통은 모래를 주지 않으며 흙으로 대신하는 경우가 많다.).

④ 한쪽 모서리부터 벽돌을 깔아가며, 줄눈을 1cm로 한다.

⑤ 모래로 줄눈을 채워준다.

⑥ 포장된면은 높이가 일정해야하며 벽돌이 밀리지 않도록 주변을 흙으로 다져준다.

2. 판석포장, 석재타일포장

■ 준비물 : 고무망치, 각목

■ 포장순서 : 지반다지기 → 잡석(150mm) → 콘크리트(100mm) → 모르타르(40mm) → 판석붙이기

① 판석포장을 할 곳을 가로 1m, 세로 1m 깊이 30cm로 터를 고른다.

② 보통 판석포장은 모르타르로 고정을 시키나 현장조건상 모르타르는 주지 않고 모르타르가 있다고 가정하여 작업한다.)

③ 줄눈 간격은 10~20mm 정도로 하고, Y자형 줄눈이 되도록 시공하며 줄눈의 깊이는 판석보다 높아서는 안 된다.

석축 및 벽돌공사 6 Chapter

학습포인트 석축공사시 자연석 무너짐 쌓기, 호박돌쌓기 등의 내용을 이해하고 있어야 하며 벽돌공사시 쓰이는 규격, 줄눈, 두께설정 등을 작업할 수 있어야한다.

1 석축공사

1. 자연석 무너짐 쌓기

① 정의 : 비탈면, 연못의 호안이나 정원 등 흙의 붕괴를 방지하여 경사면을 보호할 뿐만 아니라 주변 경관과 시각적으로도 조화를 이룰 수 있도록 자연석을 설치
② 돌틈식재 : 돌 사이에 빈틈에 회양목이나 철쭉 등의 관목류, 초화류를 식재
③ 기초석의 깊이 : 지표면에서 20~30cm 묻혀준다.

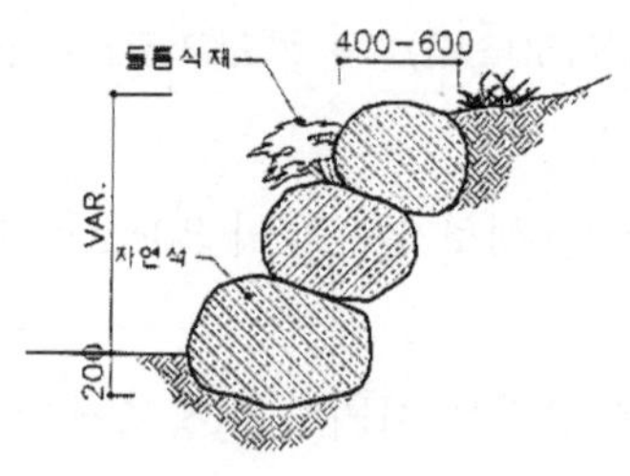

자연석무너짐쌓기

2. 호박돌쌓기

① 자연스러운 멋을 내고자할 때 사용
② 호박돌은 안정성이 없으므로 찰쌓기 수법 사용
③ 하루에 쌓는 높이는 1.2m 이하

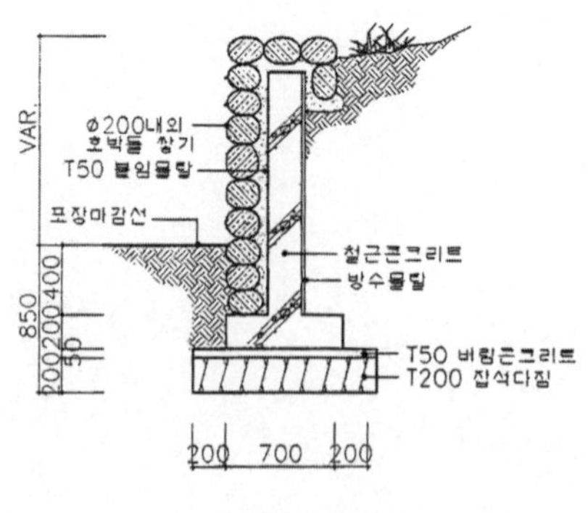

호박돌쌓기

3. 마름돌쌓기(일정한 모양으로 다듬어 놓은 돌을 쌓음)

① 콘크리트나 모르타르의 사용 유무에 따라

㉮ 찰쌓기(wet masonry) : 줄눈에 모르타르를 사용하고, 뒤채움에 콘크리트를 사용하는 방식으로 견고하나 배수가 불량해지면 토압이 증대되어 붕괴 우려가 있다.

㉯ 메쌓기(dry masonry) : 콘크리트나 모르타르를 사용하지 않고 쌓는 방식으로 배수는 잘되나 견고하지 못해 높이에 제한을 둔다.

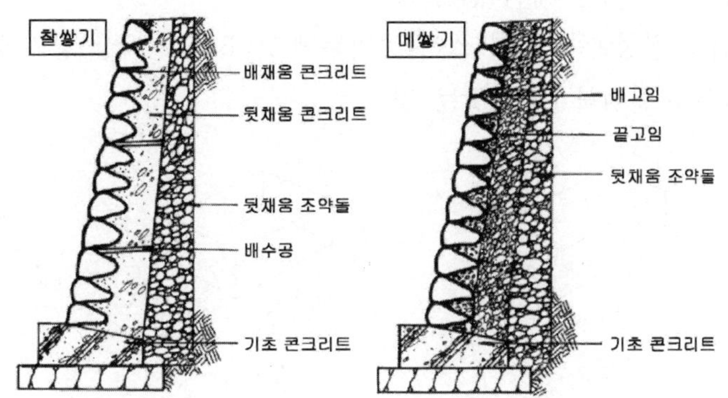

② 줄눈의 모양에 따라

㉮ 켜쌓기 : 가로줄눈이 수평이 되도록 각 층을 직선으로 쌓는 방법으로 시각적으로 보기 좋으므로 조경공간에 주로 사용

㉯ 골쌓기 : 줄눈을 물결모양으로 골을 지워가며 쌓는 방법, 하천 공사 등에 주로 쓰임

2 벽돌공사

1. 종류와 규격

① 종류 : 보통벽돌, 내화벽돌, 특수벽돌(이형벽돌, 경량벽돌, 포장용벽돌)

② 규격 : 표준형(190×90×57mm), 기존형(210×100×60mm)

2. 줄 눈

① 구조물의 이음부를 말하며, 벽돌쌓기에 있어서는 벽돌사이에 생기는 가로, 세로의 이음부를 말한다.

② 종류 : 통줄눈, 막힌 줄눈

3. 두 께

① 길이를 기준으로 표시

② 0.5B : 반장쌓기, 1.0B : 한 장쌓기

4. 벽돌쌓는 방법

① 영식쌓기 : 한단은 마구리, 한단은 길이쌓기로 하고 모서리 벽 끝에는 이오토막을 씀
② 화란식쌓기 : 영식쌓기와 같고, 모서리 끝에 칠오토막을 씀
③ 불식쌓기 : 매단에 길이 쌓기와 모서리 쌓기가 번갈아 나옴
④ 미식쌓기 : 5단까지 길이쌓기로 하고 그 위에 한단은 마구리쌓기로 하여 본 벽돌벽에 물려 쌓음
⑤ 길이쌓기 : 0.5B 두께의 간이 벽에 쓰임
⑥ 옆세워쌓기 : 마구리를 세워 쌓는 것
⑦ 마구리 쌓기 : 원형굴뚝 등에 쓰이고 벽두께 1.0B쌓기 이상 쌓기에 쓰임
⑧ 길이세워쌓기 : 길이를 세워 쌓는 것

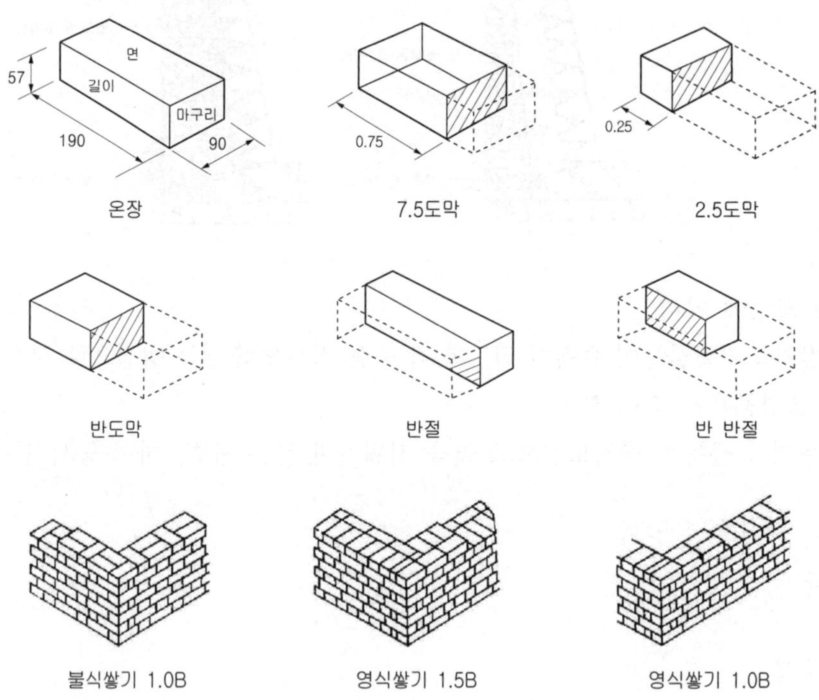

온장 7.5도막 2.5도막

반도막 반절 반 반절

불식쌓기 1.0B 영식쌓기 1.5B 영식쌓기 1.0B

5. 벽돌쌓기

① 벽돌은 정확한 규격이어야 하며, 잘 구워진 것 이어야한다.
② 벽돌은 쌓기 전에 흙, 먼지 등을 제거하고 10분 이상 물에 담가 놓아 모르타르가 잘 붙도록 함
③ 모르타르는 정확한 배합이어야 하고, 비벼 놓은 지 1시간이 지난 모르타르는 사용하지 않음
④ 벽돌쌓기는 각 층은 압력에 직각으로 되게 하고 압력방향의 줄눈은 반드시 어긋나게 함
⑤ 특별한 경우 이외는 화란식쌓기, 영식쌓기로 한다.
⑥ 하루 벽돌 쌓는 높이는 1.2m(20단) 이하로 하고, 모르타르가 굳기 전에 압력을 가해서는 안 되며 12시간 경과 후 다시 쌓음
⑦ 벽돌 일이 끝나면 치장벽면에는 치장줄눈 파기
⑧ 벽돌쌓기가 끝나면 가마니 등으로 덮고 물을 뿌려서 양생하고 일광직사를 피함
⑨ 벽돌 줄눈은 보통은 1 : 3, 중요한곳 1 : 2, 치장줄눈 1 : 1 또는 1 : 2

Chapter 7

토공사

학습포인트 토공사에 대한 용어이해를 할 수 있어야 한다.

1 절토(흙깎기)

① 절취 : 시설물 기초 위해 지표면의 흙을 약간(20cm) 걷어내는 일
② 터파기 : 절취 이상의 땅을 파내는 일
③ 준설(수중굴착) : 물 밑의 토사, 암반을 굴착
④ 굴삭기 : 불도저, 파워셔블, 백호 등

2 성토(흙쌓기)

① 입도가 좋아 잘 다져진 흙, 도시 쓰레기, 시공자재물 및 수목 등의 이물질 혼합되지 않을 것
② 더돋기(여성고) : 성토시에는 압축 및 침하에 의해 계획 높이보다 줄어들게 하는 것을 방지하고 계획높이를 유지하고자 실시하는 것, 대개 높이의 10% 미만
③ 축제 : 철도나 도로의 성토
④ 마운딩(造山, 築山작업) : 조경에서 경관의 변화, 방음, 방풍, 방설을 목적으로 작은 동산을 만드는 것

3 다짐

① 성토된 부분의 흙이 단단해 지도록 다지는 일
② 기계다짐과 인력다짐
③ 전압 : 흙이나 포장 재료를 롤러로 굳게 다지는 작업

4 실습내용

1. 마운딩공사

① 성토에 의한 마운딩시 설계모양대로 소석회로 경계를 표시하며 지형굴곡이 변하는 곳에 말뚝을 설치한다(3m 미만의 성토시 10%정도 더돋기를 실시한다.).
② 설치한 말뚝높이와 지형의 형태를 보면서 성토를 실시한다.

③ 쌓은 흙이 30~60cm 정도 될 때 마다 물을 주어 다져준다

④ 작업이 끝나면 삽으로 정리한다.

2. 비탈면조성과 보호

① 자연 비탈면 : 물, 중력에 의한 침식 등으로 이루어짐

② 성토비탈면이 더 완만한 경사를 유지해야 한다.

③ 비탈면이 길면 붕괴 우려가 있으므로 단을 만들어 안정을 도모

④ 비탈어깨와 비탈 밑은 예각을 피하여 라운딩 처리하여 안정성과 주변 자연지형의 곡선과 잘 조화되게 한다.

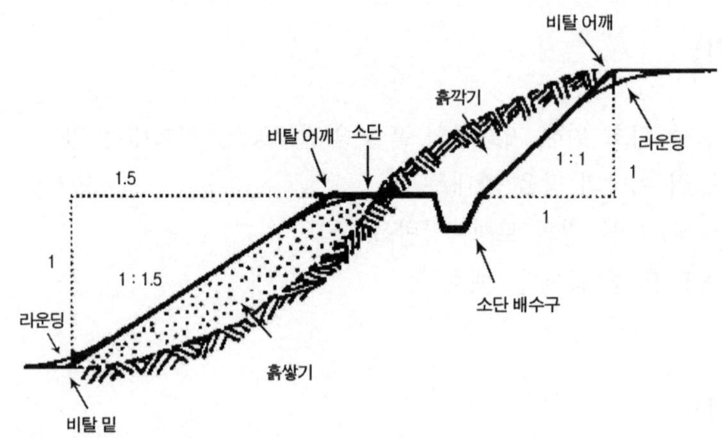

조경수목감별

수목감별의 수험방법 및 표준수종목록

1 Chapter

학습포인트 수목감별시 수험방법을 알아두도록 한다.

1 조경기능사 실기 변경사항

조경기능사 홍보용 영상 사용 방법

<자료출처 : 한국산업인력공단 큐넷 홈페이지>

- 기존에 수목의 일부를 채취하여 감별 → PC와 빔 프로젝터 활용 → 수목 이미지 파일
- 변경된 방법의 적용은 2016년 기능사 1회(3월) 실기시험부터 적용합니다.
- 이 화면은 본 시험에서는 나오지 않는 화면입니다.
- 수험용 홍보 영상은 실 수험자용 화면과 차이가 있을 수 있습니다.

수험자 홍보영상 화면구성

※ 운영환경 : MP4 구동 (곰플레이어, km플레이어 등 영상구동 툴)

※ **홍보용 영상 화면설명**

수험자는 화면을 제어할 수 없습니다. 빔 프로젝트로 시험을 보게 됩니다.

① 문제번호와 수종에 대한 설명입니다.

② 수종을 판단하기 위해 제공되는 수험 자료입니다. 슬라이드 방식으로 넘어갑니다.

③ 문제번호버튼 입니다.

④ 남은 시간을 표시합니다.

⑤ 수험 시작 버튼 입니다.

2 국가기술자격검정 실기시험(수목감별)

1. 수험용 홍보 영상 유의사항

- 실제 수험 장소에서 수험자는 프로그램을 제어 할 수 없습니다.
- 10~20개 수종을 질문합니다.(변경될 수 있습니다.)
- 한 수종당 2~6개의 사진이 제공됩니다.(변경될 수 있습니다.)
- 사진당 5초 정도의 보여주게 됩니다.
- 해당 시험은 빔 프로젝트로 시행됩니다. 그러므로 수험자는 제공 되어지는 화면을 보고 수종을 이름을 제공되어 지는 시험지에 작성합니다.
- 시험 시간은 20분입니다.(변경될 수 있습니다.)
- 홍보용 영상에서 사용되는 사진은 실 시험 사진과 연관이 없습니다.
  * 홍보용 수험자 파일은 큐넷(www.q-net.or.kr) → 자료실 → 공개문제 → "조경기능사 홍보용 영상.mp4"을 실행하여 구성확인

2. 수목감별 수험 방법 예시

① 빔프로젝터 화면의 문제 확인

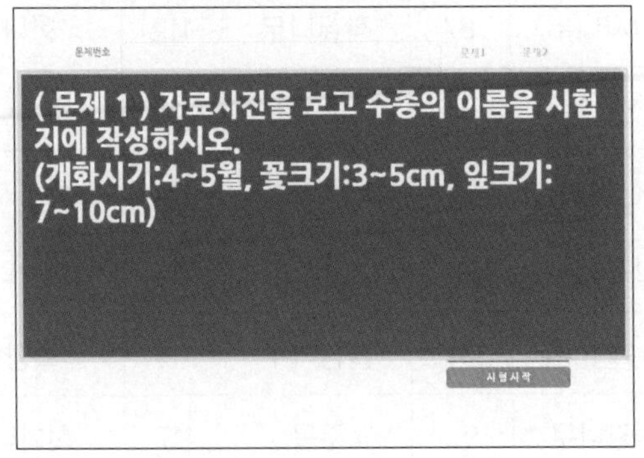

② 2~6장의 슬라이드를 보고 수종 판단

③ 판단을 근거로 답안 작성

④ 10초 후 다음 문제로 넘어감

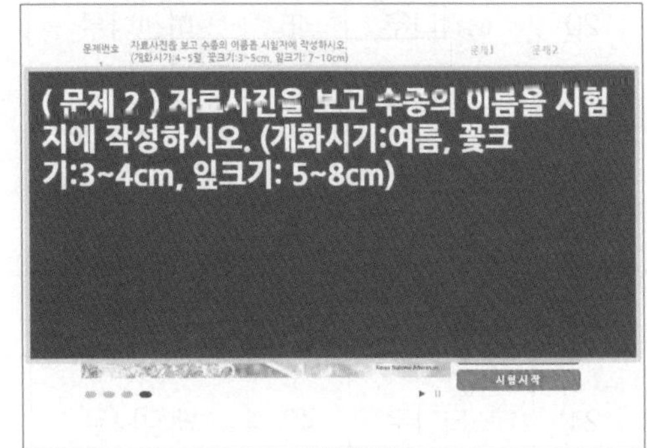

3 조경기능사 수목감별 표준수종 목록

순서	수목명	순서	수목명	순서	수목명	순서	수목명	순서	수목명
1	가막살나무	26	단풍나무	51	백송	76	신나무	101	칠엽수
2	가시나무	27	담쟁이덩굴	52	버드나무	77	아까시나무	102	태산목
3	갈참나무	28	당매자나무	53	벽오동	78	앵도나무	103	탱자나무
4	감나무	29	대추나무	54	병꽃나무	79	오동나무	104	백합나무
5	감탕나무	30	독일가문비	55	보리수나무	80	왕벚나무	105	팔손이
6	개나리	31	돈나무	56	복사나무	81	은행나무	106	팥배나무
7	개비자나무	32	동백나무	57	복자기	82	이팝나무	107	팽나무
8	개오동	33	등	58	붉가시나무	83	인동덩굴	108	풍년화
9	계수나무	34	때죽나무	59	사철나무	84	일본목련	109	피나무
10	골담초	35	떡갈나무	60	산딸나무	85	자귀나무	110	피라칸타
11	곰솔	36	마가목	61	산벚나무	86	자작나무	111	해당화
12	광나무	37	말채나무	62	산사나무	87	작살나무	112	향나무
13	구상나무	38	매화(실)나무	63	산수유	88	잣나무	113	호두나무
14	금목서	39	먼나무	64	산철쭉	89	전나무	114	호랑가시나무
15	금송	40	메타세쿼이아	65	살구나무	90	조릿대	115	화살나무
16	금식나무	41	모감주나무	66	상수리나무	91	졸참나무	116	회양목
17	꽝꽝나무	42	모과나무	67	생강나무	92	주목	117	회화나무
18	낙상홍	43	무궁화	68	서어나무	93	중국단풍	118	후박나무
19	남천	44	물푸레나무	69	석류나무	94	쥐똥나무	119	흰말채나무
20	노각나무	45	미선나무	70	소나무	95	진달래	120	히어리
21	노랑말채나무	46	박태기나무	71	수국	96	쪽동백나무		
22	녹나무	47	반송	72	수수꽃다리	97	참느릅나무		
23	눈향나무	48	배롱나무	73	쉬땅나무	98	철쭉		
24	느티나무	49	백당나무	74	스트로브잣나무	99	측백나무		
25	능소화	50	백목련	75	신갈나무	100	층층나무		

Chapter 2 수목품질 및 규격

학습포인트 수목감별을 위한 기본사항으로 수목별 측정지표 등을 참고하도록 한다.

1 수목의 품질

① 상록교목은 수간이 곧고 초두가 손상되지 않은 것으로 가지가 고루 발달하고 목질화 되지 않는 다년생 신초를 제외한 수고가 지정수고 이상이어야 한다.
② 상록관목은 지엽이 치밀하여 수관에 큰 공극이 없으며, 수형이 잘 정돈된 것이어야 한다.
③ 낙엽교목은 주간이 곧으며, 근원부에 비해 수간이 급격히 가늘어지지 않은 것으로 가지가 도장되지 않고 고루 발달한 것이어야 한다.
④ 낙엽관목은 지엽이 충실하게 발달하고 합본되지 않은 것으로 지정 수고 이상이어야 한다.

2 수목 측정 지표

수목의 형상별로 구분하여 측정하며, 규격의 증감 한도는 설계상 규격의 ±10% 이내로 한다.

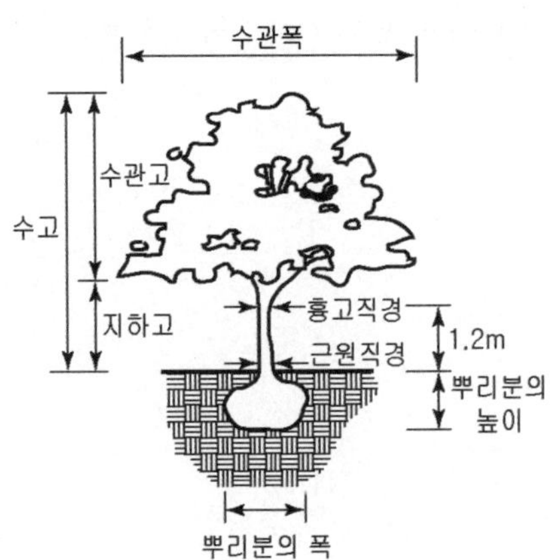

수 고	H : height, 단위 : m • 지표면에서 수관 정상까지의 수직 거리를 말하며, 도장지(웃자람가지)는 제외한다. • 관목의 경우 수고보다 수관폭 또는 줄기의 길이가 더 클 때 그 크기를 나무 크기로 본다.
수관폭	W : width, 단위 : m • 수관 양단의 직선거리를 측정하는 것으로 타원형의 수관을 최소폭과 최대폭을 합하여 평균한 것을 채택한다. 도장지는 제외한다.

근경직경	R : Root, 단위 : cm • 지표부위의 수간의 직경을 측정한다. • 측정부가 원형이 아닌 경우 최대치와 최소치를 합하여 평균값을 채택한다.
흉고직경	B : Breast, 단위 : cm • 지표면에서 1.2m 부위의 수간의 직경을 측정한다. • 쌍간일 경우에는 각간 흉고 직경을 합한 값의 70%가 수목의 최대 흉고 직경치보다 클 때에는 이를 채택하며, 작을 때는 각간의 흉고직경 중 최대치를 채택한다.
지하고	C : Canopy, 단위 : m • 수간 최하단부에서 지표의 수간까지의 수직높이를 말한다. • 가로수나 녹음수는 적당한 지하고를 지녀야 한다.
주립수	S : Stock, 단위 : 지(枝) • 근원부로부터 줄기가 여러 갈래로 갈라져 나오는 수종은 줄기의 수를 정한다.
잔 디	단위 : m^2, 매 • 가로와 세로의 크기를 일정한 규격을 정하여 표시하며, 평떼일 경우 흙두께를 표시한다.

3 수목규격표시

교목성수목	수고와 흉고 직경, 근원 직경, 수관 폭을 병행하여 사용한다. • 수고(H)×수관 폭(W) : 전나무, 잣나무, 독일가문비 등 • 수고(H)×수관 폭(W)×근원직경(R) : 소나무(수목의 조형미가 중시되는 수종) • 수고(H)×근원직경(R) : 목련, 느티나무, 모과나무, 감나무 등 • 수고(H)×흉고직경(B) : 플라타너스, 왕벗나무, 은행나무. 튤립나무, 메타세쿼이아, 자작나무 등
관목성 수목	• 수고(H)×수관폭(W) : 철쭉, 병꽃나무, 눈향나무 등 • 수고(H)×수립수(지) : 개나리, 쥐똥나무 등
기타	• 묘목 : 간장과 근원직경에 근장을 병행하여 사용한다. 간장(H, 단위 cm)×근원직경(R, 단위 cm)×근장(R, 단위 cm) • 만경목 수고(H)×근원직경(R, 단위 cm) : 등나무 등

Chapter 3 조경수목에 대한 이해

학습포인트 조경수목 감별을 위해 잎, 화서, 수목의 과별로 주요수목의 특징(형태적·생태적)을 파악해 시험에 대비한다.

1 잎과 화서

1. 잎

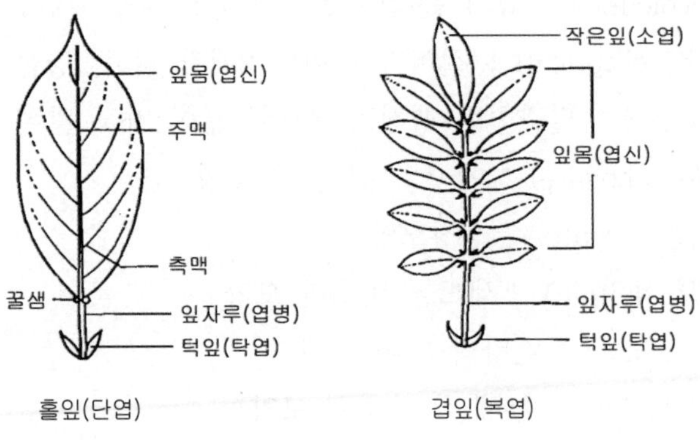

홑잎(단엽) 겹잎(복엽)

① 잎차례

㉮ 대생(對生, opposite ; 마주나기) : 한마디에 잎이 2개씩 마주 달리는 것

㉯ 호생(互生, alternate ; 어긋나기) : 한 마디에 잎이 1개씩 달리는 것

㉰ 교호대생(交互對生, whorled ; 십자마주나기) : 한 마디에 잎이 서로 교대로 마주 달림

㉱ 윤생(輪生, shorled ; 돌려나기): 한 마디에 잎이 3개 이상 달리는 것

㉲ 속생(束生, fasciculate ; 뭉쳐나기) : 다수가 다발과 같이 되어 생기는 것

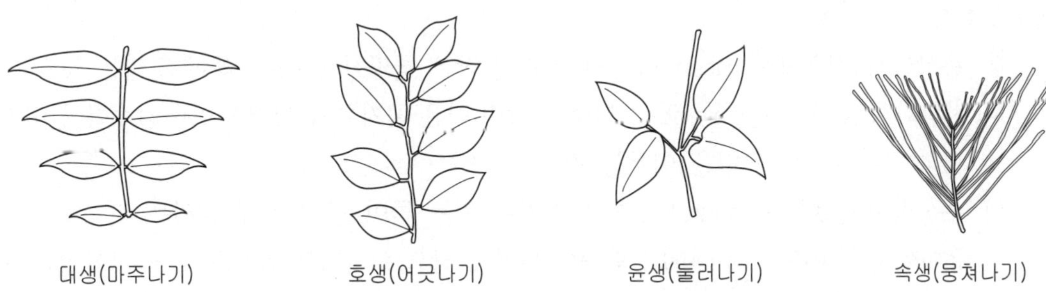
대생(마주나기) 호생(어긋나기) 윤생(돌려나기) 속생(뭉쳐나기)

② 잎의 종류

㉮ 우상복엽(羽狀複葉, pinnately compound leaf) : 소엽이 총엽병 좌우로 달리는 복엽

㉯ 기수우상복엽(奇數羽狀複葉, odd pinnately compound) : 소엽의 수가 홀수인 복엽

㉰ 우수우상복엽(偶數羽狀複葉, even pinnately compound leaf) : 소엽의 수가 짝수인 복엽

㉱ 장상복엽(掌狀複葉, palmately compound leaf) : 소엽이 방사상으로 퍼져 있는 복엽

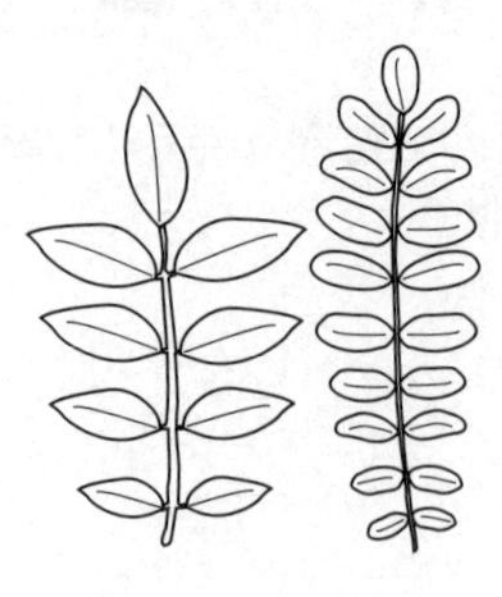
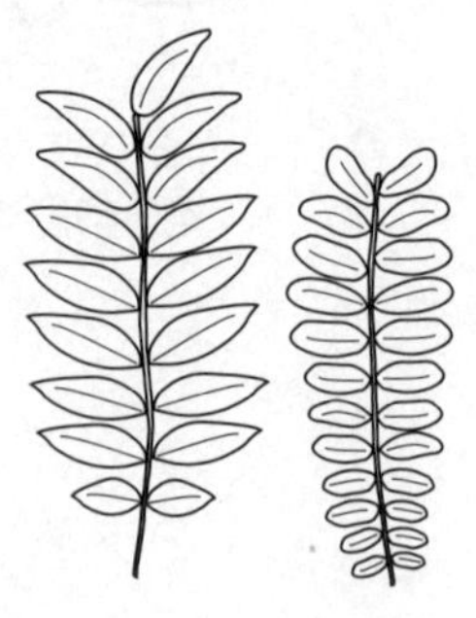
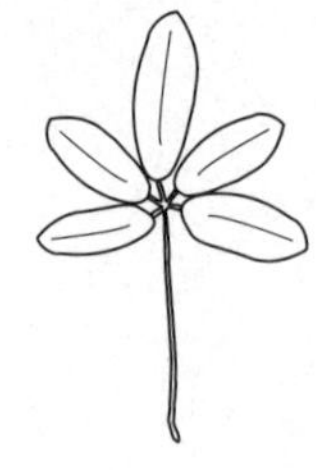

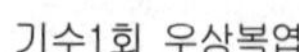
기수1회 우상복엽   우수1회 우상복엽   5출엽(장상복엽)

③ 잎의 모양

㉮ 침형(針形, acicular) : 가늘고 길며 끝이 뾰족한 모양

㉯ 선형(線型, linear) : 길이가 너비보다 몇 배 길고, 양쪽 가장자리가 평행하면서 좁은 모양

㉰ 원형(圓形, orbicular) : 잎의 윤곽이 원형이거나 거의 원형인 모양

㉱ 타원형(橢圓形, elliptical) : 길이가 너비의 2배가 되고, 양끝이 경사진 모양

㉲ 난형(卵形, ovate) : 달걀처럼 생겼고, 아랫부분이 가장 넓은 잎의 모양

㉳ 도란형(倒卵形, obovate) : 거꾸로 선 달걀 모양

㉴ 심장형(心臟形, cordate) : 심장모양

㉵ 삼각형(三角形, deltoid) :세모꼴 비슷한 모양

㉶ 장형(掌形, palmate) : 손바닥을 편 모양

㉷ 선형(扇形, flabellate ; 부채꼴) : 부채 모양

2. 화서(花序, inflorescence. 꽃차례 ; 화축에 달리는 꽃의 배열)

① 유한화서

㉮ 단정화서(單頂花序, solitary) : 화축(꽃줄기) 끝에 꽃이 1개씩 달리는 것

㉯ 취산화서(聚繖花序, cyme) : 꽃대의 끝에 달린 꽃이 먼저 피고 점차 밑으로 피어가며, 꽃대 꼭대기에 꽃이 달린다.

② 무한화서

㉮ 총상화서(總狀花序, raceme) : 긴 화축에 작은 꽃자루가 있는 꽃이 달리는 것

㉯ 산방화서(繖房花序, corymb) : 화축에 달린 작은 꽃자루가 아래쪽으로 갈수록 길어져 끝이 편평하거나 볼록한 모양을 이루는 것

㉰ 수상화서(穗狀花序, spike) : 작은 꽃자루 없는 꽃이 긴 화축에 달리는 것

㉱ 유이화서(葇荑花序, ament) : 화축이 면하여 밑으로 처지는 화서로서, 꽃잎이 없고 포로 싸인 단성화로 된 것

㉲ 두상화서(頭狀花序, head) : 짧은 화축 끝에 작은 꽃자루 없는 꽃이 밀생하여 덩어리 꽃을 이루는 것

㉳ 산형화서(繖形花序, umbel) : 화축이 짧고, 화축 끝에 거의 같은 길이의 작은 꽃자루가 갈라지며, 갈라지는 곳에 총포(總苞)가 있는 것

㉳ 원추화서(圓錐花序, panicle) : 복합형으로 꽃자루(화경)가 계속 가지에 달려 원추형의 형태를 이루는 것

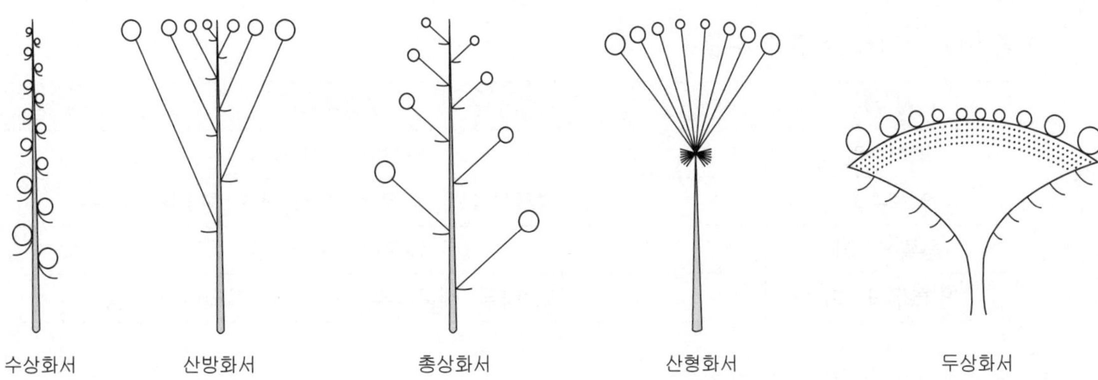

2 형태상 분류

1. 교목과 관목

교 목	• 일반적으로 다년생 목질인 곧은 줄기가 있고 줄기와 가지의 구별이 명확하며 중심 줄기의 신장생장이 현저한 수목 • 교목형 30m 이상, 아교목형(8~30m), 소교목형(2~8m)
관 목	교목보다 수고가 낮고 일반적으로 곧은 뿌리가 없으며, 목질이 발달한 여러 개의 줄기를 가짐

2. 침엽수와 활엽수

침엽수	• 나자식물류이며 대체로 잎이 인상(바늘모양)인 것을 말함 • 낙엽침엽수 : 은행나무, 소철, 메타세콰이아
활엽수	피자식물의 목본류

3. 상록수와 낙엽수

상록수	항상 푸른 잎을 가지고 있는 수목으로서 낙엽계절에도 모든 잎이 일제히 낙엽이 되지 않음
낙엽수	낙엽계절에 일제히 모든 잎이 낙엽이 되거나, 잎의 구실을 할 수 없는 고엽이 일부 붙어있는 수목을 말함

3 관상 가치 상의 분류

1. 색 채

① 줄기나 가지가 뚜렷한 수종

색 채	조경수종
백색수피	자작나무, 백송 등
적색수피	소나무(적갈색), 주목(짙은 적갈색), 흰말채나무 등
청록색수피	벽오동, 식나무 등
얼룩무늬수피	모과나무, 배롱나무, 노각나무, 플라타너스 등

② 열매에 색채가 뚜렷한 수종

색 채	조경수종
적색(붉은색)열매	주목, 산수유, 보리수나무, 산딸나무, 팥배나무, 마가목, 백당나무, 매자나무, 매발톱나무, 식나무, 사철나무, 피라칸사, 호랑가시나무 등
황색(노란색)열매	은행나무, 모과나무, 명자나무, 탱자나무 등
검정색열매	벚나무, 쥐똥나무, 꽝꽝나무, 팔손이나무, 산초나무, 음나무 등
보라색열매	좀작살나무

③ 단풍에 색채가 뚜렷한 수종

색 채	조경수종
황색(노란색)단풍	느티나무, 낙우송, 메타세콰이아, 튤립나무, 참나무류, 고로쇠나무, 네군도단풍 등
붉은색(적색)단풍	감나무, 옻나무, 단풍나무류, 화살나무, 붉나무, 담쟁이덩굴, 마가목, 남천, 좀작살나무 등

④ 꽃에 색채가 뚜렷한 수종

색 채	조경수종
백색꽃	조팝나무, 팥배나무, 산딸나무, 노각나무, 백목련, 탱자나무, 돈나무, 태산목, 치자나무, 호랑가시나무, 팔손이나무 등
적색(붉은색)꽃	박태기나무, 배롱나무, 동백나무 등
황색(노란색)꽃	풍년화, 산수유, 매자나무, 개나리, 백합나무, 황매화, 죽도화 등
자주색(보라색)꽃	박태기나무, 수국, 오동나무, 멀구슬나무, 수수꽃다리, 등나무, 무궁화, 좀작살나무 등
주황색	능소화

⑤ 개화시기에 따른 분류

개화기	조경수종
2월	매화나무(백, 홍), 풍년화(황), 동백나무(적)
3월	매화나무, 생강나무(황), 개나리(황), 산수유(황), 동백나무
4월	호랑가시나무(백), 겹벚나무(담홍), 꽃아그배나무(담홍), 백목련(백), 박태기나무(자), 이팝나무(백), 등나무(자), 으름덩굴(자)
5월	귀룽나무(백), 때죽나무(백), 튤립나무(황), 산딸나무(백), 일본목련(백), 고광나무(백), 병꽃나무(홍), 쥐똥나무(백), 다정큼나무(백), 돈나무(백), 인동덩굴(황)

개화기	조경수종
6월	개쉬땅나무(백), 수국(자), 아왜나무(백), 태산목(백), 치자나무(백)
7월	노각나무(백), 배롱나무(적,백), 자귀나무(담홍), 무궁화(자,백) 유엽도(담홍), 능소화(주황)
8월	배롱나무, 싸리나무(자), 무궁화(자,백), 유엽도(담홍)
9월	배롱나무, 싸리나무
10월	금목서(황), 은목서(백)
11월	팔손이(백)

2. 향 기

식물부위	조경수종
꽃	매화나무(이른봄), 서향(봄), 수수꽃다리(봄), 장미(5~6월), 마삭줄(5월), 일본목련(6월), 치자나무(6월), 태산목(6월), 함박꽃나무(6월), 인동덩굴(7월), 금·은목서(10월) 등
열매	녹나무, 모과나무 등
잎	녹나무, 측백나무, 생강나무, 월계수 등

4 생리·생태적 분류

1. 수세(樹勢)에 따른 분류

① 생장속도

㉮ 양수는 음수에 비해 유묘기에 생장속도가 왕성하다.

㉯ 생장속도가 느리다가 빨라지는 수종도 있다. (예) 전나무

느린수종	주목, 향나무, 눈향나무, 목서, 동백나무, 호랑가시나무, 남천, 회양목, 참나무류, 모과나무, 산딸나무, 마가목 등
빠른수종	낙우송, 메타세콰이아, 독일가문비, 서양측백, 소나무, 흑송, 일본잎갈나무, 편백, 화백, 가시나무, 사철나무, 팔손이나무, 벽오동, 양버들, 은행나무, 일본목련, 자작나무, 칠엽수, 플라타너스, 회화나무, 단풍나무, 산수유, 무궁화 등

② 맹아력 : 맹아력이 강한 수종은 전정에 잘 견디므로 토피아리나 산울타리용 수종으로 적합하다.

맹아력이 강한수종	교 목	낙우송, 메타세콰이아, 히말라야시더, 삼나무, 녹나무, 가시나무, 가중나무, 플라타너스, 회화나무
	관 목	개나리, 쥐똥나무, 무궁화, 수수꽃다리, 호랑가시나무, 광나무, 꽝꽝나무, 사철나무, 유엽도, 목서

2. 이식에 대한 적응성

이식에 의한 피해는 뿌리의 수분흡수와 증산작용이 균형을 잃는 경우 일어난다.

이식이 어려운 수종	독일가문비, 전나무, 주목, 가시나무, 굴거리나무, 태산목, 후박나무, 다정큼나무, 피라칸사, 목련, 느티나무, 자작나무, 칠엽수, 마가목 등
이식이 쉬운 수종	낙우송, 메타세콰이아, 편백, 화백, 측백, 가이즈까향나무, 은행나무, 플라타너스, 단풍나무류, 쥐똥나무, 박태기나무, 화살나무 등

3. 조경수목과 환경

① 기온과 수목 : 인위적 식재로 이루어진 수목의 분포상태를 식재분포라고 하며, 식재분포는 자연분포지역보다 범위가 넓다.

한냉지	독일가문비, 측백, 주목, 잣나무, 전나무, 일본잎갈나무, 플라타너스, 네군도단풍, 목련, 마가목, 은행나무, 자작나무, 화살나무, 철쭉류, 쥐똥나무 등
온난지	가시나무, 녹나무, 동백나무, 후박나무, 굴거리나무, 자귀나무 등

② 광선과 수목

㉮ 광포화점 : 빛의 강도가 점차적으로 높아지면 동화작용량도 상승하지만 어느 한계를 넘으면 그 이상 강하게 해도 동화작용량이 상승하지 않는 한계점

㉯ 광보상점 : 광합성을 위한 CO_2의 흡수와 호흡작용에 의한 CO_2의 방출량이 같아지는 점

㉰ 음지식물과 양지식물

- 음지식물 : 광포화점이 낮은 식물
- 양지식물 : 광포화점이 높은 식물

㉱ 적은 광량에서도 동화작용을 할 때 내음성이 있다고 한다.

㉲ 음수과 양수

- 음수 : 동화효율이 높아 약한 광선 밑에서도 생육할 수 있는 수종
- 양수 : 동화효율이 낮아 충분한 광선 하에서만 생육할 수 있는 수종

㉳ 수목의 내음성 결정방법

- 직접판단법 : 각종 임관아래 각종 수목을 심고, 그 후의 생장상태를 판단
- 간접판단법 : 수관밀도의 차이, 자연전지의 정도와 고사의 속도, 수고생장속도의 차이에 의해 내음도의 결정 등

내음성수종	주목, 전나무, 독일가문비, 측백, 후박나무, 녹나무, 호랑가시나무, 굴거리나무, 회양목 등
호양성수종	소나무, 메타세콰이아, 일본잎갈나무, 삼나무, 측백나무, 가이즈까향나무, 플라타너스, 단풍나무, 느티나무, 자작나무, 위성류, 층층나무, 배롱나무, 산벗나무, 감나무, 모과나무, 목련, 개나리, 철쭉, 박태기나무, 쥐똥나무 등
중용수	잣나무, 섬잣나무, 스트로브잣나무, 편백, 화백, 칠엽수, 회화나무 산딸나무, 화살나무 등

③ 토양과 수목

㉮ 토양수분

내건성 수종	소나무, 곰솔, 리기다소나무, 삼나무, 전나무, 비자나무, 서어나무, 가시나무, 귀룽나무, 오리나무류, 느티나무, 오동나무, 이팝나무, 자작나무, 진달래, 철쭉류 등
호습성 수종	낙우송, 삼나무, 오리나무, 버드나무류, 수국 등
내습성 식물	메타세콰이아, 전나무, 구상나무, 자작나무, 귀룽나무, 느티나무, 오리나무, 층층나무 등
내건성과 내습성이 강한 수종	자귀나무, 플라타너스 등

㉯ 토양양분

척박지에 잘 견디는 수종	소나무, 곰솔, 향나무, 오리나무, 자작나무, 참나무류, 자귀나무, 싸리류, 등나무 등
비옥지를 좋아하는 수종	삼나무, 주목, 측백, 가시나무류, 느티나무, 오동나무, 칠엽수, 회화나무, 단풍나무, 왕벗나무 등

㉰ 토양 반응

강산성에 견디는 수종	소나무, 잣나무, 전나무, 편백, 가문비나무, 리기다소나무, 사방오리, 버드나무, 싸리나무, 신갈나무, 진달래, 철쭉 등
약산성-중성	가시나무, 갈참나무, 녹나무, 느티나무, 일본잎갈나무 등
염기성에 견디는 수종	낙우송, 단풍나무, 생강나무, 서어나무, 회양목 등

㉱ 토심에 따른 수종

심근성	소나무, 전나무, 주목, 곰솔, 가시나무, 굴거리나무, 녹나무, 태산목, 후박나무, 동백나무, 느티나무, 참나무류, 칠엽수, 회화나무, 단풍나무류, 싸리나무, 말발도리 등
천근성	가문비나무, 독일가문비, 일본잎갈나무, 편백, 자작나무, 버드나무 등

㉲ 토성에 따른 수종(점토의 함량에 따른 토양의 물리적 성질)

사토에 잘 자라는 수종	곰솔, 향나무, 돈나무, 다정큼나무, 위성류, 보리수나무, 자귀나무 등
양토	주목, 히말라야시더, 가시나무, 굴거리나무, 녹나무, 태산목, 감탕나무, 먼나무, 목련, 은행나무, 이팝나무, 칠엽수, 감나무, 단풍나무, 홍단풍, 마가목, 싸리나무 등
식토	소나무, 참나무류, 편백, 가문비나무, 구상나무, 참나무류, 서어나무, 벚나무
일반적으로 사질양토, 양토에서 식물의 생육은 왕성하다.	

④ 공해와 수목(아황산가스의 피해)

㉮ 정유공장, 석유화학공장 또는 중유를 연료로 하는 화력발전소가 늘어남에 따라 아황산가스의 배출도 늘어남

㉯ 피해증상 : 직접 식물 체내로 침입하여 피해를 줄 뿐만 아니라 토양에 흡수되어 산성화시키고 뿌리에 피해를 주어 지력을 감퇴시킨다.

아황산가스에 강한 수종	상록침엽수	편백, 화백, 가이즈까향나무, 향나무 등
	상록활엽수	가시나무, 굴거리나무, 녹나무, 태산목, 후박나무, 후피향나무 등
	낙엽활엽수	가중나무, 벽오동, 버드나무류, 칠엽수, 플라타너스 등
아황산가스에 약한 수종	상록침엽수	소나무, 잣나무, 전나무, 삼나무, 히말라야시더, 잎갈나무, 독일가문비 등
	낙엽활엽수	느티나무, 튤립나무, 단풍나무, 수양벚나무, 자작나무 등
배기가스에 강한 수종	상록침엽수	비자나무, 편백, 가이즈까향나무, 눈향나무 등
	상록활엽수	굴거리나무, 녹나무, 태산목, 후피향나무, 구실잣밤나무, 감탕나무, 졸가시나무, 유엽도, 다정큼나무, 식나무 등
	낙엽활엽수	미루나무, 양버들, 왕버들, 능수버들, 벽오동, 가중나무, 은행나무, 플라타너스, 무궁화, 쥐똥나무 등
배기가스에 약한 수종	상록침엽수	삼나무, 히말라야시더, 전나무, 소나무, 측백나무, 반송 등
	상록활엽수	금목서, 은목서 등
	낙엽활엽수	고로쇠나무, 목련, 튤립나무, 팽나무 등

⑤ 내염성

- 염분의 피해 : 생리적 건조(세포액이 탈수되어 원형질이 분리됨), 염분결정이 기공을 막아 호흡작용을 저해

내염성에 강한수종	리기다소나무, 비자나무, 주목, 곰솔, 측백, 가이즈까향나무, 구실잣밤나무, 굴거리나무, 녹나무, 붉가시나무, 태산목, 후박나무, 감탕나무, 아왜나무, 먼나무, 후피향나무, 동백나무, 호랑가시나무, 팔손이나무, 위성류 등
내염성에 약한수종	독일가문비, 삼나무, 소나무, 히말라야시더, 목련, 단풍나무, 백목련, 자목련, 개나리 등

5 수목감별 주요수종 특징

※ 주의 사항

- 각종 수목사진 20장을 무작위로 보여지며 해당 수목의 이름을 기입해서 맞추는 방식이므로 수목별 감별 포인트 찾기
- 정확한 이름 기입: 주목(○), 주목나무(×)

1. 주목과

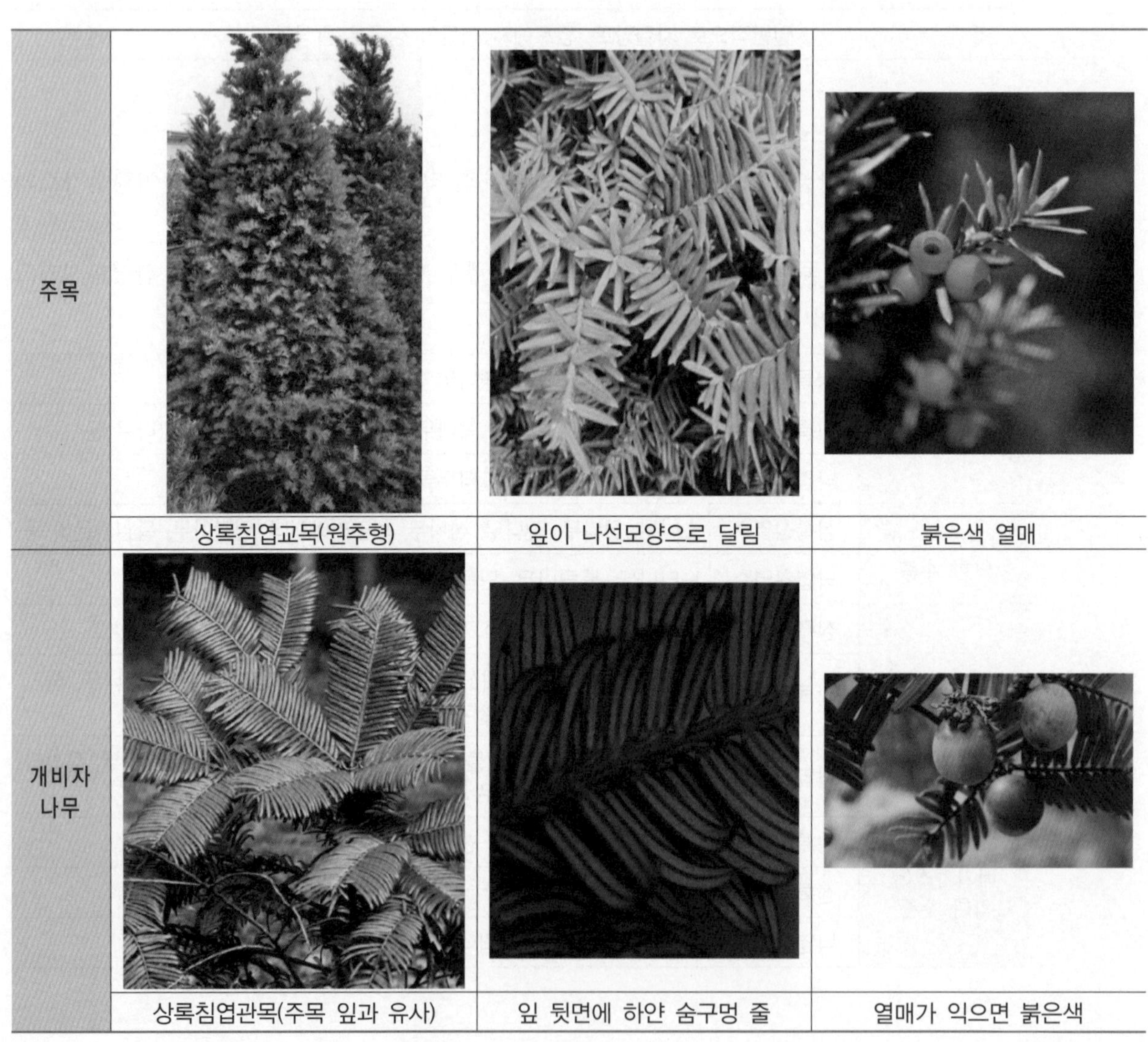

수종			
주목	상록침엽교목(원추형)	잎이 나선모양으로 달림	붉은색 열매
개비자나무	상록침엽관목(주목 잎과 유사)	잎 뒷면에 하얀 숨구멍 줄	열매가 익으면 붉은색

2. 소나무과

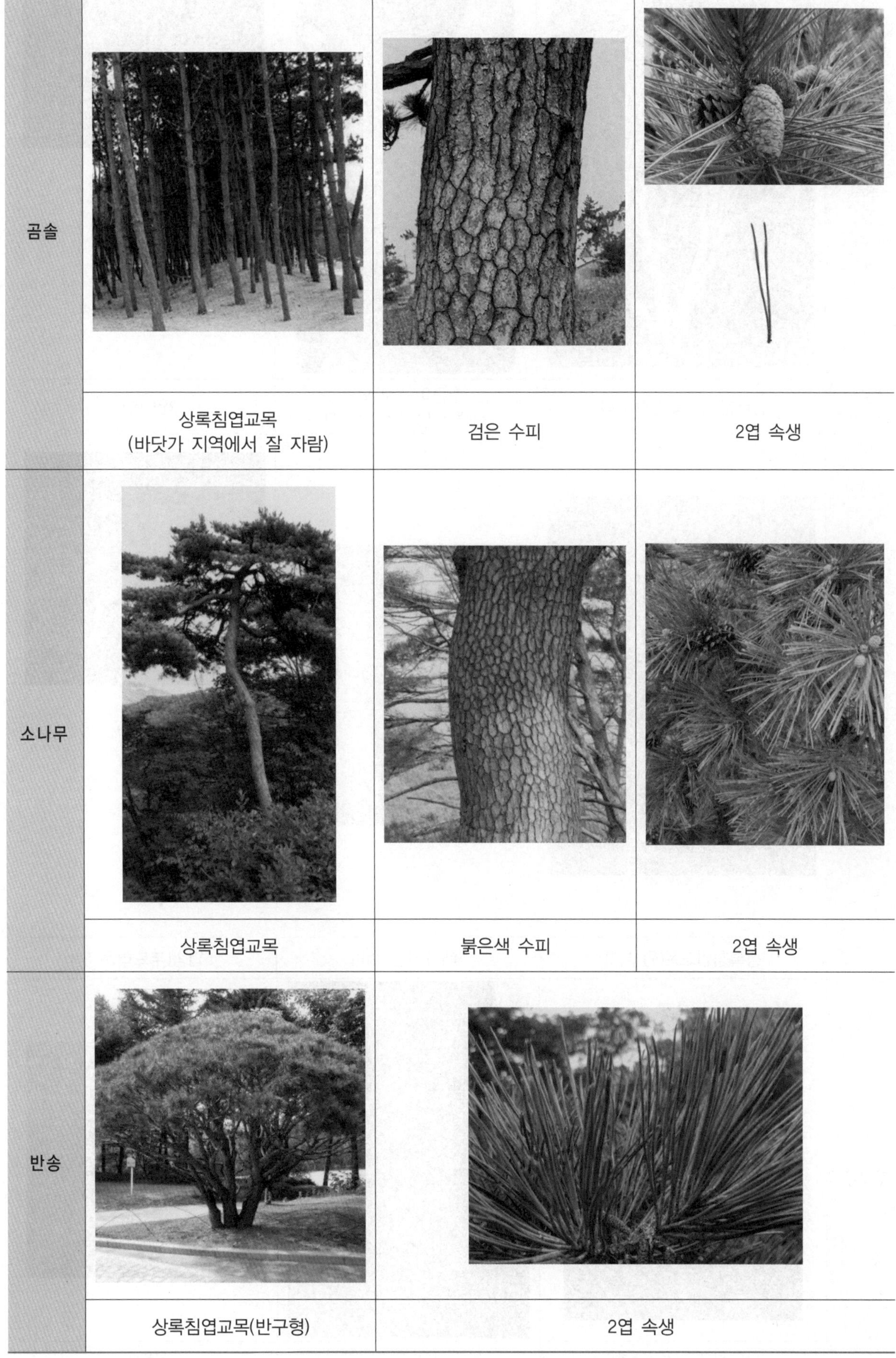

구분			
곰솔	상록침엽교목 (바닷가 지역에서 잘 자람)	검은 수피	2엽 속생
소나무	상록침엽교목	붉은색 수피	2엽 속생
반송	상록침엽교목(반구형)	2엽 속생	

수종	수형	수피	잎
백송	상록침엽교목(흰색수피)	수령이 오래되면 회백색 얼룩이 많아짐	3엽 속생
스트로브잣나무	상록침엽교목(원추형)	매끄러운 수피	5엽송(부드러운 잎)
잣나무	상록침엽교목(원추형)	불규칙한 조각 껍질	5엽송

전나무			
	상록침엽교목 (원추형)	열매가 위로 향함	잎 뒷면에 2줄의 기공선
구상 나무			
	상록침엽교목(원추형)	열매가 위로 달림	잎의 뒷면 기공선이 흰색
독일 가문비			
	상록침엽교목 (수령이 오래될수록 어린가지가 밑으로 쳐짐)	열매가 아래로 향함	잎이 입체적으로 달림

3. 낙우송과

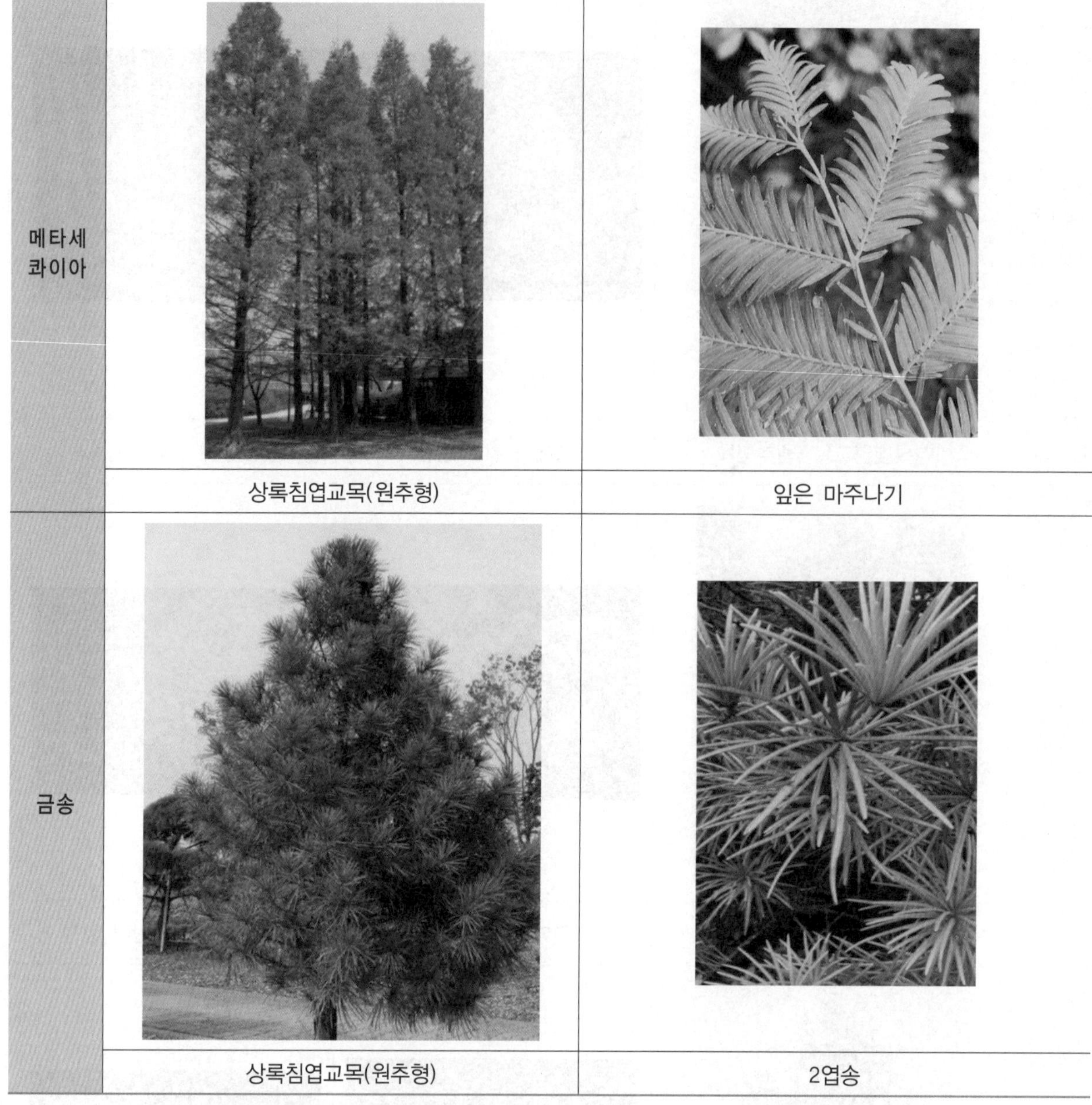

메타세 콰이아	상록침엽교목(원추형)	잎은 마주나기
금송	상록침엽교목(원추형)	2엽송

4. 측백나무과

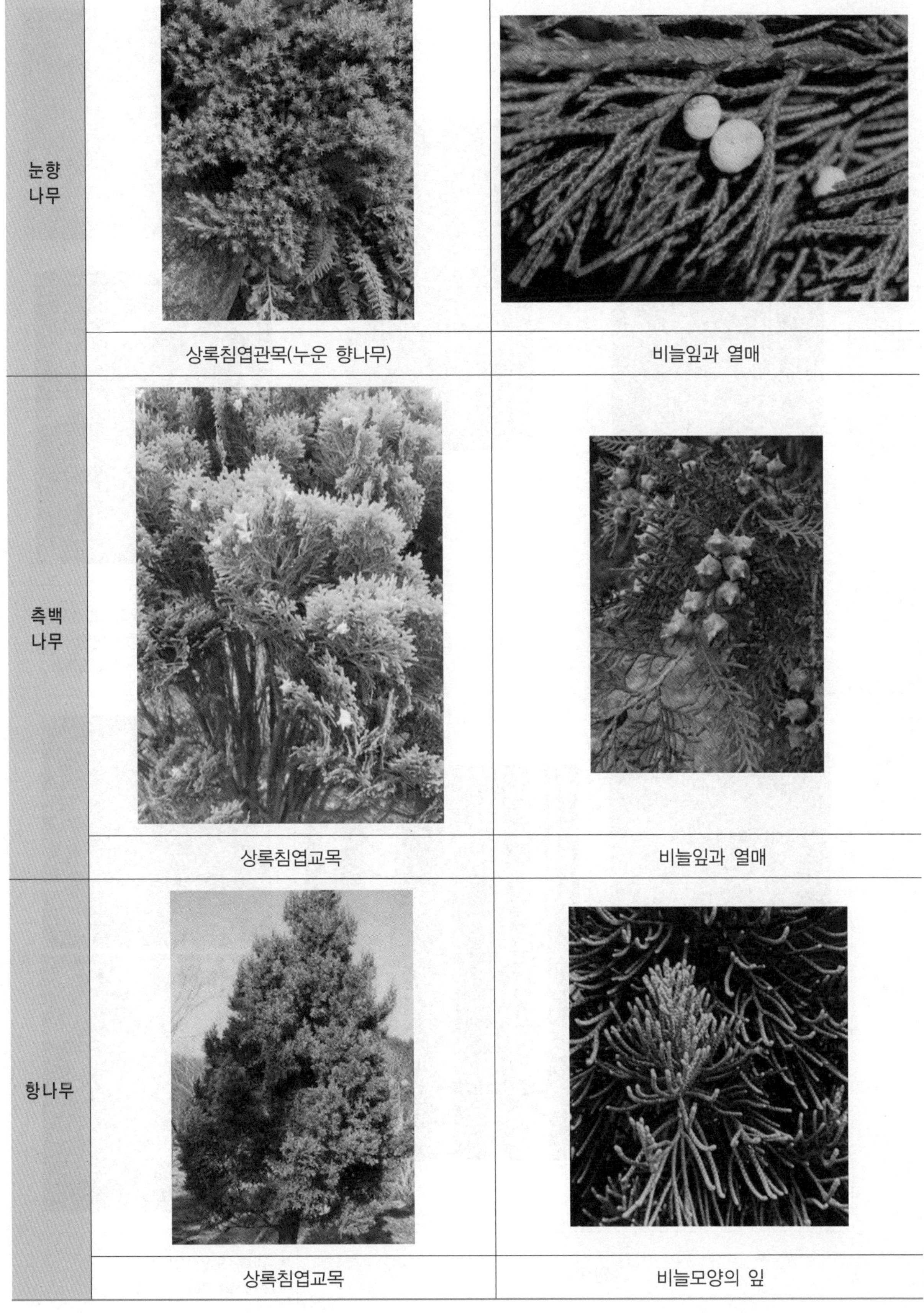

구분		
눈향나무	상록침엽관목(누운 향나무)	비늘잎과 열매
측백나무	상록침엽교목	비늘잎과 열매
향나무	상록침엽교목	비늘모양의 잎

5. 자작나무과

수종	수형	수피	잎·열매
서어나무	낙엽활엽교목	근육과 같은 나무 껍질	• 계란형 잎으로 끝이 꼬리처럼 길고, 밑부분은 둥근모양 • 아래로 늘어지는 이삭 모양
자작나무	흰색수피		• 원통 모양 열매 • 삼각형 계란 모양의 잎

6. 버드나무과

구분	수형	특징
버드나무		
	낙엽활엽교목(하수형)	가느다란 잎과 열매에 솜털이 달림

7. 참나무과

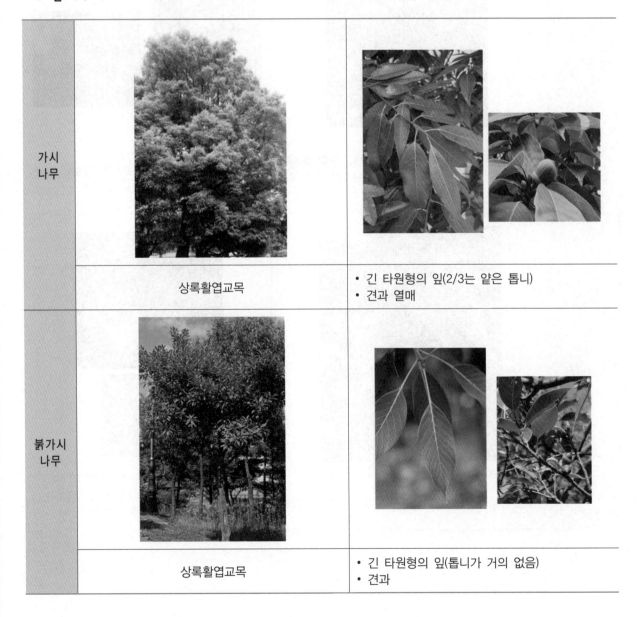

구분	수형	특징
가시나무	상록활엽교목	• 긴 타원형의 잎(2/3는 얕은 톱니) • 견과 열매
붉가시나무	상록활엽교목	• 긴 타원형의 잎(톱니가 거의 없음) • 견과

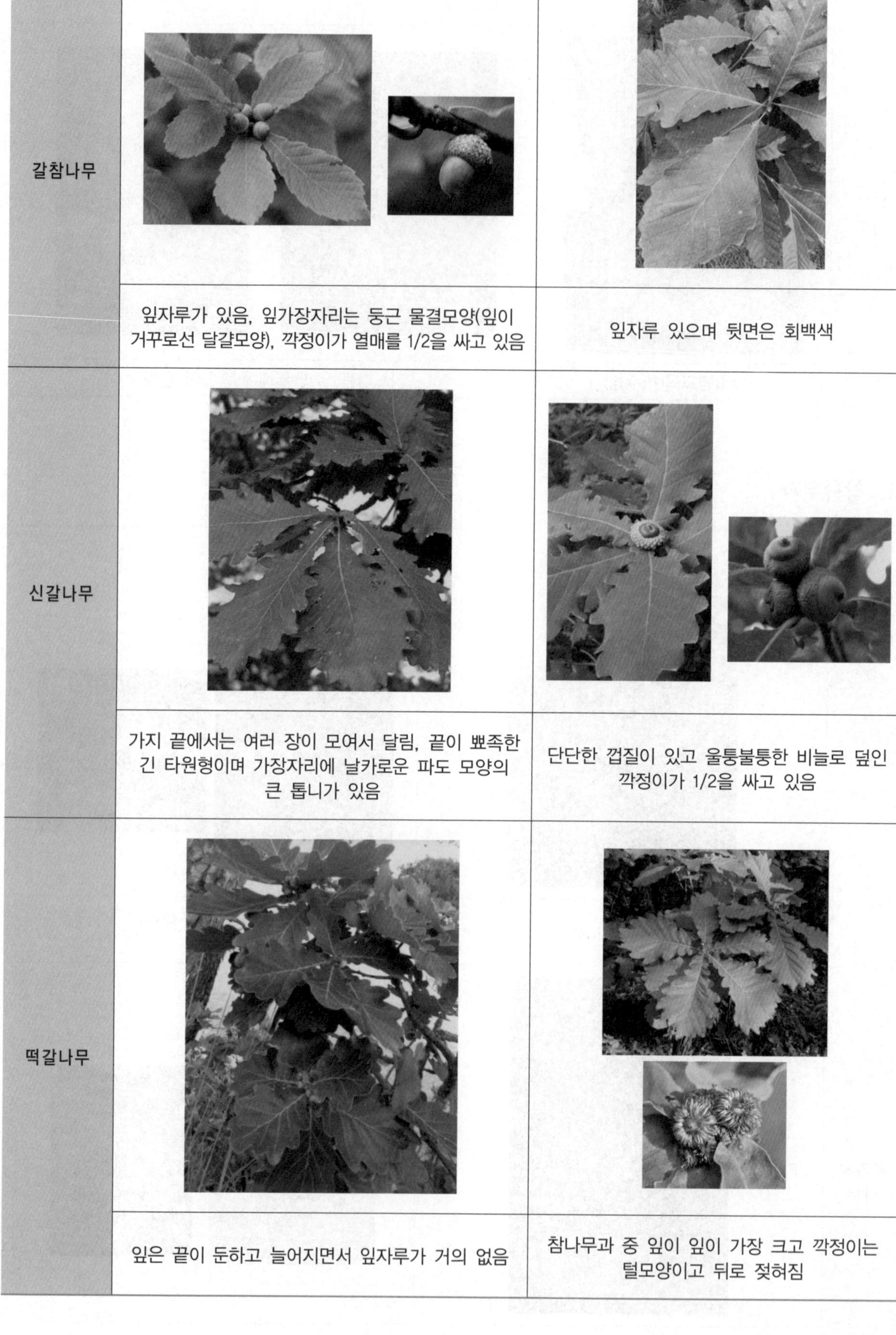

갈참나무	잎자루가 있음, 잎가장자리는 둥근 물결모양(잎이 거꾸로선 달걀모양), 깍정이가 열매를 1/2을 싸고 있음	잎자루 있으며 뒷면은 회백색
신갈나무	가지 끝에서는 여러 장이 모여서 달림, 끝이 뾰족한 긴 타원형이며 가장자리에 날카로운 파도 모양의 큰 톱니가 있음	단단한 껍질이 있고 울퉁불퉁한 비늘로 덮인 깍정이가 1/2을 싸고 있음
떡갈나무	잎은 끝이 둔하고 늘어지면서 잎자루가 거의 없음	참나무과 중 잎이 잎이 가장 크고 깍정이는 털모양이고 뒤로 젖혀짐

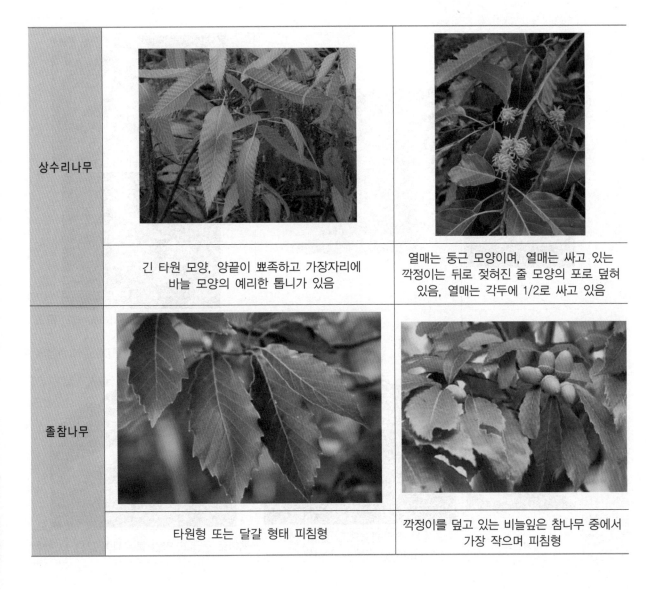

상수리나무	긴 타원 모양, 양끝이 뾰족하고 가장자리에 바늘 모양의 예리한 톱니가 있음	열매는 둥근 모양이며, 열매는 싸고 있는 깍정이는 뒤로 젖혀진 줄 모양의 포로 덮혀 있음, 열매는 각두에 1/2로 싸고 있음
졸참나무	타원형 또는 달걀 형태 피침형	깍정이를 덮고 있는 비늘잎은 참나무 중에서 가장 작으며 피침형

8. 느릅나무과

느티나무	낙엽활엽교목	줄기는 평활하지만 비늘처럼 떨어짐	잎은 어긋나고 긴 타원 모양 또는 달걀 모양 열매는 핵과로 일그러진 납작한 공 모양이고 딱딱하며 익음

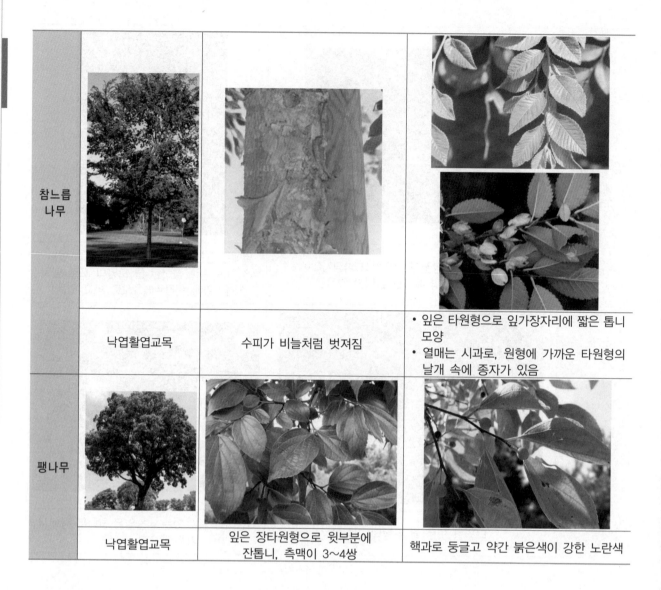

참느릅나무	낙엽활엽교목	수피가 비늘처럼 벗겨짐	• 잎은 타원형으로 잎가장자리에 짧은 톱니 모양 • 열매는 시과로, 원형에 가까운 타원형의 날개 속에 종자가 있음
팽나무	낙엽활엽교목	잎은 장타원형으로 윗부분에 잔톱니, 측맥이 3~4쌍	핵과로 둥글고 약간 붉은색이 강한 노란색

9. 계수나무과

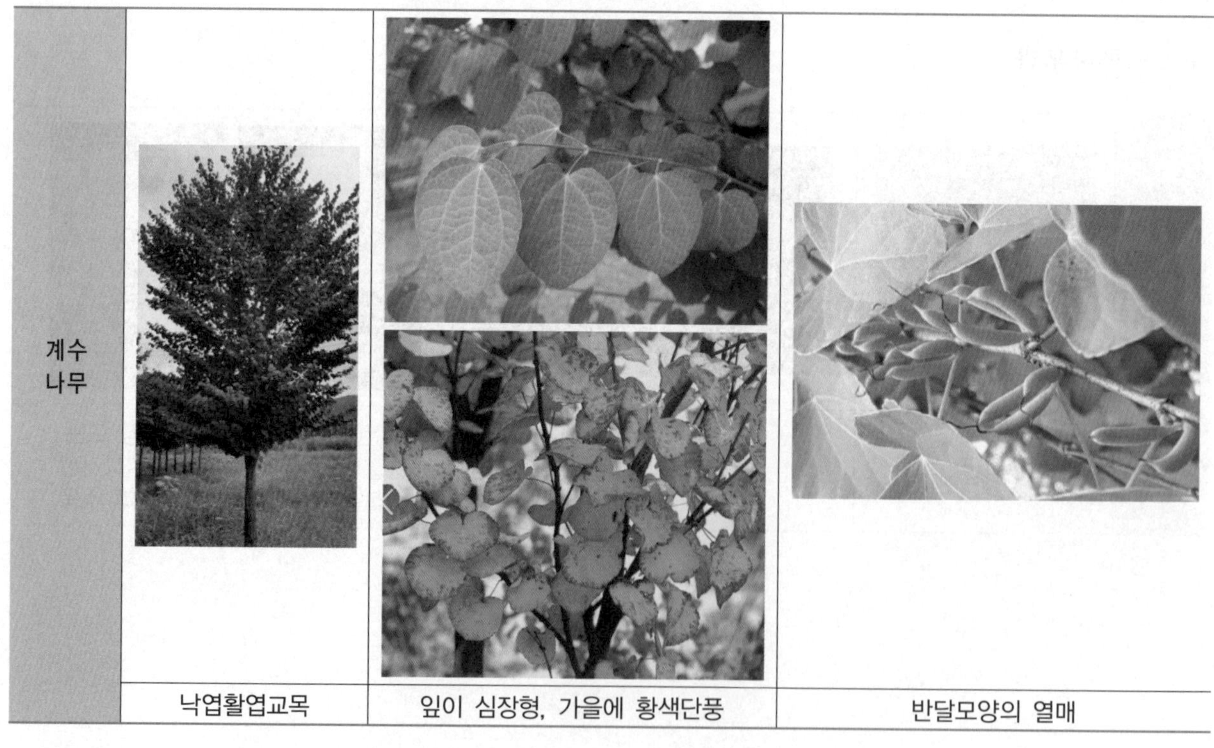

계수나무	낙엽활엽교목	잎이 심장형, 가을에 황색단풍	반달모양의 열매

10. 매자나무과

남천			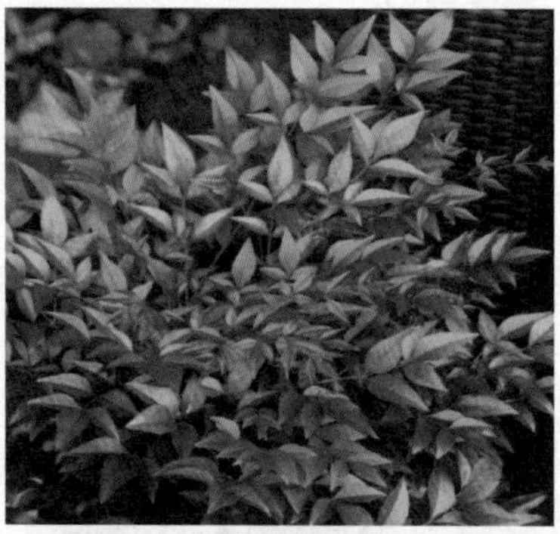
	상록활엽관목	붉은색 열매	3회 깃꼴겹잎
당매자나무			
	낙엽활엽관목	가지에 가시가 있고 노란색꽃, 달걀 모양 잎	붉은색 열매

11. 목련과

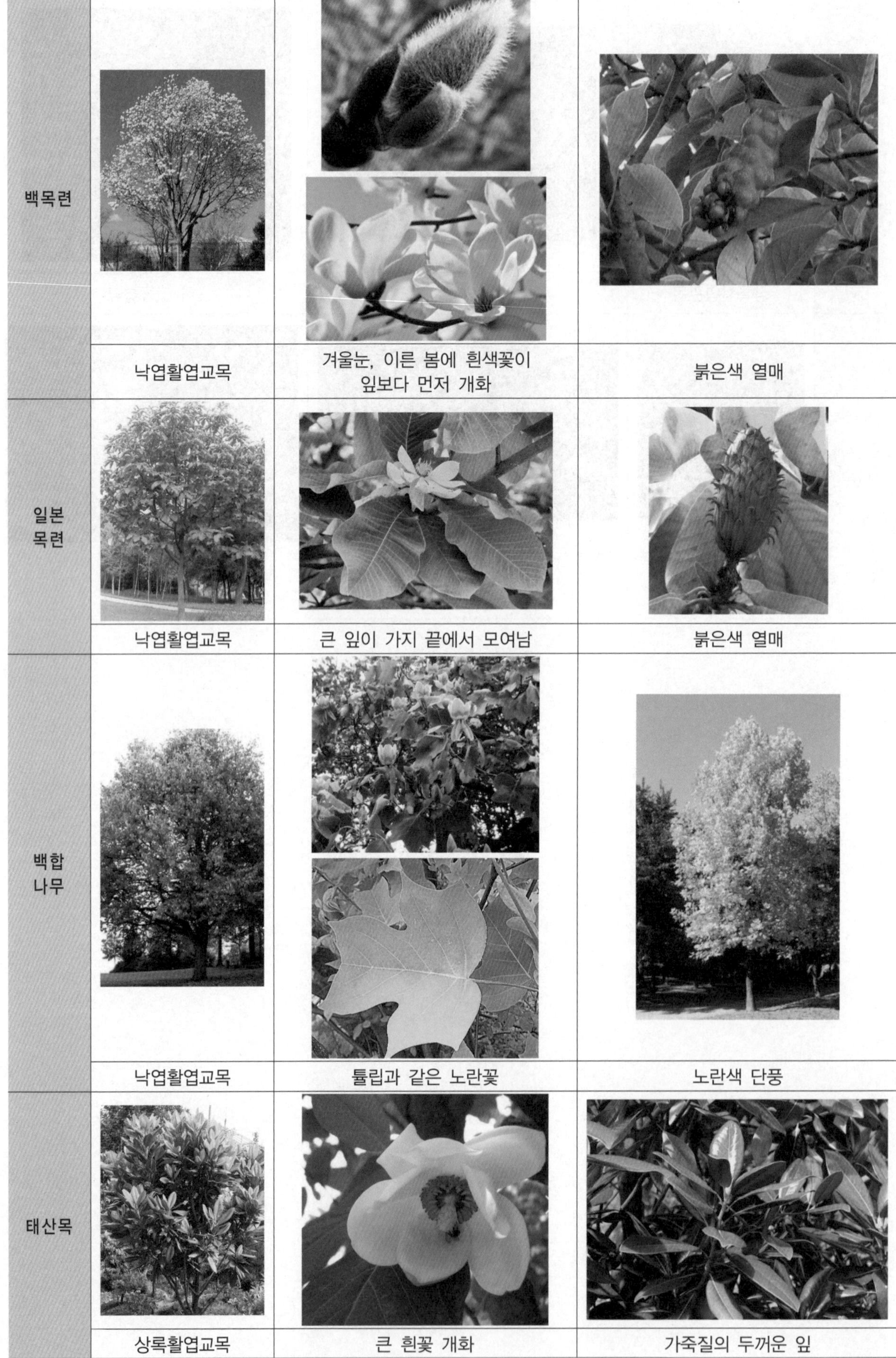

백목련	낙엽활엽교목	겨울눈, 이른 봄에 흰색꽃이 잎보다 먼저 개화	붉은색 열매
일본 목련	낙엽활엽교목	큰 잎이 가지 끝에서 모여남	붉은색 열매
백합 나무	낙엽활엽교목	튤립과 같은 노란꽃	노란색 단풍
태산목	상록활엽교목	큰 흰꽃 개화	가죽질의 두꺼운 잎

12. 콩과

수종			
골담초	낙엽활엽관목	나비처럼 생긴 노란색 꽃으로 한가운데는 약간 적갈색을 띔	가지에 가시, 기수우상복엽
등	낙엽 덩굴, 5월 연보라색꽃 개화	기수 우상 복엽	콩 꼬투리 모양의 큰 열매
박태기나무	• 낙엽활엽관목 • 보라색 나비모양 꽃	심장모양의 잎	콩 꼬투리 모양 열매
아까시나무	• 낙엽활엽교목 • 5~6월 백색꽃 개화	• 기수 우상 복엽 • 가지에 가시	콩 꼬투리 모양 열매

자귀 나무	낙엽활엽교목	6~7월 연분홍색꽃 개화	• 우수우상복엽 • 콩 꼬투리열매
회화 나무	낙엽활엽관목	8월에 흰색꽃 개화	콩 꼬투리 열매

13. 운향과

탱자 나무	낙엽활엽관목	• 3출엽 • 줄기에 가시, 흰색꽃 개화	노란색 열매

14. 회양목과

회양목	상록활엽관목	작은 잎, 마주나기	열매에 뿔이 달림

15. 현삼과

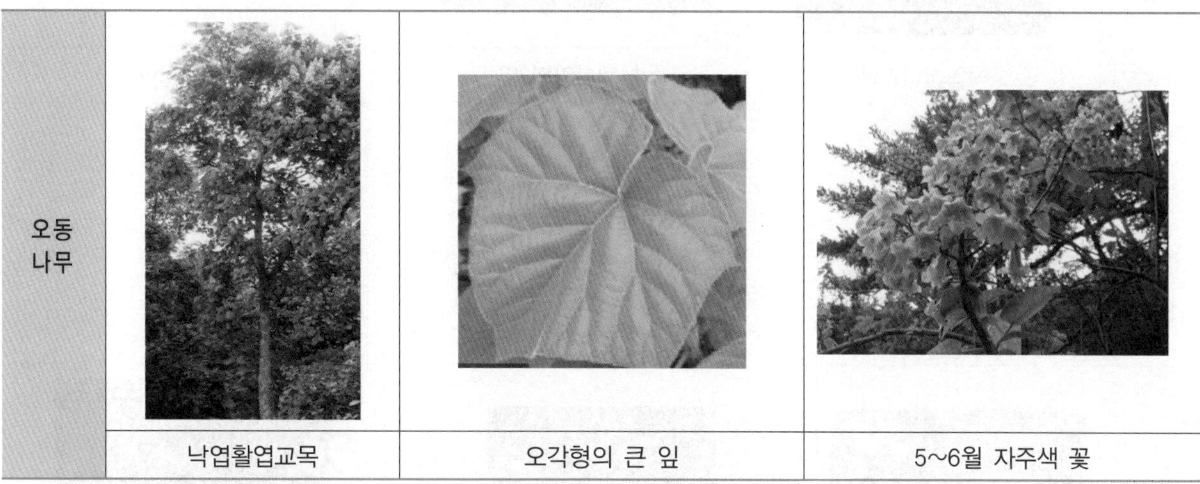

오동나무	낙엽활엽교목	오각형의 큰 잎	5~6월 자주색 꽃

16. 칠엽수과

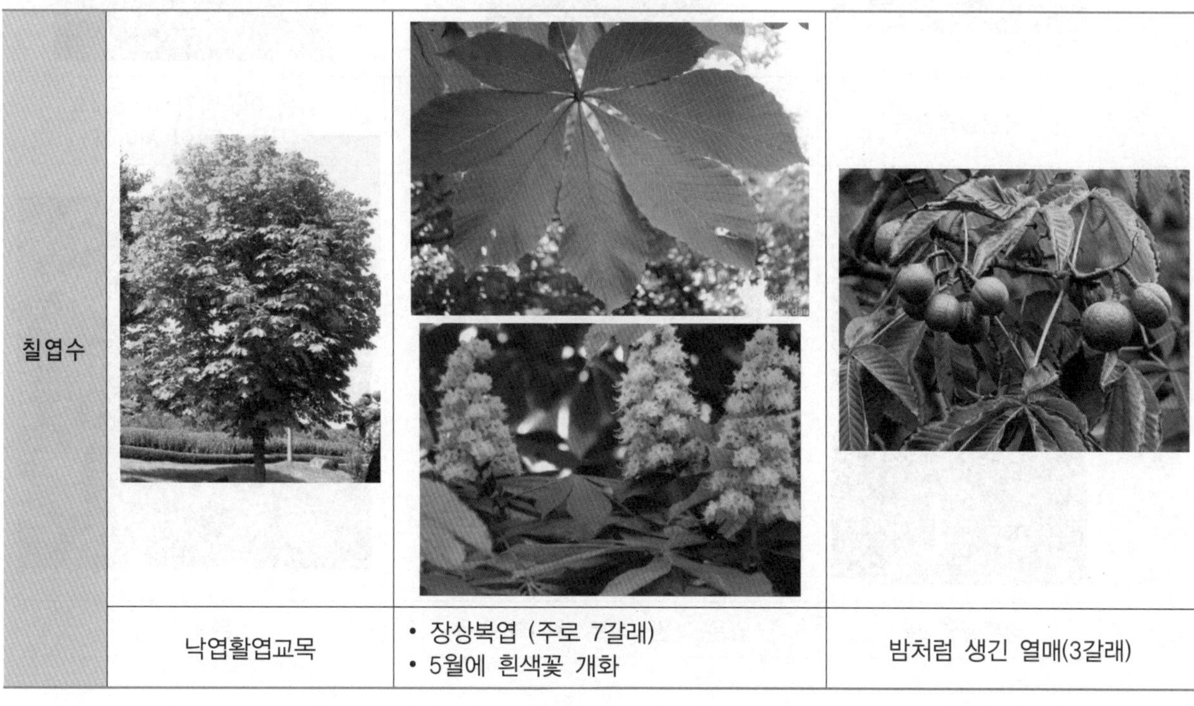

칠엽수	낙엽활엽교목	• 장상복엽 (주로 7갈래) • 5월에 흰색꽃 개화	밤처럼 생긴 열매(3갈래)

17. 은행나무과

은행나무	낙엽침엽교목	부채모양의 잎	노란색 열매

18. 녹나무

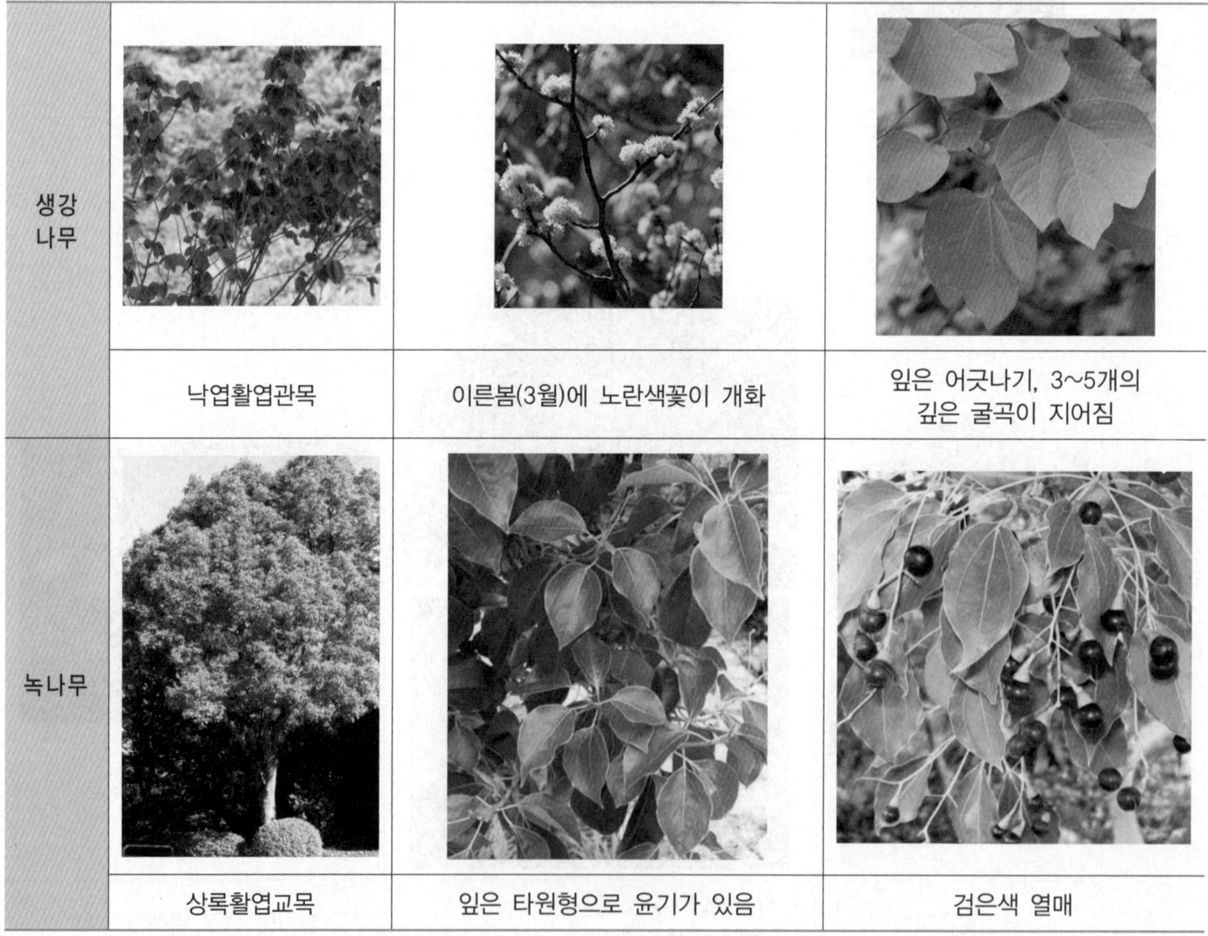

구분			
생강나무	낙엽활엽관목	이른봄(3월)에 노란색꽃이 개화	잎은 어긋나기, 3~5개의 깊은 굴곡이 지어짐
녹나무	상록활엽교목	잎은 타원형으로 윤기가 있음	검은색 열매

후박나무		
	상록활엽교목	가죽질로 도란형 또는 넓은 도피침형 잎 꽃자루 · 열매자루가 붉은색, 열매는 초록색에서 검정색으로 변화

19. 조록나무과

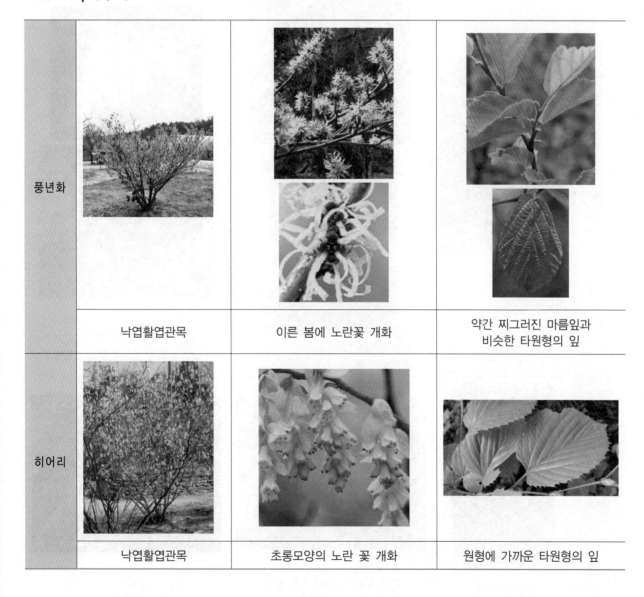

풍년화			
	낙엽활엽관목	이른 봄에 노란꽃 개화	약간 찌그러진 마름잎과 비슷한 타원형의 잎
히어리			
	낙엽활엽관목	초롱모양의 노란 꽃 개화	원형에 가까운 타원형의 잎

20. 돈나무과

돈나무		
	상록활엽관목	• 잎의 가장자리는 밋밋하고 뒤로 말림, 계란 모양의 잎이 가지끝에 모여 달림 • 5~6월 흰색 꽃 개화

21. 장미과

마가목		 	 
	낙엽활엽교목	• 기수 우상복엽의 잎 • 붉은색 단풍	흰꽃, 붉은 열매
매실 나무			
	낙엽활엽교목	흰색 또는 분홍색 5장 꽃잎, 이른 봄 개화	열매는 공모양의 핵과로 노란색으로 익음

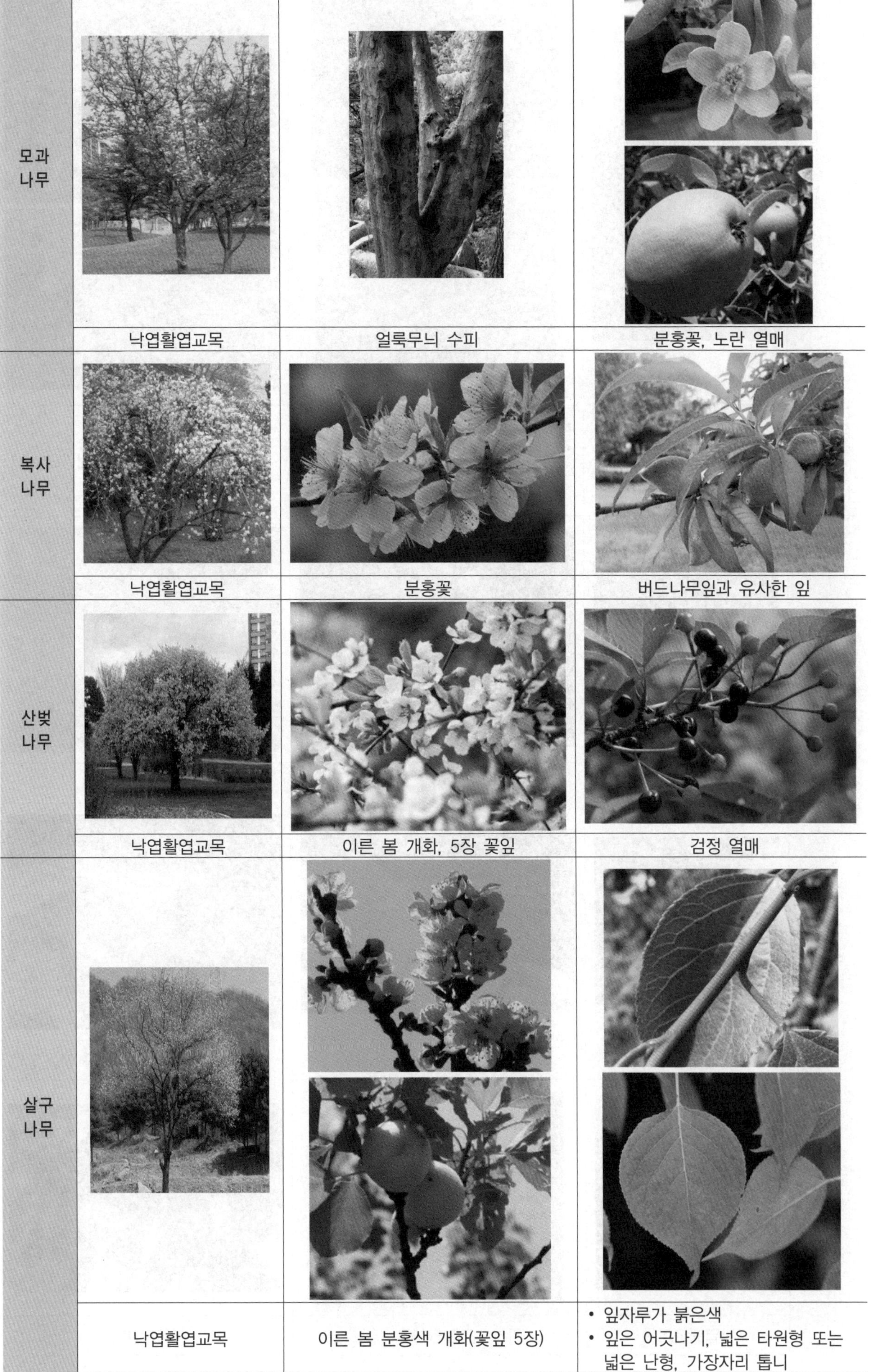

수종	수형	특징	특징
모과나무	낙엽활엽교목	얼룩무늬 수피	분홍꽃, 노란 열매
복사나무	낙엽활엽교목	분홍꽃	버드나무잎과 유사한 잎
산벚나무	낙엽활엽교목	이른 봄 개화, 5장 꽃잎	검정 열매
살구나무	낙엽활엽교목	이른 봄 분홍색 개화(꽃잎 5장)	• 잎자루가 붉은색 • 잎은 어긋나기, 넓은 타원형 또는 넓은 난형, 가장자리 톱니

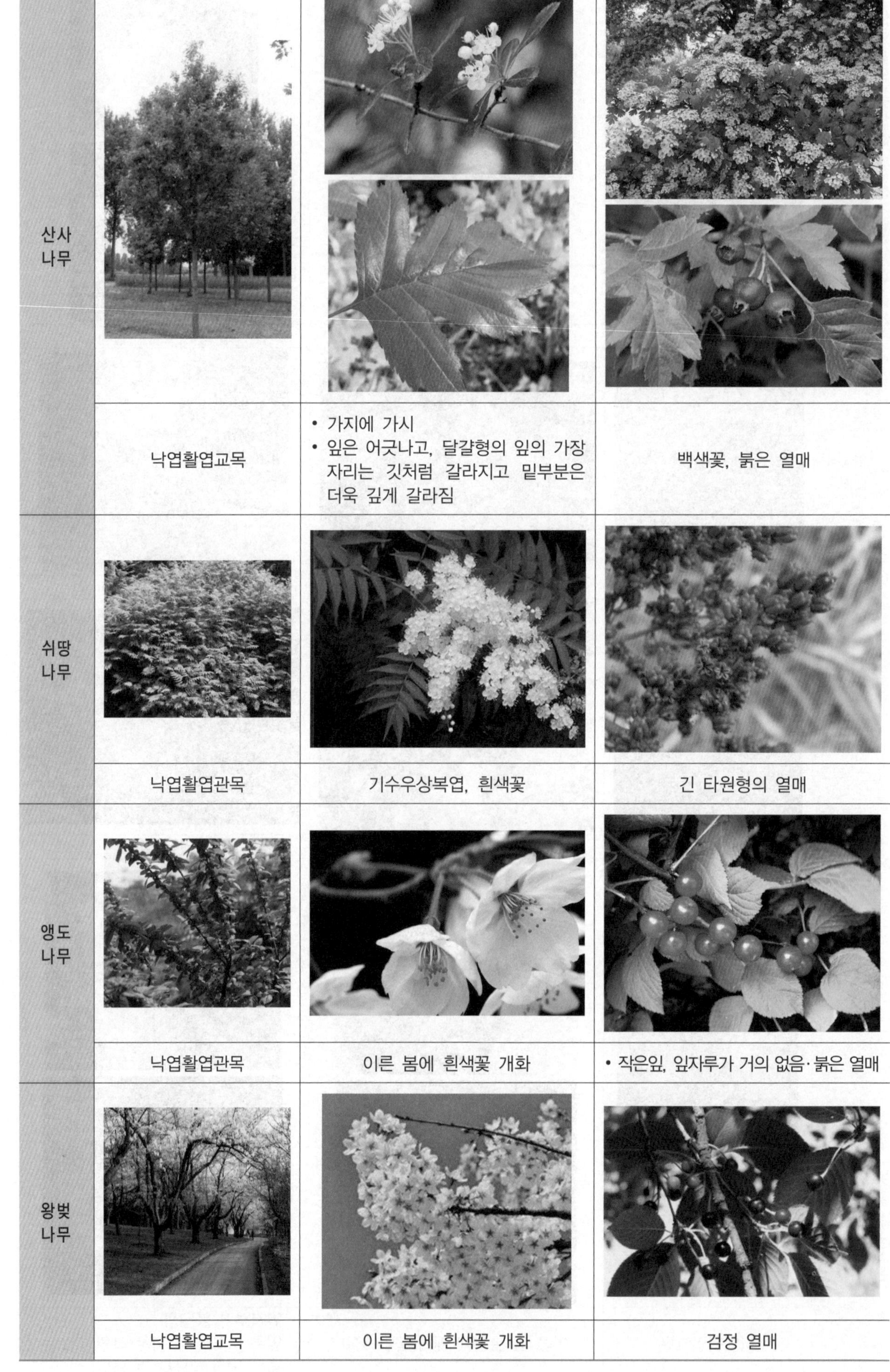

수종	수형	잎·꽃	꽃·열매
산사나무	낙엽활엽교목	• 가지에 가시 • 잎은 어긋나고, 달걀형의 잎의 가장자리는 깃처럼 갈라지고 밑부분은 더욱 깊게 갈라짐	백색꽃, 붉은 열매
쉬땅나무	낙엽활엽관목	기수우상복엽, 흰색꽃	긴 타원형의 열매
앵도나무	낙엽활엽관목	이른 봄에 흰색꽃 개화	• 작은잎, 잎자루가 거의 없음·붉은 열매
왕벚나무	낙엽활엽교목	이른 봄에 흰색꽃 개화	검정 열매

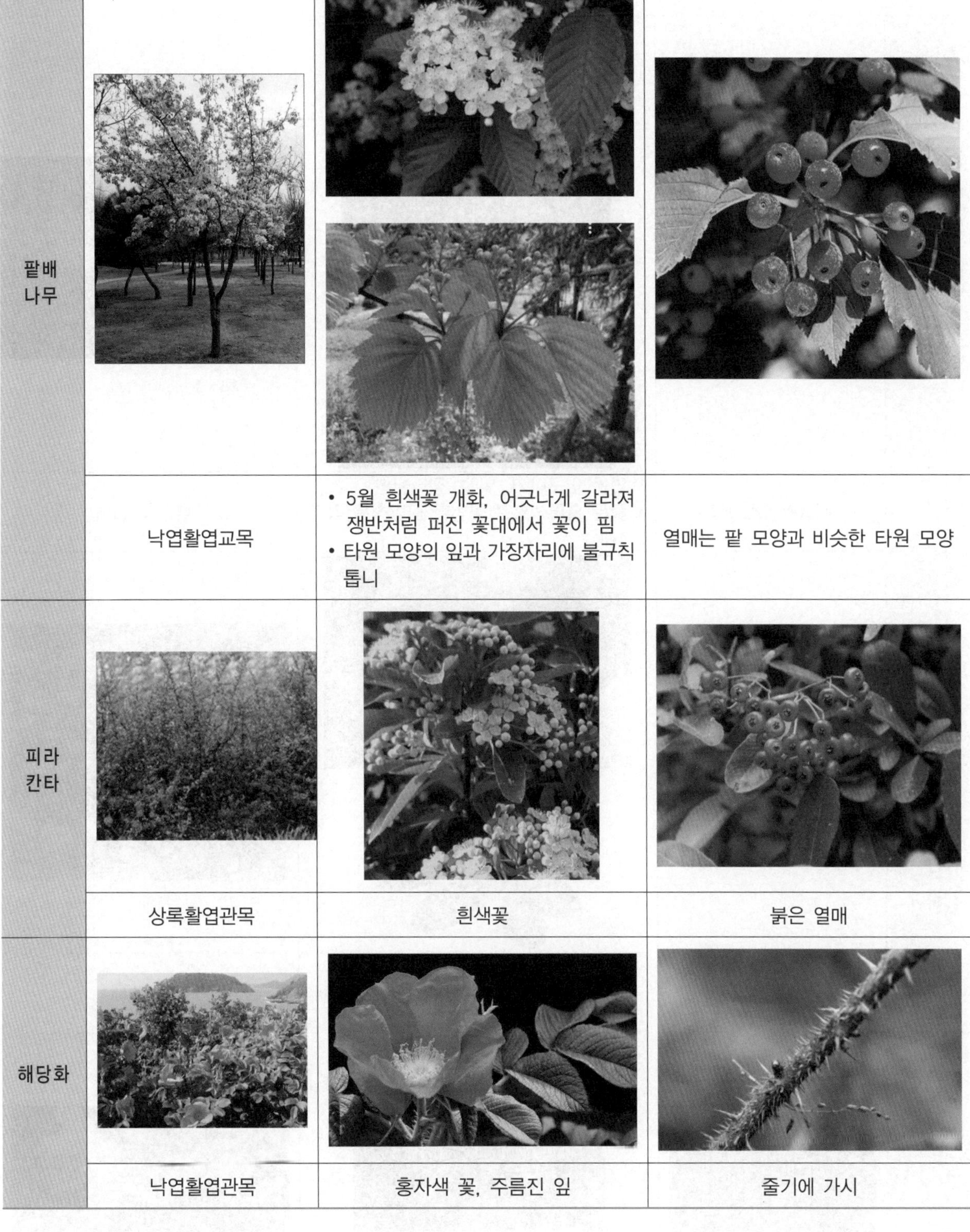

팥배나무	낙엽활엽교목	• 5월 흰색꽃 개화, 어긋나게 갈라져 쟁반처럼 퍼진 꽃대에서 꽃이 핌 • 타원 모양의 잎과 가장자리에 불규칙 톱니	열매는 팥 모양과 비슷한 타원 모양
피라칸타	상록활엽관목	흰색꽃	붉은 열매
해당화	낙엽활엽관목	홍자색 꽃, 주름진 잎	줄기에 가시

22. 감탕나무과

감탕나무	상록활엽소교목	• 잎은 어긋나기, 혁질, 장타원형 • 꽃은 황록색으로 꽃잎과 꽃받침은 각각 4개	붉은색 열매
꽝꽝나무	상록활엽관목	• 흰색꽃 • 잎은 어긋나기, 타원형으로 가장자리에 미세한 톱니	검정 열매
낙상홍	낙엽활엽관목	• 잎은 어긋나기, 타원형으로 잎 뒷면의 맥이 도드라짐 • 꽃은 잎겨드랑이에 모여 달리며 연한 자줏빛	붉은색 열매

구분			
먼나무	상록활엽교목	잎 겨드랑이에 자주색 꽃	붉은색 열매
호랑가시나무	상록활엽관목	잎 겨드랑이에 흰색꽃	잎에 거치, 붉은색 열매

23. 단풍나무과

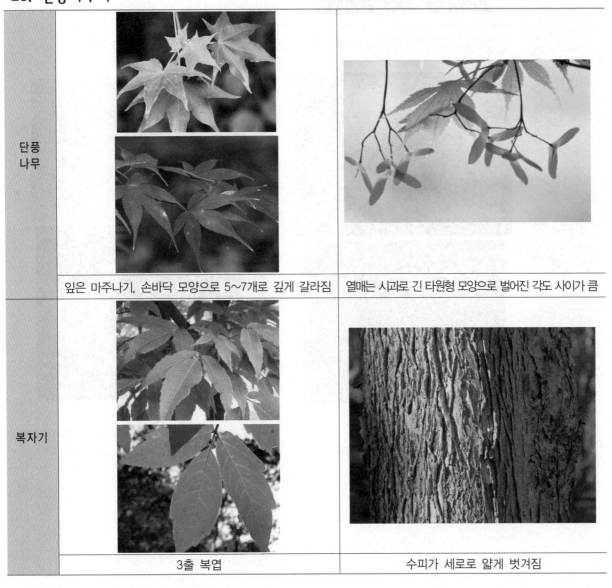

구분		
단풍나무	잎은 마주나기, 손바닥 모양으로 5~7개로 깊게 갈라짐	열매는 시과로 긴 타원형 모양으로 벌어진 각도 사이가 큼
복자기	3출 복엽	수피가 세로로 얇게 벗겨짐

신나무	3갈래로 갈라지고 가운데 부분이 깊	시과(八자 모양)
중국단풍	잎은 마주나고 3개로 얕게 갈라지며 기부에 3맥이 발달함(오리발모양)	• 수피는 회갈색으로 조각조각 갈라지며 벗겨짐 • 시과 열매의 벌어진 각도가 아주 작음

24. 노박덩굴과

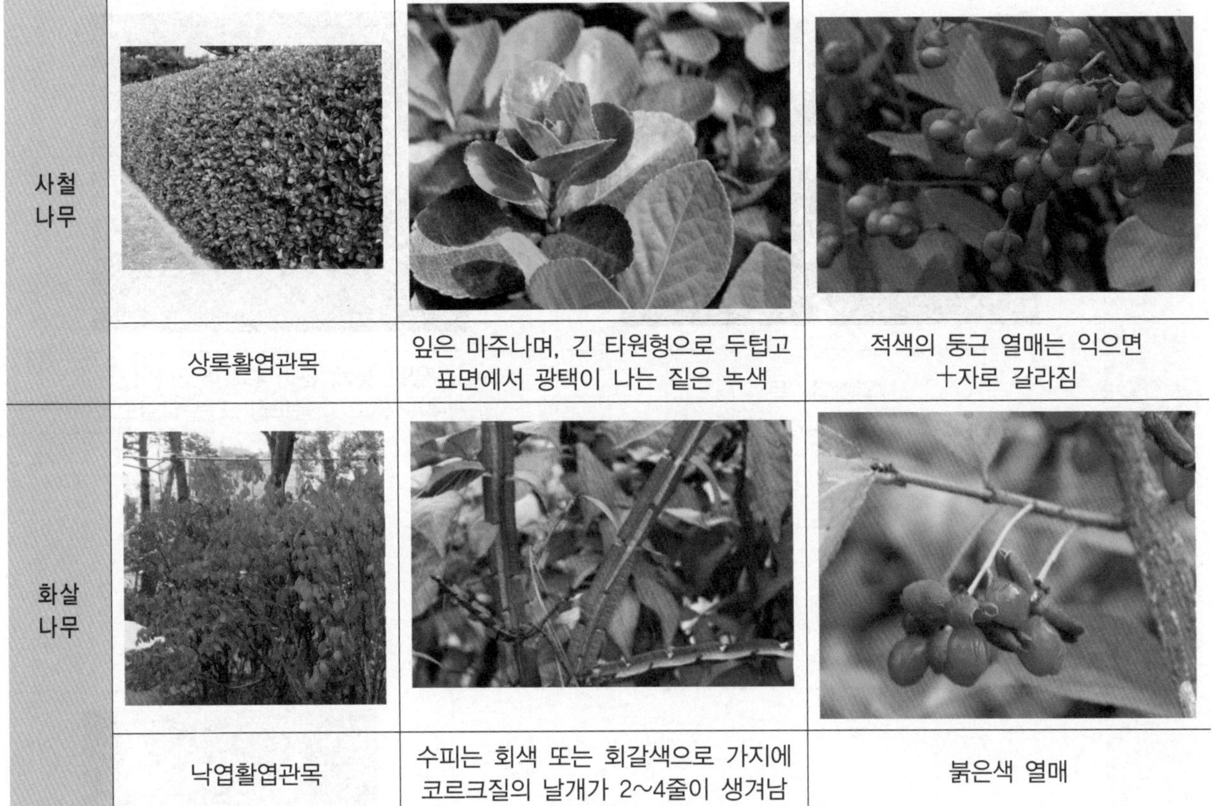

수종	구분	잎·수피	열매
사철나무	상록활엽관목	잎은 마주나며, 긴 타원형으로 두텁고 표면에서 광택이 나는 짙은 녹색	적색의 둥근 열매는 익으면 十자로 갈라짐
화살나무	낙엽활엽관목	수피는 회색 또는 회갈색으로 가지에 코르크질의 날개가 2~4줄이 생겨남	붉은색 열매

25. 포도과

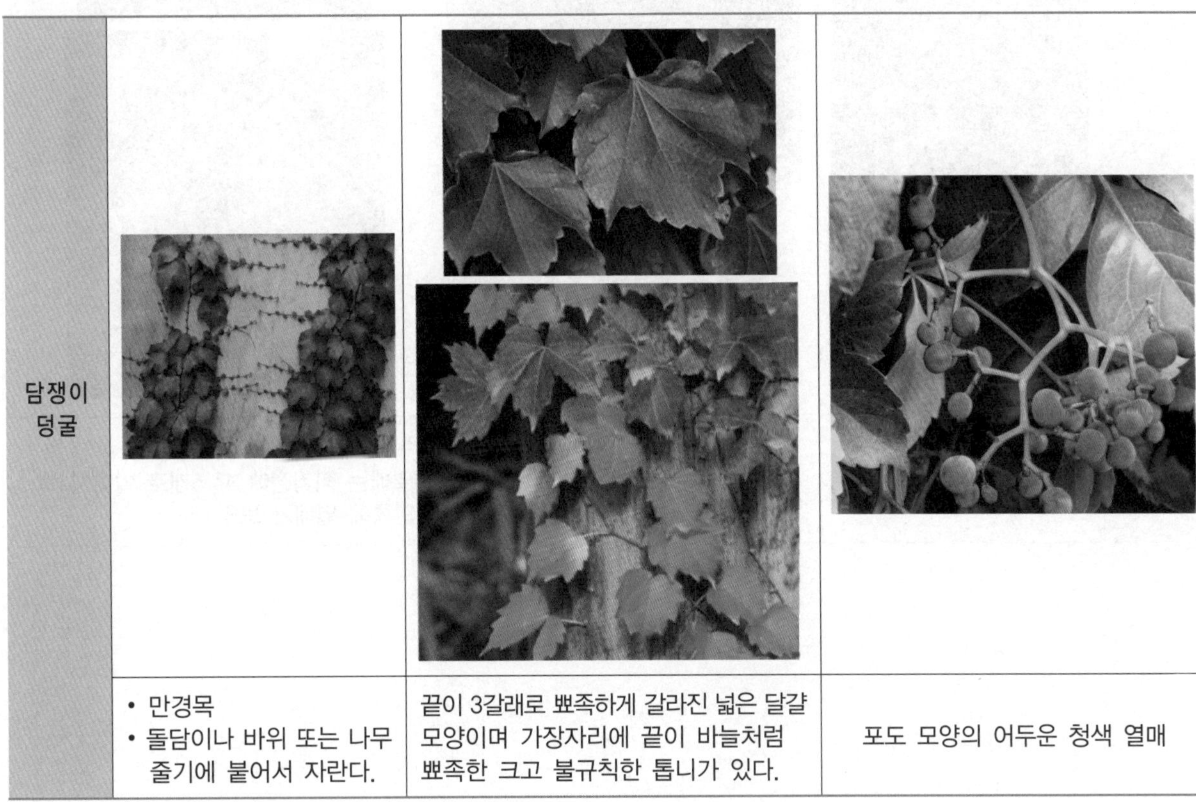

수종	구분	잎	열매
담쟁이덩굴	• 만경목 • 돌담이나 바위 또는 나무 줄기에 붙어서 자란다.	끝이 3갈래로 뾰족하게 갈라진 넓은 달걀 모양이며 가장자리에 끝이 바늘처럼 뾰족한 크고 불규칙한 톱니가 있다.	포도 모양의 어두운 청색 열매

26. 아욱과

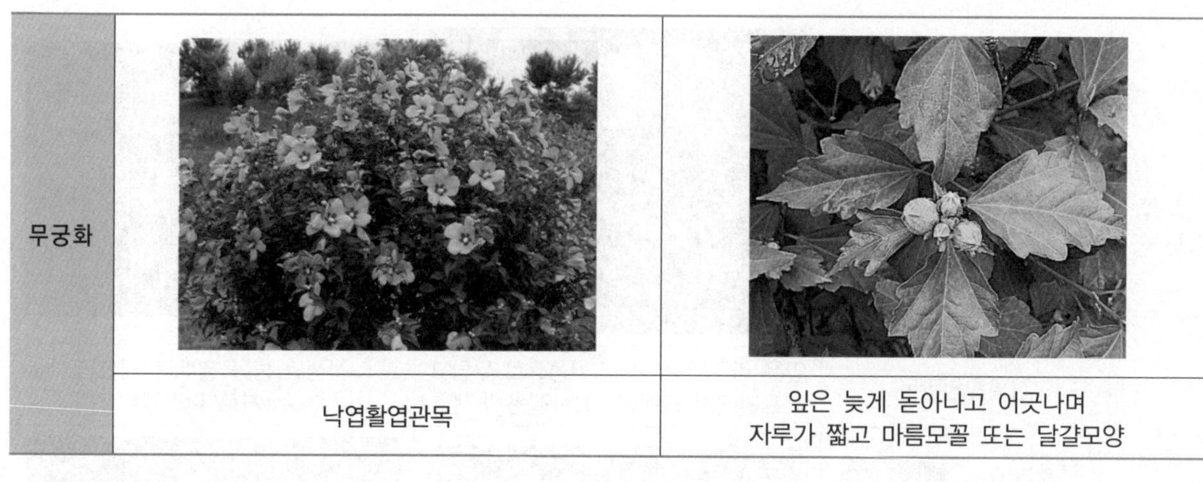

무궁화	낙엽활엽관목	잎은 늦게 돋아나고 어긋나며 자루가 짧고 마름모꼴 또는 달걀모양

27. 벽오동과

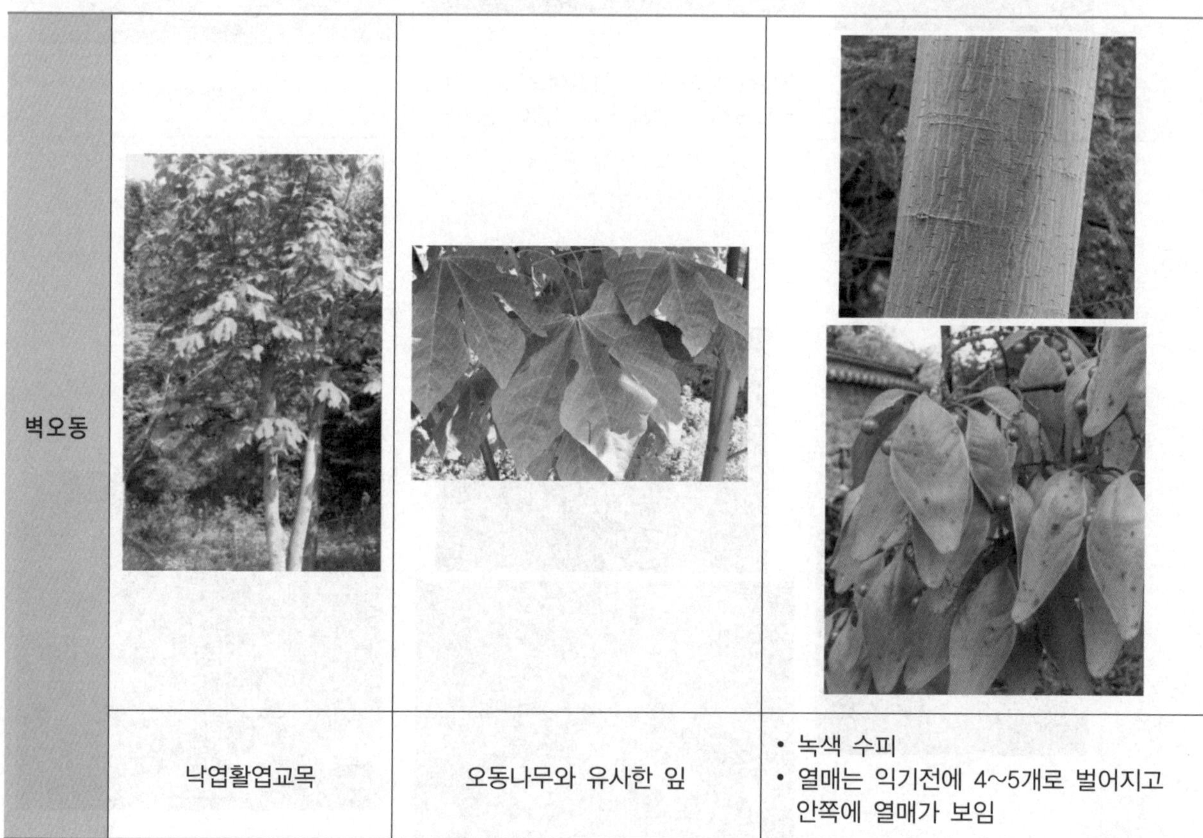

벽오동	낙엽활엽교목	오동나무와 유사한 잎	• 녹색 수피 • 열매는 익기전에 4~5개로 벌어지고 안쪽에 열매가 보임

28. 차나무과

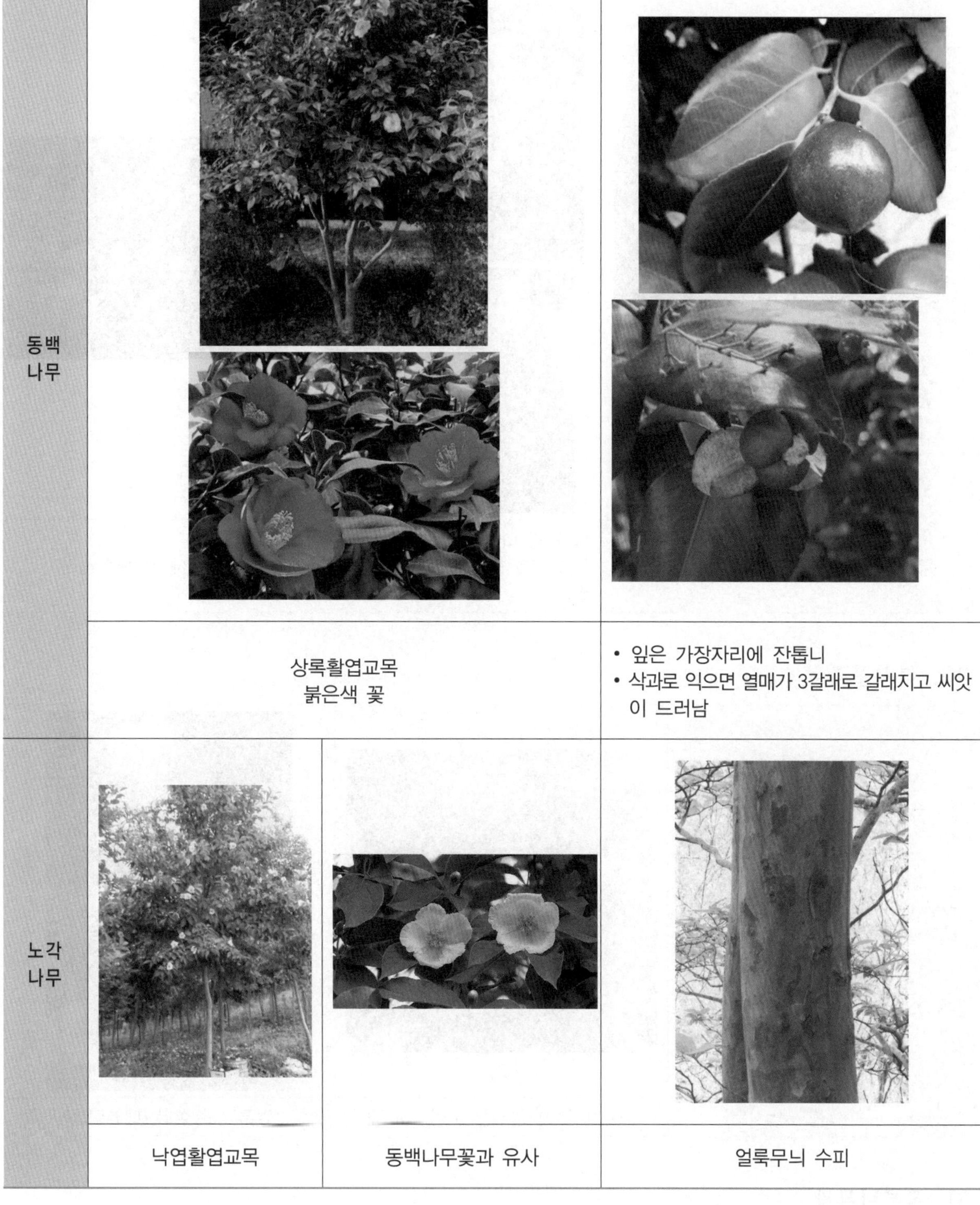

수목		
동백나무	상록활엽교목 붉은색 꽃	• 잎은 가장자리에 잔톱니 • 삭과로 익으면 열매가 3갈래로 갈라지고 씨앗이 드러남
노각나무	낙엽활엽교목 / 동백나무꽃과 유사	얼룩무늬 수피

29. 보리수나무과

보리수 나무	낙엽활엽관목	잎은 긴 타원형으로 가장자리는 밋밋하고, 뒷면은 은백색 비늘털이 있음	열매에 은백색 점

30. 부처꽃과

배롱 나무	낙엽활엽교목	붉은색 꽃이 원추형 모양으로 핌	얼룩무늬 수피 (매끄러움)

31. 두릅나무과

팔손이	상록활엽관목	잎은 7~9갈래	검은색 열매

32. 층층나무과

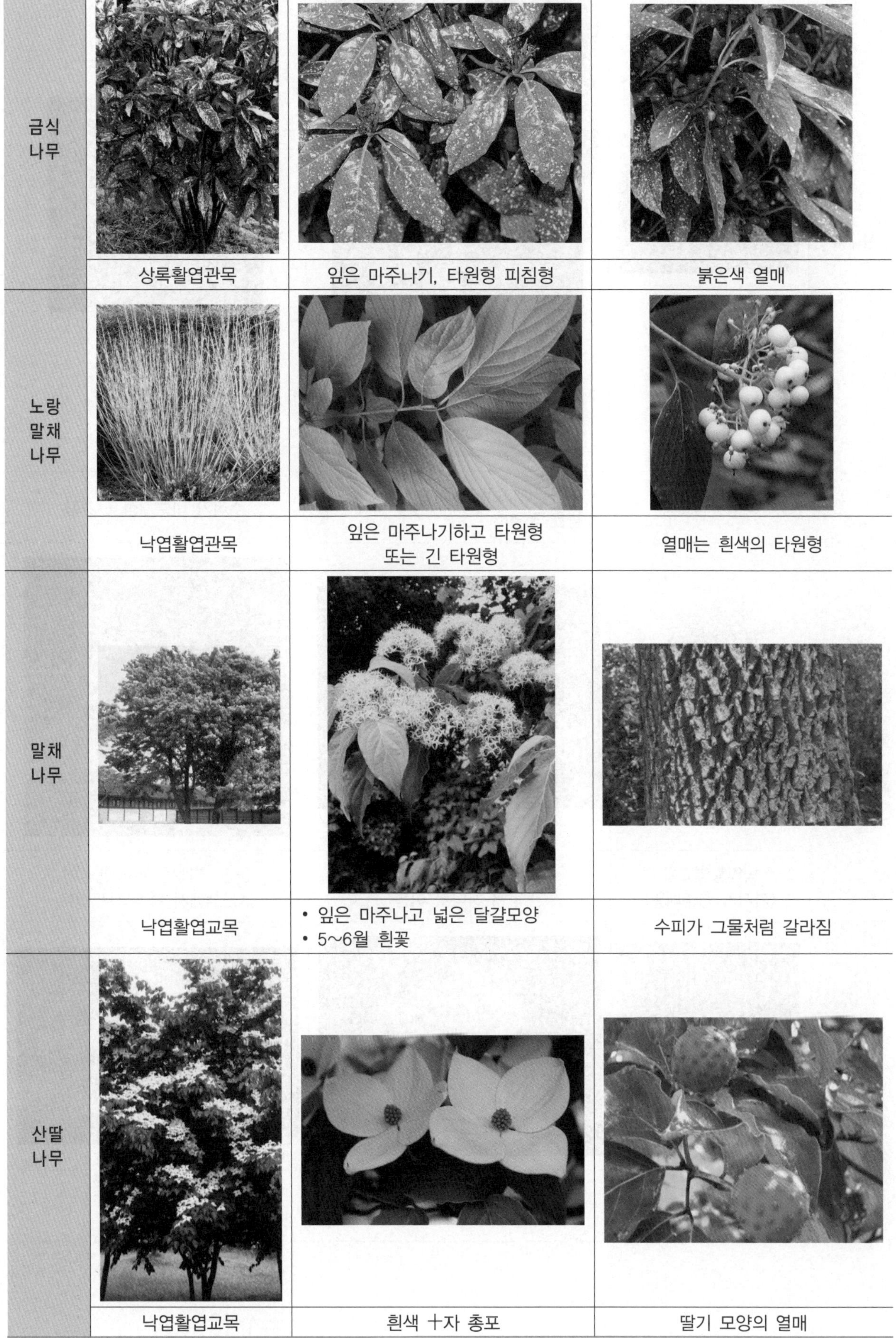

금식나무	상록활엽관목	잎은 마주나기, 타원형 피침형	붉은색 열매
노랑말채나무	낙엽활엽관목	잎은 마주나기하고 타원형 또는 긴 타원형	열매는 흰색의 타원형
말채나무	낙엽활엽교목	• 잎은 마주나고 넓은 달걀모양 • 5~6월 흰꽃	수피가 그물처럼 갈라짐
산딸나무	낙엽활엽교목	흰색 十자 총포	딸기 모양의 열매

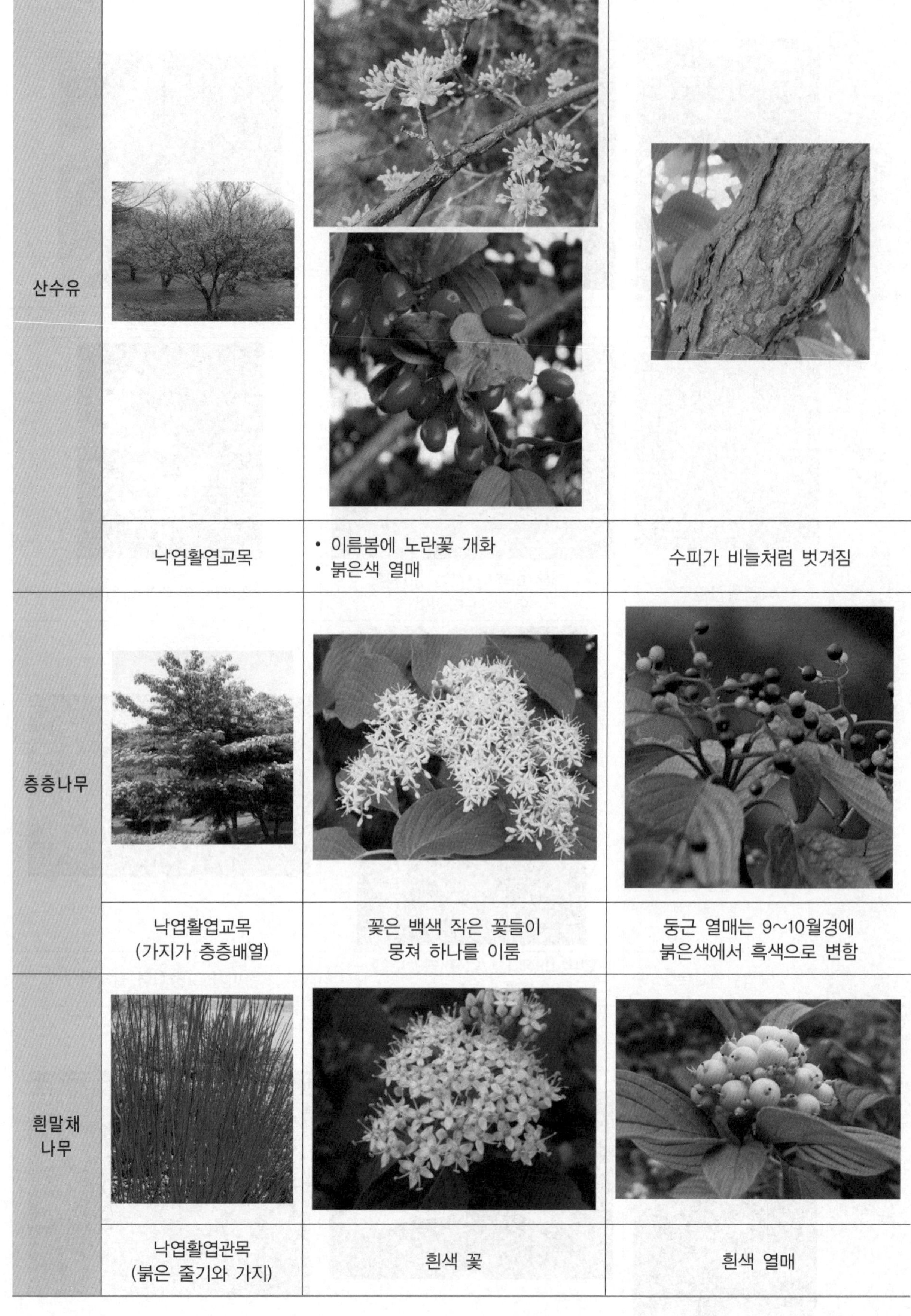

수종	수형	꽃·열매	특징
산수유	낙엽활엽교목	• 이른봄에 노란꽃 개화 • 붉은색 열매	수피가 비늘처럼 벗겨짐
층층나무	낙엽활엽교목 (가지가 층층배열)	꽃은 백색 작은 꽃들이 뭉쳐 하나를 이룸	둥근 열매는 9~10월경에 붉은색에서 흑색으로 변함
흰말채나무	낙엽활엽관목 (붉은 줄기와 가지)	흰색 꽃	흰색 열매

33. 진달래과

진달래			
	낙엽활엽관목	분홍색꽃	잎은 어긋나고 긴 타원 모양
철쭉			
	낙엽활엽관목	꽃은 연분홍색이며 3~7개씩 가지 끝에 화서를 이룸	주걱모양의 잎이 5장씩 모여 남
산철쭉			
	낙엽활엽관목	가지 끝에 2~3개의 홍자색의 꽃이 모여 핌	잎이 가는 선형

34. 인동과

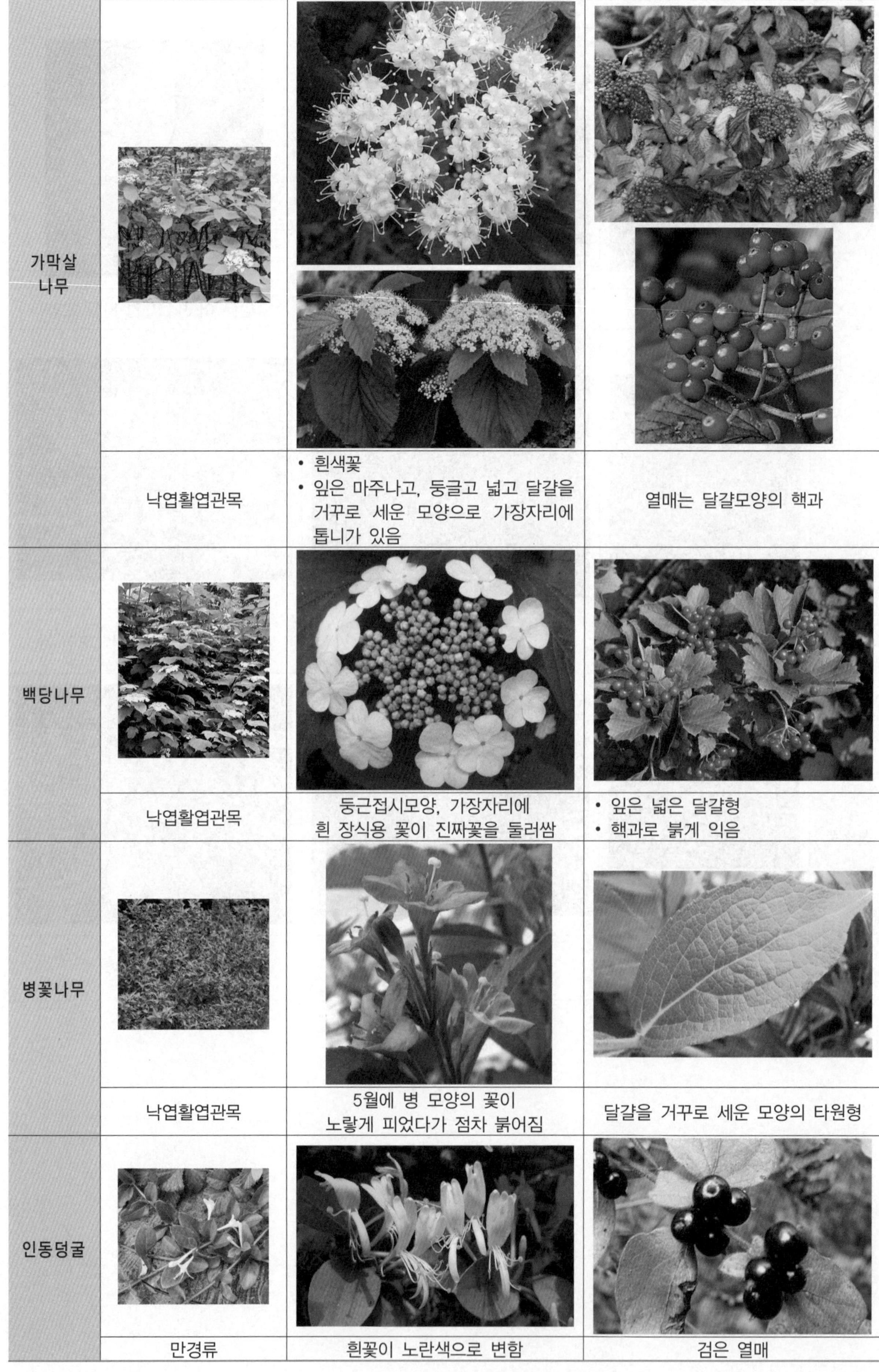

수종	형태	꽃·잎	열매·잎
가막살나무	낙엽활엽관목	• 흰색꽃 • 잎은 마주나고, 둥글고 넓고 달걀을 거꾸로 세운 모양으로 가장자리에 톱니가 있음	열매는 달걀모양의 핵과
백당나무	낙엽활엽관목	둥근접시모양, 가장자리에 흰 장식용 꽃이 진짜꽃을 둘러쌈	• 잎은 넓은 달걀형 • 핵과로 붉게 익음
병꽃나무	낙엽활엽관목	5월에 병 모양의 꽃이 노랗게 피었다가 점차 붉어짐	달걀을 거꾸로 세운 모양의 타원형
인동덩굴	만경류	흰꽃이 노란색으로 변함	검은 열매

35. 피나무과

피나무	• 낙엽활엽교목 • 담황색의 꽃이 6월개화	잎은 어긋나기, 넓은 달걀형으로 끝은 뾰족해지고 아랫부분은 심장 모양	수피는 회색이며 흰색의 반점

36. 감나무과

감나무	낙엽활엽교목	잎은 마주나기로 타원형의 계란형, 가장자리는 밋밋함	수피는 코르크질화 되어 거북이 등처럼 갈라짐

37. 갈매나무과

대추나무	낙엽활엽교목	잎겨드랑이에 꽃과 잎	적색열매

38. 가래나무과

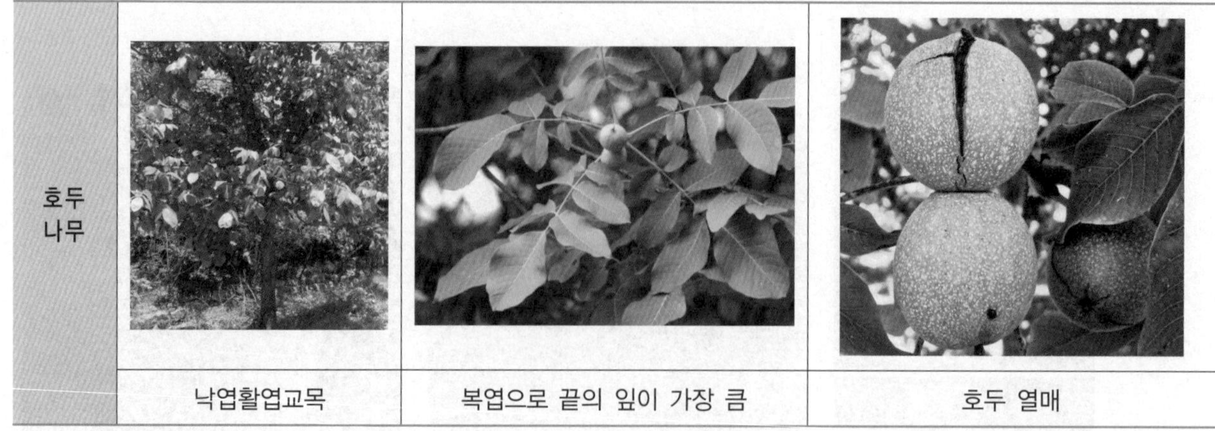

수종			
호두나무	낙엽활엽교목	복엽으로 끝의 잎이 가장 큼	호두 열매

39. 능소화과

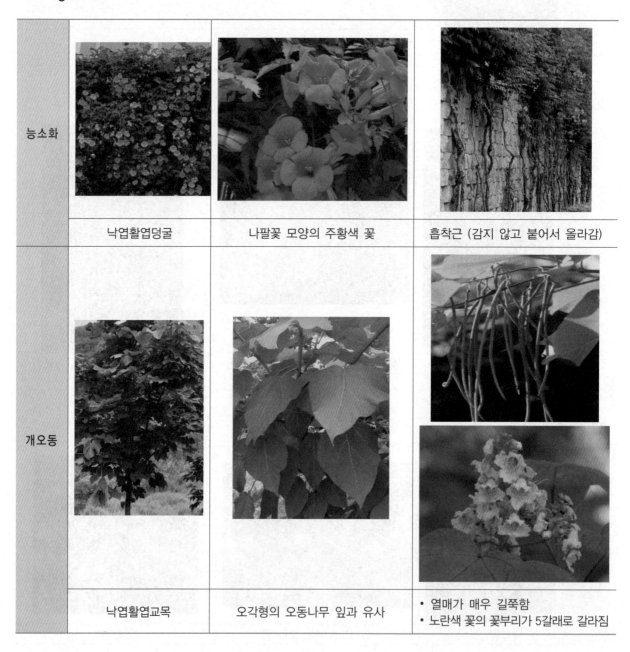

수종			
능소화	낙엽활엽덩굴	나팔꽃 모양의 주황색 꽃	흡착근 (감지 않고 붙어서 올라감)
개오동	낙엽활엽교목	오각형의 오동나무 잎과 유사	• 열매가 매우 길쭉함 • 노란색 꽃의 꽃부리가 5갈래로 갈라짐

40. 마편초과

작살나무		 
	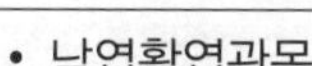 • 낙엽활엽관목 • 잎은 마주나기, 가장자리 잔 톱니	잎겨드랑이에 보라색 꽃과 열매

41. 범의귀과

수국			
	낙엽활엽관목	잎은 마주나기, 계란형으로 두껍고 가장자리에는 톱니가 있음	흰꽃→밝은 청색→붉은 자색으로 변함

42. 석류나무과

석류나무			
	낙엽활엽교목	• 잎은 마주나기, 도란형 또는 긴 타원형 • 꽃은 가지 끝에서 1~5개씩 달리며, 붉은색으로 꽃받침은 통 모양, 다육질, 붉은색, 6갈래로 갈라짐	열매는 장과로 둥글고, 노란색 또는 노란빛이 도는 붉은색이고 껍질이 불규칙하게 터져서 씨가 드러남

43. 무환자나무과

모감주 나무	낙엽활엽교목	• 7월에 원추형의 노란색 꽃 • 잎은 어긋나며 기수우상복엽, 작은 잎은 달걀모양으로 가장자리는 깊이 패어 들어간 모양	열매는 꽈리처럼 생겼는데 옅은 녹색이었다가 점차 열매가 익으면서 짙은 황색으로 변함, 열매가 완전하게 익으면 3개로 갈라져 검은 종자가 3~6개 정도 나옴

44. 물푸레나무과

개나리	낙엽활엽관목	잎은 마주나기, 타원형 잎의 1/3지점부터 톱니가 있음	• 줄기에 긴 계란형 껍질눈 • 이른봄에 노란색 꽃

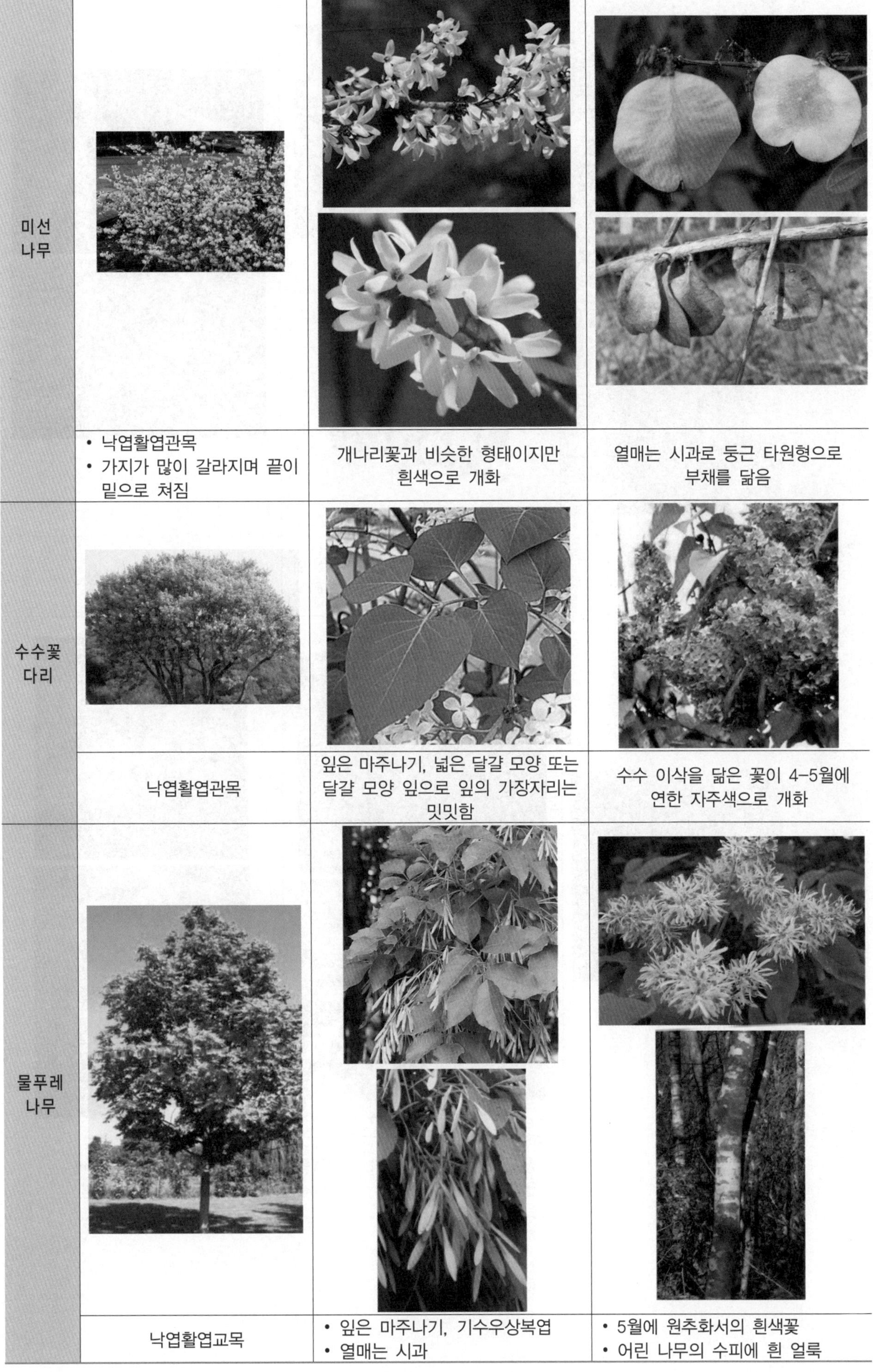

수목	전체	특징 1	특징 2
미선나무	• 낙엽활엽관목 • 가지가 많이 갈라지며 끝이 밑으로 쳐짐	개나리꽃과 비슷한 형태이지만 흰색으로 개화	열매는 시과로 둥근 타원형으로 부채를 닮음
수수꽃다리	낙엽활엽관목	잎은 마주나기, 넓은 달걀 모양 또는 달걀 모양 잎으로 잎의 가장자리는 밋밋함	수수 이삭을 닮은 꽃이 4~5월에 연한 자주색으로 개화
물푸레나무	낙엽활엽교목	• 잎은 마주나기, 기수우상복엽 • 열매는 시과	• 5월에 원추화서의 흰색꽃 • 어린 나무의 수피에 흰 얼룩

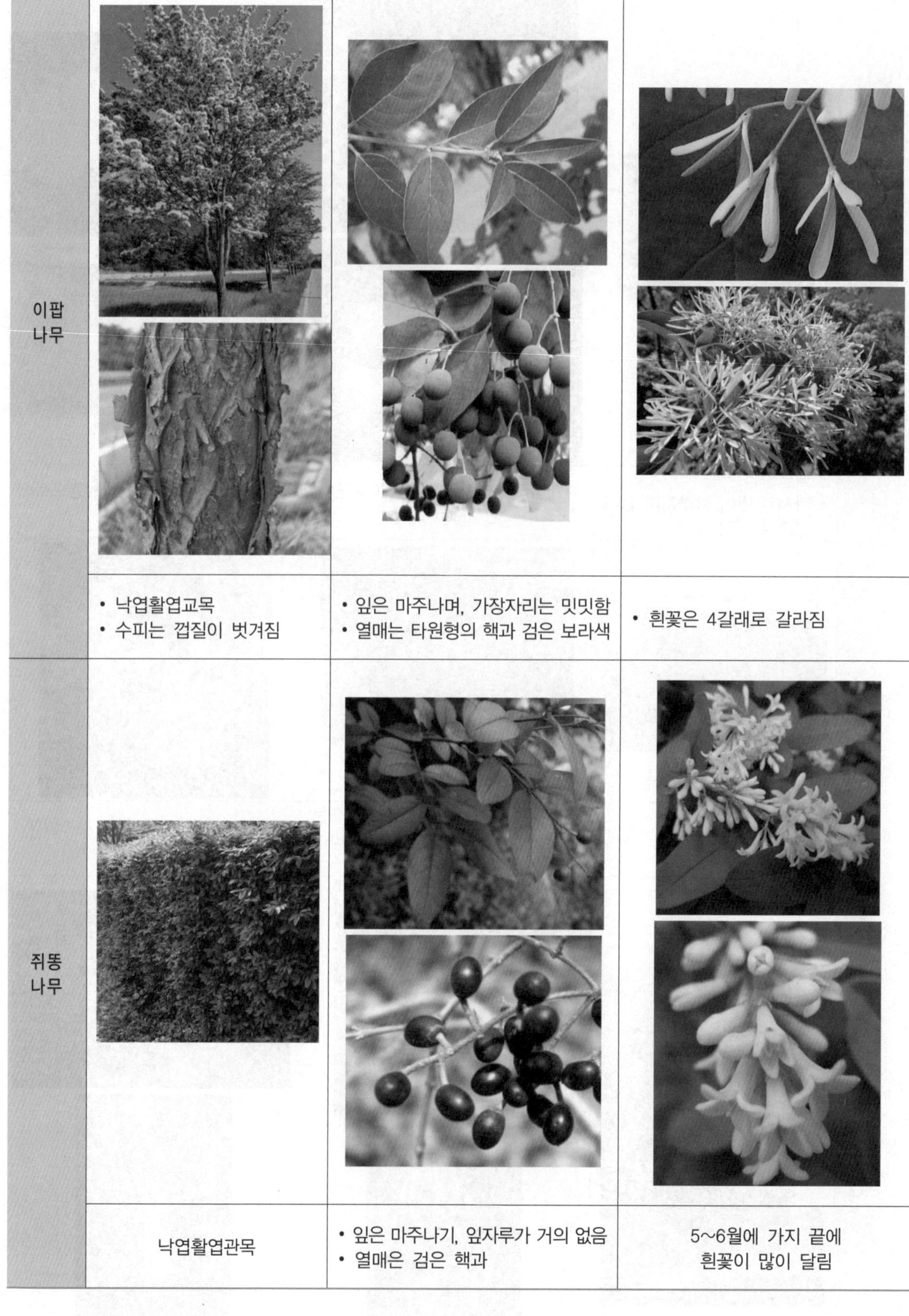

이팝 나무	• 낙엽활엽교목 • 수피는 껍질이 벗겨짐	• 잎은 마주나며, 가장자리는 밋밋함 • 열매는 타원형의 핵과 검은 보라색	• 흰꽃은 4갈래로 갈라짐
쥐똥 나무	낙엽활엽관목	• 잎은 마주나기, 잎자루가 거의 없음 • 열매은 검은 핵과	5~6월에 가지 끝에 흰꽃이 많이 달림

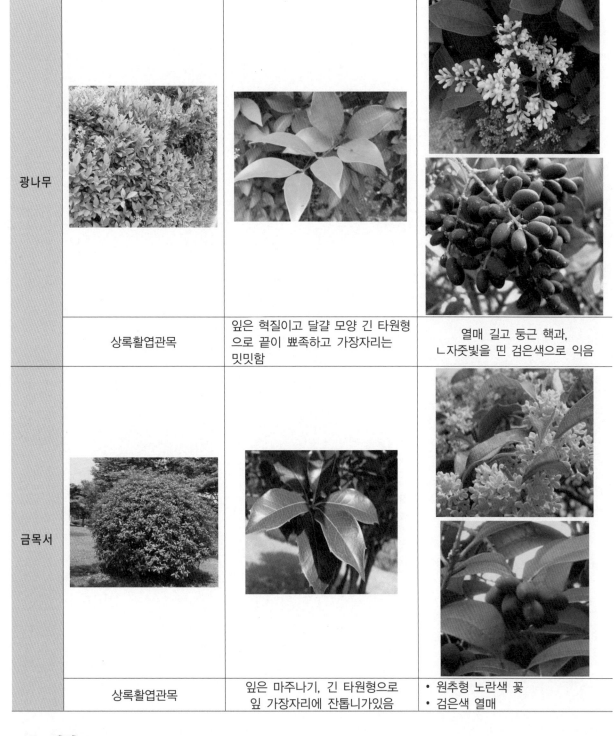

광나무			
	상록활엽관목	잎은 혁질이고 달걀 모양 긴 타원형으로 끝이 뾰족하고 가장자리는 밋밋함	열매 길고 둥근 핵과, ㄴ자줏빛을 띤 검은색으로 익음
금목서			
	상록활엽관목	잎은 마주나기, 긴 타원형으로 잎 가장자리에 잔톱니가있음	• 원추형 노란색 꽃 • 검은색 열매

45. 벼과

조릿대			
	키작은 대나무	잎은 긴 타원상 피침형으로 가지 끝에 2~3개씩 달림	꽃 이삭은 털과 흰 가루로 덮여 있고 밑동이 자주색 포로 싸여 있음

조경기능사 실기 (시험전 한번에 끝내기)

定價 29,000원

저 자 이 윤 진
발행인 이 종 권

2012年 2月 13日 초 판 발 행
2021年 1月 7日 8차개정판발행
2021年 8月 25日 9차개정판발행
2023年 1月 12日 10차개정쇄발행
2023年 7月 26日 11차개정쇄발행
2025年 1月 7日 12차개정쇄발행

發行處 (주) 한솔아카데미

(우)06775 서울시 서초구 마방로10길 25 트윈타워 A동 2002호
TEL : (02)575-6144/5 FAX : (02)529-1130
〈1998. 2. 19 登錄 第16-1608號〉

※ 본 교재의 내용 중에서 오타, 오류 등은 발견되는 대로 한솔아카데미 인터넷 홈페이지를 통해 공지하여 드리며 보다 완벽한 교재를 위해 끊임없이 최선의 노력을 다하겠습니다.

※ 파본은 구입하신 서점에서 교환해 드립니다.

www.inup.co.kr / www.bestbook.co.kr

ISBN 979-11-6654-542-9 13540

한솔아카데미 발행도서

건축기사시리즈
①건축계획
이종석, 이병억 공저
536쪽 | 26,000원

건축기사시리즈
②건축시공
김형중, 한규대, 이명철, 홍태화 공저
678쪽 | 26,000원

건축기사시리즈
③건축구조
안광호, 홍태화, 고길용 공저
796쪽 | 27,000원

건축기사시리즈
④건축설비
오병칠, 권영철, 오호영 공저
564쪽 | 26,000원

건축기사시리즈
⑤건축법규
현정기, 조영호, 김광수, 한웅규 공저
622쪽 | 27,000원

건축기사 필기 10개년 핵심 과년도문제해설
안광호, 백종엽, 이병억 공저
1,000쪽 | 44,000원

건축기사 4주완성
남재호, 송우용 공저
1,412쪽 | 46,000원

건축산업기사 4주완성
남재호, 송우용 공저
1,136쪽 | 43,000원

7개년 기출문제 건축산업기사 필기
한솔아카데미 수험연구회
868쪽 | 37,000원

건축설비기사 4주완성
남재호 저
1,280쪽 | 44,000원

건축설비산업기사 4주완성
남재호 저
770쪽 | 38,000원

10개년 핵심 건축설비기사 과년도
남재호 저
1,148쪽 | 38,000원

건축기사 실기
한규대, 김형중, 안광호, 이병억 공저
1,672쪽 | 52,000원

건축기사 실기 (The Bible)
안광호, 백종엽, 이병억 공저
818쪽 | 37,000원

건축기사 실기 12개년 과년도
안광호, 백종엽, 이병억 공저
688쪽 | 30,000원

건축산업기사 실기
한규대, 김형중, 안광호, 이병억 공저
696쪽 | 33,000원

건축산업기사 실기 (The Bible)
안광호, 백종엽, 이병억 공저
300쪽 | 27,000원

실내건축기사 4주완성
남재호 저
1,320쪽 | 39,000원

실내건축산업기사 4주완성
남재호 저
1,020쪽 | 31,000원

시공실무 실내건축(산업)기사 실기
안동훈, 이병억 공저
422쪽 | 31,000원

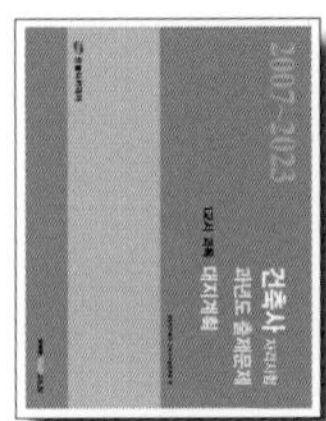

건축사 과년도출제문제 1교시 대지계획
한솔아카데미 건축사수험연구회
346쪽 | 33,000원

건축사 과년도출제문제 2교시 건축설계1
한솔아카데미 건축사수험연구회
192쪽 | 33,000원

건축사 과년도출제문제 3교시 건축설계2
한솔아카데미 건축사수험연구회
436쪽 | 33,000원

건축물에너지평가사 ①건물 에너지 관계법규
건축물에너지평가사 수험연구회
818쪽 | 30,000원

건축물에너지평가사 ②건축환경계획
건축물에너지평가사 수험연구회
456쪽 | 26,000원

건축물에너지평가사 ③건축설비시스템
건축물에너지평가사 수험연구회
682쪽 | 29,000원

건축물에너지평가사 ④건물 에너지효율설계 · 평가
건축물에너지평가사 수험연구회
756쪽 | 30,000원

건축물에너지평가사 2차실기(상)
건축물에너지평가사 수험연구회
940쪽 | 45,000원

건축물에너지평가사 2차실기(하)
건축물에너지평가사 수험연구회
905쪽 | 50,000원

토목기사시리즈 ①응용역학
염창열, 김창원, 안광호, 정용욱, 이지훈 공저
804쪽 | 25,000원

토목기사시리즈 ②측량학
남수영, 정경동, 고길용 공저
452쪽 | 25,000원

토목기사시리즈 ③수리학 및 수문학
심기오, 노재식, 한웅규 공저
450쪽 | 25,000원

토목기사시리즈 ④철근콘크리트 및 강구조
정경동, 정용욱, 고길용, 김지우 공저
464쪽 | 25,000원

토목기사시리즈 ⑤토질 및 기초
안진수, 박광진, 김창원, 홍성협 공저
640쪽 | 25,000원

토목기사시리즈 ⑥상하수도공학
노재식, 이상도, 한웅규, 정용욱 공저
544쪽 | 25,000원

10개년 핵심 토목기사 과년도문제해설
김창원 외 5인 공저
1,076쪽 | 45,000원

토목기사 4주완성 핵심 및 과년도문제해설
이상도, 고길용, 안광호, 한웅규, 홍성협, 김지우 공저
1,054쪽 | 42,000원

토목산업기사 4주완성 7개년 과년도문제해설
이상도, 정경동, 고길용, 안광호, 한웅규, 홍성협 공저
752쪽 | 39,000원

토목기사 실기
김태선, 박광진, 홍성협, 김창원, 김상욱, 이상도 공저
1,496쪽 | 50,000원

토목기사 실기 12개년 과년도문제해설
김태선, 이상도, 한웅규, 홍성협, 김상욱, 김지우 공저
708쪽 | 35,000원

www.bestbook.co.kr

콘크리트기사 · 산업기사 4주완성(필기)
정용욱, 고길용, 전지현, 김지우 공저
976쪽 | 37,000원

콘크리트기사 14개년 과년도(필기)
정용욱, 고길용, 김지우 공저
644쪽 | 28,000원

콘크리트기사 · 산업기사 3주완성(실기)
정용욱, 김태형, 이승철 공저
748쪽 | 30,000원

건설재료시험기사 4주완성(필기)
박광진, 이상도, 김지우, 전지현 공저
742쪽 | 37,000원

건설재료시험기사 14개년 과년도(필기)
고길용, 정용욱, 홍성협, 전지현 공저
692쪽 | 30,000원

건설재료시험기사 3주완성(실기)
고길용, 홍성협, 전지현, 김지우 공저
728쪽 | 29,000원

콘크리트기능사 3주완성(필기+실기)
정용욱, 고길용, 전지현 공저
524쪽 | 24,000원

지적기능사(필기+실기) 3주완성
염창열, 정병노 공저
640쪽 | 29,000원

측량기능사 3주완성
염창열, 정병노 공저
562쪽 | 27,000원

전산응용토목제도기능사 필기 3주완성
김지우, 최진호, 전지현 공저
438쪽 | 26,000원

건설안전기사 4주완성 필기
지준석, 조태연 공저
1,388쪽 | 36,000원

산업안전기사 4주완성 필기
지준석, 조태연 공저
1,560쪽 | 36,000원

공조냉동기계기사 필기
조성안, 이승원, 강희중 공저
1,358쪽 | 39,000원

공조냉동기계산업기사 필기
조성안, 이승원, 강희중 공저
1,269쪽 | 34,000원

공조냉동기계기사 실기
강희중, 조성안, 한영동 공저
1,040쪽 | 36,000원

조경기사 · 산업기사 필기
이윤진 저
1,836쪽 | 49,000원

조경기사 · 산업기사 실기
이윤진 저
784쪽 | 43,000원

조경기능사 필기
이윤진 저
682쪽 | 29,000원

조경기능사 실기
이윤진 저
360쪽 | 29,000원

조경기능사 필기
한상엽 저
712쪽 | 27,000원

Hansol Academy

조경기능사 실기
한상엽 저
738쪽 | 29,000원

산림기사 · 산업기사 1권
이윤진 저
888쪽 | 27,000원

산림기사 · 산업기사 2권
이윤진 저
974쪽 | 27,000원

전기기사시리즈(전6권)
대산전기수험연구회
2,240쪽 | 113,000원

전기기사 5주완성
전기기사수험연구회
1,680쪽 | 42,000원

전기산업기사 5주완성
전기산업기사수험연구회
1,556쪽 | 42,000원

전기공사기사 5주완성
전기공사기사수험연구회
1,608쪽 | 41,000원

전기공사산업기사 5주완성

전기공사산업기사수험연구회
1,606쪽 | 41,000원

전기(산업)기사 실기
대산전기수험연구회
766쪽 | 42,000원

전기기사 실기 20개년 과년도문제해설
대산전기수험연구회
992쪽 | 36,000원

전기기사시리즈(전6권)
김대호 저
3,230쪽 | 119,000원

전기기사 실기 기본서
김대호 저
964쪽 | 36,000원

전기기사 실기 기출문제
김대호 저
1,352쪽 | 42,000원

전기산업기사 실기 기본서
김대호 저
920쪽 | 36,000원

전기산업기사 실기 기출문제
김대호 저
1,076 | 40,000원

전기기사/전기산업기사 실기 마인드 맵
김대호 저
232 | 기본서 별책부록

CBT 전기기사 블랙박스
이승원, 김승철, 윤종식 공저
1,168쪽 | 42,000원

전기(산업)기사 실기 모의고사 100선
김대호 저
296쪽 | 24,000원

전기기능사 필기
이승원, 김승철 공저
624쪽 | 25,000원

소방설비기사 기계분야 필기
김흥준, 윤중오 공저
1,212쪽 | 44,000원

소방설비기사 전기분야 필기
김흥준, 신면순 공저
1,151쪽 | 44,000원

공무원 건축계획
이병억 저
800쪽 | 37,000원

7 · 9급 토목직 응용역학
정경동 저
1,192쪽 | 42,000원

응용역학개론 기출문제
정경동 저
686쪽 | 40,000원

측량학(9급 기술직/ 서울시 · 지방직)
정병노, 염창열, 정경동 공저
722쪽 | 27,000원

응용역학(9급 기술직/ 서울시 · 지방직)
이국형 저
628쪽 | 23,000원

스마트 9급 물리 (서울시 · 지방직)
신용찬 저
422쪽 | 23,000원

7급 공무원 스마트 물리학개론
신용찬 저
996쪽 | 45,000원

1종 운전면허
도로교통공단 저
110쪽 | 13,000원

2종 운전면허
도로교통공단 저
110쪽 | 13,000원

1 · 2종 운전면허
도로교통공단 저
110쪽 | 13,000원

지게차 운전기능사
건설기계수험연구회 편
216쪽 | 15,000원

굴삭기 운전기능사
건설기계수험연구회 편
224쪽 | 15,000원

지게차 운전기능사 3주완성
건설기계수험연구회 편
338쪽 | 12,000원

굴삭기 운전기능사 3주완성
건설기계수험연구회 편
356쪽 | 12,000원

초경량 비행장치 무인멀티콥터
권희춘, 김병구 공저
258쪽 | 22,000원

시각디자인 산업기사 4주완성
김영애, 서정술, 이원범 공저
1,102쪽 | 36,000원

시각디자인 기사 · 산업기사 실기
김영애, 이원범 공저
508쪽 | 35,000원

토목 BIM 설계활용서
김영휘, 박형순, 송윤상, 신현준, 안서현, 박진훈, 노기태 공저
388쪽 | 30,000원

BIM 구조편
(주)알피종합건축사사무소
(주)동양구조안전기술 공저
536쪽 | 32,000원

건축시공학
이찬식, 김선국, 김예상, 고성석, 손보식, 유정호, 김태완 공저
776쪽 | 30,000원

현장실무를 위한 토목시공학
남기천,김상환,유광호,강보순, 김종민,최준성 공저
1,212쪽 | 45,000원

알기쉬운 토목시공
남기천, 유광호, 류명찬, 윤영철, 최준성, 고준영, 김연덕 공저
818쪽 | 28,000원

Auto CAD 오토캐드
김수영, 정기범 공저
364쪽 | 25,000원

친환경 업무매뉴얼
정보현, 장동원 공저
352쪽 | 30,000원

건축시공기술사 기출문제
배용환, 서갑성 공저
1,146쪽 | 69,000원

합격의 정석 건축시공기술사
조민수 저
904쪽 | 67,000원

건축전기설비기술사 (상권)
서학범 저
784쪽 | 65,000원

건축전기설비기술사 (하권)
서학범 저
748쪽 | 65,000원

마법기본서 PE 건축시공기술사
백종엽 저
730쪽 | 62,000원

스크린 PE 건축시공기술사
백종엽 저
376쪽 | 32,000원

용어설명1000 PE 건축시공기술사(상)
백종엽 저
1,072쪽 | 70,000원

용어설명1000 PE 건축시공기술사(하)
백종엽 저
988쪽 | 70,000원

합격의 정석 토목시공기술사
김무섭, 조민수 공저
874쪽 | 60,000원

건설안전기술사
이태엽 저
748쪽 | 55,000원

소방기술사 上
윤정득, 박견용 공저
656쪽 | 55,000원

소방기술사 下
윤정득, 박견용 공저
730쪽 | 55,000원

소방시설관리사 1차 (상,하)
김흥준 저
1,630쪽 | 63,000원

건축에너지관계법해설
조영호 저
614쪽 | 27,000원

ENERGYPULS
이광호 저
236쪽 | 25,000원